装甲车辆工程专业教材经典译丛
北京理工大学“双一流”建设精品出版工程
北京理工大学北理鲍曼学院中俄联合编译教材基金资助计划

ТЕОРИЯ ДВИЖЕНИЯ ПОЛНОПРИВОДНЫХ КОЛЕСНЫХ МАШИН

轮式车辆行驶原理

[俄]B. B. 拉林（B.B. Ларин） 著
魏 巍 郑长松 孟庆凯 杨 舟 译
闫清东 主审

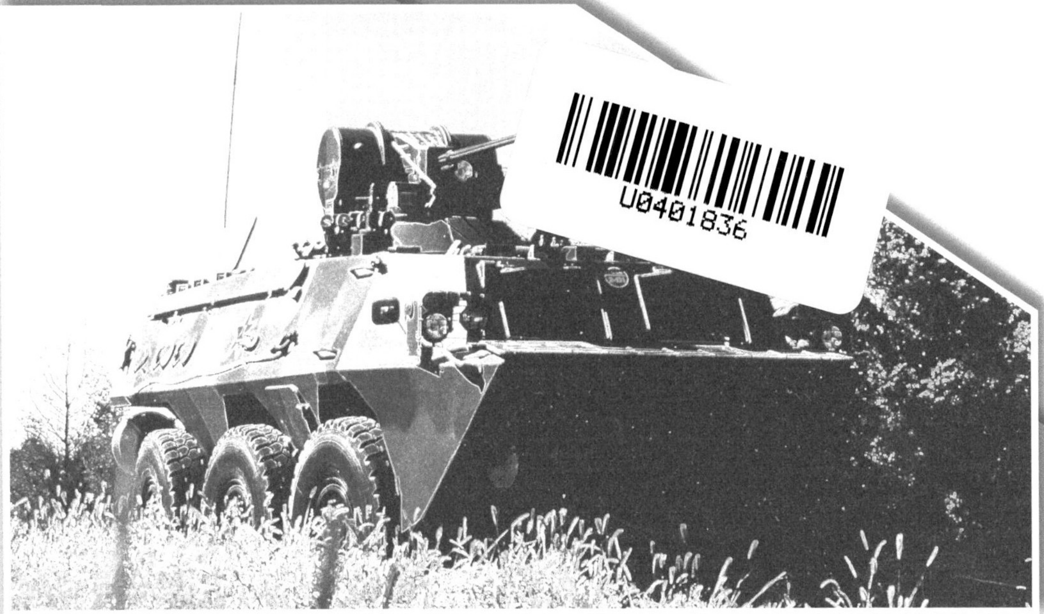

北京理工大学出版社
BEIJING INSTITUTE OF TECHNOLOGY PRESS

图书在版编目（CIP）数据

轮式车辆行驶原理／（俄罗斯）B. B. 拉林著；魏巍等译. --北京：北京理工大学出版社，2023. 11.

ISBN 978－7－5763－3194－3

Ⅰ. ①轮…　Ⅱ. ①B…　②魏…　Ⅲ. ①装甲车－车辆运行　Ⅳ. ①TJ811

中国国家版本馆 CIP 数据核字（2023）第 224915 号

北京市版权局著作权合同登记号　图字：01－2023－1877

责任编辑：李颖颖　　　　**文案编辑**：李颖颖
责任校对：周瑞红　　　　**责任印制**：李志强

出版发行／北京理工大学出版社有限责任公司
社　　址／北京市丰台区四合庄路 6 号
邮　　编／100070
电　　话／（010）68944439（学术售后服务热线）
网　　址／http：//www.bitpress.com.cn

版 印 次／2023 年 11 月第 1 版第 1 次印刷
印　　刷／廊坊市印艺阁数字科技有限公司
开　　本／710 mm×1000 mm　1/16
印　　张／26.5
字　　数／459 千字
定　　价／96.00 元

《装甲车辆工程专业教材经典译丛》

译审委员会

名誉主任： 项昌乐

主　　任： 闫清东

执行主任： 魏　巍

委　　员：（按姓氏笔画排序）

马　彪　马　越　王义春　王伟达　刘　城

刘　辉　李宏才　郑长松　郑怀宇　姚寿文

秦也辰　徐　彬　韩立金　简洪超　熊涔博

译者序

本书是俄罗斯著名学府莫斯科国立鲍曼技术大学轮式车辆系（CM10）的 B. B. 拉林教授所著的经典教材，此次由北京理工大学将其列入校级规划教材、北京理工大学装甲车辆工程专业将其列入“国家级一流专业建设点”专业建设的教材经典译丛。一方面是提供给本专业学生教学参考书以作为《坦克学》等专业核心课程学习的补充，另一方面也得到了北京理工大学北理鲍曼学院中俄联合编译教材基金资助计划的支持，作为北理鲍曼联合学院和中俄学院车辆工程相关专业学生俄文教材的中译本，希冀对于学生、学者和相关工程技术人员在学习、研究和设计开发各类轮式车辆时有所帮助。

本书由魏巍、郑长松、孟庆凯和杨舟历时 3 年翻译完成，魏巍负责第 1、2、3、7、8 章，郑长松负责第 4、5、6 章，孟庆凯和杨舟参与 7、8 章工作，并与刘建峰、董林炜、马源清几名同学负责全文术语表和俄文及中文的校对工作，魏巍负责全书统稿。

由于译者水平有限，加之部分专业教学对本书尽早出版的需求迫切，书中难免存在疏漏甚至错误，欢迎读者批评指正，以备后续修订时改正。

《装甲车辆工程专业教材经典译丛》译审委员会

2023 年 3 月

前言

轮式车辆作为一种非轨道运载工具，对于一个国家的国民经济和国防建设都具有巨大的意义。它们不仅可以实现乘客、货物和设备的运输（汽车），还可以应用于建筑工程、道路工程（建筑筑路机械）和农业领域（农业机械）等。它们的共同点在于可通过车轮实现车辆在地面上的行驶。但由于所执行任务的不同，它们之间又存在着根本性的区别。本书以轮式车辆中的汽车为例，对其行驶相关问题进行研究。

轮式车辆行驶原理研究的主要目的，在于明确轮式车辆合理研发、结构设计、性能评价和参数选择的基本原则，以保证它们满足各种不同的使用要求。

即便只有一根驱动轴，轮式车辆也是非常复杂的动力学系统，并且这个系统还会随着驱动轴数量的增加（多轴轮式车辆）而变得更为复杂。

因为轮式车辆是司机 – 车辆 – 环境三要素系统的一部分，所以它的属性也明显受到这些要素的相互影响。

任意一种轮式车辆都应具有可靠、经济、生态环保、美观和实用等性能。这些性能涵盖内容非常广泛，但本书仅就其使用性能开展研究，使用性能决定了车辆是否实用，以及能否保证车辆在铺装或凹凸不平的硬、软支承面等各种不同使用环境下进行直驶和转向运动。因此，通常需要研究轮式车辆的牵引性能、制动性能、燃料经济性、转向性能、机动性、稳定性、操控性、平顺性和通过性。本书的任务是研究轮式车辆在各种不同条件下的行驶规律并确定上述使用性能。

轮式车辆使用性能原理的一些个别问题，早在首批车辆生产的同时就得到了解决。H. E. 茹科夫斯基教授是轮式车辆（汽车）运动规律研究的开创者之一，他在 1917 年就对轮式车辆的运动原理给出了严谨的阐述。轮式车辆行驶原理作为一门学科的形成，E. A. 丘达科夫院士功不可没，他率先在世界上大量出版发行了在他众多著作中占据重要地位的《汽车原理》（1935 年）并多次再版。同时，Г. В. 济梅廖夫、Б. С. 法尔克维奇、Я. М. 佩夫兹纳、Р. В. 罗腾贝格、Н. А. 雅科夫列夫等诸位教授在推动轮式车辆行驶原理的发展方面也做出了突出贡献。

应当说明的是，在近几十年发行的轮式车辆行驶原理方面最具重要意义的教科书中，Г. А. 斯米尔诺夫、А. С. 利特维诺夫、Я. Е. 法罗宾、Д. А. 安东诺夫等也做出了杰出贡献。

在轮式车辆行驶原理发展的现阶段，随着对轮式车辆使用性能具体领域研究的逐步深入，对其性能评价和参数优选等工作越来越依赖于计算机技术所发挥的重要作用，应用计算机技术可以简化各种不同问题的运算，并且可以模拟轮式车辆内部和轮式行驶装置与支承面（含硬支承面和软支承面）接触区域内发生的一些复杂过程。

为了更好地理解轮式车辆行驶过程中所发生的现象，首先应研究一些个别但是比较简单的模型较为合理可行，然后再转入对更为复杂模型的研究。因此，在本书的不同章节中使用了各种不同的模型，针对行驶过程研究的目标采用了一些假设，并在所研究案例中仅考虑系统的主要运动方式。

运用轮式车辆行驶规律知识，可以论证在轮式车辆设计方面的技术要求，可以在轮式车辆设计时研究和选定主要结构的最优参数，还可从现有的轮式车辆中选择能够保证完成其被赋予的国民经济运输任务和国防建设任务的最优轮式车辆。

术语表

第1章

原文字母	意义	译文字母
$A_{2\alpha}$	静止车轮在其加、卸荷一个周期时的功	$A_{2\alpha}$
$A_{2\pi}$	车轮运动一周所消耗的功	$A_{2\pi}$
$A_{пот}$	由滞环面积计算所得的损失功	A_{pot}
$a_{кz}$	z 方向加速度	a_{kz}
$a_{кx}$	x 方向加速度	a_{kx}
$a_{кx}$	x 方向加速度	a_{kx}
$a_{ш}$	前移的距离	a_{sh}
$a_{ш1}$	内部迟滞损失产生的位移	a_{sh1}
$a_{ш2}$	轮胎滑移产生的位移	a_{sh2}
$a_{ш-оп}$	车轮表面与支承面的关联系数	a_{sh-op}
$B_{об}$	轮毂宽度	B_{ob}
$B_{ш}$	轮胎截面的宽度	B_{sh}
$b_{шx}$	轮胎与支承面的接触长度	b_{shx}
$c_{ш}$	切向移动的距离	c_{sh}
$c_{ш-оп}$	轮胎胎面与支承面的相关系数	c_{sh-op}
$dR_{x\,пок}$	静摩擦反作用力微元	$\mathrm{d}R_{xpok}$
dR_{z}	垂向反作用力微元	$\mathrm{d}R_{z}$

续表

原文字母	意义	译文字母
$dR_{z\,р}$	卸载时垂向反作用力微元	$\mathrm{d}R_{zr}$
$dR_{z\,н}$	加载时垂向反作用力微元	$\mathrm{d}R_{zn}$
$dR_{z\,ну}$	非弹性阻力微元	$\mathrm{d}R_{zny}$
dR_{zy}	弹性阻力微元	$\mathrm{d}R_{zy}$
dR_{x}	纵向反作用力微元	$\mathrm{d}R_{x}$
$dR_{xск}$	滑动摩擦反作用力微元	$\mathrm{d}R_{xsk}$
f_{N}	输入功率系数	f_{N}
f_{N_f}	阻力功率系数	f_{N_f}
$f_{ш}$	滚动阻力系数	f_{sh}
$f_{шM}$	传递转矩带来的附加损失	f_{shM}
$f_{шв}$	从动滚动状态下滚动阻力系数	f_{shv}
$f'_{шв}$	修正的从动滚动状态下滚动阻力系数	f'_{shv}
$f''_{шв}$	滚动阻力系数	f''_{shv}
$f_{шсв}$	自由滚动状态下滚动阻力系数	f_{shsv}
$H_{ш}$	轮胎截面的高度	H_{sh}
h_{z}	轮胎垂向变形量	h_{z}
$h_{б.\,д}$	滚道挠度的高度	h_{bd}
$h_{грз}$	轮爪高度	h_{grz}
$h_{сл}$	帘布贴胶层厚度	h_{sd}
$J_{к}$	车轮转动惯量	J_{k}
k_1、k_2	速度对滚动阻力的影响系数	k_1、k_2
$k_{f\,оп}$	支承面影响系数	k_{fop}
k_{R_x}	纵向反作用力系数	k_{R_x}
k_{z}	轮胎的固有系数	k_{z}
$k_{R_x\max}$	纵向反作用力系数最大值	$k_{R_x\max}$
k_{P_x}	切向力系数	k_{P_x}
$k_{тяг}$	牵引力系数	k_{tjag}

续表

原文字母	意义	译文字母
$L_{б.д}$	胎面最大周长	L_{bd}
M_J	惯性转矩	M_J
$M_{f_{ш}}$	滚动阻力矩	$M_{f_{sh}}$
M_z	回正力矩	M_z
$M_к$	转矩	M_k
M_y	滚动阻力矩	M_y
M_x	侧倾力矩	M_x
N_{a_x}	车轮加速的功率	N_{a_x}
$N_к$	车轮的输入功率	N_k
$n_{сл}$	帘布层数	n_{sl}
$N_{тяг}$	牵引功率	N_{tjag}
$O_к$	轮辋中心	O_k
$O'_к$	轮辋中心的法向投影	O'_k
$O_ш$	接触中心	O_{sh}
P_{a_x}	x 方向惯性力	P_{a_x}
P_{a_z}	z 方向惯性力	P_{a_z}
p_w	轮胎气压	p_w
P_z	垂向力	P_z
p_{zi}	法向压力	p_{zi}
p_{zi}	垂向接触压力	p_{zi}
$P_{zр}$（h_z）	卸载时垂向作用力	$P_{zr}(h_z)$
$P_{zн}$（h_z）	加载时垂向作用力	$P_{zn}(h_z)$
P_y	横向力	P_y
P_x	纵向力	P_x
$r_{к0min}$	纯滚动半径最小值	r_{k0min}
$r_{кв}$	从动滚动状态下的半径	r_{kv}
$r_{ксв}$	自由滚动状态下的半径	r_{ksv}

续表

原文字母	意义	译文字母
$r_{об}$	轮毂半径	r_{ob}
r_{CT}	车轮的静力半径	r_{st}
$r_{св}$	自由半径	r_{sv}
$r_{св0}$	自由半径	r_{sv0}
$S_{2\alpha}$	支承面水平线以下的轮胎未变形时的面积	$S_{2\alpha}$
$S_{2\pi}$	半径 $r_{св}$ 和半径 $r_{д}=r_{ст}=r_{св}-h_z$ 构成的环形面积	$S_{2\pi}$
s_{max}	k_{R_x} 最大值所对应的 s_{6j} 值	s_{max}
s_{6j}	纵向滑动系数	s_{bj}
s_{6y}	弹性滑动系数	s_{by}
$s_{6\Sigma}$	基本滑动系数	$s_{b\Sigma}$
v_s	滑移速度	v_s
$v_к$	轮毂中心线速度	v_k
$v_{кx}$	线速度	v_{kx}
$v_{кz}$	z 方向线速度	v_{kz}
$v_{кx}$	牵连速度	v_{kx}
$v_{кx}$	x 方向线速度	v_{kx}
$v_{отн}$	相对速度	v_{otn}
α	轮胎的固有系数	α
β	轮胎的固有系数	β
$\gamma_{кy}$	外倾角	γ_{ky}
δ	弹性侧偏角	δ
$\varepsilon_к$	角加速度	ε_k
$\lambda_м$	转矩确定的切向弹性系数	λ_M
λ_p	由力确定的切向弹性系数	λ_r
$\mu_{пок}$	静摩擦系数	μ_{pok}
$\mu_{покбаз}$	基准系数	μ_{pokbaz}
$\mu_{ск}$	滑动摩擦系数	μ_{sk}
τ_{xi}	切向应力	τ_{xi}

续表

原文字母	意义	译文字母
$\omega_к$	角速度	ω_k
φ_{max}	最大附着系数	φ_{max}
$\Delta r_{кj}$	轮胎滑动产生的剪切分量	Δr_{kj}
$\Delta r_{кy}$	轮胎周向变形的弹性分量	Δr_{ky}
$\Delta r_{кz}$	F_z 力作用下轮胎周向变形	Δr_{kz}
$\Delta r_{кx}$	F_x 力作用下轮胎周向变形	Δr_{kx}

第 2 章

原文字母	意义	译文字母
a_{Mx}	质心的加速度	a_{mx}
$a_{мx\max}$	最大加速度	$a_{mx\max}$
$a_{мx}$	质心的加速度	a_{mx}
$Б_л$	闭锁式差速器	B_l
$B_м$	轮式车辆宽度	B_m
B	轮距	B
C	质心	C
c_w	空气阻力系数	c_w
$c_{п-шоi}$	悬架-轮胎系统的换算刚度	c_{p-shoi}
$c_{тр}$	角刚度	c_{tr}
$c_{трij}$	i 和 j 截面段的轴的角刚度	c_{trij}
$c_{шzi}$	轮胎的法向刚度	c_{shzi}
$D_ф$	无量纲动力因数	$D_ф$
$D_{\varphi max}$	最大动力因数	$D_{\varphi\max}$
$dA_{внешi}$	第 i 个车轮位移外力做功的微元	$\mathrm{d}A_{vneshi}$
$D_{тр}$	传动比范围	D_{tr}
$dA_{внj}$	内部力做功微元	$\mathrm{d}A_{vnj}$

续表

原文字母	意义	译文字母
$dA_{тр}$	传动装置阻力做功微元	$\mathrm{d}A_{tr}$
$dW_{кин}$	系统的动能微元	$\mathrm{d}W_{kin}$
$F_{лоб}$	最大截面（迎风面积）	F_{lob}
$f_{N_f m}$	功率损耗系数	$f_{n_f m}$
$f_{ш}$	摩擦系数	f_{sh}
$f_{шв}$	从动滚动阻力系数	f_{shv}
$f_{шв i}$	从动滚动阻力系数	f_{shvi}
$f_{щ}$	摩擦系数	f_{sch}
$G_{т}$	每小时燃油消耗量	G_{t}
g_e	比燃油消耗量	g_{e}
$H_{м}$	轮式车辆高度	H_{m}
h_g	车重距支承面高	h_g
$i_{гт}$	速比	i_{gt}
J_2	变速箱输出轴的惯量	J_2
$J_{с.п i}$	前传动齿轮副惯量	$J_{s.pi}$
$J_{дв}$	发动机旋转件和从动件惯量	J_{dv}
$J_{дв-нас}$	总惯量	J_{dv-nas}
$J_{к i}$	车轮转动惯量	J_{ki}
$J_{нас}$	泵轮及腔内液体惯量	J_{nas}
$J_{тр j}$	传动件惯量	J_{trj}
$k_{R x i}$	纵向反作用系数	k_{Rxi}
k_w	相当于在 1 m/s 的相对速度下作用在 1 m^2 面积上的空气阻力	k_w
$k_{СнN}$	输出功率系数	k_{snn}
$k_{бл}$	锁紧系数	k_{bl}
$K_{блII}$	对称式（等轴）差速器锁紧系数	K_{bdII}
$k_{гр}$	载重系数	k_{gr}
$K_{гт}$	变矩比	K_{gt}
$K_{гт\ max}$	起动变矩比	K_{gtmax}

续表

原文字母	意义	译文字母
$k_{двn}$	发动机转速适应性系数	k_{dbn}
$k_{двM}$	发动机转矩适应性系数	k_{dbm}
$k_{иN}$	发动机功率利用系数	k_{in}
$k_{иN5}$, $k_{иN2}$	发动机功率利用系数	k_{in5}，k_{in2}
$k_{снN}$	输出功率系数	k_{snn}
$k_{тр}$	阻尼	k_{tr}
$k_{тр ij}$	阻尼系数	k_{trij}
$\tilde{k}_{гр}$	比载重系数	$\tilde{k}_{gr}$
L	总轴距	L
l_{1C}	车重集中在距第一轴距离	l_{1C}
l_{li}	各轴与第一轴的距离	l_{li}
$M_{дв}$	输出转矩	M_{dv}
$M_{дв\max}$	最大转矩	M_{dvmax}
$M_{дв-тр}$	传动装置输入转矩	M_{dv-tr}
$Mf_{ш}$	滚动阻力矩	Mf_{sh}
$Mf_{шi}$	各轮滚动阻力矩	Mf_{shi}
M_{ki}	车轮转矩	M_{ki}
$M_{нас}$	泵轮转矩	M_{nas}
$M_{с.п}$	液力变矩器输入转矩	$M_{s.p}$
$M_{тр х.х i}$	传动装置第 i 个元件（组件）空转时的阻力矩	$M_{trx.xi}$
$M_{тур}$	涡轮转矩	M_{tur}
$M'_{трпот}$	恒定分量	M'_{trpot}
$M''_{трпот}$	可变（动态）分量	M''_{trpot}
M_i	差速机构的输出轴转矩	M_i
M_{k1}	车轮转矩	M_{k1}
M_{k2}	车轮转矩	M_{k2}
M_{k3}	车轮转矩	M_{k3}
M_w	空气阻力矩	M_w

续表

原文字母	意义	译文字母
$M_{вх}$	差速机构的输入轴转矩	M_{vx}
$M_{дв N}$	最大功率时转矩	M_{dbn}
$M_{дв i}$	转矩	M_{dbi}
$M_{дв\varepsilon}$	曲轴的惯性转矩	$M_{dv\varepsilon}$
$M_{дв-тр}$	变速箱输入转矩	M_{db-tr}
$M_{к}$	车轮转矩	M_{k}
$M_{к1}$	左车轮驱动转矩	M_{k1}
$M_{к2}$	右车轮驱动转矩	M_{k2}
$M_{к i}$	车轮转矩	M_{ki}
$M_{км}$	总转矩	M_{km}
$M_{отвi}$	输出轴的转矩	M_{otvi}
$M_{подвi}$	输入轴的转矩	M_{podvi}
$M_{тру}$	弹性阻力矩	M_{try}
$M_{тр i}$	传递转矩	M_{tri}
$M_{трпот}$	阻力矩	M_{trpot}
$M_{тур}$	涡轮转矩	M_{tur}
$M_{J_{дв-нас}}$	总惯量 $J_{дв-нас}$ 的转矩	$M_{J_{dv-nas}}$
m	挡位数	m
$m_{М}$	轮式车辆质量	m_{m}
m_{w}	无量纲系数	m_{w}
$m_{гр}$	有效载重	m_{gr}
$m_{пол}$	总质量	m_{pol}
$m_{полmax}$	最大总质量	m_{polmax}
$m_{сн}$	整备质量	m_{sn}
$m_{пц}$	挂车的总质量	m_{pc}
$N_{подвi}$	第 i 个部件的输入功率	N_{podvi}

续表

原文字母	意义	译文字母
$N_{\text{пот}i}$	损失功率	$N_{\text{pot}i}$
$N_{\text{разв}}$	输入传动装置分支部分的功率	N_{razv}
$N_{\text{разв}j}$	反向传递的功率	$N_{\text{razv}j}$
N_{c}	克服车辆内、外部行驶阻力消耗的功率	N_{c}
N_{f_n}	悬架消耗功率	$N_{f_{\text{p}}}$
$N_{f_{\text{ш}M}}$	摩擦功率	$N_{f_{\text{sh}}\text{m}}$
N_{ki}	功率	$N_{\text{k}i}$
$N_{\text{км}}$	传动装置各档功率	N_{km}
N_{Mx}	坡道阻力	$N_{\text{m}x}$
$N_{пц}$	挂钩牵引功率	$N_{\text{pc}x}$
n_{KM}	所有车轮数	n_{km}
$N_{\text{дв-тр}}$	变速箱输入功率	$N_{\text{db-tr}}$
$N_{\text{ин}}$	加速阻力功率	N_{in}
N_s	滑移所消耗的功率	N_{s}
N_w	风阻功率	N_w
$N_{\text{дв}}$	发动机的输出功率	N_{dv}
$N_{\text{дв max}}$	最大功率	N_{dbmax}
$N_{\text{дв}i}$	功率	$N_{\text{db}i}$
$N_{\text{отв}i}$	输出功率	$N_{\text{otv}i}$
$N_{\text{тур}}$	涡轮功率	N_{tur}
$\tilde{N}_{\partial в}$	发动机的比功率	$\tilde{N}_{\text{db}}$
$N_{\partial в\text{max}}$	最大功率	$N_{db\text{max}}$
$\tilde{N}_{\text{дв опт}}$	最优比功率	$\tilde{N}_{\text{dvopt}}$
$\Pi_{\text{гтобр}}$	透穿系数	Π_{gtobr}
$\Pi_{\text{гт}}$	透穿性系数	Π_{gt}
$n_{\text{км}}$	驱动轮数	n_{km}
$n_{\text{о М}}$	所有轴	n_{om}
$n_{\text{дв1}}$, $n_{\text{дв2}}$, $n_{\text{дв}i}$	发动机转速	n_{dv1}，n_{dv2}，$n_{\text{dv}i}$

续表

原文字母	意义	译文字母
$n_{\text{дв}\,i}$	转速	n_{dvi}
$n_{\text{дв}M}$	最大转矩转速工况点	n_{dbm}
$n_{\text{дв}\max}$	最大转速	n_{dvmax}
$n_{\text{дв}\min}$	最小转速	n_{dvmin}
$n_{\text{дв}N}$	最大功率转速工况点	n_{dbn}
$n_{\text{к}}$	车轮数	n_{k}
$n_{\text{нас}}$	泵轮转速	n_{nas}
$n_{\text{о}}$	轴数	n_{o}
$n_{\text{ом}}$	所有轴	n_{om}
$n_{\text{пас}}$	载客人数	n_{pas}
$n_{\text{с. п}}$	液力变矩器输入转速	$n_{s.\,p}$
$n_{\text{с ттр}}$	传动装置的总挡位数量或级数	n_{sttr}
$\eta_{\text{тр}}$	传动装置效率	η_{tr}
P_{c}	行驶阻力	P_{s}
P'_{c}	总行驶阻力	P'_{s}
P_{e}	外部运动阻力之和	P_{e}
$P_{f_{\text{п}}}$	轮式车辆振动时悬架中的等效运动阻力	$P_{f_{p}}$
$P_{f_{\text{ш}}\text{M}}$	摩擦	$P_{f_{sh}m}$
$P_{f_{\text{ш}}oi}$	各轴车轮的滚动损失	$P_{f_{sh}oi}$
$P_{\text{кM}}$	驱动轮上的总切向力	P_{km}
$P_{\text{kM}\,i}$	驱动轮上的总切向力	P_{kmi}
$P_{\text{M}x}$	坡道阻力	P_{mx}
P_{Mz}	重力垂向分量	P_{mz}
P_{Nj}	比例系数	p_{nj}
$P_{\text{пц}x}$	拖车载荷	P_{pcx}
$P_{\text{пц}z}$	拖车载荷 Z 方向	P_{pcz}
P_{w}	空气阻力合力	P_{w}
$P_{z\text{M}}$	作用在驱动轴上的法向力	P_{zm}

续表

原文字母	意义	译文字母
$P_{ин}$	惯性力	P_{in}
$P_{мz}$	重力的法向分力	P_{mz}
$P_{пц}$	挂车吊钩载荷	P_{pc}
$P_{пцz}$	挂车吊钩载荷法向分力	P_{pcz}
$P_{свыб}$	轮式车辆在溜车状态时的阻力	P_{svyb}
$P_{тяг\ max}$	最大牵引力	$P_{tjagmax}$
p	分段数量	p
$P_{fш}$	滚动阻力	P_{fsh}
P_{w}	空气阻力合力	P_{w}
p_{wi}	气压	p_{wi}
P_{zi}	垂向载荷	P_{zi}
$P_{кi}$	主动轮上切向力	P_{ki}
$P_{кimin}$	主动轮上最小切向力	P_{kimin}
$P_{км}$	所有车轮总切向力	P_{km}
$P_{км}$	驱动轮上的总切向力	P_{km}
$P_{кмбп}$	闭锁驱动的轮式车辆总切向力	P_{kmbp}
$P_{кмдиф}$	差速驱动的轮式车辆的总切向力	P_{kmdef}
$P_{м}$	轮式车量重力	P_{m}
$P_{мx}$	重力的纵向分力	P_{mx}
$P_{св}$	自由切向力	P_{sv}
$P_{тр\ х.\ х}$	传动装置空转阻力分量	$P_{trx.\ x}$
P_{Mi}	轮式车辆驱动轴的法向力	P_{zmi}
Q_{s}	里程油耗	Q_{s}
$Q_{s\ min}$	最低里程油耗	$Q_{s\ min}$
Q_{w}	运输油耗	Q_{w}
q'	等差级数常数	q'
q'''	调和级数常数	q'''
q''	等比级数常数	q''

续表

原文字母	意义	译文字母
q、m	功率传输方向为正向（从分动箱到车轮）和反向（从车轮到分动箱）的车轮数	q、m
q_w	空气动压	q_{w}
R_{xi}	纵向反作用力	R_{xi}
$R_{xo\,i\,\max}$	接触区最大纵向反作用力	$R_{xoi\max}$
$R_{x\varphi}$	纵向极限附着反力	$R_{x\varphi}$
R_z	法向反作用力	R_z
R_{z0}	法向反作用力	R_{z0}
$R_{z\,i}$	法向反作用力	$R_{z\,i}$
R_{zoi}	各轴的法向反作用力	R_{zoi}
$\tilde{R}_z$	相对法向反作用力最大再分布量	$\tilde{R}_z$
$\tilde{R}_{zi}$	法向反作用力再分布量	$\tilde{R}_{zi}$
$r_{\text{к0i}}$	实际滚动半径	$r_{\mathrm{k}0i}$
$r_{\text{д}}$	车轮的滚动半径	r_{d}
$r_{\text{к}}$	滚动半径	r_{k}
$r_{\text{к0}}$	实际滚动半径	r_{k0}
$r_{\text{кв}}$	从动滚动状态下的半径	r_{kv}
$r_{\text{кв}\,i}$	从动滚动状态下的半径	$r_{\mathrm{kv}i}$
$\sin\alpha_{\text{оп}\,x}$	支撑面与水平面所成角度正弦	$\sin\alpha_{\mathrm{op}x}$
$s_{\text{б}\Sigma\text{к}i}$	相对滑动系数	$s_{\mathrm{b}\Sigma\mathrm{k}i}$
$s_{\text{б}j}$	纵向滑动系数	$s_{\mathrm{b}j}$
$s_{\text{гг}}$	滑转率	s_{gg}
$s_{\text{раз г}}$	加速距离	s_{razg}
$t_{\text{б}}$	离合器的滑磨时间	t_{b}
$t_{\text{пер}}$	换挡时间	t_{per}
$t_{\text{раз г}}$	轮式车辆的加速时间	t_{razg}

续表

原文字母	意义	译文字母
u_i	从匹配传动装置的第 i 个质量元件到泵轮的传动比	
$u_{\text{к. п}}$	变速箱传动比	$u_{k.\ p}$
$u_{\text{k. пах}}$	保持最大加速度的传动比	$u_{k.\ pax}$
$u_{\text{k. пах}}$	保持最大加速度的传动比	$u_{k.\ pax}$
$u_{\text{k. п}i}$	变速箱传动比	$u_{k.\ pi}$
$u_{\text{k. пmax}}$	变速箱传动比	$u_{\text{k. pmax}}$
$u_{\text{k. пmin}}$	变速箱传动比	$u_{\text{k. pmin}}$
$u_{\text{р. к}}$	分动箱传动比	$u_{\text{r. k}}$
$u_{\text{p. k}i}$	分动箱传动比	$u_{\text{r. k}i}$
$u_{\text{б. п}}$	轮边传动装置传动比	$u_{\text{b. p}}$
$u_{\text{г. п}}$	主传动装置	$u_{\text{g. p}}$
$u_{\text{дел}\,i}$	副变速箱传动比	$u_{\text{del}i}$
$u_{\text{дем1}}$	倍增器传动比	u_{dem1}
$u_{\text{дем}\,i}$	倍增器传动比	$u_{\text{dem}i}$
$u_{\text{к. р}}$	轮边减速器	$u_{\text{k. r}}$
$u_{\text{с. п}}$	前传动齿轮副传动比	$u_{\text{s. p}}$
$u_{\text{тр0}}$	变速箱输出轴到车轮之间的传动装置传动比	u_{tr0}
$u_{\text{тр}}$	传动装置机械部件的传动比	u_{tr}
$u_{\text{трmax}}$	传动装置机械部件的传动比	u_{trmax}
$u_{\text{тр}\,i}$	传动比	$u_{\text{tr}i}$
$u_{\text{трmax}}$	传动装置机械部件的最大传动比	u_{trmax}
$u_{\text{тр min}}$	传动装置机械部件的最小传动比	u_{trmin}
$u_{\text{уз}}$	差速机构的传动比	u_{uz}
$V_{\text{дв}}$	发动机的排量	V_{dv}
v_1	给定的速度	v_1
$v_{\text{m}x}$	质心的速度	$v_{\text{m}x}$

续表

原文字母	意义	译文字母
$v_{\text{кх} i}$	车轮线速度	v_{kxi}
$v_{\text{м хдоп}}$	道路的允许速度	v_{mxdop}
$v_{\text{м} x}$	质心的相对速度	v_{mx}
$v_{\text{мх min}}$	最小稳定行驶速度	v_{mxmin}
$v_{\text{м} xi}$	质心的速度	v_{mxi}
$v_{\text{м} x\,\max}$	最大速度	v_{mxmax}
$v_{\text{м} x\,\min}$	最小速度	v_{mxmin}
$v'_{\text{п ер}}$	初始速度	v'_{per}
$v''_{\text{п ер}}$	最终速度	v''_{per}
$W_{\text{кин} J}$	旋转部件动能	W_{kinJ}
$W_{\text{кин} m}$	平动动能	W_{kinm}
X_C	纵轴	X_C
Y_C	横轴	Y_C
Z_C	垂直轴	Z_C
z_i	位于 i 轴上方处车身在法向载荷下的垂向位移	z_i
$\alpha_{\text{оп} x\,\max}$	支撑面与水平面所成最大角度	α_{opxmax}
$\alpha_{\text{оп} x}$	支撑面与水平面所成角度	α_{opx}
$\alpha_{\text{оп} x}$	爬坡角	α_{opx}
$\alpha_{\text{оп} x\,\max}$	最大爬坡角	α_{opxmax}
$\delta_{\text{вр}}$	质量增加系数	δ_{vr}
$\delta_{\text{вр} i}$	各挡位质量增加系数	δ_{vri}
$\delta_{\text{врг т}}$	质量增加系数	δ_{vrgt}
ε_k	车轮角加速度	ε_k
$\varepsilon_{\text{дв}}$	发动机曲轴角加速度	ε_{dv}
$\eta_{\text{k. п} i}$	变速箱效率	$\eta_{k.\,pi}$
$\eta_{\text{р. к}}$	分动箱效率	$\eta_{r.\,k}$
$\eta_{\text{г. п}}$	主传动装置效率	$\eta_{g.\,p}$

续表

原文字母	意义	译文字母
$\eta_{гт}$	效率无量纲指标	η_{gt}
$\eta_{гт\ max}$	汽车变矩器最高效率	η_{gtmax}
$\eta_{дел\ i}$	副变速箱效率	η_{deli}
$\eta_{дем\ i}$	倍增器效率	η_{demi}
$\eta_{к.\ р}$	轮边减速器效率	$\eta_{k.\ r}$
$\eta_{к.\ п}$	变速箱效率	$\eta_{k.\ p}$
$\eta_{кард}$	万向轴传动效率	η_{kard}
$\eta_{с.\ п}$	前传动齿轮副效率	$\eta_{s.\ p}$
$\eta_{тр}$	传动装置机械部件的传动比	η_{tr}
$\eta_{тр\ i}$	传动装置机械部件的传动比	η_{tri}
$\eta_{тр}$	传动装置效率	η_{tr}
$\eta_{тр.\ разв}$	传动装置分支部分的效率	$\eta_{tr.\ razv}$
$\eta_{тур}$	涡轮转速	η_{tur}
$\eta_{уз}$	差速机构的效率	η_{uz}
$\lambda_{M\ i}, \lambda_{M\ j}$	切向弹性系数	$\lambda_{mi}, \lambda_{mj}$
$\lambda_{м}, \lambda_{p}$	切向弹性系数	λ_{m}, λ_{r}
$\lambda_{нас}$	转矩比例系数	λ_{nas}
$\lambda_{нас\ 0}$	转矩比例系数	λ_{nas0}
$\lambda_{нас\ max}$	最大转矩比例系数	$\lambda_{nas\ max}$
$\lambda_{тур}$	转矩比例系数	λ_{tur}
ρ_{w}	空气密度	ρ_{w}
$\rho_{т}$	燃油密度	ρ_{t}
φ	附着系数	φ
$\varphi_{дв}$	发动机输出轴角	φ_{dv}
$\varphi_{кi}$	车轮角	φ_{ki}
$\varphi_{т\ pj}$	j 截面上转角	φ_{trj}
$\varphi_{т\ pi}$	i 截面上转角	φ_{tri}
Ψ	轮式车辆阻力系数	Ψ

续表

原文字母	意义	译文字母
ψ_i	轮式车辆阻力系数	ψ_i
Ψ_{max}	最大行驶阻力系数	Ψ_{max}
ψ_n	轮式车辆阻力系数	ψ_n
ω_i	差速机构的输出轴转速	ω_i
ω_k	轮子转速	ω_k
$\omega_{кi}$	轮子转速	ω_{ki}
$\omega_{вх}$	差速机构的输入轴转速	ω_{vx}
$\omega_{дв}$	发动机输出轴角速度	ω_{dv}
$\omega_{дв\ x.\ x}$	最低稳定角速度	$\omega_{dvx.\ x}$
$\omega_к$	车轮角速度	ω_k
$\omega_{к1}$	车轮角速度 1	ω_{k1}
$\omega_{к2}$	车轮角速度 2	ω_{k2}
$\omega_{к3}$	车轮角速度 3	ω_{k3}
$\omega_{к4}$	车轮角速度 4	ω_{k4}
$\omega_{кi}$	车轮角速度	ω_{ki}
$\omega_{нас}$	泵轮角速度	ω_{nas}
$\omega_{тр\ i}$	输入角速度	ω_{tri}
$\omega_{тр\ j}$	输出角速度	ω_{tri}
$\omega_{тур}$	涡轮角速度	ω_{tur}
$a_{к\ р\ x}$	车身在外力作用下的倾角（倾斜角）	a_{krx}
ω_I	车轮角速度 I	ω_I
ω_{II}	车轮角速度 II	ω_{II}
η_{Tpi}	效率	η_{tri}
η_{TP}	效率	η_{tr}
$\Delta v_{п\ ер}$	换挡时速度的下降值	Δv_{per}

第 3 章

原文字母	意义	修改后字母
$a_{\text{м}y}$	车辆横向加速度	$a_{\mathrm{m}y}$
a_{Kx}	轮毂中心加速度的纵向分量	$a_{\mathrm{k}x}$
a_{Mx}	质心加速度纵向分量	$a_{\mathrm{m}x}$
a_{Mx}，a_{My}	质心加速度纵向、横向分量	$a_{\mathrm{m}x}$，$a_{\mathrm{m}y}$
a_{cx}，a_{cy}	质心纵横向加速度	a_{cx}，a_{cy}
$a_{nO_{\Pi}'}$	法向加速度	$a_{no_{\mathrm{p}}'}$
$a_{\tau O_{\Pi}'}$	切向加速度	$a_{\tau O_{\mathrm{p}}'}$
$a_{\text{Спд}x}$	质心纵向加速度	$a_{C_{\mathrm{pd}}x}$
$a_{\text{Спд}y}$	质心横向加速度	$a_{C_{\mathrm{pd}}y}$
$a_{\text{ш}}$	法向反作用力偏移距（自由滚动状态）	a_{sh}
$b_{\text{ш}x}$	车轮与支承面接触长度	b_{shx}
$b_{\text{ш}y}$	车轮与支承面接触宽度	$b_{\mathrm{sh}y}$
$b_{\text{ш}yi}$	车轮与支承面接触宽度	$b_{\mathrm{sh}yi}$
$\text{С}_{\text{пд}}$	簧上质心	C_{pd}
c_{Π}	轮胎的法向刚度	c_{p}
$c_{\text{ш}}$	轮辋中心投影与接触中心切向距离	c_{sh}
$c_{\text{ш}y}$	车轮侧向刚度	$c_{\mathrm{sh}y}$
$c_{\text{ш}z}$	车辆悬架的刚度	$c_{\mathrm{sh}z}$
$c_{\text{ш}\theta}$	转向时轮胎的角刚度	$c_{\mathrm{sh}\theta}$
$F_{\text{ш}}$	车轮与地面接触面积	F_{sh}
f_{N_M}	单位功耗	$f_{\mathrm{n_m}}$
$f_{\text{ш}}$	滚动阻力系数	f_{sh}
$f_{\text{крив}}$	曲线运动时运动阻力系数	f_{kriv}
$H_{\text{ш}}$	轮胎型面高度	H_{sh}
$hg_{\text{пд}}$	簧上质心距地面高度	hg_{pd}
$hg_{\text{Спд}}$	地面到质心的垂向距离	$h_{gC_{\mathrm{pd}}}$
$h_{\text{КРСпд}}$	侧倾中心到质心的垂向距离	$h_{\mathrm{kr}C_{\mathrm{pd}}}$

续表

原文字母	意义	修改后字母
h_{y}	轮胎横向变形量	
$\tilde{h}_{y}$	轮胎的相对横向变形	$\tilde{h}_{y}$
h_{z}	轮胎法向变形量	h_{z}
$\bar{h}_{zBH}$	内侧轮胎垂向相对变形量	$\bar{h}_{\mathrm{zvn}}$
$\tilde{h}_{zK}$	车轮垂向相对变形量	$\tilde{h}_{\mathrm{zk}}$
$h_{KPC_{n\partial}}$	侧倾中心到质心的垂向距离	$h_{\mathrm{kr}C_{\mathrm{pd}}}$
J_{K}	车轮转动惯量	J_{k}
J_{mz}	质量对过质心垂直轴的惯性矩	J_{mz}
j_{yi}	直线移动量	j_{yi}
$j_{yi\Sigma}$	总移动量	$j_{yi\Sigma}$
$j_{yi\theta}$	接触转向时曲线侧向移动量	$j_{yi\theta}$
$j_{yi\theta}$	曲线移动量	$j_{yi\theta}$
$j_{\theta max}$	轮辋侧偏量最大值	$j_{\theta\mathrm{max}}$
$k_{R_{\Sigma\varphi1}}$，$k_{R_{\Sigma\varphi2}}$	附着力利用系数	$k_{R_{\Sigma\varphi1}}$，$k_{R_{\Sigma\varphi2}}$
k_{R_x}	纵向反作用力系数	k_{R_x}
k_{R_y}	横向反作用力系数	k_{R_y}
k_{x12}	比例系数	k_{x12}
k_{y}	侧偏刚度	k_{y}
k_{y}	侧偏阻力系数	k_{y}
$k_{y\gamma}$	侧偏阻力系数	$k_{y\gamma}$
k_{γ}	通过实验测定的比例系数	k_{γ}
k_{Rx}	纵向反作用力系数	k_{R_x}
k_{Ry}	侧向反作用力系数	k_{R_y}
$k_{бл}$	差速器锁紧系数	k_{bl}
$k_{бл\mathrm{i}}$	差速器锁紧系数	k_{bdi}
k_{y}	侧偏阻力系数	k_{γ}
$l_{1A_{\Pi\partial}}$	第 1 轴到挂钩点之间的纵向距离	$l_{1A_{\mathrm{pd}}}$
$l_{O'_{\Pi}n}$	转向级到第 n 轴的纵向距离	$l_{1O'_{\mathrm{p}}n}$

续表

原文字母	意义	修改后字母
$l_{1O_{П}'}$	第 1 轴到转向级的纵向距离	$l_{1O'_{\mathrm{p}}}$
$l_{1\,\mathrm{Cпд}}$	第 1 轴到质心之间的纵向距离	$l_{1C_{\mathrm{pd}}}$
l_{1i}	第 1 轴到第 i 轴之间的纵向距离	l_{1i}
l_{1n}	第 1 轴到第 n 轴之间的纵向距离	l_{1n}
l_{O1}	纵向对称轴上转向极到前轴的距离	l_{O1}
l_{O2}	纵向对称轴上转向极到后轴的距离	l_{O2}
$l_{1\,\mathrm{Cпд}}$	第一轴到质心的纵向距离	$l_{1C_{\mathrm{pd}}}$
$\mathrm{l}_{\mathrm{Cпд\,O\,П'}}$	质心到转向极的纵向距离	$C_{\mathrm{pd}}O'_{\mathrm{p}}$
M_{k}	轮辋转矩	M_{k}
$M_{\mathrm{o\,пр}}$	侧倾力矩	M_{opr}
$M_{\mathrm{дв}}$	输出转矩	M_{dv}
$M_{\mathrm{сп}}$	车轮转向阻力矩	M_{sp}
$M_{\mathrm{сп}\,\theta}$	车轮转向阻力矩	$M_{\mathrm{sp}\theta}$
$M_{\mathrm{сп}\,\theta 0}$	车轮原地转向阻力矩	$M_{sp\theta 0}$
$M_{\mathrm{сп}\,\theta\,\mathrm{j}}$	滑动引起的转向阻力矩	$M_{\mathrm{sp}\theta j}$
$M_{\mathrm{сп}\,\theta\,\mathrm{y}}$	转向阻力矩弹性分量	$M_{\mathrm{sp}\theta y}$
$M_{\mathrm{ст}\,y}$	侧向回正力矩	M_{sty}
$M_{\mathrm{стx}}$	纵向回正力矩	$M_{\mathrm{st}x}$
$M_{\mathrm{трен}}$	差速器摩擦力矩	M_{tren}
$M_{1HX_C}^{\Sigma}$	纵向垂直平面上相对于第一轴外侧车轮接触点的力矩之和	$M_{1\mathrm{n}X_C}^{\Sigma}$
M_{J_x}	侧倾转矩	M_{jx}
$M_{Z_C}^{\Sigma}$	总转向力矩	$M_{z_C}^{\Sigma}$
$M_{f_{ш}}$	滚动阻力矩	$M_{f_{\mathrm{sh}}}$
$M_{CT\Sigma}$	总回正力矩	$M_{\mathrm{st}\Sigma}$
$M_{c\Pi ij}$	各单个车轮转向阻力矩	$M_{\mathrm{sp}ij}$
$M_{c\Pi M}$	两轴轮式车辆总转向阻力矩	M_{spm}
$M_{c\Pi o}$	车轴转向阻力矩	M_{cpo}
$M_{c\Pi o1}M_{c\Pi o2}$	车轴 1，2 转向阻力矩	M_{spo1}，M_{spo2}

续表

原文字母	意义	修改后字母
$M_{С\Pi iBH}$	第 i 轴内轮的转向阻力矩	$M_{\mathrm{sp}i\mathrm{vn}}$
$M_{С\Pi iH}$	第 i 轴外轮的转向阻力矩	$M_{\mathrm{sp}i\mathrm{n}}$
$M_{с\Pi ij}$	i 轴 j 侧轮胎转向阻力矩	$M_{\mathrm{sp}ij}$
$M_{cm\theta}$	弹性回正力矩	$M_{\mathrm{st}\theta}$
M_{K}	转矩	M_{k}
M_{Ki}	车轮转矩	$M_{\mathrm{k}i}$
M_{o}	车轴输入转矩	M_{o}
m_{ceK1}	前车质量	m_{sek1}
m_{ceK2}	后车质量	m_{sek2}
$m_{H n\partial ij}$	车轮与车桥的簧下质量	$m_{\mathrm{npd}ij}$
m_{K}	车轮质量	m_{k}
m_{M}	整车总质量	m_{m}
m_{M}	轮式车辆总质量	m_{m}
m_{o1}，m_{o2}	1，2 轴上的质量	m_{o1}，m_{o2}
$m_{\text{пд}}$	簧上质量	m_{pd}
N_{K}	车轮输入功率	N_{k}
N_{KM}	输入驱动轮总功率	N_{km}
n_{o}	车轴数	n_{o}
$n_{\text{дв}}$	转速	n_{dv}
$n_{\text{ом}}$	驱动轴数	n_{om}
O_{K}	轮辋中心	O_{k}
O_{K}	坐标系原点	O_{k}
O'_{K}	轮辋中心法向投影	O_{k}'
O_{KP}	侧倾中心	O_{kr}
$O_{\text{кин}}$	运动学转向中心	O_{kin}
$O'_{\text{кин}}$	运动学转向极	O_{kin}'
O_{Π}	瞬时转向中心	O_{p}
O'_{Π}	转向极	O_{p}'

续表

原文字母	意义	修改后字母
$O_{\text{ш}}$	接触中心	O_{sh}
$O_K X_K Y_K Z_K$	关联轮辋的坐标系	$O_k X_k Y_k Z_k$
$O_{\text{ш}} X_{\text{ш}} Y_{\text{ш}} Z_{\text{ш}}$	关联轮胎与支撑面接触中心的坐标系	$O_{\mathrm{sh}} X_{\mathrm{sh}} Y_{\mathrm{sh}} Z_{\mathrm{sh}}$
P_{a_x}	x 方向惯性力	P_{a_x}
P_{a_x1}，P_{a_x2}	规定的施加在区段的质心上惯性力	P_{a_x1}，P_{a_x2}
P_{a_y}	y 方向惯性力	P_{a_y}
P_{a_y1}，P_{a_y2}	规定的施加在区段的质心上惯性力	P_{a_y1}，P_{a_y2}
P_{w_x}	空气阻力的纵向分力	P_{w_x}
P_{w_y}	空气阻力的横向分力	P_{w_y}
$P_{Hn\text{д}ij}$	车轮与车桥的簧下重量	$P_{\mathrm{npd}ij}$
$P^{\Sigma}_{Hn\text{д}zBH}$	外侧车轮与车桥的总簧下重量垂向分量	$P^{\Sigma}_{\mathrm{npdzvn}}$
$P^{\Sigma}_{Hn\text{д}zH}$	内侧车轮与车桥的总簧下重量垂向分量	$P^{\Sigma}_{\mathrm{npdzn}}$
P_{KBH}，P_{KH}	车轮上总切向力	P_{kvn}，P_{kn}
P_{Ko}	车轮总切向力	P_{ko}
P_{Kj}	车轮上纵向反力	$P_{\mathrm{k}j}$
P_{MZ}	整车总重量的垂向分量	P_{mz}
P_{MZZ}	P_{MZ}的垂向分量	P_{mzz}
P_{MZy}	P_{MZ}的横向分量	$P_{\mathrm{mz}y}$
P_{Mx}	整车总重量的纵向分量	$P_{\mathrm{m}x}$
$P_{n\text{д}zy}$	$P_{\text{пд}z}$的横向分量	$P_{\mathrm{pdz}y}$
$P_{n\text{д}zz}$	$P_{\text{пд}z}$的垂向分量	P_{pdzz}
P_{f0}	外部运动阻力	P_{f0}
P_{fx1}	滚动阻力	P_{fx1}
P_{fy1}	运动阻力	P_{fy1}
P_w	轮式车量重力	P_w
P_x	轮辋中心所受纵向力	P_x
P_{x1}	前轮垂直于转动面的力	P_{x1}
P_{x2}	后轴驱动力合力	P_{x2}

续表

原文字母	意义	修改后字母
P_{x2BH}	后轴内侧驱动轮驱动力	P_{x2vn}
P_{x2H}	后轴外侧驱动轮驱动力	P_{x2n}
P_{xij}	i 轴 j 侧轮辋中心所受纵向力	P_{xij}
P_{y}	轮辋中心横向力	P_{y}
P_{y1}	前轮平行于转动面的力	P_{y1}
P_{yiBH}，P_{xiBH}	第 i 轴内轮受力	P_{yivn}，P_{xivn}
P_{yiH}，P_{xiH}	第 i 轴外轮受力	P_{yin}，P_{xin}
P_{yij}	i 轴 j 侧轮辋中心所受横向力	P_{yij}
P_{z}	轮辋中心所受法向力	P_{z}
$P_{пд}$	车辆簧上质量所受重力	P_{pd}
$P_{пдx}$	簧上质量在纵向平面内的重力分量	P_{pdx}
$P_{пдz}$	簧上质量在横向平面内的重力分量	P_{pdz}
$P_{пдzy}$	$P_{пдz}$的横向分量	P_{pdzy}
$P_{пдzz}$	$P_{пдz}$的垂向分量	P_{pdzz}
$P_{пцy}$	挂车吊钩载荷的横向分力	P_{pcy}
p_{w}	轮胎内部气压	p_{w}
$R_{X_C}^{\Sigma}$	质心总阻力的纵向分力	$R_{X_C}^{\Sigma}$
$R_{Y_C}^{\Sigma}$	质心总阻力的横向分力	$R_{Y_C}^{\Sigma}$
R_{Π}	转向半径	R_{p}
$R_{\Pi 1H}$	沿着前外轮转向半径	R_{p1n}
$R_{\Pi k}$	车轮转向曲率半径	R_{pk}
$R_{\Pi k0}$	接触中心的曲率半径	R_{pk0}
$R_{\Pi k0}$	接触中心的曲率半径	R_{pk0}
$R_{\Pi K0ij}$	第 i 轴内/外侧车轮接地面中心的曲率半径	R_{pk0ij}
$R_{\Pi ki}$	接触起始处的曲率半径	R_{pki}
$R_{\Pi kl}$	接触起始处的曲率半径	R_{pkl}
$R_{\Pi min}$	最小转向半径	R_{pmin}
$R_{\Pi C}$	轨迹曲率半径	R_{pC}

续表

原文字母	意义	修改后字母
R_n	转向半径	R_{p}
R_{x0}	正向总纵向反力	R_{x0}
R_{x1}	前轮平行于转动面的滚动阻力	R_{x1}
R_{x1BH}	第 1 轴内侧车轮地面阻力纵向分力	$R_{x1\mathrm{vn}}$
R_{x1H}	第 1 轴外侧车轮地面阻力纵向分力	$R_{x1\mathrm{n}}$
$R_{x2\mathrm{BH}}$	第 2 轴内侧车轮地面阻力纵向分力	$R_{x2\mathrm{vn}}$
$R_{x2\mathrm{H}}$	第 2 轴外侧车轮地面阻力纵向分力	$R_{x2\mathrm{n}}$
R_{xH}，R_{xBH}	外侧、内侧轮胎受到的纵向阻力	$R_{x\mathrm{n}}$，$R_{x\mathrm{vn}}$
R_{xo}	总纵向反力	R_{xo}
R_{xi}	车轮闭锁连接时纵向反力	R_{xi}
R_{xi}，R_{yi}	纵向反作用力以及横向反作用力	R_{xi}，R_{yi}
R_{ximax}	接触面作用的纵向最大反力值	$R_{xi\mathrm{max}}$
R_{xij}，R_{yij}	纵向反力，横向反力	R_{xij}，R_{yij}
$R_{xij}^{\Pi P}$	车轮纵向反力	R_{xij}^{pr}
R_y	横向反作用力	R_y
R_{y1}	前轮垂直于转动面的滚动阻力	R_{y1}
R_{yBH}^{Σ}	外侧车轮总阻力的横向分力	$R_{y\mathrm{vn}}^{\Sigma}$
R_{yH}^{Σ}	内侧车轮总阻力的横向分力	$R_{y\mathrm{n}}^{\Sigma}$
R_{yo1}	前轴上的横向反作用力	R_{yo1}
R_{yo2}	后轴上的横向反作用力	R_{yo2}
R_{yimax}	接触面作用的横向最大反力值	$R_{yi\mathrm{max}}$
$R_{yij}^{\Pi P}$	车轮横向反力	R_{yij}^{pr}
R_{yj}	车轮侧向反力	R_{yj}
R_{yy0}	车轮弹性横向反力	R_{yy0}
R_{yyl}	车轮最大横向弹性反力	R_{yyl}
$R_{y\gamma}$	车轮外倾引起的横向反作用力	$R_{y\gamma}$
R_z	车轮法向反作用力	R_z
R_{z1}	前轴上车轮法向作用力	R_{z1}

续表

原文字母	意义	修改后字母
R_{z2}	后轴上车轮法向作用力	R_{z2}
R_{zBH}^{Σ}	外侧车轮总阻力的垂向分力	$R_{\mathrm{zvn}}^{\Sigma}$
R_{zH}^{Σ}	内侧车轮总阻力的垂向分力	R_{zn}^{Σ}
R_{zij}	i 轴 j 侧车轮所受垂向反力	R_{zij}
R_{Σ}	接触点的总反力	R_{Σ}
R_x	地面纵向力	R_x
R_y	地面横向力	R_y
R_z	地面法向力	R_z
$R_{\text{кин}}$	运动学转向半径	R_{kin}
$R_{\text{п1н}}$	最小转向半径	R_{p1n}
$R_{\text{пш}}$	轮胎接触中心轨迹半径	R_{psh}
r_{CB}	轮胎自由半径	r_{sv}
r_K，r_{K0}	滚动半径、纯滚动半径	r_{k}，r_{k0}
r_{K0ij}	i 轴 j 侧轮胎纯滚动半径	$r_{\mathrm{k0}ij}$
r_{KBij}	i 轴 j 侧轮胎从动滚动状态下的半径	$r_{\mathrm{kv}ij}$
r_{KCB}	自由滚动状态下的半径	r_{ksv}
r_{KH}，r_{KBH}	外侧、内侧的滚动半径	r_{kn}，r_{kvn}
$r_{\text{д}}$	车轮动态半径	r_{d}
$r_{\text{об}}$	轮圈的半径	r_{ob}
s	接触中心位移	s
$s_{\text{б}\Sigma}$	纵向总滑动系数、基本滑动系数	$s_{\mathrm{b}\Sigma}$
v_{M_x}	车辆纵向速度	$v_{\mathrm{m}x}$
v_K	轮毂中心速度	v_{k}
v_{KiBH}	第 i 轴内侧车轮线速度	$v_{\mathrm{k}i\mathrm{vn}}$
v_{KiH}	第 i 轴外侧车轮线速度	$v_{\mathrm{k}i\mathrm{n}}$
v_{Kij}	第 i 轴内/外侧车轮轮毂中心速度	$v_{\mathrm{k}ij}$
v_{Kx}	纵向线速度（车轮）	$v_{\mathrm{k}x}$
v_{kxH}，v_{kxBH}	外/内侧轮毂中心线速度	$v_{\mathrm{k}x\mathrm{n}}$，$v_{\mathrm{k}x\mathrm{vn}}$

续表

原文字母	意义	修改后字母
v_{Kxi}	轮毂中心线速度	$v_{\mathrm{k}xi}$
v_{Ky}	车轮中心速度分量	$v_{\mathrm{k}y}$
v_{Kyj}	车轮中心滑动速度	$v_{\mathrm{k}yj}$
v_{Kyy}	车轮中心弹性速度	$v_{\mathrm{k}yy}$
v_{Mx}	质心的速度	$v_{\mathrm{m}x}$
v_{o1}	前轴中心速度	v_{o1}
v_{o2}	后轴中心速度	v_{o2}
v_C	质心速度矢量	v_c
v_{cx}，v_{cy}	质心速度纵、横向分量	v_{cx}，v_{cy}
$v_{\text{кв}н}$	内侧车轮线速度	v_{kvn}
$v_{\text{кн}}$	外侧车轮线速度	v_{kn}
$v_{\text{мх}}$	质心的速度	$v_{\mathrm{m}x}$
$v_{\text{м}x}$	车辆纵向速度	$v_{\mathrm{m}x}$
$v_{\text{Спд}x}$	质心纵向速度	$v_{C_{\mathrm{pd}}x}$
$v_{\text{Спд}y}$	质心横向速度	$v_{C_{\mathrm{pd}}y}$
$X_{\text{Спд}}$	坐标轴	$X_{C_{\mathrm{pd}}}$
$x_{\text{кин}}$	运动转向极的位移量	x_{kin}
$x_{\text{П}}$	纵向对称轴上后轴到转向极的距离	x_{p}
$x_{O\text{П}}$	坐标系 X 轴	$x_{o\mathrm{p}}$
$y_{O\text{П}}$	坐标系 Y 轴	$y_{o\mathrm{p}}$
$\mathrm{Z}_{\text{Спд}}$	质心在坐标系中的 z 坐标	$z_{C_{\mathrm{pd}}}$
z_{K0ij}	空载状态下车身水平线到车轮中心的距离	z_{k0ij}
$z_{kp\,\text{Спд}}$	质心到侧倾中心的垂向距离	$z_{\mathrm{kr}C_{\mathrm{pd}}}$
$z_{o\text{П}0ij}$	水平线到支撑面的距离	$z_{\mathrm{op0}ij}$
$z_{\text{баз}}$	水平线到支承面的距离	z_{baz}
Ψ_M	方向角	Ψ_{m}
$\alpha_{\text{кр}x}$	倾角	$\alpha_{\mathrm{kr}x}$
$\alpha_{\text{кр}y}$	动侧倾角	$\alpha_{\mathrm{kr}y}$

续表

原文字母	意义	修改后字母
$\alpha_{o\Pi x}$	纵向倾斜角	z_{opx}
$\alpha_{o\Pi y}$	横向倾斜角	z_{opy}
α_l	转向时轮辋投影在接触面转过角度	α_l
γ_{Kx}	车轮前束角	γ_{kx}
γ_{Ky}	横向外倾角	γ_{ky}
γ_M	相对方位角	γ_m
$\gamma_{\Pi k}$	车轮相对于接触点偏转角度	γ_{pk}
δ	侧偏角	δ
δ_{P_y}	总侧偏角/动力侧偏角	δ_{P_y}
δ_1，δ_2	运动极点侧偏角	δ_1，δ_2
δ_y	侧偏角弹性分量	δ_y
δ_Π	最后一根车轴的总偏离角	δ_p
δ_Σ	总侧偏角	δ_Σ
δ_i	第 i 轴车轮的平均侧偏角	δ_i
δ_{iBH}	第 i 轴内轮的侧偏角	δ_{ivn}
δ_{iH}	第 i 轴外轮的侧偏角	δ_{in}
δ_{ij}	第 i 轴内/外侧车轮侧偏角	δ_{ij}
δ_γ	倾斜车轮运动侧偏角	δ_γ
δ_θ	运动侧偏角	δ_θ
ε_{Mx}	侧倾角加速度	ε_{mx}
θ_K	转向角度	θ_k
θ_{Kp1}，θ_{Kp2}	车轮的速度矢量与车辆纵轴的夹角	θ_{kr1}，θ_{kr2}
θ_{Kmax}	最大转向角	θ_{Kmax}
θ_i	第 i 轴车轮的平均转向角	θ_i
θ_{iBH}	第 i 轴内轮的转向角	θ_{ivn}
θ_{iH}	第 i 轴外轮的转向角	θ_{in}
θ_κ	转向角度	θ_k
λ_M	转矩确定的切向弹性系数	λ_m

续表

原文字母	意义	修改后字母
λ_{PH}，λ_{PBH}	由力确定的切向弹性系数	λ_{rn}，λ_{rvn}
λ_{P1}，λ_{P2}	由力确定的切向弹性系数	λ_{P1}，λ_{P2}
μ_{cK}	滑动摩擦系数	μ_{sk}
ρ_{Mx}	质量相对于穿过质心的纵向轴的惯性半径	$\rho_{\mathrm{m}x}$
ρ_{mz}	质量对过质心垂直轴的惯性半径	ρ_{mz}
φ_R	接触面转动角度	φ_r
ω_K	角速度	ω_{k}
ω_{KH}，ω_{KBH}	外/内侧的角速度	ω_{kn}，ω_{kvn}
ω_{Kij}	i 轴 j 侧轮胎角速度	$\omega_{\mathrm{k}ij}$
ω_{Mx}	侧倾角速度	$\omega_{\mathrm{m}x}$
ω_{Mz}	车辆纵轴转向角速度	$\omega_{\mathrm{m}z}$
$\gamma_{\mathrm{ку}}$	车轮外倾角	γ_{ky}
$\Delta f_{ПОВ}$	单位牵引力增加量	Δf_{pov}
Δктяг	单位牵引力增加量	Δk_{tjag}
$\varepsilon_{\mathrm{мz}}$	车辆纵轴转向角加速度	$\varepsilon_{\mathrm{mz}}$
$\mu_{\mathrm{пок}}$	静摩擦系数	μ_{pok}
$\mu_{\mathrm{ск}}$	滑动摩擦系数	μ_{sk}
$\omega_{\mathrm{к}}$	车轮角速度（轮辋）	ω_{k}
$\omega_{\mathrm{мz}}$	车辆纵轴转向角速度	ω_{mz}

第4章

原文字母	意义	修改后的字母
A_{cn}	阻力变化系数	A_{sp}
a_{Cx}	质心纵向加速度	a_{C_x}
a_{Cy}	质心横向加速度	a_{C_y}
$a_{мx}$	车辆最大加速度	$a_{\mathrm{m}x}$
$C_{\mathrm{пд}}$	簧上质心	C_{pd}

续表

原文字母	意义	修改后字母
$c_{п\gamma i}$	悬架角刚度	$c_{\mathrm{p}\gamma i}$
$c_{ш н}$	外侧车轮切向移动的距离	c_{shn}
$c_{ш j}$	切向移动的距离	$c_{\mathrm{sh}j}$
$c_{п-ш\gamma}$	轴桥和车轮悬架的角刚度	$c_{\mathrm{p-sh}\gamma}$
$c_{пi}$	悬架刚度	$c_{\mathrm{p}i}$
$c_{п\gamma i}$	悬架角刚度	$c_{\mathrm{p}\gamma i}$
$c_{шy}$	车轮侧向刚度	c_{shy}
$c_{шyi}$	i 轴车轮侧向刚度	$c_{\mathrm{shy}i}$
$c_{ш\varphi}$	轮胎角刚度	$c_{\mathrm{sh}\varphi}$
$c_{p.y}$	转向器刚度	$c_{\mathrm{r.y}}$
e_x	力臂	e_x
$e'_{y в н}$	内侧车轮滚动臂	e'_{yvn}
$e'_{y H}$	外侧车轮滚动臂	e'_{yn}
h_0	车底距地高	h_0
$\boldsymbol{h}_z$	轮胎法向变形量	h_z
$h_{гипд}$	簧下质心距地面高度	h_{gipd}
$h_{гпд}$	簧上质心距地面高度	h_{gpd}
h_y	轮胎侧向变形量	h_y
$k_{yi в н}$	i 轴内侧车轮侧偏刚度	k_{yivn}
$k_{yi н}$	i 轴外侧车轮侧偏刚度	k_{yin}
$k_{y o i}$	侧滑基本阻力系数	k_{yoi}
k_{yj}	j 轴轮胎侧偏刚度	k_{yj}
$k_{п\gamma}$	悬架非弹性角阻尼系数	$k_{\mathrm{p}\gamma}$
$k_{п\gamma i}$	悬架非弹性角阻尼系数	$k_{\mathrm{p}\gamma i}$
$k_{p.y}$	阻尼系数	$k_{\mathrm{r.y}}$
$k_{устy}$	横向稳定性系数	k_{usty}
$k_{п\gamma i}$	悬架非弹性角阻尼系数	$k_{\mathrm{p}\gamma i}$
$k_{y o0 i}$, $k_{y o i}$	侧滑基本阻力系数	$k_{\mathrm{yo0}i}$, $k_{\mathrm{yo}i}$

续表

原文字母	意义	修改后字母
$J_{к}$	车轮转动惯量	J_{k}
$J_{мz}$	垂直轴的惯性矩	J_{mz}
$J_{кшк}$	转动惯量	J_{kshk}
$J_{пдх}$	惯量	J_{pdx}
J_{o}	轴桥和车轮相对于纵轴的转动惯量	J_{o}
L	总轴距	L
l_{1C}	质心距第一轴的距离	l_{1C}
l_{Ci}	车辆各轴与质心的距离	$l_{\mathrm{C}i}$
l_{Cj}	质心到 j 轴的距离	$l_{\mathrm{C}j}$
l_{1C}	1 轴到质心的纵向距离	l_{1c}
$l_{ц}$	转向节长度	l_{c}
l_{ji}	i，j 轴之间的距离	l_{ji}
M_{JK}	惯性力矩	$M_{\mathrm{J_k}}$
$M_{дб}$	车轮总成的不平衡力矩	M_{db}
$M_{Г\gamma}$	陀螺力矩	$M_{\mathrm{g}\gamma}$
$M_{Г\theta}$	陀螺力矩	$M_{\mathrm{g}\theta}$
$M_{пов\,Rx}$	转向力矩	$M_{\mathrm{pov}R_x}$
$M_{сп\,м}$	两轴轮式车辆总转向阻力矩	M_{spm}
$M_{стzвн}$	内侧车轮 z 向回正力矩	M_{stzvn}
$M_{стzн}$	外侧车轮 z 向回正力矩	M_{stzn}
$M_{стzо}$	稳定力矩	M_{stzo}
$M_{сто}$	车轮上的稳定力矩	M_{sto}
$M_{ст\,v}$	高速稳定力矩	M_{stv}
$M_{ст\,y}$	回正力矩	M_{sty}
$M_{ст\,yj}$	j 轴轮胎回正力矩	$M_{\mathrm{sty}j}$
$M_{н\,yx}$	车轮驱动力矩	M_{nyx}
$M_{сty\Sigma}$	由横向力产生的总稳定力矩	$M_{\mathrm{sty}\Sigma}$

续表

原文字母	意义	修改后字母
$M_{повR_x}$	转向力矩	$M_{\mathrm{pov}R_x}$
$M_{повx}$	绕主销轴的转向力矩	$M_{\mathrm{pov}x}$
$M_{Гθд}$，$M_{ГθП}$	内外侧车轮的陀螺力矩	$M_{\mathrm{g}\theta\mathrm{d}}$，$M_{\mathrm{g}\theta\mathrm{p}}$
$m_{м}$	车辆质量	m_{m}
$m_{ну}$	等效不平衡质量	m_{ny}
$m_{\mathrm{пд}}$	车辆簧上质量所受质量	m_{pd}
$m_{\mathrm{ипд}}$	车辆簧下质量所受质量	m_{ipd}
$O_{\mathrm{к}}$	轮辋中心	O_{k}
$O_{\mathrm{кин}}$	运动学转向中心	O_{kin}
$O'_{\mathrm{кин}}$	运动学转向极	O'_{kin}
$O_{п}$	瞬时转向中心	O_{p}
$O'_{п}$	转向极	O'_{p}
$P_{ипд}$	车辆簧下质量所受重力	P_{ipd}
$P_{пд}$	车辆簧上质量所受重力	P_{pd}
$P_{м}$	车辆总重力	P_{m}
$P_{a_yм}$	轮式车辆质量惯性力的横向分量	$P_{a_y\mathrm{m}}$
$\hat{P}_{y}$	单位横向力	$\tilde{P}_{y}$
P_{yoi}	i 轴外部横向力	P_{yoi}
P_{a_x}	惯性力的纵向分量	P_{a_x}
P_{a_y}	惯性力的横向分量	P_{a_y}
$P_{пд}$	车辆簧上质量所受重力	P_{pd}
$P_{ну}$	车轮旋转产生的惯性力	P_{ny}
$P_{нуx}$	惯性力的水平（纵向）分量	$P_{\mathrm{ny}x}$
$P_{нуz}$	惯性力的垂直分量	$P_{\mathrm{ny}z}$
P_{y}	轮毂受力的侧向分力	P_{y}
q_{y}，q_{yi}	校正系数	q_{y}，q_{yi}
q_{yR_z}	垂向负载校正系数	q_{yR_z}
$R_{COп}$	轨迹曲率半径	$R_{CO\mathrm{p}}$

续表

原文字母	意义	修改后的字母
R_x	车轮纵向反作用力	R_x
$R_{X_C}^{\Sigma}$	质心总阻力的纵向分力	$R_{x_c}^{\Sigma}$
R_{xJ}	附加纵向反力	R_{xj}
R_{xi}	接触面作用的纵向反力	R_{xi}
$R_{xi\text{вн}}$	i 轴内侧车轮纵向阻力	$R_{xi\mathrm{vn}}$
$R_{xi\text{н}}$	i 轴外侧车轮纵向阻力	$R_{xi\mathrm{n}}$
R_{xJ}	附加纵向反力	R_{xj}
R_{xoi}	i 轴上的纵向反力	R_{xoi}
$R_{x\text{д}}$，R_{xn}	内外侧纵向反作用力	$R_{x\mathrm{d}}$，$R_{x\mathrm{p}}$
$R_{x\text{вн}}$	内侧车轮纵向反作用力	$R_{x\mathrm{vn}}$
$R_{x\text{н}}$	外侧车轮纵向反作用力	$R_{x\mathrm{n}}$
R_{xo}	总纵向反力	R_{xo}
$R_{Y_C}^{\Sigma}$	质心总阻力的横向分力	$R_{y_c}^{\Sigma}$
R_y	车轮侧向反作用力	R_y
R_{yi}	接触面作用的横向力	R_{yi}
R_{yJ}	侧向反作用力	R_{yj}
R_{yo1}	轴上的横向反作用力	R_{yol}
$R_{yoi\varphi}$	i 轴横向附着反作用力	$R_{yoi\varphi}$
R_{y1}	外侧车轮地面阻力的侧向分力	R_{y1}
$R_{y1\text{вн}}$	1 轴内侧车轮受到的侧向地面反力	$R_{y1\mathrm{vn}}$
$R_{y1\text{н}}$	1 轴外侧车轮受到的侧向地面反力	$R_{y1\mathrm{n}}$
R_{y2}	内侧车轮地面阻力的侧向分力	R_{y2}
$R_{y\text{вн}}$	内侧车轮侧向反作用力	$R_{y\mathrm{vn}}$
$R_{y\text{н}}$	外侧车轮侧向反作用力	$R_{y\mathrm{n}}$
R_{yi}	地面阻力的侧向反力值	R_{yi}
R_{yo}	总侧向反力	R_{yo}
$R_{y\text{д}}$，R_{yn}	内外侧横向反作用力	$R_{y\mathrm{d}}$，$R_{y\mathrm{p}}$
R_z	车轮法向反作用力	R_z

续表

原文字母	意义	修改后字母
$R_{z\,в\,н}$	内侧车轮法向反作用力	R_{zvn}
R_{zoi}	i 轴上的垂向反力	R_{zoi}
$R_{z\,н}$	外侧车轮法向反作用力	R_{zn}
$R_{z\,o}$	总垂向反力	R_{zo}
R_{zi0}	静止时轮式车辆轴上的垂直反作用力	R_{zi0}
$R_{zoi\varphi}$	i 轴垂向附着反作用力	$R_{zoi\varphi}$
R_{z10}	静止时轮式车辆 1 轴上的垂直反作用力	R_{z10}
R_{z20}	静止时轮式车辆 2 轴上的垂直反作用力	R_{z20}
R_{zJ}	垂向反作用力	R_{zj}
$R_{z\partial}$，R_{zn}	内外侧垂向反作用力	R_{zd}，R_{zp}
R_{n}	转向半径	R_{p}
$R_{кuн}$	运动学转向半径	R_{kin}
$R_{\mathrm{пш}}$	轮胎接触中心轨迹半径	R_{psh}
r_{∂}	车轮动态半径	r_{d}
r_{κ}	车轮滚动半径	r_{k}
$r_{cв}$	车轮自由半径	r_{sv}
r_{m}	等效不平衡质量集中点	r_{m}
v_{C}	质心速度矢量	v_{C}
v_{C_x}	质心速度纵向分量	v_{C_x}
v_{C_y}	质心速度横向分量	v_{C_y}
v_{o1}	前轴中心速度	v_{o1}
$v_{o\,кuн}$	运动学转向极速度	v_{okin}
$v_{x\,1\,в\,н}$	1 轴内侧车轮纵向速度	$v_{x1\mathrm{vn}}$
$v_{x\,1\,н}$	1 轴外侧车轮纵向速度	$v_{x1\mathrm{n}}$
$v_{\kappa\,x}$	线速度	$v_{\mathrm{k}x}$
$v_{м\,x}$	车辆纵向速度	$v_{\mathrm{m}x}$
$v_{мxd\gamma}^{кpum}$	方向摆动的出现速度	$v_{\mathrm{m}xd\gamma}^{\mathrm{krit}}$
$v_{мxonpy}^{кpum}$	倾覆临界速度	$v_{\mathrm{mxopry}}^{\mathrm{krit}}$

续表

原文字母	意义	修改后的字母
$v_{мхv_y}^{крит}$	操纵稳定性速度	$v_{\mathrm{mx}v_y}^{\mathrm{krit}}$
$v^{\text{критмх}\theta}$	临界速度值	$v_{\mathrm{mx}\theta}^{\mathrm{krit}}$
$v_{мх\varphi y}^{крит}$	侧滑临界速度	$v_{\mathrm{mx}\varphi y}^{\mathrm{krit}}$
$v_{мх\omega_z}^{крит}$	方向稳定性速度	$v_{\mathrm{mx}\omega_z}^{\mathrm{krit}}$
$v_{мх}$	车辆纵向速度	v_{mx}
$v_{мх1}$	带差速式轴间驱动车辆纵向速度	$v_{\mathrm{mx}1}$
$v_{мх2}$	闭锁式轴间驱动车辆纵向速度	$v_{\mathrm{mx}2}$
$v_{кх}$	线速度	v_{kx}
X_C	坐标轴横轴	X_C
Y_C	侧移量	Y_C
$\alpha_{н}$	路面轮廓不平度的倾斜角	α_{n}
$\alpha_{\text{рул}}$	转向盘允许偏转角度	α_{ryl}
$\alpha_{шк\,y}$	主销横向倾斜角	α_{shky}
$\alpha_{опyопр}^{крит}$	侧倾斜坡的静态临界角	$\alpha_{\mathrm{opyopr}}^{\mathrm{krit}}$
$\alpha_{опy\varphi}^{крит}$	侧向滑动临界坡度角	$\alpha_{\mathrm{opy}\varphi}^{\mathrm{krit}}$
$\alpha_{опxопр}^{крит}$	纵倾斜坡的静态临界角	$\alpha_{\mathrm{opxopr}}^{\mathrm{krit}}$
$\alpha_{опx\varphi}^{крит}$	纵向滑动临界坡度角	$\alpha_{\mathrm{opx}\varphi}^{\mathrm{krit}}$
$\alpha_{кру}^{ст}$	静侧倾角	$\alpha_{\mathrm{kry}}^{\mathrm{st}}$
$\alpha_{кру}^{крит}$	临界侧倾角	$\alpha_{\mathrm{kry}}^{\mathrm{krit}}$
$\alpha_{опy}$	横向倾斜角	α_{opy}
$\alpha_{опx}$	纵向倾斜角	α_{opx}
$\alpha_{kру}$，$\alpha_{kру}^{\partial}$	动侧倾角	α_{kry}，$\alpha_{\mathrm{kry}}^{\mathrm{d}}$
$\beta_{окин}$	运动学转向极速度矢量与车辆纵轴夹角	β_{okin}
$\beta_{O'_{кин}}^{крит}$	侧向漂移角	$\beta_{O'_{\mathrm{kin}}}^{\mathrm{krit}}$
$\gamma_{к\,y}$	车轮外倾角	γ_{ky}
$\gamma_{к\,y0}$	车轮外倾角	$\gamma_{\mathrm{ky}0}$
$\gamma_{м}$	质心相对方位角	γ_{m}
δ_1	第 1 轴车轮的平均侧偏角	δ_1

续表

原文字母	意义	修改后字母
δ_i	第 i 轴车轮的平均侧偏角	δ_i
δ_j	侧偏角剪切分量	δ_j
δ_y	侧偏角弹性分量	δ_y
$\delta_{iвн}$	第 i 轴内轮的侧偏角	δ_{ivn}
$\delta_{iн}$	第 i 轴外轮的侧偏角	δ_{in}
δ_1，δ_2	1，2 轴的平均转向角	δ_1，δ_2
$\varepsilon_{мz}$	角加速度	$\varepsilon_{\mathrm{mz}}$
$\varepsilon_{мocт\gamma}$	阻尼系数	$\varepsilon_{\mathrm{most}\gamma}$
$\varepsilon_{p.y}$	阻尼系数	$\varepsilon_{\mathrm{r}.y}$
θ_1	第 1 轴车轮的平均转向角	θ_1
$\theta_{1вн}$	1 轴内侧车轮转向角	$\theta_{1\mathrm{vn}}$
θ_{1H}	1 轴外侧车轮转向角	$\theta_{1\mathrm{n}}$
θ_i	第 i 轴车轮的平均转向角	θ_i
$\theta_{iвн}$	第 i 轴内轮的转向角	θ_{ivn}
$\theta_{iн}$	第 i 轴外轮的转向角	θ_{in}
$\psi_{м}$	质心方向角	ψ_{m}
ω_γ	车轮在横向垂直平面内的角速度	ω_γ
ω_κ	车轮角速度（轮辋）	ω_{k}
$\omega_{мz}$	车辆纵轴转向角速度	ω_{mz}
$\omega_{мz0}$	转向角速度的初始值	ω_{mz0}
φ_R	接触面转动角度	φ_R
$\omega_{мocт\gamma}$	固有频率	$\omega_{\mathrm{most}\gamma}$
$\omega_{мx}$	侧倾角速度	$\omega_{\mathrm{m}x}$
ω_κ	车轮转速	ω_{k}
$\omega_{p.y}$	固有频率	$\omega_{\mathrm{r}.y}$
ω_γ	车轮在垂直平面内转动的角速度	ω_γ
ω_θ	车轮在水平面内转动的角速度	ω_θ

第5章

原文字母	意义	修改后字母
a_{C_y}	质心横向加速度	a_{C_y}
$a_{\text{м}x}$	质心的加速度	$a_{\mathrm{m}x}$
$a_{\text{м}y}$	侧向加速度	a_{my}
$a_{\text{м}y\max}$	最大侧向加速度	a_{mymax}
$a_{\text{м}y\text{уст}}$	侧向加速度稳态值	a_{myust}
a_{C_y}	横向加速度	a_{C_y}
$a_{C_y\text{уст}}$	质心横向加速度稳态值	$a_{C_y\mathrm{ust}}$
$c_{\text{ш}\varphi}$	轮胎角刚度	$c_{\mathrm{sh}\varphi}$
$J_{\text{м}z}$	垂直轴的惯性矩	$J_{\mathrm{m}Z}$
$k_{\text{ус}}$	静态放大系数	k_{us}
k_{yo0}	基本侧向偏离阻力系数	$k_{\mathrm{yo}0}$
k_{yoi}	侧滑基本阻力系数	$k_{\mathrm{yo}i}$
$M_{\text{сп}}$	弹性轮的转向阻力矩	M_{sp}
$M_{\text{спм}}$	两轴轮式车辆总转向阻力矩	M_{spm}
$M_{\text{сп}R_x}$	滚动臂主销轴（见图4.7）与纵向力的转向阻力矩	$M_{\mathrm{sp}R_x}$
$M_{\text{сп}i}$	单个转向轮的转向阻力矩	$M_{\mathrm{sp}i}$
$M_{\text{сп}\omega}$	转向阻力矩	$M_{\mathrm{sp}\omega}$
$M_{\text{ст}\Sigma}$	弹性轮胎总稳态力矩	$M_{\mathrm{st}\Sigma}$
$M_{\text{ст}v}$	轮轴纵向平面倾角$\alpha_{\text{шкх}}$制约而产生的稳态力矩	$M_{\mathrm{st}v}$
$M_{\text{ст}z}$	受轮胎外倾角γ_{ky0}制约而产生的稳态力矩	$M_{\mathrm{st}z}$
$m_{\text{м}}$	轮式车辆质量	m_{m}
$n_{K\theta}$	转向轮数量	$n_{\mathrm{K}\theta}$
$O'_{\text{кин}}$	运动学转向极	O'_{kin}
$O_{\text{кии}}$	运动学转向中心	O_{kin}
$O_{\text{п}}$	瞬时转向中心	O_{p}
$P_{\text{рул}}$	转向盘上的力	P_{rul}
$P_{\text{рулд}}$	恒定角度下转向盘上的力	P_{rulud}

续表

原文字母	意义	修改后字母
$P_{\text{рул}0}$	转向盘上力的平均值	$P_{\text{rul}0}$
$P_{\text{рул}R}$	圆形轨迹运动时转向盘上的力	$R_{\text{rul}R}$
q_{R_x}	纵向反力校正系数	q_{R_x}
q_{yi}	修正系数	q_{yi}
R_n	转向半径	R_{p}
R_{xi}	纵向反作用力	R_{xi}
R_{xoi}	接触区纵向反作用力	R_{xoi}
R_{zi}	法向反作用力	R_{zi}
$R_{\text{п1вн}}$	内侧转向轮半径	R_{p1vn}
$R_{\text{п1н}}$	外侧转向轮半径	R_{p1n}
$r_{\text{рул}}$	转向盘半径	r_{rul}
t_{90}	90% 的反应时间标准	t_{90}
t_{Σ}	行驶总时间	t_{Σ}
$t_{\text{перег}}$	图像拐点坐标	t_{pereg}
$t_{\text{п.п}}$	过渡过程的时间	$t_{\text{p.p}}$
$t_{\text{уст}}$	转向控制稳态时间	t_{ust}
$u_{\text{р.у}}$	转向控制的传动比	$u_{\text{r.u}}$
v_C	质心速度	v_C
v_{C_y}	侧向速度	v_{CY}
$v_{\text{м}x}$	质心的速度	$v_{\text{m}x}$
$v^{\text{крит}}_{\text{м}x\omega_z}$	方向稳定性速度	$v^{\text{krit}}_{\text{m}xfy}$
$v_{O'_{\text{кин}}}$	转向极速度矢量	$v_{O'_{\text{kin}}}$
X_C	纵轴	X_C
y_C	侧移量	y_C
$yO'_{\text{кин}}$	侧向位移	yO'_{kin}
$\alpha_{\text{шк}x}$	主销轴纵向侧倾角	$\alpha_{\text{shk}x}$
$\alpha_{\text{шк}y}$	主销轴横向侧倾角	$\alpha_{\text{shk}y}$
$\alpha_{\text{рул}}$	转向盘允许偏转角度	α_{rul}

续表

原文字母	意义	修改后字母
$\alpha_{рул1}$	转向盘初始转角	α_{rul1}
$\alpha_{рул2}$	剩余转角	α_{rul2}
$\alpha_{рул3}$	骤增转角	α_{rul3}
$\alpha_{\mathrm{руп}\,\Sigma}$	驶时转向盘总转动角度	$\alpha_{\mathrm{rul}\Sigma}$
$\beta_{O'_{кин}}$	轮式车辆漂移角	$\beta_{O'_{\mathrm{kin}}}$
γ_{ky0}	轮胎外倾角	γ_{ky0}
$\gamma_{м}$	质心相对方位角	γ_{m}
$\varepsilon_{мz}$	横摆角加速度	$\varepsilon_{\mathrm{mz}}$
$\eta_{р.\,у}$	转向时的效率	$\eta_{\mathrm{r.\,u}}$
$\eta_{р.\,уобр}$	退出转向的效率	$\eta_{\mathrm{r.\,uobr}}$
θ_i	第 i 轴车轮的平均转向角	θ_i
θ_K	坚实地面上转向角度	θ_{K}
μ_R	轮式车辆转向灵敏度	μ_R
$\mu_{R\max}$	转向灵敏度极限	$\mu_{R\max}$
$\mu_{R\min}$	转向灵敏度极限	$\mu_{R\min}$
Ψ_M	方向角	ψ_M
$\omega_{руп}$	转向盘转动角速度	ω_{rul}
$\omega^*_{руп}$	转向盘自动回正角速度	ω^*_{rul}
$\omega_{мz}$	横摆角速度	ω_{mz}
$\omega_{мzуст}$	横摆角速度稳态值	ω_{mzust}
$\bar{\omega}_{руп}$	转动转向盘的平均角速度	$\bar{\omega}_{\mathrm{rul}}$
$\omega_{\theta1}$	过渡过程角速度	$\omega_{\theta1}$

第 6 章

原文字母	意义	译文字母
$a_{\mathrm{траст}}$	解除制动阶段的减速度	$a_{\mathrm{\tau rast}}$
a_{τ}	制动减速度	a_{τ}

续表

原文字母	意义	修改后字母
$a_{\tau ycm0}$	0 型测试减速度	$a_{\tau \mathrm{ust0}}$
$a_{\tau ycm}$	稳态减速度	$a_{\tau \mathrm{ust}}$
$a_{\tau ycmII}$	II 型测试减速度	$a_{\tau \mathrm{ust\,II}}$
$a_{\tau i}$	减速度	$a_{\tau i}$
$a_{\tau нар}$	减速度	$a_{\tau \mathrm{nar}}$
a_{τ}	减速度	a_{τ}
$a_{\tau ycm}^{max}$	最大稳态减速度	$a_{\tau \mathrm{ust}}^{\max}$
$a_{мх}$	制动减速度	a_{mx}
$a_{\partial B}$	取决于发动机类型的系数	a_{dv}
$a_{\tau ycm}$	稳态减速度	$a_{\tau \mathrm{ust}}$
$a_{\tau ycmI}$	I 型稳态减速度	$a_{\tau \mathrm{ust\,I}}$
$a_{\tau мяг}$	紧急制动时牵引车的减速度	$a_{\tau \mathrm{tjag}}$
$a_{\tau пц}$	紧急制动时挂车的减速度	$a_{\tau \mathrm{pc}}$
$b_{\partial B}$	取决于发动机结构的系数	b_{dv}
$D_{\varphi\tau}$	制动动力因数	$D_{\varphi\tau}$
$f_{\text{ш}i}$	滚动阻力系数	$f_{\mathrm{sh}i}$
J_{k}	车轮转动惯量	J_{k}
$J_{\kappa i}$	车轮转动惯量	$J_{\mathrm{k}i}$
$J_{mз}$	缓速制动器的惯性力矩	J_{tz}
$J_{\partial в}$	发动机用作减速制动器的惯性力矩	J_{dv}
$k_{\tau i}$	比例系数	$k_{\tau i}$
$k_{\tau Hep}$	制动力的轴向不均匀系数	$k_{\tau \mathrm{ner}}$
k_{yoi}	侧偏阻力系数	k_{yoi}
$k_{mпц}$	挂车的重量系数	k_{mpc}
$k_{Ry\tau}$	横向反作用力系数	$k_{R_y\tau}$
$k_{Rx\tau}$	纵向反作用力系数	$k_{R_x\tau}$
k_{Rxmax}	最大纵向反作用力系数	$k_{R_x\max}$
k_{a_τ}	减速度增加系数	k_{a_τ}

续表

原文字母	意义	修改后字母
$k_{R_x\text{т}}$	纵向反力系数	$k_{R_x\text{т}}$
l_{ij}	从质心 i 到第 j 轴的距离	l_{ij}
l_{Cj}	从质心 C 到第 j 轴的距离	l_{Cj}
l_{CD}	作用点 D 和其到质心 C 的距离	l_{CD}
$M_{k\text{т}}$	制动力矩	$M_{\mathrm{k}\text{т}}$
$M_{k\text{тз}}$	缓速制动器产生的力矩	$M_{\mathrm{k}\text{т}\mathrm{z}}$
$M_{f\text{ш}i}$	车轮滚动阻力矩	$M_{f_{\mathrm{sh}}i}$
$M_{f\text{ш}}$	车轮滚动阻力矩	$M_{f_{\mathrm{sh}}}$
M_{T3}	缓速器施加在车轮上的力矩 M_{T3}	M_{tz}
$M_{K\text{тм}}$	轮式车辆车轮上的总制动力矩	$M_{\mathrm{k}\text{т}\mathrm{m}}$
$M_{\text{трентз}}$	缓速制动器的摩擦力矩	M_{trentz}
$M_{\text{трендв}}$	发动机用作减速制动器的摩擦力矩	M_{trendv}
$M_{\text{пов}R_x}$	转向力矩	$M_{\mathrm{pov}R_x}$
$M'_{k\text{т}}$	车轮行车制动系统制动力矩	$M'_{\mathrm{k}\text{т}}$
M_{J_Z}	侧向反力力矩和惯性力矩	M_{J_z}
$M_{J_k\text{т}}$	车轮惯性力矩	$M_{J_{\mathrm{k}}\text{т}}$
$M_{f_{\text{ш}}\text{м}}$	车轮滚动阻力矩	$M_{f_{\mathrm{sh}}\mathrm{m}}$
$m_{\text{тяг}}$	牵引车的质量	m_{tjag}
$m_{\text{пц}}$	挂车的质量	m_{pc}
$n_{\text{дв}}$	发动机的转速	n_{dv}
$P_{\text{педт}}$	对制动踏板施加的恒定力	$P_{\mathrm{ped}\text{т}}$
$P_{k\text{т}i}$	因制动机构作用而产生的制动力	$P_{\mathrm{k}\text{т}i}$
$P_{k\text{т}2}$	2 轮上的制动力	$P_{\mathrm{k}\text{т}2}$
$P_{k\text{т}1}$	1 轮上的制动力	$P_{\mathrm{k}\text{т}1}$
$P_{k\text{т}}$	因制动机构作用而人为产生的运动阻力	$P_{\mathrm{k}\text{т}}$
P_{ax}	纵向作用力	P_{ax}
$P_{K\text{тм}}$	轮式车辆车轮上的总制动力	$P_{\mathrm{k}\text{т}\mathrm{m}}$
$P_{K\text{т}i}$	各车轮上的制动力	$P_{\mathrm{k}\text{т}i}$

续表

原文字母	意义	修改后字母
$P_{\text{педт}}$	对制动踏板施加的恒定力	$P_{\mathrm{ped}\tau}$
$P_{\text{пцх}}$	挂钩载荷	$P_{\mathrm{pc}x}$
$P_{\text{му}}$	纵向反力的横向力	$P_{\mathrm{m}y}$
$P_{\text{двт}}$	发动机（缓速制动器）制动力	$P_{\mathrm{dv}\tau}$
$P_{f_{\text{ш}}M}$	车轮滚动阻力	$P_{f_{\mathrm{sh}}\mathrm{m}}$
P_{a_y}	惯性力侧分力	P_{a_y}
$P'_{\text{ктм}}$	轮式车辆行车制动系统的力	$P'_{\mathrm{k}\tau\mathrm{m}}$
$P_{\text{сц}}$	连接牵引车和挂车的挂钩中产生联接力	P_{sc}
P_z	垂向力	P_z
$p_{\mathrm{w}i}$	车轴制动缸中压力	$p_{\mathrm{w}i}$
$p_{wi\text{уст}}$	各制动缸压力	p_{wiust}
$\tilde{p}_{\text{ттяг}}$	牵引车的单位制动力	$\tilde{p}_{\tau\mathrm{tjag}}$
$\tilde{p}_{\text{тпц}}$	挂车的单位制动力	$\tilde{p}_{\tau\mathrm{pc}}$
$\tilde{p}_{\text{тм}}$	汽车列车的单位制动力	$\tilde{p}_{\tau\mathrm{m}}$
$P_{ax\text{т}}$	纵向作用力	$P_{a_x\tau}$
R_{zoi}	垂向反作用力	R_{zoi}
$R_{zo\tau i}$	垂向反作用力	$R_{zo\tau i}$
R_{zj}	垂向反作用力	R_{zj}
R_{z2}	垂向反作用力	R_{z2}
$R_{y\tau i}$	横向反作用力	$R_{y\tau i}$
$R_{yo\tau i}$	轴上横向反力	$R_{yo\tau i}$
$R_{x\tau j}$	纵向反作用力	$R_{x\tau j}$
$R_{x\tau i}$	纵向反作用力	$R_{x\tau i}$
$R_{x\tau 2}$	纵向反作用力	$R_{x\tau 2}$
$R_{xo\tau i}^{\max}$	最大纵向反作用力	$R_{xo\tau i}^{\max}$
$R_{xo\tau i}$	纵向反作用力	$R_{xo\tau i}$
$R_{\mathrm{xo\tau i}}^{\text{тяг}}$	牵引车纵向反力	$R_{xo\tau i}^{\mathrm{tjag}}$
$R_{xo\tau i}^{\text{пц}}$	挂车纵向反力	$R_{xo\tau i}^{\mathrm{pc}}$

续表

原文字母	意义	译文字母
$r_{\kappa i}$	滚动半径	r_{ki}
$r_{\kappa 0}$	滚动半径	r_{k0}
r_{κ}	滚动半径	r_{k}
$S_{\tau p.B}$	驾驶员反应阶段轮式车辆通过的距离	$S_{\tau r.v}$
$S_{\tau i}$	距离	$S_{\tau i}$
$S_{\tau 3}$	制动系统延迟阶段轮式车辆通过的距离	$S_{\tau 3}$
$s_{\tau ycmi}$	稳态减速度部分增加的距离	$s_{\tau usti}$
$s_{\tau нap}$	减速度部分增加的距离	$s_{\tau nar}$
s_{τ}	从踩下踏板到完全停止的最小制动距离	s_{τ}
$s_{б\Sigma\tau}^{onm}$	制动状态最优纵向滑动系数	$s_{b\Sigma\tau}^{opt}$
$s_{б\Sigma\tau j}$	第 j 个车轮抱死时的滑动系数	$s_{b\Sigma\tau j}$
$s_{б\Sigma\tau}$	制动状态基本滑动系数	$s_{b\Sigma\tau}$
$s_{бj\tau}$	制动状态剪切滑动系数	$s_{bj\tau}$
$s_{б\Sigma}$	基本滑动系数	$s_{b\Sigma}$
$s_{бy}$	弹性滑动系数	s_{by}
$s_{бj}$	剪切滑动系数	s_{bj}
t_{ycm}	稳态减速度部分的时间	t_{ust}
$t_{p.B}$	驾驶员反应时间	$t_{r.v}$
$t_{cpaб}$	总时间	t_{srab}
t_{Hapi}	减速度时间	t_{nari}
$t_{нap}$	减速度增加的时间	t_{nar}
$t_{нap0,8}$	增加时间平均值	$t_{nar0.8}$
$t_{pacт}$	解除制动时间为	t_{rast}
$r_{cв}$	自由半径	r_{sv}
u_{mp}	发动机用作减速制动器到车轮的传动比	u_{tr}
$u_{mз}$	缓速制动器到车轮的传动比	u_{tz}
$V_{дв}$	发动机容积	V_{dv}
$v_{мх}$	车辆的线速度	v_{mx}

续表

原文字母	意义	译文字母
$v_{мx0}$	汽车列车在水平支承面上从初始速度	v_{mx0}
$v_{мy}$	轮式 y 方向车辆末速度	v_{my}
$v_{мxi}$	轮式车辆末速度	v_{mxi}
$v_{мx0}$	轮式 x 方向车辆末速度	v_{mx0}
$v_{мx}$	轮式车辆末速度	v_{mx}
$v_{мxуcт}$	稳态减速度部分的速度	v_{mxust}
$v_{мxp.B}$	驾驶员反应后的速度	$v_{mxr.v}$
$v_{мxHap}$	减速度累积阶段速度	v_{mxnar}
$v_{мx3}$	制动系统延迟阶段速度	v_{mx3}
$v_{мx0Hap}$	开始运动的速度	v_{mx0nar}
ν_{Kx}	单个车轮的速度	v_{kx}
$v_{мx0}$	车辆初始运动速度	v_{mx0}
$\alpha_{руп}$	转向盘转动角度	α_{rul}
$\alpha_{опу}$	横向坡度为	α_{opy}
α_i	控制器传递系数	α_i
$\beta_{\tau j}$	制动力分配系数	$\beta_{\tau j}$
$\gamma_{м}$	轮式车辆的回转角	γ_{m}
η_{T3}	缓速器与车轮之间传动区的效率	η_{tz}
η_{mp}	发动机用作减速制动器到车轮的传动效率	η_{tr}
$\eta_{mp\tau}$	制动状态下传动效率	$\eta_{tr\tau}$
$\delta_{вр\tau}$	制动状态下质量增加系数	$\delta_{vr\tau}$
$\tau_{cpaбi}$	每个制动驱动反应时间	t_{srabi}
φ_0	附着系数	φ_0
$\omega_{дв}$	发动机用作减速制动器的角速度	ω_{dv}
ω_{m3}	缓速制动器的角速度	ω_{tz}
$\omega_{к}$	角速度	ω_k
Ψ	运动阻力系数	ψ
$\Delta\omega_{мz}$	角速度参数	$\Delta\omega_{mz}$

续表

原文字母	意义	译文字母
$\sum_{i=1}^{n_0} P_{x\tau i}^{л}$	左侧轮缘制动力之和	$\sum_{i=1}^{n_0} P_{\mathrm{x\tau i}}^{\mathrm{l}}$
$\sum_{i=1}^{n_0} P_{x\tau i}^{п}$	右侧轮缘制动力之和	$\sum_{i=1}^{n_0} P_{x\tau i}^{\mathrm{p}}$
$\sum_{i=1}^{n_0} R_{xo\tau i}^{пц}$	挂车总纵向反力	$\sum_{i=1}^{n_0} R_{xo\tau i}^{\mathrm{pc}}$
$\sum_{i=1}^{n_0} R_{xo\tau i}^{тяг}$	牵引车总纵向反力	$\sum_{i=1}^{n_0} R_{xo\tau i}^{\mathrm{tjag}}$
$\sum_{i=1}^{n_0} R_{x\tau i}^{H}$	制动力	$\sum_{i=1}^{n_0} R_{x\tau i}^{\mathrm{n}}$
$\sum_{i=1}^{n_0} R_{x\tau i}^{вH}$	上方轮缘(内缘)车轮的制动力	$\sum_{i=1}^{n_0} R_{x\tau i}^{\mathrm{vn}}$
$\sum_{i=1}^{n_0} R_{x\tau i}^{л}$	左侧轮缘制动力之和	$\sum_{i=1}^{n_0} R_{x\tau i}^{\mathrm{l}}$
$\sum_{i=1}^{n_0} R_{x\tau i}^{п}$	右侧轮缘制动力之和	$\sum_{i=1}^{n_0} R_{x\tau i}^{\mathrm{p}}$
$\sum_{i=1}^{n_0} R_{yoi}$	所有横向反力的合力	$\sum_{i=1}^{n_0} R_{yoi}$

第7章

原文字母	意义	修改后字母
$A_{0нпд}$	簧下质量有阻尼振动时的最大初始振幅	A_{0npd}
$A_{0\mathrm{пд}}$	簧上质量有阻尼振动时的最大初始振幅	A_{0pd}
$A_{1\mathrm{в}}$	振幅	A_{1v}
$A_{1\mathrm{н}}$	振幅	A_{1n}
$A_{\mathrm{в}}$	振幅	A_{v}
$A_{\mathrm{н}}$	振幅	A_{n}
$A_{\mathrm{нпдв}}$	振幅	A_{npdv}
$A_{\mathrm{нпдн}}$	振幅	A_{npdn}

续表

原文字母	意义	修改后字母
$A_{\text{пдв}}$	振幅	A_{pdv}
$A_{\text{пдн}}$	振幅	A_{pdn}
$A_{aмi}$	一个振动周期内对所克服阻力做功	$A_{\text{am}i}$
B	轮距	B
$b_{шx}$	轮胎与支撑表面接触长度	$b_{\text{sh}x}$
c_{ax}	轮式车辆纵向垂直平面上的角刚度	$c_{\alpha x}$
$c_{\text{у. э}}$	悬架弹性元件的刚度	$c_{\text{u.}''}$
$c_{\text{п}}$	车辆轴的刚度	c_{p}
$c_{\text{п1}}$	轮式车辆前轴的刚度	c_{p1}
$c_{\text{п2}}$	轮式车辆后轴的刚度	c_{p2}
$c_{\text{п-ш}}$	折算刚度	$c_{\text{p-sh}}$
$c_{\text{п-шi}}$	折算刚度	$c_{\text{p-sh}i}$
$c_{n-шi2}$	两轴轮式车辆的折算刚度	$c_{\text{p-sh}i2}$
$c_{n-шin}$	n 轴轮式车辆的折算刚度	$c_{\text{p-sh}in}$
c_{ni}	悬架的刚度	$c_{\text{p}i}$
$c_{\text{ш}z}$	轮胎的刚度	$c_{\text{sh}z}$
$c_{шi}$	轮胎的刚度	$c_{\text{sh}i}$
$c_{\text{щ z}}$	轮胎的刚度	$c_{\text{sch}z}$
$c_{n-щ\alpha i}$	悬架的折算角刚度	$c_{\text{p-sch}\alpha i}$
$c_{ш}$	轮胎刚度	c_{sh}
$c'_{ш}$	轮胎刚度	c'_{sh}
$c_{ш\varphi}$	轮胎的角刚度	$c_{\text{sh}\varphi}$
$c_{\text{п}}$	弹性元件的刚度	c_{p}
D_q	方差	D_q
$D_{\text{3пд}}$	振荡衰减量	D_{zpd}
$D_{\text{3пд}}, D_{\text{3нпд}}$	振荡衰减率	D_{zpd}、D_{znpd}
$dA_{aмi}$	减振器阻力做功的微元	$dA_{\text{am}i}$

续表

原文字母	意义	修改后字母
$e^{-\psi_{пд}T_{3пд}}$	几何级数的公比	$e^{-\psi_{pd}T_{3pd}}$
$h_{ам}$	变形	h_{am}
$h_{у.э}$	悬架弹性元件的变形	$h_{u.''}$
$h_{у.э}^{max}$	悬架弹性元件的全（最大）行程	$h_{u.''}^{max}$
$h_{zст}$	重力使轮胎产生的变形	h_{zst}
$h_{п}$	垂直位移为	h_{p}
$h_{пст}$	重力使弹性元件产生的变形（静态变形）	h_{pst}
$h_{пст1}$、$h_{пст2}$	重力使弹性元件产生的变形（静态变形）	h_{pst1}、h_{pst2}
$h_{ст}$	总静态变形为	h_{st}
i	倍频带编号	i
j	道路编号	j
$J_{му}$	惯性矩	J_{my}
$J_{б.мxi}$	惯性矩	$J_{b.mxi}$
J_{Mx}	绕纵轴惯性矩	J_{mx}
$k_{ам}$	减振器的阻尼（阻力）系数	k_{am}
$k_{опj}$	j 路段的加权系数	k_{opj}
$k_{п}$	减振器的阻尼系数	k_{p}
$k_{п1}$、$k_{п2}$	阻尼系数	k_{p1}、k_{p2}
k_{ni}	悬架的阻尼	k_{pi}
$k_{шi}$	轮胎的阻尼	k_{shi}
$k_{\ddot{y}i}$	人对水平振动敏感度的加权系数	$k_{\ddot{y}i}$
$k_{\partial h_n}$	动态变形量系数	k_{dh_p}
$k_{\partial h_n}$	动态变形量系数	k_{dh_p}
k_{n}	悬架阻尼系数	k_{p}
$k_{\ddot{z}i}$	人对垂直振动敏感度的加权系数	$k_{\ddot{z}i}$
$k_{щ}$	充气轮胎的阻尼系数	k_{sch}
L	轴距	L

续表

原文字母	意义	修改后字母
L_{ν}	轮式车辆元件的承载能力	L_{v}
l	长度	l
$l_{c_{пдi}}$	沿着轴 L 方向的距离	$l_{c_{\mathrm{pd}i}}$
$\tilde{l}_{i,i+1}$	相对距离	$\tilde{l}_{i,i+1}$
M_{kpx}	倾斜力矩	M_{krx}
M_{ax}	是绕纵轴作用的激励力矩	M_{ax}
$m_{\mathrm{пд}}$	簧上质量	m_{pd}
$m_{\mathrm{нпд}}$	簧下质量	m_{npd}
$m_{\mathrm{нпд1}}$、$m_{\mathrm{нпд2}}$	簧下质量	m_{npd1}、m_{npd2}
$m_{\mathrm{пд1}}$、$m_{\mathrm{пд2}}$	簧上质量	m_{pd1}、m_{pd2}
$m_{б.\,мi}$	簧下（板梁）质量为	$m_{\mathrm{b.\,m}i}$
$m_{м}$	车辆总质量	m_{m}
$m_{нпi}$	簧下质量	$m_{\mathrm{pd}i}$
$m'_{нпд}$	簧下质量	m'_{npd}
$m_{нпдi}$	簧下质量	$m_{\mathrm{npd}i}$
m_{q}	数学期望值	m_{q}
$N_{aмi}$	耗散功率	$N_{\mathrm{am}i}$
n_{o}	轴数	n_{o}
$n_{\mathrm{окт}}$	倍频带	n_{okt}
$n_{\mathrm{оп}}$	被研究支承面（道路）的数量	n_{op}
$O_{\mathrm{к}}$	轮心	O_{k}
$O_{\mathrm{н}}$（$O_{\mathrm{в}}$）	振动中心固定点	O_{n}（O_{v}）
$\mathrm{P}_{aм}$	摩擦力	P_{am}
$P_{\mathrm{q}i}$	由于轮式车辆沿不平路面行驶而引起的激励力	$P_{\mathrm{q}i}$
P_{s}	轮胎表面的法向反作用力	P_{s}
$P_{\mathrm{y.\,э}}$	道路不平所产生的振动力和冲击力	$P_{\mathrm{u.}''}$
$P_{\mathrm{zy.\,э}}$	作用在车轮上的力为	$P_{\mathrm{zu.}''}$

续表

原文字母	意义	修改后字母
$P_{\text{п}i}$	作用在簧上质量的弹性力	P_{pi}
$P_{\text{трениш}}$	充气轮胎中的粘滞摩擦力	P_{trensh}
p	微分算子	p
$P_{fa\text{м}}$	减振器中的损耗所引起的车轮滚动等效阻力	P_{fam}
$P_{fa\text{м}i}$	减振器（悬架）中的损失而引起的等效车轮滚动阻力	p_{fami}
$P_{f\text{ш}p}$	一个悬架铰链中的损耗所引起的等效运动阻力	P_{fshr}
$P_{n\partial Zi\text{л}}$，$P_{n\partial Zin}$	左右车轮的悬架作用在质量车辆和簧下的力	P_{pdzil}、P_{pdzip}
$Q_{n\partial Z}$、$Q_{n\partial}$	激励函数	Q_{pdz}、$Q_{pd\alpha}$
$Q_{n\partial z}^{max}$	最大垂直扰动	$Q_{\text{pdz}}^{\text{max}}$
$Q_{n\partial\alpha}^{max}$	最大角扰动	$Q_{\text{pd}\alpha}^{\text{max}}$
Q_i	对应于广义坐标第 i 种的广义力	Q_i
$Q_{n\partial z}, Q_{\text{н}n\partial i}$	激励函数	Q_{pdz}、$Q_{\text{npd}i}$
$Q_{n\partial\alpha}$	激励函数	$Q_{\text{pd}\alpha}$
$Q_{\text{ц}}(x_i)$	中心随机函数	$q_c\ (x_i)$
$Q(p)$	激励函数	$Q(p)$
q	不平路面高度	q
q_0	不平路面的振幅	q_0
q_i	接触点的垂直位移	q_i
$q_i(x)$	随机函数的样本函数	$q_i(x)$
$q_{n\partial}$	角激励函数	$q_{\text{pd}\alpha}$
$q_{n\partial z}$	垂直激励函数	q_{pdz}
$q_{n\partial z}^{max}$	垂直激励函数最大值	$q_{\text{pdz}}^{\text{max}}$
$q_{n\partial\alpha}^{max}$	角激励函数最大值	$q_{\text{pd}\alpha}^{\text{max}}$
$\bar{q}_{\text{ц}}$	中间截面的纵坐标	$\bar{q}_{\text{c}}$
$q_{\text{ц}n}(x)$	右侧轮	$q_{\text{cp}}(x)$
$R_q(x_L)$	相关函数	$R_q(x_L)$
$R_{q,\alpha_{ony}}(x_L)$		$R_{q,\alpha_{opy}}(x_L)$

续表

原文字母	意义	修改后字母
$R_q(0)$	相关函数	$R_q(0)$
$R\alpha_{ony}(x_L)$	相关函数	$R\alpha_{opy}(x_l)$
$R(p)$	函数	$R(p)$
$\tilde{R}_q(x_L)$	无量纲正则相关函数	$\tilde{R}_q(x_L)$
r_κ	滚动半径	r_k
(v_L)	标准化谱密度	$\bar{S}_q(v_L)$
$S_R(v)$	输出端系统响应的谱密度	$S_r(v)$
$S_{\alpha_{kpx}}$	角位移	$S_{\alpha_{\mathrm{krx}}}$
$S_q(v)$	输入端随机激励的谱密度	$S_q(v)$
$S_q(v_L)$	谱密度	$S_q(v_L)$
$S_{\ddot{z}c}(v_{mex})$	谱密度	$S_{\ddot{z}c}(v_{\mathrm{teh}})$
$S_z(v)$	垂直位移和	$S_z(v)$
$S_{\ddot{z}}(v)$、$S_{\ddot{\alpha}_{kpx}}(v)$	车体加速度	$S_{\ddot{z}}(v)$、$S_{\ddot{\alpha}_{\mathrm{krx}}}(v)$
$T_{3\text{пд}}$, $T_{3\text{нпд}}$	阻尼振荡周期	T_{zpd}、T_{znpd}
T_v	受迫振动周期	T_v
t_i'	当第 i 轴的车轮越过某个不平点相对于第一轴车轮过该点时，对系统影响的延迟时间	t_i'
V	作用（时间）频率	v
V_L	线性（路径）频率函数	v_L
v	激励力的作用频率	v
$v_{\text{aм}}$	运行速度	v_{am}
$v_{ş}$	滑动速度	v_s
$v_{\text{мх}}$	运动速度	v_{mx}
v_k	轮轴速度为	v_k
v_{kx}	平行于支撑表面的轮轴速度分量	v_{kx}
v_{pe3}	共振频率	v_{rez}
$v_{мх}$	速度	v_{mx}

续表

原文字母	意义	修改后字母
υ_{Tex}	初始频率	υ_{teh}
υ'_{Tex}	初始频率	υ'_{teh}
υ''_{Tex}	截止频率	υ''_{teh}
$\bar{\upsilon}_{Tex}$	倍频带频率的几何平均值	$\bar{\upsilon}_{teh}$
$W_R(p)$	传递函数	$W_r(p)$
$W_Z(p)$	簧下质量相对振动的传递函数	$W_z(p)$
$w_{кин}$，$w_{пот}$	系统的动能，势能	W_{kin}、W_{pot}
x	路径长度	x
z_*	特解	$z*$
z_0	质心的垂直位移	z_0
z_1，z_2	弹性元件的变形量	z_1、z_2
z_A	稳态受迫振动的振幅	z_A
$\ddot{z}_{max}$	最大垂直加速度	$\ddot{z}_{max}$
$\ddot{z}_A$	加速度	$\ddot{z}_a$
$\dot{z}_{omнi}$	车轮相对于轮式车辆车身的位移	$\dot{z}_{otni}$
z_C、a_{kpx}、x	广义坐标	z_c、α_{krx}、x
$z_{c_{nд}}$	簧上质心垂向坐标	$z_{c_{pd}}$
z_i、a_{kpx}、x	广义坐标	z_i、α_{krx}、x
$\tilde{z}_A$	簧上质量的相对位移振幅	$\tilde{z}_A$
α	接触点切线处相对于不平度剖面的倾斜角度	α
α_{onx}	纵向斜角	α_{opx}
α_{ony}	横向斜角	α_{opy}
$\alpha_{кр x}$	车体在纵向平面中的角位移	α_{krx}
$\tilde{\alpha}_{кpxn}$	相对俯仰角	$\tilde{\alpha}_{krxn}$
$\alpha_{б.\ мyi}$	角位移为	$\alpha_{b.\ myi}$
$\alpha_{кpx}$	车身倾斜角	α_{krx}
$\alpha_{кpy}$	倾转角度	α_{kry}
$\alpha_{onyц}$	倾斜角	α_{opyc}

续表

原文字母	意义	修改后字母
ε_k	车轮的加速度	ε_k
$\varepsilon_{\text{пд}}$	簧上质量的分布系数	$\varepsilon_{\mathrm{pd}}$
ζ_i	纵向位移将、	ζ_i
ξ_i	广义坐标（簧下质心垂向坐标）	ξ_i
η_i	耦合系数	η_i
$\rho_{\text{му}}$	回转半径	ρ_{my}
$\bar{\sigma}_{\ddot{z}\text{c}}$	第 i 个倍频带中的平均值	$\bar{\sigma}_{\ddot{z}c}$
$\bar{\sigma}_{\ddot{z}\text{Э}}$	道路和运动速度的等效均方根加速度	$\bar{\sigma}_{\ddot{z}''}$
σ_q	方根偏差	σ_q
$\sigma_{\ddot{x}}$	纵向均方根加速度	$\sigma_{\ddot{x}}$
$\sigma_{\dot{z}}$	倍频程中的均方根速度	$\dot{\sigma}_z$
$\sigma_{\ddot{z}}$	装载平台的垂直加速度满足	$\sigma_{\ddot{z}}$
$\bar{\sigma}_{\ddot{z}\text{Э}}$	轮式车辆的加权平均垂直加速度	$\bar{\sigma}_{\ddot{z}''}$
$\sigma_{\ddot{z}imax}$	最大均方根加速度	$\sigma_{\ddot{z}i\max}$
$\sigma_{\ddot{z}imin}$	最小均方根加速度	$\sigma_{\ddot{z}i\min}$
ϕ	耗散函数	φ
$\varphi_{0\text{нпд}}$	簧下质量有阻尼振动时的初始相位	$\varphi_{0\mathrm{npd}}$
$\varphi_{0\text{пд}}$	簧上质量有阻尼振动时的初始相位	$\varphi_{0\mathrm{pd}}$
$\varphi_{\text{н}}$、$\varphi_{\text{в}}$	相位角	φ_n、φ_v
$\psi_{\text{нпд}}$	簧下质量振动阻尼系数	ψ_{npd}
$\Psi^{*}_{пд\alpha l}$	相对阻尼系数	$\Psi^{*}_{\mathrm{pd\alpha 1}}$
$\psi_{нпдi}$	簧上质量固定时的簧下质量垂直振动的部分衰减系数	$\psi_{\mathrm{npd}i}$
$\psi'_{нпдi}$	固定簧上质量时弹性悬架元件 $c_{\text{п}}$ 上的簧下质量垂直振动的部分阻尼系数	$\psi'_{\mathrm{npd}i}$
$\psi_{\text{пд}}$	簧下质量固定时簧上质量垂直振动的部分阻尼系数	ψ_{pd}
$\psi_{пд}$，$\psi_{нпд}$	相对阻尼系数	ψ_{pd}、ψ_{npd}
$\Psi_{пд}$，$\Psi_{нпд}$	阻尼系数	Ψ_{pd}、Ψ_{npd}
$\Psi_{пд}$	相对衰减系数	Ψ_{pd}

续表

原文字母	意义	修改后字母
$\psi_{\textit{пд}\alpha}$	簧下质量固定时簧上质量角振动的部分阻尼系数	$\psi_{\mathrm{pd}\alpha}$
$\Omega_{\textit{В}}$	纵向角振动对应着固有振动的最高频率	Ω_{v}
$\Omega_{\textit{пд}Z}$	垂直线性振动的频率	Ω_{pdz}
$\Omega_{\text{в}}$	最高频率	Ω_{v}
$\Omega_{\textit{н}}$	垂向线性自由振动对应的最低频率	Ω_{n}
$\Omega_{\textit{пд}Z}$	簧上质量的垂直振动频率	Ω_{pdz}
$\Omega_{\textit{пд}\alpha}$	频率	$\Omega_{\mathrm{pd}\alpha}$
$\tilde{\Omega}_{\textit{пд}\alpha}$	相对固有频率	$\tilde{\Omega}_{\mathrm{pd}\alpha}$
$\tilde{\Omega}_{\textit{пд}\alpha l}$	相对频率与相对距离的关系	$\tilde{\Omega}_{\mathrm{pd}\alpha\mathrm{l}}$
$\tilde{\Omega}_{\textit{пд}\alpha\textit{н}}$	纵向角振动的相对固有频率	$\tilde{\Omega}_{\mathrm{pd}\alpha\mathrm{n}}$
Ω_{i}	簧上质量和簧下质量振动的固有频率	Ω_{i}
$\Omega_{\textit{нпд}i}$	簧下质量的垂直振动频率	$\Omega_{\mathrm{npd}i}$
$\omega_{\text{знпд}}$	阻尼振荡的圆频率	ω_{znpd}
$\omega_{\text{зпд}}$	阻尼振荡的圆周频率	ω_{zpd}
$\omega_{\text{нпд}}$	固定簧上质量时的簧下质量偏频	ω_{npd}
$\omega'_{\text{нпд}}$	固定簧上质量且只存在悬架弹性元件时簧下质量偏频	ω'_{npd}
$\omega_{\text{пд}}$	自由振动的圆周频率	ω_{pd}
$\omega_{\text{пд}1}$、$\omega_{\text{пд}2}$	前轴、后轴的频率	ω_{pd1}、ω_{pd2}
$\omega_{\text{пд}\,i}$	偏频	$\omega_{\mathrm{pd}i}$
$\omega_{\text{пдв}}$	轮式车辆簧上质量的最高频率	ω_{pdv}
$\omega_{\text{пдн}}$	轮式车辆簧上质量的最低频率	ω_{pdn}
$\omega_{\text{пдтех}}$	固有频率	ω_{pdteh}
ω_{k}	角速度	ω_{k}
$\omega_{\textit{нпд}i}$	簧上质量固定时的簧下质量垂直振动的部分偏频	$\omega_{\mathrm{npd}i}$
$\omega'_{\textit{нпд}i}$	固定簧上质量时弹性悬架元件 $c_{\text{п}}$ 上的簧下质量垂直振动的部分阻尼偏频	$\omega'_{\mathrm{npd}i}$
$\omega_{\textit{пд}}$	簧下质量固定时簧上质量垂直振动的部分偏频	ω_{pd}
$\omega_{\textit{пд}\alpha}$	簧下质量固定时簧上质量角振动的部分偏频	$\omega_{\mathrm{pd}\alpha}$

续表

原文字母	意义	修改后字母
ω_i	簧上质量和簧下质量振动的偏频	ω_i
ΔR_{xi}	附加的纵向力	ΔR_{xi}
ΔR_{xqi}	由于垂直反力的增加而产生的纵向反作用力的增量	ΔR_{xqi}
$\Delta R_{x\Sigma}$	总附加纵向反力	$\Delta R_{x\Sigma}$
ΔR_{zi}	垂直反作用力的增量	ΔR_{zi}
$\sum_{i=1}^{n_o} c_{\text{п-ш}i}$	总刚度	$\sum_{i=1}^{n_o} c_{\text{p-shi}}$

第8章

原文字母	意义	译文字母
A_{Boccmx}	倾斜力矩的功	A_{vosstx}
A_{Kpx}	倾斜力矩的功	A_{krx}
$A_{\text{ПД}}$	挂钩点	A_{pd}
$a_{C_{n\partial y}}$	簧上质量重心横向加速度	$a_{C_{\text{pdy}}}$
$a_{C_{n\partial}}$	簧上质心加速度	$a_{C_{\text{pd}}}$
a^{p}_{onx}	纵向轮廓角度	$a^{\text{r}}_{\text{opx}}$
$a_{г}$	轮胎与土壤的接触起点	a_{g}
$a_{мх}$	质心加速度	a_{mx}
$\alpha_{бок}$	轮胎变形角度	α_{bok}
$A_{1\text{Н}}$	计算中间距离变量	$A_{1\text{n}}$
$A_{2\text{Н}}$	计算中间距离变量	$A_{2\text{n}}$
A_h	抬升车轮所需的功	A_h
a_j	轮胎－地面接触中心	a_j
A_p	计算中间距离变量	A_p
$a_{\text{к}x}$	车轮加速度	a_{kx}
$a_{\text{мх}}$	质心的加速度	a_{mx}
$a_{\text{п}}$	土壤抵抗系数计算过程变量	a_{p}

续表

原文字母	意义	修改后字母
a	压力中心高出重心的高度	a
$A_{1\alpha}$	前悬架变形所做的功	$A_{1\alpha}$
$a_{уст}$	轮轴纵向位移	a_{ust}
$a_{г}$	接触区某线段长度	a_{g}
$A_{п}$	动态行程区域中变形所做的功	A_{p}
A_{c}	泥炭燃烧后剩余的灰分量	A_{c}
$a_{э}$	接触区某段长度	a_{z}
$\bar{b}_{шx\Sigma}$	轮式车辆一侧所有推进器的平面接触的折算总长度	$\bar{b}_{shx\Sigma}$
$\bar{b}_{шyi}$	接触总宽度	$\bar{b}_{shyi}$
$\bar{b}^{p}_{шyi}$	接触区域计算宽度	$\bar{b}^{r}_{shyi}$
$\bar{b}^{max}_{Шy}$	车轮与支承面接触宽度	$\bar{b}^{max}_{shy}$
$B_{об}$	轮毂宽度	B_{ob}
$B_{ш}$	轮胎截面的宽度	B_{sh}
$\tilde{b}_{рв}$	壕沟的相对宽度	$\tilde{b}_{rv}$
$\tilde{b}_{шx}$	压模长度	$\tilde{b}_{shx}$
b_{BTi}	车轮下部突出原件参数	b_{vti}
$b_{б.д}$	滚道挠度的宽度	b_{bd}
$b_{бамп}$	保险杠参数	b_{bamp}
$b_{слi\Sigma}$	车轮轨迹总宽度	$b_{sli\Sigma}$
$b_{шy}$	车轮地面接触宽度	b_{shy}
$b^{бok}_{шyi}$	某接触区横截面两侧宽	b^{bok}_{shyi}
$b^{бok}_{шy}$	接触区横截面两侧宽	b^{bok}_{shy}
$b^{пл}_{шy}$	平面区域的宽度	b^{pl}_{shy}
$b^{пл}_{шyi}$	某平面区域的宽度	b^{pl}_{shyi}
$b_{шx}$	车轮地面接触长度	b_{shx}
$b_{шyi}$	车轮地面接触宽度	b_{shyi}

续表

原文字母	意义	修改后字母
B	保险杠	V
$b_{\text{сл}0\,i}$	未变形土壤前部区域辙迹宽度	$b_{\text{sl}0i}$
$b_{\text{сл}\,i}$	发生变形区域辙迹宽度	$b_{\text{sl}i}$
b_{fa}	a 摩擦参数	b_{fa}
b_{fb}	b 摩擦参数	b_{fb}
$b_{\text{п}}$	土壤抵抗力计算中间变量	b_{p}
$b_{\text{рв}}$	壕沟宽度	b_{rv}
$b_{\text{сл}}$	车轮轨迹宽度	b_{sl}
$b_{\text{сл}\,i}$	车轮轨迹宽度	$b_{\text{sl}i}$
$b_{\text{слl}}$	前轮轨迹宽度	b_{sll}
$b_{\text{сл}\,п}$	后轮轨迹宽	b_{slp}
$b_{\text{э}}$	接触区横截面高度	b_{z}
$B_{\text{в}}$	轮式车辆车身在水线上的宽度	B_{v}
$B_{\text{габ}}$	外廓车道	B_{gab}
$B_{\text{слм}}$	沿轮迹的转弯宽度	B_{cpm}
$B_{\text{ш}}$	车轮宽度	B_{sh}
$C_{пд}$	簧上质量重心	C_{pd}
$C_{пд0}$	质心 z 轴坐标坐标绝对值	C_{pd0}
$c_{ш}$	车轮轴相对于接触中心的纵向位移	c_{sh}
$c_{ш-г}$	土壤内聚力	$c_{\text{sh}-\text{g}}$
$c_{ш-гx}$	x 方向土壤内聚力	$c_{\text{sh}-\text{g}x}$
$c_{ш-гy}$	y 方向土壤内聚力	$c_{\text{sh}-\text{g}y}$
$c_{\text{г}}$	土壤黏合性	c_{g}
$\text{c}_{\text{ш}+\text{г}}$	外摩擦参数	$c_{\text{sh}+\text{r}}$
$c_{\text{шz}}$	车轮轴相对于接触中心的纵向位移	c_{shz}
C	非弹性变形模量	C
$c_{\text{г}}$	土壤粘合性（附着）	c_{g}

续表

原文字母	意义	译文字母
$c_{п}$	悬架的刚度	c_{p}
$d_{об}$	轮辋直径	d_{ob}
$\tilde{dz}$	相对垂直变形增量	$\tilde{dz}$
$dl_{ст}$	移动距离 $dl_{ст}$	dl_{st}
D_{q}	方差	D_{q}
$dh_{гzR_y}$	垂直变形	dh_{gzR_y}
e	孔隙率系数	e
e_{max}	最大孔隙率系数	e_{max}
e_{min}	最小孔隙率系数	e_{min}
$E_{г}$	土壤总变形的模量	E_{g}
$E_{г1}$	位深度土壤总变形模量	E_{g1}
$\bar{F}_{шх}$	土壤垂直变形之间相等的反作用力	$\bar{F}_{shx}$
$f_{N_f M}$	车辆支承通过性系数	$f_{N_f m}$
$f_{вод}$	波浪阻力系数	f_{vod}
$F_{обрi}$	塌陷棱柱体的面积	F_{obri}
$F'_{м-в}$	轮式车辆车身水下部分横截面的面积	F'_{m-v}
$F'_{ш}$	曲线区域的水平投影的假定面积	F'_{sh}
$F_{ш}^{пл}$	平面的水平投影的面积	F_{sh}^{pl}
f_{N_M}	车轮的摩擦系数	f_{N_m}
f_{N_f}	阻力功率系数（总损失阻力系数）	f_{Nf}
$f_{N_f M}$	阻力功率系数（总损失阻力系数）	f_{Nfm}
$f_{N_f i}$	阻力功率系数	f_{Nfi}
$f'_{вод}$	波浪和形状（压力）阻力系数	f'_{vod}
$F_{г}$	弗洛伊德数	F_{g}
$f_{г}$	滚动阻力系数	f_{g}
$F_{м-в}$	摩擦面积	F_{m-v}
$f_{ш}$	阻力系数	f_{sh}
$F_{ш}$	接触区域水平投影换算面积	F_{sh}

续表

原文字母	意义	译文字母
$f_{\text{ш ст}}$	滚动阻力系数	f_{shst}
$f_{\text{ш} i}$	某个阻力系数	$f_{\text{sh}i}$
$F_{\text{ш} i}$	车轮－地面接触面积	$F_{\text{sh}i}$
$G_{\text{в}}$	土壤内含水重量	G_{v}
$G_{\text{в пор}}$	孔体积水的重量	G_{bpol}
$G_{\text{ч}}$	固体颗粒的重量	G_{ch}
$\tilde{h}_{z\Pi o}$	相对变形量	$\tilde{h}_{\text{zpo}}$
$\tilde{h}_{z\text{ш}0}$	相对变形量	$\tilde{h}_{\text{zsh0}}$
$\tilde{h}_{r\kappa}$	各种土壤变形	$\tilde{h}_{\text{rk}}$
$\tilde{h}_{zK}$	车轮相对变形	$\tilde{h}_{\text{zk}}$
$\tilde{h}\,\text{г}_{\text{n}}$	相对变形	$\tilde{h}_{gn}$
$\tilde{h}_{\text{уст}}$	相对高度	$\tilde{h}_{\text{ust}}$
$h_{\text{Кр}C_{\text{пд}}}$	侧倾中心到簧上质量重心的垂向距离	$h_{\text{kr}C_{\text{pd}}}$
$h_{\text{Г0Грз}}$	相对于未变形支承面的履带板垂直沉陷	h_{g0grz}
$h_{\text{б. д}}$	滚道挠度的高度	h_{bd}
$h_{\text{гвп}}$	凹陷处高度	h_{gvp}
$h_{\text{гприз}}$	被破坏棱体的高度	h_{gpruz}
$h_{\text{гэкс}}$	额外的车轮下陷量	h_{gzks}
$h_{\text{г}V_i}$	突出元件下陷量	$h_{\text{g}V_i}$
$h_{\text{г}0(i-1)}$	土壤垂向变形	$h_{\text{g}0(i-1)}$
$h'_{\text{г}0(i-1)}$	未变形表面	$h'_{\text{g}0(i-1)}$
$h_{\text{г}0i}$	土壤变形	$h_{\text{g}0i}$
$h^{p}_{\text{г}0i}$	沉陷深度	$h^{\text{r}}_{\text{g}0i}$
$h^{\text{р}}_{\text{г}}$	土壤变形的任意计算值	h^{r}_{g}
$h_{\text{гбzМП}}$	保险杠下陷量	h_{gbzmp}
$h_{\text{гэкс}}$	接触区排出土壤所引起的车轮额外垂直位移	h_{gzks}
$h_{\text{гz}\Sigma}$	土壤总垂直变形	$h_{\text{gz}\Sigma}$
$h_{\text{клНр}}$	离地高度（间隙）	h_{klur}

续表

原文字母	意义	译文字母
$\boldsymbol{h}$	稳心高度	h
h_c	质心移动的高度	h_c
$\boldsymbol{h_g}$	质心高度	h_g
$h_{г(i-1)}$	第一次通过土壤变形	$h_{g(i-1)}$
$h_{г(i-2)}$	第二次通过土壤变形	$h_{g(i-2)}$
$h_{г0i}$	土壤的法向变形	h_{g0i}
$h_{гi}$	每次通过土壤变形	h_{gi}
$h_{гn}$	载荷数量为 n 时土壤变形	h_{gn}
$h_{грз}$	花纹纹路高度	h_{grz}
$h_{гyi}$	侧向位移	h_{gyi}
$h_{гz}$	垂直位移	h_{gz}
$h_{гx}$	水平变形	h_{gx}
$h_{гшi}$	轮胎变形	h_{gshi}
h_z	土壤径向变形	h_z
h_{zi}	某次通过径向变形	h_{zi}
$h_{zг}$	轮胎变形底部高度	h_{zg}
$h_{zдоп}$	轮胎的允许形变	h_{zdop}
$h_{zуст}$	轮胎在垂直墙的径向变形	h_{zust}
$h_{б.д}$	未变形状态底部高度	h_{bd}
$h_г$	土壤位移	h_g
$h_{г1}$	载荷数为 1 时土壤变形	h_{g1}
$h_{гсд}$	剪切变形	h_{gsd}
$h_{гсж}$	压缩变形	h_{gszh}
$h_{гi}$	土壤的法向变形	h_{gi}
$h_{гz}$	土壤垂直位移	h_{gz}
$h_{гz0}$	瞬时变形	h_{gz0}
$h_{гzv}$	土壤变形	h_{gzv}
$h_{гед}$	发生剪切较多区域的沉陷	h_{ged}

续表

原文字母	意义	译文字母
$h_{\text{грз}}$	高度	h_{grz}
$h_{\text{г}x}$	水平变形	h_{gx}
$h_{\text{клир}}$	离地高度（间隙）	$h_{\text{кlur}}$
$h_{\text{п}}$	悬架的变形	h_{p}
$h_{\text{пд}}$	悬架的动态变形	h_{pd}
$h_{\text{пст}}$	悬架的静态变形	h_{pst}
$h_{\text{рв}}$	壕沟深度	h_{rv}
h_{y}	轮胎沿轮式车辆轮缘横向变形	h_{y}
$h_{\text{уст}}$	跨越高度	h_{ust}
$h_{\text{шг сж}\,i}$	轮胎径向压缩变形	$h_{shgszhi}$
$h_{\text{ш изг}}$	轮胎径向弯曲 变形	h_{shuzg}
$H'_{\text{г}}$	厚度的中间变量	H'_{g}
$H_{\text{в}}$	轮式车辆的入水深度	H_{v}
$H_{\text{г}}$	厚度	H_{g}
$H_{\text{гl}}$	表层厚度	H_{gl}
$H_{\text{спл}}$	漂浮植物层厚度	H_{spl}
$H_{\text{ст}}$	壁底部高度	H_{st}
$H_{\text{ш}}$	轮胎型面高度	H_{sh}
$H_{\text{г}0i}$	土壤厚度	H_{g0i}
$j_{mш-\Gamma}$	剪切位移参数	j_{msh-g}
j_{or}	剪切位移	j_{og}
$j_{yi\Sigma}$	总侧向位移	$j_{yi\Sigma}$
$j_{yi\theta}$	曲线位移	$j_{yi\theta}$
$j_{oш-r}$	剪切轴向位移	j_{osh-g}
j	土壤剪切力	j
j_0	土壤初始剪切力	j_0
J_L	稠度指数	J_l
$j_{\text{mШ}-\text{r}x}$	x 方向剪切位移参数	j_{msh-gx}

续表

原文字母	意义	译文字母
$j_{\text{мш}-\text{г}y}$	y 方向剪切位移参数	$j_{\text{msh}-\text{g}y}$
J_W	水饱和状态指数	J_w
j_x	剪切位移	j_x
$J_{\text{вх}}$	水线以下车身相对于轮式车辆纵轴截面积的惯性力矩	J_{vx}
J_e	密度指数（相对密度）	J_e
$J_{\text{к}}$	轮胎的转动惯量	J_{k}
J_p	塑性指数	J_p
j_y	接触转向时直线侧向移动量	j_y
j_{yi}	线性侧向剪切	j_{yi}
j_x	土壤沿支撑面剪切力	j_x
$j_{x\text{m}}$	土壤实际剪切力	$j_{x\text{m}}$
$k_{\partial P_x}$	车轮轴动态系数	$k_{\text{d}P_x}$
$k_{\partial P_z}$	车轮轴动态系数	$k_{\text{d}P_z}$
$k_{a_t ш-\Gamma}$	a_t 位移计算系数	$k_{a_t\text{sh}-\text{g}}$
$k_{j_m ш-\Gamma}$	剪切位移系数	$k_{j_m\text{sh}-\text{g}}$
$k_{сж-г}$	压缩变形系数	$k_{\text{szh}-\text{g}}$
$k_{грз}$	履带表面的饱和度因子	k_{grz}
$k_{тяг}^{max}$	牵引力系数最大值	$k_{\text{tjag}}^{\text{max}}$
$k_{тягM}^{max}$	最大自由比牵引力指标	$k_{\text{tjagm}}^{\text{max}}$
$k_{j0ш-\Gamma}$	剪切轴向位移系数	$k_{j0\text{sh}-\text{g}}$
k_y	轮胎侧偏刚度	k_y
$k_{1\text{сж}}$、$k_{\text{сж}}$	加载区域的压缩系数和相对系数	$k_{1\text{szh}}$、k_{szh}
$k_{2\text{сж}}$	卸载系数	$k_{2\text{szh}}$
$k_{2\text{изг}}$	卸载区域中的弯曲系数	$k_{2\text{uzg}}$
k_{j0}	剪切力相关系数	k_{j0}
$k_{1\text{изг}}$	加载域中的弯曲系数	$k_{1\text{uzg}}$
$k_{\text{об}}$	支承面体积挤压系数	k_{ob}
$k_{\text{бл}}$	锁紧系数	k_{bl}

续表

原文字母	意义	译文字母
$k_{\text{вст}}$	动态浮力裕度	k_{vst}
$k_{\text{грз}}$	履带表面饱和度因子	k_{grz}
$k_{\text{изг}}$	相对弯曲系数	k_{uzg}
$k_{\text{сж-изг}}$	加载区域中的压缩弯曲系数	$k_{\text{szh-uzg}}$
$k_{\text{тя г}}$	牵引力系数	k_{tjag}
$k_{\text{тя г}i}$	自由牵引力系数	$k_{\text{mjag}i}$
$k_{\text{тя гМ}}$	牵引力系数	k_{tjagm}
$k_{\text{тяг}}$	驱动轮自由推力系数	k_{tjag}
K_{at}	a_{t}计算系数	K_{at}
K_{γ}、K_{p}、K_{c}	承载能力系数	K_{γ}、K_{r}、K_{s}
$K_{\text{гд}}$	土壤的动态影响系数	K_{gd}
$K_{\text{сжг}}$	土壤的纵向压缩系数	K_{szhg}
l_{1C}	1C 段长度	l_{1c}
$l_{1\text{i}}$	底盘的分布	l_{1i}
L_{b}	轮式车辆车身在水线上的长度和宽度	L_{v}
$l_{\text{д}}$	动稳性臂	l_{d}
$l_{\text{опу}}$	路基宽度	l_{opy}
$l_{\text{оп x}}$	纵向斜坡的长度	l_{opx}
$l_{\text{свеc1}}$	前伸长度	l_{sves1}
$l_{\text{свеcп}}$	后伸长度	l_{svesp}
$l_{1C_{n\partial}}$	1 轴到簧上质心纵向距离	$l_{1C_{\text{pd}}}$
$l_{1A_{n\partial}}$	1 轴到挂钩点的纵向距离	$l_{1A_{\text{pd}}}$
l_{1V_i}	1 轴到 i 个突出点纵向距离	l_{1V_i}
l_{1C}	1 到质心的纵向距离	$l_{1\text{c}}$
l_{1i}	1 轴到 i 轴纵向距离	l_{1i}
l_{1n}	1 轴到 n 轴纵向距离	l_{1n}
l_{1w}	W 点到 1 轴距离	l_{1w}
l_{1B}	1 轴到保险杠纵向距离	$l_{1\text{b}}$

续表

原文字母	意义	译文字母
l_{cm}	曲线段	l_{st}
$l_{бok}$	横截面长度	l_{bok}
$l_{i,i+1}$	i 到 i+1 轴之间的纵向距离	l_i，l_{i+1}
l_{BTi}	突出元件纵向尺寸	l_{vti}
$l_{бaMП}$	保险杠纵向尺寸	l_{bamp}
L_K'	车轮轴线理论纵向位移	L_k'
$M_{K_i}^{зAд}$	给定的转矩值	M_{ki}^{zad}
$M_{f_{Ш}i}$	滚动阻力矩	$M_{f_{sh}i}$
$M_{1HX_c}^{\Sigma}$	力在纵向垂直平面上相对于第一轴的外侧车轮接触点的力矩之和	$M_{1nX_c}^{\Sigma}$
M_{K1}	轮辋转矩	M_{k1}
M_{Ki}	转矩	M_{ki}
M_{Ki}^{p}	第 i 个车轮所受力矩	M_{ki}^{r}
$M_{кpx}^{max}$	极限静态倾斜力矩	M_{krx}^{max}
$M_{f_м}$	为轮式车辆车轮滚动阻力总力矩	M_{f_m}
$Mf_{ш}$	轮胎胎体变形引起的滚动阻力矩	$M_{f_{sh}}$
$M_k^{бaз}$	基本轮辋转矩	M_k^{baz}
M	稳心	M
$M_{cпi}$	转向阻力	M_{spi}
M_{Jx}	侧倾转矩	M_{jx}
M_{ki}	某车轮转矩	M_{ki}
$M_{ki\,min}$	车轮上的最小转矩	M_{kimin}
$m_{М}$	轮式车辆质量	m_m
$m_{в}$	土壤中水的质量	m_v
$m_{к}$	车轮质量	m_k
$m_{нпд}$	悬架质量	m_{npd}
$m_{п}$	轮式行动装置的质量	m_p
$M_{cп}$	转向阻力矩	M_{sp}
$m_{ч}$	固体颗粒的质量	m_{ch}

续表

原文字母	意义	译文字母
M_{fi}	滚动阻力矩	M_{fi}
$M_{f\text{ш}}$	阻力矩	$M_{f_{sh}}$
M_{k}	轮辋转矩	M_{k}
$M_{k\ \text{м}}$	克服车辆阻力所需总转矩	M_{km}
$M_{\text{восстх}}$	使轮式车辆返回其初始位置的力矩	M_{vosstx}
$M_{\text{дв-тр}}$	从发动机输入到传动装置输入轴的力矩	M_{dv-tr}
$M_{\text{крх}}$	外部力矩	M_{krx}
$\bar{n}_{\text{гр3}}$	接触区域的履带板的整数	$\bar{n}_{grz}$
N_{P_x}	损耗了轮轴纵向力的阻力功率	N_{P_x}
N_{a_x}	纵向加速度	N_{a_x}
$N_{f\Gamma x}$	水平力功率	$N_{f_{g}x}$
$N_{f\Gamma z}$	土壤变形的垂直力功率	$N_{f_{g}z}$
$N_{K}^{\text{баз}}$	基本输入驱动轮功率	N_{k}^{baz}
N_{Ki}	输入驱动轮功率	N_{ki}
N_{J}	旋转功率	N_{j}
N_{K1}	输入驱动轮功率	N_{k1}
$N_{f\text{л}}$	土壤存在粘性功率	N_{fl}
N_{s}	轮胎相对于支承面的功率滑行	N_{s}
n_{BT}	突出部件反力个数	n_{vt}
n_{k}	不同的通行次数	n_{k}
n	孔隙率	n
n_{0}	轴数	n_{0}
N_{k}	输入驱动轮功率	N_{k}
$n_{\text{гр з}}$	履带板数量	n_{grz}
n_{zi}	土壤层数（整数）	n_{zi}
$N_{\text{дв}}$	功率	N_{dv}
$N\text{К}$	支承面滚动时向车轮输入功率	N_{k}
$N_{\text{км}}$	传到车轮功率	N_{km}

续表

原文字母	意义	译文字母
$n_{грз}$	花纹纹路数量	n_{grz}
n_{oM}	所有轴	n_{om}
$O_{к}$	轮辋中心	O_{k}
$O'_{к}$	轮辋中心在接触面投影	O'_{k}
$O_{ш}$	支承面接触中心	O_{sh}
O_{Kp}	侧倾中心	O_{kr}
O_{Ki}	i 轮毂中心	O_{ki}
$P^{бл}_{км}$	来自动力装置的转矩	P^{bl}_{km}
$P_{x\Sigma}$	总推力	$P_{x\Sigma}$
$\bar{p}_{z}$	相对接触压力	$\bar{p}_{z}$
$\bar{p}_{ZM}$	轮式车辆压力	$\bar{p}_{zm}$
$\bar{p}_{z}$	车轮压力	$\bar{p}_{z}$
$p^{крит}_{z\ сж}$	临界压力	p^{krut}_{zszh}
$p^{H_r}_{z\ сд}$	土壤的计算承载能力	$p^{H_r}_{zsd}$
$p^{0}_{z\ сд0}$	压力	p^{0}_{zsd0}
$p^{0}_{z\ сдv}$	压力	p^{0}_{zsdv}
$p^{max}_{л}$	最大粘性	p^{max}_{l}
$p^{*}_{пас}$	土壤抵抗被动压力的合力	p^{*}_{pas}
P_{a_x}	惯性力	P_{a_x}
P_{a_y}	质心惯性力横向分量	P_{a_y}
P'_{CB}	摩擦阻力	P'_{sv}
$P''_{св1}$	波浪阻力	P''_{sv1}
$P''_{св2}$	形状阻力	P''_{sv2}
$P_{Hпдi}$	i 轴簧下重量	P_{npdi}
$P_{HпдiBH}$	簧下部分重力	P_{npdivn}
$P_{Hпдij}$	簧下部分重力	P_{npdij}
P_{M}	车辆所受重力	P_{m}
$P_{ПЦz}$	挂车吊钩载荷法向分力	P_{pcz}

续表

原文字母	意义	译文字母
$P^{\Sigma}_{\text{иПлzВН}}$	外侧车轮与车桥的总簧下重量垂向分量	$P^{\Sigma}_{\mathrm{uplzvn}}$
$P^{\Sigma}_{\text{иПлzН}}$	内侧车轮与车桥的总簧下重量垂向分量	$P^{\Sigma}_{\mathrm{uplzn}}$
$P''_{\text{св}}$	压力阻力	P''_{sv}
$P_{f\text{л}}$	接触脱离处的轮胎附着力阻力	P_{fl}
P_{w}	空气阻力	P_{w}
$P_{x\text{грз}}$	在履带板上均匀分布的力	P_{xgrz}
$P_{y\text{М}}$	车轮所受外部侧向力	P_{ym}
$P_{z\text{НОМ}}$	垂向载荷临界	P_{znom}
P_{zi}	垂向力	P_{zi}
$P^{\text{зад}}_{zi}$	垂向力给定值	P^{zad}_{zi}
$p^{\text{Нг}}_{z\text{сд}}$	考虑固体子层的土壤计算承载力	$p^{H_g}_{\mathrm{zsd}}$
$p_{\text{г. скmax}}$	干土壤压力	p_{gskmax}
$p_{\text{г. ч}}$	土壤颗粒压力	$p_{\mathrm{g.\ ch}}$
$p_{\text{гmax}}$	天然土壤压力	p_{rmax}
$p^{*}_{\text{Пас}}$	被动土压力	p^{*}_{pac}
$p_{\text{гzi}}$	垂向变形力	$p_{\mathrm{gz}i}$
$p_{\text{л}}$	粘性压力	p_{l}
$p_{\text{отп}}$	土体反压力	p_{otp}
$p_{\text{ш}}$	车轮胎压	p_{sh}
p_{z}	轮胎变形	p_{z}
$p^{0}_{z\text{сл}}$	初始土壤计算承载力	p^{0}_{zsl}
$p_{z\text{лоП}}$	支撑面承载力	p_{zlop}
$p_{z\text{н}}$	车轮法向作用力（加载时）	p_{zn}
p_{zz}	垂向投影力	p_{zz}
P_{ax}	惯性力的纵向分量	P_{ax}
P_{ay}	惯性力的横向分量	P_{ay}
$P_{\text{b. д}}$	水上行走装置的牵引力	P_{vd}
$P_{f\text{шМ}}$	行驶阻力	P_{fshm}

续表

原文字母	意义	译文字母
$P_{\text{r}zi}$	车轮垂向变形力	P_{gzi}
p_s	支承面的承载能力	p_s
p_w	轮胎内部气压	p_w
P_x	纵向作用力	P_x
$P_{x\max}$	最大纵向作用力	$P_{x\max}$
P_y	侧向作用力	P_y
P_z	车轮轴线上的法向力	P_z
$P_{z(i-1)}$	第 $i-1$ 个车轮通过时的力	$P_{z(i-1)}$
$p_{\text{zсж}i}$	土壤第 i 层的压缩压力	p_{zszhi}
$P_{\text{z}ij}$	车轮法向力	P_{zij}
$p_{z\text{p}}$	接触区域的垂向压力	p_{zr}
p_{zx}	投影力	p_{zx}
$p_{z\text{ед}}$	垂向剪切变形力	$p_{z\ \text{ed}}$
$p_{z\text{н}}$	接触区域的垂向压力	p_{zn}
$P_{\text{zном}}$	额定作用力	P_{zhom}
$P_{z\text{ст}}$	垂向垂直力	P_{zst}
$P_{\text{в. д}}$	水上行走装置的牵引力	P_{dv}
$P_{\text{пд}x}$	簧上质量重力纵向分力	$P_{\text{pd}x}$
$P_{\text{пд}z}$	簧上质量重力垂向分力	$P_{\text{pd}z}$
$P_{\text{ш}}$	空气阻力	p_{sh}
P_{c}	总行驶阻力	P_{c}
$P_{f\text{ш}}$	阻力	$P_{f\text{sh}}$
P_{wy}	空气阻力横向分力	P_{wy}
$p_{w\text{ном}}$	额定空气阻力	$p_{w\text{nom}}$
$P_{yi\text{ВН}}$	单轴内侧车轮轮缘所受外部侧向力	P_{yivn}
$P_{yi\text{Н}}$	单轴外侧车轮轮缘所受外部侧向力	P_{yin}
$P_{y\text{МВН}}$	内侧车轮轮缘所受外部侧向力	P_{ymvn}
$P_{y\text{МН}}$	外侧车轮轮缘所受外部侧向力	P_{ymn}

续表

原文字母	意义	译文字母
p_z	平均法向压力	p_z
p_{z2}	下层 H_{r2} 压力	p_{z2}
$p_{z\,сд}$	土壤计算承载力	h_{zsd}
p_{zi}	垂向接触压力	p_{zi}
$p_{z\max}$	最大压力	$p_{z\max}$
$p_{z\,еж\,i}$	深度压缩压力	p_{zezhi}
$P_{z\,ст}$	悬架静载荷	P_{zst}
$P_{в.д}$ $h_{в.д}$	水上行走装置牵引力力矩	P_{vd}
$P_{г}$	支撑面导出参数	P_{g}
$P_{г.ск}$	支撑面导出参数	P_{gsk}
$P_{ко}$	主动轮轴上切向力	P_{ko}
$P_{км}$	所有车轮总切向力	P_{km}
$p_{л}$	均质易变形土体层的粘性	p_{l}
$P_{м}$	车辆所受重力	P_{m}
$P_{мx}$	重力的纵向分力	P_{mx}
$P_{мz}$	车辆所受重力的垂向分量	P_{mz}
$P_{св}$	轮式车辆在漂浮中的运动阻力	P_{sv}
P_{xij}	纵向力	P_{xij}
$\tilde{q}_0$	不平整区域的相对高度	$\tilde{q}_0$
$q_{Пас}$	被动土压力值	q_{pas}
q	土壤表面的附加压力	q
Q'	轮式车辆额外浸入水中的部件产生的力矩	Q'
Q''	轮式车辆从水中抬升出的部件产生的力矩	Q''
Q_{b}	浮力	Q_{v}
$q_{пас}$	土壤抵抗力系数	q_{pas}
$\bar{R}^{p}_{yoТП}$	土壤侧向反力	$\bar{R}^{r}_{yotp}$
$\tilde{r}^{p}_{K(i-1)}$	前一个车轮半径	$\tilde{r}^{r}_{k(i-1)}$
$\tilde{r}_{KM}$	轮式车辆相对滚动半径	$\tilde{r}_{km}$

续表

原文字母	意义	译文字母
$\tilde{r}^{p}_{KM}$	相对滚动半径	$\tilde{r}^{r}_{km}$
$\tilde{r}^{max}_{KM}$	轮式车辆相对滚动半径最大值	$\tilde{r}^{max}_{km}$
$\tilde{r}^{min}_{KM}$	轮式车辆相对滚动半径最小值	$\tilde{r}^{min}_{km}$
$\tilde{r}_{K}$	相对半径	$\tilde{r}_{k}$
R_{n1H}	轮式车辆沿着前外轮转向的半径	R_{p1n}
R^{max}_{x1}	土壤的反作用力	R^{max}_{x1}
$R_{V_ix}, R_{V_iy}, R_{V_iz}$	突出部件反力	R_{V_ix}，R_{V_iy}，R_{V_iz}
R_{V_ix}	突出元件阻力	R_{V_ix}
R_{V_iy}	突出元件横向阻力	R_{V_iy}
R_{V_iz}	突出物反力	R_{V_iz}
$R^{\Sigma}_{Y_C}$	质心总阻力的横向分力	$R^{\Sigma}_{Y_c}$
$R^{сл}_{f_1z}$	滚动阻力反作用力	$R^{sl}_{f_1z}$
$R^{сп}_{f_\Gamma z}$	滚动阻力反作用力	$R^{sp}_{f_gz}$
$R_{f_\Gamma zi}$	土壤的垂直变形引起的反应	R_{f_gzi}
$R_{f_гx}$	土壤纵向变形的反应力	R_{f_gx}
$R_{f_гz}$	土壤垂直变形引起的反力	R_{f_gz}
$\tilde{R}_{y}$	横向反力	$\tilde{R}_{y}$
$R_{слH}$	轨迹外半径	R_{slN}
$R^{min}_{слH}$	轨迹外半径最小值	R^{min}_{slN}
$R^{max}_{слвн}$	轨迹内半径最大值	R^{max}_{slvn}
$R_{слA}$	接触点 A 的半径	R_{slA}
$R_{слBH}$	轨迹内半径	R_{slBN}
$R_{слiвн}$	变形土壤表面半径	R_{slivn}
$R_{слiн}$	变形土壤表面半径	R_{slin}
$R_{вi}$	保险杠反力	R_{vi}
$R_{вx}, R_{вy}, R_{вz}$	保险杠反力	R_{vx}，R_{vy}，R_{vz}
$R_{вy}$	保险杠横向阻力	R_{vy}
$R_{вz}$	保险杠反力	R_{vz}

续表

原文字母	意义	译文字母
$R_{грзпоб}$	履带板上土体压力的反力	R_{grzpob}
$R_{п}$	转向半径	R_{p}
$R_{п1H}^{min}$	半径	R_{p1n}^{min}
$R_{пкi}$	车轮转向曲率半径	R_{pki}
$R_{слвн}$	轨迹内半径	R_{slvn}
$R_{слн}$	轨迹外半径	R_{sln}
R_{yiomn}	土壤侧向反力	R_{yiotp}
$R_{fл}$	接触脱离处的轮胎附着力阻力	R_{fl}
R_{x}	纵向反力	R_{x}
$R_{xлоб}$	正面土体反压力的反力	R_{xlob}
$R_{xiвн}^{np}$	车轮横向反力	R_{xivn}^{pr}
$R_{xiн}^{np}$	车轮纵向反力	R_{xin}^{pr}
R_{xij}^{np}	车轮纵向反力	R_{xij}^{pr}
R_{yomn}	土壤侧向反力	R_{yotp}
$R_{yвн}^{\Sigma}$	外侧车轮横向反作用力	R_{yvn}^{Σ}
$R_{yн}^{\Sigma}$	内侧车轮横向反作用力	R_{yn}^{Σ}
R_{yij}^{np}	车轮侧向反力	R_{yij}^{pr}
$R_{z\Gamma}$	垂直反力	R_{zg}
$R_{zвн}^{\Sigma}$	外侧车轮垂向反作用力	R_{zvn}^{Σ}
$R_{zн}^{\Sigma}$	内侧车轮垂向反作用力	R_{zn}^{Σ}
$R_{zш}$	反作用力	h_{zsh}
R_{zij}	垂向反作用力	R_{zij}
$r_{cв}$	自由半径	r_{sv}
r_{K}	车轮滚动半径	r_{k}
r_{KM}^{p}	轮式车辆滚动半径	r_{km}^{r}
r_{ki}	车轮滚动半径	r_{ki}
r'_{ki}	车轮滚动半径 1	r'_{ki}
r''_{ki}	车轮滚动半径 2	r''_{ki}

续表

原文字母	意义	译文字母
R_{Bx}	保险杠阻力	R_{vx}
$R_{сл0i\text{BH}}$	未变形土壤表面半径	R_{sl0ivn}
$R_{сл0i\text{H}}$	未变形土壤外侧半径	R_{sl0in}
$R_{слi\text{BH}}$	轨迹内半径	R_{slivn}
$R_{слi\text{H}}$	第 i 车轮轨迹外半径	R_{slin}
$R_{слij}$	第 i 车轮轨迹 j 侧半径	R_{slij}
$R_{стn}$	与侧壁垂直反作用力	R_{stn}
r_{k}	滚动半径	r_{k}
r_{k0}	实际滚动半径	r_{k0}
r_{ki}	滚动半径	r_{ki}
R_{q}	相关性函数	R_{q}
R_{x}	车轮纵向反作用力	R_{x}
R_{xi}	车轮纵向反作用力	R_{xi}
R_{xij}	纵向反作用力	R_{xij}
R_{xj}	车轮 j 侧纵向反力	R_{xj}
$R_{x\text{o}}$	纵向轴反作用力	$R_{x\text{o}}$
$R_{\text{xотп}i}$	花纹纹路正面对土壤阻力的反作用力	R_{xotpi}
$R_{YB\text{н}}$	内侧侧向力	R_{uvn}
R_{yi}	侧向反作用力	R_{yi}
$R_{Y\text{н}}$	外侧侧向力	R_{un}
R_{z}	法向反作用力	R_{z}
$R_{z\text{Bн}}$	垂向内侧反力	R_{zvn}
$R_{zi BH}$	垂向内侧反力	$R_{zi\text{vn}}$
$R_{zi\min}$	最小法向反作用力	R_{zimin}
$R_{z\text{o}}$	垂直轴反作用力	$R_{z\text{o}}$
$R_{z\text{н}}$	车轮法向反作用力（加载时）	R_{zn}
$r_{\text{б.д}}$	行驶面半径	r_{bd}
$r_{\text{бок}}$	变形侧壁半径	r_{bok}

续表

原文字母	意义	译文字母
$r_{бок0}$	未变形侧壁半径	r_{bok0}
$R_{габ\ max}$	距车辆旋转中心最远的点的外廓外半径	R_{gabmax}
$R_{габ\ min}$	距车辆旋转中心最近的点的外廓内半径	R_{gabmin}
$r_{д}$	车轮的滚动半径	r_{d}
$R_{лк\,i}$	车轮转向曲率半径	R_{lki}
$r_{м}$	稳心半径	r_{m}
$r_{оп\,xy}$	平面图中的曲率半径	r_{opxy}
$r_{оп\,y}$	横向曲率半径	r_{opy}
$r_{оп\,x}$	纵向曲率半径	r_{opx}
$R_{отплоб}$	变形应变器正面对土壤抗力的反作用力	R_{otplob}
$R_{пmin}$, $R_{плн}$	轮式车辆牵引车的最小转向半径	R_{pmin}, R_{pln}
$R_{пк}$	车轮转向曲率半径	R_{pk}
$R_{пк\,i}$	车轮转向曲率半径	R_{pki}
$R_{про\,xy}$	横向通过半径	R_{proxy}
$R_{про\,xx}$	纵向通过半径	R_{proxx}
$R_{торф}$	泥炭分解度	R_{torf}
R_{y}	车轮侧向反作用力	R_{y}
R_{yj}	车轮 j 侧阻力	R_{yj}
$R_{уст\,n}$	法向反作用力	R_{ustn}
$R_{уст\,τ}$	切向反作用力	$R_{ustτ}$
$R_{x\,вп\,i}$	凹部表面静摩擦的反作用力	R_{xvpi}
$R_{x\,вт\,i}$	凸起表面的静摩擦的反作用力	R_{xvti}
$R_{x\,грз\,i}$	纹路区域承受的作用力	R_{xgrzi}
$R_{x\,сд}$	剪切反作用力	R_{xsd}
$R_{x\,сд\,i}$	剪切反作用力	$R_{x\ sdi}$
$R_{x\,сж\,i}$	土壤压缩反作用力	R_{xszhi}
$Rf_{z}zi$	第 i 遍通过的反力	$R_{f_{g}zi}$
$Rcmτ$	接触点上与侧壁形成的切向反作用力	$R_{stτ}$

续表

原文字母	意义	译文字母
$s_{6\Sigma_M}$	基本滑动系数	$s_{b\Sigma_m}$
$s_{6\Sigma 1}$	基本滑动系数	$s_{b\Sigma 1}$
$s_{6\Sigma}^{6a3}$	基本滑动系数	$s_{b\Sigma}^{baz}$
$s_{6\Sigma}^{O\Pi T}$	轴向滑移系数最优值	$s_{b\Sigma}^{opt}$
$s_{6\Sigma ij}$	基本滑动系数	$s_{b\Sigma ij}$
s_{6jM}	剪切滑动系数	s_{bjm}
$s_{6\Sigma}$	基本滑动系数	$s_{b\Sigma}$
S_q	频谱密度	S_q
$s_{6\ \Sigma}$	总纵向滑移系数	$s_{b\Sigma}$
$s_{6\ j}$	剪切滑动系数	s_{bj}
$t_{вп}$	凹处长度	t_{vp}
$t_{вm}$	突出部分长度	t_{vt}
$t_{грз}$	花纹纹路间距离	t_{grz}
$t_{вп}$	凹部长度	t_{vp}
$t_{вт}$	凸起长度	t_{vt}
$t_{рел}$	土壤松弛时间	t_{rel}
$v_{перx}$	纵向速度	v_{perx}
$v_{отH}$	车轮表面上每个点的相对速度	v_{otn}
$v_{пер}$	牵连速度	v_{per}
v_{cm}^{*}	变形器正面（壁）相对于水平面的倾斜角度	v_{st}^{*}
$V_{экс}$	排出的土壤体积	V_{zks}
V_i	突出元件	V_i
$v_{перz}$	垂直速度	v_{perz}
$v_{перα}$	投影速度	$v_{perα}$
$v_{C_{nдy}}$	簧上质量重心横向速度	$v_{C_{pdy}}$
v_{cm}	垂直速度	v_{st}
$v_{мx}$	运动速度	v_{mx}
$v_{мxonpx}^{крum}$	倾覆临界速度	v_{mxoprx}^{krut}

续表

原文字母	意义	译文字母
$v_{мхп}^{крит}$	临界速度	v_{mxp}^{krut}
$v_{мхш}^{крит}$	车辆的临界速度	v_{mxsh}^{krut}
$v_{отпα}$	正切与纵向轮廓的速度投影	$v_{otpα}$
$v_{Cпд}$	簧上质心速度	$v_{C_{pd}}$
$u_{тр}$	传动装置机械部件的传动比	u_{tr}
V'_{B}	排水体积	V'_{v}
V_{b}	体积（体积排水量）	V_{v}
$V_{bΣ}$	轮式车辆总排水量	$V_{vΣ}$
V_{i}	位于水线以下元件体积	V_{i}
v_{ki}	轮毂中心速度	v_{ki}
v_{kxi}	线速度	v_{kxi}
v_{r}	行驶面的径向速度	v_{r}
v_{s}	滑行速度	v_{s}
v_{x}	纵向速度	v_{x}
$v_{τ}$	相对于支承面的切向滑动速度	$v_{τ}$
$v_{к}$	线速度（车轮）	v_{k}
$v_{кx}$	牵连速度	v_{kx}
$v_{кy}$	轮毂中心速度侧向分量	v_{ky}
$v_{мx}$	车辆纵向速度	v_{mx}
$V_{пор}$	孔体积	V_{por}
$V_{ч}$	固体颗粒的体积	V_{ch}
$W_{л}^{max}$	最大粘性时的湿度	W_{l}^{max}
W_{L}	屈服点	W_{L}
W	含水量或天然湿度	W
$W_{0}-W_{0}$	水线	$W_{0}-W_{0}$
$W_{1}-W_{1}$	水线	$W_{1}-W_{1}$
W_{L}	土壤变为流体状态时的湿度	W_{l}
$W_{от}$	相对湿度	W_{ot}

续表

原文字母	意义	译文字母
$W_{\text{пол}}$	饱和含水量	W_{pol}
W_p	失去自身塑性时的湿度	W_p
$\tilde{x}_{КИН}$	转向器杆向底座中心偏移	$\tilde{x}_{\text{kin}}$
x_{a_r}	接触点纵坐标	x_{a_r}
x_a	接触区的一半长度	x_a
$x_{\text{ВН}}$	内角点 x 坐标	x_{vn}
$x_{\text{Н}}$	外角点 x 坐标	x_{n}
$x_{\text{кин}}$	中心偏移距离	$x_{\text{kин}}$
y_{O_1}，z_{O_1}	轮式车辆倾斜角度状态下的压力中心坐标	y_{o1}、z_{o1}
$y_{\text{ВН}}$	内角点 y 坐标	y_{vn}
$y_{\text{Н}}$	外角点 y 坐标	y_{n}
y_{O}、z_{O}	轮式车辆在正浮状态下压力中心的坐标	y_{o}、z_{o}
z	到土壤表面的距离	z
z_i	变形器中心下方深度	z_i
$z_э$	接触区某段长度	z_z
$z_{C_{nд}}$	质心 z 轴坐标	$z_{C_{\text{pd}}}$
$z_{C_{nд}0}$	簧上质心 z 轴坐标绝对值	$z_{C_{\text{pd}}0}$
$z_{A_{\text{П}И}0}$	挂钩点 z 轴坐标	$z_{A_{pii}0}$
z_{V_i0}	突出物 z 轴坐标绝对值	$z_{V_{i0}}$
$\tilde{z}$	相对深度	$\tilde{z}$
z_{6a3}	水平线到支承面的距离	z_{baz}
z_{k0i}	i 轮毂中心 z 轴坐标绝对值	$z_{\text{k0}i}$
$z_{o\text{П}0i}$	i 轴 $O-O$ 基线到地面高度	$z_{\text{op0}i}$
$z_{o\text{П}0iBH}$	i 轴内侧车轮悬挂点距地面距离	$z_{\text{op0}ivn}$
$z_{nц}$	挂车吊钩距离	z_{pd}
$z_{o\text{П}0iH}$	i 轴外侧车轮悬挂点距地面距离	$z_{\text{op0}in}$
z_{u0}	W 点到 z 轴坐标绝对值	z_{u0}
z_{B0}	保险杠 z 轴坐标绝对值	z_{v0}

续表

原文字母	意义	译文字母
$Z_{C_{\text{п}\partial}}$，$Y_{C_{\text{п}\partial}}$	坐标轴	$Z_{C_{\text{pd}}}$，$Y_{C_{\text{pd}}}$
$\alpha_{\text{опх}}^{max}$	最小角度	$\alpha_{\text{opx}}^{\text{max}}$
$\alpha_{\text{опх}}''$	出水极限角	α_{opx}''
$\alpha_{\text{опх}}'$	入水极限角	α_{opx}'
$\alpha_{\text{кру}\partial}$	动态倾斜角	α_{kryd}
$\alpha_{\text{кру}A}$、$\alpha_{\text{кру}D}$	轮式车轮平衡倾斜角	α_{krya}，α_{kryd}
$a_{C_{\text{п}\partial\text{у}}}$	簧上质量重心横向加速度	$a_{C_{\text{pdy}}}$
$a_{C_{\text{п}\partial}}$	簧上质心加速度	$a_{C_{\text{pd}}}$
$a_{\text{опх}}^{p}$	纵向轮廓角度	$a_{\text{opx}}^{\text{r}}$
$a_{\text{г}}$	轮胎与土壤的接触起点	a_{g}
$a_{\text{мх}}$	质心加速度	a_{mx}
$a_{\text{опх}}$	纵向倾斜角	a_{opx}
$\alpha_{\text{опх}}'$	支承面（岸）的倾角	α_{opx}'
$\alpha_{\text{бок}}$	轮胎变形角度	α_{bok}
$\alpha_{\text{вп}}$	凹陷角	α_{vp}
$\alpha_{\text{вт}}$	突出部分角	α_{vt}
$\alpha_{\text{грз}}$	间距角	α_{grz}
$\alpha_{\text{гу}}$	外缘超高角	α_{gy}
$\alpha_{\text{к}}$	变形轮廓切线斜角	α_{k}
$\alpha_{\text{оПу}}$	侧向倾斜角	α_{opy}
α、β、k	土壤、载荷和载荷加载模式相关的参数	α、β、k
α_{c}	土壤粘合性	α_{c}
α_{R}、β_{R}、α_{L}	计算轮廓特征系数	α_{r}、β_{r}、α_{l}
α_{rz}	固体层次影响的系数	α_{gz}
$\alpha_{\text{бок0}}$	未变形状态角度	α_{bok0}
$\alpha_{\text{гиб1}}$	前轴桥相对轮式车辆纵轴的转向角	α_{gub1}
$\alpha_{\text{гиб12}}$	轴桥偏斜（柔性）角	α_{gub12}
$\alpha_{\text{гиб2}}$	后轴桥轴相对轮式车辆纵轴的转向角	α_{gub2}

续表

原文字母	意义	译文字母
$\alpha_{\text{гиб}\,x}$	横向平面所成角度	$\alpha_{\text{gub}x}$
$\alpha_{\text{гибz}}$	水平平面所成角度	$\alpha_{\text{gub}z}$
$\alpha_{\text{гибy}}$	相对垂直平面所成角度	$\alpha_{\text{gub}y}$
$\alpha_{\text{гц}}$	变形器中心沿土壤深度的压缩应力的分布系数	α_{gc}
$\alpha_{\text{кр}\,y}$	倾角	α_{kry}
$\alpha_{\text{кр}\,x}$	轮式车辆的俯仰角	α_{krx}
$\alpha_{\text{о п}\,x}$	纵向倾斜角	$\alpha_{\text{op}x}$
$\alpha_{\text{свеcl}}$	接近角	α_{svesl}
$\alpha_{\text{свес}\,n}$	离去角	$\alpha_{\text{sves}n}$
$\alpha_{\text{уст}}$	垂直墙形成角度	α_{ust}
$\gamma_{\text{бок}}$	变形状态横截面下角度	γ_{bok}
$\gamma_{\text{бок0}}$	未变形状态下横截面角度	γ_{bok0}
$\gamma_{\text{г}}$	土壤比重	γ_{g}
$\Delta\ \tilde{r}_{ki}$	计算步长	$\Delta\tilde{r}_{ki}$
δ_j	侧偏角剪切分量	δ_j
δ_{P_y}	动力侧偏角	δ_{P_y}
δ_{γ}	倾斜车轮运动侧偏角	δ_{γ}
$\delta_{\text{в}}$	排水量完全系数	δ_{v}
$\delta_{\text{вр}}$	质量增加系数	δ_{vr}
$\varepsilon_{\text{м}\,z}$	角加速度	ε_{mz}
ε_{M_K}	转矩M_K的计算误差	$\varepsilon_{M_{\text{k}}}$
$\varepsilon^{3A\partial}_{M_K}$	给定的计算误差	$\varepsilon^{\text{zad}}_{M_{\text{k}}}$
$\varepsilon^{p}_{M_K}$	设计计算误差	$\varepsilon^{\text{r}}_{M_{\text{k}}}$
$\varepsilon^{p}_{M_k'}$	计算误差	$\varepsilon^{\text{r}}_{M_{\text{k}}'}$
$\varepsilon^{p}_{M_k''}$	计算误差	$\varepsilon^{\text{r}}_{M_{\text{k}}''}$
ε_{P_x}	力$_x$的计算误差	ε_{P_x}
$\varepsilon^{p}_{R_{X_C}}$	反作用力R_{X_C}的计算误差	$\varepsilon^{\text{r}}_{R_{x_{\text{s}}}}$
$\varepsilon_{R_{Z\text{г}}}$	反作用力$R_{z\text{г}}$的计算误差	$\varepsilon_{R_{z\text{g}}}$

续表

原文字母	意义	译文字母
$\varepsilon_{R_{zш}}$	反作用力$R_{zш}$的计算误差	$\varepsilon_{R_{zsh}}$
$\eta_{сл}$	前后轮轨迹宽度重合系数	η_{sl}
$\eta_{тр}$	传动装置效率	η_{tr}
$\theta_{1ВН}$	1 轴外侧车轮转向角	θ_{1vn}
θ_{1BH}	后轮（前内轮）转向角	θ_{1vn}
$\theta_{1вн}^{max}$	最大转向角	θ_{1vn}^{max}
$\mu_{ск}$	滑动摩擦系数	μ_{sk}
$\mu_{ск\,x}$	滑动摩擦系数纵向分量	μ_{skx}
$\mu_{ск\,y}$	滑动摩擦系数横向分量	μ_{sky}
$\mu_{пок}^{баз}$	摩擦系数	μ_{pok}^{baz}
μ_{ckV_i}	突出元件滑动摩擦系数	μ_{skV_i}
$\mu_{ck6zMП}$	保险杠滑动摩擦系数	μ_{skbzmp}
$\mu_{Пnkx}^{6a3}$	静摩擦系数基本值	μ_{pnkx}^{ba3}
$\mu_{Пokxi}$	静摩擦系数	μ_{pokxi}
$\mu_{Пoky}$	静摩擦系数	μ_{poky}
$\mu_{Пokyi}$	静摩擦系数	μ_{pokyi}
μ	沉陷指数	μ
$\mu_{пок}$	材料与土壤间的静摩擦系数	μ_{pok}
$\mu_{пок\,i}$	材料与土壤间的静摩擦系数	μ_{poki}
$\mu_{м-в}$	表面摩擦系数	μ_{m-v}
ρ_{b}	水的密度 ρ	ρ_{v}
$\rho_{г.ч}$	土壤颗粒密度	ρ_{rch}
$\rho_{г}$	干土壤（土壤结构）密度	ρ_{g}
$\rho_{г.ск}$	干土壤（土壤结构）密度	ρ_{gck}
$\rho_{r2}^{крит}$	第二临界密度	ρ_{g2}^{krut}
$\rho_{г1}^{крит}$	第一临界密度	ρ_{g1}^{krut}
$\tau_{ср}$	抗剪强度极限	τ_{sr}
τ_{i}	切向应力	τ_{i}

续表

原文字母	意义	译文字母
τ_x	切向应力 x 分量	τ_x
τ_{xy}	啮合应力	τ_{xy}
τ_y	切向应力 y 分量	τ_y
τ_{x3i}	切向应力 x3 分量	τ_{x3i}
$\tau_{x\varphi}$	φ 角度下切应力	$\tau_{x\varphi}$
τ_{ycT}	垂向切应力	τ_{ust}
$\tau_{ycTг}$	?	τ_{ustg}
$\tau_{ycmш-г}$	?	$\tau_{ustsh-g}$
$\tau_{xy\Sigma}$	总位移切变应力	$\tau_{xy\Sigma}$
$\tau_{xн.c}^{max}$	土壤承受的最大切应力	τ_{xns}^{max}
τ_i^{max}	最大切向应力	τ_i^{max}
$\tau_{сл}^*$	抗剪强度极限	τ_{sl}^*
υ_y，υ_y *	横向－垂直平面上施加力的角度	υ_y，υ_y *
φ	附着系数	φ
$\varphi_г$	内摩擦角	φ_g
$\varphi_г$ *	土壤内部摩擦角	φ_g *
$\varphi_{ст}$	车轮在侧壁上的附着系数	φ_{st}
$\varphi_{уст}$	轮胎与垂直墙的附着系数	φ_{ust}
$\varphi_{ш+г}$	外附着系数	φ_{shr}
φ_{max}	最大附着系数	φ_{max}
$\varphi_{ст}^*$	土壤对壁的摩擦角	φ_{st}^*
Ψ	阻力系数	Ψ
$\omega_к$	车轮角速度（轮辋）	ω_k
$\omega_{мx}$	侧倾角速度	ω_{mx}
ω_k^{6a3}	基本角速度	ω_k^{baz}
ω_{ki}	角速度	ω_{ki}
ω_{Mz}	车轮法向角速度	ω_{mz}
$[p_x]$	水平压力	$[p_x]$

续表

原文字母	意义	译文字母
$[p_z]$	积雪和冰上的允许法向压力	$[p_z]$
Π_{TRr}	牵引力指标	Π_{trg}
Π_{φ}	附着力指标	Π_{φ}
$\Pi_{\text{ш}}$	接触区域的周长	Π_{sh}
Π_{p_s}	承载力指标	Π_{p_s}
Π_h	荷载量指标	Π_h
$\eta'_{\text{в. д}}$	车身的影响系数	η'_{vd}
$\eta_{\text{в. д}}$	水上行走装置在自由水中的效率（不受车身的影响）	η_{vd}
$\eta_{\text{тр-в. д}}$	从发动机到水上行走装置的轮式车辆传动效率	$\eta_{\mathrm{tr-vd}}$

目　录

1

车轮在硬支承面上的直线滚动

1.1 车轮的主要性能指标、运动方程和无量纲指标

车轮的几何参数和力学参数

轮式行动装置是轮式车辆的主要部件之一，其主要功能如下所示：

①将轮式车辆车体的负载传递给支承面；

②减缓支承面不平度对轮式车辆的影响；

③保证轮式车辆驱动和制动所必需的牵引力；

④保证轮式车辆的操控性和平顺性。

通常，轮式车辆的轮式行动装置由多个含刚性轮辋和弹性气囊（即充气轮胎）的车轮组成，车轮的数量取决于轴数和轮胎数（单轮胎或者双轮胎）。

车轮在构型上各有不同。目前，带有充气轮胎的车轮可以高效地发挥轮式车辆所赋予其的功能。因此，充气轮胎的力学研究对于理解和掌握轮式车辆的工作过程和使用性能是非常重要的。

尽管不同类型的充气轮胎（斜交轮胎、径向轮胎、带束轮胎、超环面轮胎、宽断面轮胎、窄断面轮胎和拱形轮胎等）在结构形式上各有不同，但它们都具有一些共性问题和计算关系式。

尽管看似简单，但实际上车轮却是一个复杂的装置，根据其被赋予的目标任务和精确程度要求，可以采用各种不同的模型对车轮的工作情况进行描述和研究。

车轮的特性由下列主要几何参数所决定（图 1.1）：轮胎截面车轮的自由半

径 r_{sv}、轮胎截面的高度 H_{sh} 和宽度 B_{sh}、轮辋半径 r_{ob} 和宽度 B_{ob}、滚道挠度的宽度 b_{bd} 和高度 h_{bd}。

由于不同的力和力矩作用在轮辋上，轮胎在径向、切向和横向上都会发生形变，继而轮胎截面形状也会产生改变，即径向截面和横向截面也会发生扭曲。

如简化的负载示意图（图 1.2）所示，在轮辋中心 O_k 上，纵向力 P_x、横向力 P_y 和垂向力 P_z 作用在轮辋上，轮辋朝着外倾角 γ_{ky} 方向倾斜，并以角速度 ω_k 旋转。此外，作用在轮辋上的载荷还有转矩 M_k、侧倾力矩 M_x、滚动阻力矩 M_y 和回正力矩 M_z。

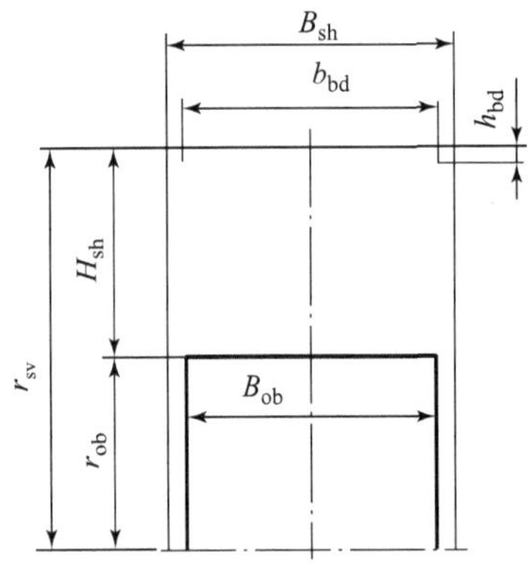

图 1.1 车轮的几何参数示意图

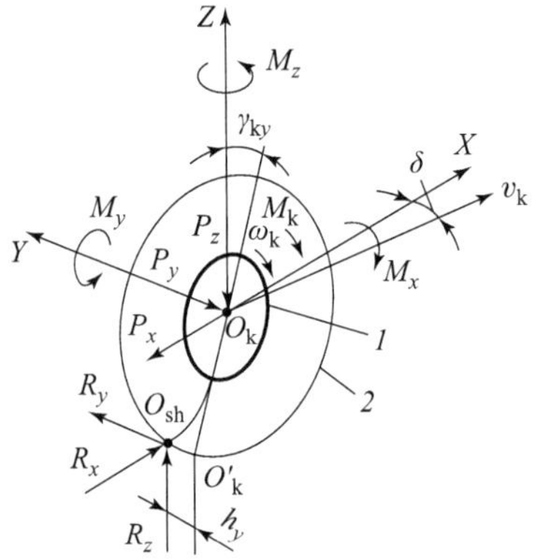

图 1.2 车轮的简化负载示意图

1—在对称平面上的轮辋截面；2—在对称平面上的轮胎截面

轮辋中心的垂向投影 O'_k 相对于轮胎在纵向和横向上与支承面接触中心 O_{sh} 存在偏移（偏移量为 h_y）。在接触区域内，存在反作用力 R_x、R_y 和 R_z。轮辋中心 O_k 将以线速度 v_k 开始移动，此线速度相对于轮辋中心旋转平面有一个偏转角度，称为弹性侧偏角 δ。

所有类型的变形都会消耗能量。轮胎与接触区域的摩擦所消耗的能量，一部分转化为热能散失，而另一部分与轮胎弹性有关的能量则在恢复变形时回收。

本章只研究车轮的直线行驶，将采用车轮对称面 XO_kZ 的简图进行分析（图 1.3）。

垂向反作用力微元 dR_z，由轮胎的变形程度和刚度决定的弹性阻力微元 dR_{zy}、以及变形速度和阻尼性能所决定的非弹性阻力微元 dR_{zny} 组成。

当对非滚动轮施加垂向力 P_z 时（$M_k=0$，$\omega_k=0$）（图 1.3（a）），轮胎截面相对于接触中心 O_{sh} 发生对称变形，且与接触中心 O_{sh} 等距的垂向反作用力微元

dR_z 相等。在加载时，垂向反作用力微元为阻力微元之和：$dR_{zn} = dR_{zy} + dR_{zny}$，卸载时则为阻力微元之差：$dR_{zr} = dR_{zy} - dR_{zny}$。当车轮垂向变形量 h_{zi} 值相同时，由于加、卸载的差异，加、卸载时垂向力关系曲线 $P_{zn}(h_z)$ 和 $P_{zr}(h_z)$ 并不重合（图 1.3（c））。$P_{zn}(h_z)$ 和 $P_{zr}(h_z)$ 曲线之间的区域表示加、卸载过程中的能量损失，即形成所谓的弹性迟滞损失。

在不同加载条件下，轮胎沿周长方向的变形也不同：轮胎的上部实际上没有发生变形，而在下部越接近支承面则变形量越大，并且相应接触区内轮胎各部分的变形也不相等。接触范围内的垂向反作用力微元 dR_z 沿长度方向上分布近似如图 1.3（b）所示，这里只用于说明车轮的加载过程。

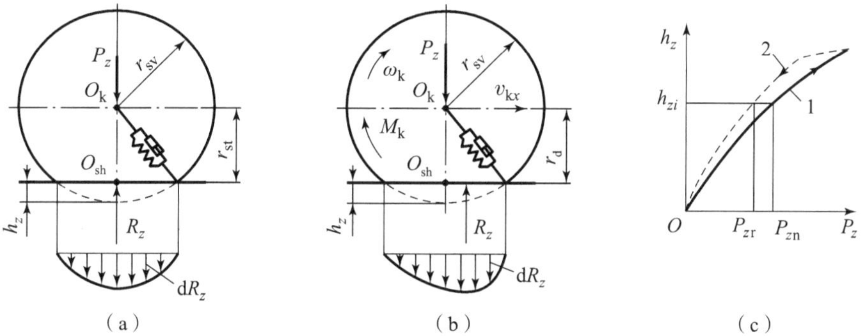

图 1.3 作用在非滚动轮和滚动轮上的力以及加载过程和卸载过程时载荷导致的车轮垂向变形关系图

（a）非滚动轮；（b）滚动轮；（c）车轮垂向变形关系图

1—加载过程；2—卸载过程

当车轮以角速度 ω_k 和线速度 v_{kx} 滚动时（图 1.3（b）），其变形特点略有变化。在简化平面模型中，假设按接触长度分段接触，接触区前部的垂向反作用力分布说明轮胎加载，即 $dR_{zn} = dR_{zy} + dR_{zny}$，而在接触区后部的垂向反作用力分布则说明轮胎卸载，即 $dR_{zr} = dR_{zy} - dR_{zny}$。因此，垂向反作用力 R_z 施加点相对接触中心 O_{sh} 发生前移。这种偏移是滚动轮的固有特性，也说明了其内部存在能量损失。

在自由滚动状态下（图 1.4（a）），轴上所受纵向力 $P_x = 0$。垂向反作用力微元 dR_z 的合力 R_z 相对接触中心 O_{sh} 前移了距离 a_{sh}，称为垂向反作用力偏移距。

这个偏移距由两个分量组成：$a_{sh} = a_{sh1} + a_{sh2}$，其中前一分量由轮胎滚动时的内部迟滞损失决定，后一分量则由接触区的轮胎相对支承面的滑移损失决定。为保证车轮匀速滚动，应施加转矩 M_k，且 M_k 等于滚动阻力矩 $M_{f_{sh}} = R_z a_{sh}$。

当存在纵向力时（$P_x \neq 0$），轮胎还会产生切向变形，并且沿力 P_x 作用方向接触区的偏移量还会增加（图 1.4（b））。由于轮胎径向截面弯曲及其弹性变形的不对称性，轮辋轴线的投影 O'_k 相对于接触中心 O_{sh} 移动了一段距离 c_{sh}。作为对轮式车辆车身移动有效作功的力 P_x，其方向与轮辋中心线速度矢量方向相反。

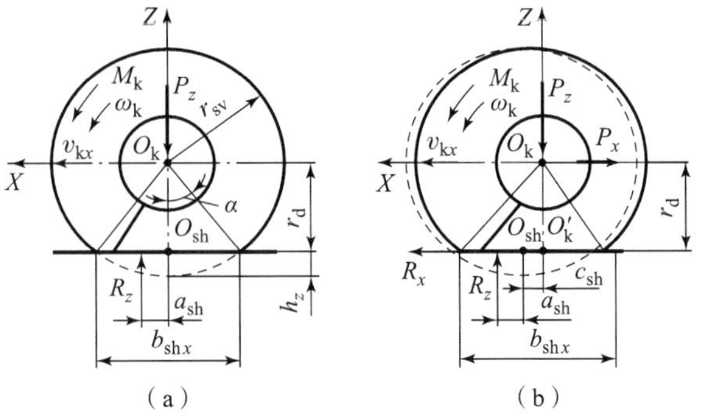

图 1.4　车轮滚动示意图

（a）自由滚动；（b）驱动滚动

根据切向力 P_x 和转矩 M_k 的作用方向，对下列车轮受力状态进行分类（图 1.5（a））：

①从动滚动状态（图 1.5（b））。当车轮所受载荷为纵向力 $P_x < 0$、转矩 $M_k = 0$，车轮被驱动旋转，此时车轮称为从动轮。

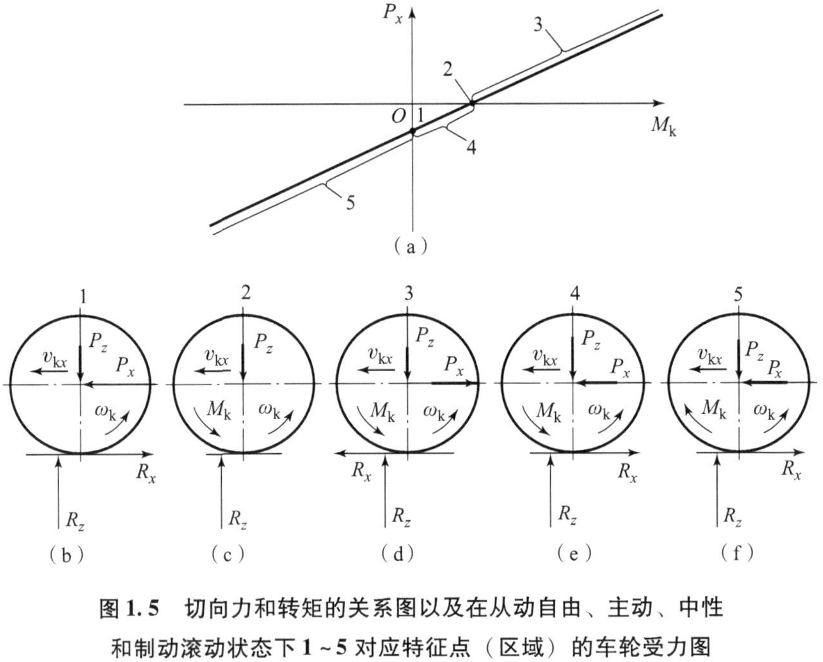

图 1.5　切向力和转矩的关系图以及在从动自由、主动、中性和制动滚动状态下 1～5 对应特征点（区域）的车轮受力图

（a）切向力和转矩的关系图；（b）从动状态对应特征点车轮受力图；

（c）自由状态对应特征点车轮受力图；（d）主动状态对应特征点车轮受力图；

（e）中性状态对应特征点车轮受力图；（f）制动状态对应特征点车轮受力图

②自由滚动状态（图 1.5（c））。当车轮所受载荷为转矩 $M_k>0$、纵向力 $P_x=0$，此时车轮称为自由轮。

③主动滚动状态（图 1.5（d））。当车轮所受载荷为转矩 $M_k>0$、纵向力 $P_x>0$，此时车轮称为主动轮。

④中性滚动状态（图 1.5（e））。当车轮所受载荷为转矩 $M_k>0$、纵向力 $P_x<0$，车轮被驱动旋转，此时车轮称为中性轮。

⑤制动滚动状态（图 1.5（f）），当车轮所受载荷为纵向力 $P_x<0$、转矩 $M_k<0$，车轮被驱动旋转，此时车轮称为制动轮。

车轮运动参数

为便于描述车轮的运动情况，下面给出下列关于其半径和速度的概念。

车轮自由半径 r_{sv} 等于车轮不与支承面接触时胎面最大圆周截面直径的一半。当已知胎面最大周长 L_{bd} 时，则

$$r_{sv}=\frac{L_{bd}}{2\pi}$$

车轮静态半径 r_{st} 为从只有垂向力 $P_z>0$ 作用的静止车轮中心（$\omega_k=0$、$v_{kx}=0$）到支承面的距离，由轮胎垂向变形量 h_z 决定：

$$r_{st}=r_{sv}-h_z$$

车轮动态半径 r_d 与车轮静态半径 r_{st} 类似，但指的是车轮运动（$\omega_k>0$，$v_{kx}>0$）时的半径，它还取决于力的加载方式和行驶速度。

车轮滚动半径 r_k 是一个理论计算值，其意义是将弹性车轮转动一周所通过的距离等效为一个刚性车轮的周长，该刚性车轮所对应的半径：

$$r_k=v_{kx}/\omega_k \tag{1.1}$$

r_k 值取决于轮胎胎面的周向（切向）弹性变形量及其相对于支承面的滑动量。当 M_k 和 P_x 为正值时，轮胎接近接触区的部分被压缩，胎面周长减小；当 M_k 和 P_x 为负值时，轮胎接近接触区的部分被拉伸，胎面周长增加。

车轮的滚动半径 r_k 随力学参数、切向弹性以及轮胎胎面与支承面的附着特性的变化而变化，如图 1.6 所示。

当 M_k 和 P_x 较小时，接触点的滑移速度 v_s 值接近于 0，滚动半径的变化仅由胎面周向弹性变形决定。对于大多轮胎来说，r_k 随力学参数的变化图接近于线性关系图。这种弹性变形有时被称为弹性滑动。在非直接滑动时（$v_s=0$），r_k 的变化由纯滚动半径 r_{k0} 决定。

出于实验和理论测定的简易性考虑，测定 r_{k0} 时可取从动滚动状态下的半径

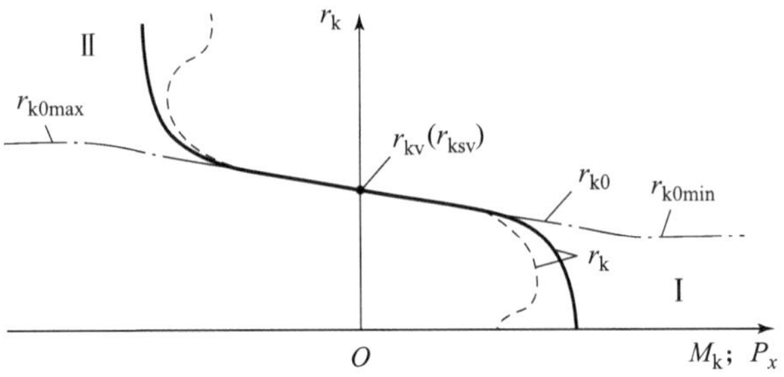

图 1.6　车轮滚动半径与力学参数关系图

Ⅰ—滑转区；Ⅱ—滑移区

值 r_{kv}（$M_k=0$）或自由滚动状态下的 r_{ksv} 值（$P_x=0$）。

r_{k0}的变化可采用线性关系图来说明：

$$r_{k0}=r_{kv}-\lambda_M M_k;\ \ r_{k0}=r_{ksv}-\lambda_P P_x \tag{1.2}$$

式中，λ_M、λ_P 为根据转矩和力确定的切向弹性系数，分别为 $M_k\approx 0$ 和 $P_x\approx 0$ 时的偏导值 $\lambda_M=\partial r_k/\partial M_k$ 和 $\lambda_P=\partial r_k/\partial P_x$。

r_{k0}值受轮胎胎面的最大压缩和拉伸能力限制。

理论上用于确定自由滚动状态下滚动半径 r_{ksv} 的最简单关系式，是假设转过角度 2α 时所对应的车轮行驶距离（图 1.4（a））并不等于自由滚动状态下轮胎圆周部分长度 $2\alpha r_{sv}$，而是等于压缩状态下轮胎该部分的长度 b_{shx}，并由此得出关系式。

此时对于相对刚性轮胎，当 $b_{shx}<r_d$时，$2\alpha r_{ksv}=b_{shx}$。用 r_{sv}和 r_d表示 b_{shx}，有

$$b_{shx}=2r_{sv}\sin\alpha\approx 2r_{sv}(\alpha-\alpha^3/3!\ +\alpha^5/5!\ -\alpha^7/7!)\approx 2r_{sv}(\alpha-\alpha^3/6)$$

$$b_{shx}=2r_d\mathrm{tg}\alpha\approx 2r_d(\alpha+\alpha^3/3)$$

得到

$$r_{ksv}=r_{sv}(1-\alpha^2/6);\ r_{ksv}=r_d(1+\alpha^2/3)$$

从这两个表达式消去 α 后，代入系数 k_l，可得

$$r_{ksv}=\frac{3r_d k_l}{1+2r_d/r_{sv}}=\frac{(r_{sv}-h_z)k_l}{1-\dfrac{2}{3}\dfrac{h_z}{r_{sv}}} \tag{1.3}$$

式中，k_l 为考虑到由于轮胎胎面的曲面在支承平面上“扩散”而导致接触区轮胎元件变形时自由初始最大半径减小的系数（普通轮胎 $k_l\approx 0.98$，拱形轮胎 $k_l\approx 0.97$）。

对于具有较高精度参数的斜交轮胎，可以使用方程

$$r_{ksv}=\frac{(r_{sv0}-h_z)k_l}{1-\frac{2}{3}\frac{h_z}{r_{sv0}}}$$

式中，$r_{sv0}=r_{sv}-1.3h_{grz}-(n_{sl}+2)\times10^{-3}$，其中 h_{grz}为轮爪高度，单位 m，n_{sl}为帘布层数，当轮胎线径为 0.6 ~ 1.15mm、缓冲胶层为 4 ~ 6 层、花纹厚度为（0.2 ~ 0.4）h_{grz}时帘布贴胶层厚$h_{sd}=1\sim1.5$mm。

对于胎面周向柔度较小的子午线轮胎，当缺少实验数据时，可以认为 $r_{ksv}\approx r_{sv0}$。

当车轮剧烈滑动时，r_k 特性的变化呈非线性，主要取决于胎面与支承面的相互作用（如图 1.6 中的实线和虚线曲线）、速度和接触区的切向力。

当车轮作弹性滚动时，接触区胎面各部分相对于支承面的滑动速度不同。在不深入研究接触长度范围内速度分布的情况下，后续计算时可采用轮胎相对支承面的平均接触滑动速度 v_s 作为整个接触区胎面的滑动速度。

当车轮作纯滚动（无滑转）时，车轮半径为 r_{k0}，且半径为 r_{k0}的圆周上的每一点相对于中心 O_k 以相对速度为 $v_{otn}=r_{k0}\omega_k$ 移动，牵连速度 v_{kx}相对于支承面，由实际滚动半径决定，为 $v_{kx}=r_k\omega_k$（图 1.7）。某一点的绝对速度等于牵连速度和相对速度的矢量之和。绝对速度等于零（相对速度和牵连速度的绝对值相等，但方向相反）的点 O 称为车轮瞬时转动中心。

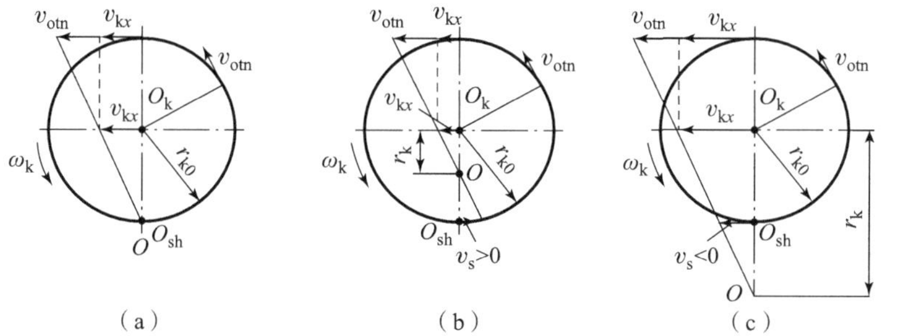

图 1.7 车辆各点的速度

（a）纯滚动；（b）滑转；（c）滑移

接触区的滑动速度由式 $v_s=v_{otn}-v_{kx}$确定。车轮的滑动通常采用纵向滑动系数 s_{bj}评估：

$$s_{bj}=v_s/v_{otn}=1-v_{kx}/v_{otn}=1-r_k/r_{k0} \tag{1.4}$$

可能出现以下 3 种车轮滚动情况：

①纯滚动——瞬时转动中心 O 与接触中心 O_{sh} 重合（图 1.7（a））；$v_s=0$，

$s_{bj}=0$。

②滑转——瞬时转动中心 O 位于接触中心 O_{sh} 上方（图 1.7（b））；$v_s>0$，$0<s_{bj}\leqslant 1$。

③滑移——瞬时转动中心 O 位于接触中心 O_{sh} 下方（图 1.7（c））；$v_s<0$，$-\infty\leqslant s_{bj}<0$。

瞬时转动中心 O 与车轮中心 O_k 之间的距离，可视为"刚性车轮的滚动半径" r_k，在运动学上等效于实际上具有弹性的车轮。

滚动半径通过下式计算：

$$r_k=r_{k0}(1-s_{bj}) \tag{1.5}$$

其中，系数 s_{bj} 只考虑了车轮的直接滑动，而实际弹性车轮在圆周方向也会发生变形。因此采用方程（1.2）来说明 r_{k0} 并不总是适用的，因为 r_{k0} 取决于垂向力 P_z 和纵向力 P_x，而纵向力 P_x 还取决于系数 s_{bj}。

为简化计算和实验结果的说明，引入以下纵向滑动系数的概念——基本滑动系数 $s_{b\Sigma}$、弹性滑动系数 s_{by} 和剪切滑动系数 s_{bj}。

$$s_{b\Sigma}=1-r_k/r_{sv};\quad s_{by}=1-r_{k0}/r_{sv};\quad s_{bj}=1-r_k/r_{k0} \tag{1.6}$$

与 r_{sv} 相比，实际滚动半径 r_k 的变化可以通过两个分量表示：Δr_{ky} 表示在 P_z 和 P_x 力作用下轮胎周向变形 Δr_{kz} 和 Δr_{kx} 产生的弹性分量，以及支承面上轮胎直接滑动所产生的剪切分量 Δr_{kj}：

$$\Delta r_{ky}=\Delta r_{kz}+\Delta r_{kx}=r_{sv}-r_{ksv}+\lambda_P P_x$$

$$\Delta r_{kz}=r_{sv}-r_{ksv};\quad \Delta r_{kx}=\lambda_P P_x;\quad \Delta r_{kj}=r_{k0}s_{bj}$$

此时

$$r_k=r_{sv}-\Delta r_{ky}-\Delta r_{kj}=r_{sv}(1-s_{b\Sigma}) \tag{1.7}$$

式中，$s_{b\Sigma}=s_{by}+s_{bj}-s_{by}s_{bj}$。

车轮运动方程

除几何参数、运动参数和动力参数外，还应引入车轮质量 m_k 和相对于旋转轴的车轮转动惯量 J_k 来描述车轮的运动情况。在车轮非稳态运动时，会产生加速度 $a_{kx}=dv_{kx}/dt$、$a_{kz}=dv_{kz}/dt$ 和角加速度 $\varepsilon_k=dw_k/dt$、惯性力 $P_{a_x}=m_k a_{kx}$、$P_{a_z}=m_k a_{kz}$ 和惯性转矩 $M_J=J_k\varepsilon_k$。

根据图 1.8 所示，硬支承面上弹性车轮的运动方程形式如下：

$$P_{a_x}=R_x-P_x;\quad P_{a_z}=R_z-P_z;\quad M_J=M_k-R_x r_d-R_z(a_{sh}+c_{sh}) \tag{1.8}$$

在一般情况下，加速度 a_{kz} 和惯性力 P_{a_z} 并不为零，为简化表述，假设它们的数值很小，且 $R_z=P_z$。前面介绍了自由滚动状态下滚动阻力矩的概念：$M_{f_{sh}}=R_z$

a_{sh}，这里只有 c_{sh}的值还未确定。

由功率平衡方程 $M_k w_k = R_x v_{kx} + M_J \omega_k + M_{f_{sh}} w_k + R_x v_s$（其中 $v_s = v_{otn} - v_{kx}$），经变换可得

$$M_k = R_x r_{k0} + M_J + M_{f_{sh}} \quad (1.9)$$

联立方程（1.9）和（1.8）可得

$$c_{sh} = R_x(r_{k0} - r_d)/R_z$$

引入车轮总切向力 $P_k = M_k/r_{k0}$、自由滚动状态下滚动阻力 $P_{f_{shsv}} = M_{f_{sh}}/r_{k0} = R_z a_{sh}/r_{k0}$ 和自由滚动状态下滚动阻力系数 $f_{shsv} = P_{f_{shsv}}/R_z = a_{sh}/r_{k0}$的概念。

由于 $\varepsilon_k = dw_k/dt = a_{kx}/r_k$，惯性转矩 $M_J = J_k a_{kx}/r_k$。

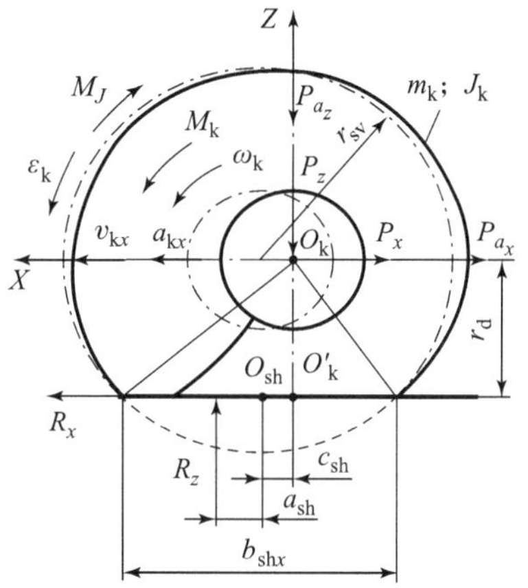

图 1.8　车轮滚动计算图

由方程（1.9）经变换，可得车轮受力平衡方程：

$$\begin{aligned} P_k &= M_k/r_{k0} = P_{f_{shsv}} + P_x + P_{a_x} + M_J/r_{k0} \\ &= f_{shsv}R_z + P_x + m_k a_{kx} + J_k a_{kx}/(r_k r_{k0}) \end{aligned} \quad (1.10)$$

因此，由动力装置通过传动装置输入的总切向力 P_k用于克服滚动阻力 $P_{f_{shs}}$，并在轮轴上产生牵引力 P_x、惯性力 P_{a_x}和 M_J/r_{k0}。

车轮运动（$v_{kx} \neq 0$）不仅应满足受力平衡方程，在接触区也应具有足够的纵向反作用力，该反作用力取决于车轮与支承面间的附着力 R_φ，并满足

$$R_\varphi \geqslant P_x + P_{a_x}$$

其中，

$$R_\varphi = \varphi R_z$$

式中，φ 为车轮与支承面间的附着系数。

车轮运动的功率平衡方程：

$$N_k = N_{tjag} + N_{f_{sh}} + N_{a_x} + N_J + N_s \quad (1.11)$$

或

$$M_k\omega_k = P_x r_k \omega_k + f_{shsv} R_z r_{k0} \omega_k + m_k a_{kx} r_k \omega_k + J_k a_{kx} \omega_k / r_k + \varphi R_z r_{k0} \omega_k s_{bj}$$

式中，N_k 为车轮的输入功率；N_{tjag}为牵引功率；$N_{f_{sh}}$、N_{a_x}、N_J、N_s 分别为车轮克服滚动阻力、车轮加速、车轮滑转或滑移所消耗的功率。

车轮滚动状态的确定主要取决于轮胎气压 p_w、垂向载荷 P_z 和转矩 M_k 等参数。图 1.9 给出对于 OИ－25 型 14.00－20 轮胎，改变以上工作参数时车轮主要参数的变化曲线。

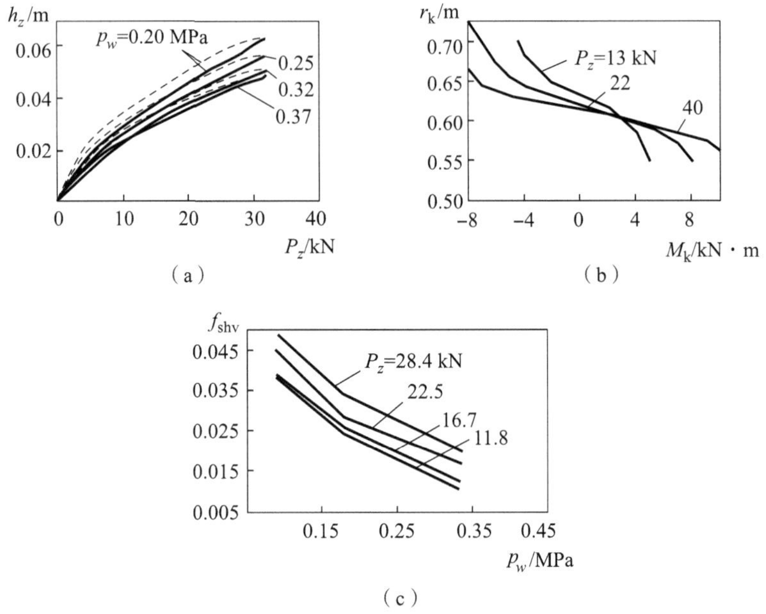

图 1.9 采用 ОИ－25 型 14.00－20 轮胎的车轮的压缩和滚动参数

（a）当加载（实线）和卸载（虚线）时；（b）当 $p_w=0.35$ MPa 时；

（c）在从动滚动状态时

车轮无量纲指标

可使用以下无量纲系数，以便于评估和比较车轮：

从动滚动状态下的滚动阻力系数：$f_{shv}=P_{f_{shv}}/R_z$；

纵向力（牵引力）系数：$k_{P_x}=k_{tjag}=P_x/R_z$；

纵向总滑动系数 $s_{b\Sigma}$、弹性滑动系数 s_{by} 和剪切滑动系数 s_{bj}；

纵向反作用力系数 $k_{R_x}=R_x/R_z$；

输入功率系数：$f_N - N_k/(m_k g v_{kx}) = N_k/(P_z v_{kx}) = k_{tjag}+f_{N_f}$；

阻力功率系数：$f_{N_f}=(N_k-N_{tjag})/(P_z v_{kx})=(N_{fsh}+N_{a_x}+N_J+N_s)/(P_z v_{kx})$（当 $a_{kx}=0$ 时，$f_{N_f}=(f_{shsv}+\varphi s_{bj})/(1-s_{bj})$）。

车轮滚动特性曲线见图 1.10。

本节给出的方程适用于稳态下的车轮滚动过程。对于非稳态过程，应将车轮视为考虑轮胎与支承面之间相互作用的动态系统。

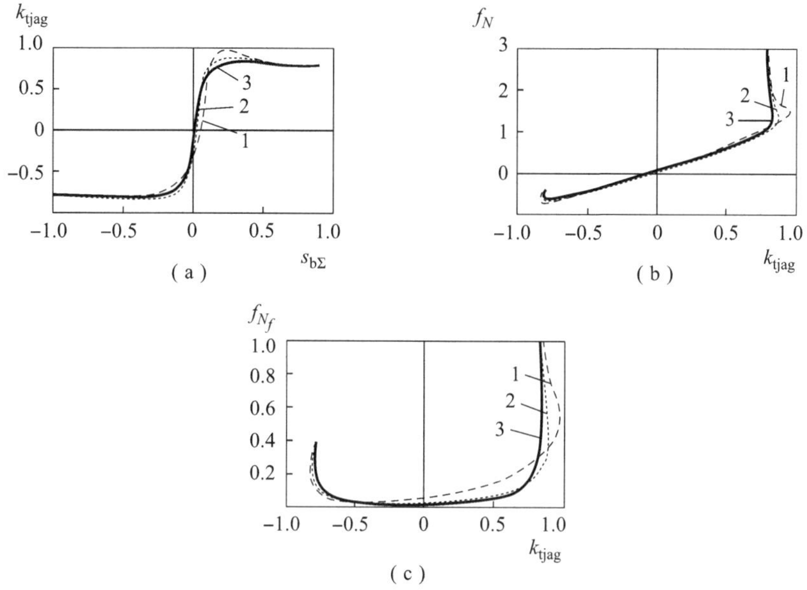

图 1.10 采用 OИ-25 型 14.00-20 轮胎的车轮的无量纲指标特性变化图

(a) 牵引力系数随纵向总滑动系数变化特性曲线；(b) 输入功率系数随牵引力系数变化特性曲线；(c) 阻力功率系数随牵引力系数变化特性曲线

1—p_w = 0.05 MPa；2—p_w = 0.2 MPa；3—p_w = 0.4 MPa

1.2 车轮滚动阻力

由车轮滚动损失所决定的滚动阻力，是整个轮式车辆的主要阻力类型之一。

在硬支承面上，弹性车轮滚动时产生的不可逆损失由以下因素造成：①轮胎内部损失；②支承面上轮胎的滑动；③轮胎胎面对支承面的附着力；④空气阻力。具体如下：

轮胎内部损失，是由橡胶和帘线间的分子间摩擦以及轮胎与内胎、轮胎与轮缘、橡胶与帘线之间的机械摩擦所引起，这些摩擦可由轮胎的各种变形说明。当纵向力 P_x 和行驶速度 v_{kx}（从动滚动状态和自由滚动状态下）较小时，轮胎变形主要由垂向载荷 P_z 决定，其内部损失占车轮滚动时所有损失的 90% ~95%。其余损失（5% ~10%）与轮胎的周向变形有关。当纵向力 P_x 和转矩 M_k 增大时，会发生周向变形，轮缘相对于接触中心发生偏移。如果在接触区没有发生直接滑移，损失可能会增加数倍。

当车轮直接在支承面上滑动时，由于摩擦造成的滚动损失会急剧增加（图

1.10)。

当轮胎上具有封闭空腔，且其与支承面开始接触时，会从空腔中挤出空气或水，进而产生轮胎胎面对支承面的附着损失。当结束接触时，需要额外的能量才能将轮胎与支承面分离。

空气阻力是由轮胎的空气循环、迎风阻力和车轮旋转的风扇效应等造成的。

滚动阻力可以通过参数 $M_{f_{sh}}$、$P_{f_{sh}}$、f_{sh} 来说明，也可用无量纲的阻力功率系数 f_{N_f}（p_w、P_z、k_{tjag}）来描述。图 1.10 的 f_{N_f} 曲线给出了车轮在几种不同运动状态下的滚动阻力特性。

滚动阻力主要取决于车轮的结构特征（几何和刚性特性）。随着车轮自由半径 r_{sv} 和比值 B_{ob}/B_{sh}、B_{sh}/H_{sh} 的增加，帘线厚度、层数、胎面厚度的减少，以及轮胎材料的改进和轮胎由斜交线向子午线耐压外胎过渡，滚动阻力都会降低。

车轮的滚动阻力特性可以通过两种方式确定：一种是通过揭示内部机理和现象的联系，以及滚动过程中发生的物理过程开展研究；第二种则是基于对车轮的受力和功率平衡方程的联合求解，由所得到的力和速度间关系开展研究。第一种方式相当困难，在某些专业文献中有所介绍。第二种方式采用一些假设，相对简单，实践中也能得到可接受的结果。

无论理论还是实践层面，在硬支承面上，当力 P_x 较小（在从动和自由状态下略有不同）和速度 v_{kx} 较低时，较易确定滚动阻力参数。通常是在给定胎压 p_w 和垂向力 P_z 时，基于从动滚动状态下车轮滚动参数 r_{kv} 和 f_{shv}，再根据垂向载荷 P_z 对轮胎的压缩变形结果（图 1.3（c））和由滞环面积计算所得的损失功 A_{pot}，共同来确定 f_{shv} 的值。

假设车轮运动一周所消耗的功 $A_{2\pi}$，大于在其发生垂向变形 h_z 之前静止车轮在其加载卸载一个周期时的功 $A_{2\alpha}=A_{pot}$（图 1.4（a）），并且其比值等于面积 $S_{2\pi}$（$S_{2\pi}$ 为半径 r_{sv} 和半径 $r_d=r_{st}=r_{sv}-h_z$ 构成的环形面积）与面积 $S_{2\alpha}$（位于支承面水平线以下的轮胎未变形时的面积）的比值：

$$A_{2\pi}=\frac{A_{2\alpha}S_{2\pi}}{S_{2\alpha}}=\frac{A_{2\alpha}\pi h_z(2r_{sv}-h_z)}{r_{sv}^2\alpha-r_{sv}(r_{sv}-h_z)\sin\alpha}$$

在匀速运动且不考虑空气阻力的情况下，该项功可写成如下形式：

$$A_{2\pi}=P_{f_{shv}}2\pi r_k$$

此时

$$P_{f_{shv}}=A_{2\pi}/(2\pi r_k)\text{；}f_{shv}=P_{f_{shv}}/P_z$$

以上方法确定 f_{shv} 的准确率为 90% ~95%。

系数 f_{shv} 主要取决于胎压 p_w 和垂向力 P_z（图 1.9（c）），但胎压 p_w 的影响更为显著。

为进一步提高计算准确性，给出关于从动状态下垂向变形和滚动阻力系数 f_{shv} 的几个经验式：

$$h_z = k_z(0.1P_z)^{3/4}/(1+10p_w)$$

$$f_{\text{shv}} = (\alpha + \beta \times 0.01P_z^2)/(1+10p_w)$$

其中，k_z 为轮胎的固有系数，单位为 $\text{m} \cdot \text{MPa/N}^{3/4}$；$\alpha$ 为轮胎的固有系数，单位为 MPa；β 为轮胎的固有系数，单位为 MPa/N^2；$\alpha = 0.082 - 7.8 \times 10^{-7} n_{\text{sl}}(10B_{\text{sh}})^{3/2} r_{\text{sv}}^2 / H_{\text{sh}}$；$\beta = H_{\text{sh}} n_{\text{sl}} (10B_{\text{sh}})^{3/2} r_{\text{sv}}^2 - 9.75 \times 10^{-10}$。

系数 f_{shv} 值也随车轮尺寸、支承面微观不平度的长度和高度、轮胎花纹的深度变化而变化。

迄今尚无合适的简单方法评估支承面随机微观轮廓参数变化时的 f_{shv}。在文献资料中，通常会给出简单支承面的 f_{shv} 值。因此，可以采用支承面影响系数 $k_{f\text{op}}$（表 1.1）来修正车轮在硬支承面上行驶时的 f_{shv}。

$$f'_{\text{shv}} = k_{f\text{op}} f_{\text{shv}} \tag{1.12}$$

表 1.1 不同支承面时系数 f'_{shv} 和 $k_{f\text{op}}$ 的值

支承面类型	f'_{shv}	$k_{f\text{op}}$
沥青和水泥混凝土支承面：		
路况良好	0.008 ~ 0.015	1.05
路况合格	0.015 ~ 0.020	1.20
碎石支承面：		
路况良好	0.020 ~ 0.025	1.33
鹅卵石支承面：		
路况良好	0.025 ~ 0.030	1.67
坑洼	0.035 ~ 0.050	2.33
土支承面：		
干燥辗压支承面	0.025 ~ 0.035	1.67
雨后	0.050 ~ 0.150	3.33
积雪辗压支承面	0.030 ~ 0.050	2.00
结冰支承面	0.015 ~ 0.030	1.05

还可以考虑用运动速度来表示滚动阻力系数 f''_{shv}。在水平支承面上，当速度低于 $v_{\text{kx}} = 20 \sim 30$ m/s 时，f''_{shv} 数值变化不大，而当 $v_{\text{kx}} > 30$ m/s 时其数值急剧增加，f''_{shv} 的增长程度取决于轮胎结构、胎面磨损和胎压 p_w（图 1.11）。

当速度低于 120 km/h 时，子午线轮胎的f''_{shv}最小，但在更高车速时，子午线轮胎与低断面轮胎甚至斜交线轮胎相比则会失去这一优势（图 1.11（b））。

从一定的滚动速度开始，轮胎的变形频率与其固有振动频率相一致。通过接触区后，轮胎形状的恢复速度小于轮胎离开接触区的速度，形状尚未恢复的轮胎离开接触区而在弹性力和惯性力的作用下开始振动，轮胎表面产生波浪型变形（即驻波现象），振动增加了轮胎内部摩擦力，导致滚动阻力急剧增加。开始产生驻波现象的速度称为临界驻波速度。

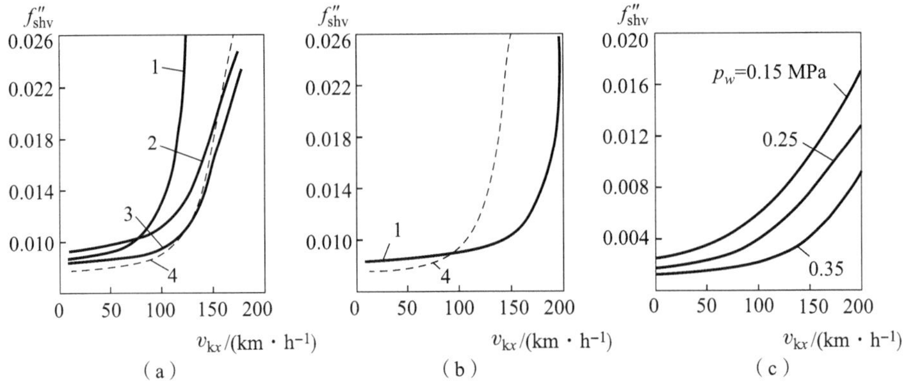

图 1.11 滚动阻力系数与轮式车轮速度的关系图

（a）新轮胎；（b）胎面磨损的轮胎；（c）在不同气压条件下的轮胎

1—斜交轮胎；2—带束斜交轮胎；3—斜交低断面轮胎；4—子午线轮胎

这里给出几个当v_{kx}变化时滚动阻力系数f''_{shv}的常见经验式：

$$f''_{shv}=f'_{shv}+k_1v_{kx}^2\text{；}f''_{shv}=f'_{shv}(1+10^{-4}k_2v_{kx}^2) \tag{1.13}$$

其中，k_1、k_2为速度对滚动阻力的影响系数。$k_1\approx 7\times 10^{-6}$；$k_2=9\sim 14$，视轮胎牌号而定（例如，ОИ－25 型 14.00－20 轮胎为 10～14；И－П184 型 1220×400－533 轮胎为 9～13；“Кама－1260”型 1260×425－533 轮胎为 9～12）。

随着牵引力 P_x 和转矩 M_k的增大，切向变形和滑动导致的轮胎损失也随之增大。在无滑动（$s_{bj}=0$）且车轮滚动半径线性变化（$r_{k0}=r_{kv}-\lambda_M M_k$）的情况下，由于传递转矩带来的附加损失由下列关系式决定：

$$f_{shM}=f_{shv}(r_{kv}/r_{k0}-1)+\lambda_M M_k^2/(P_z r_{kv} r_{k0}) \tag{1.14}$$

（此处和下文中系数f_{shv}考虑了支承面类型和轮式车辆速度的影响）。

当 $s_{bj}=0$ 时，相对总损失为：

$$f_{N_f}=f_{shv}+f_{shM}$$

以正常行驶速度在硬支承面上稳定行驶时，通常对于带没有完全闭锁变速箱和不带挂车的轮式车辆来说，f_{shM}分量相对较小。在上坡、急加速、恶劣路况和带挂车行驶等牵引力大的情况下行驶时，该分量具有实际意义。

文献中给出的f_{shv}值通常指的是完全热车状态下轮胎的数值。冷胎加热至设定的工作温度后，f_{shv}数值会降低约20%。在-7℃时，轮胎的滚动阻力是93℃时轮胎的3倍。在工作温度为70~75℃、环境温度为20℃时，f_{shv}系数和轮胎使用寿命均达到最优状态。轮胎的工作温度不超过100℃时为允许温度，121℃为临界温度，高于121℃时对轮胎运行有害。

1.3 车轮与支承面的附着力

接触面的纵向反作用力R_x，是由纵向反作用力微元dR_x的总和决定的。在硬支承面上时，R_x指接触面前部的静摩擦力和接触面后部的滑动摩擦力。

静摩擦反作用力微元dR_{xpok}等于引起它的外力，并随外力的增大而增大，直至超过乘积$\mu_{pok}dR_z$，其中μ_{pok}为静摩擦系数。滑动摩擦反作用力微元$dR_{xsk}=\mu_{sk}dR_z$，其中μ_{sk}为滑动摩擦系数。

当输入转矩（切向力）在接触区变化时，反作用力微元dR_z和dR_x也会随之发生变化。

图1.12为垂向压力和切向应力沿接触长度的分布曲线，可用于测定反作用力。

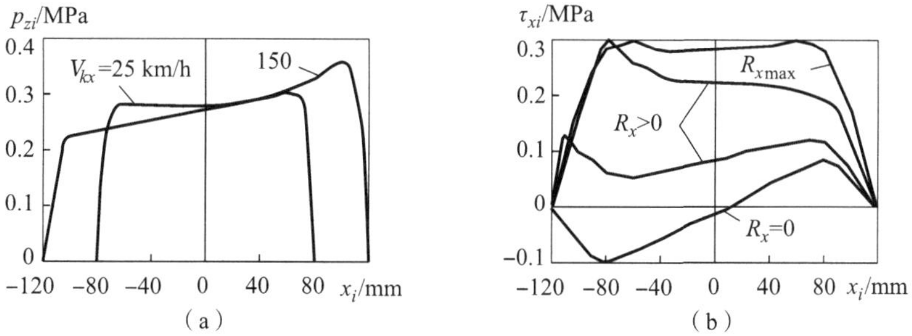

图1.12 垂向压力p_{zi}和切向应力τ_{xi}沿接触长度的分布曲线

（a）7.50-15轮胎；（b）斜交轮胎

车轮传递的转矩越大，轮胎相对于支承面滑动就越显著，纵向反作用力R_x也就越大。由于静摩擦系数μ_{pok}大于滑动摩擦系数μ_{sk}，且后者随滑动速度的增加而减小，因此当接触区轮胎仍有不滑动部分时，所产生的纵向反作用力R_x会达到最大值。随着滑动量的进一步增加，静摩擦区消失，只由滑动摩擦力决定的反

作用力 R_x 则会减少。

如前所述，车轮相对于支承面的滑动过程可由纵向滑动系数 s_{bj} 来表示。k_{R_x}（s_{bj}）的关系曲线由轮胎的材料、结构、支承面类型和车轮运动速度决定（图 1.13）。

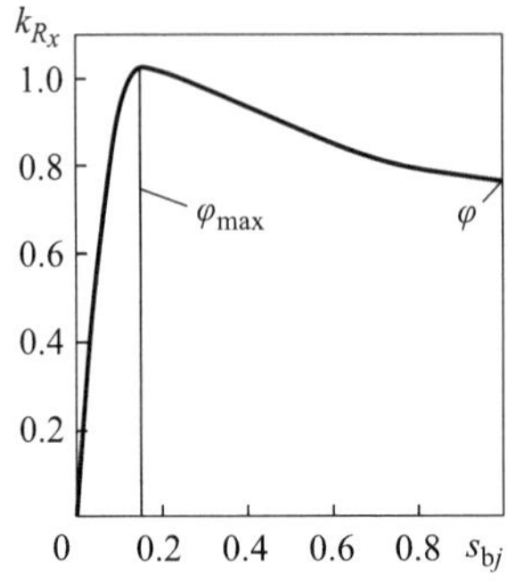

图 1.13　纵向反作用力系数与纵向滑动系数的关系图

系数 k_{R_x} 的最大值 $k_{R_x\max}$ 为最大附着系数 $\varphi_{max} = k_{R_x\max}$（对应 $s_{bj} \approx 0.1 \sim 0.18$），当完全滑动（$s_{bj} = 1$）时，$k_{R_x}$ 为附着系数 φ。对于大多数硬支承面，$\varphi = (0.75 \sim 0.8)\varphi_{max}$。

当 $k_{R_x} < (0.4 \sim 0.6) k_{R_x\max}$ 时，车轮的滑动实际上并不影响其动力学参数和运动学参数，车轮滚动半径按线性规律变化，且 $r_k = r_{k0}$。当 k_{R_x} 数值较大时（加速、牵引工况下），车轮的角速度和速度之比基本上取决于纵向反作用力 R_x（$r_k \neq r_{k0}$、$r_k = r_{k0}(1 - s_{bj})$）。因此，在这种情况下，应考虑滑移量 s_{bj} 的影响。

影响附着系数 φ 的参数众多，主要包括支承面类型和路况（后者是决定性因素）、轮胎的结构和材料、胎压、垂向载荷、行驶速度和性质（滑移或滑转）以及温度条件。

φ 值会随温度而变化：温度升高，在混凝土支承面 φ 值减小，在沥青混凝土支承面 φ 值增大（例如，在 −5℃、10℃、40℃的干沥青混凝土支承面，附着系数 φ 分别为 0.6、0.8、1.15）。

随着车轮速度的提高，φ 值减小，在沥青混凝土支承面尤为明显。因此，当车速从 32 km/h 提高到 64 km/h 和 96 km/h 时，在干湿沥青混凝土、积雪和结冰支承面，φ 值分别降低了 20% 和 40%；而在所有水泥混凝土支承面，φ 值仅降低了 2% 和 5%（图 1.14）。

影响附着系数 φ 与轮胎有关的主要因素是比压和胎面花纹类型，这两者都直接关系到轮胎能否挤出或冲破支承面上的液膜，恢复与支承面的可靠接触。

随着比压的减小和接触分布更加均匀，φ 值也随之增大。

在湿支承面一定的水膜厚度和速度条件下，由于受接触产生的液体动压作用，轮胎会在液膜表面上浮，此时由液体层摩擦力决定的车轮附着力会急剧下降，这种情况通常被称为滑水现象，发生滑水现象时的速度称为临界滑水速度。

当胎面和支承面磨损时，车轮附着力会降低。同一支承面的附着系数值在其使用寿命内的变化可达 2 倍以上。当胎面完全磨损时，根据湿滑支承面的行驶速度，附着力系数会降低 15% ~90%。

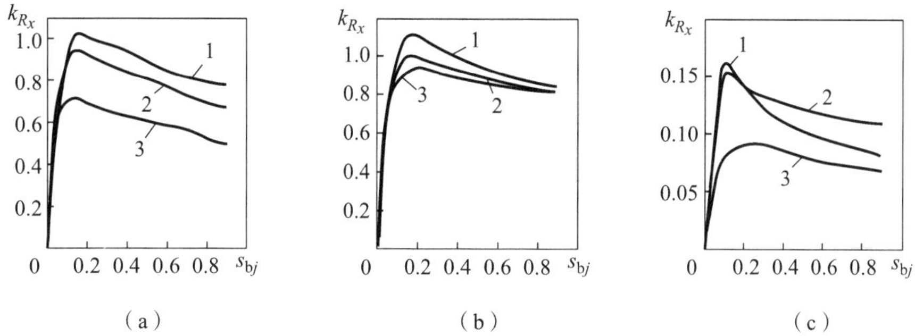

图 1.14　在不同车速时不同支承面上纵向滑动系数的变化

(a) 干沥青混凝土；(b) 干水泥混凝土；(c) 积雪和结冰道路

1—32 km/h；2—64 km/h；3—96 km/h

表 1.2 是不同类型轮胎在不同类型支承面上附着系数的实验数据。

表 1.2　不同类型轮胎在不同类型支承面上附着系数的实验数据

支承面类型	轮胎类型		
	高压轮胎	低压轮胎	高通过性轮胎
沥青混凝土：			
干	0.50～0.70	0.70～1.00	0.70～1.00
湿	0.35～0.45	0.45～0.55	0.50～0.60
泥	0.25～0.45	0.25～0.40	0.25～0.45
卵石干	0.40～0.50	0.50～0.55	0.60～0.70
碎石：			
干	0.50～0.60	0.60～0.70	0.60～0.70
湿	0.30～0.40	0.40～0.50	0.40～0.55
土支承面：			
干	0.40～0.50	0.50～0.65	0.50～0.60
湿	0.20～0.40	0.30～0.45	0.35～0.50
过湿	0.15～0.25	0.15～0.25	0.20～0.30
砂土支承面：			
干	0.20～0.30	0.22～0.40	0.20～0.30
湿	0.35～0.40	0.40～0.50	0.40～0.50
黏土支承面：			
干	0.45～0.50	0.45～0.55	0.40～0.50

续表

支承面类型	轮胎类型		
	高压轮胎	低压轮胎	高通过性轮胎
湿	0.20～0.40	0.25～0.40	0.30～0.45
过湿	0.15～0.20	0.15～0.25	0.15～0.25
积雪支承面：			
松散	0.20～0.30	0.20～0.40	0.20～0.40
压实	0.15～0.20	0.20～0.25	0.30～0.50
结冰	0.08～0.15	0.10～0.20	0.05～0.10

由于纵向反作用力系数 k_{R_x} 随着具有转动惯量的车轮（通过弹性连接与同样具有转动惯量的发动机曲轴相连）的纵向滑动系数 s_{bj} 和滑动速度的变化而变化，车轮滑动过程一般认为是稳态的。实际上，当车轮打滑时转矩 M_k 和纵向反作用力 R_x 是振荡变化的，并且 M_k 和 R_x 的变化频率取决于传动元件和轮胎的刚度以及发动机－车轮系统的转动惯量。

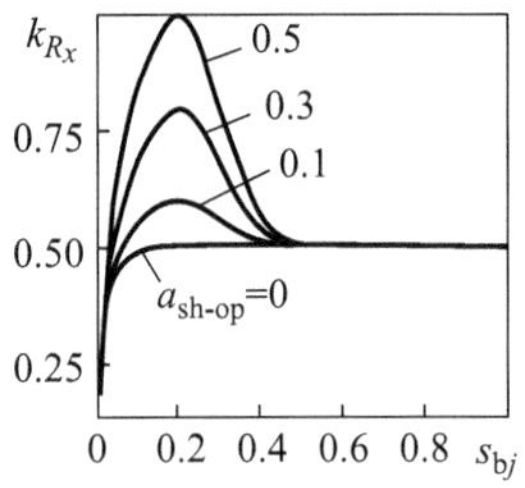

图 1.15 当 $\varphi=0.5$ 和 $s_{max}=0.2$ 时纵向反作用力系数与纵向滑动系数的关系图

k_{R_x}与 s_{bj}的关系式（图 1.15）可简化如下：

$$k_{R_x}=\varphi[1-\exp(-s_{bj}/s_0)]+a_{sh-op}\exp[-(s_{bj}-s_{max})^2/a_\tau] \qquad (1.15)$$

式中，a_{sh-op}为车轮表面与支承面的关联系数；s_{max}为 k_{R_x}最大值所对应的 s_{bj}值；$s_0\approx0.1s_{max}$；$a_\tau\approx0.05s_{max}/\varphi$。

考虑到附着系数、滑动摩擦系数和轮胎胎面与支承面的相关系数 c_{sh-op}均为常数，不取决于垂向接触压力 p_{zi}，可得 $a_{sh-op}=c_{sh-op}/p_{zi}$ = 变量。可由基准压力 p_{zbaz}和系数 μ_{pokbaz}来确定 c_{sh-op}值：

$$c_{sh-op}=p_{zbaz}(\mu_{pokbaz}-\mu_{sk})$$

μ_{poki}和 a_{sh-op}值取决于垂向接触压力 p_{zi}：

$$\mu_{poki}=\mu_{sk}+c_{sh-op}/p_{zi}；\ a_{sh-op}=\mu_{poki}-\mu_{sk}$$

随着垂向接触点压力 p_{zi}降低，a_{sh-op}和 $k_{R_x max}$值增加。

s_{max}值取决于轮胎性能、支承面的类型和行驶速度（图 1.14），可通过实验或计算方法来确定其数值。

习题

1. 请说出车轮的主要功能。

2. 车轮受到什么力和转矩的作用?

3. 什么是车轮滚动阻力矩，它是如何形成的?

4. 车轮的受力方式有哪些，它们有什么不同?

5. 请说出车轮在直线行驶时的运动特点。

6. 什么是车轮滚动半径? 哪些因素影响其变化?

7. 什么是车轮切向弹性系数，它有什么特点?

8. 什么是车轮的速度和纵向滑动系数?

9. 什么是车轮的总周向力?

10. 车轮的总周向力（受力平衡方程）作用在什么地方?

11. 描述车轮受力平衡及其组成部分的特点。

12. 在从动状态下，哪些运行参数对车轮的垂向变形、滚动半径和滚动阻力系数影响最大?

13. 说出车轮的无量纲滚动参数。

14. 车轮输出特性 $k_{tjag}(s_{b\Sigma})$、$f_N(k_{tjag})$、$f_{N_f}(k_{tjag})$ 的类型是什么? 它们与轮胎气压的变化有何关系?

15. 什么决定了硬支承面上车轮的滚动阻力? 滚动阻力有什么特点?

16. 从动状态下硬支承面上车轮的滚动阻力系数的数值是多少?

17. 从动状态下车轮的滚动阻力系数随行驶速度的变化是怎样的? 请列出方程。

18. 当转矩变化时，车轮滚动损失会如何变化?

19. 什么是纵向反作用力系数和附着系数?

20. 纵向反作用力系数与纵向滑动系数的关系如何变化? 为什么?

21. 纵向反作用力系数如何取决于行驶速度?

22. 在不同硬支承面上车轮附着系数的最大值和最小值是多少?

2 轮式车辆在水平硬支承面上的直线行驶

2.1 轮式车辆上的外力和力矩

轮式车辆是由多个具有质量的部件相互连接而组成的复杂动力学系统。

在研究水平硬支承面上的轮式车辆直线行驶特性时，除发动机、变速箱和车轮的相对转动外，忽略其他所有单个部件质量的相对移动，忽略由支承面不平而导致的车辆振动，得到车辆在支承面上的纵剖面图，见图 2.1。通过质心 C 的轴分别被称为纵轴 X_C、横轴 Y_C 和垂向轴 Z_C。车辆所在支承面相对于水平面的倾斜角度为 α_{opx}。

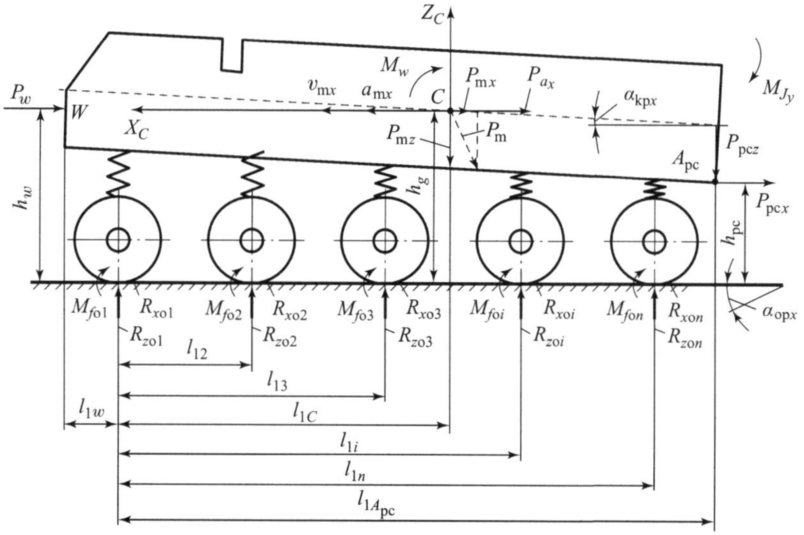

图 2.1 在硬支承面直线行驶时，作用在轮式车辆上的力和力矩的计算简图

通常，假设轮式车辆布置有 n_o 根轴，各轴与第一轴的距离分别为 l_{li}。

直线行驶时可假设所有轮式车辆外力都作用在运动平面 $X_C CZ_C$ 上，并且 $X_C CZ_C$ 垂直于支承面。这样就可以将轮式车辆的空间布置方案简化成关于车辆纵向对称面的平面布置方案，每根轴上用 1 个车轮来代替 2 个车轮（假设轴上两侧各布置 1 个车轮）。轮式车辆的外力是来自环境（即支承面和空气）的作用力，包括重力、支承面反作用力、惯性力、空气动力反作用力和拖挂（挂车）反作用力。

重力和支承面反作用力的垂向分力不直接作功，是被动分量，但对轮式车辆的行驶参数会产生很大影响。

习惯上采用整备质量 m_{sn} 和总质量 m_{pol} 两个概念描述轮式车轮质量。整备质量是指轮式车辆空载、加满燃油、润滑材料和冷却液，并配有备用轮胎、工具和设备的质量。总质量还包括按轮式货车额定载重量计算的司机和货物的质量或全部乘客质量，且乘客人数与轻型轮式车辆或客车的额定载客量相符。

轮式车辆静止时，车辆所受重力 $P_m = m_m g$（其中，$g = 9.81\ m/s^2$，m_m 为轮式车辆质量）集中在距第一轴距离 l_{1C}、距支承面高 h_g 处。重力的垂向分力 $P_{mz} = P_m \cos\alpha_{opx}$ 决定了各车轮的垂向反作用力 R_{zi}。

可由受力平衡方程确定各轴的垂向反作用力 $R_{zoi} = 2R_{zi}$，它与各轴的车轮滚动损失 $P_{f_{sh}oi}$ 和接触区最大纵向反作用力 $R_{xoi\max}$ 有关。图 2.1 所示的垂向反作用力作用位置未考虑相对于接触中心的位移，而是假设垂向反作用力发生在车轮轴所在平面上，并受滚动阻力矩 $M_{foi} = 2M_{f_{sh}i}$（当轴上两侧各布置双轮时则为 $M_{foi} = 4M_{f_{sh}i}$）的影响。

主动力按其作功形式不同，分为驱动力和阻力两种状态。当作为驱动力时，主动力矢量与质心的速度矢量 $\vec{v}_{mx}$ 方向一致，而作为阻力时其方向与该矢量相反。这种划分是有一定条件的，因为在不同情况下同一个力既可取正值也可取负值。

当车轮与支承面接触时，产生正的纵向反作用力 R_{xi} 驱动轮式车辆行驶，因此这些反作用力的总和可以被认为是驱动力。

只有在主动轮上存在切向力 P_{ki} 的情况下，才能产生驱动力。车辆所有车轮的总切向力 P_{km} 可由 n_{om} 根轴上的这些切向力之和确定：

$$P_{km} = \sum_{i=1}^{2n_{om}} P_{ki} \tag{2.1}$$

同理，总滚动阻力为所有 n_k 个车轮或 n_o 根轴上的滚动阻力之和（当轴上两侧布置单轮时)：

$$P_{f_{sh}m} = \sum_{i=1}^{n_k} P_{f_{sh}i} = \sum_{i=1}^{2n_o} P_{f_{sh}i} \tag{2.2}$$

上坡时，重力的纵向分力 $P_{mx}=P_m \sin\alpha_{opx}$ 是主要行驶阻力。

在有挂车的情况下，挂车吊钩载荷 P_{pc} 的垂向分力 P_{pcz} 和纵向分力 P_{pcx} 分别作用于牵引车上。

作用于轮式车辆表面的空气载荷在不同位置的数值和方向都不同（图 2.2)，其作用效果可用合力 P_w 和力矩 M_w 代替（图 2.1)。

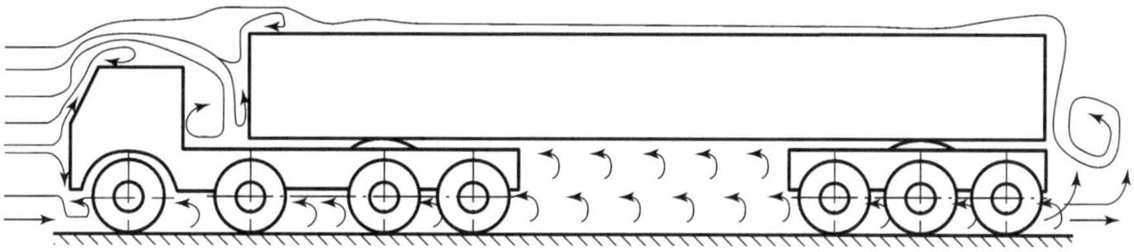

图 2.2　流经轮式车辆的气流方向

合力 P_w 称为空气阻力：

$$P_w = c_w F_{lob} q_w \tag{2.3}$$

式中，c_w 为空气阻力系数；F_{lob} 为最大截面（迎风面积)，m^2；q_w 为空气动压，$kg/(m \cdot s^2)$。

轮式车辆在垂直于其纵轴平面的最大投影为最大截面（迎风面积)。对轻型轮式汽车 $F_{lob} \approx 0.8\ B_m H_m$，对轮式货车 $F_{lob} \approx BH_m$（其中，B_m、H_m 为轮式车辆宽度、高度，m；B 为轮距，m)。

空气动压 q_w 是指 $1m^3$ 空气以 v_{mx} 的速度相对轮式车辆运动时所具有的动能：

$$q_w = \frac{1}{2}\rho_w v_{mx}^2$$

式中，ρ_w 为空气密度，kg/m^3。

M_w 为空气阻力矩：

$$M_w = m_w F_{lob} q_w B \tag{2.4}$$

式中，m_w 为无量纲系数。

在一般情况下，力 P_w 的方向不定，其纵向分力（空气阻力）施加在距支承面高度 h_w 处的风阻中心。空气阻力 P_w 可分为如下几类：

①形状阻力，为（0.5～0.6）P_w，由空气涡旋造成的轮式的车前较高压力

和车后较低压力之间的差值形成。

②内部阻力，为（0.1～0.15）P_w，流经轮式车辆内部用于车厢通风和发动机冷却的气流产生的阻力。

③表面摩擦阻力，为（0.05～0.1）P_w，由沿轮式车辆表面移动的空气边界层的黏性力引起，并取决于该表面的大小和粗糙度。

④诱导阻力，为（0.05～0.1）P_w，由作用在纵向平面（升力）和垂直于纵向平面（侧向力）力的相互作用引起。

⑤额外阻力，小于0.15 P_w，由各种凸出部件（大灯、视镜、把手、转向灯等）产生的额外阻力。

有时使用空气阻力系数或流线型系数的概念，相当于在1 m/s的相对速度下作用在1 m^{2}面积上的空气阻力，即

$$k_w = \frac{1}{2}\rho_w c_w$$

当来流角和攻角等于零时，不同类型的轮式车辆的c_w值如下：

赛车……………………………………………………………0.15～0.19

小汽车…………………………………………………………0.3～0.6

客车：

长头式……………………………………………………0.75～0.9

车厢式……………………………………………………0.6～0.75

货车

载重货车…………………………………………………0.9～1.15

厢式货车…………………………………………………0.8～1.0

槽罐车…………………………………………………………0.9～1.1

拖挂车…………………………………………………………1.1～1.55

当空气密度$\rho_w = 1.225$ kg/m^{3}时，系数$k_w = 0.61c_w$，此时空气阻力为：

$$P_w = k_w F_{\text{lob}} v_{\text{mx}}^2 \tag{2.5}$$

2.2 内部力和力矩

轮式车辆内部力和力矩指从发动机到车轮之间的零部件相互作用所产生的力和力矩。

轮式车辆的能量源是发动机（动力装置），它通过变速箱与车轮连接。

对于任意车辆，转矩M_{dv}随输出轴转速n_{dv}变化的理想特性曲线都是双曲线

（图 2.3 曲线 1）。与之最接近的是燃气涡轮发动机（燃气轮机）的特性曲线（曲线 2），然后是活塞式汽油发动机的特性曲线（曲线 3）和柴油发动机的特性曲线（曲线 4）。变速箱则是用于调节车轮转矩 $M_k(n_k)$ 变化范围的。

发动机速度特性曲线是指转矩 M_{dv} 和功率 N_{dv} 随供油量和输出轴转速 n_{dv} 变化的关系图。在最大供油量时，该特性指发动机外部速度特性（外特性）曲线。此外，小时耗油量 $G_t(n_{dv})$ 曲线也如图 2.4 所示。

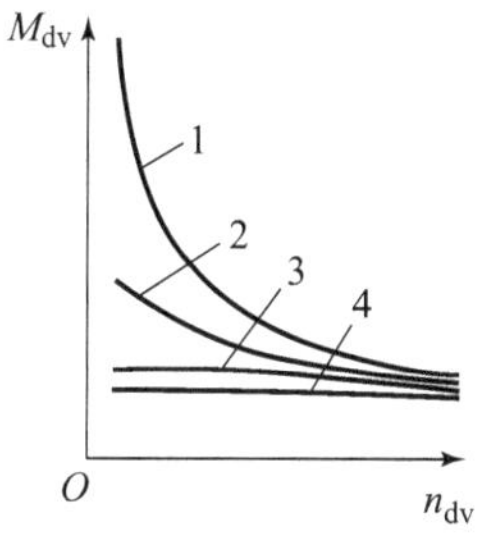

图 2.3　转矩 M_{dv} 随输出轴转速 n_{dv} 变化曲线

1—理想发动机；2—燃气涡轮发动机；3—汽油发动机；4—柴油发动机

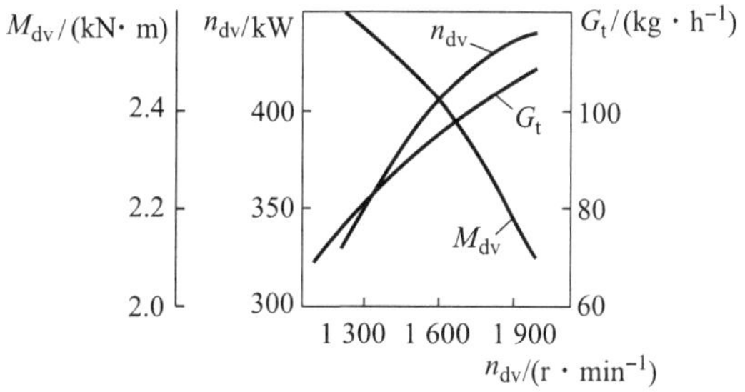

图 2.4　某 442kW 柴油发动机外部速度特性曲线图

有/无调速器（最高转速限速器）的汽油发动机、配备全程调速器或两级调速器的柴油发动机如图 2.5 所示。

在图 2.5 所示的曲线上，可见转矩 M_{dv} 的最大值 M_{dvmax} 和功率 N_{dv} 的最大值 N_{dvmax}（额定功率）对应的转速工况点 n_{dvm} 和 n_{dvn} 并不相同。

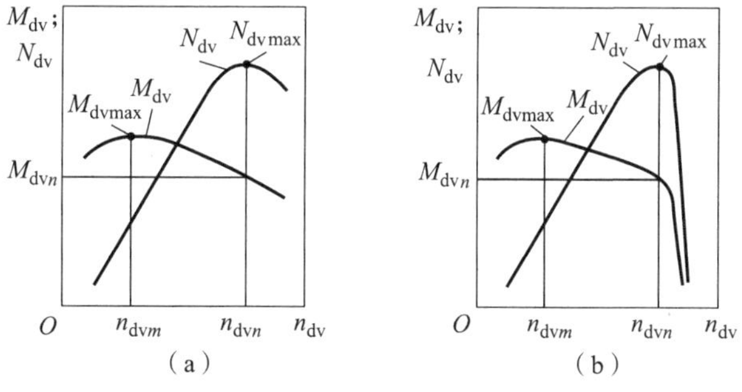

图 2.5　发动机外特性曲线

（a）无调速器；（b）有调速器

在供油量较小时，该特性曲线称为部分特性曲线，其类型取决于发动机和调速器的类型（图 2.6）。

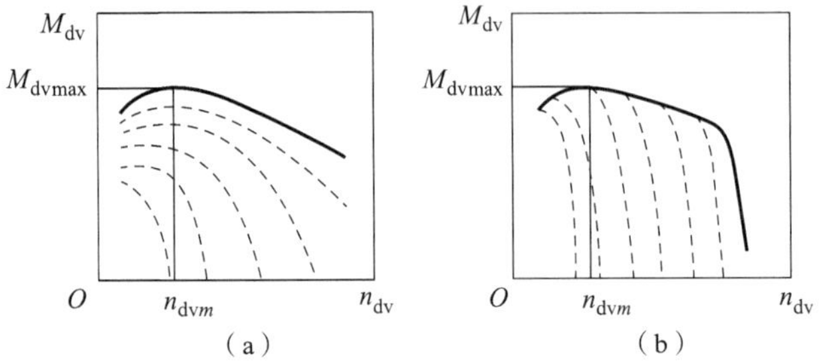

图 2.6　外特性（实线）和部分特性（虚线）曲线

（a）汽油发动机；（b）全程调速柴油发动机

转矩 M_{dvi} 和 N_{dvi} 功率值可根据发动机实验外特性曲线图确定（见图 2.4），或根据额定工况转速对应的转矩和功率，通过经验方程式来近似计算（图 2.5）：

$$M_{dvi}=M_{dvn}\left[a+b\frac{n_{dvi}}{n_{dvn}}-c\left(\frac{n_{dvi}}{n_{dvn}}\right)^2\right] \tag{2.6}$$

$$N_{dvi}=N_{dvmax}\left[a\frac{n_{dvi}}{n_{dvn}}+b\left(\frac{n_{dvi}}{n_{dvn}}\right)^2-c\left(\frac{n_{dvi}}{n_{dvn}}\right)^3\right] \tag{2.7}$$

式中，$M_{dvn}=9\ 554\ N_{dvmax}/n_{dvn}$，单位为 N · m；$N_{dvmax}$ 单位为 kW；n_{dvn} 单位为 r/min；a、b、c 为根据发动机转速适应性系数 $k_{dvn}=n_{dvn}/n_{dvm}$ 和转矩适应性系数 $k_{dvm}=M_{dvmax}/M_{dvn}$ 确定的系数。

对于无调速器和限速器的汽油发动机：

$$a=2-0.25/(k_{dvm}-1)$$
$$b=0.5/(k_{dvm}-1)-1$$
$$c=0.25/(k_{dvm}-1)$$

对于带调速器或限速器的柴油发动机和汽油发动机：

$$a=1-(k_{dvm}-1)k_{dvn}(2-k_{dvn})/(k_{dvn}-1)^2$$
$$b=2(k_{dvm}-1)k_{dvn}/(k_{dvn}-1)^2$$
$$c=(k_{dvm}-1)k_{dvn}^2/(k_{dvn}-1)^2$$

系数 k_{dvm} 和 k_{dvn} 越大，发动机稳定运行的范围越广，轮式车辆的燃油经济性也越高。

对于汽油发动机，$k_{dvm}=1.2\sim1.35$、$k_{dvn}=1.5\sim2.5$；对于柴油发动机和带燃油喷射系统的汽油发动机，$k_{dvm}=1.05\sim1.2$、$k_{dvn}=1.45\sim2.0$；对于采用电控燃油供给的现代柴油发动机，$k_{dvm}=1.4\sim1.5$。

拆除部分设备（空气滤清器、消音器、通风机、压缩机等）后，在台架上以给定转速工况进行试验，可得到发动机净特性曲线图。变速箱输入轴的输入转矩 M_{dv-tr}和功率 N_{dv-tr}相对较小，可通过输出功率系数 k_{snn}计算：

$$M_{dv-tr}=k_{snn}M_{dv};\ N_{dv-tr}=k_{snn}N_{dv} \tag{2.8}$$

系数 k_{snn}既取决于结构特点和运行条件，也取决于获得外部特性曲线所依据的标准。近似地，可认为系数 k_{snn}与转速 n_{dv}无关，也不需考虑发动机实际运行的大气条件不符合标准要求而导致功率降低的情况。根据俄罗斯标准，$k_{snn}\approx0.93\sim0.96$。

在发动机到车轮之间有各种传动部件，如机械部件、动液部件、静液部件、电气部件等，其中每种部件都有功率损失。

变速箱机械部件的变形和移动会产生阻力和阻力矩，这里通常考虑其弹性分量和损失分量。

弹性阻力是指弹性元件变形过程中与机械能可逆转化相关的阻力。用于克服阻力的能量在载荷消除后会完全返回系统。例如，对于 i 和 j 截面上转角分别为 φ_{tri}和 φ_{trj}的轴，其弹性阻力矩 M_{try}根据 i 和 j 截面段的轴的角刚度 c_{trij}确定：

$$M_{try}=c_{trij}(\varphi_{tri}-\varphi_{trj})$$

损失阻力和阻力矩与机械能到热能间的不可逆转化有关。其阻力矩 M_{trpot}通常以两个分量形式表示：

$$M_{trpot}=M'_{trpot}+M''_{trpot}$$

恒定分量 M'_{trpot}由旋转部件在恒定角速度 $\omega_{tri}=\text{const}$ 时的动力损失和速度损失决定。动力（载荷）损失取决于所传递转矩 M_{tri}，主要是由零件之间的摩擦引起，而速度损失（空转损失）则取决于轴和齿轮的角速度，与旋转部件的搅油和飞溅损失有关。如下式所示：

$$M'_{trpot}=AM_{tri}+B\omega_{tri}^{k}$$

式中，A、B、k 为根据实验数据确定的系数，其值取决于部件机构、制造工艺、润滑和运行工况。

可变（动态）分量 M''_{trpot}由零件的振动引起，其值取决于转矩变化的频率、结构、工艺和运行因素，其数值与输入角速度 ω_{tri}和输出角速度 ω_{trj}的零件转速差成正比：

$$M''_{trpot}=k_{trij}(w_{tri}-w_{trj})$$

比例系数 k_{trij}称为阻尼系数。

在轮式车辆稳态行驶或当没有系数 k_{trij}数据时，部件的损失可根据效率估算：

$$\eta_{tri}=N_{otvi}/N_{podvi}=(N_{podvi}-N_{poti})/N_{podvi}=1-N_{poti}/N_{podvi}$$

式中，N_{podvi}、N_{otvi}、N_{poti}分别为第 i 个部件的输入功率、输出功率、损失功率。

如果传动部件有传动比 u_{tri}，则输出轴的转矩为：

$$M_{otvi} = M_{podvi} u_{tri} \eta_{tri} \tag{2.9}$$

轮式车辆主要部件的效率如下：变速箱效率 $\eta_{k.p} = 0.95 \sim 0.98$；分动箱效率 $\eta_{r.k} = 0.95 \sim 0.98$；主减速器效率 $\eta_{g.p} = 0.93 \sim 0.97$；轮边减速器效率 $\eta_{k.r} = 0.96 \sim 0.98$；万向轴传动效率 $\eta_{kard} = 0.99$。

轮式车辆传动装置的效率 η_{tr} 由设计和运行参数决定。根据路况和行驶状态的不同，η_{tr} 数值变化范围很大。发动机负荷越大，η_{tr} 也越大。对于轴数不超过三轴的轮式车辆，传动装置的效率 $\eta_{tr} = 0.80 \sim 0.92$。当带有分支传动装置或行驶阻力较小时，$\eta_{tr}$ 下降明显。

2.3 轮式车辆直线行驶方程

为描述轮式车辆的行驶情况，这里使用图 2.1 所示的计算简图以及系统动能变化方程：

$$\mathrm{d}W_{kin} = \sum_{i=1}^{k} \mathrm{d}A_{vneshi} + \sum_{j=1}^{m} \mathrm{d}A_{vnj} \tag{2.10}$$

式中，$\mathrm{d}W_{kin}$ 为系统的动能微元；$\mathrm{d}A_{vneshi}$ 为第 i 个车轮位移（$1 \leqslant i \leqslant k$）上外力作功的微元；$\mathrm{d}A_{vnj}$ 为第 j 个车轮位移（$1 \leqslant j \leqslant m$）上内力作功的微元。

轮式车辆的动能是指其质量沿 X_C 轴平动动能 W_{kinm} 和旋转部件动能 W_{kinj} 之和：

$$W_{kin} = W_{kinm} + W_{kinJ} = \frac{1}{2} m_m v_{mx}^2 + \frac{1}{2}\left(J_{dv}\omega_{dv}^2 + \sum_{j=1}^{n_{tr}} J_{trj}\omega_{trj}^2 + \sum_{i=1}^{n_k} J_{ki}\omega_{ki}^2 \right)$$

式中，J_{dv}、J_{trj}、J_{ki} 分别为发动机旋转件及从动件转动惯量、传动部件转动惯量、车轮转动惯量，$\mathrm{kg \cdot m^2}$；ω_{dv}、ω_{trj}、ω_{ki} 分别为发动机输出轴、传动部件和车轮的角速度，$\mathrm{s^{-1}}$，且 $\omega_{dv} = \mathrm{d}\varphi_{dv}/\mathrm{d}t$，$\omega_{trj} = \mathrm{d}\varphi_{trj}/\mathrm{d}t$，$\omega_{ki} = \mathrm{d}\varphi_{ki}/\mathrm{d}t$。

当忽略传动部件的转动惯量 J_{trj}，可得

$$\mathrm{d}W_{kinm} = m_m v_{mx} \mathrm{d}v_{mx}; \quad \mathrm{d}W_{kinj} = J_{dv}\omega_{dv}\mathrm{d}\omega_{dv} + \sum_{i=1}^{n_k} J_{ki}\omega_{ki}\mathrm{d}\omega_{ki}$$

轮式车辆行驶速度矢量方向上的外力所做的单位功之和为：

$$\sum_{i=1}^{k} \mathrm{d}A_{vneshi} = -\left(P_{f_{shm}} + P_w + P_{mx} + P_{pcx} + P_{f_p} \right)\mathrm{d}s$$

式中，$\mathrm{d}s$ 为轮式车辆沿轴 X_C 进行移动的位移微元；P_{f_p} 为轮式车辆振动时悬架中的等效运动阻力。

为简化分析，将外部运动阻力之和表示为：

$$P_s = P_{f_{sh}m} + P_w + P_{mx} + P_{pcx} + P_{f_p} \tag{2.11}$$

内部力作功微元 dA_{vnj} 等于发动机有用功微元 $dA_{dv} = M_{dv}d\varphi_{dv}$ 和传动装置阻力作功微元 dA_{tr} 之和。一般来说，传动装置输入转矩为 $M_{dv-tr} = M_{dv} - M_{dv\varepsilon}$，其中 $M_{dv\varepsilon} = J_{dv}\varepsilon_{dv}$，$\varepsilon_{dv}$ 为发动机曲轴角加速度，$\varepsilon_{dv} = d\omega_{dv}/dt$。传动装置的损失采用 $(1-\eta_{tr})$ 值估算，即

$$dA_{tr} = M_{dv-tr}(1-\eta_{tr})d\varphi_{dv}$$

此时内部力做功之和为：

$$\sum_{j=1}^{m} dA_{vnj} = dA_{dv} - dA_{tr} = M_{dv}d\varphi_{dv} - (M_{dv} - M_{dv\varepsilon})(1-\eta_{tr})d\varphi_{dv}$$

引入运动学参数：

$$d\varphi_{dv} = \omega_{dv}dt;\ \omega_{dv} = u_{tr}\omega_k;\ \omega_k = v_{mx}/r_k$$

式中，u_{tr} 为传动装置机械部件的传动比。

当无滑转滑移时，对应 $R_{xi} \leqslant (0.4\sim0.6)\varphi R_{zi}$，实际滚动半径 $r_k = r_{k0}$；在纵向反作用力较大和有滑动的情况下，$r_k = r_{k0}(1-s_{bj})$。

在方程（2.10）中代入动能、外力和内力作功表达式，经变换可得

$$a_{mx}\left(m_m + J_{dv}u_{tr}^2\eta_{tr}/r_k^2 + \sum_{i=1}^{n_k} J_{ki}/r_k^2\right) = M_{dv-tr}u_{tr}\eta_{tr}/r_k - P_s$$

式中，$a_{mx} = dv_{mx}/dt$。

为简化分析，引入质量增加系数 δ_{vr} 的概念，它表明轮式车辆考虑平动质量和旋转质量加速时（加速度为 a_{mx}）所需的力比仅考虑平动质量加速所需的力增加的倍数。

$$\delta_{vr} = 1 + \left(J_{dv}u_{tr}^2\eta_{tr} + \sum_{i=1}^{n_k} J_{ki}\right)\frac{1}{m_m r_k^2} \tag{2.12}$$

这样，轮式车辆直线行驶方程的形式如下：

$$m_m\delta_{vr}a_{mx} = M_{dv-tr}u_{tr}\eta_{tr}/r_k - P_s \tag{2.13}$$

施加在车辆驱动轮上的总切向力 P_{km} 为：

$$P_{km} = M_{dv-tr}u_{tr}\eta_{tr}/r_{k0}$$

轮式车辆换算后的惯性力为 $P_{in} = m_m\delta_{vr}a_{mx}$，那么稳态行驶时式（2.13）可转化为：

$$P_{km} = P_c + P_{in} = P_{f_{sh}m} + P_w + P_{mx} + P_{pcx} + P_{f_p} + P_{in} \tag{2.14}$$

如果这个方程的所有项乘以运动速度 v_{mx}，可得车轮不考虑滑转滑移时的功率平衡方程为：

$$N_{km} = N_{av-tr}\eta_{tr} = N_{f_{sh}m} + N_w + N_{mx} + N_{pcx} + N_{f_p} + N_{in} \tag{2.15}$$

如果有滑转滑移存在且 $r_k \neq 0$，则所需功率为：

$$N'_{km} = N_{km} r_{k0}/r_k \tag{2.16}$$

当发动机与驱动轮完全刚性连接，轮式车辆稳态行驶可得（2.13）~（2.16）方程。在非稳态行驶工况，应考虑到传动轴和轮胎的角刚度和阻尼。

计算结果表明，在研究一般轮式车辆的运动问题时，忽略传动装置的转动惯量，计算角刚度和阻尼 c_{tr} 和 k_{tr} 后（图 2.7）所建立的模型也能保证足够的精度。此时，轮式车辆运动方程的形式为：

$$J_{dv}\varepsilon_{dv} + \sum_{i=1}^{n_{km}} c_{tri}(\varphi_{dv} - u_{tr}\varphi_{ki}) + \sum_{i=1}^{n_{km}} k_{tri}(\omega_{dv} - u_{tr}w_{ki}) + M'_{trpot} - M_{dv} = 0$$

$$\sum_{i=1}^{n_{km}} J_{ki}\varepsilon_{ki} - \sum_{i=1}^{n_{km}} c_{tri}(\varphi_{dv} - u_{tr}\varphi_{ki}) - \sum_{i=1}^{n_{km}} k_{tri}(\omega_{dv} - u_{tr}w_{ki}) + \sum_{i=1}^{n_{km}} c_{sh\varphi i}(\varphi_{ki} - x/r_{k0i}) = 0$$

$$m_m a_{mx} + P_s - \sum_{i=1}^{n_{km}} M_{ki}/r_{k0i} = 0$$

$$\sum_{i=1}^{n_{km}} M_{ki} = \sum_{i=1}^{n_{km}} c_{sh\varphi i}(\varphi_{ki} - x/r_{k0i})$$

式中，$c_{sh\varphi i}$ 为第 i 个车轮轮胎的角刚度。

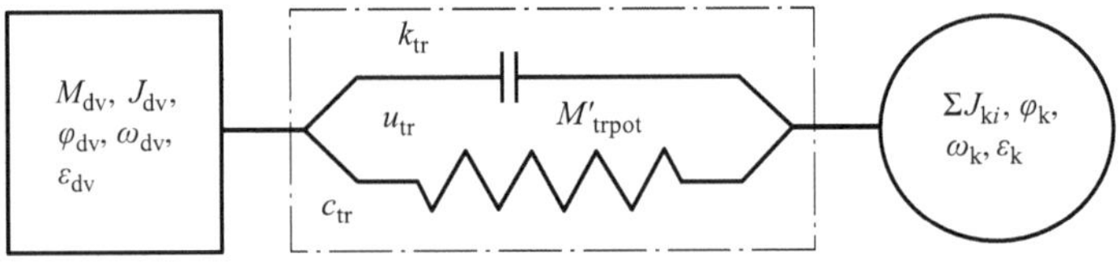

图 2.7　轮式车辆的简化动力学模型

当牵引力和传动装置传递的转矩较大时，应考虑系统刚度对发动机轴转矩与车轮转矩之比的影响。

2.4　轮式车辆的牵引性能

轮式车辆的牵引性能决定了车辆有效完成运输工作的能力。牵引性能的主要指标是在给定路线上的最大可能平均行驶速度，这取决于轮式车辆的加速能力、高速行驶能力、上坡和克服较大道路阻力的能力以及惯性行驶能力等。

轮式车辆的牵引性能可以用受力平衡方程（2.14）估算。方程左侧的驱动轮切向力 P_{km} 以及空气阻力 P_w 是关于速度 v_{mx} 的函数，与道路条件和加速度无关。

由此可得车辆的自由切向力 P_{sv}，用于克服（空气阻力 P_p 外的）其他阻力：

$$P_{sv} = P_{km} - P_w = P_{f_{sh}m} + P_{mx} + P_{pcx} + P_{f_p} + P_{in} \tag{2.17}$$

函数 P_{sv}（v_{mx}，u_{tr}）决定了轮式车辆的牵引性能，但对不同质量 m_m 的轮式车辆，用 P_{sv} 来评价车辆的牵引性能并不方便。因此，引入无量纲动力因数 D_f 的概念：

$$D_f = P_{sv}/(m_m g) = (P_{km} - P_w)/(m_m g) = (P_{km} - P_w)/P_m \tag{2.18}$$

及其特性曲线 D_f（m_m，v_{mx}，u_{tr}）。

将方程（2.17）右侧分项除以重力 P_m，假设轮式车辆在无拖车载荷（$P_{pcx}=0$）、无悬架损失（$P_{f_{sh}}=0$）的情况下运动，可得无量纲形式的力平衡方程：

$$D_f = f_{sh}\cos\alpha_{opx} + \sin\alpha_{opx} + a_{mx}\delta_{vr}/g = \Psi + a_{mx}\delta_{vr}/g \tag{2.19}$$

式中，Ψ 为轮式车辆阻力系数，考虑到滚动阻力和爬坡阻力，$\Psi = f_{sh}\cos\alpha_{opx} + \sin\alpha_{opx}$。

轮式车辆的速度为

$$v_{mx} = \omega_{ki} r_k = \pi n_{dvi} r_k / (30 u_{tri}) = 0.105 r_k n_{dvi} / u_{tri} \tag{2.20}$$

变速箱（传动比为 u_{rp}）和分动箱（传动比为 u_{rk}）各挡的关系图 D_f（m_M、v_{mx}、$u_{k.p}$，$u_{r.k}$）称为轮式车辆的动力特性曲线图（图 2.8）。

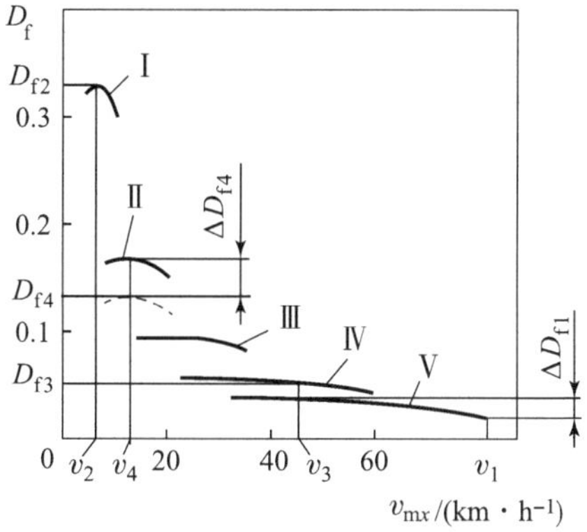

图 2.8 轮式车辆 5 挡（I～V 为挡位编号）变速箱的动力特性曲线图

通过动力特性曲线图，可知：

①车辆在最高 V 挡以初始最高车速 v_1 行驶且不切换到Ⅳ挡时，能够在阻力增大时仍保持 V 挡行驶，其行驶阻力系数 Ψ_1 的变化范围 $\Delta\Psi_1 = \Delta D_{f1}$；

②最大行驶阻力系数（牵引能力）$\Psi_{max} = D_{f2}$，对应行驶速度为 v_2；

③在给定阻力 $\Psi_3 = D_{f3}$ 时，有最高车速 v_3；

④当以初始速度 v_4 开始加速、行驶阻力系数 $\Psi_4 = D_{f4}$、发动机部分特性工作（图 2.8 的虚线）时，可由式 $a_{mx} = \Delta D_{f4} g/\delta_{vr}$ 来计算最大加速度。

曲线 D_{ϕ}（m_{m}，v_{mx}，$u_{k.p}$，$u_{r.k}$）总是按严格规定的顺序排列：传动装置的传动比 u_{tr}越大（对应低速挡），曲线越高。

动力因数只能用于说明轮式车辆系统自身的特点，包括其动力装置、传动装置、车轮和决定其空气阻力的参数。然而，对于车辆可能要克服的阻力，还受到车辆与支承面之间相互作用时产生的纵向反作用力 $\sum_{i=1}^{n_{km}} R_{xi}$ 的限制。反作用力 $\sum_{i=1}^{n_{km}} R_{xi}$ 取决于车轮与支承面的附着系数 φ、驱动轴的数量和位置以及质心的位置。超过附着系数的动力因数无法实现，因此在设计轮式车辆时应遵守 $D_{f} \leqslant \varphi$ 的条件。

有时，采用在不同传动比下输入车轮功率随车速变化的功率特性曲线 N_{km}（m_{m}，v_{mx}，$u_{k.p}$，$u_{r.k}$）更为方便。传动装置各挡的功率 N_{km}为：

$$N_{km} = N_{dv-tr}\eta_{tri} = N_{dv}k_{snn}\eta_{tri}$$

传动装置各挡功率变化取决于发动机功率 N_{dv}，当具有附加设备（空气滤清器、消音器、通风机、压缩机等）时还取决于发动机的输出功率系数 k_{sni}和各挡传动效率 η_{tri}。当各挡 η_{tri}值未知时，可采用平均值 η_{tr}。

图 2.9 所示为采用 5 挡变速箱和 2 挡分动箱的"乌拉尔－4320"型轮式汽车的功率特性曲线图。为了分析轮式车辆在给定条件下的行驶参数，在功率特性曲线图中还给出了考虑车轮滑动功率 N_{s} 的阻力功率 N_{c}（方程（2.15）右侧各项之和再加上车轮滑动功率 N_{s} 项）的变化曲线图：

$$N_{c} = N_{f_{sh}m} + N_{w} + N_{mx} + N_{pcx} + N_{f_{p}} + N_{in} + N_{s} \qquad (2.21)$$

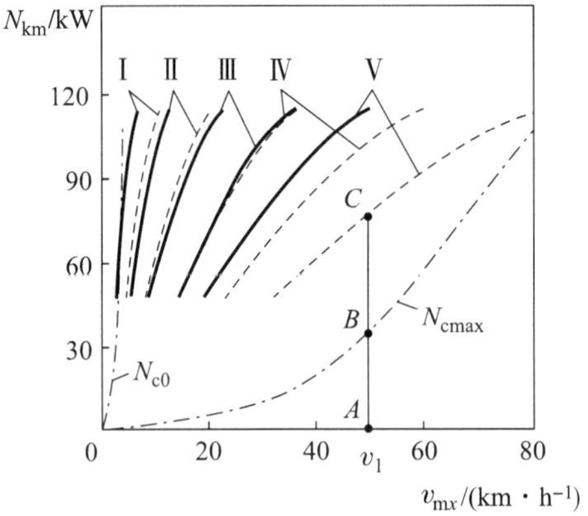

图 2.9　当 $u_{r.k}$ = 2.15（实线）和 1.3（虚线）时"乌拉尔－4320"型轮式汽车的功率特性曲线图

可用功率区域位于曲线 N_{c0}和 N_{cmax}与车轮输入功率 N_{km}变化曲线之间。

借助功率特性曲线图，可进行与利用无量纲的动力特性曲线图评估动力因数时类似的分析，但不同的是功率特性曲线并非无量纲形式，而是考虑了有单位的滑动功率损失 N_s 等参数。

在分析轮式车辆的功率特性曲线时，有时会使用发动机功率利用系数 k_{in}，它等于支承面上以给定阻力系数 Ψ、速度和加速度（发动机按部分特性曲线运行时）行驶所需的功率 N_c与燃油供应充足时发动机在符合给定转速下在车轮上输出的功率 N_{km}的比值：

$$k_{in} = N_c / N_{km}$$

由图 2.9 可知，在给定速度 v_1时 k_{in}值由线段长度之比 AB/AC 确定，表现为无量纲或百分比形式。

功率储备和牵引力类似，说明了轮式车辆在行驶阻力增加的情况下，不降低速度或加速的能力。

轮式车辆迅速增加速度的能力称为加速能力。轮式车辆最重要的加速能力指标是在给定速度区间的加速时间、对应的加速距离和加速度。

由于现代发动机在低于最低稳定转速下无法运行，为启动车辆应保证发动机曲轴转速和传动输入转速一致。这一过程由离合器——保证输入轴转速和输出轴转速同步的装置实现。

在轮式车辆的初始加速阶段，发动机以最低稳定角速度 $\omega_{dvx.x}$（图 2.10）空转。当供油量增加，离合器接通后开始滑磨。在 A 点，发动机的角速度 ω_{dv}和离合器的摩擦转矩开始增大。在 B 点摩擦转矩等于传至传动装置输入轴的行驶阻力矩。此时轮式车辆的加速过程开始，伴随着传动装置输入角速度 ω_{tr}增加，离合器进一步滑转。在 C 点滑转过程结束，$\omega_{tr} = \omega_{dv}$。驾驶员通过调节供油量和离合器的接合程度完成这一过程。离合器的滑磨时间 $t_b = t_1 + t_2$变化很大（0.5 ~4 s），取决于轮式车辆的质量、离合器和传动装置的结构型式。

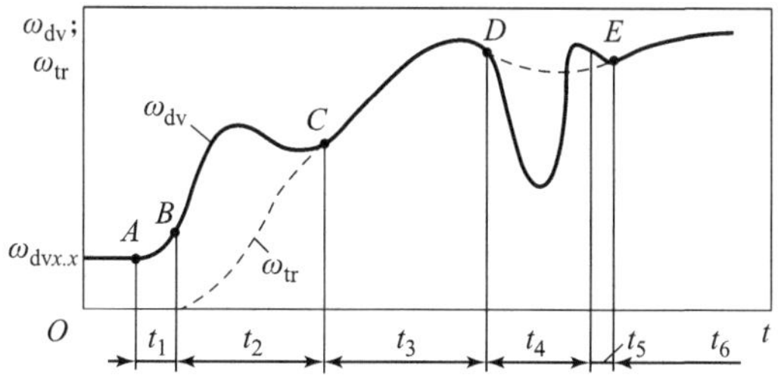

图 2.10　轮式车辆启动和加速时传动装置输入轴和发动机轴的角速度变化图

在时间 t_3 内车辆加速到最大合理的速度。在 D 点，驾驶员分离离合器并换挡。在时间 t_4 内轮式车辆依靠惯性行驶，在时间 t_5 内离合器滑磨，但此时已在下一挡位。在 E 点，角速度 w_{dv} 和 w_{tr} 一致。在 t_6 及后续时间内，这个过程会重复进行，直到轮式车辆达到最大速度。

在最大供油的情况下，即发动机按照外特性曲线图运行时，车辆的直线加速度 a_{mx} 可根据方程（2.19）确定：

$$a_{mx} = (D_f - \Psi)g/\delta_{vr}$$

最大可能加速度 a_{mxmax} 受到车轮附着能力的限制。对于全轮驱动轮式车辆，在水平支承面上（$a_{opx}=0$）时，$a_{mxmax}=(\varphi-\Psi)g/\delta_{vr}$；对于非全轮驱动轮式车辆，$a_{mxmax}$ 取决于驱动轴的垂向载荷分布情况。

由动力特性曲线 D_f（m_m，v_{mx}，$u_{k.p}$，$u_{r.k}$），可得各挡质量增加系数 δ_{vri} 值，就可为给定行驶阻力系数 Ψ 值绘制加速特性曲线 a_{mx}（m_m，v_{mx}，$u_{k.p}$）（图 2.11）。

通过函数 α_{mx}（v_{mx}，$u_{k.p}$，$u_{r.k}$）估算轮式车辆的加速能力相对复杂，因此通常采用更直观的指标，即在给定的速度区间内，通过计算或实验方式确定轮式车辆的加速时间 t_{rag} 和加速距离 s_{rag}。

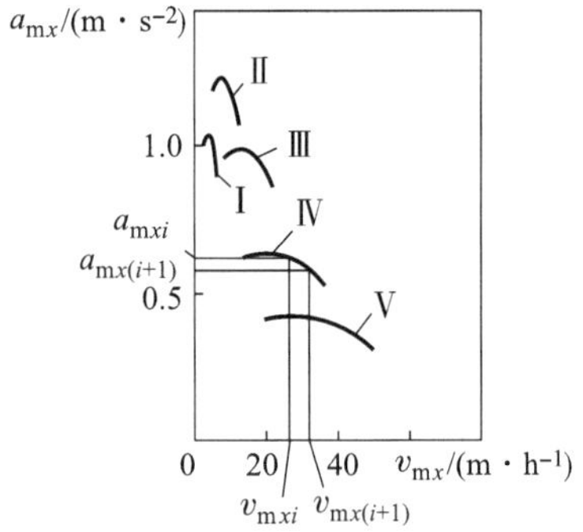

图 2.11 "乌拉尔 -4320"型轻式汽车Ⅰ~Ⅴ挡加速度的变化图以及当 $\Psi=0.02$ 和 $u_{r.k}=2.15$ 时加速到最大速度的距离和时间测定图

在最简单的情况下，假设原地瞬时起步（不考虑离合器滑磨）——将曲线 a_{mx}（v_{mx}，$u_{k.p}$，$u_{r.k}$）在区间 $\Delta v_{mx}=v_{mxi}-v_{mx(i+1)}$ 内分为若干个基本段（图 2.11），分段内确定加速度的平均值为 $\bar{a}_{mx}=\frac{1}{2}(a_{mxi}+a_{mx(i+1)})$，速度平均值 $\bar{v}_{mx}=\frac{1}{2}(v_{mxi}+v_{mx(i+1)})$，然后确定速度从 v_{mxi} 到 $v_{mx(i+1)}$ 时的分段加速时间及对应加速距离和总加速时间以及对应的加速距离：

$$\Delta t_{razg}=\Delta v_{mx}/\bar{a}_{mx};\quad \Delta s_{razg}=\bar{v}_{mx}\Delta t_{razg}$$

$$t_{tazg}=\sum_{i=1}^{p}\Delta t_{tazg};\quad s_{tazg}=\sum_{i=1}^{p}\Delta s_{tazg}$$

式中，p 为分段数。

能否过渡到下一挡取决于最邻近挡位的 a_{mx}（v_{mx}，$u_{k.p}$，$u_{r.k}$）曲线的位置。如果曲线相交，可在曲线交点对应的速度 v_{mxi} 时换挡，或者更为合理地可在更高

速度 $v_{mx}=v_{mxi}+0.5\Delta v_{per}$时换挡（$\Delta v_{per}$——换挡时速度的下降值）。如果曲线不相交，则以前一挡的最高速度进行换挡。

换挡时间 t_{per}内从初始速度 v'_{per}到最终速度 v''_{per}的下降值 $\Delta v_{per}=v'_{per}-v''_{per}$，取决于支承面的类型、轮式车辆的行驶速度和外形参数。

由力平衡方程（2.14）可知，在换挡时间内总纵向力 $P_{km}=0$。

$$m_m\delta_{vr}a_{mx}=-P_{sryb}=-P_{sryb};\ a_{mx}=-P_{sryb}/(m_m\delta_{vr})$$

轮式车辆在溜车状态时的阻力 P_{sryb}为：

$$P_{sryb}=P_{f_{sh}m}+P_w+P_{mx}+P_{pcx}+P_{f_{sh}}+P_{trx.x}$$

式中，$P_{trx.x}$为传动装置空转阻力分量，$P_{trx.x}=\left(\sum_i M_{trx.x}u_{tri}\right)\Big/r_k$，$M_{trx.xi}$为传动装置第 i 个元件（组件）空转时的阻力矩。

由于减速度 $a_{mx}=\Delta v_{per}/t_{per}$，则

$$\Delta v_{per}=P_{sryb}t_{per}/(m_m\delta_{vr})$$

换挡时间内轮式车辆行驶的距离：

$$s_{per}=\bar{v}_{per}t_{per}=(v'_{per}-\frac{1}{2}\Delta v_{per})t_{per}$$

换挡时间取决于发动机和变速箱的类型。对于采用汽油发动机的轮式车辆 $t_{per}=1\sim2$ s；对于采用柴油发动机的轮式车辆 $t_{per}=1.5\sim3.5$ s；当具有行星齿轮传动装置时，$t_{per}=0.2\sim0.4$ s。

由静止（初速为0）到加速度 $a_{mx}=0$ 时的速度，可以确定加速时间和加速距离（图2.12）。当 $a_{mx}<0$ 时，无法实现轮式车辆的加速。

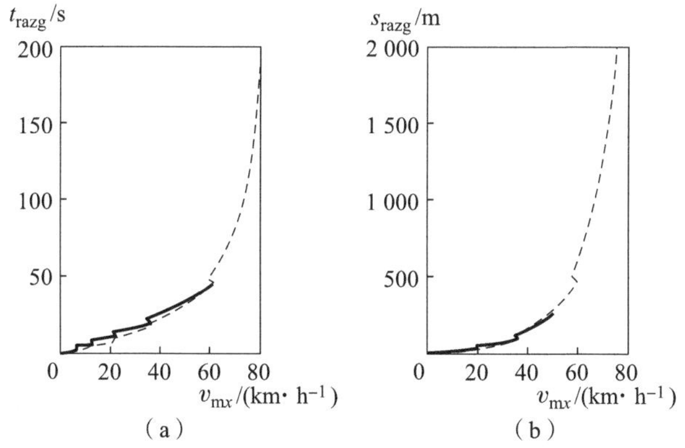

图2.12 当 $\Psi=0.02$ 和 $u_{r.k}=2.15$（实线）和1.3（虚线）时“乌拉尔－4320”汽车的加速特性曲线图

（a）时间－速度曲线；（b）位移－速度曲线

2.5 车轮的垂向反作用力分配

轮式车辆车轮的垂向反作用力 R_z 决定了滚动半径 r_k、滚动阻力 $P_{f_{sh}}$ 和纵向极限附着反力 $R_{x\varphi}$。

一般来说，在计算 R_{zi} 时，轮式车辆应被视为动态振动系统。然而在解决许多实际问题时，也可以假定车辆稳态行驶且发动机曲轴与驱动轮刚性连接。这里将轮式车辆沿固定轨迹匀加速行驶的工况也归类为稳定行驶。

下面研究轮式车辆的平面计算模型。

对于两轴轮式车辆，采用图 2.1 所示的 n 轴轮式车辆示意图作为计算图。

从 Z_C 轴的受力平衡方程，以及相对于第一轴车轮与支承面接触点的力矩总和，可得

$$R_{zo1}+R_{zo2}=P_{mz}+P_{pcz}$$

$$R_{zo2}=\left[\sum_{i=1}^{2}M_{foi}+(P_{mx}+P_{a_x})h_g+P_{mz}l_{1C}+P_wh_w+P_{pcx}h_{pc}+P_{pcz}l_{1A_{pc}}+M_w+M_{J_y}\right]\frac{1}{l_{12}}$$

式中，车辆滚动阻力矩 $M_{f_{sh}}=f_{sh}R_zr_{k0}$ 未知，且 f_{sh} 和 r_{k0} 取决于垂向反作用力 R_z 和转矩 M_k。

在保证足够准确性的条件下，做以下 3 个假设：

①半径 r_{kv} 和从动状态下滚动阻力系数 f_{shv} 以及切向弹性系数 λ_m、λ_r，由轮式车辆静止状态的垂向反作用力确定；

②在驱动状态下

$$r_{k0}=r_{kv}-\lambda_mM_k;\ f_{shm}=f_{shv}r_{kv}/r_{k0}+\lambda_mM_k^2/(R_zr_{kv}r_{k0})$$

③转矩 M_k 根据平均分配到所有 n_{km} 个驱动轮上克服轮式车辆阻力所需的总转矩 M_{km} 确定：

$$M_k=M_{km}/n_{km}$$

式中，$M_{km}=(P_w+f_{shv}P_{mz}+P_{mx}+P_{pcx}+P_{f_p}+P_{in})r_{k0}$。

这些假设大大简化了计算，误差不超过 1% ~2%。在计算精度要求较高的情况下，通过逐次逼近法可以得到满足计算精度 R_{zi} 的垂向反作用力值。

在有两轴以上的多轴轮式车辆中，常将相邻两根轴相互连接形成车架系统方案，如三轴轮式车辆的第二轴和第三轴间可通过平衡式车架系统连接。

但是，单平衡式车架装置将导致牵引工况下各轴垂向反作用力的重新分配。在驱动状态下，第二轴垂向反作用力减小，而第三轴垂向反作用力则增大，这会导致轮胎磨损和功率循环产生，不利于车辆在硬支承面上行驶，而在软支承面上

行驶时，地面变形和滚动阻力也会增大。

为消除这一缺陷，可在结构中设置扭力梁，用于承受驱动轴的反作用力矩，以保证各轴垂向反作用力均衡。

图 2.13 是作用在带扭力梁的平衡式车架上的力和力矩的计算图。为简化引入假设：$r_k \approx r_{k0} \approx r_d$；$a_{mx}=0$；$\varepsilon_k=0$。上、下扭力梁所受的反作用力矩，将被安装在上扭力梁作用区的一根扭力杆所产生的力矩代替：

$$R_{\Sigma i} l_v = R_{vi} l_v + R_{ni} l_n \tag{2.22}$$

平衡条件如下：

$$\left.\begin{aligned} &P_{z23} = R_{zo2} + R_{zo3};\ P_{x23} = R_{xo2} + R_{xo3} \\ &a(R_{zo3} - R_{zo2}) = (R_{xo2} + R_{xo3}) h_o + M_{fo2} + M_{fo3} - (R_{\Sigma 2} + R_{\Sigma 3})(l_v - h_o + r_d) \end{aligned}\right\} \tag{2.23}$$

给出车轮的力矩平衡方程：

$$R_\Sigma l_v = M_k = R_x r_d + M_{f_{sh}}$$

从式（2.22）中得出 $R_{\Sigma i}$后，代入车架力矩总和的方程式（2.23），变换得

$$a(R_{zo3} - R_{zo2}) = (R_{xo2} + R_{xo3})(h_o - r_d)(1 - r_d/l_v) + (M_{fo2} + M_{fo3})(h_o - r_d)/l_v$$

当 $h_0 = r_d$时，此方程式的右侧等于零，此时 $R_{zo2} = R_{zo3}$。

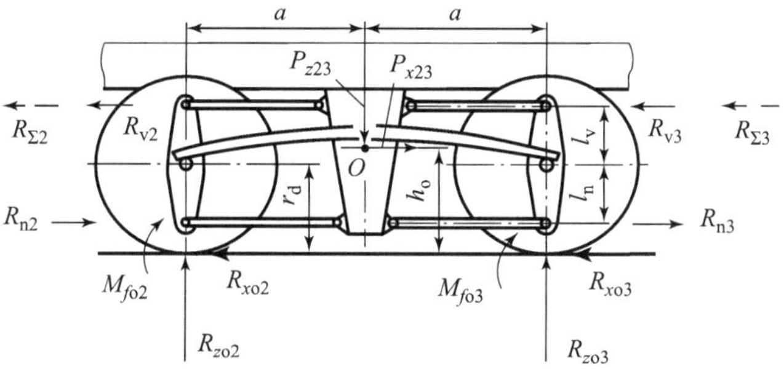

图 2.13 作用在带扭力梁的平衡式车架上的力和力矩计算图

在现代轮式车辆的设计中，h_o 与 r_d区别不大，因此可以认为平衡式车架所连接的两轴上垂向反作用力相等。假设所有的力都施加在平衡机构上 O 点处的轴上，这样就允许将对这两根轴的研究等效为对单轴的研究，并在确定垂向载荷时采用两轴轮式车辆图来研究三轴轮式车辆。

图 2.1 所示为车轮或车轴为独立悬架的多轴轮式车辆的力和力矩计算图。在这种情况下的平衡方程如下：

$$\sum_{i=1}^{n_o} R_{zoi} = P_{mz} + P_{pcz};\ \sum_{i=1}^{n_o} R_{zoi} l_{1i} = A_0 \tag{2.24}$$

其中，

$$A_0 = \sum_{i=1}^{n_k} M_{f_{sh}i} + P_{mz} l_{1C} + h_g (P_{mx} + P_{a_x}) + P_w h_w + P_{pcz} l_{1A_{pc}} + P_{pcx} h_{pc} + M_w + M_{J_y}$$

假设垂向反作用力随轮式车辆车身相对初始位置的位移变化关系为：

$$R_{zoi} = c_{p-shoi} z_i, \tag{2.25}$$

式中，$c_{p-shoi} = 2c_{pi}c_{shzi}/(c_{pi} + c_{shzi})$ 为悬架－轮胎系统的换算刚度；c_{pi}为车辆悬架的刚度；c_{shzi}为轮胎的垂向刚度；z_i为位于 i 轴上方处的车身在垂向载荷下的垂向位移。

对于刚性车架，i 轴的位移 z_i 可以通过第一轴上方处车身的垂向位移 z_1 和车身在外力作用下的倾角 α_{krx}来表示：

$$z_i = z_1 + l_{1i}\mathrm{tg}\alpha_{krx} \tag{2.26}$$

为便于表示，引入

$$A_1 = \sum_{i=1}^{n_o} c_{p-shoi};\ A_2 = \sum_{i=1}^{n_o} c_{p-shoi} l_{1i};\ A_3 = \sum_{i=1}^{n_o} c_{p-shoi} l_{1i}^2$$

求解式（2.24）~式（2.26）后，可得

$$z_1 = (A_0 - A_3 \mathrm{tg}\alpha_{krx})/A_2;\ \mathrm{tg}\alpha_{krx} = [(P_{mz} + P_{pcz})A_2 - A_0 A_1]/(A_2^2 - A_1 A_3)$$

$$R_{zoi} = c_{p-shoi}(z_1 + l_{1i}\mathrm{tg}\alpha_{krx})$$

2.6 车轮上转矩和切向力的分配

在复杂的轮式车辆动力学系统中，所有轴和车轮的转矩都是不断变化的。这不仅是因为轮式车辆自身的工作过程和系统构型的多样性，也与车辆自动地或根据驾驶员的意愿来应对外部条件变化的影响有关。

然而在相对稳定的条件下，如当轮式车辆在水平的支承面上以给定速度行驶时，转矩的变化不大（此处指车轮转矩 M_k 的均方差不超过其均值的 15% ~ 20%）。

在轮式车辆机械传动系统中，功率流会通过差速机构传至车轮，差速机构输出轴的转矩和转速与输入轴的转矩和转速按一定规律变化。

差速机构的输入轴转矩和转速用 M_{vx} 和 ω_{vx} 表示，输出轴则用 M_i 和 ω_i 表示，其基本方程形式如下：

$$M_{vx} = (M_1 + M_2)/(\eta_{uz} u_{uz});\ 2\omega_{vx} = (\omega_1 + \omega_2) u_{uz}$$

式中，η_{uz}、u_{uz}分别是差速机构的效率和传动比。

轮式车辆中的常见差速机构有闭锁式（锁止式）差速器和自由轮式（开放式）差速器。

对于闭锁式差速器，如果没有改变左右输出轴之间转速比的机构（即 $u_{12}=1$），则有 $\omega_1=\omega_2$。

当差速器锁紧系数为 k_{bl}时，输出轴的转矩之比等于锁紧系数，即 $k_{bl}=M_2/(M_1u_{12})$，则有：

$$M_1=M_{vx}u_{uz}\eta_{uz}/(k_{bl}+1)；M_2=k_{bl}u_{12}M_{vx}u_{uz}\eta_{uz}/(k_{bl}+1)$$

对于自由轮式差速器，当转矩 M_1和 M_2符号相同时，转速和转矩规律与闭锁式差速器相同。而当 $M_{vx}>0$ 和 $M_2<0$ 时一侧动力传递会中断（$M_2=0$），所有功率向另一轴传递，即 $M_1=M_{vx}u_{uz}\eta_{uz}$。

在单驱动轴轮式车辆中，通常设置对称式（等轴）差速器（$u_{12}=1$），锁紧系数取 $k_{bl}=1$。左右两侧车轮驱动转矩相当：$M_{k1}\approx M_{k2}$，因为一般齿轮差速器的摩擦转矩可以忽略不计。在从动状态下，车轮的滚动半径及其切向力 $P_k=M_k/r_{k0}$通常相差不超过2% ~3%。

因此，具有单驱动轴、对称式（等轴）差速器且 $k_{bl}=1$ 的轮式车辆在直线行驶时，车轮上的转矩和切向力基本上可以平均分配。

多轮驱动车辆有多种传动线路方案，这会导致转矩和切向力的分配不同。假设车辆直线行驶时，车轮与支承面间的相互作用条件及其特性相同（$M_{k1}=M_{k2}$），这里仅研究轴间驱动对转矩和力分配的影响。

根据差速器的特性分配转矩，有以下方案：

①在所有分支节点处安装对称式（等轴）差速器 $u_{12}=1$ 且 $k_{bl}=1$，或在一些节点安装非对称式差速器 $u_{12}\neq1$ 且 $k_{bl}=1$。例如，在三轴轮式车辆中输入分动箱的转矩 M_{vx}分别被分配到第一轴（$M_1=M_{vx}/3$）和带有两根轴的后车架（$M_{23}=2M_{vx}/3$），即它们之间的传动比 $u_{1-23}=2$，此时所有车轮上的转矩相同（$M_{ki}=M_k=\text{const}$）。此时，三轴轮式车辆具有全差速传动方案，即 $k_{bl}=1$。

②在分支节点处安装 $k_{bl}\neq1$ 的自锁差速器。在这种情况下，转矩比值根据系数 k_{bl}变化，但在转矩比达到 $M_2/(M_1u_{12})=k_{bl}$前，差速器可作为闭锁式差速器使用。

完全闭锁的传动装置保证了车轮角速度相等（$\omega_{ki}=\omega_k=\text{const}$）。当轮式车辆稳定直线行驶时，各轮线速度相等（即 $v_{kxi}=v_{mx}=\text{const}$）。此时，如果由于轮胎制造偏差、不同的气压 p_{wi}和垂向载荷 P_{zi}而导致从动车轮滚动半径 r_{kvi}和切向弹性系数 λ_{mi}不同时，车轮的滚动半径 $r_{ki}=v_{kxi}/\omega_{ki}$应调平。

当车辆在硬支承面上直线行驶时，总行驶阻力较小，车轮上的纵向反作用力和转矩也小，不会出现明显滑转和滑移。此时滚动半径满足：

$$r_{k} = r_{k0} = r_{kv} - \lambda_{m} M_{k} = \text{const}$$

其中，车轮上的驱动转矩为

$$M_{ki} = (r_{kvi} - r_{k0}) / \lambda_{mi} \tag{2.27}$$

转矩 M_{ki}的总和为轮式车辆车轮的总转矩 M_{km}，由此求解滚动半径 r_{k0}可得

$$r_{k0} = \left(\sum_{i=1}^{2n_{om}} \frac{r_{kvi}}{\lambda_{mi}} - M_{km} \right) \Big/ \sum_{i=1}^{2n_{om}} \frac{1}{\lambda_{mi}}$$

将半径 r_{k0}代入式（2.27），得到传动装置完全闭锁时第 j 个车轮的转矩：

$$M_{kj} = \left(M_{km} + \sum_{i=1}^{2n_{om}} \frac{r_{kvj} - r_{kvi}}{\lambda_{mi}} \right) \Big/ \left(\lambda_{mi} \sum_{i=1}^{2n_{om}} \frac{1}{\lambda_{mi}} \right)$$

M_{kj}值可取正值（与车轮旋转方向一致时为正）、负值或零。

当输入转矩为正 $M_{km} > 0$，车轮转矩为负 $M_{kj} < 0$ 时，在车轮 - 传动分支 - 分动箱 - 其他传动分支 - 其他车轮 - 支承面 - 车轮的封闭回路中会发生转矩（功率）循环现象。

在不考虑损失的情况下，循环转矩在数值上等于车轮转矩，其中车轮转矩为负值。此时，功率的流向并非由传动装置输入车轮，而是反过来由车轮输入传动装置。

功率循环现象是不利的，因为这会导致额外的载荷增加，以及传动装置和轮胎的磨损，并因此造成零部件的巨大磨损、油耗的增加以及行驶稳定性的下降。

是否发生转矩循环由以下条件决定：

$$\sum_{i=1}^{2n_{om}} |M_{ki}| = \sum_{i=1}^{2n_{om}} \frac{|r_{kvi} - r_{k0}|}{\lambda_{mi}} > M_{km}$$

随着从动状态下滚动半径 r_{kvi}的减小、轮胎切向弹性 λ_{mi}的增大和行驶阻力矩 M_{km}的增大，转矩（功率）循环的概率会随之减小（图 2.14）。

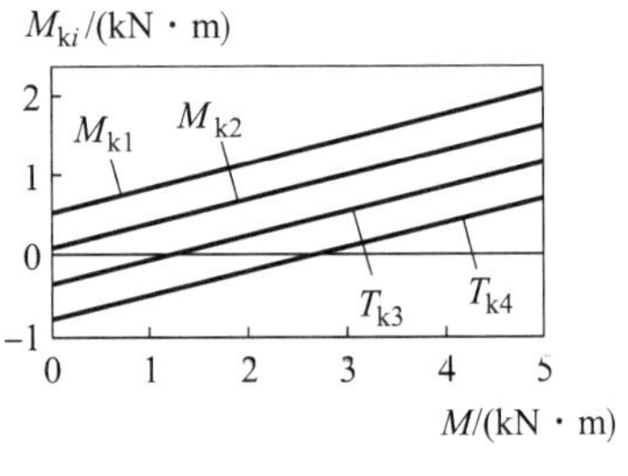

图 2.14 当 8 × 8 轮式车辆设置轮边闭锁式差速器时的车轮转矩分配

根据驱动轴数量的不同，闭锁式差速传动装置会有多种方案。在该传动装置所有可能的方案中，推导出一个用于确定转矩的通式是不现实的，因为其形式将会非常繁琐。

通常，特定方案解决特定问题。因此，对于车架车轮之间设有对称式（等轴）差速器（$k_{bl\,I}$）和（$k_{bl\,I}$）以及轴间安装闭锁式差速器（bl）的 8 × 8 轮式车辆（图 2.15），其传动方程可以写成：

$$M_{k1}=k_{bl\,\mathrm{I}}M_{k2};\ 2\omega_{\mathrm{I}}=\omega_{k1}+\omega_{k2};\ M_{k3}=k_{bl\,\mathrm{II}}M_{k4}$$

$$2\omega_{\mathrm{II}}=\omega_{k3}+\omega_{k4};\ w_{\mathrm{I}}=w_{\mathrm{II}};\ \sum_{i=1}^{2n_{om}}M_{ki}=M_{km}$$

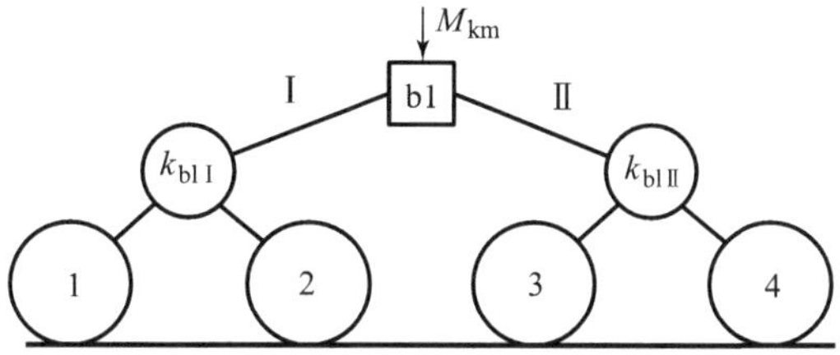

图 2.15 8×8 轮式车辆闭锁式差速传动装置示意图

对于大多数传动装置方案中的复杂问题，采用逐次近似法最为有效。例如，通过调整第一轴车轮的滚动半径 r_{k01}，在考虑约束方程的同时确定转矩 M_{ki}及其总和，使其总和以给定的精度与行驶阻力矩 M_{km}相等。

2.7 轮式车辆的燃油经济性

燃油经济性是指轮式车辆在各种工况下进行运输工作时的油耗特性。

首先，它描述了发动机的燃油指标，即每小时燃油消耗量 G_t（每小时消耗的燃油量，kg/h）和比燃油消耗量 g_e（单位功率每小时消耗的燃油量，g/(kW·h)）。

轮式车辆的燃油经济性采用里程油耗 Q_s（每百公里行驶路程消耗的燃油升数，L/100 km）和运输油耗 Q_w（每百公里单位质量运输工作消耗的燃油升数，L/(t·100 km)）估算。

这些参数满足：

$$g_e=1\,000G_t/N_{dv};\ Q_s=100G_t/(3.6v_{mx}\rho_t);\ Q_w=Q_s/m_m \tag{2.28}$$

式中，N_{dv}为发动机功率，kW；v_{mx}为轮式车辆纵向速度，m/s；ρ_t为燃油密度，kg/L，汽油为 0.75，柴油为 0.82。

里程油耗 Q_s 受单位油耗 g_e、行驶速度 v_{mx}和发动机功率 $N_{dv}=N_c/(n_{tr}k_{sni})$ 的影响（N_c——克服车辆内、外部行驶阻力消耗的功率；n_{tr}——传动装置效率）。

在将 g_e代入式（2.28）的第二个方程式后，可得

$$Q_s=g_eN_c/(36v_{mx}\rho_tk_{snn}n_{tr}) \tag{2.29}$$

行驶阻力功率 N_c由功率平衡方程（2.15）和（2.16）决定，并考虑到车轮滑移所消耗的功率 N_s，形式如下：

$$N_c = N_{f_{sh}m} + N_w + N_{mx} + N_{pcx} + N_{f_p} + N_{in} + N_s \tag{2.30}$$

方程（2.29）也可以通过总行驶阻力 P'_c 表示：

$$Q_s = g_e P'_c / (36\ 000 v_{mx} \rho_t k_{snn} n_{tr}) \tag{2.31}$$

$$P'_c = P_c + P_{in} = P_{f_{sh}m} + P_w + P_{mx} + P_{pcx} + P_{f_p} + P_{in} \tag{2.32}$$

通常情况下，满载供油时由发动机转速决定的 g_e 和 G_t 的变化与发动机外部速度特性绘制在同一幅曲线图中（图 2.16）。

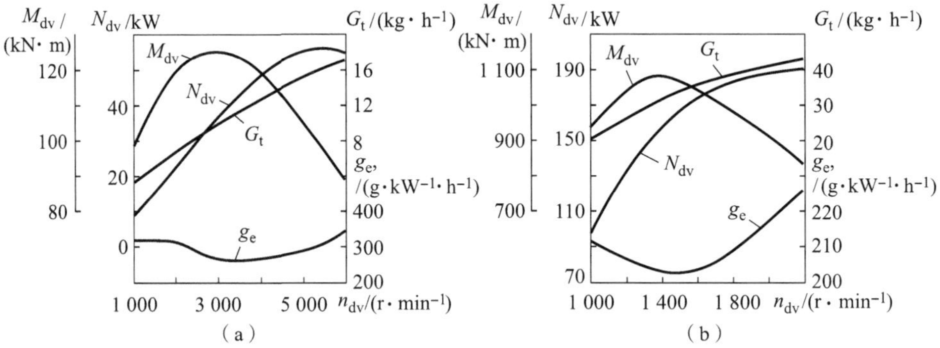

图 2.16 发动机的外特性曲线图

（a）汽油发动机 BA3－2121；（b）柴油发动机 KamA3－740. 20－260

但这些特性曲线图无法确定发动机部分特性曲线图上发动机运行时的油耗，此时应使用发动机载荷特性曲线图，即当发动机转速 $n_{dv}=\mathrm{const}$ 时，随发动机功率 N_{dv} 变化的油耗 g_e 或 G_t 变化图（图 2.17（a））。

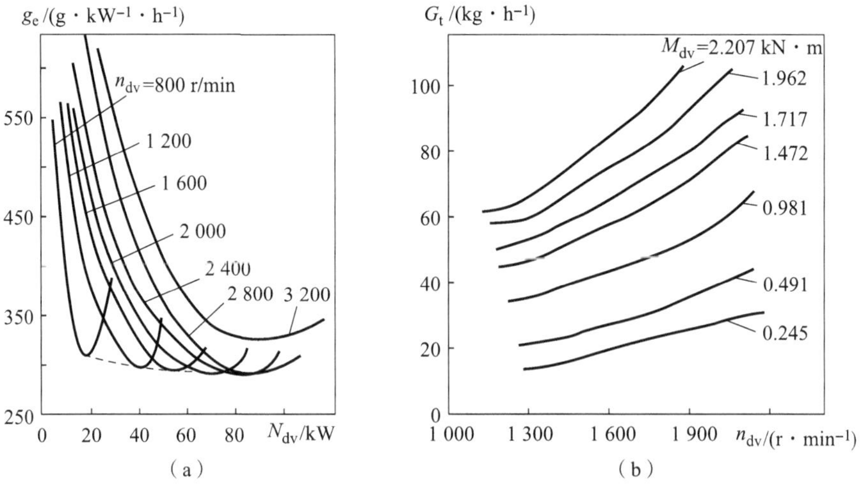

图 2.17 发动机的载荷特性曲线图

（a）汽油发动机 3ил－130；（b）功率 442 kW 的柴油发动机

图 2. 17（a）是汽油发动机 ЗИЛ－130 的实验载荷特性曲线，各曲线最右端的点对应发动机外特性曲线中发动机运行工况的比燃油消耗量 g_e。

在发动机曲轴上施加恒定转矩 M_{dv}时，载荷特性曲线也可以 G_t（n_{dv}）的形式呈现（图 2. 17（b））。

为便于分析也可采用简化的载荷特性曲线图（图 2. 18）。

在实践中，不同转速对应的载荷特性曲线可能会交叉（图 2. 17（a）），也可能不交叉（图 2. 18（a）），其最小值还可能会发生偏移等。此外，汽油发动机和柴油发动机的比燃油油耗与负荷特性并不相同。

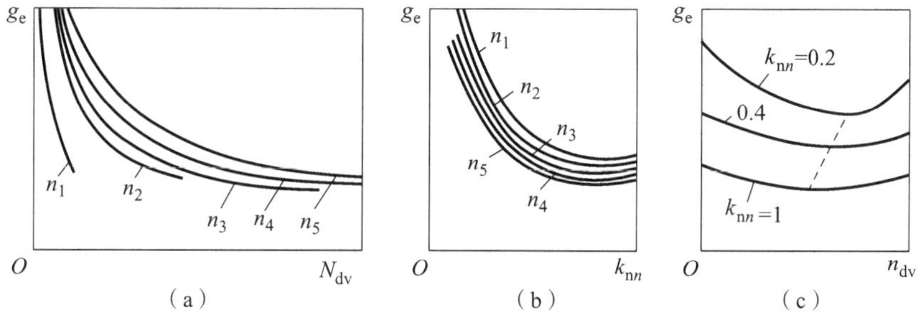

图 2. 18　简化的发动机负荷特性曲线图

（a）比燃油消耗量－发动机功率曲线；（b）比燃油消耗量－发动机功率利用系数曲线；（c）比燃油消耗量－发动机转速曲线

通过分析图 2. 18 所示曲线，可得以下结论：

①对于发动机的每一个转速 n_{dv}，当 k_{nn}值接近 1 时，比燃油消耗量 g_e最小（图 2. 18（b））；

②当 $k_{nn}=1$ 时，对于汽油发动机，由于化油器浓缩了燃气混合物，比燃油消耗量 g_e与最优值相比会增加 10%～15%（图 2. 18（b））；

③k_{nn}值较小时，汽油发动机的比燃油消耗量 g_e与最优值相比会增加 2. 5～3 倍，而柴油发动机则一般不超过 1. 5 倍（见图 2. 18（b））；

④全负荷和部分负荷时最小比燃油消耗量 g_e对应的发动机转速，与给定燃油供给控制机构位置时发动机最大转矩点的转速相比略高；

⑤k_{nn}越大，发动机高转速时比油耗 g_e越小（图 2. 18（c））；

⑥当燃油供给控制机构位置不变时，g_e（n_{dv}，k_{nn}）变化范围越大，则 k_{nn}值越小。

发动机的负荷特性曲线图是在稳定工况下获得的。在过渡工况（加速和减速）时，比燃油消耗量 g_e还取决于发动机曲轴的角加速度 ε_{dv}。但轮式车辆在高

挡位行驶的对应的 ε_{dv} 值较小，角加速度 ε_{dv} 对比燃油消耗量 g_e 的影响很小。

轮式车辆的经济性不仅取决于发动机的经济性，还取决于车辆在特定路线的运行情况。通常采用里程油耗 Q_s 与各挡全速度范围内的速度 v_{mx} 和行驶阻力系数 Ψ 的变化图——燃油经济特性曲线图 $Q_s(v_{mx}, \Psi, u_{tr})$（图 2.19）来评估轮式车辆的燃油经济性。

当行驶阻力系数 $\Psi(\Psi_1 \leqslant \Psi_i \leqslant \Psi_n)$ 增大时，里程油耗 Q_s 增加。由燃油经济特性曲线图（图 2.19）可得以下结论：

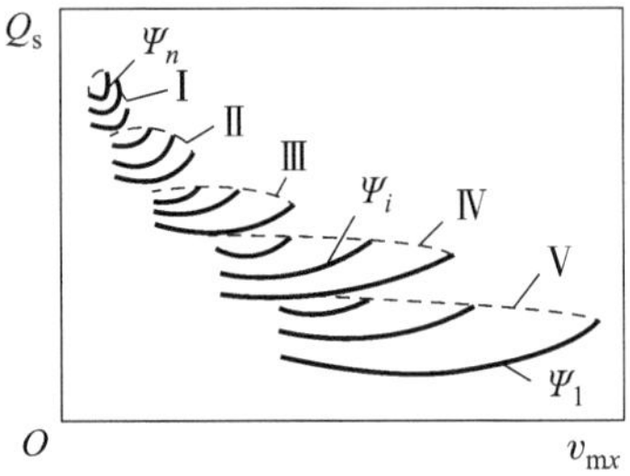

图 2.19 轮式车辆燃油经济特性曲线图

①一般情况下，各行驶阻力系数 Ψ 的 Q_s（v_{mx}）曲线都存在一个极小值；

②系数 Ψ 越大、可观察到 Q_s 的极小值的速度 v_{mx} 越低（有时柴油发动机的 Q_s 在整个 v_{mx} 变化范围内单调增加）；

③在左侧，曲线族 Q_s（v_{mx}，Ψ，u_{tr}）受限于最低稳定速度区，每一系数 Ψ 的曲线都不一样。随着 k_{nn} 的降低，发动机转速 n_{dvmin} 和速度 v_{mxmin} 也会随之降低（在怠速工况，n_{dvmin} 比满供油运行时低 1.5～2.5 倍）。当 n_{dvmin}（k_{nn}）未知时，取最大供油工况的最低速度为 v_{mxmin}。

④在曲线族右侧和上部，Q_s（v_{mx}，Ψ，u_{tr}）关系图被 $k_{nn}=1$ 时对应的里程油耗包络曲线（图 2.19 中的虚线）限制。

轮式车辆燃油经济性评估指标包括：

油耗——在平直道路上以高挡位在给定速度下行驶的各类运输车辆测定的油耗；

主要干线行驶循环油耗（道路测试）——在遵守操作规范和循环方案规定的行驶工况条件下，通过测量路段的里程来评估油耗；

城市行驶循环油耗（道路测试）——与前一油耗类似方法测定，区别只在于操作规范和循环方案规定的操作特性；

城市行驶循环油耗（台架测试）——对于 $m_{pol}<3.5$ t 的轮式车辆，按照行驶循环在转鼓台架上根据操作规范和循环方案测定的油耗；

稳定行驶工况油耗特性曲线（图 2.20（a））——车辆在水平道路上以高挡位在稳定行驶速度下测定的油耗；

丘陵干线公路上行驶时油耗特性曲线（图 2.20（b））——根据里程油耗 Q_s、平均速度 $\bar{v}_{mx}$ 随对应道路的允许速度 v_{mxpol} 变化的曲线来评估油耗。

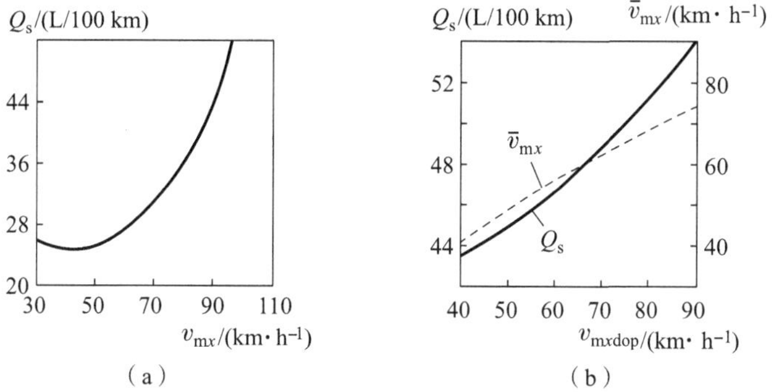

图 2.20 轮式车辆行驶时的油耗特性曲线图

(a) 稳定行驶工况；(b) 丘陵干线公路

2.8 液力传动轮式车辆的牵引特性

轮式车辆自动化的主要方向之一是应用自动传动装置。自动传动装置一方面能降低驾驶员的劳动强度，另一方面可以提高燃油经济性和牵引速度特性，而后者是因为在使用无级变速系统时，如有必要，可使用发动机最大功率，仅通过改变传动比就可以获得不同的行驶速度。可从式（2.20）得到所需关系式 u_{tr}（v_{mx}）：

$$u_{tr}=0.105n_{dv}r_k/v_{mx}.$$

在恒定转速下（$n_{dv}=\text{const}$），传动比的变化应遵守双曲线规律。但在低速和大传动比时，车轮上的总切向力 P_{km}远大于附着能力决定的接触处的总纵向反作用力 $\sum\limits_{i=1}^{n_{km}} R_{xi}$。因此应限制最大传动比 u_{trmax}。

当传动比 u_{tr}按双曲线规律变化时，随着发动机最大功率的提升时，车辆行驶速度增加，加速时加速度增加、加速时间和距离相应减少。

无级变速系统常采用液力传动，但现代轮式车辆液力自动传动装置的效率比机械传动装置的效率低，并且在使用多挡机械传动时，其牵引特性并不比无级传动差。

液力传动的主要参数和特点：

速比（涡轮角速度 ω_{tur}和泵轮角速度 ω_{nas}之比）$i_{gt}=\omega_{tur}/\omega_{nas}$；

滑转率（百分比）$s_{gt}=100(\omega_{nas}-\omega_{tur})/\omega_{nas}=100\cdot 1-i_{gt}$；

变矩比（涡轮和泵轮的转矩比）$K_{gt}=M_{tur}/M_{nas}$；

泵轮转矩 $M_{nas}=\lambda_{nas}n_{nas}^2$ 和涡轮转矩 $M_{tur}=\lambda_{tur}n_{tur}^2$，其中 λ_{nas} 和 λ_{tur} 为转矩比例系数，$\lambda_{tur}=\lambda_{nas}K_{gt}/i_{gt}^2$，$n_{nas}$ 和 n_{tur} 为泵轮转速和涡轮转速，单位为 r/min；

效率 $\eta_{gt}=N_{tur}/N_{nas}=M_{tur}\omega_{tur}/(M_{nas}\omega_{nas})=K_{gt}i_{gt}$；

无量纲指标 η_{gt}（i_{gt}）、K_{gt}（i_{gt}）、λ_{nas}（i_{gt}）。

液力传动通过液力偶合器或液力变矩器实现，两者结构不同，特点也不同。

在液力偶合器状态下，$M_{tur}=M_{nas}$、$K_{gt}=1$、$\eta_{gt}=i_{gtmuf}$（图 2.21（a））；在传递发动机最大功率时，传动效率 $\eta_{gt}=0.97\sim0.975$（$s_{gt}=2.5\%\sim3\%$）。

对于汽车用液力变矩器和综合式液力变矩器（导轮安装在单向联轴器上）$K_{gt}>1$（当 $K_{gt}=1$ 时，液力变矩器切换到偶合器工况）。在综合式液力变矩器特性图中，K_{gt}（i_{gt}）曲线近似线性（图 2.21（b））。轮式小汽车的起动变矩比（涡轮转速为 0 时 $i_{gt}=0$）$K_{gtmax}=2\sim2.5$，轮式货车和牵引车的起动变矩比 $K_{gtmax}=2.2\sim4$。

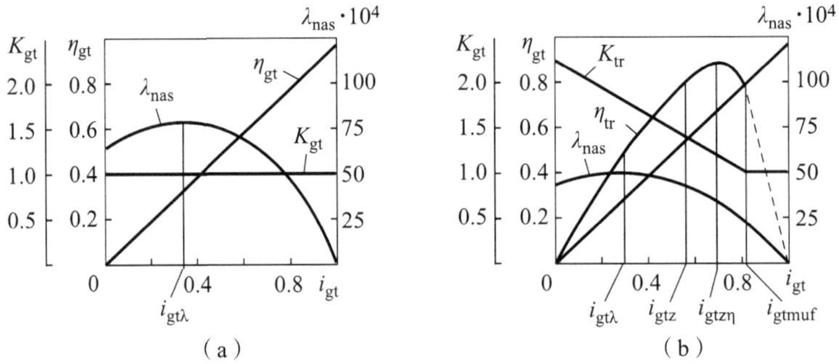

图 2.21 液力偶合器和液力变矩器的无量纲特性曲线变化图

（a）液力偶合器；（b）液力变矩器

综合式液力变矩器的特性图中，η_{gt}（i_{gt}）曲线形状近似于二次抛物线。在速比 $i_{gt\eta}=0.7\sim0.8$ 时，汽车变矩器最高效率 $\eta_{gtmax}=0.88\sim0.92$。随着 K_{gtmax} 增大，η_{gtmax} 的最大值会减小，同时 $i_{gt\eta}$ 也相应减小。当速比 $i_{gt}\to0$ 时，液力变矩器的效率迅速下降；当 $i_{gt}=0$（起动工况）时，$\eta_{gt}=0$。在通常情况下，速比范围 $i_{gtz}=0.4\sim0.6$ 时效率 $\eta_{gtz}\approx0.8$，对应此时的变矩比 $K_{gtz}=1.5\sim2$。当 $i_{gtmuf}=0.84\sim0.87$ 时，过渡到偶合器工况，而当 $i_{gt}>0.95$ 时，系数 λ_{nas} 值迅速下降，液力变矩器进入空载工况。$0\leqslant i_{gt}\leqslant i_{gtz}$ 的速比范围则对应车辆起步、大行驶阻力和低附着系数支承面等工况。

关系图 λ_{nas}（i_{gt}）描述了液力传动的透穿性，即将涡轮轴上载荷的变化传递给发动机的能力，其程度由透穿性系数 $\Pi_{gt}=\lambda_{nasmax}/\lambda_{nasmuf}$ 来评估。如果随 i_{gt} 增大，λ_{nas}值减小，则为正透穿；如果λ_{nas}值增大，则为负透穿；如果在$0\leqslant i_{gt}\leqslant i_{gtmuf}$范围内出现$\lambda_{nas}$最大值，则为混合透穿。负透穿由系数$\Pi_{gtobr}=\lambda_{nasmax}/\lambda_{nas0}$评估。当$\Pi_{gt}=1\sim1.2$时液力传动视为几乎不透穿（即发动机对轮式车辆行驶阻力的变化没有响应）；当$\Pi_{gt}=1.2\sim1.5$时为弱正透穿；当$\Pi_{gt}>1.5$时为正透穿。

泵轮轴上发动机输入转矩和给定泵轮转速下对应的泵轮转矩，随泵轮转速变化的曲线图称为液力传动负荷特性曲线图。

由于发动机转速和液力传动的工作转速的工作范围可能不同，可安装传动比为$u_{s.p}$、效率为$\eta_{s.p}$的前传动齿轮副加以匹配。此时液力变矩器输入转速为$n_{s.p}=n_{dv}/u_{s.p}$，液力变矩器输入转矩为$M_{s.p}=M_{dv}k_{snn}u_{s.p}\eta_{s.p}$。

泵轮转矩为$M_{nas}=\lambda_{nas}n_{nas}^2$，当$n_{s.p}=n_{nas}$时输入转矩$M_{s.p}$（$n_{s.p}$）曲线和泵轮转矩$M_{nas}$（$n_{nas}$）曲线的交点决定了液力变矩器与发动机的共同工作点（图2.22）。

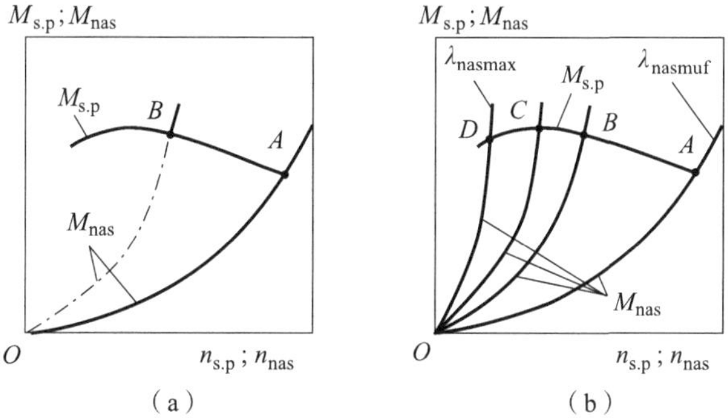

图2.22　采用液力传动装置的发动机的载荷特性曲线图

（a）不透穿；（b）透穿

对于不透穿传动（$\lambda_{nas}\approx$const），其泵轮转矩M_{nas}（n_{nas}）曲线及其与不同燃油供给量时发动机传至泵轮的输入转矩$M_{s.p}$（$n_{s.p}$）曲线的共同工作点可用窄抛物线束说明，通常也可用一条抛物线代替（图2.22（a））。当发动机在给定燃油供给量时，只有发动机传至泵轮的输入转速和泵轮转速相同时（与速比i_{gt}无关）下才能实现共同工作，这一转速对应特定的泵轮转矩M_{nas}。如果选择OA曲线，则发动机将以全功率运行，但无法保证最低比油耗，这意味着部分发动机运行工况将不经济。如果选择与发动机最低比油耗工况运行相对应的OB曲线，那么就排除了发动机全功率运行的可行性，这样轮式车辆的牵引速度特性则会降低。因此，不透穿传动无法充分发挥发动机的性能，其应用也不合理。

对于透穿传动，泵轮转矩M_{nas}（n_{nas}）其与输入转矩$M_{s.p}$（$n_{s.p}$）曲线的共同工作点可通过抛物线束说明，抛物线束越宽，相关透穿性系数 Π_{gt} 越大。因此，透穿传动装置具有多条载荷特性曲线（见图 2.22（b））。在变矩器工况下，系数 λ_{nas} 在 $\lambda_{nas0} \sim \lambda_{nasmuf}$ 大范围内变化，当切换到偶合器工况后，在 $\lambda_{nasmuf} \sim 0$ 范围内变化。发动机最大燃油供给量时，曲线 $M_{s.p}(n_{s.p})$ 和 $M_{nas}(n_{nas})$ 的交点分别对应最大功率（A）、最小比油耗（B）、最大转矩（C）和最大泵轮转矩系数 λ_{nasmax}（D）等工况。当 λ_{nasmax} 时的曲线 $M_{nas}(n_{nas})$ 应与最大燃油供给量时的输入转矩曲线 $M_{s.p}(n_{s.p})$ 相交，这保证了发动机在任意工况下都能稳定运行，避免过载和停机。

为构建液力机械传动轮式车辆的动力特性曲线 D_f（m_m、v_{mx}、u_{tr}），应确定机械部分输入轴的参数。发动机和液力变矩器的共同工作情况根据方程 $M_{s.p}(n_{s.p}) = M_{nas}(n_{nas})$ 和 $n_{s.p} = n_{nas}$ 确定。泵轮输入轴的参数：$n_{s.p}$、$M_{s.p}$、$N_{s.p} = N_{dv} k_{snn} \eta_{s.p}$；与变速机构输入轴刚性连接的涡轮输出轴的参数：$M_{tur} = K_{gt} M_{s.p}$、$\eta_{tur} = i_{gt} n_{s.p}$、$N_{tur} = N_{nas} \eta_{gt} \approx N_{s.p} K_{gt} i_{gt}$。

对于涡轮后的机械传动装置

$$P_{km} = M_{tur} u_{tr} \eta_{tr} / r_{k0}$$

$$v_{mx} = 0.105 r_k n_{tur} / u_{tr}$$

$$D_f = (P_{km} - P_w) / P_m; \quad N_{km} = N_{tur} \eta_{tr}$$

采用液力机械传动装置的轮式车辆直线行驶方程，与采用机械传动装置时所用的方程（2.13）形式相同：

$$m_m \delta_{vrgt} a_{mx} = M_{tur} u_{tr} \eta_{tr} / r_k - P_c \tag{2.33}$$

式中，δ_{vrgt} 为质量增加系数，考虑到泵轮和涡轮的转动惯量对轮式车辆动能的影响。

考虑发动机转动惯量 J_{dv}、前传动齿轮副转动惯量 $J_{s.pi}$、泵轮及腔内液体转动惯量 J_{nas} 的总转动惯量 J_{dv-nas} 为

$$J_{dv-nas} = J_{dv} u_{c.n}^2 + \sum_{i=1}^{n_{c.p}} J_{c.pi} u_i^2 + J_{nas} \tag{2.34}$$

式中，u_i 为从匹配传动装置的第 i 个质量元件到泵轮的传动比。

关于总转动惯量 J_{dv-nas} 的转矩平衡方程为：

$$M_{J_{dv-nas}} = -J_{dv-nas} \frac{d\omega_{nas}}{dt} = -J_{dv-nas} \frac{d\omega_{nas}}{d\omega_{tur}} \frac{d\omega_{tur}}{dt}$$

关于涡轮及腔内液体转动惯量 J_{tur} 的转矩平衡方程为：

$$M_{J_{tur}} = -J_{tur} d\omega_{tur} / dt$$

参照式（2.12），可得

$$\delta_{vrgt} = 1 + \left(J_{dv-nas} K_{gt} u_{tr}^2 \eta_{tr} \frac{d\omega_{nas}}{dt} + J_{tur} u_{tr}^2 \eta_{tr} + \sum_{i=1}^{n_k} J_{ki} \right) \frac{1}{m_m r_k^2} \tag{2.35}$$

对于不透穿型液力传动，$d\omega_{nas}/dt = 0$。对于透穿传动，质量增加系数 δ_{vrgt} 不

仅取决于传动装置的传动比 u_{tr}，还取决于对应挡位的涡轮转速（比值 $d\omega_{nas}/dt$ 与的值 ω_{tur}变化有关）。采用液力机械传动的轮式车辆的发动机曲轴的角速度，比采用机械传动的轮式车辆角速度加速要慢，即 $\delta_{vrgt} < \delta_{vr}$。

对于透穿型液力传动，可以写成：

$$J_{dv-nas}K_{gt}u_{tr}^2\eta_{tr}\frac{d\omega_{nas}}{dt}\frac{1}{m_m r_k^2} = J_{dv-nas}K_{gt}u_{tr}^2\eta_{tr}\frac{d\omega_{nas}}{d\omega_{tur}}\frac{1}{m_m r_k r_d}$$

当 $1.5 \geqslant \Pi_{gt} > 1.2$ 时，表达式 $K_{gt}(d\omega_{nas}/d\omega_{tur}) = 0.9$；当 $2.5 > \Pi_{gt} > 1.5$ 时，表达式 $K_{gt}(d\omega_{nas}/d\omega_{tur}) = 0.6$；在偶合器工况下 $K_{gt}(d\omega_{nas}/d\omega_{tur}) = 0.9$。

液力机械传动装置的传动工作范围越大，传动装置中机械部分的挡位也就越多。通常对于轮式小汽车和客车使用 2 ~ 3 个挡位，传动比范围 $D_{tr} = 1.8 \sim 2.5$；对于轮式货车使用 4 ~ 6 个挡位，$D_{tr} = 4 \sim 7$。可根据行驶速度和发动机转矩两个参数进行换挡。

从图 2.23 中可以看出，对于采用液力机械传动装置的轮式车辆，其发动机功率仅比采用机械传动的轮式车辆的大 1.116 倍，其加速度 a_{mx} 更大，加速到

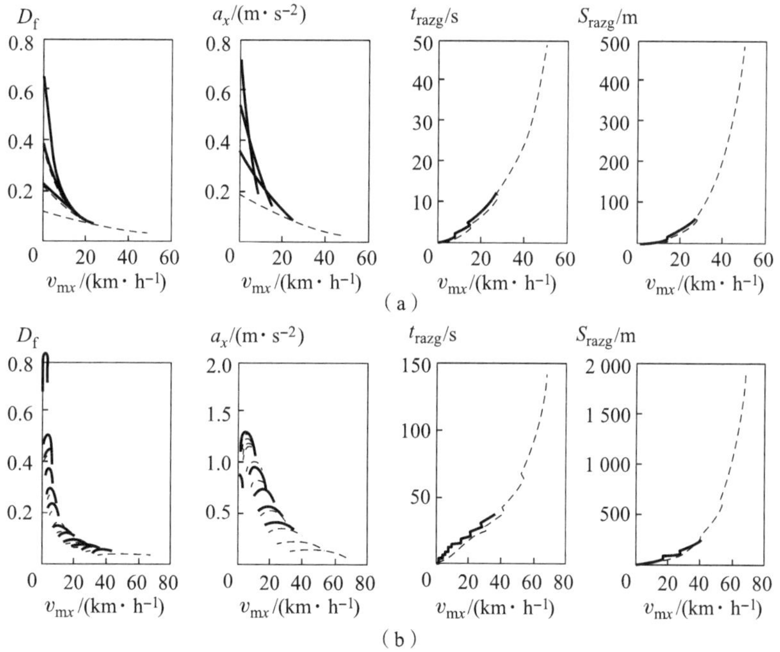

图 2.23 当 $\Psi = 0.02$、$u_{r.k} = 1.88$（实线）和 1.0（虚线）时，采用液力机械传动装置和采用机械传动装置，质量 $m_m = 43.5t$ 的 8×8 轮式车辆的动力特性和加速特性曲线图

（a）$N_{dv} = 386.4$ kW；（b）$N_{dv} = 345.9$ kW

40 km/h 所需时间 t_{razg} 和距离 S_{razg} 也更少，不过其最大动力因数 D_{fmax} 和行驶速度 v_{mxmax} 则相比较小。但是，液力机械传动装置的主要优点在于换挡次数和时间较少，而且不会切断输入到车轮的功率流，从而提高了轮式车辆在松软地面上的越野能力，减轻驾驶员的工作强度。

2.9 保证最优动力特性的轮式车辆参数

质量、尺寸参数

为确定轮式车辆具有最优牵引速度特性，应知道：车辆用途和类型（小汽车、货车、专用车、多用途车、旅行车、越野车等）、有效载重质量 m_{gr}（对于牵引车还需知道挂车的总质量 m_{pc}）、最大行驶速度 v_{mxmax} 和最小稳定行驶速度 v_{mxmin}、极限阻力系数 Ψ_{max}（最大爬坡角 α_{opxmax}、拖车最大牵引力 $P_{tjagmax}$、最大加速度 α_{mxmax}、最短加速时间 t_{razg} 和加速距离 S_{razg} 等）。

所有轮式车辆按其类别不同有着不同的要求。如 M 类和 N 类（俄标 ГОСТ 22895—77）分别为载客和载货的运输车辆，$N^{т}$ 类为越野车和重型卡车（前苏联拖拉机和农业机器制造部规范 37.001.024—82），O 和 $O^{т}$ 类为挂车和半挂车。根据载客人数 n_{pas} 和轮式车辆总质量 m_{pol}，还可再细分为子类（表 2.1）。

表 2.1 运输车辆的分类

类别	n_{nac}	m_{pol}/t	类别	m_{pol}/t	类别	m_{pol}/t
M_1	≤8	≤5	N_3	>12	O_1	≤0.75
M_2	>8	≤5	N_3^t	12~52	O_2	0.75~3.5
M_3	>8	>5	N_4^t	52~100	O_3	3.5~10
N_1	—	≤3.5	N_5^t	100~180	O_4	>10
N_2	—	3.5~12	N_6^t	180~250		

总质量 m_{pol} 可根据车辆的统计数据分析，并考虑到结构改进和发展前景情况确定。载重系数 k_{gr}（图 2.24）和比载重系数 $\tilde{k}_{gr}$ 可以作为基准：

$$k_{gr}=m_{gr}/m_{pol};\quad \tilde{k}_{gr}=m_{gr}/m_{sn}$$

对于高级汽车 $\tilde{k}_{gr}=0.18\sim0.2$；对于带车载平台的非全驱动轮式货车 $\tilde{k}_{gr}=0.85\sim1.1$；对于汽车列车，如果挂车或半挂车的质量被视为有效载荷，则 $\tilde{k}_{gr}=2.5\sim3$。

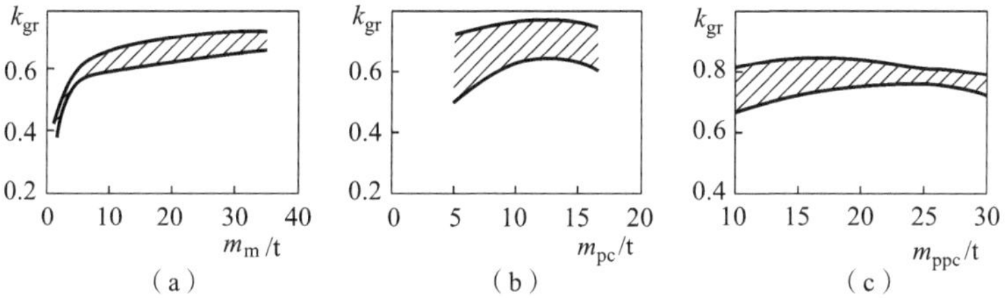

图 2.24 载重系数 k_{gr} 变化图

(a) 轮式货车；(b) 挂车；(c) 半挂车

车轴数 n_o 和车轮数 n_k 应根据现行道路最大载荷限制法规确定。因此，对于带有单轮和双轮的驱动轴，P_{zomax} = 92 kN 和 115 kN；对于带有单轮和双轮的从动轴，P_{zomax} = 71.2 kN 和 101.7 kN。

运输车辆的最大总质量 m_{polmax} 按轴数 n_o 确定：

n_o	2	3	4	5	6
m_{polmax}/t	18	25	32	40	44

总质量、轴荷或外形尺寸超过规范性文件规定值的运输车辆属于非公路用轮式车辆，不允许上路行驶。轮式车辆的最大外形尺寸（宽×高×长，m）如下：

单个汽车列车…………2.55×4×12

鞍式汽车列车…………2.55×4×18

带一辆挂车的牵引式汽车列车…………2.55×4×18.75

带两辆挂车的牵引式汽车列车…………2.55×4×25.9

根据施加给轮胎的载荷，按手册选择轮胎的最优类型和尺寸，确定计算所需的参数。

动力装置参数

发动机的比功率 $\tilde{N}_{dv} = N_{dv}/m_m$ 是主要的能量特性指标。随着比功率 $\tilde{N}_{dv}$ 增加，轮式车辆的牵引速度特性会得以改进，但最低里程油耗 Q_{smin} 则与比功率 $\tilde{N}_{dv}$ 中的最优比功率 $\tilde{N}_{dvopt}$ 相对应（图 2.25（a））。极限行驶速度、加速时间和距离会受到驱动轮与支承面之间附着力的限制（图 2.25（b））。

随着发动机功率的增加，轮式车辆的牵引速度特性也会提升。曲线 N_{km} 形状越理想（图 2.26（直线 1）），用于轮式车辆加速和克服阻力的功率储备也就越大。燃气轮机或增压活塞式发动机（曲线 2）优于传统活塞式发动机（曲线 3）。然而，在给定阻力功率 N_c 和速度 v_{mxi} 下，N_{km} 越高，发动机功率利用系数 k_{nn} 却越低（$k_{nn1} < k_{nn2} < k_{nn3}$），因此比油耗 g_e 和里程油耗 Q_s（在给定速度 v_{mx} 和加速度 a_{mx} 时）也会越大。

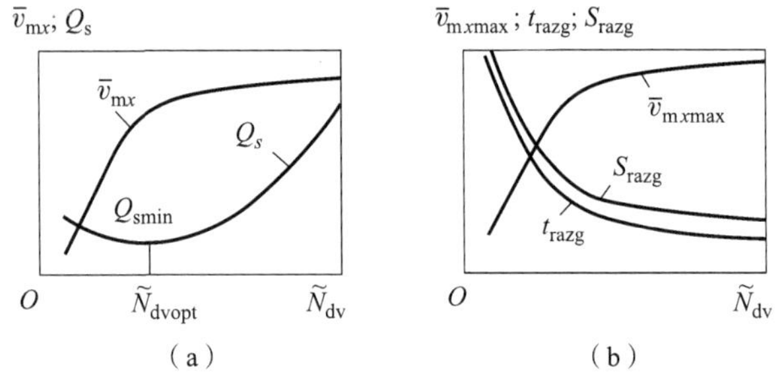

图 2.25　发动机比功率对轮式车辆性能的影响

(a) 对牵引速度和里程油耗的影响；(b) 对极限行驶速度、加速时间和距离的影响

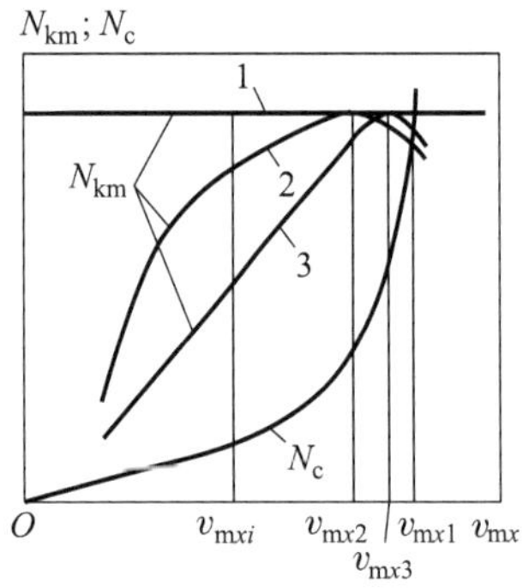

图 2.26　轮式车辆的功率曲线图

1—理想发动机；2—燃气轮机或增压活塞式发动机；3—传统活塞式发动机

里程油耗 Q_s 和运输油耗 Q_w 取决于发动机的排量 V_{dv}、轮式车辆的行驶速度、质量 m_m 和发动机类型（图 2.27）。

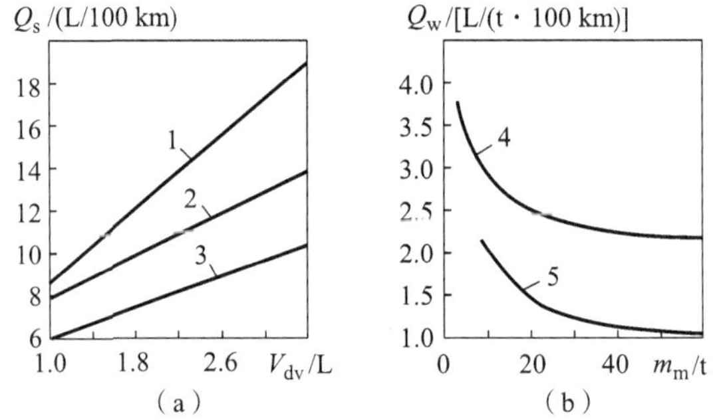

图 2.27　轮式车辆里程油耗和运输油耗变化图

(a) 里程油耗；(b) 运输油耗

1—城市道路循环中；2—当 v_{mx} = 120 km/h 时；3—当 v_{mx} = 90 km/h 时；

4—汽油发动机；5—柴油发动机

传动装置参数

描述轮式车辆传动装置特点的参数有很多，这里只研究计算轮式车辆的牵引速度特性时所需的基本参数。

当确定机械传动的最小传动比 u_{trmin}时，应满足下列 3 个条件：

①确保达到技术任务书规定的轮式车辆最大行驶速度，即

$$u_{trmin}=0.105n_{dvmax}r_k/v_{mxmax} \tag{2.36}$$

②发动机最高转速时输入到车轮的功率，应等于在高等级水平道路（$\alpha_{opx}\approx 1\sim1.5°\approx0$）上稳定行驶时（$a_{mx}=0$）的阻力功率：

$$N_{dv}=\frac{N_{km}}{k_{snn}\eta_{tr}}=\frac{N_f+N_w}{k_{snn}\eta_{tr}}=\frac{v_{mxmax}\ (P_f+P_w)}{k_{snn}\eta_{tr}} \tag{2.37}$$

其中，N_{dv}单位为 W，$P_f=P_{mz}\Psi$，$P_w=k_wF_{lob}v_{mx}^2$，系数 Ψ 根据式（1.13）~式（1.15）确定：

$$\Psi=f_{shv}(1+k_2\times10^{-4}v_{mx}^2)+f_{shv}(r_{kv}/r_{k0}-1)+2n_{om}\lambda_m\bar{M}_k^2/(P_{zm}r_{kv}r_{k0})$$

式中，n_{om}为驱动轴数；$\bar{M}_k=0.5\ P_{km}r_{k0}/n_{om}$，$P_{zm}$为作用在驱动轴上的垂向力。

③功率图上曲线 N_{km} 和 N_{cmax} 的交点（图 2.28）应在曲线 N_{km}最大值后下降部分区域（曲线2 与 N_{cmax}（v_{mx}）的交点A）。这能保证在行驶阻力增加时，在不切换到较低挡位的情况下，最大速度 v_{mx2}下降不大。通常，通过改变主减速器的传动比就可实现对交点 A 位置的修正。

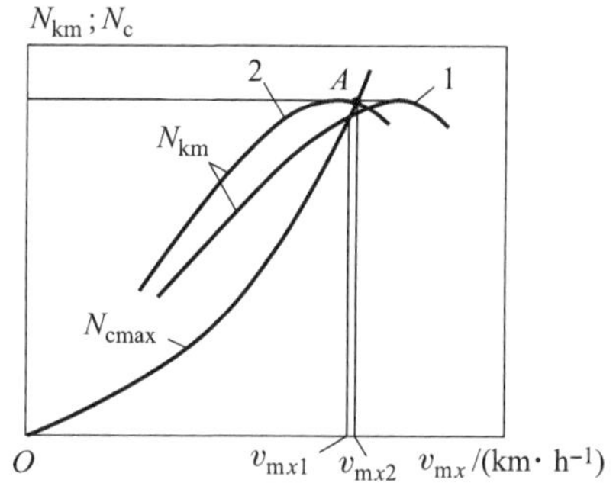

图 2.28 确定功率曲线图中传动装置的最小传动比示意图

1—增速挡；2—直接挡

应当注意到，有时通过使用增速挡（图2.28 曲线 1），可以在最大行驶速度下降较小时（$v_{mx1}<v_{mx2}$）提升轮式车辆的燃油经济性。增速挡也允许在降低轮式车辆重量的情况下提高行驶速度。但是，曲线 2 仍然是最小传动比的计算曲线。通常，变速箱直接挡（传动比 $u_{k.pi}=1$）对应于曲线 2，增速挡（传动比 $u_{k.pi}=0.7\sim0.85$）对应于曲线 1。

最大传动比 u_{trmax}通过下列 3 个条件确定：

①克服最大行驶阻力系数 Ψ_{max}的能力（通常对应最大爬坡角 α_{opxmax}）；

②车轮不发生剧烈滑转（满足附着条件）；

③保证最低稳定车速 v_{mxmin}。

满足这些条件下的行驶速度非常低，因此可以忽略空气阻力（$P_w=0$）。

当 $D_{\text{fmax}} \geqslant \Psi_{\max}$ 时，满足第一个条件：

$$u_{\text{trmax}\Psi} \geqslant \frac{\Psi_{\max} P_{\text{m}} r_{\text{k}}}{M_{\text{dvmax}} k_{\text{sn}i} \eta_{\text{tr}}} \tag{2.38}$$

式中，$\Psi_{\max} = f\cos\alpha_{\text{op}x} + \sin\alpha_{\text{op}x}$。

有液力变矩器时，应采用涡轮转矩 $M_{\text{tur}} = K_{\text{gt}} M_{\text{c.p}}$ 来代替 $M_{\text{dvmax}} k_{\text{sn}n}$，变矩比 k_{gt} 取值与 i_{gtz} 有关（图 2.21（b））。对于轮式货车，k_{gt} 在 1.8 ~ 2.0 内变化；对于轮式小汽车，k_{gt} 在 1.5 ~ 1.7 内变化。

当 $D_{\text{fmax}} \leqslant \dfrac{\varphi_{\max}}{P_{\text{m}}} \sum\limits_{i=1}^{n_{\text{km}}} P_{zmi}$ 时，满足第二个条件（其中 P_{zmi} 为轮式车辆驱动轴的垂向力），即

$$u_{\text{trmax}\varphi} \leqslant \frac{\varphi_{\max} r_{\text{k}}}{M_{\text{dvmax}} k_{\text{sn}n} n_{\text{tr}}} \sum_{i=1}^{n_{\text{km}}} P_{zmi} \tag{2.39}$$

第三个条件则无限制条件。最大传动比 $u_{\text{trmax}v}$ 由类似（2.36）的式确定：

$$u_{\text{trmax}v} = 0.105 n_{\text{dvm}} r_{\text{k}} / v_{\text{m}x\text{min}}$$

可根据轮式车辆的类型来确定 $\Psi_{\max}$、$\varphi_{\max}$、$v_{\text{m}x\text{min}}$ 的值。因此，对于非全驱轮式小汽车，$\Psi_{\max} = 0.35 \sim 0.5$；对于轮式货车 $\Psi_{\max} = 0.35 \sim 0.4$；对于全驱轮式车辆，$\Psi_{\max} = 0.7 \sim 0.8$；对于汽车列车，$\Psi_{\max} \geqslant 0.18$；对于矿用自卸车，$\Psi_{\max} = 0.3 \sim 0.4$。

对于非全驱轮式车辆，$\varphi_{\max} = 0.7 \sim 0.8$；对于全轮驱动车辆，$\varphi_{\max} = 0.7 \sim 0.9$。

轮式货车的最小稳定速度 $v_{\text{m}x\text{min}} = 4 \sim 5$ km/h，全驱动轮式车辆和厢式汽车则为 $v_{\text{m}x\text{min}} = 2 \sim 3$ km/h。

$$D_{\text{tr}} = u_{\text{trmax}} / u_{\text{trmin}} \tag{2.40}$$

此比值被称为传动比范围。

为弥补发动机特性 $M_{\text{dv}}(n_{\text{dv}})$、$N_{\text{dv}}(n_{\text{dv}})$ 的不足，使车轮转矩曲线接近埋想曲线形状（图 2.3），可在传动装置中改变传动比。这样在中低速行驶时，可以更充分、更经济地利用发动机功率。

传动装置由多个部件组成，其中的传动比可以是定值或可变的。

传动装置（图 2.29）可分为下列机械部件，每个部件可通过传动比和效率进行描述：匹配传动装置（前传动齿轮副）（$u_{\text{s.p}}$）、副变速箱（分动器）（$u_{\text{del}i}$）、变速箱（$u_{\text{k.p}i}$）、副变速箱（倍增器）（$u_{\text{dem}i}$）、分动箱（$u_{\text{r.k}i}$）、轮边传动装置（$u_{\text{b.l}}$）或主减速器（$u_{\text{g.p}}$）、轮边减速器（$u_{\text{k.r}}$）。

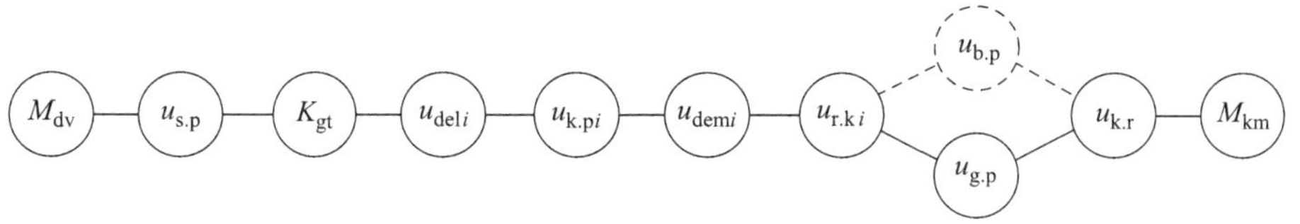

图 2.29 轮式车辆简化传动示意图

传动装置机械部分的总传动比和效率，可根据传动装置从输入轴到车轮之间的各机械部件的传动比和效率的乘积确定：

$$u_{tr}=u_{deli}u_{k.pi}u_{demi}u_{r.ki}u_{g.p}u_{k.r};\quad \eta_{tr}=\eta_{deli}\eta_{k.pi}\eta_{demi}\eta_{r.ki}\eta_{g.p}\eta_{k.r} \tag{2.41}$$

而传动装置的总挡位数量或级数 n_{sttr}，则由单个部件挡位数量或级数的乘积确定：

$$n_{sttr}=n_{stdel}n_{stk.p}n_{stdem}n_{str.k}$$

传动挡位数量越多，轮式车辆的牵引速度特性和燃油经济性越高。这可以通过装有 2 挡和 5 挡变速箱的轮式车辆为例来说明（图 2.30），两个变速箱的传动比存在关系：$u_{I_2}=u_{I_5}$；$u_{II_2}=u_{V_5}$（即取 5 挡变速箱两端的 I 挡和 V 挡，作为 2 挡变速箱的 I 挡和 II 挡）。

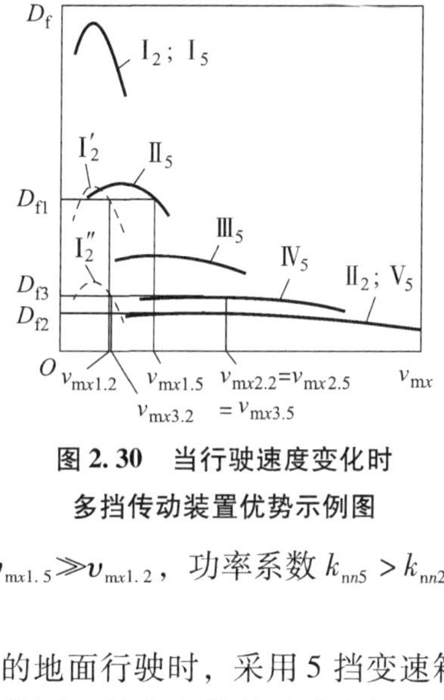

图 2.30 当行驶速度变化时多挡传动装置优势示例图

当行驶阻力系数 $\Psi_1=D_{f1}$ 时，对于 5 挡变速箱，满供油时可以在 II_5 挡以车速 $v_{mx1.5}$ 行驶（此处及后文中速度下标的第一个数字指不同的阻力系数 Ψ，第二个数字是指变速箱的挡位数量），而对于 2 挡变速箱，在 I_2 挡时只能靠部分特性以车速 $v_{mx1.2}$ 行驶。5 挡变速箱的速度 $v_{mx1.5}\gg v_{mx1.2}$，功率系数 $k_{nn5}>k_{nn2}$，因此油耗更低。

当以稳定速度 v_{mx2} 以 V_5 挡在阻力系数为 Ψ_2 的地面行驶时，采用 5 挡变速箱的轮式车辆在切换到 IV_5 挡时能够提速。而对于使用 2 挡变速箱的轮式车辆，这是不可能的。在相同速度 v_{mx2} 下，当行驶阻力系数增加到 Ψ_3 时，使用 5 挡变速箱的轮式车辆在切换到 IV_5 挡时能够保持速度 $v_{mx3.5}=v_{mx2.5}$，而使用 2 级变速箱的轮式车辆被迫切换到低挡 I''_2，依靠部分发动机特性运行，并且车速被极大地降低 $v_{mx3.2}<v_{mx2.2}$。

然而，增加挡位数量 n_{sttr} 会使传动装置的结构更为复杂，并在无自动换挡时会增加驾驶员的劳动强度。挡数 n_{sttr} 取决于规定传动比 D_{tr} 范围、发动机比功率和轮式车辆的用途。根据统计数据，传动装置的挡位数遵循下列规律：

D_{tr}	……	5.7 ~ 8.5	7.9 ~ 9.4	8 ~ 10	9.2 ~ 18.5	13 ~ 19.4	17 ~ 24.7
n_{sttr}	……	5	6	8	10	16	20

主变速箱的挡位数 $n_{stk.p}$ 一般不超过 6。当 $n_{stk.p}>6$ 时，由于轴的长度增加，很难保证轴的刚性满足规定要求。

当 $n_{sttr}>n_{stk.p}$ 时，采用复合式变速箱。当 $n_{sttr}=8\sim10$ 时由 4 挡或 5 挡的主变速箱与分动器 n_{stdl} 或副变速箱 n_{stdem} 组合而成，或 $n_{sttr}=16\sim20$ 时，同时与分动器和副变速箱组合而成。对于全轮驱动轮式车辆来说，最普遍的变速箱方案是采用可变传动比 $n_{str.k}=2\sim3$ 的分动箱。

采用轮边减速器一方面可以减少主减速器和车轮驱动万向节的尺寸、增加离地间隙，但另一方面则会导致车轮部件结构复杂，传动装置和非悬架部件的重量增加，并使轮边制动器的安装变得困难，装配工作强度平均增加 10% ~ 20% 。

通常采用单排或双排行星齿轮减速器来保证较大的传动比（$u_{k.r}=4\sim6$）、良好的强度和可靠性，但这同时会导致零件数量和装配强度增加，使车轮制动器密封和轮胎气压调节系统变得复杂。定轴式齿轮减速器的传动比为 $u_{k.r}=2.5\sim4.55$（带外啮合或内啮合齿轮副）。

对于与车轴相连接的主减速器，可基于结构简单和离地间隙足够的原则进行选择。当发动机或其他传动部件变动时，可通过改变主减速器传动比 $u_{g.p}$ 来保证最小传动比 u_{trmin}（图 2.28）。$u_{g.p}$ 的建议值：轮式小汽车 ≤5，轮式货车 4.8 ~ 9，有轮边减速器时 1.8 ~ 3.5。

轮边传动装置用于向车轮传递功率，$u_{b.p}=1\sim2.3$。

分动箱用于分配车桥、桥架或轮边的功率。如果分动箱有两级，则高挡齿轮比 $u_{r.k2}\approx1$ 是合理的。如果分动箱在相应的车桥和桥架之间大致平均分配功率，则低挡传动比 $u_{r.k1}\approx2$。其他情况下，比值 $u_{r.k2}/u_{r.k1}<0.5$。

当需要提高车速和略微增加车轮的牵引力时，可将分动器以副变速箱的形式安装在主变速箱的前面。在这种情况下，分动器为两级，带直接挡和增速挡（如 $u_{del1}=1.0$ 和 $u_{del2}=0.81$）或直接挡和减速挡，此时传动比范围可以增加 25% ~ 30% 。由于主变速箱在低挡的转矩较大，不宜采用带减速传动的分动器。

当需要在不增加变速箱部件额外负荷的情况下大幅提高车轮的牵引力时，可在变速箱的后面安装副变速箱（倍增器）（$u_{dem1}=2.0$ 和 $u_{dem2}=1.0$），以保证获得更大范围的传动比，以及保证在变速箱最广泛使用的高挡位范围内顺序换挡的可行性。

在确定以上传动比后，再确定变速箱的传动比。其最小传动比 $u_{k.pmin}=1$（用于计算 u_{trmin}），最大传动比 $u_{k.pmax}$ 可在已知 u_{trmax} 时确定：

$$u_{k.\,pmax}=u_{trmax}/(u_{del1}u_{dem1}u_{r.\,k1}u_{g.\,p}u_{k.\,r}) \qquad (2.42)$$

在 $u_{k.\,pmin}$ 和 $u_{k.\,pmax}$ 之间挡位的传动比，应在保证轮式车辆最优动力性和燃油经济性的条件下选择，即最充分地利用发动机功率、获得最优加速特性、最优的燃油经济性、在给定的行驶条件下获得最高速度等。

为方便推导，引入变速箱挡位数的缩写代号 $m=n_{stk.\,p}$。它决定了传动比等于1时变速箱所对应的挡位。

最简单的传动比分配遵循等差数列规律（图2.31（a）曲线1）：

$$u_{k.\,pI}-u_{k.\,pII}=\cdots=u_{k.\,p(m-1)}-u_{k.\,pm}=q'=\mathrm{const}$$

式中，q'为等差级数常数（公差），$q'=(u_{k.\,pI}-u_{k.\,pm})/(m-1)$。

为保证轮式车辆的最优动力特性，所有或大部分挡位的发动机功率均应能达到最大。当发动机转速在 $n_{dv1}\leqslant n_{dvi}\leqslant n_{dv2}$ 范围内运行，假设有一定的误差，在换挡过程中轮式车辆的行驶速度不变，允许低挡 i 挡最高转速 n_{dv2} 时的行驶速度 $v_{mx(i)}$（n_{dv2}）等于相邻高挡（$i+1$）挡最低转速 n_{dv1} 时的速度 $v_{mx(i+1)}$（n_{dv1}）（图2.31（b））。由于轮式车辆的行驶速度通过表达式 $v_{mxi}=0.105\ n_{dvi}r_k/u_{tri}$ 确定，那么变速箱的传动比：

$$u_{k.\,p(i+1)}/u_{k.\,pi}=n_{dv1}/n_{dv2}=q''=\mathrm{const} \qquad (2.43)$$

式中，q''为等比级数常数（公比），即传动比按等比级数规律分配（图2.31（a），曲线2）。

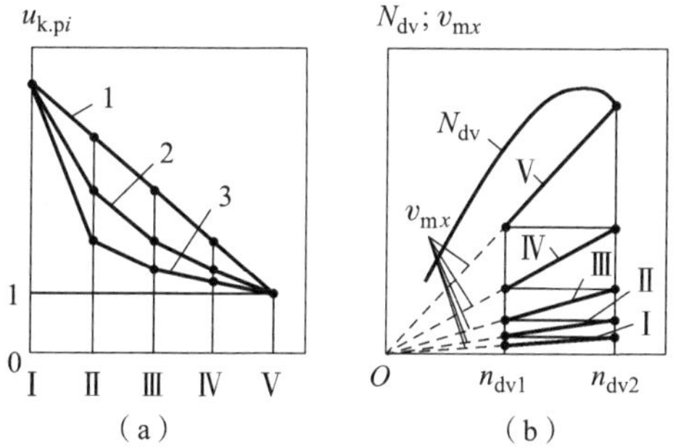

图2.31 不同排挡划分方法对应的传动比

（a）变速箱各挡传动比；（b）等比级数划分排挡时的发动机功率和车速曲线

1—等差级数；2—等比级数；3—调和级数

一般来说，对于等比级数，挡位数为 m 的变速箱第 i 档的传动比根据表达式确定：

$$u_{k.\,pi}=(u_{k.\,pI}^{(m-i)})^{1/(m-1)}$$

式中，$u_{k.pI}=u_{k.pmax}$。

增速挡（$m+1$）的传动比可采用类似方法记录：

$$u_{k.p(m+1)}=(u_{k.pI}^{-1})^{1/(m-1)}$$

但是，该传动比相较实际使用的传动比要低得多，因为在这种情况下，增速挡传动比并非是基于轮式车辆的最优加速条件来设置，而是基于满足轮式车辆在良好道路上行驶时保持合理速度的条件而得出的。通常对于增速挡 $u_{k.p(m+1)}=0.7\sim0.8$。

轮式车辆在低阻力系数道路和较高发动机比功率条件下行驶时，考虑到换挡时的速度下降，为了最好地利用发动机功率，较高挡位的传动比相近是合理的，即 $u_{k.pI}/u_{k.pII}>u_{k.pII}/u_{k.pIII}>\cdots>u_{k.p(m-1)}/u_{k.pm}$。例如，根据调和级数分配传动比时（图 2.31（a）曲线 3）

$$1/u_{k.p(i+1)}-1/u_{k.pi}=q'''=\text{const} \tag{2.44}$$

式中，q'''为调和级数常数。

由于决定实际传动比数值的齿轮齿数具有不连续性，实际上无法为变速箱选择严格符合等比级数或调和级数的传动比，相邻挡的传动比比值与常数 q''或 q'''略有不同。

传动比的级数是可以调节的，以保证轮式车辆最大加速度 a_{mxmax} 的传动比 $u_{k.pa_x}$的计算为例。这个 $u_{k.pa_x}$值应根据动力学模型（图 2.7）或更简化的动力学模型（图 2.32）（如不考虑传动组件的刚度和阻尼）来确定。

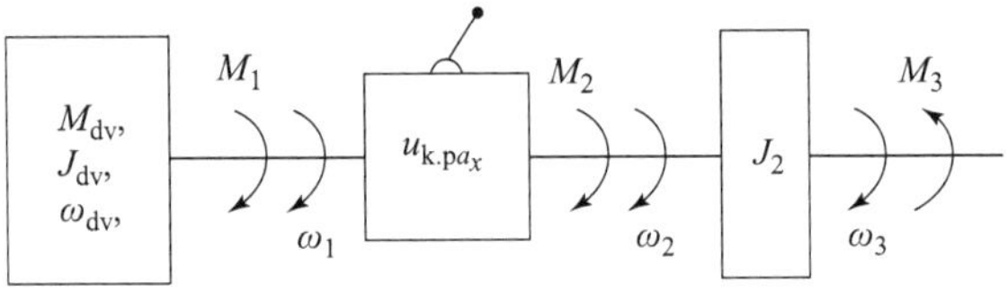

图 2.32 保证轮式车辆最大加速度的变速箱传动比计算所用的简化动力学模型

如果将从变速箱输出轴到车轮之间的传动装置的传动比标记为 u_{tr0}，不考虑此传动链的损失（$\eta_{tr0}=1$）和变速箱的损失（$\eta_{k.pi}=1$）；变速箱输入转矩为 $M_1=M_{dv}-J_{dv}\mathrm{d}\omega_{dv}/\mathrm{d}t$，变速箱输出转矩为 $M_2=M_1u_{k.pa_x}$；考虑轮式车辆转动惯量和平动质量，等效到变速箱输出轴的转动惯量为 $J_2=\left(\sum\limits_{i=1}^{n_k}J_{ki}+m_m r_k^2\right)\dfrac{1}{u_{tr0}^2}$；等效到变速箱输出轴的行驶阻力矩为 $M_3=(P_{f_{shm}}+P_w)r_k/u_{tr0}$。此时系统平衡方程：

$$M_2=M_3+J_2\mathrm{d}\omega_3/\mathrm{d}t$$

将 M_2 和 M_3 的表达式代入，并代替 $\mathrm{d}\omega_{\mathrm{dv}}/\mathrm{d}t = u_{\mathrm{k.\,pa}_x}\mathrm{d}\omega_3/\mathrm{d}t$，变换可得

$$\frac{\mathrm{d}\omega_3}{\mathrm{d}t} = \frac{M_{\mathrm{dv}}u_{\mathrm{k.\,pa}_x} - M_3}{J_2 + J_{\mathrm{dv}}u_{\mathrm{k.\,pa}_x}^2}$$

加速度 $a_{\mathrm{m}x} = r_{\mathrm{k}}\dfrac{\mathrm{d}\omega_{\mathrm{k}}}{\mathrm{d}t} = \dfrac{r_{\mathrm{k}}}{u_{\mathrm{tr0}}}\dfrac{\mathrm{d}\omega_3}{\mathrm{d}t}$。

为保证最大加速度 $a_{x\max}$，应满足条件 $\dfrac{\partial}{\partial u_{\mathrm{k.\,pa}_x}}\left(\dfrac{\mathrm{d}\omega_3}{\mathrm{d}t}\right) = 0$。

经变换，有

$$u_{\mathrm{k.\,pa}_x} = \sqrt{J_2/J_{\mathrm{dv}} + (M_3/M_{\mathrm{dv}})^2} + M_3/M_{\mathrm{dv}} \tag{2.45}$$

考虑到在低阻力系数的道路和低速时（$M_3/M_{\mathrm{dv}} \ll J_2/J_{\mathrm{dv}}$）加速最有效，可得

$$u_{\mathrm{k.\,pa}_x} = \sqrt{J_2/J_{\mathrm{dv}}}$$

总之，在变速箱传动比划分时，应采用多种评价标准，并对最重要的参数作进一步修正。

车轮驱动方案的选择

根据车轮驱动方案的不同，轮式车辆分为非全轮驱动轮式车辆和全轮驱动轮式车辆。每一种方案都有其优缺点。当在大附着系数的硬支承面行驶时，传动装置和车轮的损失是决定性参数，而当在小附着系数的软支承面或硬支承面行驶时，轮式车辆的牵引能力是决定性参数。

除垂向载荷、胎压和车速外，车轮损失还取决于其传递的转矩（见第 1 章）。在行驶阻力小、附着力足够时，由一根轴或全部轴上的车轮保证轮式车辆的行驶。下面研究在 n 轴轮式车辆中，采用单车由驱动和全轴驱动时转矩的传递所造成的损失 $\Delta P_{f_{\mathrm{sh}}\mathrm{m}1}$ 和 $\Delta P_{f_{\mathrm{sh}}\mathrm{m}n}$ 的关系：

车轮上的总损失由式（1.14）和式（1.15）确定，或以简化形式通过轮式车辆的滚动阻力确定：

$$P_{f_{\mathrm{sh}}\mathrm{m}} = \sum_{i=1}^{2n_{\mathrm{o}}} f_{\mathrm{shv}i}P_{zi} + \Delta P_{f_{\mathrm{sh}}\mathrm{m}} \tag{2.46}$$

其中，

$$\Delta P_{f_{\mathrm{sh}}\mathrm{m}} = \sum_{i=1}^{2n_{\mathrm{o}}} [f_{\mathrm{shv}i}P_{zi}(r_{\mathrm{kv}i}/r_{\mathrm{k0}i} - 1) + \lambda_{\mathrm{m}i}M_{\mathrm{k}i}^2/(r_{\mathrm{kv}i}r_{\mathrm{k0}i})] \tag{2.47}$$

假设单轴驱动和全轴驱动两种轮式车辆的所有车轮均满足以下假设：从动状态下的滚动阻力系数 $f_{\mathrm{shv}i} = \mathrm{const}$，垂向作用力 $P_{zi} = \mathrm{const}$，转矩切向弹性系数 $\lambda_{\mathrm{m}i} = \mathrm{const}$ 和滚动半径 $r_{\mathrm{kv}i} = r_{\mathrm{k0}i} = r_{\mathrm{k}} = \mathrm{const}$。当轮式车辆克服同样的外部行驶阻

力时：

$$P_c = P_{kmi} - P_{f_{sh}mi}$$

其中，$P_{kmi} = M_{kmi}/r_k$。此时对于 n 轴和单轴驱动轮式车辆有：

$$P_{kmn} - \Delta P_{f_{sh}mn} = P_{km1} - \Delta P_{f_{sh}m1}$$

$$M_{kmn} - \frac{1}{2}\lambda_m M_{kmn}^2/(r_k n_{om}) = M_{km1} - \frac{1}{2}\lambda_M M_{km1}^2/r_k$$

$$M_{km1} - M_{kmn} = \frac{1}{2}\lambda_m (M_{km1}^2 - M_{kmn}^2/n_{om})/r_k \tag{2.48}$$

只有当 $M_{km1} > M_{kmn}$时，才满足等式（2.48）。因此，当克服相同的外部阻力时，采用全轴驱动轮式车辆的车轮损失小于单轴驱动轮式车辆。对于采用全差速驱动的轮式车辆这一结论也成立；但当驱动闭锁时，并不总是满足这一规则。

采用大量分支组件的全轮驱动轮式车辆，其机械传动损失自然要大于非全轮驱动轮式车辆的损失。对于全轮驱动轮式车辆，当行驶阻力小且可能出现功率循环时，总损失会增加。

为确定传动装置分支部分的效率 $\eta_{tr.razv}$，假设：

①与功率成正比的损失是主要损失；

②输入传动装置分支部分的功率不变，即 $N_{razv\Sigma} = \text{const}$。

当输入车轮的总功率为 N_{km}，其在车轮上分配的不均匀性可由比例系数 p_{ni}和 p_{nj}说明：

$$N_{km} = \sum_{i=1}^{n_k} N_{ki}\text{；} p_{ni} = N_{ki}/N_{km}\text{；} \sum_{i=1}^{q} p_{ni} + \sum_{j=1}^{m} p_{nj} = 1$$

式中，q、m 为功率传输方向为正向（从分动箱到车轮）和反向（从车轮到分动箱）的车轮数量；$n_k = q + m$。

传动装置分支部分的总效率 $\eta_{tr.razv} = N_{km}/N_{razv\Sigma}$。正向传递的功率 $N_{razvi} = N_{km}/\eta_{tri}$，反向传递的功率 $N_{razvj} = N_{km}/\eta_{trj}$。此时

$$\eta_{tr.razv} = \left(\sum_{i=1}^{q} p_{ii}/\eta_{tri} + \sum_{j=1}^{m} p_{ij}/\eta_{trj} \right)^{-1} \tag{2.49}$$

从得到的关系式可以看出，随着反向功率流增加，传动装置分支部分的总效率 $\eta_{tr.razv}$减少。

图 2.33 显示，当采用闭锁传动方案（曲线 1 和 2）、行驶阻力（车轮转矩）较小时，出现功率循环，η_{tr}急剧下降；随着车轮切向弹性系数 λ_m的增大，η_{tr}亦增大。

全轮驱动轮式车辆的牵引能力优于非全轮驱动轮式车辆，因其驱动轮承受的垂向载荷更大。随着驱动轴数量的增加，轮式车辆的车轮所受的牵引力也随之增加。

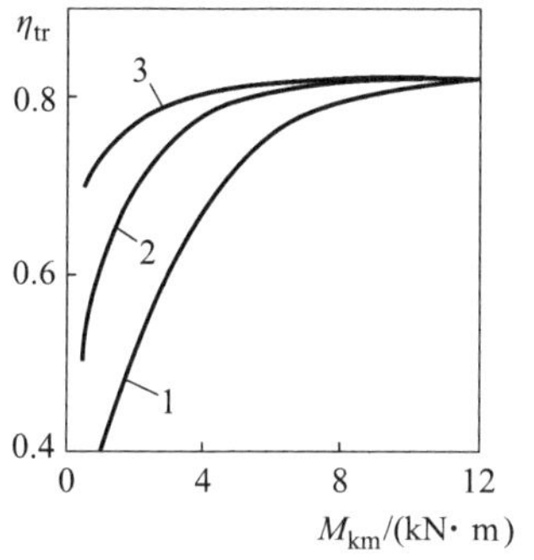

图 2.33 8×8 轮式车辆（m_m =20 t）的传动装置效率与不同传动方案下车轮的总转矩变化图

1，2—闭锁方案且 λ_m =0.004 mm/(N·m) 和 0.008 mm/(N·m)；
3—全差速方案且 λ_m =0.008 mm/(N·m)

采用全差速传动方案且锁紧系数 $k_{bl}=1$ 的全轮驱动轮式车辆的牵引能力最小。在这种情况下，无论作用力 P_{zi}和纵向反作用力系数 $k_{R_x i}$如何，车轮转矩都相同（$M_k=\text{const}$）。转矩 $M_{ki}=P_{zi}\varphi_i r_{k0i}$，其最小值主要取决于前两个参数。车轮的总切向力 $P_{ki}=M_{ki}/r_{k0i}=P_{zi}\varphi_i$。采用差速驱动的轮式车辆的总切向力由其中某个车轮的切向力最小值决定：

$$P_{kmdef}=2n_{om}P_{kimin}$$

在完全闭锁的传动方案下，只能保证车轮转动角速度 $\omega_{ki}=\text{const}$，两侧车轮转矩和总切向力一般情况下并不相同，且只受乘积 $P_{zi}\varphi_i$ 的限制。采用闭锁驱动的轮式车辆总切向力：

$$P_{kmbl} = \sum_{i=1}^{2n_{om}} P_{ki}$$

在自动传动装置（电力传动或液压传动）中，还可以采用其他功率流分配方案，如功率 $N_{ki}=\text{const}$，相对滑动系数 $s_{b\Sigma ki}=\text{const}$，直接滑动系数 $s_{bjki}=\text{const}$。

考虑到车轮行驶中的功率损失，轮式车辆的最大牵引能力可通过功率损失系数 $f_{N_f m}$与爬坡角 α_{opx}的变化关系图（图 2.34）更加直观地说明：

$$f_{N_f m}=f_{nm}-P_f/P_{mz} \tag{2.50}$$

式中，$f_{nm}=N_{km}/(P_{mz}v_{mx})$；$P_f=P_m\sin\alpha_{opx}+P_w+P_{in}+P_{pcx}$。

通过分析图 2.34 所示曲线可得以下结论：

在最大附着爬坡角 α_{opxmax}（余弦值 0.55 ~0.7）且没有功率循环时，驱动方案对相对功率损失的影响极小。

当爬坡角 α_{opx} 较大时，随着功率损失的急剧增加，差速驱动方案（M_k =

const）能保证的最小爬坡角最小。

在爬坡角 α_{opx} 的最大值区域，ω_k = const 方案和 s_{bjki} = const 方案时的行驶状态最优，二者差异不明显，只在爬坡角 α_{opx} 较小的区域表现出微小差异。

ω_k = const 方案的行驶状态优于 N_{ki} = const 方案。

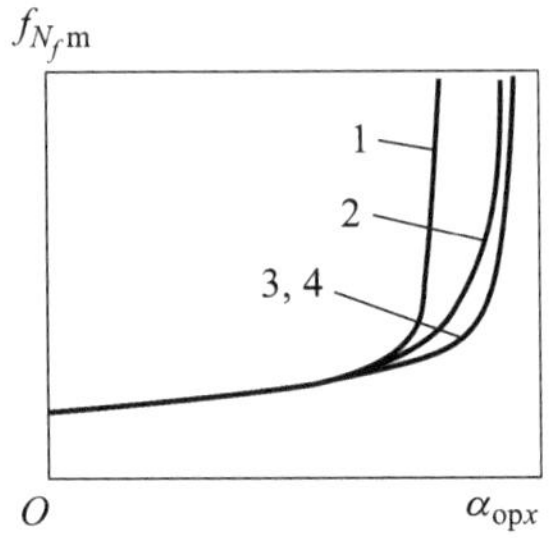

图 2.34　不同功率流分布时轮式车辆阻力功率系数与爬坡角的变化图

1—M_{ki} = const；2—N_{ki} = const；3—ω_{ki} = const；4—s_{bjki} = const

下面讨论不同轴数、外形尺寸、轮胎载荷和胎压的轮式车辆特点的趋势。

轴数、轴距及其布置位置以及质心位置，会影响到轮式车辆轴荷的垂向分布，而轮式车辆所有其他工作性能均取决于此。

这可以通过采用一些假设的轮式车辆示例图予以说明（图 2.35），图中 l_{1C} = 0.5L、h_g = 1.6 m。

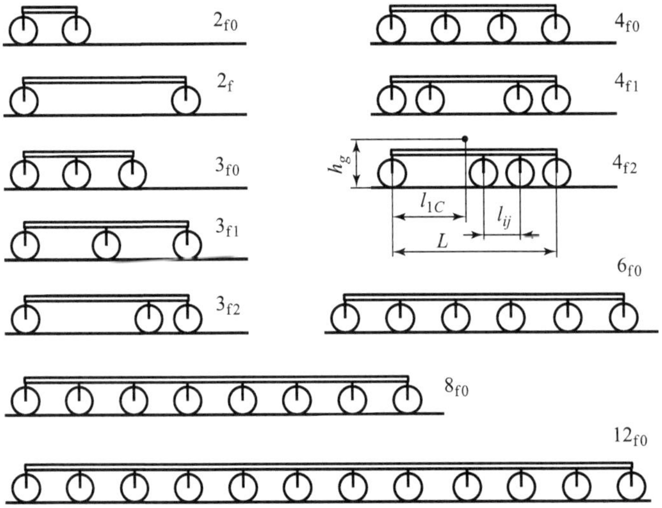

图 2.35　假设轮式车辆的示意图

当等轴距均布时（$l_{i,i+1}=\text{const}$）（图 2.36（a）），相对垂向反作用力的最大再分配量 $\tilde{R}_z=R_z/R_{z0}$（其中 R_{z0}——当 $\alpha_{opx}=0$ 时的垂向反作用力）会出现在两轴轮式车辆上。对于 2 轴轮式车辆（图 2.35 中的 2_{f0}），后轴过载可高达到 200%，此时前轴卸载到零，失去静态稳定性。随着等轴距的轴数增加，总轴距 $L=(n_o-1)l_{i,i+1}$，垂向反作用力再分配量减少。对于 12 轴轮式车辆（图 2.35 中的 12_{f0}），后轴过载不大于 20%。

当总轴距 $L=\text{const}$ 时，随着均布轴数 n_o 的增加，垂向反作用力再分布量 $\tilde{R}_{zi}$ 也会增加（图 2.36（b））。例如，在给定总轴距 $L=6.6\text{m}$ 范围内，轮式车辆（图 2.35 中的 2_f）增加两根轴（图 2.35 中的 4_{f0}），且按比例增加总质量，会导致爬坡时后轴的垂向反作用力再分配量 $\tilde{R}_{zi}$ 增加 10%。

当无法按轴距均匀分配车轴时（图 2.36（c）），对于沿轴距边缘按比例进行轴组合的轮式车辆来说，其特点是反作用力再分配量最小（图 2.35 中的 4_{f_1} 和 3_{f_2}）。对于沿轴距边缘未按比例组合的 4 轴轮式车辆，则会增加其后轴的过载（图 2.35 中的 4_{f_2}）。

随着质心纵坐标与轴距的比值 h_g/L 增加，垂向反作用力再分配量 $\tilde{R}_{zi}$ 也会增加（图 2.36（d））。

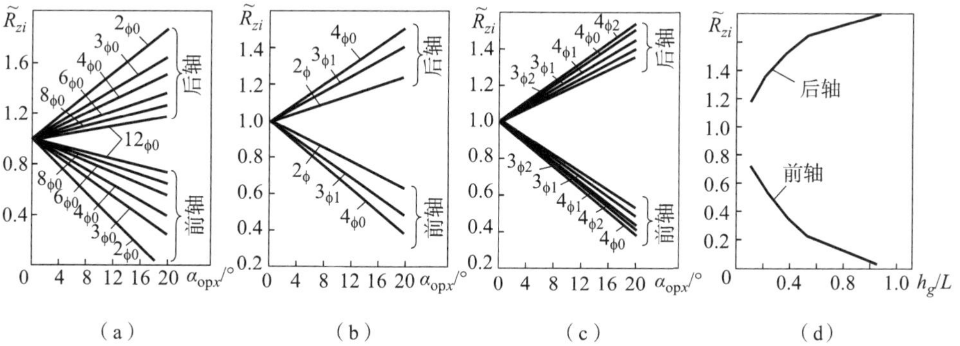

图 2.36 根据爬坡角（图 a）~ 图（c））以及质心高度与车辆轴距图（d）的比值，沿轮式车辆轴端车轮分布的相对垂向反作用力分配图

（a）$l_{ij}=2.2\text{m}$；（b）$L=6.6\text{m}$ 和 $l_{ij}=2.2\text{m}$；（c）$L=6.6\text{m}$ 和 $l_{ij}=$ 常量；（d）$\alpha_{opx}=20°$

习题

1. 直线行驶时哪些力和力矩作用在轮式车辆上？

2. 什么是轮式车辆的总切向力和总滚动阻力?

3. 空气阻力包括哪些分量，可用哪些方程式来描述?

4. 什么是内燃机的外特性曲线?

5. 在轮式车辆的机械传动装置中会产生哪些阻力，分别用什么方程式来描述?

6. 列出轮式车辆力平衡方程的组成。

7. 列出轮式车辆功率平衡方程的组成。

8. 什么是轮式车辆的动力特性曲线，通过它可以确定什么?

9. 什么是轮式车辆功率特性曲线图和发动机功率利用系数?

10. 如何确定轮式车辆的加速时间和距离，轮式车辆的最大纵向加速度怎样确定?

11. 带扭力梁的轮式车辆平衡式悬架上的垂向反作用力是如何分配的?

12. 带独立悬架的多轴轮式车辆的的垂向反作用力如何确定?

13. 轮式车辆传动装置机械部分节点的转矩和转速是如何分配的?

14. 什么是功率循环，它在什么时候会发生?

15. 轮式车辆采用差速闭锁传动装置时，如何确定车轮的转矩和转速?

16. 什么保证了内燃机的负荷特性曲线?

17. 轮式车辆燃油经济特性曲线的主要特点有哪些?

18. 液力传动的无量纲特性曲线是什么？其中包括哪些参数?

19. 什么是发动机和液力传动的负荷特性曲线图？如何绘制该曲线图?

20. 采用机械传动和液力机械传动的轮式车辆的动力特性曲线和加速度特性曲线有什么区别?

21. 在初始设计阶段，如何选择轮式车辆的总质量、轴数和车轮数量?

22. 在设计轮式车辆时，如何选择动力装置?

23. 轮式车辆的最小和最大传动比如何确定?

24. 传动装置的级（挡位）数是什么？它是如何影响轮式车辆的牵引速度特性和燃油经济性特性的?

25. 轮式车辆传动装置的机械部分主要部件的传动比如何选择?

26. 轮式车辆变速箱的传动比是如何划分的?

27. 车轮驱动方案对轮式车辆的内部损失和牵引能力有何影响?

3 轮式车辆在硬支承面上的转向

3.1 轮式车辆的转向方式和转向性能条件式

轮式车辆几乎总是沿着曲线轨迹运动的。为了描述轮式车辆的曲线运动，需要了解其质心 C 的移动轨迹，及穿过轮距中部和质心的轮式车辆纵向对称轴的位置（图 3.1）。

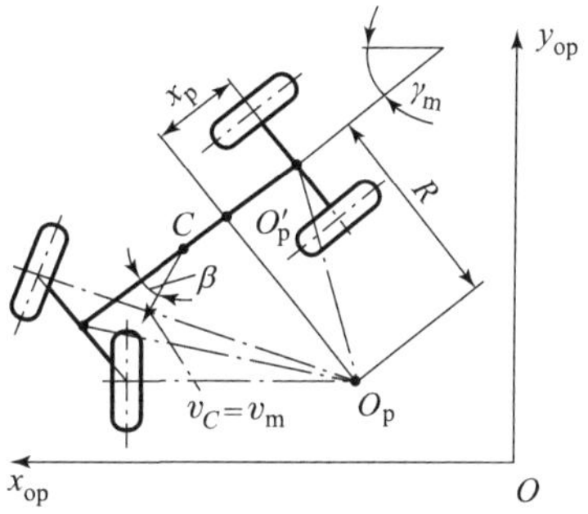

图 3.1 轮式车辆转向简图

质心移动轨迹可由质心速度矢量 $\boldsymbol{v}_C$和方向角 Ψ_m描述，其中方向角 Ψ_m决定了速度矢量相对于轮式车辆纵向对称轴的位置。该对称轴相对于与支承面关联的固定坐标系的位置，用相对方位角 γ_m来表述。

通常将轨迹参数 $1/R_p < 0.002\ m^{-1}$（转向半径 $R_p > 500$ m）时的运动视为直线运动，否则为曲线运动。曲线运动的标志是轮式车辆不同点移动速度的大小和方向不同。

由于驾驶员的操作、外部环境的影响，以及运动过程中轮式车辆本身参数的变化，都会引起轮式车辆的运动轨迹发生变化。

轮式车辆在驾驶员的操作下进行的曲线运动称为转向。轮式车辆以最大曲率（最小半径）进行转向的特性称为转向性能。可以在轮式车辆的瞬时转向中心 O_p位置已知的条件下描述转向参数。瞬时转向中心 O_p在轮式车辆纵向对称轴上的投影称为转向极 O'_p。

转向性能的主要运动学指标为：有效（计算）转向半径 R_p——从点 O_p到轮

式车辆纵向对称轴的距离，以及转向极距离 x_p——从纵向对称轴上点 O'_p到轮式车辆后轴的距离。

为便于研究引入以下概念：最小转向半径 R_{p1n}——当转向轮最大转向角度时，从点 O_p到前外轮轨迹轴线的距离（该半径通常在轮式车辆的技术性能参数中给出），以及轨迹曲率半径 R_{pC}——从点 O_p到质心 C 的距离。

转向性能分稳态和动态转向性能。稳态转向性能为在恒定运动速度下以恒定最小半径转向；动态转向性能为以可变半径和速度转向，同时也考虑转向时间和运动轨迹的变化。

转向过程共分为 3 个阶段：进入转向——质心运动轨迹曲率增加；均匀转向——以恒定轨迹曲率运动；退出转向——运动轨迹曲率减小并恢复直线运动。

轮式车辆可以通过 3 种主要方式进行转向：

①转向轴车轮转动面相对车辆纵轴旋转，内、外侧车轮偏转角度不同（经典转向）；

②车轮以上述方式旋转，但内、外侧车轮偏转角度相同（铰接式轮式车辆转向）；

③改变内、外侧车轮的线速度（轮缘转向）。

以两轴轮式车辆简图研究这些方式，不考虑轮胎弹性、外部阻力和惯性。

经典转向时，所有车轴或其中一根车轴的车轮都可以偏转。驱动轮可以是所有车轮、转向轴车轮或非转向轴车轮。最常见的方案是前轴车轮转向、后轴或前轴驱动。

在第一种方案中（图 3.2（a）），后轴外侧和内侧的驱动轮产生相同的驱动力 P_{x2n}和 P_{x2vn}，其合力 $P_{x2} = P_{x2n} + P_{x2vn}$作用在后轴中点 B 上。此时车轴的运动速度为 v_{o2}。

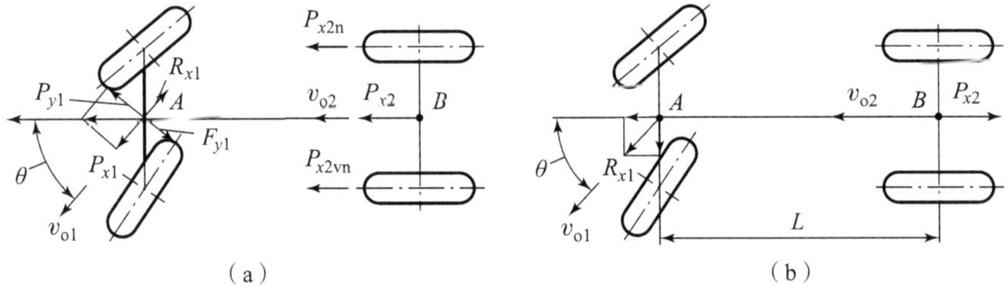

图 3.2　两轴轮式车辆经典转向示意图

（a）前轴车轮转向，后轴驱动；（b）前轴车轮转向，前轴驱动，后轴带有非转向从动轮由于没有外力作用，前轴中间（点 A）将受到来自车体的同样驱动力 P_{x2} 的作用，并分解为两个分力：平行于车轮转动面的 $P_{x1}=P_{x2}\cos\theta$；垂直于该转动面的 $P_{y1}=P_{x2}\sin\theta$。

滚动阻力 $P_{fx1}=f_1R_{z1}$ 阻碍车轮沿 P_{x1} 力的作用方向移动，而运动阻力 $P_{fy1}=\varphi_1 R_{z1}$ 阻碍车轮沿 P_{y1} 力的作用方向运动。在大多数情况下，$f_1\ll\varphi_1$，因此，$P_{fx1}\ll P_{fy1}$，并且前轴中心以速度 v_{o1} 沿 P_{x1} 力的作用方向移动。

前轴车轮可在 $P_{x1}\geqslant P_{fx1}$ 条件下滚动。代入 $P_{x1}=P_{x2}\cos\theta$ 和 $P_{fx1}=f_1R_{z1}$，同时考虑到后轴的驱动力可能受限于其附着条件（$P_{x2}=\varphi_2R_{z2}$），得到一个能保证前轴车轮在转向时转动的条件：

$$\cos\theta\geqslant f_1R_{z1}/(\varphi_2R_{z2})\approx f/\varphi$$

不满足这一条件时，车轮将在施加力的方向上打滑，但不滚动。

驱动力 P_{x2} 的分力 P_{x1} 克服滚动阻力 $P_{fx1}=R_{x1}$，该阻力会产生相对于点 B 的转向阻力矩。侧向分力 $R_{y1}=P_{y1}$ 会产生相对于同一点的转向力矩，使车辆在车轮偏转的方向上转向。

在第二种方案中（图 3.2（b）），前轴车轮牵引力的分量 $P_{x1}\cos\theta$ 克服后轴车轮的滚动阻力 R_{x2}，推动后轴车轮。分量 $P_{x1}\sin\theta$ 在力臂 L 上产生转向力矩。在该方案中前轮滚动不受转向轮偏转角度的限制。

铰接轮式车辆也以经典方式进行转向，但区别在于：单根轴的车轮相对于其他车轮改变自身转动面的同时，轮式车辆的一部分会相对于另一部分偏转。可以只进行轴转向（图 3.3（a））或分段转向（图 3.3（b））。

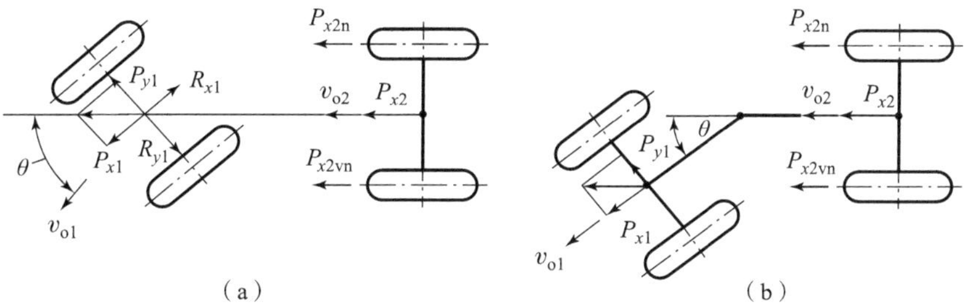

图 3.3　铰接轮式车辆的转向示意图

（a）前轴转向；（b）分段转向

轮缘转向时应保证轮式车辆外侧车轮 v_{kn} 和内侧车轮 v_{kvn} 具有不同的线速度（图 3.4）。

轮缘转向所能达到的转向半径 R_p 要小得多。因此当内侧速度为 $v_{kvn}=0$ 且外

侧速度 $v_{kn}>0$ 时，转向半径 $R_p=0.5B$；而当两侧车轮速度大小相等但方向相反时，$v_{kn}=|v_{kvn}|$，转向半径 $R_p=0$。

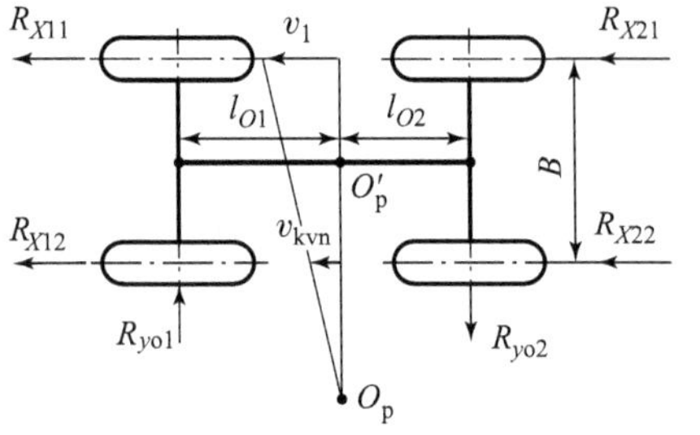

图 3.4　轮式车辆轮缘转向示意图

上述各示意图仅从定性角度呈现了轮式车辆不同转向方式所对应的转向过程。在实际转向时，还会有额外的力和力矩作用到轮式车辆上，这会增加运动阻力并导致车轮上所需牵引力的增大。

为保证轮式车辆以给定半径转向，至少应满足以下两个条件：

①产生足够的驱动轮牵引力，能够克服相比直线运动增加的运动阻力；

②至少有两根车轴上的车轮不打滑（空转），其中至少一根车轴应为带转向轮的轴。

第一个条件可以用无量纲形式近似表述为：

$$D_f \geqslant f_{krev} \tag{3.1}$$

式中，f_{krev} 为曲线运动时轮式车辆的运动阻力系数。

当接触点的总反力 R_Σ 不超过附着力 $R_{\Sigma f}$ 时，可以保证第二个条件：

$$R_\Sigma \leqslant R_{\Sigma f} \approx \varphi_\Sigma R_z \tag{3.2}$$

其中，

$$R_\Sigma = \sqrt{R_x^2 + R_y^2} \tag{3.3}$$

轮缘转向时，车轮不可避免会侧滑，因此轮式车辆的转向性能由以下条件式决定

$$\frac{B}{2}\left(\sum_{i=1}^{n_{om}} R_{xin} - \sum_{i=1}^{n_{om}} R_{xivn}\right) \geqslant \sum_{i=1}^{n_o} R_{yoi} l_{oi} \tag{3.4}$$

3.2　轮式车辆转向和横向力作用时车轮的运动学和力学参数

一般情况下，车轮除了受力 P_x 和 P_z 的作用外，还受横向力 P_y 的影响，该力会明显改变车轮与支承面间相互作用的参数（图 3.5）。

弹性驱动轮可简化视为由刚性轮辋、接触面以及将轮辋与支承面连接起来的弹性阻尼元件（轮胎）组成的一个力学系统。

可以使用两个坐标系来描述车轮的运动：关联轮辋中心的 $O_kX_kY_kZ_k$ 坐标系和关联轮胎与支承面接触中心的 $O_{sh}X_{sh}Y_{sh}Z_{sh}$ 坐标系，向坐标系轴上投影来自轮式车辆车体的作用力 P_i，以及由支承面产生的反力 R_i。

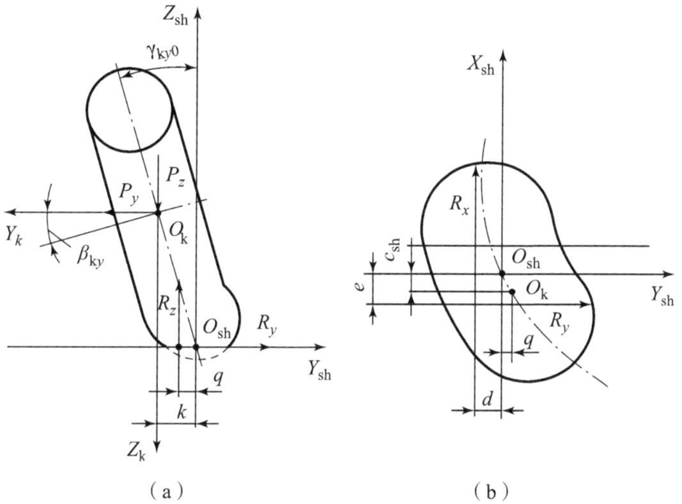

图 3.5　曲线运动时倾斜车轮受力分析简图

(a) 在车轮横截面上；(b) 在与支承面接触区域

反力 R_i 产生以下力矩：滚动阻力矩 $M_f = R_z a_{sh}$、侧倾力矩 $M_{opr} = R_z q$、回正力矩 $M_{cty} = R_y e$、纵向力矩 $M_{ctx} = R_x d$ 和转矩 $M_k = R_x r_{k0}$。

受力和力矩作用，轮辋相对于接触面发生移动（变形），而接触面相对于支承面发生滑动（位移）。要确定车轮相对于与支承面关联坐标系的运动参数，必须了解其运动方程式。

在驱动力的作用下，车轮运动的情况如下：

轮辋中心点 O_k 相对于接触面中心点 O_{sh} 移动（对应车轮发生径向、侧向和切向变形）；

接触面沿纵向和横向滑动的偏离值分别为 j_x 和 j_y；

在纵向运动平面内，轮辋中心点 O_k 以偏离 X_k 轴（位于车轮对称面上）角度 δ 移动；

车轮绕竖直轴或倾斜轴 Z_k 相对于轮式车辆纵轴偏转角度 θ_k；

车轮平面相对于纵向竖直平面倾斜角度 γ_{ky}（车轮外倾解 γ）。

首先，考虑在横向力作用下，弹性车轮沿直线轨迹滚动（动力偏离）。这样滚动的明显特征是在接触区域外胎发生侧向变形 h_y（图 3.6）。因此，滚动轮同时以速度 v_{kx}（在其对称平面上）和 v_{ky}（垂直于该平面）运动。轮辋中心速度矢量 $v_k = \sqrt{v_{kx}^2 + v_{ky}^2}$ 的方向在接触面投影与车轮对称面夹角为侧偏角 δ。

在任意横向力 P_y 作用下，弹性车轮的速度矢量 v_k 与其旋转面的偏差称为横向偏离，而仅横向力作用引起的速度矢量偏差称为车轮动力偏离。这一现象的本质可以简化解释如下：如果向非滚动轮中心施加力 P_y，则由于轮胎的横向弹性，轮辋将相对于接触面移动 h_y。在轮胎的前后区域，在 α_{ob} 角范围内（见图 3.6（a）），接触面中心点 O_{sh} 将在横向方向相对于 X_k 轴偏移 dh_y（见图 3.6（b））。各点所受侧向反力微元 dR_y 相对于非滚动轮接触中心 O_{sh} 对称分布，此时不存在由横向反力 R_y 引起的纵向位移 e（即 $e=0$）。

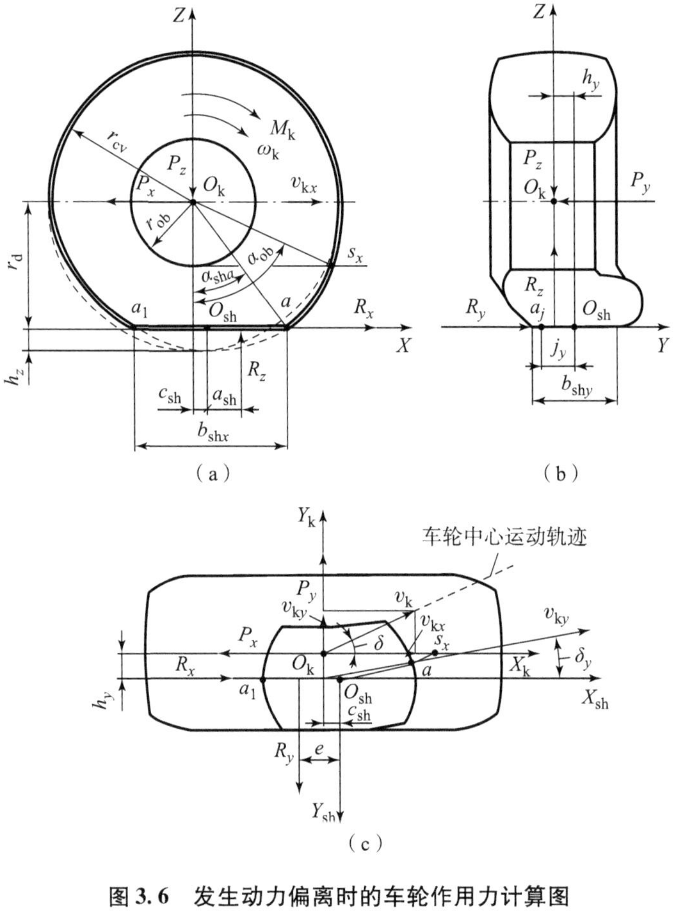

图 3.6　发生动力偏离时的车轮作用力计算图

（a）车轮纵向平面；（b）车轮横向平面；（c）轮辋水平面及轮胎与支承面接触区域

如果车轮相对于旋转轴旋转 $d\varphi$，则新的接触起始点和轮辋中心将横向移动 dh_y，纵向移动 $dx=r_k d\varphi$。当车轮连续转动时，轮辋中心的轨迹将是直线，与其旋转面形成侧偏角 δ（图 3.6（c））。接触区域的横向反力微元 dR_y 将随着接触区域的增大而增加，对应轮胎接触面中心点 O_{sh} 相对于轮辋平面的横向移动也增加。

当 dR_y 达到最大附着力时微元 $dR_y = \mu_{pok} dR_z$ 不再增加，并在此后接触点变为 $dR_y = 0$。反力 dR_y 的分布呈非线性，其合力 R_y 相对于点 O_{sh} 向接触区域的相反方向发生位移 e，并产生相对于轮辋中心点 O_{sh} 的横向反力回正力矩 $M_{cty} = eR_y$。如果接触区域内无滑动，则 $M_{cty} \approx b_{shx} R_y/6$，其中 b_{shx} 为车轮与支承面接触长度（图 3.6（a））。

如果相对于轮辋中心 O_k 存在纵向反力 R_x，则会产生纵向反力回正力矩 $M_{ctx} = h_y R_x$。当 $P_x = R_x$ 时，轮辋中心 O_k 沿纵向移动 c_{sh}，且轮胎弹性回正力矩因横向反力而发生变化，即 $M_{cty} = (e - c_{sh})\ R_y$。

轮胎总回正力矩等于纵向反力 R_x 和横向反力 R_y 产生的力矩之和：

$$M_{ct\Sigma} = M_{cty} + M_{ctx} \tag{3.5}$$

当横向力过大或横向附着系数 φ_y 过小时，接触面可能沿侧向滑动一个侧向偏离值 j_y（图 3.6（b））。在这种情况下，车轮中心速度分量 v_{ky} 由弹性速度 v_{kyy} 和滑动速度 v_{kyj} 组成（图 3.6（c））。第一个分量 ν_{kyy} 产生原因在于轮胎在横向弹性变形 dh_y（轮辋中心相对于接触中心的位移），第二个分量 v_{kyj} 产生原因在于接触区横向滑移量 j_y（接触中心相对于支承面横向滑动）。

由横向力 P_y 作用引起的总侧偏角 $\delta = \arcsin(v_{ky}/v_k)$ 也具有弹性分量 δ_y 和剪切分量 δ_j：

$$\delta_{P_y} = \delta_y + \delta_j \tag{3.6}$$

横向变形 dh_y 和侧偏角弹性分量 δ_y（无侧滑情况下）取决于车轮的结构特点、胎压 p_w，以及载荷 P_z 和 P_y。

图 3.7 给出了轮胎的相对横向变形 $\tilde{h}_y = h_y/H_{sh}$ 与横向力系数 $k_{P_y} = P_y/P_z$ 的关系曲线，以及当力 P_z 和胎压 p_w 发生变化时轮胎横向变形 h_y 和垂向变形 h_z 的关系曲线。

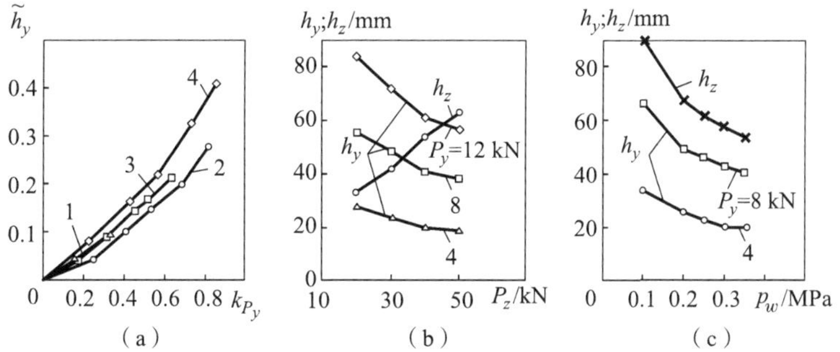

图 3.7　轮胎变形随载荷和气压的变化

（a）对于轮胎 1200×500－508（线 1），9.75－18（线 2），12.00－18（线 3），12.00－20（线 4）；
（b）对于轮胎 1300×530－533，p_w＝0.35 MPa；（c）对于轮胎 1300×530－533，P_z＝40 kN

大多数轮胎弹性变形区的特征符合横向力随变形而变化的线性规律（图 3.8（a））：

$$P_y = c_{shy} h_y \tag{3.7}$$

式中，c_{shy}为车轮横向刚度。

侧偏角弹性分量 δ_y的变化如图 3.8（b）、（c）所示。

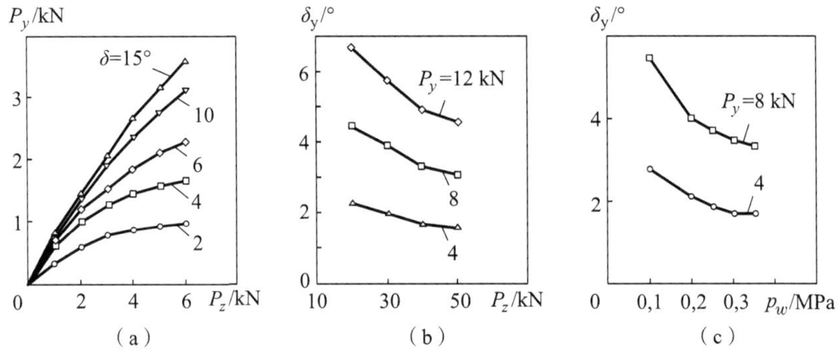

图 3.8　轮胎侧偏特性关系曲线

（a）当 p_w = 0. 25 MPa 时，轮胎 6. 40 − 13 横向力与轮胎垂向力的关系曲线；

（b）当 p_w = 0. 35 MPa 时，轮胎 1300 × 530 − 533 侧偏角弹性分量与垂向力的关系曲线；

（c）当 P_z = 40 kN 时，轮胎 1300 × 530 − 533 横向力与胎压的关系曲线

在轮式车辆理论中，为描述横向力 P_y 与可实现的侧偏角 δ 的相互关系（考虑轮胎横向变形及轮胎相对于支承面滑动），经常使用方程式

$$P_y = k_y \delta \tag{3.8}$$

式中，k_y 为侧偏阻力系数，是取决于轮式车辆结构特点和运行条件的非线性比例系数。

在对侧偏现象的研究中，Д. А. 安东诺夫所提出的非线性偏离理论较为严格和详细。按照该理论，使用修正系数 q_i，根据固定值 k_{y0}来确定有效值 k_y。该系数考虑了车轮滚动运行参数的变化，即胎压修正系数（q_w）、垂向和纵向反力修正系数（分别为 q_{R_z}和 q_{R_x}）、附着系数修正系数（q_φ）等：

$$k_y = k_{y0} q_w q_{R_z} q_{R_x} q_\varphi \tag{3.9}$$

接触区域无滑动时，k_y 值相当稳定，完全由轮胎参数决定（支承面影响不大）。当接触面的总反力 R_Σ 达到一定值时（该总反力取决于垂向力 P_z 和轮胎与支承面的附着条件），轮胎开始沿接触区域横向和纵向滑动。

研究表明，接触面作用的最大反力值 $R_{xi\max}$和 $R_{yi\max}$的分布，或其系数 $k_{R_x i\max}$ =

R_{ximax}/R_z和 $k_{R_yimax}=R_{yimax}/R_z$ 的分布服从椭圆定律（图 3.9）。

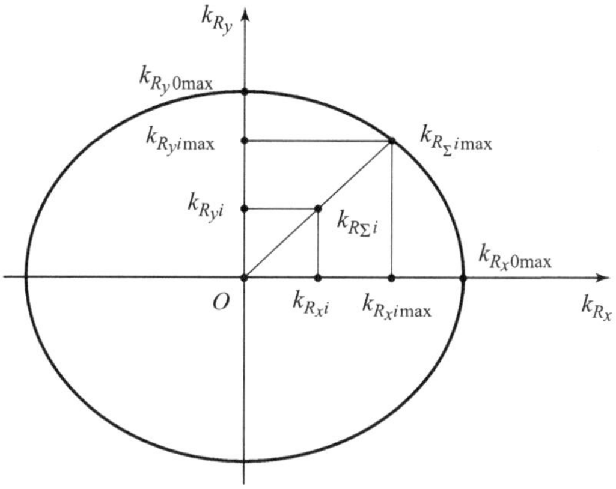

图 3.9 车轮接触区纵向和横向反力系数分布图

椭圆与其轴的交点处（即当 $R_y=0$ 或 $R_x=0$ 时）的最大反力系数称为纵向和横向附着系数：

$$\varphi_x=k_{R_x0max},\ \varphi_y=k_{R_y0max}$$

纵向和横向反力系数满足约束方程：

$$(k_{R_ximax}/k_{R_x0max})^2+(k_{R_yimax}/k_{R_y0max})^2=1 \tag{3.10}$$

在 X 轴和 Y 轴上的投影可得

$$k_{R_ximax}=(k_{R_x0max}/k_{R_y0max})\sqrt{k_{R_y0max}^2-k_{R_yimax}^2} \tag{3.11}$$

$$k_{R_yimax}=(k_{R_y0max}/k_{R_x0max})\sqrt{k_{R_x0max}^2-k_{R_ximax}^2} \tag{3.12}$$

在大多数情况下，$k_{R_x0max}\neq k_{R_y0max}$，且根据轮胎类型和支承面种类，这些系数之间的比值有所不同。

对于 $P_z=3.2$ kN 的子午线轮胎滚动时，在纵向和横向反力分布图（图 3.10）上可以看出，在侧偏角 $\delta<3°$时纵向反力 R_x 的变化对 R_y 值的影响不大。

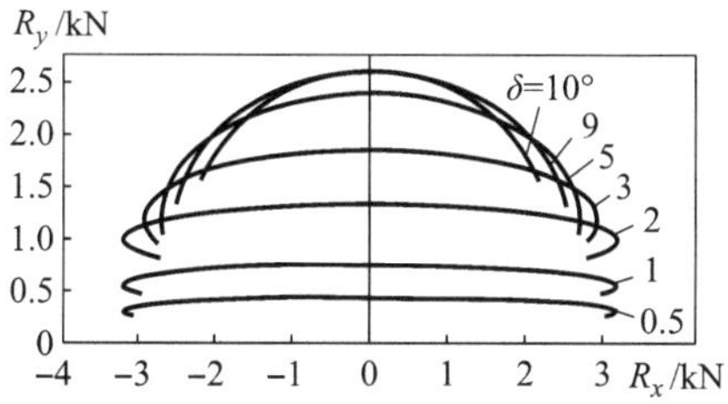

图 3.10 不同侧偏角下，子午线轮胎滚动时纵向和横向反力的分布

牵引状态（$R_x \geqslant 0$）的最大纵向反力通常大于制动状态（$R_x < 0$）的最大纵向反力。

当 R_x = const 时，随着侧偏角 δ 的增加，横向反力 R_y 增加，在 $\delta > 8°$后基本不变。$k_y(\delta)$ 关系曲线（图 3.11）证明了这一点。可见当侧偏角 $\delta > 4°$时，k_y 值单调递减；但当 δ 较小时，有时 k_y 值会随 δ 增加而略有增加。

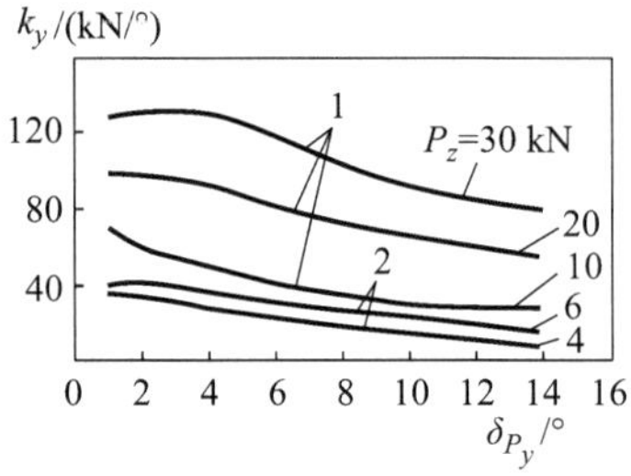

图 3.11 1200×500－508（1）和 6000－16（2）轮胎侧偏阻力系数的变化

纵向反力 R_x 的变化对轮胎总回正力矩 $M_{st\Sigma}$ 的影响，要比对侧偏阻力系数 k_y 的影响更明显（图 3.12）。

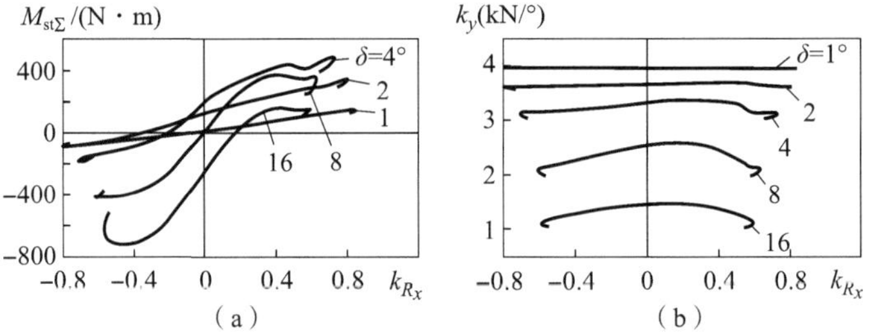

图 3.12 车轮参数随纵向反力系数 k_{R_x} 和偏离角 δ 变化的关系曲线

（a）轮胎总回正力矩 $M_{st\Sigma}$；（b）侧偏阻力系数 k_y

对侧偏阻力系数 k_y 产生最大影响的是垂向力 P_z、轮胎压 p_w、轮胎沿支承面滑动摩擦的系数 μ_{sk} 和侧偏角 δ（图 3.13）。

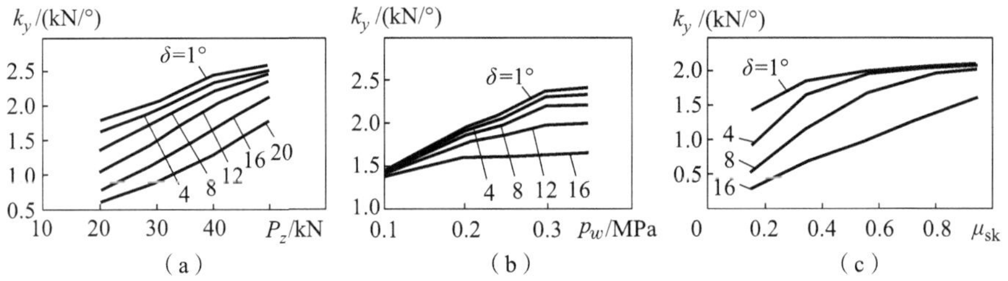

图 3.13 1300×530－533 轮胎在不同偏离角 δ 下，运动参数对侧向偏离阻力系数 k_y 的影响

（a）当 p_w = 0.35 MPa 时；（b）当 P_z = 40 kN 时；（c）当 P_z = 50 kN，p_w = 0.05 MPa 和 $s_{b\Sigma}$ = 0.15 时

当轮式车辆以转向轮最大转向角和最大侧偏角作慢速运动，此时评估轮式车辆的机动性的最重要问题，是确定纵向和横向力、转向阻力矩和瞬时转向中心位

置，并且应考虑车轮接触区域的滑动。

评估以较高速度和相对较小侧偏角运动的轮式车辆的稳定性和操纵性时，在大多数情况下会忽略车轮接触区域内的滑动，并会考虑轨迹曲率接近零时的非稳态（过渡）过程。

当车轮中心 O_k 以小半径 R_{pk} 呈曲线轨迹运动时（图 3.14（a）），车轮相对于接触点偏转角度 γ_{pk}，即产生了附加运动偏离。横向反力、转向阻力矩和回正力矩是由轮胎的横向弹性和由附着限定的接触长度上的横向反力微元产生的。

在简化计算图中，刚性轮辋对称平面在接触区水平平面上的投影可以用长度为 $l = b_{shx}$ 的线段表示（图 3.14（b））。接触中心和接触起始处的曲率半径 R_{pk0}、R_{pkl} 以及其长度 l，决定了角度 α_l。在该角度范围内，其中 $i-x$ 接触点的横向位移，取决于相对于直线滚动平面的转向角度 θ_k。当轮辋滚动时，轮胎在横向方向发生变形，而进入接触区的点则不发生横向移动。当接触区不发生滑动时，轮胎与支承面接触点相对静止，轮辋相对于它们转动。车轮在脱离接触区域后，也存在轮胎的横向变形，但会随着远离支承面而迅速减少。

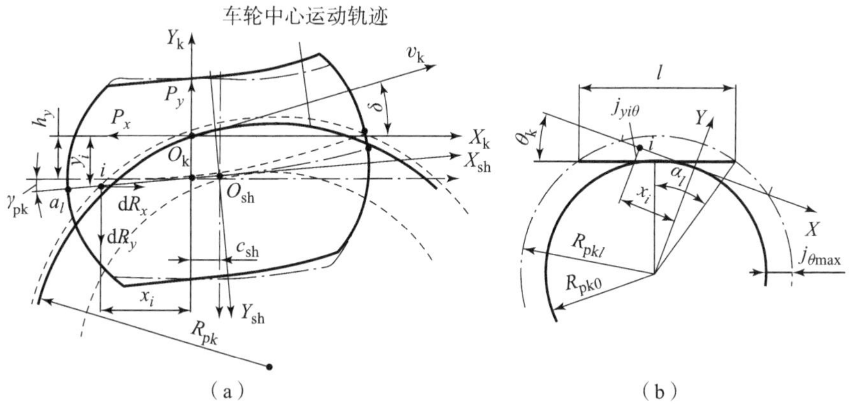

图 3.14 车轮沿曲线轨迹滚动的示意图

（a）轮胎与支承面接触区域投影图；（b）简化投影图

当轮辋相对于原始位置转动 θ_k 角，且车轮以曲率半径 R_{pk} 滚动时，轮辋和接触线位于不同位置，此时轮辋各点投影相对于接触点的横向位移可用复杂轨迹来描述。相对于固定接触中心转动时，轮辋的最大侧偏量将为 $j_{\theta max}$，而对应的车轮最大横向弹性反力为 R_{yyl}。

接触点相对于其在转向初始阶段位置可能发生的位移 $j_{yi\theta}$ 可表达为

$$j_{yi\theta} = x_i\theta_k + R_{pk0}(1 - \cos\theta_k)$$

而它们的最大位移 $j_{yi\theta\max}$，在车轮滚动时受接触区域胎面进出点的限制。

当 $x_i=0$ 时，根据轮辋中心相对于接触中心的横向位移 $j_{yi\theta}$，可确定弹性横向反力 R_{yy0} 和弹性回正力矩 $M_{ct\theta}$。

通过计算垂向压力 p_{zi} 和位移 j_{yik} 引起的剪应力 τ_y，位移的横向反力微元 $dR_{yi}=\tau_y b_{shyi}dx$ 和接触长度上的转向阻力矩 $dM_{sp\theta j}=dR_{yj}\sqrt{x_i^2+\left(\frac{1}{4}b_{shyi}\right)^2}$，可以计算由横向反力 R_{yj} 和位移（滑动）引起的转向阻力矩 $M_{sp\theta j}$：

$$R_{yj}=\int_a^{a_1}dR_{yj};\ M_{sp\theta j}=\int_a^{a_1}dM_{sp\theta j} \tag{3.13}$$

从图 3.15 可以看出，在 $0<\theta_k\leqslant\alpha_l$ 的区域内（图 3.14（b）），车轮转向的输出参数转向阻力矩和横向反力增加；在该区域外（$\theta_k>\alpha_l$）则较稳定，与车轮转动角度无关。

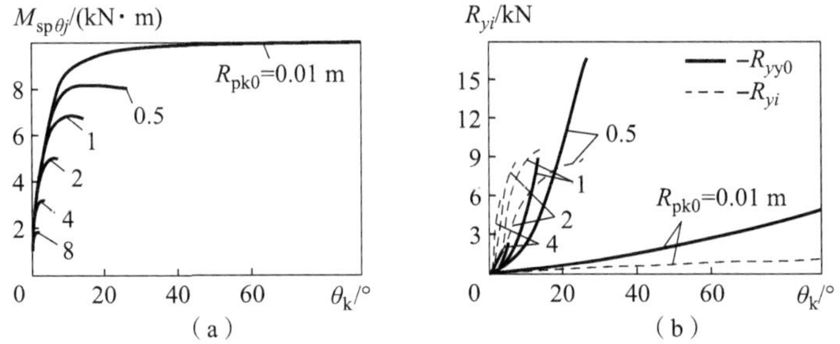

图 3.15 当车轮相对变形 $\tilde{h}_{zk}=h_z/r_{sv}=0.05$，力 $P_z=75$ kN 且滑动系数 $\mu_{sk}=0.75$ 时，车轮参数与轮胎 1600×600－685 车轮转向角度和半径的变化关系

（a）转向阻力矩；（b）横向反力

当 $R_{pk0}>0.05$ m 时，滑动引起的转向阻力矩 $M_{sp\theta j}$ 先达到最大值，然后略有下降（图 3.15（a））。有效转向阻力矩取决于其弹性分量 $M_{sp\theta y}=c_{sh\theta}\theta_k$，其中 $c_{sh\theta}$ 为轮胎的角刚度，N·m/rad。当 $M_{sp\theta j}>M_{sp\theta y}$ 时，取力矩 $M_{sp\theta y}$ 作为计算力矩。

根据轮胎弹性特性和横向移动，从横向反力值 R_{yy0} 和 R_{yj} 中选择横向反力 R_y（图 3.15（b））。当 $R_{pk0}=0.01$ m 时，横向反力 $R_y=R_{yj}$；当 $R_{pk0}>0.01$ m 且 θ_k 较小时，横向反力 R_y 由轮胎的弹性特性决定：$R_y=R_{yy0}$；当 $R_{yy0}>R_{yj}$ 时，则由横向偏离决定：$R_y=R_{yj}$。

因此，在 $0<\theta_k\leqslant\alpha_l$ 区域，车轮沿曲线轨迹转向的输出参数取决于转向角 θ_k，并受轮胎弹性特性或接触区域是否存在滑动的限制。当非稳态运动时，$\theta_k=R_{pk0}/v_{kx}$，其中 $R_{pk0}=f(d\theta_k/dt)$。

在稳定转向 $\theta_k>\alpha_l$ 情况下，对车轮转向参数影响最大的是车轮的转向半径

R_{pk0}和相对垂向变形 $\tilde{h}_{zk}=h_z/r_{sv}$（图 3.16）。按式（3.13）可得实线（曲线 $M_{sp\theta j}$），此时考虑了轮胎与支承面接触面的垂向压力和剪应力分布，与之对应的虚线（曲线 $M_{sp\theta}$）则可按简化关系式计算：

$$M_{sp\theta} = M_{sp\theta0}(0.925 + 0.15R_{pk0}/b_{shy}) \tag{3.14}$$

式中，$M_{sp\theta0}$为车轮原地转向阻力矩，$M_{sp\theta0}=0.375\varphi R_z\sqrt{F_{sh}}$；$b_{shy}$和 F_{sh}分别为接触宽度和接触面积。

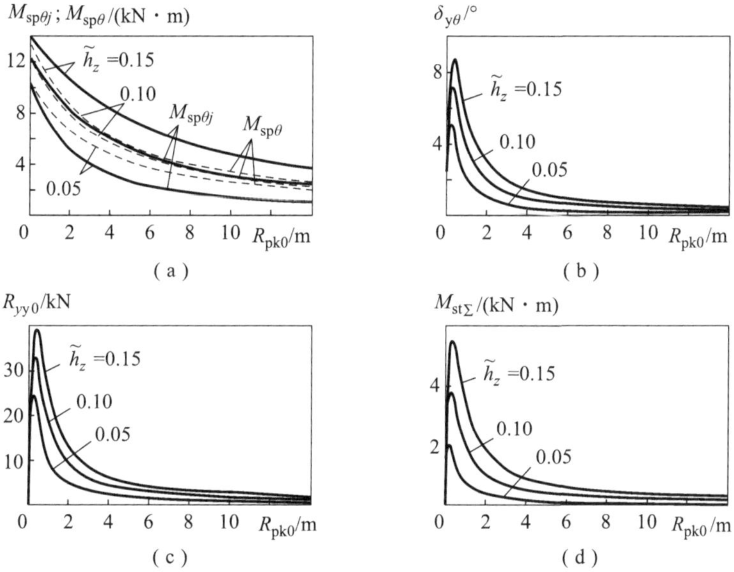

图 3.16 当 P_z =75 kN 时，轮胎 1600×600－685 车轮的曲线滚动参数与其转向半径 R_{pk0}和相对变形 $\tilde{h}_{zk}$的关系曲线

（a）车轮转向阻力矩；（b）车轮转向时侧偏角弹性分量；（c）车轮弹性侧向反力；（d）车轮总回正力矩

$M_{sp\theta j}$和 $M_{sp\theta}$随 R_{pk0}变化的曲线趋势一致。当 $\tilde{h}_{zk}=0.05$、0.10 和 0.15 时，分别对应 $M_{sp\theta j}<M_{sp\theta}$、$M_{sp\theta j}\approx M_{sp\theta}$和 $M_{sp\theta j}>M_{sp\theta}$。与 $M_{sp\theta}$相比，$M_{sp\theta j}$值在更大程度上取决于车轮的相对变形。

上述结果是在车轮有效侧偏角 $\delta=0$（轮辋中心速度矢量与其旋转面平行）和负横向反力 $R_y<0$ 的前提下获得的，只要 $\delta\neq0$ 就必须考虑直线移动量 j_{yi}和曲线移动量 $j_{yi\theta}$（接触转向时）所引起在接触长度上的总横向移动量：

$$j_{yi\Sigma}=j_{yi}+j_{yi\theta} \tag{3.15}$$

其值和符号取决于曲线运动参数的值和符号。

由动力侧偏角 δ_{P_y}和运动侧偏角 δ_θ产生的总侧偏角 δ_Σ：

$$\delta_{\Sigma}=\delta_{P_y}+\delta_{\theta} \tag{3.16}$$

轮式车辆直线运动时，$\delta_{\theta}=\gamma_{kx}$，即车轮前束角。

图 3.17 给出了车轮在不同侧偏角 δ 时，以转向半径 R_{pk} 沿曲线轨迹滚动的示意图。阴影部分表示接触区域相对于车轮的位置。

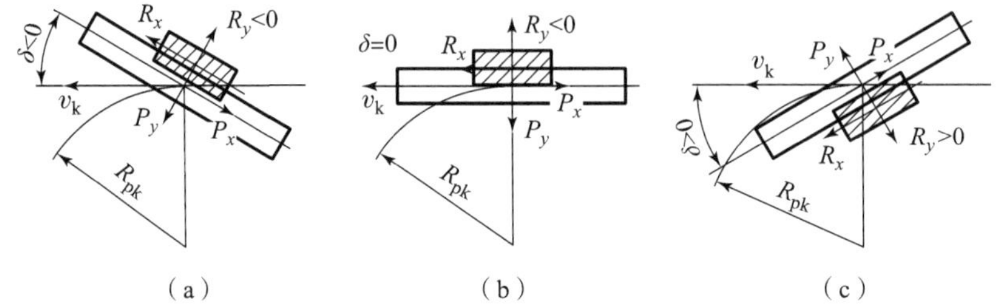

图 3.17 不同侧偏角时车轮沿曲线轨迹滚动的示意图

(a) $\delta<0$；(b) $\delta=0$；(c) $\delta>0$

当 $P_z=40$ kN，$p_w=0.05$ MPa，纵向和横向摩擦系数为 $\mu_{sk}=\mu_{pok}=0.5$ 时，车轮沿硬支承面转向时各参数的变化见图 3.18。

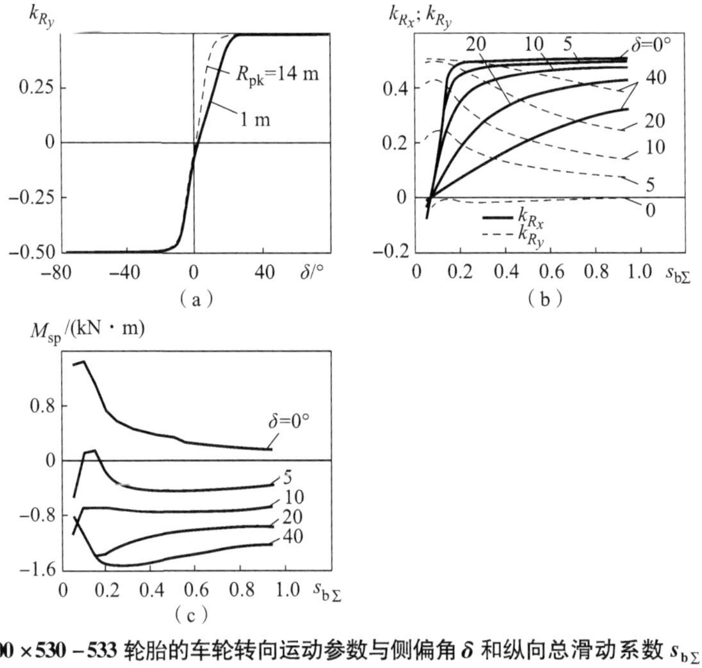

图 3.18 1300×530－533 轮胎的车轮转向运动参数与侧偏角 δ 和纵向总滑动系数 $s_{b\Sigma}$ 的关系曲线

(a) $s_{b\Sigma}=0.1$，不同转向半径 R_{pk0} 时，横向反作用和系数 k_{R_y} 与侧偏角 δ 关系曲线；

(b) 转向半径 $R_{pk0}=5$ m，不同侧偏角 δ 时，k_{R_x}、k_{R_y} 与 $s_{b\Sigma}$ 关系曲线；

(c) 转向半径 $R_{pk0}=5$ m，不同侧偏角 δ 时、转向阻力矩 M_{sp} 与 $s_{b\Sigma}$ 关系曲线

当转向半径 R_{pk} 与接触长度相当时（图 3.18（a），$R_{pk}=1\mathrm{m}$），系数 k_{R_y} 与侧偏角 δ 的关系曲线更明显。随着总纵向滑动系数 $s_{b\Sigma}$ 的增加，系数 k_{R_x} 增大，而 k_{R_y} 和转向阻力矩 M_{sp} 减小（图 3.18（b）、（c）），且侧偏角 δ 越小，M_{sp} 的减小越显著。

为保证轮式车辆平稳直线行驶，并减少车轮的振动，车轮设置有外倾角和前束角。当车轮平面相对于纵向竖直平面有横向倾斜角（外倾角）γ_{ky} 时（图 3.5（a）），由于轮胎横向变形，会产生额外的横向反力：

$$R_{y\gamma}=R_z\mathrm{tg}\gamma_{ky} \tag{3.17}$$

因此，总反力

$$R_y=k_y\delta+R_{y\gamma} \tag{3.18}$$

为根据侧偏角测定横向反力（$R_y=k_{y\gamma}\delta$），必须对外倾角 $\gamma_{ky}=0$ 时得到的系数 k_y 进行修正。但在大多数情况下，还可引入倾斜车轮运动侧偏角 δ_γ 这一概念，此时车轮总是以如下角度向倾斜侧呈侧偏滚动：

$$\delta_\gamma=k_\gamma\gamma_{ky} \tag{3.19}$$

式中，k_γ 为通过实验测定的比例系数，$k_\gamma=0.15\sim0.25\approx0.2$。

当有外部横向力作用和车轮倾斜时，总横向反力由以下表达式确定

$$R_y=k_y(\delta+\delta_\gamma) \tag{3.20}$$

实验表明，当外倾角 $\gamma_{ky}=10°$ 时，系数 k_y 减小不超过 5%。

为补偿车轮外倾角的影响，还采用相应的前束角，以使接触处的横向反力为零（$R_y=0$）。那么车轮前束角应满足：

$$\gamma_{kx}=\delta_\gamma=k_\gamma\gamma_{ky}$$

带有外倾角和前束角的轮式车辆上正确安装的车轮，始终以一定的侧偏角进行滚动，但在接触处无横向反力。这允许在轮式车辆计算中可以不考虑车轮安装角度。当车轮外倾角和前束角引起的横向反力平衡时，由于上述反力在车轮与支承面接触处的作用点不同，会有回正力矩作用在车轮上。

在评估轮式车辆的机动性时，转向能量损失以及作用在车轮上的力矩和力都非常重要。车轮转向时功率和力矩平衡的方程简化为：

$$N_k=M_k\omega_k=M_{f_{sh}}\omega_k+R_xv_{kx}+R_yv_{ky} \tag{3.21}$$

$$M_k=M_{f_{sh}}+R_xr_k+R_yr_k\mathrm{tg}\delta+J_ka_{kx}/(r_kr_{k0}) \tag{3.22}$$

式中，$R_x=P_x+m_ka_{kx}$；$v_{kx}=\omega_kr_k$；$v_{ky}=v_{kx}\mathrm{tg}\delta$。

需要指出的是，转向时 $M_{f_{sh}}$ 和 r_k 值与直线运动时的相应值相差不大，而轮胎变形的附加损失却比横向反力 R_y 引起的滚动损失小好几倍。

上面分析的 $R_y(\delta)$ 关系曲线对稳态转向是正确的。但在一些涉及轮式车辆

操控性的过程中，必须考虑车轮轨迹曲率的影响，此时应采用 M. B. 克尔德什提出的弹性车轮滚动理论。

分析最简单的情况：外倾角 $\gamma_{ky}=0$，接触区域无滑动，轮胎变形小，垂向反力 $R_z=\text{const}$，纵向反力 $R_x=0$。

弹性横向变形区域的横向力由线性方程式（3.7）确定。

轮胎滚动轨迹曲率（图 3.19）满足：

$$1/R_{psh}=\alpha h_y-\beta\varphi_R \tag{3.23}$$

式中，R_{psh} 为轮胎接触中心轨迹半径；α 和 β 为固有系数；φ_R 为车轮旋转面与接触面中心轨迹切线之间的角度。

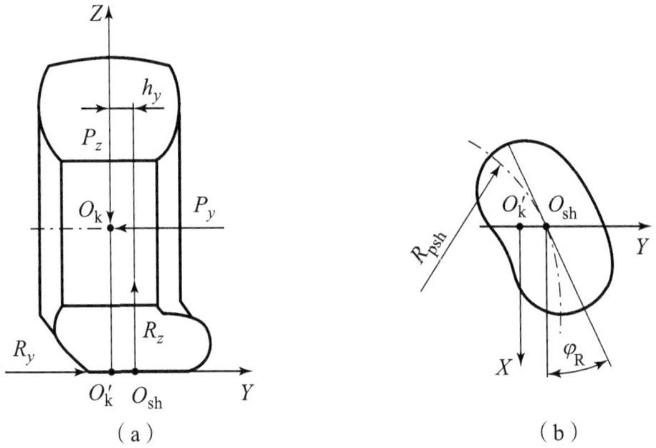

图 3.19 轮胎滚动轨迹曲率示意图

（a）车轮横截面；（b）侧偏角较小时车轮与支承面的接触区域

稳态运动（$P_y=\text{const}$，$h_y=\text{const}$）情况下，车轮滚动轨迹呈直线，接触面转动角度 $\varphi_R=\delta$。非稳态运动情况下（$P_y\neq\text{const}$），车轮横向移动速度不仅取决于接触面转动角度 φ_R，还取决于横向变形 h_y 的变化速度：

$$v_{ky}=v_k\varphi_R+\dot{h}_y$$

或者，考虑到 $v_{ky}/v_k=\delta$

$$\varphi_R=\delta-\dot{h}_y/v_k \tag{3.24}$$

如果轮辋转过角度 θ_k，而接触面相对于轮辋转过角度 φ_R，则接触中心轨迹曲率

$$\frac{1}{R_{psh}}=\frac{\mathrm{d}(\theta_k+\varphi_R)}{\mathrm{d}s}$$

式中，s 为接触中心位移。

当 $\nu_{\mathrm{k}}=\mathrm{const}$ 且 $\mathrm{d}s=v_{\mathrm{k}}\mathrm{d}t$ 时

$$\frac{1}{R_{\mathrm{psh}}}=\frac{\dot{\theta}_{\mathrm{k}}+\dot{\varphi}_R}{v_{\mathrm{k}}}=\frac{\dot{\theta}_{\mathrm{k}}+\dot{\delta}}{v_{\mathrm{k}}}-\frac{\ddot{h}_y}{v_{\mathrm{k}}^2} \tag{3.25}$$

将式（3.24）和式（3.25）代入方程式（3.23），并考虑到 $h_y=P_y/c_{\mathrm{sh}y}$，得到当车轮非稳态转向时，横向力和偏离角的约束方程：

$$\ddot{P}_y+\beta v_{\mathrm{k}}\dot{P}_y+\alpha v_{\mathrm{k}}^2 P_y=c_{\mathrm{sh}y}v_{\mathrm{k}}(\dot{\theta}_{\mathrm{k}}+\dot{\delta})+c_{\mathrm{sh}y}\beta v_{\mathrm{k}}^2\delta \tag{3.26}$$

在许多情况下，当横向力可变时，轨迹曲率可以忽略，此时可以认为 $1/R_{\mathrm{psh}}=0$，那么根据式（3.25）可得

$$\ddot{h}_y=(\dot{\theta}_{\mathrm{k}}+\dot{\delta})v_{\mathrm{k}}$$

由此，

$$\ddot{P}_y=c_{\mathrm{sh}y}\ddot{h}_y=c_{\mathrm{sh}y}v_{\mathrm{k}}(\dot{\theta}_{\mathrm{k}}+\dot{\delta})$$

这样，方程式（3.26）可变形为

$$\dot{P}_y+\alpha P_y v_{\mathrm{k}}/\beta=c_{\mathrm{sh}y}v_{\mathrm{k}}\delta \tag{3.27}$$

在直线轨迹情况下，如果 $1/R_{\mathrm{psh}}=0$ 且 $h_y=P_y/c_{\mathrm{sh}y}=\mathrm{const}$，则 $h_y=\mathrm{const}$，$\varphi_R=\delta=\mathrm{const}$，$\ddot{P}_y=\dot{P}_y=0$，从方程式（3.27）得到

$$P_y=\frac{\beta}{\alpha}c_{\mathrm{sh}y}\delta=k_y\delta$$

即所得式与方程式（3.8）相似。

当 $1/R_{\mathrm{psh}}=0$ 且 $P_y\neq\mathrm{const}$ 时，从方程式（3.27）得到

$$P_y=\frac{\beta}{\alpha}c_{\mathrm{sh}y}\delta-\frac{\beta}{\alpha}\frac{\dot{P}_y}{v_{\mathrm{k}}}=k_y\left(\delta-\frac{\dot{P}_y}{c_{\mathrm{sh}y}v_{\mathrm{k}}}\right)=k_y\varphi_R \tag{3.28}$$

一般情况下，当 $1/R_{\mathrm{psh}}\neq 0$ 且 $P_y\neq\mathrm{const}$ 时，得到

$$P_y=k_y\left[\varphi_R-\frac{(\dot{\theta}_{\mathrm{k}}+\dot{\delta})/v_{\mathrm{k}}-\ddot{h}_y/v_{\mathrm{k}}^2}{\beta}\right]=k_y\left(\varphi_R+\frac{b_{\mathrm{sh}x}}{R_{\mathrm{psh}}}\right) \tag{3.29}$$

式中，$b_{\mathrm{sh}x}$ 为轮胎与支承面的接触长度。

3.3 轮式车辆转向的运动学参数

要分析轮式车辆转向的运动学参数，既可以选择固定坐标系，也可以选择移动坐标系。选择与支承面相关的固定坐标系（图 3.1）可以对转向进行更广泛的研究，但是在数学描述中很难使用它，并且在解决大多数实际问题上没有真正的优势。

因此需利用移动坐标系开展研究，取簧上质心点 C_{pd} 为坐标系中心，$X_{C_{\mathrm{pd}}}$ 轴与轮式车辆的纵向对称轴重合，且以车辆运动方向为正方向（图 3.20）。

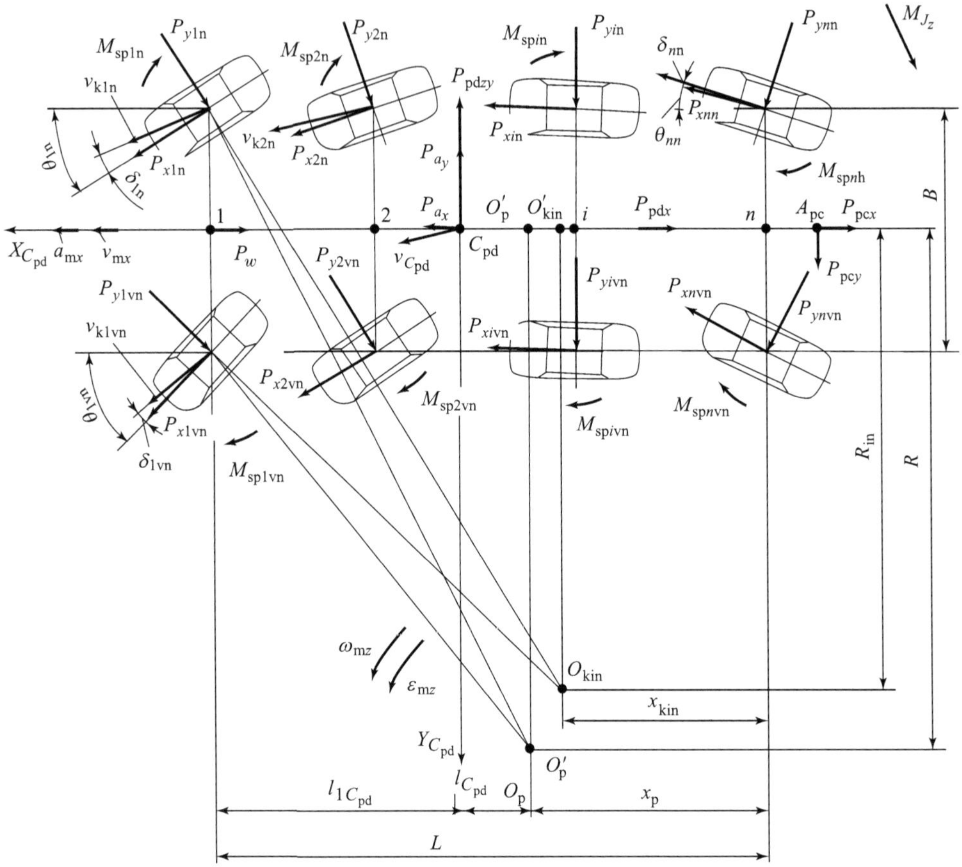

图 3.20 移动坐标系 $X_{C_{pd}}C_{pd}Y_{C_{pd}}$ 中轮式车辆转向的计算图

具有轴距 L 和轮距 B 的轮式车辆转向的参数主要由转向方案（方式）、转向系统和转向极的位置确定。下面研究纵向对称轴外侧和内侧车轮具有不同转向角 $\theta_{i\text{H}} \neq \theta_{i\text{BH}}$ 的经典转向方式。

转向系统可由各轴编号（$i=1$，…，n）的数字序列表述，其中带非转向轮的轴标记为0。例如，对于第1轴带有转向轮的两轴轮式车辆，转向系统写为：1－0；对于第4和第5轴带有非转向轮的七轴轮式车辆，则表示为：123－00－67。

运动学转向中心 O_{kin} 是过转向轮的中心并垂直于其对称（转向）平面的直线的交点。

转向极 O'_{kin} 是运动学转向中心 O_{kin} 在轮式车辆纵向对称轴上的投影。

从 O_{kin} 点到轮式车辆对称轴的最小距离称为运动转向半径 R_{kin}，而从转向极

O'_{kin}到轮式车辆第 n 轴的距离称为转向极的位移量 x_{kin}。

为减小车轮横向打滑和转向阻力，转向极 O'_{kin}应位于非转向轴上或边缘非转向轴之间。

运动学转向半径 R_{kin}由转向轮的转向角确定，可以选择第一轴内轮的转向角 $\theta_{1\text{vn}}$（$\theta_{1\text{vn}}=\theta_{12}$，$j=1$，2）作为转向轮的转向角：

$$R_{\text{kin}}=\frac{B}{2}+(L-x_{\text{kin}})/\text{tg}\theta_{1\text{vn}} \tag{3.30}$$

其余转向轮的转向角应满足：

$$\theta_{i\text{vn}}=\text{arctg}\left(\frac{L-x_{\text{kin}}-l_{1i}}{R_{\text{kin}}-\frac{1}{2}B}\right);\ \theta_{in}=\text{arctg}\left(\frac{L-x_{\text{kin}}-l_{1i}}{R_{\text{kin}}+\frac{1}{2}B}\right) \tag{3.31}$$

在弹性车轮上存在外部横向力且车辆转向时，会发生侧偏现象，速度矢量 $v_{\text{k}ij}$方向从转向平面偏移角度 δ_{ij}（即侧偏角），实际瞬时转向中心的位置会移至点 O_{p}。

车轮侧偏角由式（3.32）确定

$$\left.\begin{aligned}\delta_{i\text{vn}}=\delta_{i2}=\theta_{i\text{vn}}-\text{arctg}\left(\frac{L-x_{\text{p}}-l_{1i}}{R_{\text{p}}-\frac{1}{2}B}\right)\\ \delta_{in}=\delta_{i1}=\theta_{in}-\text{arctg}\left(\frac{L-x_{\text{p}}-l_{1i}}{R_{\text{p}}+\frac{1}{2}B}\right)\end{aligned}\right\} \tag{3.32}$$

为简化计算，通常可将同一车轴上两个车轮视为位于车辆纵向对称轴上的一个车轮，并据此可确定被驱动车轮的平均转向角 θ_i和侧偏角 δ_i：

$$\theta_i=\frac{1}{2}(\theta_{i\text{vn}}+\theta_{in});\ \delta_i=\frac{1}{2}(\delta_{i\text{vn}}+\delta_{in})$$

可以根据第 1 轴和第 n 轴的运动学参数，简化计算此时的转向半径 R_{p}和转向极的位移 x_{p}。考虑到

$$L=l_{1O'_p}+l_{O'_pn}=R_{\text{p}}\text{tg}(\theta_1-\delta_1)+R_{\text{p}}\text{tg}(\theta_n+\delta_n)$$

可得

$$R_{\text{p}}=L/[\text{tg}(\theta_1-\delta_1)+\text{tg}(\theta_n+\delta_n)];\ x_{\text{p}}=R_{\text{p}}\text{tg}(\theta_n+\delta_n) \tag{3.33}$$

在考虑到轮式车辆的稳定性和操控性的情况下，当小角度 θ_i和 δ_i具有足够精度时，可得：

$$R_{\text{p}}=L/(\theta_1-\delta_1+\theta_n+\delta_n) \tag{3.34}$$

轮式车辆纵轴以纵向速度 $v_{\text{m}x}$移动，转向极 O'_{p}以切向加速度 $a_{\tau O'_{\text{p}}}=a_{\text{m}x}$和法向

加速度 $a_{nO'_p}=a_{my}=v_{mx}^2/R_p$ 运动。轮式车辆转向的角速度和角加速度分别为

$$\omega_{mz}=v_{mx}/R_p;\ \varepsilon_{mz}=a_{mx}/R_p \tag{3.35}$$

考虑到式（3.34），角加速度可以写为：

$$\varepsilon_{mz}=\frac{d}{dt}\left(\frac{v_{mx}}{R_p}\right)=\frac{\dot{v}_{mx}(\theta_1+\theta_n-\delta_1+\delta_n)+v_{mx}(\dot{\theta}_1+\dot{\theta}_n-\dot{\delta}_1+\dot{\delta}_n)}{L} \tag{3.36}$$

质心 C_{pd} 位于距转向极 $l_{C_{pd}}O'_p=L-x_p-l_{1C_{pd}}$ 的距离处，它在水平面 $X_{C_{pd}}C_{pd}Y_{C_{pd}}$ 中的运动包括质心 C_{pd} 相对于转向极 O'_p 的圆周运动，以及转向极 O'_p 相对于瞬时转向中心 O_p 的圆周运动。质心 C_{pd} 速度和加速度由下式（3.37）确定：

$$\nu_{C_{pd}x}x=v_{mx};\ v_{C_{pd}y}=\omega_{mz}l_{C_{pd}O'_p}$$

$$a_{C_{pd}x}=a_{mx}-l_{C_{pd}O'_p}\omega_{mz}^2;\ a_{C_{pd}y}=v_{mx}\omega_{mz}+l_{C_{pd}O'_p}\varepsilon_{mz} \tag{3.37}$$

从式（3.34）得出，在转向轮的转向角 θ_i 恒定且侧偏角 δ_i 不同时，瞬时转向中心 O_p 的位置也会发生变化。轮式车辆转向盘角度固定时，在外力作用下所具有的改变轨迹曲率的特性称为转向性能。转向性能可分为 3 类（图 3.21）。

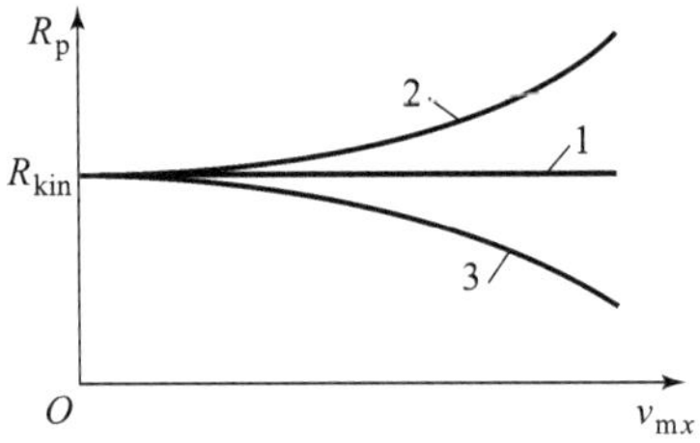

图 3.21 轮式车辆实际转向半径 R_p 随车速变化关系曲线

1—中性转向；2—不足转向；3—过度转向

设轮式车辆转向时满足条件 $R_{kin}=\text{const}$ 和 $x_{kin}=\text{const}$，随着运动速度 v_{mx} 的增加，离心力增加，沿轮式车辆轴和侧边的垂向和横向反作用力也随之发生变化。由于动力学和运动学上的车轮偏离，前轴和后轴的侧偏角 δ_1 和 δ_n 之间的比率可能不同（图 3.22）。

（1）在中性转向时，在横向力 P_y 的作用下，轨迹的曲率是恒定的：$R_p=R_{kin}$，而转向极的位置 x_p 发生变化（图 3.21，直线 1）。如果转向轮具有小半径 R_p 和大转向角 θ_i，则当 $\text{tg}\theta_1+\text{tg}\theta_n=\text{tg}(\theta_1-\delta_1)+\text{tg}(\theta_n+\delta_n)$ 时（图 3.22（a）），可以实现中性转向；如果转向轮具有大半径 R_p 和小转向角 θ_i，则当 $\delta_1=\delta_n$ 时（图 3.22（d）），也可以实现中性转向，这是由于存在动力偏离和车轮相对于纵向垂直平面的外倾角 γ_{ky}；当 $\theta_{kr1}=\theta_{krn}$ 时（图 3.22（g）），由于存在车轮相对于轮式车辆纵轴随着簧上质量的横向倾斜转向而引起的运动偏离，即在这种情况下，当

$\theta_{kri}=\delta_{kri}$时，车辆沿直线轨迹运动，且其速度矢量不平行于纵轴。

（2）当不足转向时，在横向力 P_y 的作用下轨迹的曲率减小（$R_p>R_{kin}$），转向极 x_p的位置发生变化（图 3.21，曲线 2）。如果转向半径 R_p小且转向角 θ_i大，则在 $\mathrm{tg}\theta_1+\mathrm{tg}\theta_n>\mathrm{tg}(\theta_1-\delta_1)+\mathrm{tg}(\theta_n+\delta_n)$，或 $\delta_1>\delta_n$（图 3.22（b））的条件下，可以实现不足转向；当转向半径 R_p大且转向角 θ_i小时，则当 $\delta_1>\delta_n$（图 3.22（e）），或 $\theta_{kr1}>\theta_{krn}$（图 3.22（h））时，也可以实现不足转向。

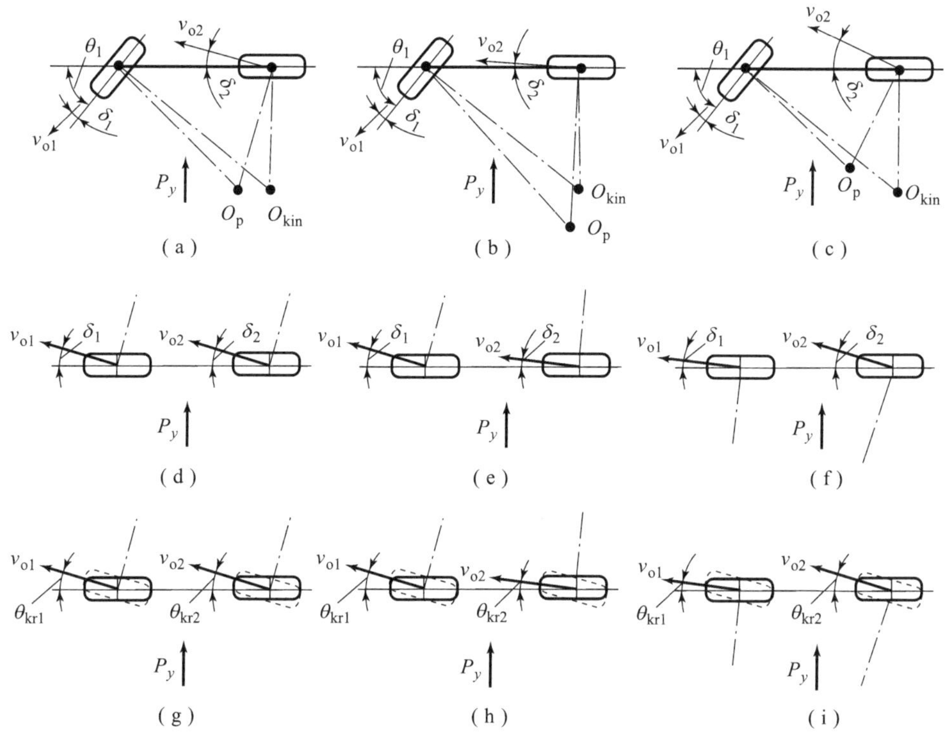

图 3.22 轮式车辆空挡转向（图（a）、（d）、（g）），不足转向（图（b）（e）（h））和过度转向（图（c）、（e）、（i））情况下的曲线运动学参数更改图

此时，瞬时转向中心 O_p位于侧面，不受外部横向力 P_y 的影响，并且由轮式车辆的转向引起的离心力的方向与力 P_y 的作用方向相反，结果是 δ_i 和 δ_{kri} 将减小。

（3）当过度转向时，在横向力 P_y 的作用下，轨迹曲率将增加（$R_p<R_{kin}$），转向极 x_p的位置将发生变化（图 3.21，曲线 3）。如果转向半径 R_p小且转向角 θ_i大，则在 $\mathrm{tg}\theta_1+\mathrm{tg}\theta_n<\mathrm{tg}(\theta_1-\delta_1)+\mathrm{tg}(\theta_n+\delta_n)$，或 $\delta_1<\delta_n$（见图 3.22（c））时，可以实现过度转向；如果转向半径 R_p大且角度 θ_i小，则当 $\delta_1<\delta_n$（图 3.22（f））

或 $\theta_{kr1} < \theta_{krn}$（图 3.22（i））时，也可以实现过度转向。瞬时转向中心 O_p将位于侧面，受外部横向力 P_y 的影响，并且由轮式车辆转向引起的离心力将与力 P_y 的方向一致，结果 δ_i和 δ_{kri}将增加。

通过调整动力偏离和运动偏离的参数，可以更改角度 δ_i和 δ_{kri}之间的比值。

在最简单的情况下，动力侧偏角是两个参数的函数：$\delta = R_y/k_y$。在这种情况下，侧滑阻力系数 k_y 取决于垂向力、胎压、可实现的纵向反力等。当车轮外倾角为 γ_{ky}时，会发生附加的横向反力，这可以通过引入弹性运动侧偏角 δ_γ来计算，该角由式（3.19）计算得出。在这种情况下，总的横向反力 R_y 由式（3.20）确定。

除了由于垂向载荷沿车轮侧边的显著重新分布引起的各种垂向变形外，车轮外倾角 γ_{ky}由悬架系统导向元件的运动学关系确定（图 3.23），此时外倾角 γ_{ky}和侧偏角 δ_γ的取值可正可负。

与动力侧偏角 δ 同向的运动侧偏角 $\delta_\gamma > 0$ 出现在图 3.23（a）、（b）所示的独立悬架系统中，以及在可伸缩烛式悬架中；在这种情况下，总侧偏角将增加。

与动力侧偏角 δ 反向的运动侧偏角 $\delta_\gamma < 0$ 出现在单横臂式独立悬架系统中（图 3.23（c）），并且在这种情况下，总侧偏角将减小。

对于具有垂直轴向位移的非独立悬架系统（图 3.23（d）），当车身侧倾时，不存在由悬架系统的导向元件所引起的车轮倾斜的情况。

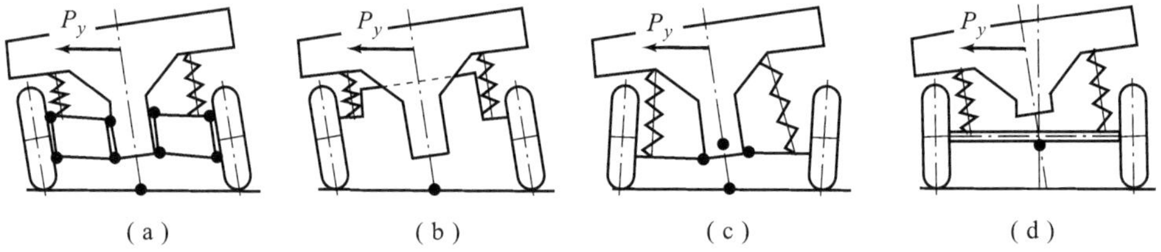

图 3.23　轮式车辆车身横向倾斜时引起车轮倾斜变化的悬架系统转向元件示意图

（a）双横臂式；（b）纵臂式或杠杆式；（c）单横臂式；（d）具有垂直轴向位移的非独立悬架系统

对于带简单半椭圆形板簧的非独立悬架，板簧一端借助车身底部的孔眼固定，另一端固定在钩环或滑动支架上。当车身侧倾时，一侧板簧变形增加，另一侧减少，这会导致车桥相对于车辆纵轴旋转一定角度 θ_{kpi}。根据板簧固定方式的不同，总运动曲率可能会不变、减少或增加。

当前后悬架的板簧钩环同向排列（图 3.24（a）、（b））并受 P_y 作用时，轮式车辆的运动速度矢量与车辆纵轴呈角度 θ_{kri}，但图 3.24（a）中轮式车辆将从初始方向朝 P_y 作用方向偏离，而在图 3.24（b）中轮式车辆则将从初始方向朝

P_y 作用相反方向偏离，此时轮式车辆作中性转向；当板簧两端钩环均位于轮式车身底部边缘时（图 3.24（c）），车辆将转向不足；当板簧钩环靠近车身底部的中部（图 3.24（d））时，车辆将转向过度；具有带纵臂的非独立悬架且悬臂是通过铰链与车桥中部（图 3.24（e））相连的轮式车辆，也将转向过度；在具有斜臂式独立悬架的情况下（图 3.24（f）），当轮式车辆车身侧倾时，车轮同时倾斜并转动，这种布局也容易转向过度。

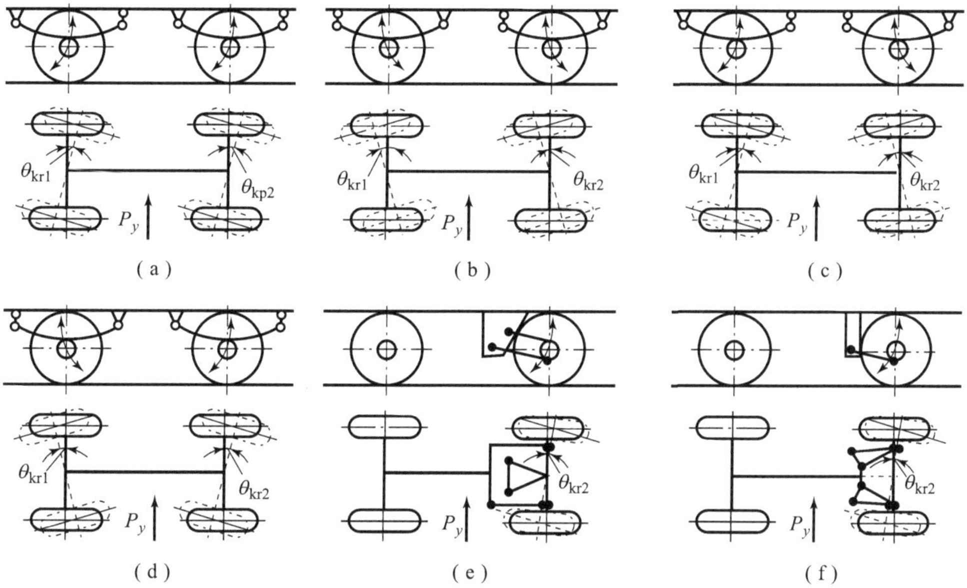

图 3.24　由车轮相对于轮式车辆纵轴偏转所决定的运动侧偏角的示意图

下面研究轮式车辆的侧倾指标，这些指标会影响轮式车辆转向。

侧倾中心为轮式车辆车身的横截面沿某一轴线的瞬时运动中心，其位置取决于悬架系统的运动学方案和导向元件的几何尺寸。

为了确定侧倾中心 O_{kr} 的位置，首先必须找到两侧车轮相对于固定簧上质量的瞬时转动中心 P，然后过点 P 以及左右车轮与支承面的接触中心绘制直线，这些直线的交点即为侧倾中心 O_{kr}（图 3.25）。

对于独立的单横臂悬架，当车轮在横向平面上运动（图 3.25（a））时，点 P 与悬架杆在车身的固定点重合，侧倾中心 O_{kr} 位于支承面上方；对具有导向弹簧或减振器支架的独立悬架（图 3.25（b）），侧倾中心也位于支承面上方；对于双横臂悬架，侧倾中心 O_{kr} 相对于支承面的位置取决于两个横臂的尺寸和位置：可能位于支承面上方、下方或在支承面上（图 3.25（c）~（e））。

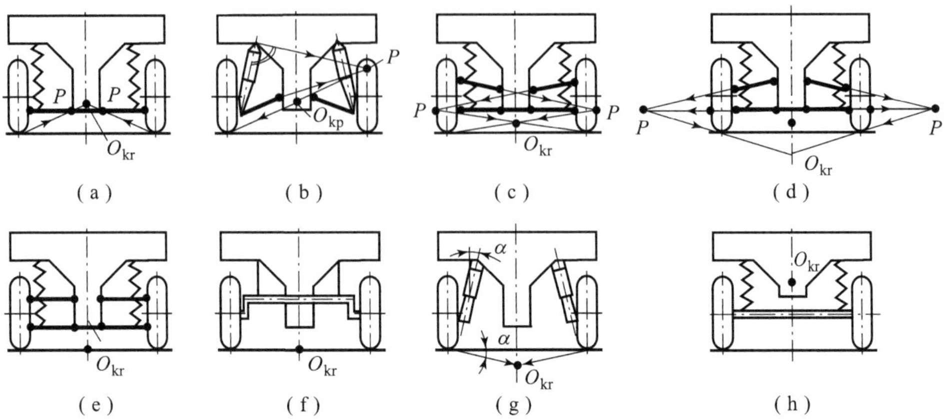

图 3.25 悬架系统导向元件方案不同时轮式车辆车身横截面侧倾中心的确定

车轮在纵向平面上移动的悬架（如具有横贯轮式车辆的扭杆悬架）（图 3.25（f）），始终可以确保侧倾中心 O_{kr} 在支承面上；对于带有倾斜导向元件的烛式悬架（图 3.25（g）），侧倾中心位于支承面下方。

对于带纵向半椭圆形板簧或弹簧的非独立悬架（图 3.25（h）），侧倾中心位置由弹性元件（板簧或弹簧）与车身或车桥的连接点来确定。在实际的结构中，车桥的转动也是这些弹性元件变形的结果，这意味着侧倾中心将位于弹性元件的上下两端之间。当使用纵向半椭圆形板簧时（考虑到它们在额定静载荷下实际上已变直），可以将侧倾中心视为在主片的水平位置，即在板簧耳的下方。

由于轮胎的径向和侧向柔度，侧倾中心的位置相对于轮式车辆的对称面发生偏离，并且高度发生变化。但这些位移变化会明显小于簧上质心、悬架与车身的连接点，甚至车轮中心的位移。

如果在轮式车辆上使用了不同的悬架系统，则横截面中侧倾中心的位置也会不同。轮式车辆的簧上质量在侧向力的作用下相对于某个纵轴倾转，则该纵轴称为倾斜轴，并且与轮式车辆前后轴的侧倾中心相连接。

倾斜轴通过簧上质心所在横截面的侧倾中心 O_{kr} 的位置，由倾斜轴在通过第一根轴和最后一根轴的截面中的坐标 z_{kr1} 和 z_{krn} 确定（图 3.26）：

$$z_{krC_{pd}} = [z_{krn} l_{1C_{pd}} - z_{kr1}(l_{1n} - l_{1C_{pd}})]/l_{1n} \tag{3.38}$$

从侧倾中心 O_{kr} 到簧上质心 C_{pd} 的距离通常称为倾斜臂：

$$h_{krC_{pd}} = h_{gpd} - z_{krC_{pd}} \tag{3.39}$$

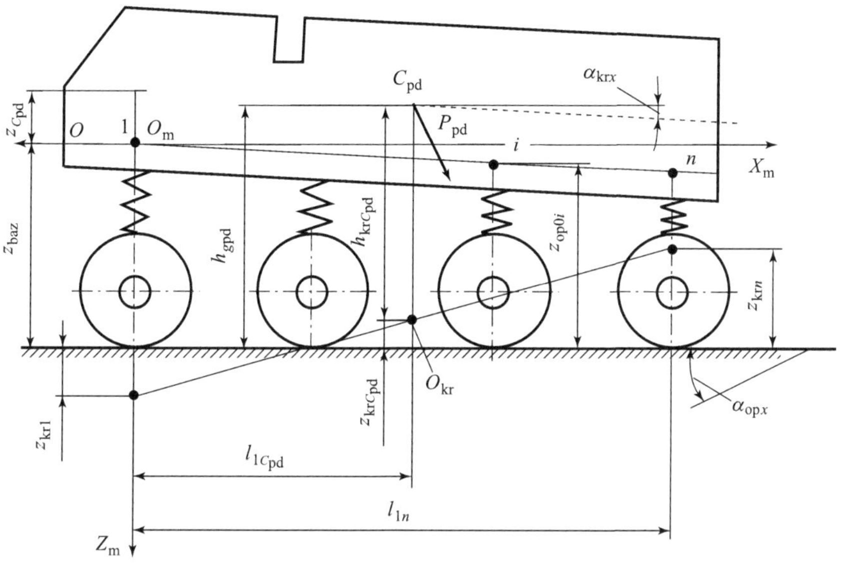

图 3.26 确定轮式车辆纵向垂直平面中的倾斜轴和运动学参数的示意图

3.4 轮式车辆的动力学参数和转向方程式

在转向时，纵向垂直平面上作用在轮式车辆的受力示意图类似于图 2.1。区别在于要考虑簧上质量和簧下质量（考虑的不是车辆的质心 C，而是簧上质心 C_{pd}），以及需要考虑的不是作用在车轴上，而是作用在轮式车辆车轴的内侧和外侧的车轮上的力和力矩。

当车辆沿着支承面在点 C_{pd}处分别以倾斜角 α_{opx}和 α_{opy}在纵向平面和横向平面中移动时，簧上质量 m_{pd}的重力分量：

$$P_{pdx} = m_{pd} g \sin\alpha_{opx};\ P_{pdz} = m_{pd} g \cos\alpha_{opx} \tag{3.40}$$

在轮式车辆的横向平面中，P_{pdz}可以分解为两个分量（图 3.27）：

$$P_{pdzz} = P_{pdz} \cos\alpha_{opy};\ P_{pdzy} = P_{pdz} \sin\alpha_{opy} \tag{3.41}$$

相似地，对于轮式车辆的总质量有：

$$P_{mx} = m_m g \sin\alpha_{opx};\ P_{mz} = m_m g \cos\alpha_{opx}$$

$$P_{mzz} = P_{mz} \cos\alpha_{opy};\ P_{mzy} = P_{mz} \sin\alpha_{opy}$$

车轮与车桥的簧下质量的重力：

$$P_{npdij} = m_{npdij} g$$

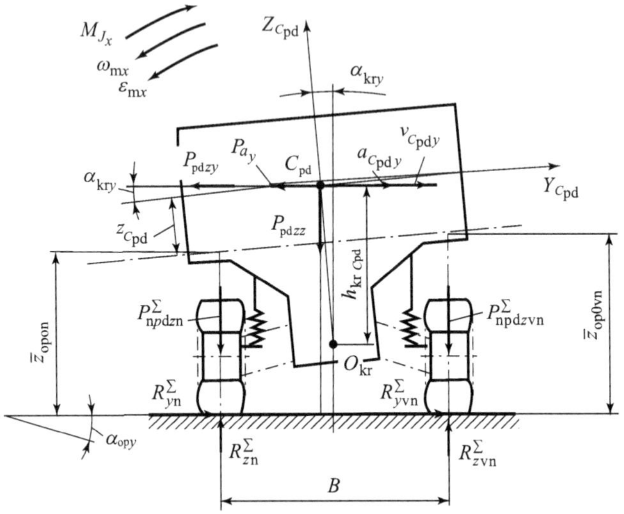

图 3.27　确定穿过轮式车辆簧上质心的横向垂直平面中的运动学和动力学参数的示意图

在点 C_{pd}（图 3.20）处，惯性力起作用，即

$$P_{a_x} = m_{pd} a_{C_{pdx}};\ P_{a_y} = m_{pd} a_{C_{pdy}} \tag{3.42}$$

相对于垂直轴有惯性力矩：

$$M_{J_z} = J_{mz}\varepsilon_{mz} = m_m \rho_{mz}^2 \varepsilon_{mz} \tag{3.43}$$

式中，$a_{C_{pdx}}$和 $a_{C_{pdy}}$，由式（3.37）确定；J_{mz}、ρ_{mz}分别为质量 m_m相对于穿过质心的垂直轴的惯性矩和惯性半径。

为了简化计算图中轮式车辆运动方程（图 3.20），假设作用在轮辋上的纵向力和横向力施加在车轮的中心。

车轮纵向反力 R_{xij}^{pr}和横向反力 R_{yij}^{pr}的简化投影：

$$R_{xij}^{pr} = P_{xij}\cos\theta_{ij} - P_{yij}\sin\theta_{ij} \tag{3.44}$$

$$R_{yij}^{pr} = P_{xij}\sin\theta_{ij} + P_{yij}\cos\theta_{ij} \tag{3.45}$$

式中，j 为轮式车辆的内轮缘（$j=2$）和外轮缘（$j=1$）的编号。

支承平面上轮式车辆的平衡方程形式为：

$$\sum_{i=1}^{n_o} R_{xivn}^{pr} + \sum_{i=1}^{n_o} R_{xin}^{pr} - P_{mx} - P_{pdx} - P_{w_x} - P_{a_x} = R_{X_C}^{\Sigma} = 0 \tag{3.46}$$

$$\sum_{i=1}^{n_o} R_{yivn}^{pr} + \sum_{i=1}^{n_o} R_{yin}^{pr} - \cos\alpha_{opx}\sin|\alpha_{opy}|(P_{pd} + 2n_o\bar{P}_{npd}) + P_{pdy} - P_{w_y} - P_{a_y} = R_{Y_C}^{\Sigma} = 0 \tag{3.47}$$

$$\frac{1}{2}B\left(\sum_{i=1}^{n_o}R_{xin}^{pr}-\sum_{i=1}^{n_o}R_{xivn}^{pr}\right)+\sum_{i=1}^{n_o}\sum_{j=1}^{2}R_{yij}^{pr}(l_{1C_{pd}}-l_{1i})-M_{J_z}+$$

$$P_{pdy}(l_{1C_{pd}}-l_{1A_{pd}})-\sum_{i=1}^{n_o}\sum_{j=1}^{2}M_{spij}=M_{Z_C}^{\Sigma}=0 \tag{3.48}$$

假设轮式车辆上坐标系 $X_mO_mZ_m$ 的原点 O_m 位于车身上第一轴安装区域，X_m 轴与车身的基本水平线 $O-O$ 重合（图 3.26，右下坐标轴为正，左上坐标轴为负）。当考虑悬架系统的弹性元件以及车轮和支承面的非线性特性时，采用这种坐标系会非常方便。

选取从点 O_m 到支承面的距离 z_{baz}，空载（悬置）状态下从车身水平线 $O-O$ 到车轮中心的距离 z_{k0ij}，和水平线 $O-O$ 到支承面的距离 z_{op0ij} 作为确定轮式车辆相对于支承面位置的主要参数。

悬架－轮胎系统的总变形量为：

$$h_{p-shij}=z_{k0ij}+r_{sv}-z_{op0ij} \tag{3.49}$$

在不考虑车身变形的情况下，通过下式确定距离 z_{op0ij}：

$$z_{op0in}=z_{baz}-l_{1i}\mathrm{tg}\alpha_{krx};\ z_{op0ivn}=z_{baz}+B\mathrm{tg}\alpha_{kry}-l_{1i}\mathrm{tg}\alpha_{krx} \tag{3.50}$$

当轮胎和悬架垂向变形具有线性特征时（$c_{shz}=\mathrm{const}$，$c_p=\mathrm{const}$）

$$R_{zij}=\frac{h_{p-shij}c_{shz}c_p}{c_{shz}+c_p} \tag{3.51}$$

在利用非线性特性和已知值 h_{p-shij} 确定垂向反力 R_{zij} 时，应求解非线性方程

$$h_{p-shij}=h_z(R_{zij})+h_p(R_{zij}) \tag{3.52}$$

并且当 $h_{p-shij}\leqslant 0$ 时，$R_{zij}=0$。

纵向垂直平面（见图 2.1 和图 3.26）中轮式车辆的平衡方程具有以下形式：

$$\sum_{i=1}^{n_o}R_{zin}+\sum_{i=1}^{n_o}R_{zivn}-\cos\alpha_{opx}\cos\alpha_{opy}(P_{pd}+2n_o\bar{P}_{npd})-P_{pcz}=R_{Z_C}^{\Sigma}=0 \tag{3.53}$$

$$\cos\alpha_{opx}\cos\alpha_{opy}P_{pd}l_{1C_{pd}}+P_{pcz}l_{1A_{pc}}+P_w(z_{baz}-l_{1w}\mathrm{tg}\alpha_{krx}-z_w)+(P_{a_x}+\sin\alpha_{opx}P_{pd})$$
$$(z_{baz}-l_{1C_{pd}}\mathrm{tg}\alpha_{krx}-z_{C_{pd}})+P_{pcx}(z_{baz}-l_{1A_{pc}}\mathrm{tg}\alpha_{krx}-z_{pc})+$$
$$\sum_{i=1}^{n_o}\sum_{j=1}^{2}[M_{f_{sh}ij}+\sin\alpha_{opx}P_{npdij}(r_{sv}-h_{zij})-(R_{zij}-\cos\alpha_{opx}\cos\alpha_{opy}P_{npdij})l_{li}]=$$
$$M_{1nX_C}^{\Sigma}=0 \tag{3.54}$$

式中，$M_{1nX_C}^{\Sigma}$ 为纵向垂直平面上相对于第一轴外侧车轮接触点的力矩之和。

在穿过悬架质心点 C_{pd}（图 3.27）的轮式车辆横截面中，车身（簧上质量）相对于侧倾中心 O_{kr}（距平面 $O-O$ 的距离为 $h_{krC_{pd}}$）以倾斜臂 $h_{krC_{pd}}$ 为半径转动，侧倾角速度为 ω_{mx}、角加速度为 ε_{mx}。此时，产生的惯性力矩为：

$$M_{J_x} = J_{mx}\varepsilon_{mx} = m_{pd}\rho_{mx}^2\varepsilon_{mx} \tag{3.55}$$

此时会产生来自悬架系统弹性元件的反力 R_{zij} 的力矩和惯性力矩，轮胎沿轮式车辆轮缘的垂向变形 h_z 和横向变形 h_y 也会发生变化。

在评估轮式车辆在横向平面上的转向时（图 3.27），需确定垂向反力和倾覆失稳条件。为此，使用相对于外轮缘或位于斜坡以下的轮缘的车轮接触中心线的力矩之和的平衡方程：

$$M_{J_x} + \cos\alpha_{opx}\cos\alpha_{opy}P_{pd}\left(\frac{1}{2}B - h_{krC_{pd}}\mathrm{tg}\alpha_{kry} - \bar{h}_y\right) - B\sum_{i=1}^{n_o}R_{zivn} -$$

$$(\cos\alpha_{opx}\sin|\alpha_{opy}|P_{pd} + P_{a_y})\left[\frac{1}{2}(\bar{z}_{op0n} + \bar{z}_{op0vn}) + z_{C_{pd}}\right] +$$

$$n_o\bar{P}_{npd}\cos\alpha_{opx}\cos\alpha_{opy}B - n_o\bar{P}_{npd}\cos\alpha_{opx}\sin|\alpha_{opy}|(r_{sv} - \bar{h}_{zvn}) = 0 \tag{3.56}$$

在计算轮缘载荷的近似值时，可以使用位于距离 $l_{1C\,pd}$ 处的假定轴：

$$\bar{z}_{op0n} = z_{op0C_{pd}} - \frac{1}{2}B\mathrm{tg}\alpha_{kry};\ \bar{z}_{op0vn} = z_{op0C_{pd}} + \frac{1}{2}B\mathrm{tg}\alpha_{kry}$$

式中，$z_{op0C_{pd}}$ 是从 C_{pd} 到支承面的距离。

但在计算带有易变形车架以及非线性轮胎、弹性悬架元件和支承面的轮式车辆时，这种近似并不总是合理的。因此为代替式（3.56），对外侧第一个车轮的接触点取矩得到方程：

$$M_{J_x} + \cos\alpha_{opx}\cos\alpha_{opy}P_{pd}\ \times$$

$$\left[\frac{1}{2}B - \sin\alpha_{kry}(z_{ba3} - l_{1C_{pd}}\mathrm{tg}\alpha_{krx} - z_{C_{pd}} + \frac{1}{2}B\mathrm{tg}\alpha_{kry})\right] -$$

$$(\cos\alpha_{opx}\sin|\alpha_{opy}|P_{pd} + P_{a_y})\left(z_{baz} - l_{1C_{pd}}\mathrm{tg}\alpha_{krx} - z_{C_{pd}} + \frac{1}{2}B\mathrm{tg}\alpha_{kry}\right)\times$$

$$\cos\alpha_{kry} + n_0P_{npdij}\cos\alpha_{opx}\cos\alpha_{opy}B -$$

$$2n_oP_{npdij}\cos\alpha_{opx}\sin|\alpha_{opy}|(r_{sv} - h_{z1n}) - B\sum_{i=1}^{n_o}R_{zivn} = M_{1nY_C}^{\Sigma} = 0 \tag{3.57}$$

考虑到车轮上的载荷（M_{kij}、P_{xij} 和 P_{yij}）分布及其接触点的可能偏离，简化方程组的解，从而确定在转向轮给定转向角 θ_{ij} 下的瞬时转向中心位置（R_p 和 x_p），以及速度 v_{mx} 和加速度 a_{mx}。

在一般情况下（考虑到载荷分布情况及其接触点的可能偏离），可使用计算机通过特定计算方法来解决问题。

3.5 轮式车辆转向时转矩、纵向和横向反力的分布

在瞬时转向中心位置（R_p和x_p）、车辆速度v_{mx}和加速度a_{mx}给定的情况下，可以计算参数δ_{ij}、ω_{mg}、$a_{C_{pdx}}$、$a_{C_{pdy}}$、P_{a_y}、P_{a_x}。轨迹的半径R_{pk0ij}以及轮辋中心的线速度v_{kij}及其在转向平面上的投影v_{kxij}，由下式确定

$$R_{pk0in(vn)} = \sqrt{(L - x_p - l_{1i})^2 + \left(R_p \pm \frac{1}{2}B\right)^2} \tag{3.58}$$

$$v_{kij} = \omega_{mz}R_{pk0in(vn)};\ v_{kxij} = v_{kij}\cos\delta_{ij}$$

车轮与支承面相互作用的参数取决于垂向力P_{zij}、角速度ω_{kij}和转矩M_{kij}。数值$P_{zij}=R_{zij}$可由上述轮式车辆在纵向和横向平面上的平衡方程确定，而ω_{kij}和M_{kij}则由传动装置中的功率流分布确定。通常，当轮式车辆的运动状态变化时，每个车轮的相互作用参数都会改变。

分支点的角速度和转矩取决于变速器中的功率流分布。因此，在动力装置输出参数（M_{dv}、n_{dv}）和传动装置输出参数已知的情况下，可以计算车轮上的ω_{kij}和M_{kij}值。但在解决许多问题的时候，先给定任一单个车轮的参数（如ω_{k1vn}和M_{k1vn}），再考虑传动装置系统参数来计算所有其余车轮的参数（ω_{kij}和M_{kij}）的值更为容易。在这种情况下，问题就简化为计算轮式车辆在给定P_{zij}、ω_{kij}、M_{kij}、δ_{ij}值和满足平衡方程（3.46）~（3.48）时的车轮与支承面的相互作用参数。只需知道垂向力P_{zij}，就可以确定变形h_{zij}以及在从动模式下车轮滚动的参数f_{shvij}和r_{kvij}，并根据基本参数（ω_{kij}或M_{kij}）以及传动装置系统参数，计算出ω_{kij}或M_{kij}、R_{xij}和R_{yij}。

当车轮无直接滑动（$R_\Sigma < 0.6\,R_z\varphi$）时，方程（3.8）对于横向反力$R_y = k_y\delta$有效，式（1.2）对于纯滚动半径$r_{k0}$有效。此时若已知$\omega_{kij}$或$M_{kij}$，通过式（1.1）和式（1.2），可以先确定$r_{k0ij}$，然后分别计算$M_{kij} = (r_{kvij} - r_{k0ij})/\lambda_{mij}$或$\omega_{kij} = v_{kxij}/\mathrm{r}_{kij}$。

根据式（1.10）和式（3.22），纵向反力为

$$R_x = P_x + m_k a_{kx} = M_k/r_{k0} - f_{sh}R_z - J_k a_{kx}/(r_k r_{k0}) - R_y \mathrm{tg}\delta \tag{3.59}$$

如果总反力$R_\Sigma = \sqrt{R_x^2 + R_y^2} > 0.6\,R_z\varphi$，则确定$R_x$和$R_y$时必须考虑接触区的直接滑动。

通常，即使是同一根轴的内侧和外侧车轮的总切向力和纵向反力也不同。原因可能是垂向反力R_z、滚动阻力系数f_{sh}、从动模式下的滚动半径r_{kv}和切向弹性系数λ_m以及由连接车轮的机构所确定的转矩M_k不同。因此，所产生的车轴转向

阻力矩为

$$M_{spo} = \frac{1}{2}B(R_{xvn} - R_{xn}) \quad (3.60)$$

纵向反力间的差异主要归因于内外侧车轮的连接方式。假设车轴匀速转向，不考虑横向力和水平硬支承路面上车轮的滑动（图 3.28），纵向反力相对较小，在纵向平面中不发生车轮滑动，并且车轮滚动半径 r_{k0} 的变化，由方程（1.2）描述。

第 i 个车轮的线速度，由下式确定：

$$v_{kxi} = R_{pki}\omega_{mz};\quad v_{kxi} = r_{ki}\omega_{ki}$$

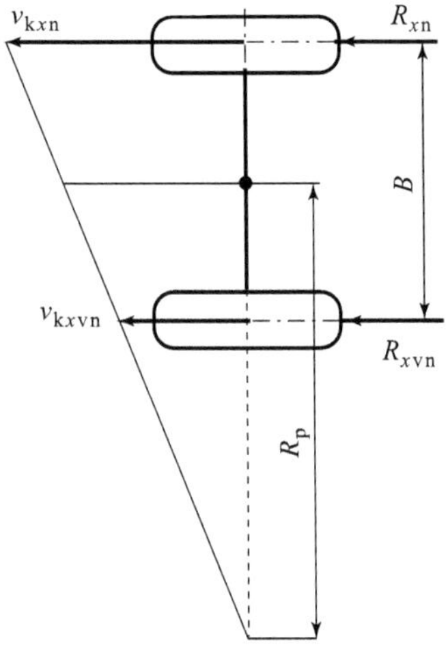

图 3.28　确定车轴转向阻力矩的示意图

在这种情况下，可以将内外两侧车轮的线速度之比表示为：

$$v_{kxn}/v_{kxvn} = \left(R_p + \frac{1}{2}B\right)\Big/\left(R_p - \frac{1}{2}B\right) \quad (3.61)$$

或者

$$v_{kxn}/v_{kxvn} = r_{kn}\omega_{kn}/(r_{kvn}\omega_{kvn}) \quad (3.62)$$

在车轮闭锁连接的情况下，$\omega_{kn} = \omega_{kvn}$。此时

$$\frac{v_{kxn}}{v_{kxvn}} = \frac{r_{kn}}{r_{kvn}} = \frac{r_{ksvn} - \lambda_{Pn}R_{xn}}{r_{ksvn} - \lambda_{Pvn}R_{xvn}}$$

与式（3.61）联立求解，可得

$$\lambda_{Pn}R_{xn}(B - 2R_p) + \lambda_{Pvn}R_{xvn}(B + 2R_p) = B(r_{ksvn} + r_{ksvvn}) + 2R_p(r_{ksvvn} - r_{ksvn})$$

将车轴的总纵向反力表示为 $R_{xo} = R_{xn} + R_{xvn}$，有

$$R_{xn} = [\lambda_{Pvn}R_{xo}(B + 2R_p) - B(r_{ksvn} + r_{ksvvn}) + 2R_p(r_{ksvn} - r_{ksvvn})]/A_1$$

$$R_{xvn} = [\lambda_{Pn}R_{xo}(2R_p - B) + B(r_{ksvn} + r_{ksvvn}) + 2R_p(r_{ksvvn} - r_{ksvn})]/A_1$$

式中，$A_1 = \lambda P_n(2R_p - B) + \lambda_{Pvn}(B + 2R_p)$。

当 $r_{ksvn} = r_{ksvvn} = r_{ksv}$ 且 $\lambda_{Pn} = \lambda_{Pvn} = \lambda_P$ 时，方程式可简化为：

$$R_{xn} = \frac{1}{2}R_{xo} - A;\ R_{xvn} = \frac{1}{2}R_{xo} + A \quad (3.63)$$

式中，$A = \frac{1}{2}B\left(r_{ksv}/\lambda_P - \frac{1}{2}R_{xo}\right)\Big/R_p$。

因此，当车轮闭锁连接时，通过下式确定车轴转向阻力矩：

$$M_{spo} = \frac{1}{2}B(R_{xvn} - R_{xn}) = BA = \frac{1}{2}B^2\left(r_{ksv}/\lambda_P - \frac{1}{2}R_{xo}\right)\Big/R_p \quad (3.64)$$

也就是说，其值随着外部运动阻力 $P_{fo}=R_{xo}$、转向半径 R_p和切向弹性系数 λ_P 的减小而增加。

随着转向半径 R_p的减小，纵向反力的绝对值增加（图 3.29），并在小半径时达到附着力极限值，从而限制了对应工况车轴转动的可能性。

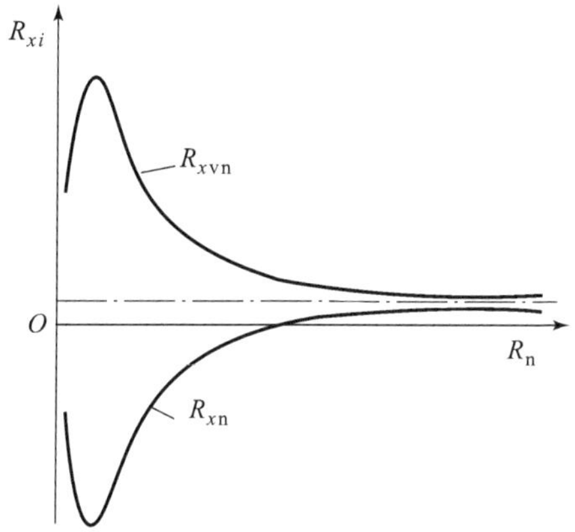

图 3.29　在车轮闭锁连接时纵向反力随转向半径的变化

如果在车轮之间安装一个锁紧系数为 $k_{bl}=M_{kvn}/M_{kn}$的差速器，那么内轮和外轮上的转矩将分别由下式确定：

$$M_{kvn}=\frac{k_{bl}M_o}{k_{bl}+1};\ M_{kn}=\frac{M_o}{k_{bl}+1} \tag{3.65}$$

式中，M_o为车轴的输入转矩，$M_o=\frac{1}{2}P_{ko}(r_{k0n}+r_{k0vn})$。

车轮上的总切向力 $P_{kvn}=M_{kvn}/r_{k0vn}$，$P_{kn}=M_{kn}/r_{k0n}$，纵向反力 $R_{xj}=P_{kj}-P_{fshj}$。把 R_{xj}代入式（3.60），且考虑式（3.65），可得车轮差速连接时车轴的转向阻力矩：

$$M_{spo}=\frac{\frac{1}{2}BM_o(k_{bl}r_{k0n}/r_{k0vn}-1)}{r_{k0n}(k_{bl}+1)} \tag{3.66}$$

由于即使在有高锁紧系数差速器（$k_{bl}=3\sim5$）的情况下，内轮和外轮的滚动半径之间的差异也很小，因此可以取 $r_{k0n}=r_{k0vn}=r_{k0}\left(其中\ r_{k0}=r_{kv}-\frac{1}{2}\lambda_m M_o\right)$，实际计算精度可达到95%～97%，故式（3.66）可简化为：

$$M_{spo}=\frac{\frac{1}{2}BM_o(k_{bl}-1)}{r_{k0}(k_{bl}+1)}$$

在最常见的轮间齿轮差速器中，$k_{bl} \approx 1$ 且 $M_{spo} = 0$

需要注意，差速器的特性仅在连接至差速器的车轮的转矩比达到 k_{bl} 值时才会出现。在差速器中存在摩擦的情况下，两侧车轮上会产生不同的转矩，转矩差等于差速器摩擦力矩 $M_{tren} = M_{kvn} - M_{kn}$，因此两侧车轮也将具有不同的滚动半径。带有两个车轮的车轴会像带闭锁车轮的车轴一样运动。触发差速器时，即其差速小齿轮旋转时，产生的不是静摩擦，而是滑动摩擦，并且转矩比将减小。在车轴轨迹曲率进一步增加时，转矩比将保持在与锁紧系数相对应的水平。

当带不同车轮联接机构的车轴转动时，车轮转矩的定性变化如图 3.30 所示。曲线是在满足条件 $M_o = \text{const}$ 的情况下获得的，即未考虑转向时车轮滚动阻力的增加。

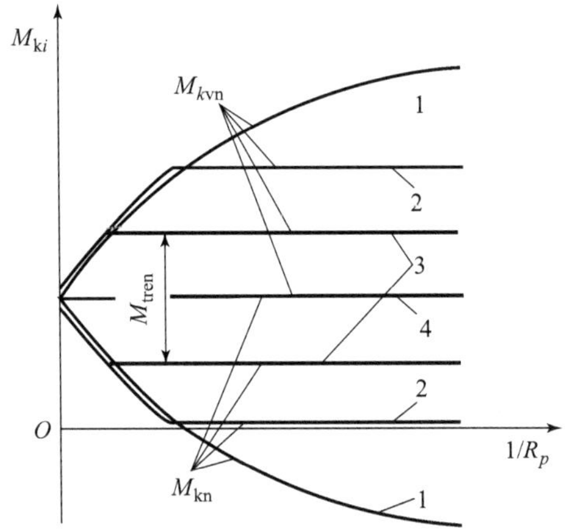

图 3.30　取决于轨迹曲率和连接类型的车轮轴转矩的变化

1—车轮闭锁连接；2—与飞轮连接；3—$k_{bl} = 3$ 的差速连接；4—$k_{bl} = 1$ 的差速连接

在带有多驱动轴轮式车辆中，力矩和力的分布比在单驱动轴轮式车辆上的分布更复杂，尽管它们的一般规律是相同的。对于具有 $k_{bli} = 1$ 的完全锁定或完全差速传动的轮式车辆，更容易确定车轮上的转矩分布。在具有各种分支机构的更复杂传动中，在某些情况下即使车轮不直接打滑，使用逐次逼近法进行计算也会非常复杂。

完全闭锁的传动装置在传动轴的所有分支上，即使在转向轮的转向角度很小时，外侧的车轮上也会出现负力矩，即存在力矩（功率）的循环（图 3.31（a））。外侧和内侧车轮的转矩差随着车轮的转向角度 θ_{1vn} 的增大而增大，并且随着轨迹的曲率变大而变得更为显著。在完全差速传动的情况下，在转向轮的转向角度固定时，车轮上的转矩相同（M_{ki} = const）。转矩的总和随车轮转向角度的增加而增加，但如采用差速传动方案，转矩的总和要远小于闭锁传动时的转矩总和。这可以通过以下事实来解释：在闭锁传动的情况下，功率循环和损耗显著增加，并且传动效率降低。

纵向反力 R_{xij} 也会以不同的方式分布（图 3.31（b）和（c）），主要取决于传动方式。但横向反力 R_{yij} 的分布在不同传动方式时并无太大差异，因为在其形成过程中，起主要作用的不是车轮之间的动力和传动连接，而是惯性力（横向分量）。

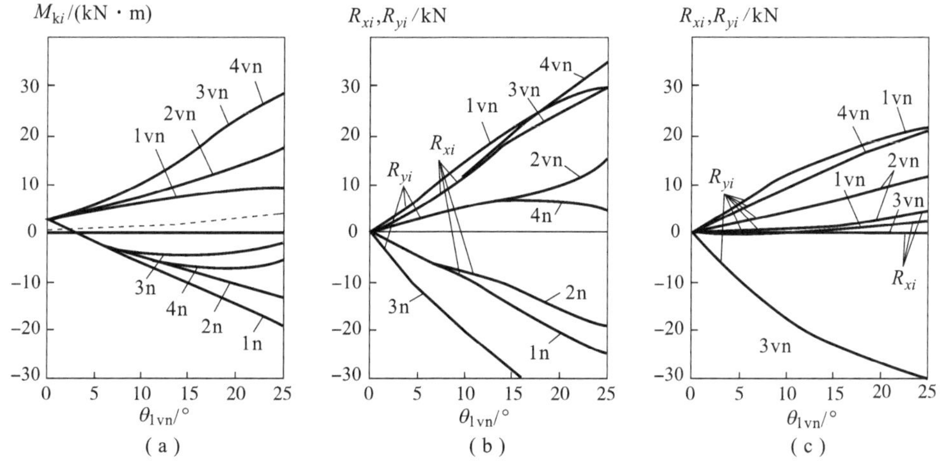

图 3.31　当轮轴排列式为 8×8 且转向方案为 12－00 的轮式车辆转向时，转矩、纵向和横向反力的变化

（a）车轮和车轴的闭锁连接（实线）和差速连接（虚线）；（b）车轮与车轴闭锁连接；（c）车辆与车轴差速连接

转矩和反力的分布，除受传动方式影响外，还在很大程度上受到轮胎特性（垂向和横向刚度、切向弹性、横向偏离阻力系数）的影响，这些特性会在轮式车辆转向和垂向反力变化时发生显著变化。

3.6　影响轮式车辆转向时作用力和反作用力的主要因素

轮式车辆转向包括 3 个阶段：进入转向、以恒定半径转向和退出转向。在低速度行驶时，决定性因素是转向能力和相对低速小半径转向的倾覆稳定性。

带有转向轮的轮式车辆的转向能力，表现为在高速转向（非典型情况除外）

时转向曲率非常小，且不需要明显增加单位牵引力。因此，为了研究轮式车辆的动态转向性能和可控性，使用微分方程就足够了，它可以确定非稳态转向的运动学参数，而无需考虑牵引动力学。该假设是合理的，因为现代轮式车辆具有相对较高的单位功率和运动速度，能够提供足够的动能。因而，由直驶过渡到转向所引起的运动阻力的增加很容易由发动机补偿，并且当没有功率储备的情况下，运动速度会略有降低。

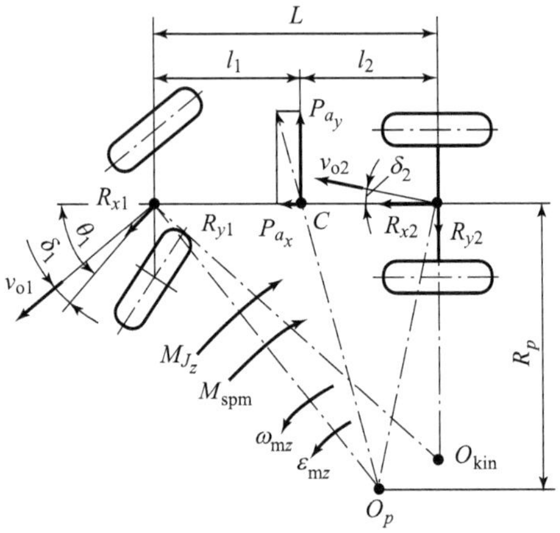

图 3.32 两轴轮式车辆的曲线运动计算图

以带有一个前转向轴的两轴轮式车辆（平面方案）为例来考虑转向的各个阶段，将车轴两侧车轮等效到在轮式车辆对称平面中设置的假想的轴上（图 3.32），为此

$$\delta_i = \frac{1}{2}(\delta_{in} + \delta_{ivn})\text{；} R_{yi} = 2k_{yi}\delta_i\text{；} R_{xi} = R_{xin} + R_{xivn}$$

此类轮式车辆的转向阻力矩等于两根车轴和各单个车轮的转向阻力矩之和：

$$M_{spm} = M_{spo1} + M_{spo2} + \sum_{i=1}^{n_o}\sum_{j=1}^{2} M_{spij}.$$

惯性力的分量由式（3.42）确定，其中 $a_{C_x} \approx a_{mx} - l_2 w_{mz}^2$；$a_{C_y} = v_{mx} w_{mz} + l_2 \varepsilon_{mz} = v_{mx}^2/R_p + l_2 \varepsilon_{mz}$；$v_{C_x} = v_{mx}$；$v_{C_y} = w_{mz} l_2$（方程（3.37）），惯性力矩 m_{J_z} 由式（3.43）确定。

相对于每根轴中心的平衡方程的形式如下：

$$\left.\begin{aligned} &R_{y1}L\cos\theta_1 - M_{J_z} - M_{spm} - P_{a_y}l_2 + R_{x1}L\sin\theta_1 = 0 \\ &R_{y2}L + M_{J_z} + M_{spm} - P_{a_y}l_1 = 0 \end{aligned}\right\} \tag{3.67}$$

轴上的质量

$$m_{o1} = m_m l_2/L\text{；} m_{o2} = m_m l_1/L$$

根据式（3.36），当 $\theta_2 = 0$ 时

$$\varepsilon_{mz} = \frac{a_{mx}(\theta_1 - \delta_1 + \delta_n) + v_{mx}(\dot{\theta}_1 - \dot{\delta}_1 + \dot{\delta}_n)}{L}$$

变换平衡方程（3.67），可得

$$
\left.\begin{aligned}
R_{y1} &= \frac{m_{o1}v_{mx}^2}{R_p} + \frac{m_m(l_2^2+\rho_{mz}^2)\varepsilon_{mz}}{L\cos\theta_1} + \frac{M_{spm}}{L\cos\theta_1} - R_{x1}\mathrm{tg}\theta_1 \\
R_{y2} &= \frac{m_{o2}v_{mx}^2}{R_p} + \frac{m_m(l_1l_2-\rho_{mz}^2)\varepsilon_{mz}}{L} - \frac{M_{spm}}{L}
\end{aligned}\right\} \tag{3.68}
$$

分析方程式（3.68），可以得出以下有关各种因素对轮式车辆车轴横向反力影响的结论：

①当沿着恒定曲率曲线（$R_p = \mathrm{const}$）以恒定速度（$\nu_{mx} = \mathrm{const}$）运动时，惯性力的横向分量 $R'_{yi} = m_{oi}v_{mx}^2/R_p$ 与相应轴上的质量成比例分布。

②在加速度 $a_{mx} > 0$（加速）时，反作用力 R_{y1} 增大，并且反作用力 R_{y2} 的方向由数值（$l_1l_2 - \rho_{mz}^2$）确定，该数值可能为正，也可能为负，因为对于轮式车辆，$\rho_{mz}^2/(l_1l_2) = 0.8 \sim 1.2$。

③在转向角 θ_1 增加（进入转向）时，角速度 $\dot{\theta}_1 > 0$ 且反作用力 R_{y1} 增大，而在转向角 θ_1 减小（退出转向）时，$\dot{\theta}_1 < 0$ 且反作用力减小。横向反作用力分量符号 R_{y2} 随比值 $\rho_{mz}^2/(l_1l_2)$ 而变化。

④转向阻力矩 M_{spm} 将增加前轴的横向反作用力并减小后轴的横向反作用力。

⑤前轴的正纵向反作用力 R_{x1} 增加将减小横向反作用力 R_{y1}，并且不影响 R_{y2}。此外，前轴的车轮的转向角越大，反作用力 R_{y1} 越小。

在曲线运动的 3 个阶段中，沿轮式车辆轴的横向反作用力的定性变化如图 3.33 所示。

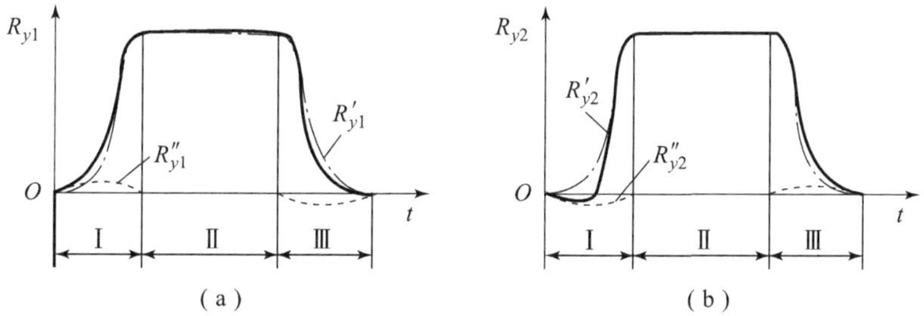

图 3.33 进入转向（Ⅰ）、以恒定半径转向（Ⅱ）和退出转向（Ⅲ）时轮式车辆车轴的上的横向反力的变化

（a）第一轴；（b）第二轴

由此可见，在分量 $R'_{yi} = m_{oi}v_{mx}^2/R_p$ 较小及分量 $R''_{yi} = m_m(l_1l_{2}-\rho_{mz}^2)\varepsilon_{mz}/L$ 与其相当时，可能产生负的横向反作用力 $R_{y2} < 0$。随着转向半径的减小分量 R'_{yi} 急剧增加，且后轴上的横向反作用力变为正（$R_{y2} > 0$）。因此，在某些条件下，在进入和退出转向时，后轴上的横向反作用力的符号可能会发生变化（图 3.33（b）），从而导致侧偏角方向发生变化并降低轮式车辆运动的稳定性。

侧偏角及其比值的影响在小曲率轨迹、小转向轮转向角和高速运动下更为明显。

3.7 铰接式轮式车辆的转向

描述铰接式轮式车辆和汽车列车转向的方程式，由于更复杂的运动学和存在更大的簧上质量，不同于上面研究的方程式。

为了研究铰接式轮式车辆的转向，必须创建其各区段的折叠力矩，也就是说，要写下整个轮式车辆和各个区段的平衡方程。同时，需要考虑的是，这些区段进行两种运动——绕转向中心转动，并向连接它们的铰接机构的方向运动。对于特定的轮式车辆，实际折叠力矩将是其两个区段中最小的力矩。在这种情况下，其中一个区段不会向连接它们的铰接机构的方向运动而只会绕其转向极转动。

以由两个单轴区段组成的铰接式轮式车辆的稳定转向（图 3.34）为例，其所有纵向反作用力 R_{xi} 和横向反作用力 R_{yi} 都指向这些区段的中间。整个轮式车辆的转向阻力矩 M_{spm} 考虑了车轮的纵向反作用力的差异以及转向阻力，并且为平衡而引入规定的施加在区段的质心上惯性力 P_{a_xi} 和 P_{a_yi}。

轮式车辆的平衡方程的形式为：

$$\left.\begin{aligned}&(R_{x1}-P_{a_x1})\cos\theta+R_{x2}+P_{a_x2}-(R_{y1}-P_{a_y1})\sin\theta=0\\&(R_{x1}-P_{a_x1})\sin\theta+R_{y2}-P_{a_y2}-(R_{y1}-P_{a_y1})\cos\theta=0\\&R_{y1}L_1-P_{a_y1}l_{1.2}+P_{a_y2}l_{2.1}-R_{y2}L_2-M_{\text{spm}}-M_{J_z}=0\end{aligned}\right\}\tag{3.69}$$

轮式车辆以恒定的折叠角 $\theta=\text{const}$ 转向，并且两个区段都具有相同的转向中心：运动学转向中心 O_{kin} 在区段轴的交点处，而实际转向中心 O_{p} 在与点 A 和 B 的轴的速度矢量 v_{o1} 和 v_{o2} 的垂线的交点处（图 3.34）。

运动和实际转向半径及其极点的位移和侧偏角，由下式确定：

$$R_{\text{kin2}}=\frac{L_1/\cos\theta+L_2}{\text{tg}\theta};\ R_{\text{kin1}}=\frac{R_{\text{kin2}}}{\cos\theta}-L_1\text{tg}\theta;\ R_{\text{p1}}=\frac{R_{\text{p2}}/\cos\theta-L_1\text{tg}\theta}{1+\text{tg}\delta_1\text{tg}\theta}$$

或者

$$\left.\begin{aligned}&R_{\text{p1}}=[R_{\text{p2}}(\sin\theta+\text{tg}\delta_2\cos\theta)-L_2\cos\theta-L_1]/\text{tg}\delta_1\\&x_{\text{p}}=R_{\text{p2}}\text{tg}\delta_2\\&\text{tg}\delta_1=[R_{\text{p2}}(\sin\theta+\text{tg}\delta_2\cos\theta)-L_2\cos\theta-L_1]/R_{\text{p1}}\end{aligned}\right\}\tag{3.70}$$

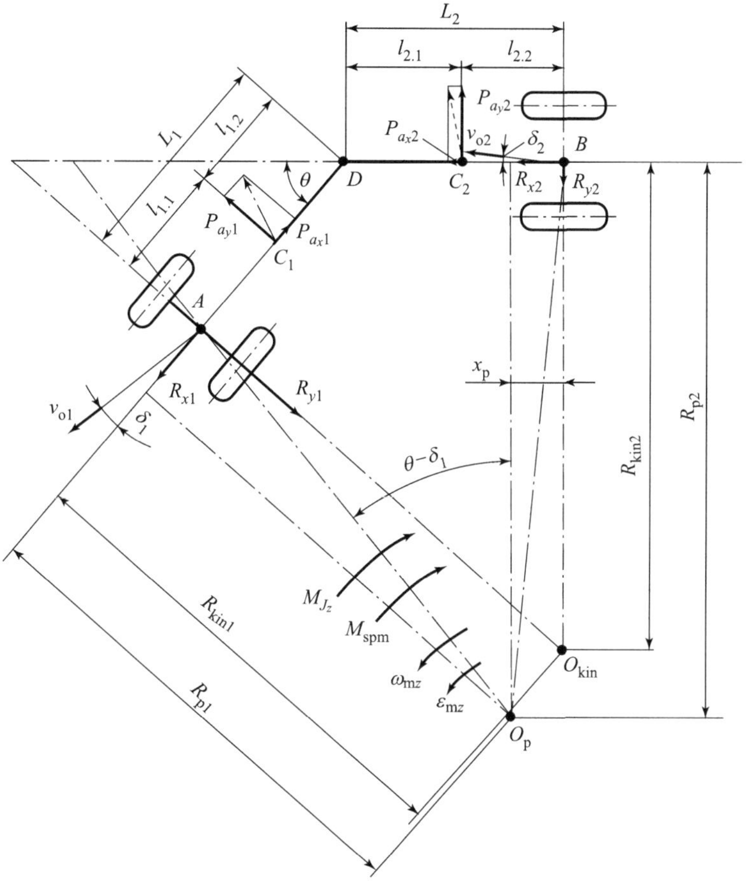

图 3.34　铰接式轮式车辆的计算图

根据图 3.34，可得

$$\mathrm{tg}(\theta - \delta_1) \approx \frac{L_2 - x_\mathrm{p} + L_1/\cos\theta}{R_{\mathrm{p}2}}$$

在小角度时

$$\mathrm{tg}(\theta - \delta_1) \approx \mathrm{tg}\theta - \mathrm{tg}\delta_1,\ \mathrm{tg}\delta_1 \approx \delta_1$$

此时

$$\delta_1 \approx \mathrm{tg}\theta - \frac{L_2 - x_\mathrm{p} + L_1/\cos\theta}{R_{\mathrm{p}2}};\ \delta_2 \approx \mathrm{tg}\delta_2 = \frac{x_\mathrm{p}}{R_{\mathrm{p}2}} \tag{3.71}$$

研究在水平支承面上以较低速度转向时，在该速度下可以忽略惯性力和空气阻力。对于带有转向轮的轮式车辆，纵向反力 R_{x1} 与 R_{x2} 的比值可根据传动方案确定。

当各区段之间存在等轴差速器且各区段的车轮的滚动阻力相等时

$$R_{x1} \approx R_{x2}$$

当轮轴闭锁连接并且其转向角速度相等时

$$\frac{r_{k1}}{r_{k2}} = \frac{R_{p1}\cos\delta_2}{R_{p2}\cos(\theta - \delta_1)}$$

在滚动半径（$r_k = r_{k0}$）变化的线性区域

$$\frac{r_{ksv1} - \lambda_{p1}R_{x1}}{r_{ksv2} - \lambda_{p2}R_{x2}} = \frac{R_{p1}\cos\delta_2}{R_{p2}\cos(\theta - \delta_1)} \tag{3.72}$$

为了简化书写引入符号：$k_{x12} = R_{x1}/R_{x2} = m_{sek1}/m_{sek2}$；$A = (k_{x12} + \cos\theta)/(1 + \cos\theta)$。车轴的横向反作用力由侧偏阻力系数和侧偏角确定：$R_{y1} = k_{y1}\delta_1$；$R_{y2} = k_{y2}\delta_2$。

结合考虑了 k_{x12} 的方程（3.69）和方程（3.71），可得分别具有 m_{sek1} 和 m_{sek2} 区段质量的铰接式轮式车辆稳定运动的瞬时转向中心坐标的关系式：

$$\left.\begin{aligned} R_{p2} &= \frac{k_{y1}k_{y2}(L_1/\cos\theta + L_2)(L_1 + AL_2)}{k_{y1}k_{y2}(L_1 + AL_2)\mathrm{tg}\theta - (m_{sek1} + m_{sek2})(k_{y1}A + k_{y2})} \\ x_p &= \frac{k_{yl}A(L_1/\cos\theta + L_2)(m_{sek1} + m_{sek2})}{k_{y1}k_{y2}(L_1 + AL_2)\mathrm{tg}\theta - (m_{sek1} + m_{sek2})(k_{y1}A + k_{y2})} \end{aligned}\right\} \tag{3.73}$$

克服转向过程中额外的运动阻力所需单位牵引力的增加量由下式确定：

$$\Delta k_{tjag} = \Delta f_{pov} = \frac{R_{y1}(1 + k_{x12})\sin\theta(1 + k_{x12}\cos\theta)}{(m_{sek1} + m_{sek2})g} \tag{3.74}$$

区段车轴上的附着力利用系数为：

$$k_{R_{\Sigma\varphi1}} = \frac{R_{y1}\sqrt{1 + 2k_{x12}\cos\theta + k_{x1}^2}}{\varphi g m_{sek1}(1 + k_{x12}\cos\theta)}$$

$$k_{R_{\Sigma\varphi2}} = \frac{R_{y2}\sqrt{(R_{y1}\sin\theta/R_{y2})^2 + (1 + k_{x12}\cos\theta)^2}}{\varphi g m_{sek2}(1 + k_{x12}\cos\theta)}$$

式中，$k_{R_{\sum\varphi}} = R_{\sum}/(\varphi R_z)$，而 $R_{\sum}$ 由式（3.3）确定。

如图 3.35 所示，铰接机构的位置会影响运动学特性（x_p 和 R_p），而实际上不会影响动态转向参数（Δk_{tjag}，$k_{R_{\sum\varphi1}}$，$k_{R_{\sum\varphi2}}$）。当铰接机构位于前轴的中间 $\tilde{L}_1 = L_1/(L_1 + L_2) = 0$ 时，各区段的转向半径之差（$R_{p1} - R_{p2}$）最大，但转向轨迹的平均半径与以对称方式连接的轮式车辆转向半径相等（$\tilde{L}_1 = 0.5$）。

根据质量分配系数 k_{x12}，对于对称连接式轮式车辆（$\tilde{L}_1 = 0.5$）的静态转向性能参数进行分析。结果表明，横向偏离阻力系数恒定且相等（$k_{y1} = k_{y2} = \mathrm{const}$）

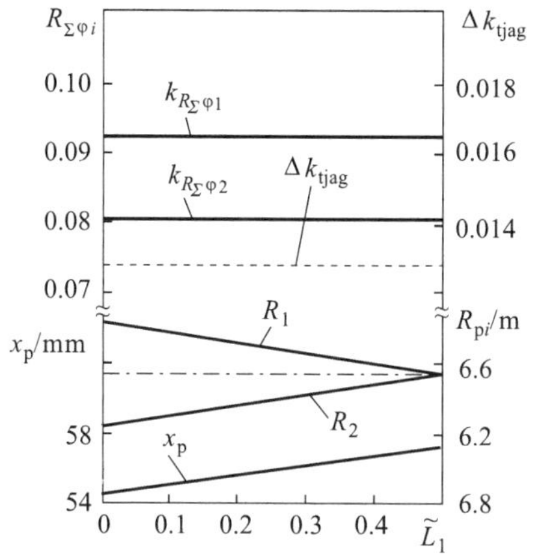

图 3.35 区段折叠角 $\theta=25°$ 时铰接式轮式车辆静态转向性能参数随铰接机构相对位置 $\tilde{L}_1=L_1/(L_1+L_2)$ 的变化

时，转向架质量的显著差异实际上不会影响转向性能的主要参数。

当铰接机构位于前轴上方时，其转向性能（转向轨迹的半径和宽度）几乎与带有转向轮的轮式车辆相同。

在高速行驶时，必须考虑惯性力，这会导致计算变得复杂。

对于非稳态转向（进入或退出转向），运动学比值和动力学比值变得不同，因为铰接式轮式车辆具有额外的自由度（折叠角），会出现第二个瞬时转向中心，并且区段的转向半径会发生变化。因此，必须考虑轮式车辆区段的牵连运动和相对运动。

对非稳态转向结果的分析表明，后部区段的质量的增加 $m_{sek1}<m_{sek2}$ 和铰接机构相对于前轴的偏移 $L_1<L_2$ 将导致进入转向时的最小转向半径减小。

3.8 设计和操作因素对轮式车辆转向性能的影响

转向性能以最小转向半径 R_{pmin} 和转向所需功率 N_{km} 为特征，主要取决于轮式车辆的设计参数，即主要取决于轴距与轮距的比值 L/B 以及转向轮的最大转向角 θ_{kmax}。L/B 越小，θ_{kmax} 越大，转向半径 R_{pmin} 越小。图 3.36 给出了轮式车辆转向的计算结果，取沿着前外轮的转向半径 R_{p1n} 为运动学评价参数。当具有高附着力系数的支承面和低车速（2m/s）时，不需考虑倾覆、车轮打滑和转向动力不足，但要考虑车轮的动力和轨迹运动偏移。

在所有车轮均为转向轮的轮式车辆中，转向极从后轴到底座中间的位置 $0\leqslant$

$x_{kin} \leqslant \frac{1}{2}L$ 的变化会导致转向半径 R_{p1n}减小（图 3.36（b））。具有前后轴转向轮且转向极 $x_{kin} = \frac{1}{2}L$ 的车辆，比具有一个转向轴且 $x_{kin} = 0$ 的轮式车辆的转向半径 R_{pmin}几乎小 2 倍。

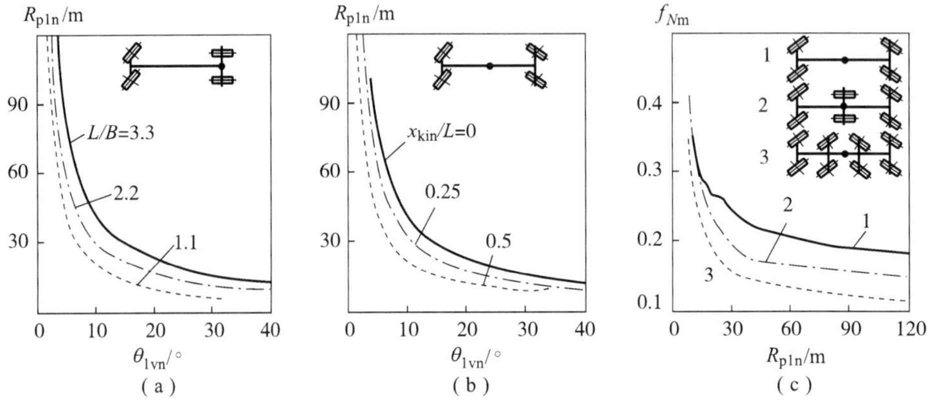

图 3.36　前外轮转向半径 R_{p1n}随前内轮转向角 θ_{1vn} 以及转向半径 R_{p1n}的供给功率系数 f_{NM}的变化

（a）$x_{kin} = 0$，$B = \text{const}$ 时；（b）$L = \text{const}$，$B = \text{const}$ 时；（c）$L = \text{const}$，$P_{zi} = \text{const}$，$x_{kin}/L = 0.5$

与仅前后两端的轮轴上的车轮为转向轮的轮式车辆相比，所有车轮均为转向轮的多轴轮式车辆在转向极（$x_{kin} = \text{const}$）位置相同且转向半径 R_{pmin}减小很小时，用于转向的功率 N_{km}少得多。

在许多情况下，使用由式（2.55）确定的无量纲指数来进行轮式车辆的比较评估更为方便。图 3.36（b）表示的是由车轮具有相同垂向载荷（轮式车辆的总质量可能不同）的轮式车辆的关系式（3.55）所确定的供给功率系数 f_{N_m} 的变化曲线。在相同的运动学转向半径下，在软支承面上以低速运动的车辆的实际转向半径几乎没有变化，而单位功耗 f_{N_m} 的差别却很大。将轴的数量从 2 个增加到 4 个可以减少转向的单位功耗。

转向半径 R_p 和系数 f_{N_m} 受非转向轮轴之间的位置和距离的影响——该距离越大，非转向轮轴数量越多，转向性能越差。

转向性能随着最后一根轴车轮的总偏离角 δ_p 的增加，和前轴车轮的总偏离角 δ_1 的减小而提高（$\delta_1 < \delta_p$）。很大程度上，这是由悬架导向元件的运动而产生的运动偏离而引起的。在这种情况下，为了实现轮式车辆转向，前轴车轮必须增加向中心的倾斜程度，而后轴也须增加相对转向中心的倾斜程度（图 3.37（a））。如图 3.37

（b）所示的系统图，当在水平平面上转动前、后轮轴时，将达到相同的效果。

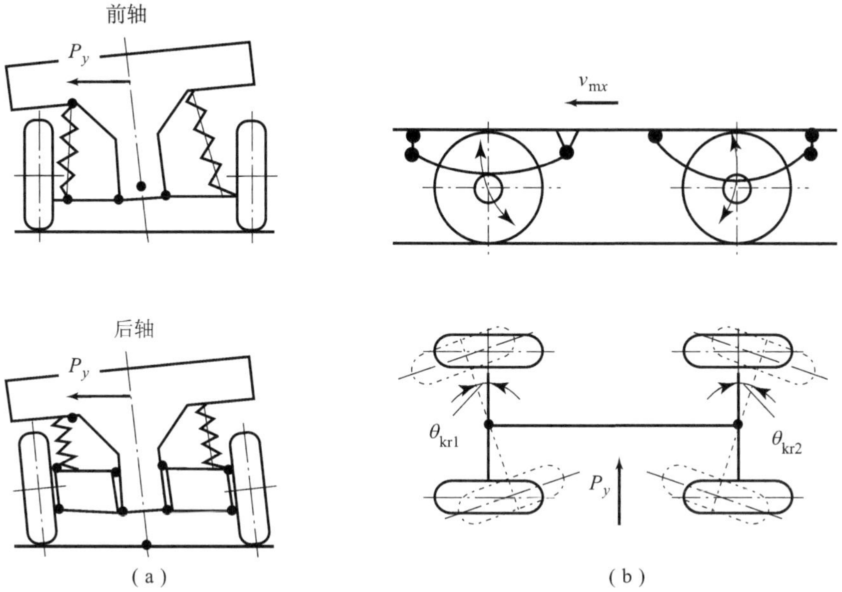

图 3.37 确保轮式车辆转向性能增加的轴悬架系统图

（a）非板簧轴悬架；（b）板簧轴悬架

转向性能受功率流分布方案（传动装置）的影响明显。

低速行驶时，当来自驱动轮上的纵向反作用力的转向力矩小于来自横向反作用力的转向阻力矩时，轮式车辆的转向性能可能会受到车轮附着力的限制，即不满足方程式（3.48）。

转向阻力矩主要归因于在非转向轮上产生的横向反作用力 R_{yi}。转向转矩由纵向反作用力 R_{xi}确定，其纵向反作用力值取决于动力传动系统。

当差速传动时，转向受限于较低转矩的车轮。在硬支承面上，只有在低附着系数时才有可能发生此情况。

在具有高附着系数的硬支承面上，带有完全闭锁的传动系统的轮式车辆在转向时会出现功率循环，两侧车轮的力矩和纵向反作用力具有不同的符号，并且对于外侧轮它们为负值。当纵向反作用力数值较大，接近于附着力极限值时，来自纵向力的转向力矩会急剧减小。完全闭锁传动的轮式车辆的最小转向半径和转向功率要高于完全差速传动的轮式车辆。但对于易变形的支承面，这一结论并不总是正确的。

除已列出的设计参数外，轮式车辆的转向性能在一定范围内还受轮胎参数的影响，包括切向弹性系数 λ_m、横向偏离阻力系数 k_y 以及质心的位置。前二者取决于轮胎的垂向载荷和气压，而后一个参数和系数 k_y 确定了车轮垂向反作用力的分布情况。

影响转向性能参数的运行参数还包括车速和支承面的类型。随着车速的增加，离心力的横向分量和横向反作用力增加，车身侧倾并且沿横向的垂向反作用力发生明显的重新分布。高速下转向性能参数的限制，与轮式车辆的倾覆的可能性以及转向动力装置的功率不足有关，同时也与无法在驱动轮上产生足够的牵引力来克服运动阻力有关。后者可能出现在采用全差速传动系统并有一个车轮悬空的情况下（$P_{zi}\to 0$，$M_{Ki}\to 0$，$R_{xi}\to 0$）。

总之，必须注意的是，使用可改变转向极位置的灵活转向系统时，可以实现轮式车辆的最优转向性和机动性参数（图 3.38）。这种轮式车辆在其运输受限制的条件下（如在停车期间、在狭窄的机库中、在运输过程中的铁路站台上或飞机上）具有很高的机动性，可显著减少调车时间和功耗。

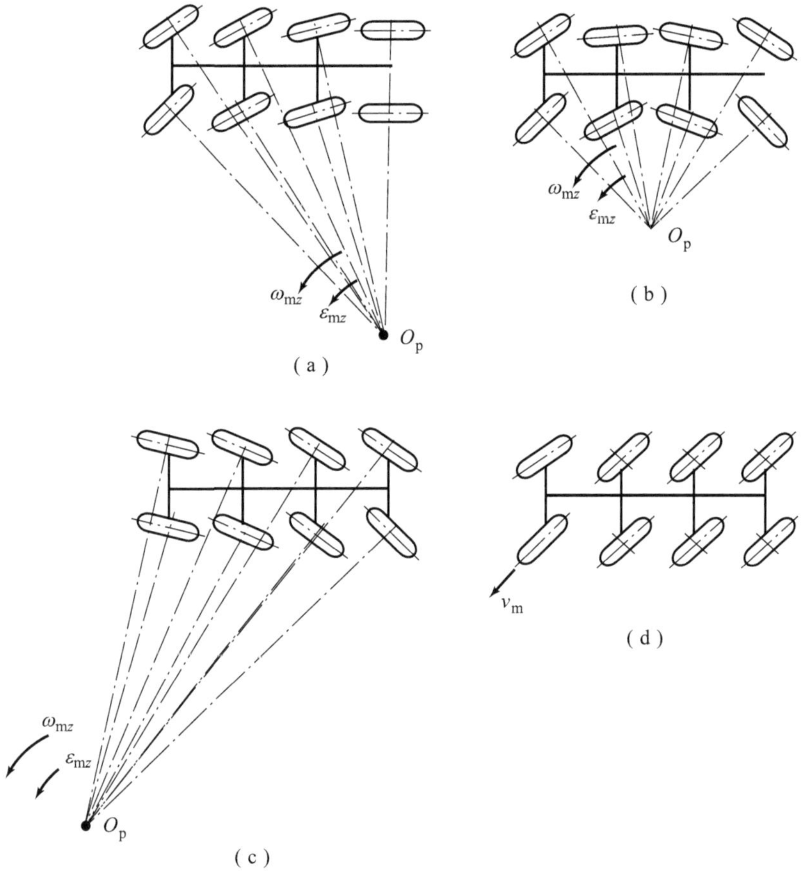

图 3.38 具有柔性转向系统轮式车辆转向时，转向轴的位置

（a）后轴；（b）底盘中部；（c）前轴前方；（d）无穷远处（蟹行）

习题

1. 请列出轮式车辆转向的可能方法并介绍它们的优缺点。
2. 轮式车辆稳定转向的条件是什么？
3. 什么是弹性车轮的动力偏离？其特征参数是什么？
4. 弹性车轮可能的运动偏离类型有哪些？
5. 哪些设计和操作因素会影响弹性车轮的侧偏？
6. 请写出车轮转向时的力平衡和功率平衡方程。
7. 请绘制轮式车辆转向的计算图。
8. 哪些运动学参数描述了轮式车辆的转向特征？
9. 什么是转向性能，存在哪些转向类型？
10. 可以通过哪些方式改变轮式车辆的转向性能？
11. 什么是侧倾中心？其位置在车轮悬架系统导向元件方案不同时如何变化？
12. 在转向时，哪些外力和力矩作用在轮式车辆上？
13. 请写出轮式车辆在不同平面上转向时的平衡方程。
14. 轮式车辆转向时，转矩、纵向和横向反作用力在车轮上如何分布？
15. 什么是车轴转向阻力矩？它在车轴车轮差速连接和闭锁连接时是什么样的？
16. 连接机构不同时，转矩如何分布在车轴两侧的车轮上？
17. 哪些因素会影响轮式车辆转向 3 个阶段的力和反作用力？
18. 请绘制铰接式轮式车辆转向的计算图。
19. 哪些设计和运行参数会影响轮式车辆的转向半径和转向功耗？
20. 具有灵活转向系统的轮式车辆在转向性和机动性方面有什么优势？

4 轮式车辆稳定性

4.1 轮式车辆稳定性分类和指标

以上章节研究了轮式车辆在受恒定的驱动力影响时的运动，驱动力的参数由驾驶员调节，以保证车辆以指定的轨迹行驶。驱动力作用下的这种运动被称为非扰动运动。除了运动方程考虑的驱动力外，由于各种原因造成的随机外力也会作用在轮式车辆上，如支承面不平度、道路的纵向和横向倾斜度、道路连接口、阵风等，这些力以及它们对运动的影响被称为扰动。

由于不平衡或运动参数的变化引起的干扰因素作用下，轮式车辆的运动与任何动力学系统一样，其过渡过程的特征取决于轮式车辆的性能、无扰动运动参数以及扰动的类型。

系统在使其偏离平衡状态的扰动因素消失后，返回平衡状态的能力被称为稳定性。系统在不同参数集合下可分为 3 种运动稳定性：

①渐近稳定运动——扰动运动参数回归原始状态；

②不稳定运动——扰动引起的参数偏差随时间增大；

③非渐进稳定运动（条件稳定运动）——运动参数不回归原始状态，其偏差不超过给定值，并随时间推移而稳定。

定义了稳定和不稳定之间边界的系统非扰动运动参数，称为临界参数。

轮式车辆的稳定性即在没有驾驶员控制的情况下，在任意外力作用时轮式车辆保证其纵向和垂向轴的方向和位置处于规定范围内的一系列特性。

区分两种轮式车辆的稳定性损失：

①轮式车辆受到某些作用力和反作用力的影响下，静态或动态平衡受到破

坏。这种不稳定性的特点是：在转向、制动或爬坡、下坡、侧倾坡或这些因素的共同作用下，车辆运动时倾覆或失去附着力。稳定性边界由确定这些参数的平衡方程的解来确定。

②在静态或动态平衡轮式车辆上施加扰动因素，可产生过渡过程并导致运动参数与初始值的偏差随时间而增加。

在研究轮式车辆的性能时，需考虑关于其位置和运动的稳定性条件。前者考虑了轮式车辆可能相对于纵轴或横轴的倾覆，后者考虑了操纵稳定性和方向稳定性。

操纵稳定性是轮式车辆保持质心运动方向的能力。其指标是质心速度矢量 v_C 的方向保持不变或发生变化的情况，以及该矢量的纵向分量保持不变（$v_{C_x}=v_{mx}=$ const）时，其横向分量 v_{C_y} 发生变化。

方向稳定性的特点是能够保持轮式车辆纵轴的方位。其指标是轮式车辆相对于垂直于车辆运动平面的轴线旋转的角速度 w_{mz} 发生的变化。

整个轮式车辆或其各轴在横向移动时发生滑动，从而失稳的极限情况称为“侧滑”。

运动可以在某个参数上是稳定的，而在其他参数上是不稳定的。例如，方向稳定的同时操纵不稳定。

稳定性的评估指标通常是临界运动或位置参数：侧滑速度 $v_{mx\varphi y}^{krit}$ 和倾覆速度 v_{mxopry}^{krit}；方向稳定性速度 $v_{mx\omega_z}^{krit}$ 和操纵稳定性速度 $v_{mxv_y}^{krit}$，以及方向摆动的出现速度 $v_{mxd\gamma}^{krit}$；侧滑斜坡角度 $\alpha_{opy\varphi}^{krit}$ 和倾覆斜坡角度 α_{opyopr}^{krit}；侧滑纵向坡度角 $\alpha_{opx\varphi}^{krit}$ 和倾覆纵向坡度角 α_{opxopr}^{krit}；横向稳定性系数 k_{ysty}；横向倾斜角 α_{kry}^{krit} 和漂移角 $\beta_{O'_{kin}}^{krit}$。

4.2 轮式车辆的转向和操纵稳定性、侧滑

轮式车辆的转向和操纵稳定性

假设轮式车辆在恒定参数下进行转向运动（稳态运动），其状态由支承面上的平衡方程组（3.46）~（3.48）说明。为便于表述，我们将考虑带假想轮参数的平面构型计算图（图 4.1）

$$\delta_i=\frac{1}{2}(\delta_{in}+\delta_{ivn});\ k_{yoi}=k_{yin}+k_{yivn}$$

$$R_{yi}=k_{yoi}\delta_i;\ R_{xi}=R_{xin}+R_{xivn};\ \theta_i=\frac{1}{2}(\theta_{in}+\theta_{ivn})$$

轮式车辆的运动可用其质心速度 v_C 和角速度 w_{mz} 表示。质心的速度矢量 v_C 与

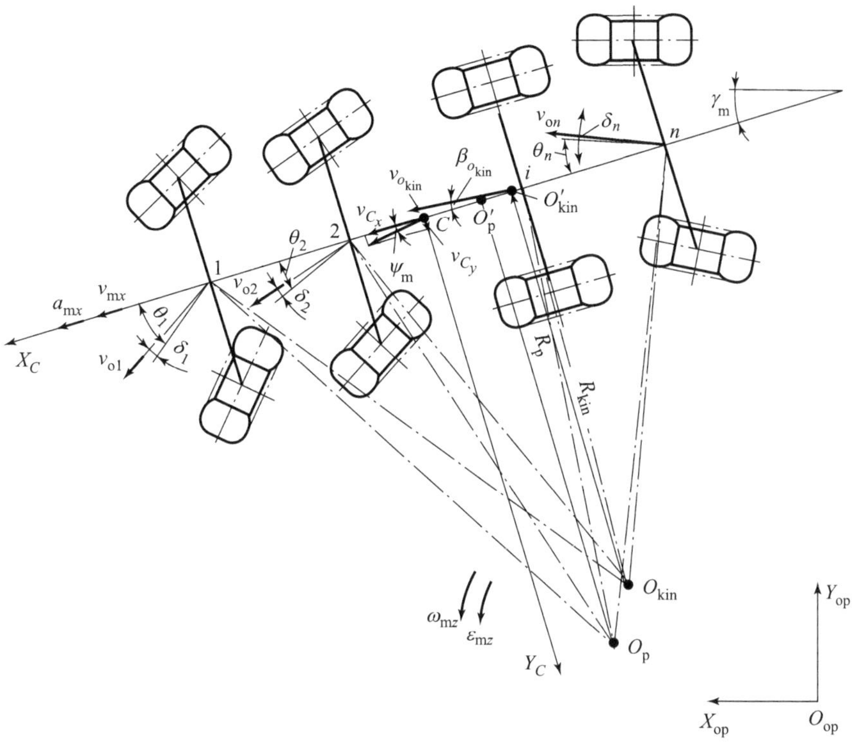

图 4.1 确定轮式车辆稳定性和可控性参数的计算图

轮式车辆纵轴夹角 Ψ_m 被称为“方向角”。轮式车辆相对于与固定坐标系的倾角用相对方位角 γ_m 表示。

根据质心加速度关系式（3.37），考虑到车轮小转向角 θ_i 和倾斜角 δ_i，确定以下表达式：

$$a_{C_x}=a_{mx}-(v_{C_x}/L)^2(\theta_1+\theta_n-\delta_1+\delta_n)\times[(L-l_{1C})(\theta_1+\theta_n-\delta_1+\delta_n)-L(\theta_n+\delta_n)] \tag{4.1}$$

$$a_{C_y}=v_{C_x}\omega_{mz}+\varepsilon_{mz}[L-l_{1C}-L(\theta_n+\delta_n)/(\theta_1+\theta_n-\delta_1+\delta_n)] \tag{4.2}$$

而角加速度 ε_{mz} 根据式（3.36）确定。

为确定轮式车辆的运动稳定性，必须分析某一扰动对速度 v_C 的大小和方向以及方向角 Ψ_m，或当 $v_{C_x}=v_{mx}=\text{const}$ 时对横向分量 v_{C_y} 的影响，以及对轮式车辆纵轴旋转角速度 ω_{mz} 的影响。

轴中心点的速度 $v_i=v_{C_x}/\cos(\theta_i-\delta_i)$，而横向分量 $v_{iy}=v_{C_x}/\text{tg}(\theta_i-\delta_i)$。在小角度下可写作：

$$\delta_i=\theta_i-v_{iy}/v_{C_x} \tag{4.3}$$

用式（4.2）、式（4.3）代入方程（3.46），并用式 $R_{yi}=k_{yoi}\delta_i$ 代替轴的横向反作用力，其中 k_{yoi} 为假想车轮轴横向滑移的阻力系数，得出

$$\frac{\mathrm{d}v_{C_y}}{\mathrm{d}t}-\left(v_{C_x}+\frac{\sum_{i=1}^{n_o}k_{yoi}l_{Ci}}{m_m v_{C_x}}\right)w_z+\frac{\sum_{i=1}^{n_o}k_{yoi}}{m_m v_{C_x}}v_{C_y}-\frac{\sum_{i=1}^{n_o}(k_{yoi}+R_{xi})\theta_i}{m_m}=0 \tag{4.4}$$

与方程（3.48）类似，还有

$$\frac{\mathrm{d}\omega_{mz}}{\mathrm{d}t}-\frac{\sum_{i=1}^{n_o}k_{yoi}l_{Ci}}{J_{mz}v_{C_x}}v_{C_y}+\frac{\sum_{i=1}^{n_o}k_{yoi}l_{Ci}^2}{J_{mz}v_{C_x}}w_{mz}+\frac{\sum_{i=1}^{n_o}l_{Ci}\theta_i(k_{yoi}+R_{xi})}{J_{mz}}+\frac{M_{spm}}{J_{mz}}=0 \tag{4.5}$$

式中，M_{spm} 为多轴轮式车辆的转向阻力矩，这里考虑车轮、车轴和非转向轴转向架的转向阻力。

假设在某一时刻，车轮受到某种扰动的作用，偏离了平衡状态，其参数相对于初始参数 v_{C_y0} 和 ω_{mz0} 发生了变化：

$$v_{C_y}(t)=v_{C_y0}+\Delta v_{C_y};\ \omega_{mz}(t)=\omega_{mz0}+\Delta\omega_{mz} \tag{4.6}$$

式中，Δv_{C_y}、$\Delta\omega_{mz}$ 为运动扰动。

如果 $v_{C_y}(t)$ 和 $\omega_{mz}(t)$ 值在稍有偏差后，在整个后续时间内仍保持在初始 v_{C_y0} 和 ω_{mz0} 值附近，则轮式车辆的运动将是稳定的。此时若用初始条件式（4.6）求解方程式（4.4）和（4.5），在所有值 $t>t_0$ 情况下，Δv_{C_yi} 和 $\Delta\omega_{mzi}$ 的偏差应很小。

轮式车辆扰动运动由类似式（4.4）和式（4.5）的方程描述，但无自由项。因此扰动方程将是

$$\frac{\mathrm{d}(\Delta v_{C_y})}{\mathrm{d}t}-\left(v_{C_x}+\frac{\sum_{i=1}^{n_o}k_{yoi}l_{Ci}}{m_m v_{C_x}}\right)\Delta\omega_{mz}+\frac{\sum_{i=1}^{n_o}k_{yoi}}{m_m v_{C_x}}\Delta v_{C_y}=0 \tag{4.7}$$

$$\frac{\mathrm{d}(\Delta\omega_{mz})}{\mathrm{d}t}-\frac{\sum_{i=1}^{n_o}k_{yoi}l_{Ci}}{J_{mz}v_{C_x}}\Delta v_{C_y}+\frac{\sum_{i=1}^{n_o}k_{yoi}l_{Ci}^2}{J_{mz}v_{C_x}}\Delta\omega_{mz}=0 \tag{4.8}$$

从这个齐次线性微分方程组中分离出常系数：

$$a_1=\frac{\sum_{i=1}^{n_o}k_{yoi}}{m_m v_{C_x}};\ b_1=v_{C_x}+\frac{\sum_{i=1}^{n_o}k_{yoi}l_{Ci}}{m_m v_{C_x}};\ a_2=\frac{\sum_{i=1}^{n_o}k_{yoi}l_{Ci}}{J_{mz}v_{C_x}};\ b_2=\frac{\sum_{i=1}^{n_o}k_{yoi}l_{Ci}^2}{J_{mz}v_{C_x}} \tag{4.9}$$

把它们代入一个 $\Delta\omega_{mz}$ 的二阶方程：

$$\frac{\mathrm{d}^2(\Delta\omega_{mz})}{\mathrm{d}t^2}+(a_1+b_2)\frac{\mathrm{d}(\Delta\omega_{mz})}{\mathrm{d}t}+(a_1b_2-b_1a_2)\Delta\omega_{mz}=0 \tag{4.10}$$

或将运算式写作

$$p^2 + (a_1 + b_2)p + a_1 b_2 - b_1 a_2 = 0 \tag{4.11}$$

解方程，得出

$$\Delta\omega_{mz} = C_1 e^{p_1 t} + C_2 e^{p_2 t} \tag{4.12}$$

式中，C_1，C_2为常系数；p_1，p_2为方程特征根，且 $p_i = a + bj$，a 为实部，b 为虚部，j 为虚数单位，$j^2 = -1$。

在 $t \to \infty$ 的情况下，研究 Δv_{C_y} 和 $\Delta\omega_{mz}$ 偏差，根据特征方程根的变化情况，将轮式车辆的稳定和不稳定运动情况分类。

轮式车辆的稳定运动在以下情况下得以保证：

①根为负实根（$a<0$）时，偏差平稳减小（图 4.2（a））；

②根为带负实部（$a<0$）的复数根时，偏差以振荡形式减小，且频率足够快（图 4.2（b））。

轮式车辆的不稳定运动在以下情况下出现：

①根为正实根（$a>0$）时，偏差平稳增大（图 4.2（c））；

②根为带正实部（$a>0$）的复数根时，偏差以振荡形式增大，频率不快（图 4.2（d））；

③根为实部为零（$a=0$）的虚数根时，偏差具有恒定的振幅（图 4.2（e））。

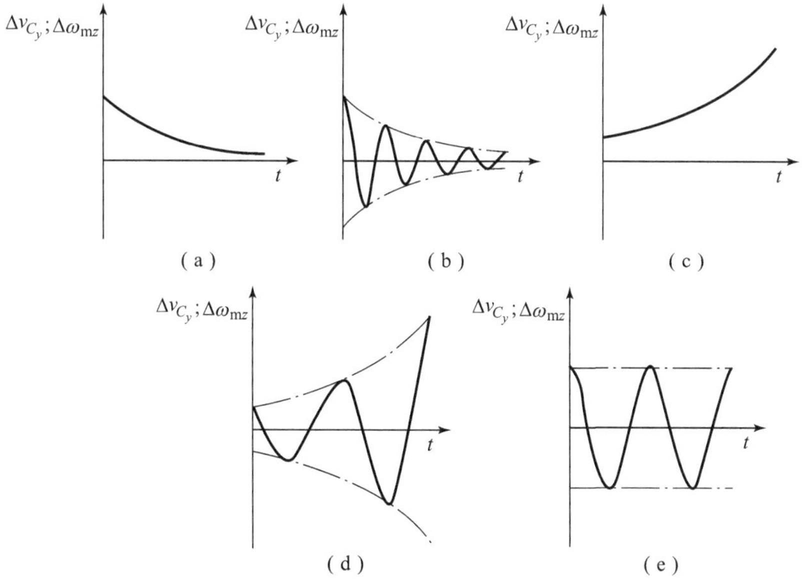

图 4.2 轮式车辆在过渡过程中运动参数偏差随特征方程的根的变化

（a）负实数根；（b）负实部复数根；（c）正实数根；（d）正实部复数根；（e）实部为 0 的虚数根

在轮式车辆稳定运动时，由于其固有特性（反映在运动方程中）可以抵抗外部扰动。在不稳定运动时，偏差会随着时间增加。因此，特征方程式（4.11）的根存在负实部是运动稳定性的必要和充分条件。

这一条件满足不等式：

$$a_1 + b_2 > 0; \; a_1 b_2 - b_1 a_2 > 0 \tag{4.13}$$

由于系数 a_1 和 b_2 为正数，因此第一个不等式总是满足的。

将第二个不等式变成等式，且轮式车辆的运动将处于稳定性极限范围内，研究极端情况：

$$a_1 b_2 - b_1 a_2 = \frac{\sum_{i=1}^{n_o} k_{yoi} \sum_{i=1}^{n_o} k_{yoi} l_{Ci}^2}{J_{mz} m_m v_{C_x}^2} - \frac{\sum_{i=1}^{n_o} k_{yoi} l_{Ci}}{J_{mz}} - \frac{\left(\sum_{i=1}^{n_o} k_{yoi} l_{Ci} \right)^2}{J_{mz} m_m v_{C_x}^2} = 0 \tag{4.14}$$

通过对运动速度求解，得到决定方向稳定性临界速度 $v_{mxw_z}^{krit}$ 的方程：

$$v_{mx\omega_z}^{krit} = \sqrt{\frac{\sum_{i=1}^{n_o} k_{yoi} \sum_{i=1}^{n_o} k_{yoi} l_{Ci}^2 - \left(\sum_{i=1}^{n_o} k_{yoi} l_{Ci} \right)^2}{m_m \sum_{i=1}^{n_o} k_{yoi} l_{Ci}}} \tag{4.15}$$

其中，到 i 轴的距离 l_{Ci} 应从质心 C 算起。对于位于质心前的轴，其值为正值 $l_{Ci} > 0$；对于位于质心后的的轴，则为负值 $l_{Ci} < 0$。因此，式（4.15）的分母中的表达式 $\sum_{i=1}^{n_o} k_{yoi} l_{Ci}$ 将为正值或负值。在第一种情况下，轮式车辆在 $v_{mx} < v_{mx\omega_z}^{krit}$ 时运动稳定，在第二种情况下，车辆在任意速度下均运动稳定。

现在，根据 Δv_{C_y} 来评估轮式车辆的稳定性，将齐次线性微分方程（4.7）和（4.8）代入 Δv_{C_y} 的二阶方程：

$$\frac{d^2(\Delta v_{C_y})}{dt^2} + (a_1 + b_2)\frac{d(\Delta v_{C_y})}{dt} + (a_1 b_2 - b_1 a_2)\Delta v_{C_y} = 0 \tag{4.16}$$

由于方程（4.16）与（4.10）类似，因此特征方程和一般解的稳定性判据是相似的。

对于在转向时稳定运动的轮式车辆，超过允许速度 v_{mx} 时，失稳是由两个参数造成的，即角速度 $v_{mx\omega_z}^{krit}$ 和侧偏速度 $v_{mxv_y}^{krit}$（操纵稳定性）。

在车辆非稳定运动时，两个参数的临界速度不一致，其中参数 $\Delta\omega_{mz}$ 的速度与加速度 a_{mx} 无关，而参数 Δv_{C_y} 的速度取决于：

$$v_{mxv_y}^{krit} = \sqrt{\frac{\sum_{i=1}^{n_o} k_{yoi}\left(\sum_{i=1}^{n_o} k_{yoi} l_{Ci}^2 - 2a_{mx}J_{mz}\right) - \left(\sum_{i=1}^{n_o} k_{yoi} l_{Ci}\right)^2}{m_m \sum_{i=1}^{n_o} k_{yoi} l_{Ci}}} \tag{4.17}$$

轮式车辆加速度为正时，$v_{mxv_y}^{krit} < v_{mx\omega_z}^{krit}$。因此，运动稳定性的损失首先相对参数 Δv_{C_y}发生，然后在运动超速时，又相对参数 $\Delta\omega_{mz}$发生。因此，在轮式车辆加速时，首先开始失去操纵稳定性（沿运动轨迹漂移），然后失去方向稳定性（进入滑行状态）。在加速度为负时情况相反，首先轮式车辆开始滑行，然后如果速度继续增加，就失去了操纵稳定性。在非稳定运动的情况下，轮式车辆的临界速度也受过质心的垂直轴惯性力矩 J_{mz}的影响。

需要指出，在横向滑移阻力系数 k_{yoi}（线性特性）为固定值时，轮式车辆的临界速度几乎没有变化。在实际情况下，在加速或制动时，轴的垂向载荷会发生变化，尤其车轮接触区域纵向和横向反作用力会发生变化。这会导致轮式车辆的系数 k_{yoi}和临界速度发生显著变化。

在转向、轻微侧向滑移和较弱非线性特征下，临界速度值可根据转向轮的转角 θ_i确定：

$$v_{mx\theta}^{krit} = \sqrt{\frac{\sum_{i=1}^{n_o} k_{yoi}\cos\theta_i \sum_{i=1}^{n_o} k_{yoi} l_{Ci}^2\cos\theta_i - \left(\sum_{i=1}^{n_o} k_{yoi} l_{Ci}\cos\theta_i\right)^2}{m_m \sum_{i=1}^{n_o} k_{yoi} l_{Ci}\cos\theta_i}} \tag{4.18}$$

由式（4.15）和式（4.17）可得，质心位置、底盘上轴的位置 l_{Ci}和侧向滑移阻力系数 k_{yoi}会对 $v_{mx\omega_z}^{krit}$值产生主要影响。

仅通过轮胎的弹性特性改变轮式车辆运动轨迹的过程（没有驾驶员的参与），实际上取决于不同轴上车轮侧偏角 δ_i之间的关系。

以两轴轮式车辆为例说明上述情况（图 4.3）。

假设轮式车辆作直线运动（$\theta_i = 0$），对其施加外部侧向力 P_y。轴上该力的分量将等于横向反作用力：

$$R_{y1} = P_y l_2/L;\ R_{y2} = P_y l_1/L$$

这些力作用于车轮上时，会产生横向滑移，即车轮速度矢量偏离轮式车辆的纵轴的侧偏角为 $\delta_1 = R_{y1}/k_{yo1}$ 和 $\delta_2 = R_{y2}/k_{yo2}$。轮式车辆将转向，其转向半径为 $R_p = L/(\delta_2 - \delta_1)$（见式（3.34）），考虑到上述表达式，对于 δ_i和 R_{yi}，转向半径为：

$$R_p = L^2 k_{yo1} k_{yo2}/[P_y(l_1 k_{yo1} - l_2 k_{yo2})] \tag{4.19}$$

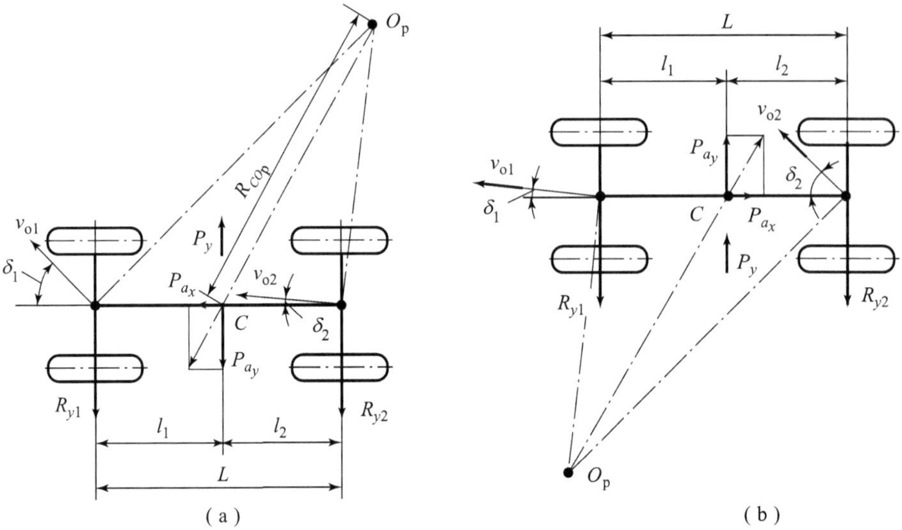

图 4.3 不同轴轮倾斜角下轮式车辆的运动示意图

(a) 转向不足时；(b) 转向过度时

当转向不足（$\delta_1 > \delta_2$）时，瞬时转向中心 O_p 位于引起曲线运动的外部力 P_y 的作用方向（见图 4.3（a））。此时产生离心力 $P_a = m_m v_{mx}^2 / R_{CO_p}$，其横向分量 $P_{a_y} = m_m v_{mx}^2 / R_p$ 指向与扰动力 P_y 相反的方向。分量 P_{a_y} 与力 P_y 平衡，横向反作用力 R_{yi} 和滑移角 δ_i 减小到 0 时，转向停止。

当转向过度（$\delta_1 < \delta_2$）时，瞬时转向中心与外部横向力 P_y 作用的同一侧，离心力的垂向分量 P_{a_y} 在与力 P_y 方向相同（图 4.3（b））。因此，横向反作用力 R_{yi} 和侧偏角 δ_i 增加。如果侧偏角按比例增大，则两者之间的差值也将增大，而轮式车辆转向路径的曲率半径将减小。因此，离心力将持续升高，直到轮式车辆车轴发生侧滑。

将 $P_y = P_{a_y} = m_m v_{mx}^2 / R_p$ 代入方程（4.19），并求解车速，得到方向稳定性的临界速度：

$$v_{mx\omega_z}^{krit} = \sqrt{\frac{L^2 k_{yo1} k_{yo2}}{m_m (l_1 k_{yo1} - l_2 k_{yo2})}} \tag{4.20}$$

或者是考虑到 $l_1 = L m_2 / m_m$，$l_2 = L m_1 / m_m$，有

$$v_{mx\omega_z}^{krit} = \sqrt{\frac{L}{m_2 / k_{yo2} - m_1 / k_{yo1}}} \tag{4.21}$$

式中，m_2、m_1 为第 2 轴和第 1 轴上所承担的轮式车辆的质量。

方程（4.20）相当于多轴轮式车辆的方程（4.15）。速度 $v_{mx\omega_z}^{krit}$ 为临界值，因为当达到临界速度，且转向轮处于中间位置时，意外扰动对轮式车辆的车轮影响会很小。

在所研究的方程式中，当分母为正数时，轮式车辆转向过度；为负数时，则转向不足；当为零时，则为中性转向。因此，为提高轮式车辆运动的稳定性，应确保车辆转向不足或临界速度 $v_{mx\omega_z}^{krit}$ 高于技术上可能达到的运动速度。

在轮式车辆的纵轴上可以找到一个点，当向此点施加横向力 P_y 时，轮式车辆的轨迹不会发生变化，这一点称为中性转向点。从该点到质心的距离与轴距之比，称为轮式车辆的稳定性裕量 $k_{zap.\ yst}$。

轮式车辆的侧滑

在强扰动作用时，不仅会发生车轮的横向滑移，还会发生滑行，即轮式车辆的侧滑。

当 $R_{\Sigma max} = \varphi_{\Sigma} R_{zo} \leqslant \sqrt{R_{xo}^2 + R_{yo}^2}$ 时，会出现车轴的侧滑。因此，当转向和斜坡处的横向反力 R_{yo} 较大时，或在急加速或制动条件下纵向反力 R_{xo} 较大时，也会出现车轴的侧滑。

轮式车辆的任一轴或同时所有轴都可能会出现侧滑。但是，所有轴上驱动力可能不会同时达到极限值。

侧滑时，滑移角弹性分量 δ_y 远远低于剪切分量 δ_j，因此可以忽略不计。

下面研究两轴轮式车辆的侧滑过程（图 4.4）。

假设轮式车辆以速度 v_{mx} 直线作运动，并受到外部横向力 P_y 的作用，引起前轴以速度 v_{o1y} 侧滑（图 4.4（a））。那么第一轴的总速度将为 v_{o1}。假设后轴没有横向移动，并且其速度 $v_{o2} = v_{mx}$，车辆将开始以位于轮缘一侧，不受扰动力 P_y 影响的瞬时旋转中心 O_p 进行转向。同时，会产生离心力，其横向分量 P_{a_y} 与力 P_y 方向相反。因此，车轮上的横向反力减小，车轮滑动停止，轮式车辆侧滑自动消除。

假设轮式车辆以 v_{mx} 进行直线运动，但外部横向力 P_y 引起后轴以速度 v_{o2y} 侧滑（图 4.4（b））。此时，瞬时旋转中心 O_p 位于受扰动力 P_y 的轮缘一侧，而惯性力的分量 P_{a_y} 与力 P_y 方向相同。因此，作用在轮轴上的横向力和惯性力的分量 P_{a_y} 将增大，而转向半径将减小；后轴侧滑程度自动增大，轮式车辆的运动稳定性急剧下降。

当轮式车辆的转向半径 R_p 增大时，可通过减小分量 P_{a_y} 来消除侧滑。在前轴带有转向轮和从动轮的情况下，应使转向轮朝侧滑方向转动，且转角大于前轮和

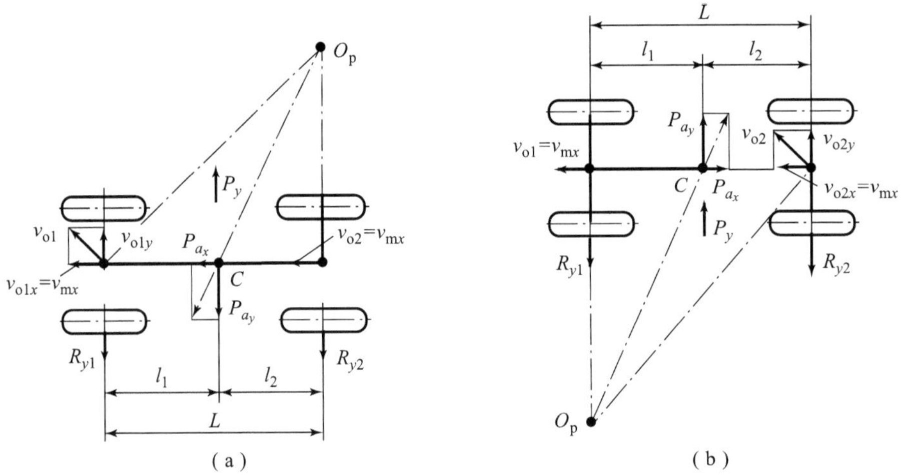

图 4.4　轮式车辆侧滑时力和速度示意图

（a）前轴侧滑；（b）后轴侧滑

后轮轴中心速度方向的夹角。此时，瞬时转向中心位于轮式车辆纵轴的另一侧，而法向分量 P_{a_y} 将改变符号，并朝向引起侧滑的力 P_y 的相反方向。但需要注意，不必要或过多的转向轮转角会导致向相反的方向侧滑。

在前轴带有转向轮和驱动轮的情况下，转向轮的旋转可能会导致前轴和整个轮式车辆的侧滑，因为此时无法感知横向反力的影响。在这种情况下，当运动速度 v_{mx} 增加时，可通过增大转向半径 R_p 来消除侧滑。

带前驱动轮和后从动轮的前驱轮式车辆，其抗侧滑能力比后驱轮式车辆要高，因为后轴车轮上没有牵引力，能够承受大的横向反作用力影响。前驱可提高前驱动轴的稳定性。

全驱动轮式车辆在抗侧滑能力上，介于前驱和后驱轮式车辆之间。

在只有前转向轮的多轴轮式车辆上，相对于后轴的侧滑并不危险；带前后转向轮或仅带后转向轮的全轮驱动轮式车辆，容易在前轴处侧滑，因为它们的惯性力分量会增加。

多轴轮式车辆对一个固定轴 j 的抗侧滑能力条件为：

$$P_{a_y} l_{Cj} + J_{mz}\varepsilon_{mz} + M_{spm} < \sum_{i=1}^{n_o} l_{ji}\sqrt{(\varphi R_{zoi})^2 - R_{xoi}^2} \tag{4.22}$$

式中，l_{Cj} 为从质心到 j 轴的距离；l_{ji} 为 j 轴和 i 轴之间的距离。

对于轮式车辆的每根轴，都应检验不等式（4.22）。在多轴轮式车辆的个别车轮上达到与附着力相等的反作用力，并不意味着会像两轴轮式车辆上一样开始侧滑。通常，多轴轮式车辆的侧滑在前轴或后轴处发生。当在其中一根中间轴处侧滑时，向转向中心滑动的车轮的横向反作用力应指向惯性力的作用方向，但实际上这种情况不大可能发生。

上述结果对平面模型是适用的。在实际情况下，轮式车辆转向时，侧缘上垂向反作用力会显著地重新分布，而车轮的纵向反作用力又是由传动系统方案决定的。因此，要准确评估侧滑过程，还需要建立更复杂的模型。

4.3 转向轮的稳定性和振动

转向轮通过具有弹性和阻尼特性的构件系统与转向盘相连，其中可能存在间隙。因此，在外部扰动力和力矩的作用下，转向轮可能在转向盘固定的情况下转动。由于外力在大小和方向上是可变的，因此转向轮的移动具有振动性质，这会引起轮式车辆的不稳定运动。

转向轮的稳定性

转向轮移动的减少可以通过其稳定性保证——在外力作用下，车轮能够抵抗对中间位置的偏离，并在外力停止作用后自动返回中间位置的能力。

在一般情况下，外力既会产生不稳定力矩（使车轮偏离中间位置），又会产生稳定力矩（使车轮回到该位置）。在后一种情况下，车轮应回到中间位置，且无需驾驶员的参与，这是由于在车轮滚动时会发生偏移，以及转向轮的转向销的位置倾斜。

如果直线运动时，转向轮意外转过角度 $\theta_j = \delta_j$，则轮式车辆首先会由于惯性将继续以 v_{mx} 的速度沿原来的方向运动（图 4.5）。车轮速度矢量与车轮旋转平面不一致时，会产生横向反力 R_{yi} 和弹性轮胎稳定力矩 $M_{styj} = R_{yj} e_j = k_{yj} \delta_j e_j$，使车轮回到中间位置。然而，力矩 M_{sty} 并不总是足以使车轮达到最优稳定性，因为它在光滑道路和有纵向力的情况下会减小。在某些情况下，还会因为转向轮的转动角 θ_i 增大，而产生非

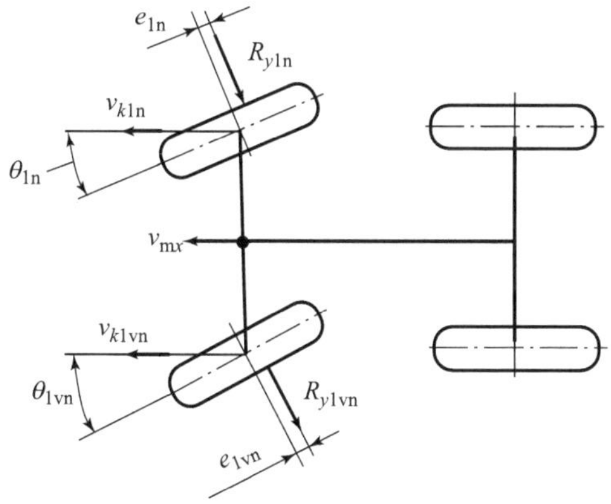

图 4.5 车轮意外转动时轮胎稳定力矩的形成示意图

稳定力矩。

在大多数轮式车辆上，转向轮转向节相对应的主销在纵向和横向平面上存在一定倾斜，这也导致了稳定力矩的产生。

高速稳定力矩 M_{stv}的产生是由于主销轴纵向倾斜造成的。主销正后倾斜角度 α_{shkx}（图 4.6（a））保证了产生相当于接触中心到主销轴距离的额外横向反力臂 e_x 和对应的稳定力矩：

$$M_{stv} = R_y e_x = R_y r_d \sin\alpha_{shkx} \approx R_y r_d \alpha_{shkx} \tag{4.23}$$

在转向半径 R_p较大的转向工况，横向反作用力 R_y 主要取决于轮式车辆的运动速度。

对于带有前轴转向轮的两轴轮式车辆，轴上的横向反作用力 $R_{yo1} = m_m(L - l_{1C})v_{mx}^2/(LR_p)$。

由横向力产生的总稳定力矩为：

$$M_{sty\Sigma} = M_{stv} + M_{sty}$$

在某些情况下，为了建立稳定力矩 M_{stv}，主销轴向前偏移（图 4.6（b））或向后偏移，且无倾斜；或者采用偏移与倾斜相结合的方式。主销的纵向倾角为 $\alpha_{shkx} = 0 \sim 5°$。

重力稳定力矩 M_{stz}的产生是由于主销具有横向倾斜角度 α_{shky}（图 4.7）。在车辆以低速运动时，力矩 M_{stz}保证了在大的车轮转动角度 θ_i下转向轮的稳定性。

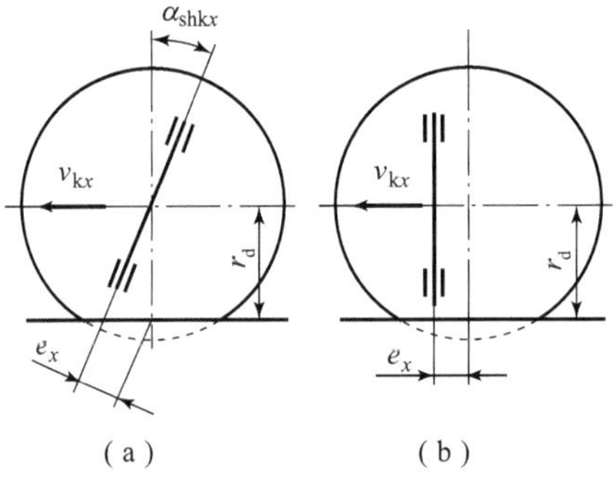

图 4.6　车轮纵向平面上的主销安装示意图

（a）正倾斜；（b）偏移

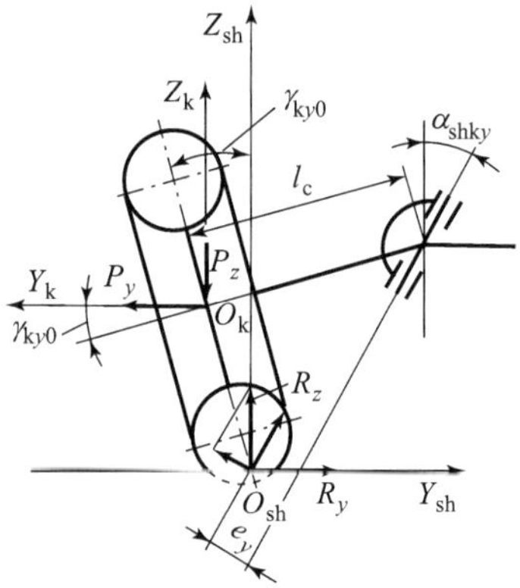

图 4.7　主销横向倾斜时的重力稳定力矩产生示意图

考虑这种情况，即主销仅在横向平面上具有倾斜角度 α_{shky} 而 $\alpha_{shkx} = 0$（见图 4.7）。此时，主销轴线和车轮旋转轴（转向节轴线）位于同一平面上，而车

轮中心 O_k 位于距主销组件中心 l_c 处。在中间位置（$\theta=0$）时，车轮外倾角为 γ_{ky0}。作用在接触中心的垂向反作用力 R_z 可分为两个分量：平行于主销轴的分量 $R_z\cos\alpha_{shky}$ 和垂直于主销轴的分量 $R_z\sin\alpha_{shky}$。当车轮处于中间位置时垂直分量为0。

当转向节转动 θ 度时，车轮的外倾角 $\gamma_{ky}\neq\gamma_{ky0}$。这是由于车轮相对不垂直于支承平面的主销轴转动时，会改变其倾斜度。当车轮和主销倾斜角度较小时，角 γ_{ky} 由以下表达式确定

$$\gamma_{ky}=\gamma_{ky0}+\alpha_{shky}(1-\cos\theta) \tag{4.24}$$

绕主销轴线的稳定力矩仅会产生一个分量 $R_z\sin\alpha_{shky}$：

$$M_{stz}=R_z(l_c-r_d\sin\gamma_{ky})\sin\alpha_{shky}\sin\theta\approx R_z l_c\alpha_{shky}\sin\theta \tag{4.25}$$

当在两个平面（$\alpha_{shky}\neq0$、$\alpha_{shkx}\neq0$）上都存在主销轴倾斜时，它与转向节轴线位于同一个平面上且其位置与车轮的中间位置（$\theta=0$）时不一致。轴上每个车轮都会受到使其回到平衡位置的不稳定力矩的作用：

$$M_{stz}\approx R_z l_c\alpha_{shky}\sin\theta_0 \tag{4.26}$$

式中，$\theta_0=\operatorname{arctg}(\alpha_{shkx}/\alpha_{shky})$。

左右两侧车轮上的这些力矩方向相反，且在主销倾斜角和垂向载荷相等的情况下，轴的不稳定力矩将为0。

当转向轮转动 θ 度时，每个车轮都将在力矩的作用下进入平衡位置，即

$$M_{stzvn}\approx R_{zvn}l_c\alpha_{shky}\sin(\theta_{vn}+\theta_0);\ M_{stzn}\approx R_{zn}l_c\alpha_{shky}\sin(\theta_n-\theta_0) \tag{4.27}$$

此时，当车轮逆着运动方向转动时，力矩 M_{stzvn} 与运动方向相同，而力矩 M_{stzn} 则与运动方向相反。稳定力矩 $M_{stzo}=M_{stzvn}+M_{stzn}$ 将作用在与横拉杆连接的车轮上。当轮式车辆转向且其侧边的垂向反作用力重新分配时，力矩 M_{stzo} 减小得越明显，角度 θ_0 越大。

距离 e_y（图4.7）称为滚动臂：

$$e_y\approx l_c-r_d(\alpha_{shky}-\gamma_{ky0}) \tag{4.28}$$

如果同一轴上车轮的纵向反作用力相等 $R_{xvn}=R_{xn}$，则这些反作用力在滚动臂 e_y 上的力矩也相等，但方向相反。它们只加载到转向梯形零件上，而不会产生转向力矩 M_{povR_x}。但是，当 $R_{xvn}\neq R_{xn}$ 时，这些反作用力的不平衡力矩将以转向力矩 M_{povR_x} 的形式传递到转向盘和驾驶员的手上。

车轮总的滚动臂 e'_{yj} 可以变化。例如，当在反作用力 R_{yj} 的作用下向右制动带有正向滚动臂（$e_{yj}>0$）的转向轮时（图4.8（a）），其中心相对接触中心横向移动 h_{yj}。此时，总滚动臂将改变：

$$e'_{yn}=e_y-h_{yn};\ e'_{yvn}=e_y+h_{yvn}$$

在纵向反作用力 R_{xj} 的作用下，车轮中心相对于接触中心纵向移动 c_{shj}。绕车

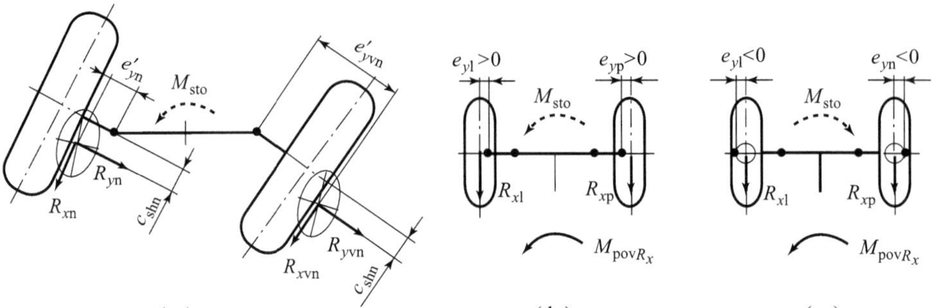

图 4.8　滚动臂对轮式车辆运动过程的影响示意图

（a）带回转转向轮；（b）带非回转转向轮且滚动臂为正时；（c）带非回转转向轮且滚动臂为负时

轮主销轴的稳定力矩为：

$$M_{sto}=R_{yvn}c_{shvn}-R_{xvn}e'_{yvn}+R_{yn}c_{shn}+R_{xn}e'_{yn}$$

因为 $e'_{yvn}>e'_{yn}$，那么在一定条件下，稳定力矩可能变为负值。

当轴上两侧车轮上的制动反作用力 R_{xj} 不同时，由于其不同的附着系数或制动力矩，会产生转向力矩 M_{povR_x}。

假设转向轴左侧车轮上的纵向反作用力大于右侧车轮上的纵向反作用力，即 $R_{xl}>R_{xp}$。这样，在制动和前轮轴明显过载（$R_{zo1}>R_{zo2}$）时，会产生力矩 M_{povR_x}，轮式车辆将转向更大的反作用力 R_{xj} 的作用方向。当滚动臂 $e_y>0$（图 4.8（b））时，车轮上的稳定力矩 M_{sto} 会增加，而当滚动臂 $e_y<0$（图 4.8（c））时，轮式车辆的转角度则会减小。因此，当 $e_y<0$ 时，如当轮胎穿孔时，随着其中一个转向轮上的纵向反作用力 R_{xj} 突然增加，车轮自发转动的可能性会降低。

为了简化轮式车辆的控制，以及减轻转向部件因纵向反作用力矩而造成的额外应力，应使滚动臂 e_y 尽可能小，如可通过减小转向节长度 l_c 或增大主销横向倾角 α_{shky} 来实现。在大多数情况下，$e_y=20\sim50$ mm，但是在某些具有前轮独立悬架且处于空载状态的轮式车辆上，滚动臂可以达到 80 mm。在 $e_y>0$ 时，主销横向倾角 α_{shky} 处于 6°～12°的范围内；在 $e_y<0$ 时，主销横向倾角 α_{shky} 处于 11°～19°的范围内。在具有较大的主销横向倾角 α_{shky} 时，可以得到负滚动臂，这意味着可以提供足够大的稳定力矩而无需大幅减小转向节的长度。

转向轮相对于主销的振动

轮式车辆运动的稳定性受转向盘静止时由于转向部件的柔度而发生的转向轮振动的影响。

对于转向盘允许偏转度为 $\alpha_{ryl}=5°\sim15°$的轮式车辆，当固定转向盘时，转向轮的转向角可以为 $\theta_i=20'\sim40'$。转向部件在施加到车轮的转矩（等于 1 N·m）作用下的变形，会导致转向盘以 $\theta_i=0.1'\sim0.6'$的角度旋转。

车轮的不规则运动通常被称为摆动，而规则运动则被称为振动。转动车轮时的运动具有振动特性。如果振动幅度使得车轮相对于支承面滑动，则接触点上的纵向和横向反作用力会降低，并且轮式车辆的运动稳定性会变差。

发生振动的主要原因如下：

①转向轮不平衡；

②转向轮的悬架与转向器之间的运动学差异；

③车轮与不规则道路的相互作用；

④轮胎切向参数不一致；

⑤液压助力转向器系统的振动；

⑥一种特殊类型的连续振荡（自激振动）。

转向轮旋转时，车轮对支承面的附着、转向器中的弹性力和摩擦力与在改变旋转轮的旋转角度的过程中产生的陀螺力矩抵消。

下面详细研究这些原因。

如果车轮是平衡的，则作用在其每个点上的惯性离心力微元是相互平衡的，也就是说，它们的总和等于零——静态平衡（静平衡），它们的力矩之和等于零——动态平衡（动平衡）。

车轮不平衡表现为静态不平衡（车轮的质心与旋转轴不重合（图 4.9（a））和动态不平衡（车轮质心与旋转轴重合，但质量相对于车轮的旋转平面不对称）。

通常，通过等效不平衡质量 m_{ny}来评估不平衡度。该不平衡质量 m_{ny}集中在完全平衡的车轮距中心距离为 r_m 处的一点上（图 4.9（b）），并且引入了不平衡力矩的概念：

$$M_{db}=m_{ny}gr_m \tag{4.29}$$

该质量以角速度 ω_k 旋转的结果是产生了惯性力 $P_{ny}=m_{ny}r_m\omega_k^2$，可以将其分解为水平（纵向）分量 P_{nyx}和垂直分量 P_{nyz}：

$$P_{nyx}=m_{ny}r_m\omega_k^2\sin(\omega_k t);\ P_{nyz}=m_{ny}r_m\omega_k^2\cos(\omega_k t) \tag{4.30}$$

惯性力的纵向分量 P_{nyx}在转向节力臂 l_c上产生力矩 M_{nyx}，使车轮转动：

$$M_{nyx}=P_{nyx}l_c=m_{ny}r_m\omega_k^2\sin(\omega_k t)l_L$$

或考虑表达式（4.29）和 $\omega_k=v_{mx}/r_k$，可得

$$M_{nyx}=M_{db}v_{mx}^2\sin(\omega_k t)l_c/(gr_k^2) \tag{4.31}$$

因此，由于不平衡车轮的旋转，产生了正弦力矩 M_{nyx}，它倾向于引起车轮相

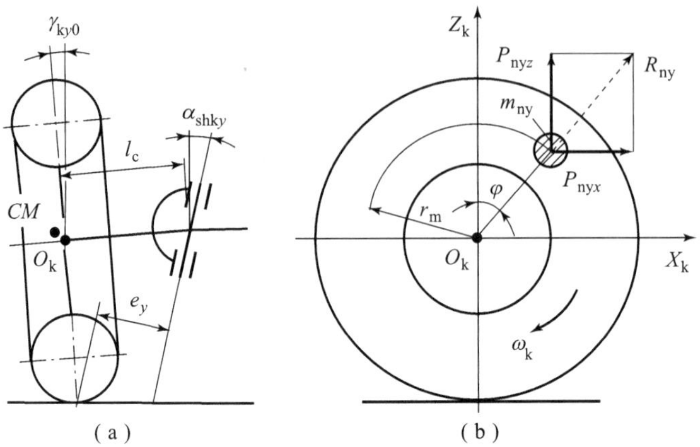

图 4.9　车轮在两个平面上不平衡产生力矩的示意图

（a）横向 – 垂向；（b）纵向 – 垂向

对于主销轴线的振动，其频率等于角速度 w_k，振幅与不平衡力矩和运动速度的平方成正比：$M_{nyx}=M_{db}v_{mx}^2 l_c/(gr_k^2)$。

通过转向梯形连接的转向轮最不利的情况是它们的不平衡质量相位差 180°。

惯性力的垂直分量 P_{nyz}引起垂向反作用力 R_z 的变化和轮胎 h_z 的变形，从而导致车轮的动力半径 r_d和滚动半径 r_k 变化。在恒定线速度 v_{mx}下，车轮的角速度 ω_k 会发生变化，并且会出现惯性力矩 M_{J_k}，这必须通过力臂 r_d上的附加纵向反作用力 R_{xJ}来平衡：

$$M_{J_k}=J_k\mathrm{d}\omega_k/\mathrm{d}t=-R_{xJ}r_d \tag{4.32}$$

在车轮之间的间距较小且牵引力较小的情况下，可以令 $r_d=r_k$，并通过轮胎的垂向变形 $r_d=r_{sv}-h_z$ 和角速度 $\omega_k=v_{kx}/(r_{sv}-h_z)$ 来表示半径。考虑到这些假设，取 $h_z\ll r_d$并求解 R_{xJ}的方程（4.32），可得

$$R_{xJ}=\frac{J_k}{r_d^2}\omega_k\frac{\mathrm{d}h_z}{\mathrm{d}t} \tag{4.33}$$

这种反作用力还会在滚动臂上产生绕主销的额外转动力矩：

$$M_{nyz}=R_{xJ}e_y$$

垂向反作用力 R_z 的波动导致横向滑移系数 k_y 减小，这降低了轮式车辆的可控制性和平顺性，增加了轮胎磨损和燃料消耗，并加剧了驾驶员疲劳。

对于轻型轮式车辆和载重轮式车辆，在使用过程中车轮总成的不平衡力矩 M_{db}分别不应超过 30 N · m 和 115 N · m，在平衡之后分别应不超过 5 N · m 和 20 ~ 30 N · m。

动态不平衡会产生不稳定力矩，使车轮相对于主销在水平面内旋转并使车轮在垂直横向平面内倾斜。如果角速度 ω_k 与水平（车轮摆动）或垂直（车轮颤动）平面中车轮振动的固有频率之一重合，则会产生大振幅的车轮共振现象。

转向轮通过悬架和转向器部件的导向元件连接到轮式车辆车架，它们具有一定的刚度和运动学上的不匹配性。因此，当车轮相对于车架垂直移动时，它们可能相对于主销旋转。例如，在具有半椭圆形弹簧的非独立式悬架中，由轮轴端部和与转向臂相连的纵向拉杆端部的运动产生的转向臂铰链的轨迹是不同的。由于转向杆铰链的轨迹Ⅰ是由刚性纵向拉杆确定的，因此如果它与簧上系统的轨迹Ⅱ不重合，则车轮将相对于主销转动（图 4.10（a））。

通过调整钢板弹簧吊环和纵向拉杆的位置，车轮的这种旋转可以减少，但不能完全消除（图 4.10（b）（c））。

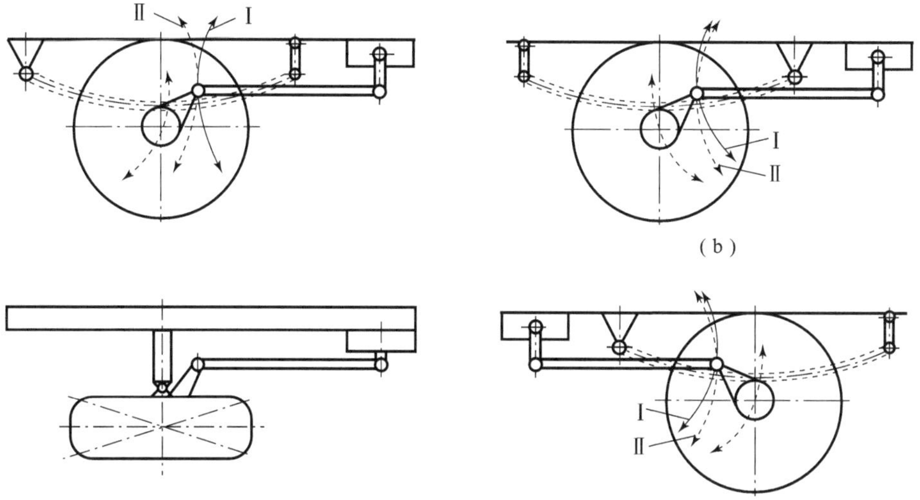

(a) (b) (c)

图 4.10 转向器与悬架系统运动学不一致时的不同车轮旋转示意图

对于某些类型的独立悬架，车轮相对于主销的转动是由车身的横向振动（倾斜）引起的。

转向器和悬架相互运动作用的特殊性引起的车轮振动频率取决于车身和车轮的垂直振动以及车身的横向角振动的频率及其振幅——考虑到车身和车轮的振幅以及悬架和转向器运动学的特殊性。

当车轮与不平的道路相互作用时，悬架系统和车轮的弹性元件的变形发生变化，由于存在切线与不平度的倾斜角 α_n，反作用力 $\Delta R_x = \Delta R_z \text{tg}\alpha_n$ 会出现额外的

垂向反作用力 ΔR_z 和纵向反力，以及由式（4.33）确定的纵向反作用力的惯性分量 R_{xJ}。另外，总的纵向反作用力会产生绕主销轴线的转动力矩，并且由于其纵向倾斜和存在侧向力，还会产生额外的转向力矩。由于悬架和转向器导向元件的运动学差异，在转向轮的轴垂直移动时也会导致转向盘的转动。

车轮的振动受到轮胎垂向刚度沿圆周的不固定性、其径向跳动和不平衡度以及道路参数不均匀性的影响。滚动时，车轮开始在垂直平面内摆动。由于轮胎刚度和内摩擦的变化相对较小，因此此类参数振动的幅度较小。

液压助力转向器系统中的振动也会导致转向盘相对于主销轴的振动。

转向轮的自激振动或摆振现象表现为，在一定的速度范围内，即使在绝对平整的道路上，转向盘不动也可能导致车轮相对于主销的无阻尼振动。这取决于转向器的设计特征，振动频率在 10 ~ 30 Hz 的范围内，并且角振幅可以达到几度。

自激振动会增加发动机的能量消耗，以克服由于车轮在支承面上转向而引起的车轮滚动阻力、轮式车辆操纵阻力，轮胎和转向节的加速磨损甚至有时导致零件损坏。

转向轮的自激振动是一个非常复杂的现象。简单来说，它的发生有两个原因：

①陀螺振动。这是由于转向轴桥（或单独的车轮）在横向平面上的振动与其车轮相对于主销的旋转之间存在陀螺效应和弹性连接。

②运动学摆振。由于轮胎存在横向和扭转（角弹性）弹性，影响其运动学特性并为车轮提供了更多的自由度。

转向轮是一种陀螺仪，可响应其轴的任意方向的角位移。如果以角速度 ω_k 旋转的车轮在横向－垂直平面内以角速度 ω_γ 偏转 γ 度（图 4.11（a）），则会产生陀螺力矩 $M_{g\gamma}$，并使转向轮绕着主销旋转（图 4.11（b））。如果车轮在水平平面内绕主销以角速度 ω_θ 旋转 θ 度（图 4.11（b）），则将产生陀螺力矩 $M_{g\theta}$，使车轮或转向轴桥在横向－垂直平面内旋转（见图 4.11（a））。

陀螺力矩由以下表达式确定

$$M_{g\gamma} = J_k\omega_k\omega_\gamma ; M_{g\theta} = J_k\omega_k\omega_\theta \tag{4.34}$$

它们的方向将与车轮角速度矢量 ω_k 的方向相同，并倾向于与外部力矩的矢量方向一致。

陀螺摆振最明显地表现在转向轴桥的非独立式悬架上。下面研究图 4.12 所示的振动系统，该系统由轴桥、转向轮、带有弹性元件和减振器的悬架以及转向器组成。

假设轮式车辆以恒定速度进行直线运动时，轴桥相对于固定点 O_o 作角振动，

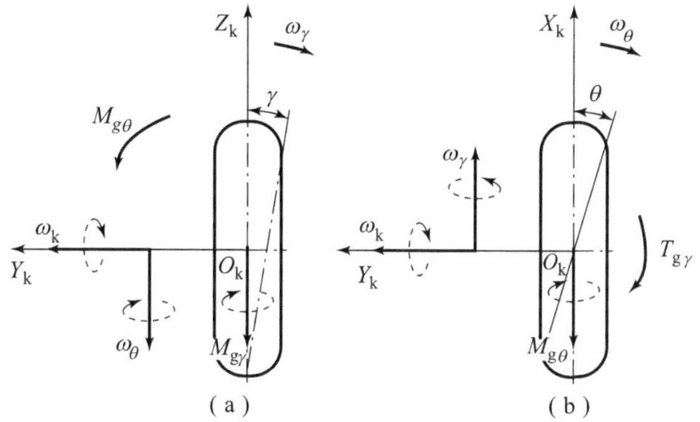

图 4.11 平面陀螺力矩的形成示意图

(a) 横向 - 垂直平面；(b) 水平平面

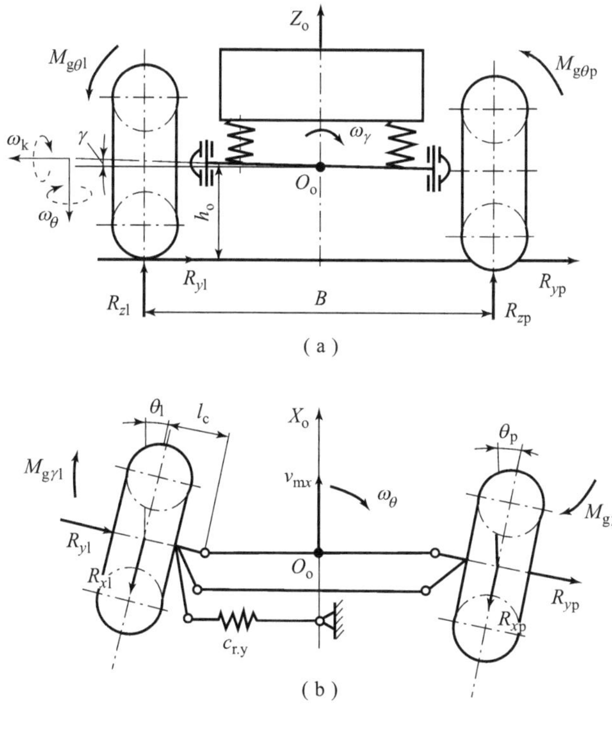

图 4.12 平面陀螺摆振示意图

(a) 横向 - 垂直平面；(b) 水平平面

这里忽略车轮存在的振动现象。此时系统具有两个自由度：轴桥在横向平面中的

旋转角度为 γ，两个车轮相对于主销的旋转角度为 θ，轮缘也是如此。在轴桥的初始旋转过程中以及车轮意外旋转时，都可能发生自激振动。

在外部扰动的作用下，带有转向轮的轴桥在横向垂直平面内以角速度 w_γ 旋转 γ 度。由于垂向反作用力 R_{zj} 的重新分布以及车轮滚动半径的变化，将出现纵向反作用力 R_{xj}，从而产生绕主销轴的转向力矩 $M_{povx}=(R_{xp}+R_{xl})l_c$，并且由于轴桥以角速度 ω_γ 转动 γ 度，产生了陀螺力矩 $M_{g\gamma}=2J_k\omega_k\omega_\gamma$。力矩 $M_{g\gamma}$ 和 M_{povx} 使车轮绕主销以角速度 ω_θ 旋转。在转向盘固定的情况下，由于转向器元件的弹性，这是可能发生的。此外，横向反作用力 R_{yj} 会发生变化，在横向平面中产生转向力矩 $M_{povy}=(R_{yp}+R_{yl})h_o$，从而产生陀螺力矩 $M_{g\theta}=2J_k\omega_k\omega_\theta$。

当由于悬架元件、轮胎和转向器的变形，而使转向轴在横向－垂直平面中转动并且车轮相对于主销转动时，悬架和转向器的阻力矩增加。当轴桥的角速度达到 $\omega_\gamma=0$ 时，陀螺力矩将减小（$M_{g\gamma}=0$），转向器系统中积累的势能将确保车轮转动，而悬架和轮胎中积累的势能将使轴桥朝相反的方向转动。由轮式车辆的速度确定的车轮角速度 ω_k、悬架系统、转向器和轮胎的刚度和阻尼特性、以及车轮和轴桥的惯性力矩的某种组合，可能会导致车轮相对于主销以及轴桥相对于轮式车辆纵轴的无阻尼振动（自激振动）。

在不考虑垂直平面振动的情况下，所研究系统的基本运动方程（横向平面中的轴桥以及相对于主销运动的车轮）如下：

$$J_o\ddot{\gamma}+k_{p\gamma}\dot{\gamma}+c_{p-sh\gamma}\gamma+2J_k\dot{\theta}\omega_k+(R_{yl}+R_{yp})r_d=0 \tag{4.35}$$

$$J_{kshk}\ddot{\theta}+k_{r.y}\dot{\theta}+c_{r.y}\theta-2J_k\dot{\gamma}\omega_k+A_{sp}\theta=0 \tag{4.36}$$

式中，J_o 为轴桥和车轮相对于纵轴的惯量；$k_{p\gamma}$ 为悬架非弹性角阻尼系数；$c_{p-sh\gamma}$ 为轴桥和轮胎悬架的角刚度；J_{kshk} 为车轮和转向梯形相对于主销轴的惯量；$k_{r.y}$ 为由转向杆的接头处的摩擦引起的转向器的无弹性阻尼系数；$c_{r.y}$ 为转向器刚度；A_{sp} 为车轮在水平面中旋转角度为 θ 的阻力矩变化系数。

考虑到 $R_y=k_y\theta$ 和 $\omega_k=v_{mx}/r_k$，分别将两个方程除以 J_o 和 J_{kshk}，可得

$$\ddot{\gamma}+\varepsilon_{most\gamma}\dot{\gamma}+\omega_{most\gamma}^2\gamma+k_1\dot{\theta}v_{mx}+k_3\theta=0 \tag{4.37}$$

$$\ddot{\theta}+\varepsilon_{r.y}\dot{\gamma}+\omega_{r.y}^2\theta-k_2\dot{\gamma}v_{mx}=0 \tag{4.38}$$

式中，$\varepsilon_{most\gamma}$、$\varepsilon_{r.y}$ 为轴桥和车轮相对于主销的横向振动部分的（固有）阻尼系数，$\varepsilon_{most\gamma}=k_{p\gamma}/J_o$，$\varepsilon_{r.y}=k_{r.y}/J_{kshk}$；$\omega_{most\gamma}$、$\omega_{r.y}$ 为固有频率，$\omega_{most\gamma}=\sqrt{c_{p-sh\gamma}/J_o}$，$\omega_{r.y}=\sqrt{(c_{r.y}+A_{sp})/J_{kshk}}$；$k_1$、$k_2$ 为陀螺耦合系数 $k_1=2J_k/(J_or_k)$，$k_2=2J_k/(J_{kshk}r_k)$；k_3 为弹性陀螺耦合系数，$k_3=2k_yr_d/J_o$。

这些方程式中的每一项都包括角坐标 θ 和 γ，因此轴桥的横向振动会影响车轮相对于主销的振动，反之亦然。轮式车辆轴桥和车轮的振动幅度随悬架、轮胎

和转向器的刚度降低，车轮质量增加、陀螺力矩（随运动速度的增加而增加）增加而增大。

当轮式车辆纵轴上的横向反作用力 R_{yi} 投影之和等于运动阻力的增量时，为保持 $v_{mx}=\text{const}$，必须增加车轮上的牵引力。

在具有独立车轮悬架的轮式车辆上，转向轮的自激振动程度要小得多。在这种情况下，必须考虑一个更大的自由度——轮式车辆车身的倾斜，在该倾斜下会发生相应的车轮倾斜。

运动学摆振是由于轮胎的横向弹性和扭转角度弹性引起的。在这种情况下，振动系统的运动方程式由滚动车轮与支承面的运动关系式补充，借助于该式，可以确定作用在滚轮上的反作用力。在第 3.2 节中研究了车轮转向的一般式（见方程（3.24）~(3.29)）。

考虑主销的惯性力、阻尼和纵向倾斜，振动方程式（力臂 e_x，见图 4.6）为：

$$\frac{1}{R_{\text{psh}}}=\frac{\mathrm{d}(\theta+\varphi_R)}{\mathrm{d}s}=\alpha h_y-\beta\varphi_R;\quad \frac{\mathrm{d}h_y}{\mathrm{d}s}+e_x\frac{\mathrm{d}\theta}{\mathrm{d}s}=-(\theta+\varphi_R)$$

$$J_{\text{kshk}}v_{\text{k}x}^2\frac{\mathrm{d}^2\theta}{\mathrm{d}s^2}+v_{\text{k}x}k_{\text{r.u}}\frac{\mathrm{d}\theta}{\mathrm{d}s}=c_{\text{sh}y}e_xh_y+c_{\text{sh}\varphi}\varphi_R \tag{4.39}$$

式中，s 为接触中心所经过的路径；$c_{\text{sh}\varphi}$ 为轮胎的角刚度。

运动学摆振引起的自激振动过程中车轮位移的基本图由图 4.13 表示。

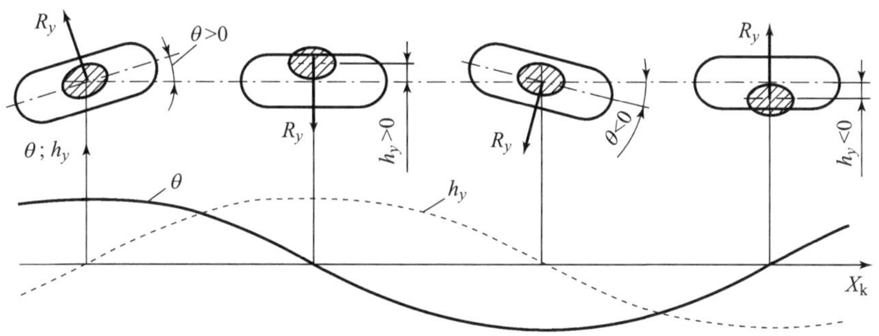

图 4.13 运动学摆振引起的自激振动过程中车轮位移的基本图

假设在一些扰动的作用下，车轮已经转过某个角度 $\theta>0$。产生的横向反作用力 R_y 将引起接触中心相对于轮缘的横向位移 $h_y>0$，但是由于轮胎的角刚度，车轮将开始朝相反的方向旋转。当到达初始运动线路时，横向变形将消失 $h_y=0$，车轮将沿相反方向旋转（$\theta<0$），并且将出现反作用力 R_y，这将导致与接触中心的方向相反的横向位移 $h_y<0$。在某些情况下，车轮会沿着正弦波轨迹滚动，且

振幅不会减小。

4.4 轮式车辆的侧翻

轮式车辆的倾覆相对于纵轴和横轴都有可能发生。在这种情况下，重心（与支承面的倾斜角 α_{opx} 和 α_{opy} 有关）和作用在轮式车辆上的惯性力（与运动速度 v_{mx}、纵向加速度 a_{mx}、转向半径 R_p 有关）的分量是确定的。

可以使用转向运动方程组（3.46）~（3.48）、（3.54）、（3.57）确定倾覆和滑动参数的极限值。可以使用以下条件判断轮式车辆是否失稳：

①当 $R_{X_C}^{\Sigma}<0$ 且任意 α_{opx} 下，车轮滑转且 $v_{mx}=0$；

②$R_{X_C}^{\Sigma}>0$，滑动下坡；

③$R_{Y_C}^{\Sigma}<0$，侧滑；

④$M_{Z_C}^{\Sigma}>0$，失去方向稳定性；

⑤$M_{1nX_C}^{\Sigma}>0$ 且 $\alpha_{opx}>0$，向后倾覆；

⑥$M_{1nX_C}^{\Sigma}<0$ 且 $\alpha_{opx}>0$，向前倾覆；

⑦$M_{1nY_C}^{\Sigma}<0$，侧翻。

轮式车辆侧翻的评估可以根据简化模型进行。当仅考虑悬架参数时，簧上质量 m_{pd} 相对于倾斜轴——点 C_{pd} 的运动方程（图 3.27）为：

$$J_{pdx}\ddot{\alpha}_{kry}+\sum_{i=1}^{n_o}k_{p\gamma i}\dot{\alpha}_{kry}+\sum_{i=1}^{n_o}c_{p\gamma i}\alpha_{kry}-P_{pd}h_{krC}(\sin\alpha_{opy}+\cos\alpha_{opy}\mathrm{tg}\alpha_{kry})-P_{a_y}h_{krC}=0 \tag{4.40}$$

式中，$c_{p\gamma i}$、$k_{p\gamma i}$ 为第 i 轴悬架的角刚度和阻尼系数；J_{pdx} 为轮式车辆簧上质量相对于倾斜轴的惯量。

在较低的角加速度和倾斜速度下忽略方程（4.40）的前两项（$\varepsilon_{mx}=\ddot{\alpha}_{kry}\approx 0$，$\omega=\dot{\alpha}_{kry}\approx 0$），并在较小的倾斜角下取 $\mathrm{tg}\alpha_{kry}\approx\alpha_{kry}$，可得静侧倾角的表达式为：

$$\alpha_{kry}^{st}=\frac{h_{krC}(P_{ay}+P_{pd}\sin\alpha_{opy})}{\sum_{i=1}^{n_o}c_{p\gamma i}-P_{pd}h_{krC}\cos\alpha_{opy}} \tag{4.41}$$

悬架的角刚度为：

$$c_{p\gamma i}=\frac{1}{2}c_{pi}B^2$$

式中，c_{pi} 为悬架刚度。

为了更准确地（偏差不大于 10% ~15%）计算 α_{kry}^{st}，除了悬架刚度外，还必须考虑轮胎的垂向和横向刚度。在这种情况下，有必要分别将 c_{pi} 和 B 代替为：

$$c_{p-shi} = c_{pi}c_{shzi}/(c_{pi}+c_{shzi})；B' = B-(P_m\sin\alpha_{opy}+P_{a_ym})\Big/\sum_{i=1}^{2n_o}c_{shyi} \quad (4.42)$$

式中，P_{a_ym} 为整个轮式车辆质量的惯性力的横向分量；c_{shyi} 为 i 轴车轮的横向刚度。

为确定动侧倾角，以简化形式（当 $k_{pi}=0$，$\alpha_{opy}=0$，$\alpha_{opx}=0$，$\mathrm{tg}\alpha_{kry}\approx\alpha_{kry}$）给出运动方程：

$$J_{pdx}\ddot{\alpha}_{kry}+\sum_{i=1}^{n_o}c_{p\gamma i}\alpha_{kry}-P_{pd}h_{krC}\alpha_{kry}-P_{a_y}h_{krC}=0 \quad (4.43)$$

求解，可得：

$$\alpha_{kry}=A_1+C_1e^{jAt}+C_2e^{-jAt}=A_1+C_3\cos At+C_4\sin At \quad (4.44)$$

式中，$A_1=\dfrac{P_{a_y}h_{krC}}{\sum_{i=1}^{n_o}c_{p\gamma i}-P_{pd}h_{krC}}$；$A=\sqrt{\dfrac{\sum_{i=1}^{n_o}c_{p\gamma i}-P_{pd}h_{krC}}{J_{pdx}}}$；$C_i$ 为积分常数。

在初始条件下，当 $t=0$，$\alpha_{kry}=0$，$\omega_{mx}=0$ 时，积分常数为 $C_3=-A_1$；$C_4=0$，则侧倾角为

$$\alpha_{kry}=A_1(1-\cos At)$$

在考虑了式（4.41）的情况下，确定了函数（4.44）的极值后，可得动侧倾角的表达式为：

$$\alpha_{kry}^{d}=2\alpha_{kry}^{st} \quad (4.45)$$

由此可知，在快速施加横向力的情况下，倾覆力相同时，动倾角比静倾角高 2 倍。在实际条件下，$\alpha_{kry}^{d}<2\alpha_{kry}^{st}$，因为所得的方程式未考虑到侧倾系统折合横向刚度的非线性、无弹性阻力、摩擦力以及横向稳定性等因素。

当轮式车辆沿斜坡运动而未倾覆时，斜坡倾斜角必须小于静稳定角的一半，$\alpha_{opy}<\dfrac{1}{2}\alpha_{kry}^{st}$。

侧倾斜坡的静态临界角 α_{opyopr}^{krit} 是相对于位于斜坡以下的车轮的力矩之和的平衡方程所满足的角度，位于斜坡以上的车轮的垂向反作用力之和 $\sum_{i=1}^{n_o}R_{zvn}=0$（图 3.27）。

忽略刚性悬架车身相对于支承面的侧倾，将位于斜坡以上的车轮的垂向反作用力总和设为 0，根据相对于位于斜坡下方的车轮的力矩方程，可得

$$\mathrm{tg}\alpha_{opyopr}^{krit}=\frac{1}{2}B/h_g-P_{a_y}/(P_{pd}\cos\alpha_{opyopr}^{krit})$$

车辆平行于斜坡运动时（无转向）

$$k_{usty} = tg\alpha_{opyopr}^{krit} \approx \frac{1}{2}B/h_g$$

式中，k_{usty}为横向稳定性系数。

以相同的方法确定轮式车辆相对于横轴倾覆的稳定性。在水平的支承面上，下坡时进行剧烈的制动可能会引发倾覆。轮式车辆悬架在纵向平面上的角刚度通常比在横向平面时高得多。因此，侧倾角很小，可以忽略不计。此时，对于下坡时制动的轮式车辆（$\alpha_{mx}<0$）：

$$tg\alpha_{opyopr}^{krit} = \frac{l_{1C}}{h_g} + \frac{a_{mx}}{g\cos\alpha_{opyopr}^{krit}}$$

上坡时：

$$tg\alpha_{opyopr}^{krit} = \frac{L - l_{1C}}{h_g} - \frac{a_{mx}}{g\cos\alpha_{opyopr}^{krit}}$$

为防止轮式车辆在斜坡上倾覆，当下坡或上坡时，轮式车辆的车轮必须以比倾覆时更小的支承面倾斜角滑动或滑行，即

$$\alpha_{opy\varphi}^{krit} < \alpha_{opyopr}^{krit}；\ \alpha_{opx\varphi}^{krit} < \alpha_{opxopr}^{krit} \tag{4.46}$$

在这种情况下，如果外部横向力大于横向附着反作用力，则会发生车轴的侧滑：

$$P_{yoi} > R_{yoi\varphi} = \sqrt{(R_{zoi\varphi})^2 - R_{xoi}^2}$$

当车辆平行于斜坡移动（$\alpha_{opy}>0$，$\alpha_{opx}=0$）时，在以下情况时会发生侧滑：

$$R_{zi0}\sin\alpha_{opy} > \sqrt{(R_{zi0}\cos\alpha_{opy\varphi})^2 - R_{xi}^2}$$

式中，R_{zi0}为水平支承面上静止的轮式车辆轴上的垂向反作用力（对于两轴轮式车辆，$R_{z10}=P_m(L-l_{1C})/L$；$R_{z20}=P_m l_{1C}/L$）。

然后，在转换并替换$\alpha_{opy}=\alpha_{opy\varphi}^{krit}$后，车轴开始侧滑的条件如下：

$$tg\alpha_{opy\varphi}^{krit} \geqslant \sqrt{\varphi^2 - [R_{xi}/(R_{zi0}\cos\alpha_{opy\varphi}^{krit})]^2}$$

当纵向反作用力值较小时（$R_{xi}\approx 0$），

$$tg\alpha_{opy\varphi}^{krit} \geqslant \varphi$$

无侧向倾覆的条件（4.46）简化为：

$$\varphi < \frac{1}{2}B/h_g$$

当外部纵向力超过纵向附着反作用力时，就会发生轮式车辆的纵向滑动（滑移）。当下坡运动（$\alpha_{opx}<0$）和制动（$a_{mx}<0$）或存在全轮驱动时，在以下情况

下会发生滑动：

$$\mathrm{tg}\alpha_{\mathrm{op}x} \geqslant \varphi + a_{\mathrm{m}x}/(g\cos\alpha_{\mathrm{op}x})$$

在车辆上坡（$\alpha_{\mathrm{op}x}>0$）时，在以下情况时会发生全轮驱动、两轴后轮或前轮驱动车辆的纵向滑动（滑移）现象：

$$\mathrm{tg}\alpha_{\mathrm{op}x} \geqslant \varphi - a_{\mathrm{m}x}/(g\cos\alpha_{\mathrm{op}x})$$

$$\mathrm{tg}\alpha_{\mathrm{op}x} \geqslant \frac{l_{1C}\varphi - a_{\mathrm{m}x}(1-h_g L\varphi)/(g\cos\alpha_{\mathrm{op}x}L)}{L-h_g\varphi}$$

$$\mathrm{tg}\alpha_{\mathrm{op}x} \geqslant \frac{(L-l_{1C})\varphi - a_{\mathrm{m}x}(1+h_g L\varphi)/(g\cos\alpha_{\mathrm{op}x}L)}{L+h_g\varphi}$$

在存在较大惯性力横向分量的情况下，在水平支承面（$\alpha_{\mathrm{op}y}=0$，$\alpha_{\mathrm{op}x}=0$）上轮式车辆就会发生侧倾现象，这取决于转向半径 R_{p} 和运动速度 $v_{\mathrm{m}x}$。用简化形式，当 $\sum_{i=1}^{n_{\mathrm{o}}} R_{z\mathrm{vn}}=0$ 时，求解方程式（3.57），考虑到 $v_{\mathrm{m}x}$ 的表达式（4.43），可得出轮式车辆失去倾覆稳定性的速度：

$$v_{\mathrm{m}x\mathrm{opr}y}^{\mathrm{krit}} = \sqrt{\frac{\frac{1}{2}BP_{\mathrm{m}}R_{\mathrm{p}}g\left(\sum_{i=1}^{n_{\mathrm{o}}}c_{\mathrm{p}\gamma i} - P_{\mathrm{pd}}h_{\mathrm{kr}C}\right)}{(P_{\mathrm{pd}}h_{\mathrm{gpd}}+P_{\mathrm{npd}}h_{\mathrm{gnpd}})\left(\sum_{i=1}^{n_{\mathrm{o}}}c_{\mathrm{p}\gamma i} - P_{\mathrm{pd}}h_{\mathrm{kr}C}\right)+P_{\mathrm{pd}}^2h_{\mathrm{kr}C}^2}} \tag{4.47}$$

在这个方程中，重力 $P_{\mathrm{m}}=m_{\mathrm{m}}g$ 由簧上质量的重力 $P_{\mathrm{pd}}=m_{\mathrm{pd}}g$ 和簧下质量的重力 $P_{\mathrm{npd}}=\sum_{i=1}^{n_{\mathrm{k}}}m_{\mathrm{npd}i}g$ 之和表示，相对于支承面的位置分别为 h_{gpd} 和 h_{gnpd}。

在不考虑车身侧倾的情况下，可以使用下式计算侧倾和侧滑的临界速度：

$$v_{\mathrm{m}x\mathrm{opr}y}^{\mathrm{krit}} = \sqrt{\frac{1}{2}BR_{\mathrm{p}}g/h_g}\,;\ v_{\mathrm{m}x\varphi y}^{\mathrm{krit}} = \sqrt{R_{\mathrm{p}}g\varphi} \tag{4.48}$$

在水平的支承面上，通常不会发生轮式车辆的倾覆，因为打滑发生在车轮转向角小于倾覆角的情况下。但是，在质心高且 B/h_g 值较大的情况下，可能会发生倾覆，并且在克服支承面的凸起和凹陷时，如果车轮发生侧面碰撞，发生侧倾的可能性也会增加。

4.5 结构参数和运行参数对稳定性的影响

下面使用确定方向稳定性临界速度 $v_{\mathrm{m}x\omega_z}^{\mathrm{krit}}$ 的方程（4.15），来分析结构参数和运行参数对轮式车辆稳定性的影响。

假设侧滑基本阻力系数为 $k_{yo0i}=k_{yo0}=\mathrm{const}$，并且校正系数 q_{yi} 考虑了 k_{yoi} 的变化（见式（3.3）），可得：

$$v_{mx\omega_z}^{\mathrm{krit}}=\sqrt{k_{yo0}\frac{\sum_{i=1}^{n_o}q_{yi}\sum_{i=1}^{n_o}q_{yi}l_{Ci}^2-\left(\sum_{i=1}^{n_o}q_{yi}l_{Ci}\right)^2}{m_m\sum_{i=1}^{n_o}q_{yi}l_{Ci}}}\tag{4.49}$$

或当 $k_{yo0i}=k_{yo0}=\mathrm{const}$ 且 $q_{yi}=q_y=\mathrm{const}$ 时，

$$v_{mx\omega_z}^{\mathrm{krit}}=\sqrt{k_{yo0}q_y\frac{n_o\sum_{i=1}^{n_o}l_{Ci}^2-\left(\sum_{i=1}^{n_o}l_{Ci}\right)^2}{m_m\sum_{i=1}^{n_o}l_{Ci}}}\tag{4.50}$$

在具有常系数 q_{yi} 和质心向前偏移 l_{1C} 的情况下，式（4.50）右侧分子值变化不明显，而分母值急剧减小，则临界速度 $v_{mx\omega_z}^{\mathrm{krit}}$ 会增大（图 4.14）。

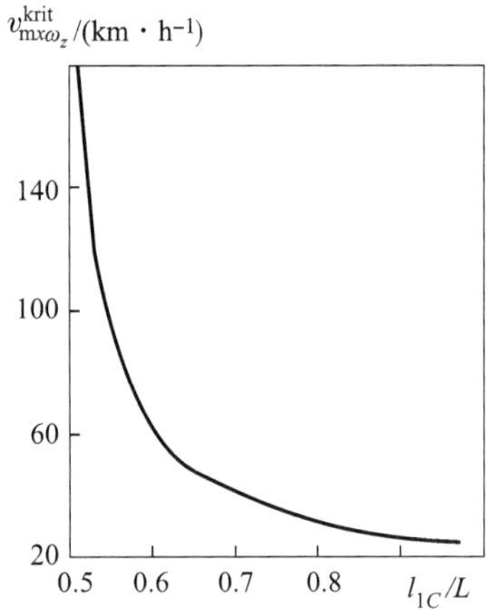

图 4.14　质心位置对方向稳定性临界速度的影响

在具有可变系数 q_{yi} 的情况下，后轮将空载，并且垂向负载的校正系数 q_{yR_z} 减小。这可能导致式（4.50）右侧的分母增大，而临界速度 $v_{mx\omega_z}^{\mathrm{krit}}$ 减小。

车辆的轴距 L 越大，式（4.50）右侧分子中的 $\sum_{i=1}^{n_o}l_{Ci}^2$ 值越大，相应临界速度也越高。

随着轴数 n_o 和轴距 L 的同时增加，方程（4.50）中的项 $n_o\sum_{i=1}^{n_o}l_{Ci}^2$ 和临界速度增加（图 4.15（a））。但在这种情况下，如果在方程（4.15）中 $\sum_{i=1}^{n_o}k_{yi}=\mathrm{const}$，即 k_{yi} 的值与轴数成反比地减小，则临界速度减小。

轴距 L 不变时，轴数 n_o 的增加会导致临界速度降低（图 4.15（b））。

在轴数和轴距不变的情况下，将底座边缘的轴分组时，临界速度会增加，因为在这种情况下，乘积 $n_o\sum_{i=1}^{n_o}l_{Ci}^2$ 会增加（图 4.15（c））。

运动稳定性还取决于前后轴车轮的滑移角之间的比。与后轴车轮的滑移角 δ_2 相比，前轴车轮的滑移角 δ_1 越大，则轮式车辆的运动越稳定。由于动力和运动滑移的出现，可以改变角度 δ_1 和 δ_2 之间的关系。

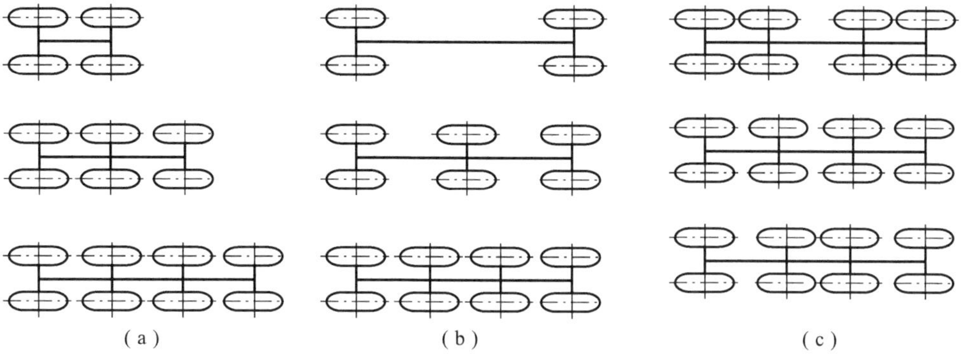

图 4.15 轮式车辆参数对临界速度影响的说明图

(a) 轴数 n_o 和轴距 L 增加；(b) 在 $L = \text{const}$ 时轴数 n_o 增加；(c) 在 $n_o = \text{const}$ 和 $L = \text{const}$ 时轴重新排布

随着所有车轮侧滑阻力系数 k_{yi} 的减小，临界速度减小。

随着后轮侧滑阻力系数的增加和前轮侧滑阻力系数的减小，方程（4.15）分母中的总和 $\sum_{i=1}^{n_o} k_{yi} l_{Ci}$ 减小，这意味着临界速度增加。从结构上讲，这可以通过改变胎压、切换至前轮驱动（减小前轮的纵向力校正系数并增大后轮的纵向力校正系数）以及在安装具有高阻力的减振器时增加前悬架的角刚度来实现（垂向反作用力的重新分配和前轮垂向负载的校正系数的减小）。

由于运动学滑移是由车轮在横向平面上的倾斜或车轮的旋转平面相对于轮式车辆的纵轴旋转引起的，因此其变化主要取决于车轮悬架系统导向元件的样式。

为了增加总的运动滑移角，有必要在横向力的作用方向上倾斜车轮，如需减小滑移角，则应向相反的方向倾斜。因此，与转向性不同（图 3.37），为了提高稳定性，有必要更改悬架系统的导向元件，如将它们放置在图 4.16 所示位置。

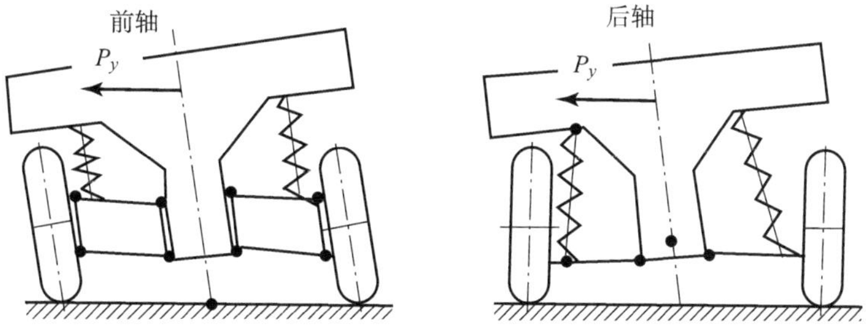

图 4.16 轮式车辆轴悬架系统导向元件的布置图，可在改变车轴运动学滑移角度时提高稳定性

但实际上，这并不总是适用的。

图 4.17 中给出了四轴轮式车辆临界运动速度与单位横向力的关系 $\tilde{P}_y = v_{mx}^2/(gR_p)$。该四轴轮式车辆的轴沿轴距 L 方向均匀分布，质心从底盘的中部向后移动（$l_{1C}/L = 0.54$）。

可以看出，对于在直线 1 上方的曲线 2 ~ 4，随着单位横向力 $\tilde{P}_y$ 的增加而临界速度降低。因此，所有在较低单位横向力下提高运动稳定性的措施，仅在轮式车辆初始运动时才有效。由于临界速度会随着转向半径的减小和 $\tilde{P}_y$ 的增加而降低，因此对应的失稳将迅速增加。

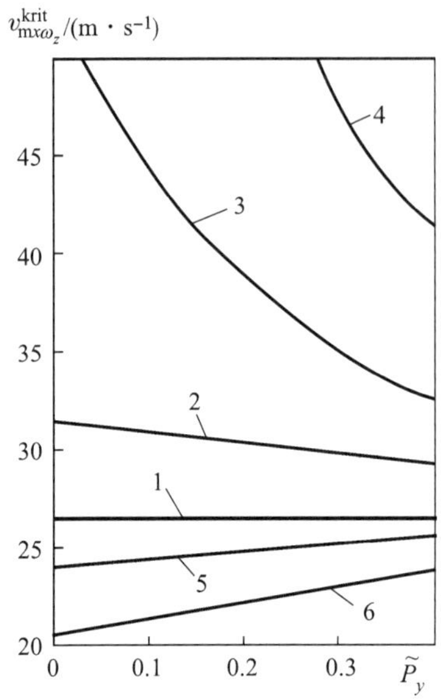

图 4.17 四轴轮式车辆的临界速度与车身侧倾时车轮各种倾斜角度下单位横向力的关系

1—车轮无倾斜；2—所有车轮的倾斜度与车身侧倾方向相反；3—前轮的倾斜度与车身的侧倾一致；4—后轮的倾斜度与车身的侧倾方向相反；5—所有车轮的倾斜度与车身的侧倾方向一致；6—前轮的倾斜度与车身侧倾方向相反

位于直线 1 下方的曲线 5 和 6 的特征是，随着 $\tilde{P}_y$ 的增加，$v_{mx\omega_z}^{krit}$ 增加，也就是说，如果由于某种原因轮式车辆的稳定性被破坏，则随着转向半径的减小和 $\tilde{P}_y$ 的增大，临界速度将增大，并且运动稳定性几乎会自动恢复（后者仅在初始阶段适用）。注意，上述情况仅会在较小的单位横向力区域内发生。

后轴驱动轮的转动会对轮式车辆运动的稳定性产生负面影响，因为所产生的牵引力分量会导致所受的横向反作用力降低。无论轴的数量及其在底盘上的位置如何，所有带有后轴转向轮的轮式车辆方案都比后轴非转向轮方案的稳定性要低。

运动稳定性还受到车轮上纵向力分布的影响，因此也受到传动方案的影响。在任意运动速度下，差速式中间轴驱动的轮式车辆的抗滑性均优于闭锁式中间轴驱动的轮式车辆(图 4.18)。前轮驱动轮式车辆比后轮驱动轮式车辆更稳定。这是因为，纵向反作用力较小的后从动轮比驱动轮所受的横向反作用力更大。另外，由于纵向力的增加，前驱动轮的侧滑阻力系数更低，这意味着与后轴轮相比，前驱动轮侧滑角更大。

结构措施可提高稳定性并减少转向轮的振动。

主销组件的最优纵向倾斜角和横向倾斜角的选择，确保了转向轮的稳定性，并提高了轮式车辆运动的稳定性。另外，减少车轮失衡、从运动学上协调车身和转向器，设计转向器以提供最优的刚度并减少传动链中的间隙、减少转向轮的振动，也可以提高轮式车辆的稳定性。

在结构参数中，轮式车辆的位置稳定性（倾覆）受轨迹 B 与质心位置的垂直坐标 h_g 之比的影响最大。通过增加车辆悬架系统的角刚度来减少簧上质量的侧滑是增加位置稳定性的主要结构措施。

在非稳定转向过程中，轮式车辆的倾覆受到转向轮最大转向角速度的限制。

最后，运行参数（质量 m_m、速度 v_{mx}、转向半径 R_p、附着系数 φ、支承面的不平度等）也会影响轮式车辆的稳定性。

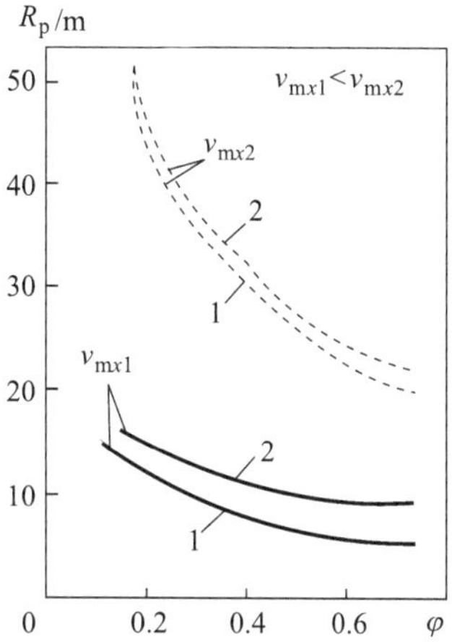

图 4.18 轮式车辆的转向半径随着附着系数和运动速度变化的示意图

1—带差速式轴间驱动；

2—闭锁式轴间驱动

由方程（4.15）可知，随着总质量 m_m 的增加，运动临界速度降低。临界速度、侧倾角和临界倾覆角取决于质心的位置。车速 v_{mx} 越高，转向半径 R_p 越小，惯性力横向分量就越大，即轮式车辆失稳的可能性也越大。随着附着系数 φ 减小，侧滑阻力系数 k_{yi} 和运动临界速度急剧减小（图 4.18）。支承面的不平度属于来自环境的外部激励，它会严重影响轮式车辆的稳定性。

运行因素还包括轮式车辆本身参数的变化，尤其是轮胎和转向器元件的磨损，其结果是车轮与支承面间的附着力降低，转向器和转向轮传动链中的间隙增加。

习题

1. 什么是轮式车辆的稳定性？有哪些类型？

2. 什么是方向稳定性和操纵稳定性？决定它们的参数有哪些？

3. 扰动终止后，过渡过程中轮式车辆运动参数变化的本质是什么？它取决于什么？

4. 什么是轮式车辆方向稳定性的临界速度？它是如何确定的？

5. 以两轴轮式车辆为例，说明稳定运动和不稳定运动的物理含义。

6. 什么是轮式车辆的侧滑？它有什么危险，如何减少此类情况？
7. 多轴轮式车辆抗侧滑的稳定性条件是什么？
8. 什么方法可用于稳定转向轮？
9. 为什么会出现转向轮的振动？
10. 什么是转向轮的自激振动？为什么会发生？
11. 什么是转向轮的不平衡？其危险是什么？
12. 为什么转向轮会在越过单个不平处时发生振动？
13. 静态侧倾角如何确定？与动态倾角有何关系？
14. 横向稳定性系数是什么？如何计算横向稳定性系数？
15. 如何确定轮式车辆在横向和纵向平面上的临界倾覆角和滑行角？
16. 轮式车辆的哪些主要结构参数会影响方向稳定性的临界速度？
17. 多轴轮式车辆的几何参数是否会影响临界速度？
18. 侧滑阻力系数值及其之间的关系如何影响轮式车辆的临界速度？
19. 轮式车辆运动的稳定性是否取决于转向轮的位置和驱动力？
20. 传动方案如何影响轮式车辆的运动稳定性？
21. 车辆运动的稳定性主要取决于哪些运行参数？

5 轮式车辆操控性

5.1 轮式车辆操控性的定义和指标

在实际条件下，轮式车辆运动轨迹始终为曲线运动，且曲率不断变化。轨迹变化是由于存在弯曲地形、外部扰动以及驾驶员影响。

轮式车辆的操控是指驾驶员为保持或改变车速的大小和方向以及轮式车辆纵轴方向的活动。在外部环境改变时，为评估轮式车辆的运动情况，必须综合考虑驾驶员－车辆－环境的影响因素。驾驶员－车辆系统的输入信号是环境（道路）参数的变化，这也是控制任务的信息源，驾驶员在分析道路状况和控制结果的同时，操纵控制机构并按照所需方式更改运动参数。

在驾驶员－车辆系统中，第一个组成部分是操作员，第二个组成部分是控制对象。在控制系统中，轮式车辆的输入信号是转向盘的转动、燃料供应的增加、离合器的接合、换挡、制动以及任意外部影响（阵风、道路纵断面和横断面的变化、道路曲率等）。

轮式车辆相对坐标轴会发生 3 个方向的平动，并绕这些坐标轴发生 3 个方向的转动。轮式车辆在垂直轴方向上的平动是不可操控的。

在 3 个转动的角位移中，只有纵轴转向角在驾驶员的控制之下。因此，只有表征平面运动的参数是可控制的。

在一般情况下，操控性是轮式车辆的属性，它决定了轮式车辆服从控制行为的能力。若轮式车辆按照规定精度执行控制信号且驾驶员的精力和体力消耗量最小，则轮式车辆操控性最优。沿纵轴 X_C 方向的位移、速度和加速度的变化规律决定了轮式车辆的牵引速度特性和制动特性。

根据俄罗斯行业标准 OCT 37.001.051—86，操控性是轮式车辆服从轨迹和方向控制的属性，即保持或更改运动速度的大小和方向以及轮式车辆纵轴方向的能力。因此，在研究操控性时，仅限于考虑方向角 γ_m和横向位移 y_C的变化规律，以及它们的时间导数：ω_{mz}、ε_{mz}、v_{C_y}、a_{my}。轮式车辆纵轴 X_C方向上的速度 v_{mx}和加速度 a_{mx}已知。

驾驶员通过控制转向盘转动转向轮，从而确定运动学转向中心的位置 O_{kin}（图 4.1）。

由此产生的轮式车辆行驶方向参数和横向参数的变化是轮式车辆对操控行为的运动学响应，而转向时转向盘的转向阻力是轮式车辆对操控行为的动力学响应。

由于横向力的作用和弹性轮的偏离，瞬时转向中心 O_p的位置改变。轮式车辆运动表征为质心速度 v_C（方向角为 Ψ_m），角速度 ω_{mz}和相对于点 O_p的角加速度 ε_{mz}的大小和方向。轮式车辆相对于与支承面关联的坐标系的位置决定了方位角 γ_m。

转向极 O'_{kin}的横向位移 $y_{O'_{kin}}$（图 4.1）称为漂移；转向极速度矢量 $v_{O'_{kin}}$与纵轴之间的角度 $\beta_{O'_{kin}}$称为轮式车辆漂移角。

漂移角表征轮式车辆横滑趋势。假设横向加速度为 $a_{my}=4\ m/s^2$，则当速度范围 $v_{mx}=40\sim100\ km/h$ 时，建议漂移角 $\beta_{O'_{kin}}\leqslant7°$，此时不需急打转向盘就可以消除侧滑。

作为操控对象，轮式车辆可以根据某些输入信号的输出响应进行评估。轮式车辆的输入信号是驾驶员的操控动作和任意外力，而输出信号是决定轮式车辆横向位移和角位移的反作用力。

目前尚未建立统一的操控性评估指标或标准。为了对操控性进行评估，提出了许多指标，其中最完整的指标如下：

①静态轨迹可操控性；

②“急打转向盘”的方向稳定性；

③回正转向特性；

④转向灵活性；

⑤转向极限速度；

⑥进入指定“转移位置”的极限速度；

⑦直线运动中转向盘的平均角速度。

除上述（主要）指标外，还应考虑汽车和汽车列车的下列操控特性，包括转向盘自动回正速度，转向盘的剩余转角，转向盘转角骤增、失控，稳定时间，车辆原地转向时转向盘上的力，以及指定“转移位置”时转向盘转角和转向速度特性。

根据俄罗斯标准文件规定，操控性指标可通过实验确定，也可以使用轮式车辆曲线运动微分方程（4.4）、（4.5）通过数学模型计算。

5.2 操控轮式车辆时的过渡过程

车轮转向到恒定角度 θ 后，运动不会立即变为曲线运动。最初，会以某种方式改变运动方向，但是惯性因素的存在会导致一定时间段内的运动参数 ω_{mz} 和 v_{C_y} 的改变。从一种稳态模式到另一种稳态模式的这个时间段称为过渡。

操控过程不仅包括操控，还包括修正措施（幅度较小的操控）。因此，稳态运动模式仅占总运动时间的很小一部分，大部分时间都属于过渡过程。

由于过渡过程实际上是驾驶员无法控制的，并且与轮式车辆属性有关，因此其特性对于操控性有重要意义。

为进一步分析，简化方程（4.4）、（4.5）、（4.9），同时考虑转向轮转向角度 θ_i、基本横向偏离阻力系数 k_{yo0} 和修正系数 q_{yi}，可得

$$\frac{\mathrm{d}v_{C_y}}{\mathrm{d}t} = b_1'\omega_{mz} - a_1'v_{C_y} + a_{1\theta}\theta_1 \tag{5.1}$$

$$\frac{\mathrm{d}\omega_{mz}}{\mathrm{d}t} = a_2'v_{C_y} - b_2'\omega_{mz} - a_{2\theta}\theta_1 - \frac{M_{spm}}{J_{mz}} \tag{5.2}$$

此处，

$$\left.\begin{array}{l} a'_1 = \dfrac{\sum\limits_{i=1}^{n_o} q_i k_{y_o0}\cos\theta_i}{m_m v_{mx}};\ b'_1 = v_{mx} + \dfrac{\sum\limits_{i=1}^{n_o} q_i k_{yo0} l_{Ci}\cos\theta_i}{m_m v_{mx}};\ a_{1\theta} = \dfrac{\sum\limits_{i=1}^{n_o} q_i k_{yo0}\theta_1\alpha_{\theta i}\cos\theta_i}{m_m} \\ a'_2 = \dfrac{\sum\limits_{i=1}^{n_o} q_i k_{yo0} l_{Ci}\cos\theta_i}{J_{mz} v_{mx}};\ b'_2 = \dfrac{\sum\limits_{i=1}^{n_o} q_i k_{yo0} l_{Ci}^2\cos\theta_i}{J_{mz} v_{mx}};\ a_{2\theta} = \dfrac{\sum\limits_{i=1}^{n_o} q_i k_{yo0} l_{Ci}\theta_1\alpha_{\theta i}\cos\theta_i}{J_{mz}} \end{array}\right\} \tag{5.3}$$

$a_{\theta i} = \theta_i/\theta_1$ 是第 i 个转向轴车轮转角与前转向轮转角间的比例系数，并且在系数 $a_{i\theta}$ 的表达式中省略了项 R_{xi}，即采用 $k_{yoi} \approx k_{yoi} + R_{xoi}$。这种假设是合理的，因为在 $R_{xi} \approx \varphi R_{zi}$ 的情况下，如果 $\varphi = 0.5$ 则比值 $k_{yoi}/R_{xoi} \approx 10$；如果沿坚硬支承面运动，则当 $f = 0.05$ 时，$k_{yoi}/R_{xoi} \approx 100$。

将式（5.2）求导并将其代入式（5.1）中，并用 ω_{mz} 表示 v_{C_y}，可得微分方程

$$\frac{\mathrm{d}^2\omega_{mz}}{\mathrm{d}t^2} + (b_2' + a_1')\frac{\mathrm{d}\omega_{mz}}{\mathrm{d}t} + (b_2'a_1' - a_2'b_1')\omega_{mz} = (a_2'a_{1\theta} - a_{2\theta}a_1')\theta_{10} +$$

$$(a_2'a_{1\theta}-a_{2\theta}a_1')\frac{\mathrm{d}\theta_1}{\mathrm{d}t}t-a_{2\theta}\frac{\mathrm{d}\theta_1}{\mathrm{d}t}-a_1'\frac{M_{\mathrm{spm}}}{J_{\mathrm{mz}}}-\frac{\mathrm{d}M_{\mathrm{spm}}}{J_{\mathrm{mz}}\mathrm{d}t} \quad (5.4)$$

其解的形式为：

$$\omega_{\mathrm{mz}}=C_1\mathrm{e}^{\lambda_1 t}+C_2\mathrm{e}^{\lambda_2 t}+\bar{p}t+\bar{q} \quad (5.5)$$

其中，

$$\bar{p}=\left(\frac{a_2'a_{1\theta}-a_{2\theta}a_1'}{b_2'a_1'-a_2'b_1'}\right)\frac{\mathrm{d}\theta_1}{\mathrm{d}t}$$

$$\bar{q}=\frac{(a_2'a_{1\theta}-a_{2\theta}a_1')\theta_{10}-a_{2\theta}\dfrac{\mathrm{d}\theta_1}{\mathrm{d}t}-a_1'\dfrac{M_{\mathrm{spm}}}{J_{\mathrm{mz}}}-\dfrac{\mathrm{d}M_{\mathrm{spm}}}{J_{\mathrm{mz}}\mathrm{d}t}}{b_2'a'-a_2'b_1'}-\left(\frac{b_2'+a_1'}{b_2'a_1'-a_2'b_1'}\right)\bar{p}$$

如果在轮式车辆直线运动状态下急打转向盘，那么第一根车轴转向轮的初始转向角度 $\theta_{10}=0$。由于急打转向盘的动作是根据驾驶员身体能力以极限速度完成的，所以 $\mathrm{d}\theta_1/\mathrm{d}t=\mathrm{const}$，持续时间 $t=0$。此后过渡过程在 $\omega_{\theta 1}=\mathrm{d}\theta_1/\mathrm{d}t=0$ 的模式下继续进行，从而导致方程（5.4）的某些项变为0。

由于仅考虑稳态运动模式，因此特征方程的根必须严格为负数：$\lambda_1<0$；$\lambda_2<0$。随着时间的推移，方程（5.5）前两项指数项将为0，即过渡过程将终止并且角速度将等于稳态值：$\omega_{\mathrm{mz}}=\omega_{\mathrm{mzust}}\approx\bar{q}$。

因此，过渡过程几乎可以完全用两个指数项表示，而这两个指数项均不包含转向轮的转向角 θ_i（若不考虑其余弦值）。方程（5.5）的根也不包含 θ_i：

$$\lambda_{1,2}=-\frac{1}{2}(b_2'+a_1')\pm\sqrt{\left[\frac{1}{2}(b_2'+a_1')\right]^2-(b_2'a_1'-a_2'b_1')} \quad (5.6)$$

因此，驾驶员无法控制此过程。

转向角 θ_i仅存在于方程（5.5）的第3项和第4项中，这将决定调节参数 ω_{mz} 的稳态值。

如果方程（5.6）中的根式为正，则解的形式为指数；如果根式为负，则振荡过程也将叠加在该指数上。求解关于 ω_{mz}的方程（5.5）并确定参数 $\bar{p}$ 和 $\bar{q}$，可以构建曲线 $\omega_{\mathrm{mz}}=f(t)$ 的整个过程，并形成对轮式车辆操控性的判断。但是，更合理的方法是选出某一可以评估轮式车辆过渡特性和操控性的特殊参数，而无须求解方程（5.5）。从控制终止时刻（$\omega_\theta=\dot{\theta}=0$）到稳态过程时刻（$\omega_{\mathrm{mz}}=\omega_{\mathrm{mzust}}$）的过渡过程时间 t_{pp}称为轮式车辆的反应时间。该过程对于驾驶员而言是不希望看到的。

利用具有自动调节原理的设备，考虑在突然发出阶跃控制信号的情况下，轮式车辆转向角速度 ω_{mz}的动力学变化。如果假设轮式车辆是一个无惯性的环节，那么在车轮急转向 θ 的瞬间，建立该过程（$\omega_{\mathrm{mz}}=\omega_{\mathrm{mzust}}$）状态方程：

$$\frac{L}{R_{\mathrm{p}}}=\frac{L\omega_{\mathrm{mz}}}{v_{\mathrm{mx}}}\approx\theta+(\delta_2-\delta_1);\ \omega_{\mathrm{mz}}=\frac{\theta v_{\mathrm{mx}}[1+(\delta_2-\delta_1)/\theta]}{L}=k_{\mathrm{us}}\theta \tag{5.7}$$

其中，k_{yc}为稳态放大系数（环节传递系数）：

$$k_{\mathrm{us}}=\frac{v_{\mathrm{mx}}[1+(\delta_2-\delta_1)/\theta]}{L} \tag{5.8}$$

如果假设将驾驶员－车辆系统视为由二阶微分方程描述的二阶惯性环节，则会发生振荡：

$$T_2^2\frac{\mathrm{d}^2\omega_{\mathrm{mz}}}{\mathrm{d}t^2}+T_1\frac{\mathrm{d}\omega_{\mathrm{mz}}}{\mathrm{d}t}+\omega_{\mathrm{mz}}=k_{\mathrm{us}}\theta \tag{5.9}$$

式中，T_1、T_2为时间常数。

其特征方程为：

$$T_2^2\lambda^2+T_1\lambda+1=0$$

有根

$$\lambda_{1,2}=\frac{-T_1\pm\sqrt{T_1^2-4T_2^2}}{2T_2^2} \tag{5.10}$$

微分方程（5.9）的解如下：

$$\omega_{\mathrm{mz}}=\frac{k_{\mathrm{us}}\theta}{\lambda_1-\lambda_2}[\lambda_1(1-\mathrm{e}^{\lambda_2 t})-\lambda_2(1-\mathrm{e}^{\lambda_1 t})] \tag{5.11}$$

并且根据时间常数 T_1和 T_2计算 λ_1和 λ_2，以及过渡函数的形式。

现在仅考虑轮式车辆的受扰运动，即假设方程（5.1）、（5.2）无自由项。为便于进一步求微分，取常量组成部分：

$$\left.\begin{aligned}
a'_{1v}=a'_1v_{\mathrm{mz}}=\frac{\sum_{i=1}^{n_{\mathrm{o}}}q_ik_{y0}\cos\theta_i}{m_{\mathrm{m}}};\ b'_{1v}=(v_{\mathrm{mx}}-b'_1)v_{\mathrm{mx}}=-\frac{\sum_{i=1}^{n_{\mathrm{o}}}q_ik_{y0}l_{Ci}\cos\theta_i}{m_{\mathrm{m}}}\\
a'_{2v}=-a'_2v_{\mathrm{mx}}=-\frac{\sum_{i=1}^{n_{\mathrm{o}}}q_ik_{y0}l_{Ci}\cos\theta_i}{J_{\mathrm{mz}}};\ b'_{2v}=b'_2v_{\mathrm{mx}}=\frac{\sum_{i=1}^{n_{\mathrm{o}}}q_ik_{y0}l_{Ci}^2\cos\theta_i}{J_{\mathrm{mz}}}
\end{aligned}\right\} \tag{5.12}$$

那么，受扰运动方程的形式为：

$$\frac{\mathrm{d}(\Delta v_{C_y})}{\mathrm{d}t}-\frac{v_{\mathrm{mx}}^2-b'_{1v}}{v_{\mathrm{mx}}}\Delta\omega_{\mathrm{mz}}+\frac{a'_{1v}}{v_{\mathrm{mx}}}\Delta v_{C_y}=0$$

$$\frac{\mathrm{d}(\Delta\omega_{\mathrm{mz}})}{\mathrm{d}t}+\frac{b'_{2v}}{v_{\mathrm{mx}}}+\frac{a'_{2v}}{v_{\mathrm{mx}}}\Delta v_{C_y}=0$$

求微分之后，得到 Δv_{C_y}和 $\Delta\omega_{\mathrm{mz}}$的二阶方程：

$$\frac{\mathrm{d}^2(\Delta v_{C_y})}{\mathrm{d}t^2}+\left(\frac{a_{mx}+b'_{2v}+a'_{1v}}{v_{mx}}-\frac{2a_{mx}v_{mx}}{v_{mx}^2-b'_{1v}}\right)\frac{\mathrm{d}(\Delta v_{C_y})}{\mathrm{d}t}+\left(a'_{2v}+\frac{b'_{2v}a'_{1v}-b'_{1v}a'_{2v}}{v_{mx}^2}-\frac{2a_{mx}a'_{1v}}{v_{mx}^2-b'_{1v}}\right)\Delta v_{C_y}=0 \tag{5.13}$$

$$\frac{\mathrm{d}^2(\Delta\omega_{mz})}{\mathrm{d}t^2}+\frac{a_{mx}+b'_{2v}+a'_{1v}}{v_{mx}}\frac{\mathrm{d}(\Delta\omega_{mz})}{\mathrm{d}t}+\left(a'_{2v}+\frac{b'_{2v}a'_{1v}-b'_{1v}a'_{2v}}{v_{mx}^2}\right)\Delta\omega_{mz}=0 \tag{5.14}$$

考虑到方程（5.14），方程（5.9）中 T_1 和 T_2 的表达式形式为：

$$T_1=\frac{v_{mx}(b'_{2v}+a'_{1v})}{a'_{2v}v_{mx}^2+b'_{2v}a'_{1v}-b'_{1v}a'_{2v}};\ T_2^2=\frac{v_{mx}^2}{a'_{2v}v_{mx}^2+b'_{2v}a'_{1v}-b'_{1v}a'_{2v}} \tag{5.15}$$

其比值为：

$$T_1/T_2=\frac{1+b'_{2v}/a'_{1v}}{\sqrt{a'_{2v}v_{mx}^2/a'^2_{1v}+b'_{2v}/a'_{1v}-b'_{1v}a'_{2v}/a'^2_{1v}}} \tag{5.16}$$

轮式车辆转向性能不同时，T_1/T_2 比值也不同。

①当转向过度（$\delta_1<\delta_2$）时，由于常数 T_2 较小，T_1/T_2 的值较大。在运动速度接近临界值 $v_{mx\omega_z}^{krit}$ 时，比值 $T_1/T_2\to\infty$。在这种情况下，方程（5.9）中的第 1 项可以忽略，并且对应的一阶微分方程的解为指数形式（图 5.1（a））：

$$\omega_{mz}=k_{us}(1-e^{-t/T_1})\theta \tag{5.17}$$

当 $t\to\infty$ 时，建立方程 $\omega_{mz}=\omega_{mzyst}=k_{us}\theta$；当 $t=T_1$ 时，比值 $\omega_{mz}/\omega_{mzu}=0.63$；当 $t=0$ 时，切线倾斜角与指数的正切值 $\mathrm{d}w_{mz}/\mathrm{d}t=k_{us}\theta/T_1$。

②当转向接近中性（$\delta_1\approx\delta_2$）时，T_1/T_2 的比值减小。例如，$T_1>2T_2$ 时，特征方程（5.10）的两个根都为实数（$T_1^2-4T_2^2>0$）和负数（$T_1>\sqrt{T_1^2-4T_2^2}$）。表示为 $\lambda_1=-\alpha_1$，$\lambda_2=-\alpha_2$，其中 $\alpha_1>0$，$\alpha_2>0$，式（5.11）的解表示为

$$\omega_{mz}=\frac{k_{us}\theta}{\alpha_2-\alpha_1}[-\alpha_1(1-e^{-\alpha_2 t})+\alpha_2(1-e^{-\alpha_1 t})] \tag{5.18}$$

式（5.18）对时间求导，可得：

$$\frac{\mathrm{d}\omega_{mz}}{\mathrm{d}t}=\frac{k_{us}\theta}{\alpha_2-\alpha_1}[\alpha_1\alpha_2(-e^{-\alpha_2 t})+\alpha_1\alpha_2(-e^{-\alpha_1 t})]$$

$$\frac{\mathrm{d}^2\omega_{mz}}{\mathrm{d}t^2}=\frac{k_{us}\theta\alpha_1\alpha_2}{\alpha_2-\alpha_1}(\alpha_2 e^{-\alpha_2 t}-\alpha_1 e^{-\alpha_1 t})$$

由于 $t=0$ 和 $t=\infty$ 时，第一个导数方程等于 0，即 $\mathrm{d}\omega_{mz}/\mathrm{d}t=0$，因此过渡函数具有拐点。令第二个导数方程等于零，得到

$$\alpha_2 e^{-\alpha_2 t}=\alpha_1 e^{-\alpha_1 t}$$

对该表达式两侧取对数，可得拐点坐标（图 5.1（b））：

$$t_{pereg}=(\ln\alpha_1-\ln\alpha_2)/(\alpha_1-\alpha_2)$$

与过度转向类似，没有振荡过程，但是角加速度 $d\omega_{mz}/dt$ 增加，过渡过程的时间 $t_{p.p}$减小。

③不足转向（$\delta_1>\delta_2$）时，比值 $T_1/T_2<2$，特征方程（5.10）的根 λ_1 和 λ_2 为复数且是共轭的：

$$\lambda_{1,2}=-\alpha\pm j\beta \tag{5.19}$$

式中，$\alpha=T_1/(2T_2^2)=1/T_0$；$j\beta=\dfrac{\sqrt{T_1^2-4T_2^2}}{2T_2^2}=\dfrac{\sqrt{1-2T_0/T_1}}{T_0}$。

过渡函数将有以下形式：

$$\omega_{mz}=k_{us}\theta\{1-e^{-t/T_0}[\cos\beta t+(\alpha/\beta)\sin\beta t]\}$$

或者表示为 $\alpha/\beta=\mathrm{ctg}\Psi$，$k_1=1/\sin\Psi$，则

$$\omega_{mz}=k_{us}\theta[1-e^{-t/T_0}k_1\sin(\beta t+\Psi)] \tag{5.20}$$

过渡函数表现为正弦有阻尼振荡（图 5.1（c）），其角频率由特征方程（5.19）根的虚数部分确定。

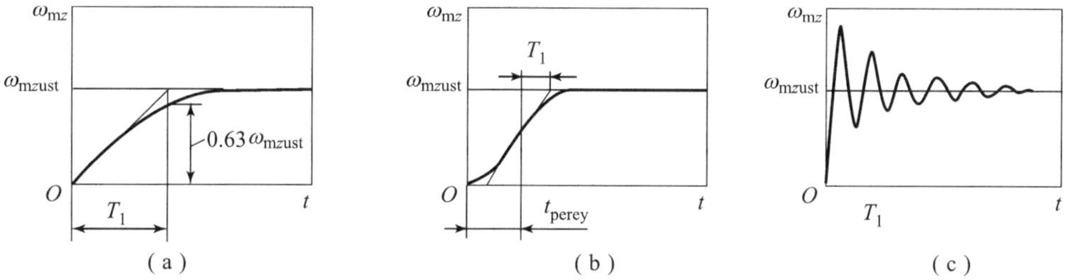

图 5.1 轮式车辆在过渡状态下转向角速度的变化

（a）过度转向；（b）接近中性的转向；（c）不足转向

转向角速度 ω_{mz}的变化率与运动速度 v_{mx}无关。中性转向与不足转向的轮式车辆相比，特性曲线 $\omega_{mz}(t)$ 的斜率较大；与过度转向的轮式车辆相比，距离不稳定运动区域较远。因此，应优先选择中性转向的轮式车辆（过渡过程的时间 tt_{pp}短）。

5.3 操控性评估指标

对操控性进行评估时，应选择那些操控轮式车辆时会真正影响驾驶员的真实物理现象。评估指标可以是：不使驾驶员感到不适的最大允许转向角速度；不会让驾驶员评价轮式车辆可控性较差的最小转向角速度；轮式车辆完成转向角速度的反应时间。

这里主要考虑操控性指标、其物理含义、数学描述、实验测定方法和标

准值。

稳态轨迹操控性的特性是轨迹曲率 $1/R_{\mathrm{p}}$ 的变化与稳态运动，即 $v_{mx}=\text{const}$ 时转向盘转动角度 α_{rul} 的关系：

$$1/R_{\mathrm{p}}=f(\alpha_{\mathrm{rul}}) \tag{5.21}$$

式中，$1/R_{\mathrm{p}}=w_{mz}/v_{mx}$。

该特性决定了轮式车辆在稳态运动过程中对驾驶员控制操作反应的特性。

轨迹曲率变化的程度由轮式车辆转向灵敏度表征：

$$\mu_R=\frac{\partial\frac{1}{R_{\mathrm{p}}}}{\partial\alpha_{\mathrm{rul}}} \tag{5.22}$$

轨迹曲率的变化越大，轮式车辆转向灵敏度越高，对控制操作的反应就越快。

对于使用平面模型描述的前轮转向两轴轮式车辆，在不考虑偏离的情况下假设第一轴指定轮的转向角度 $\theta=\alpha_{\mathrm{rul}}/u_{\mathrm{r.u}}$ 取决于控制转向的传动比 $u_{\mathrm{r.u}}$，可以写为：

$$\frac{1}{R_{\mathrm{p}}}=\frac{\mathrm{tg}\theta}{L}=\frac{\mathrm{tg}(\alpha_{\mathrm{rul}}/u_{\mathrm{r.u}})}{L};\ \mu_R=\frac{1}{L\cos^2(\alpha_{\mathrm{rul}}/u_{\mathrm{r.u}})}$$

考虑到侧偏，并假定 R_{p} 由表达式（3.33）确定，偏离角 $\delta_i=R_{yi}/k_{yi}$，得到

$$\frac{1}{R_{\mathrm{p}}}=\frac{\mathrm{tg}\theta+\delta_2-\delta_1}{L}=\frac{\mathrm{tg}(\alpha_{\mathrm{rul}}/u_{\mathrm{r.u}})}{L}-\frac{R_{y1}k_{y2}-R_{y2}k_{y1}}{Lk_{y1}k_{y2}} \tag{5.23}$$

由于 $v_{mx}=\text{const}$，R_{yi} 可只考虑式（3.68）的第一项，表示为：

$$R_{y1}=m_{\mathrm{m}}v_{mx}^2l_2R_{\mathrm{p}}/L;\ R_{y2}=m_{\mathrm{m}}v_{mx}^2l_1R_{\mathrm{p}}/L$$

那么

$$\left.\begin{aligned}\frac{1}{R_{\mathrm{p}}}&=\frac{\mathrm{tg}(\alpha_{\mathrm{rul}}/u_{\mathrm{r.u}})}{L}\left(1+\frac{m_{\mathrm{m}}v_{mx}^2c}{L^2k_{y1}k_{y2}}\right)\\ \mu_R&=\frac{1}{\cos^2(\alpha_{\mathrm{rul}}/u_{\mathrm{r.u}})}\left(1+\frac{m_{\mathrm{m}}v_{mx}^2c}{L^2k_{y1}k_{y2}}\right)\end{aligned}\right\} \tag{5.24}$$

式中，$c=l_1k_{y1}-l_2k_{y2}$。

根据方程（5.24），中性转向时（图 5.2（a）直线 1），轮式车辆转向灵敏度 μ_R 几乎不取决于 α_{rul} 角；过度转向时（$c>0$，$\delta_1<\delta_2$），$1/R_{\mathrm{p}}$ 和 μ_R 值增加（见图 5.2（a）曲线 2）；不足转向（$c<0$，$\delta_1>\delta_2$）时，$1/R_{\mathrm{p}}$ 和 μ_R 值因偏离而减小（见图 5.2（a）曲线 3）。

此外，轨迹曲率和转向灵敏度取决于 $c\neq0$ 时的速度 v_{mx}、传动方案、用于确定纵向反作用力修正系数 q_{R_x} 的驱动轮布置以及参数 L、l_{1C}、k_{yi}、m_{m}、$\mu_{\mathrm{r.u}}$。

轮式车辆转向灵敏度不应是恒定不变的。在高速行驶时希望灵敏度低，因为

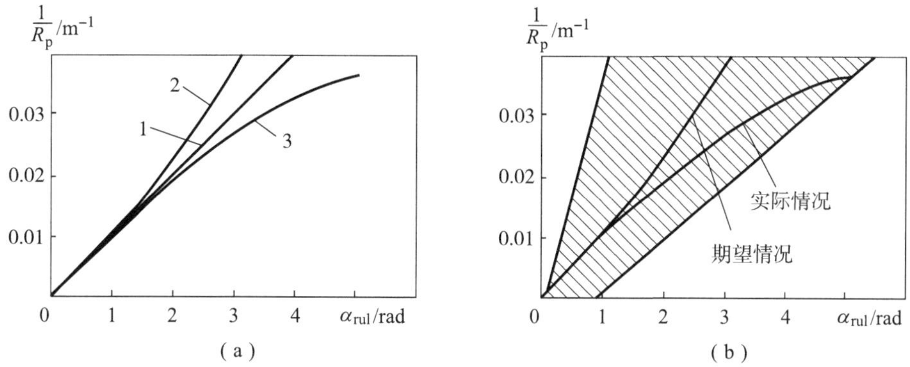

图 5.2 稳态轨迹操控性的特性

(a) 在$v_{mx}=3\sim5$ km/h 时，中性转向（1）、过度转向（2）和不足转向（3）时；

(b) 横向加速度 $a_{my}=4$ m/s^{2}时的标准区域

不小心转动转向盘会导致稳定性下降。在低速行驶时，尤其是在机动过程中，应具有较高的灵敏度，以降低驾驶员的能量消耗。

作为主观评估和客观评估的研究结果，可以通过分析对轮式车辆转向灵敏度的限制区域来评估其转向灵敏度（图 5.2（b））。具体为：横向加速度 $a_{C_y}=4$ m/s^2 时轮式车辆转向盘固定的情况下，即 $\alpha_{rul}=$ const 和 $v_{mx}=$ const 时做圆周运动，特性应位于阴影区域内。此时在关系曲线 $R_p^{-1}(\alpha_{rul})$ 上任一点切线的斜率不应超过阴影区域左侧边界的斜率（根据轮式车辆转向控制最大允许灵敏度确定）。如果灵敏度超过$\mu_{R\max}$值，则直线运动期间可能出现“蛇形”运动。

阴影区域右侧边界对应的是人体工程学建议，即以不低于 $v_{mx}=65$ km/h 的速度、避开可能的障碍物且不拦截转向盘的情况下，应可以快速转向。例如，$v_{mx}=3\sim5$ km/h 速度下的灵敏度应大于 $\mu_{R\min}=0.003$ (m · °)$^{-1}$。

实验中，特性曲线 $R_p^{-1}(\alpha_{rul})$ 根据轮式车辆类别的不同，在不同 $\alpha_{rul}=$ const、不同 $v_{mx}=$ const 和不同燃料供应机构固定位置的情况下确定，两种方法如下：

①将轮式车辆加速到规定速度，转向盘转动到一定角度，并以稳定速度转动一整圈，测量 v_{mx}、α_{rul}、ω_{mz}、a_{C_y}。继续行驶并增加角 α_{rul}值，并进行相同测量操作。

②在 $v_{mx}\geqslant60\sim80$ km/h 时，开始时而向右、时而向左（与中间位置相比）转动转向盘（进行“缓慢蛇形”运动），并测量 v_{mx}、α_{rul}、ω_{mz}、a_{C_y}。轮式车辆转向“不灵敏度”根据轮式车辆无反应的角度 α_{rul}进行评估（通常，$\alpha_{rulnch}=6°\sim12°$）。

“急打转向盘”特性描述了在不同的 $\alpha_{rul}=$ const 和 $v_{mx}=$ const 稳态值（对应横向加速度 $a_{my}=4$ m/s^2）时快速转动（$\omega_{rul}\geqslant7$ rad/s）转向盘后，轮式车辆进入转向的过渡过程。为此，考虑一下相对角速度或横向加速度随时间变化的关系曲线：

$$\omega_{mz}/\omega_{mzust}=f(t)\text{；}a_{my}/a_{myust}=f(t)$$

式中，ω_{mz}、a_{my}为进入转向过程的速度和加速度；ω_{mzust}、a_{myust}为对应的稳态值。

如果关系曲线 $\omega_{mz}/\omega_{mzust}=f(t)$ 不超出阴影区域（图 5.3（a）），则不难控制。

关系曲线 $\omega_{mz}/\omega_{mzust}=f(t)$ 表征了方向稳定性，而 $a_{C_y}/a_{C_y ust}=f(t)$ 则表征了轨迹稳定性。

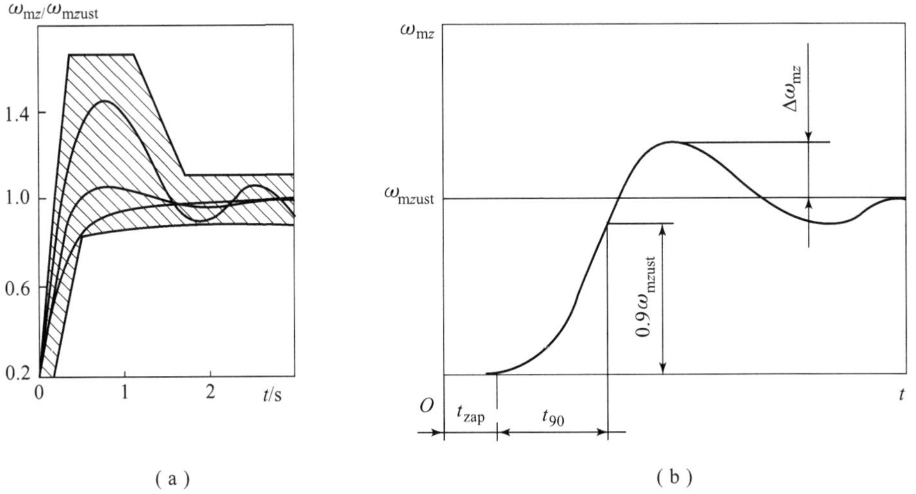

图 5.3 “急打转向盘”特性曲线和轮式车辆角速度随时间的变化

（a）“急打转向盘”特性曲线；（b）轮式车辆角速度随时间的变化

急打转向盘时，横向加速度 a_{C_y} 的附加分量增加，发生动态过渡过程，其过程受到转向器和轮胎弹性特性和阻尼特性的影响。过渡过程的特性曲线可能是有“骤增”或没有“骤增”的，是非周期性的或振荡性的，其持续时间应很短。最好让角速度 $\Delta\omega_{mz}$ 的“骤增”不超过某一标准值，该值根据轮式车辆类型确定，一般在 $\omega_{mz}/\omega_{mzust}=0.1\sim0.9$ 范围内。

由关系曲线 $\omega_{mz}=f(t)$ 可确定轮式车辆对转向盘转动的响应时间 $t_{p.p}$。对 90% 的反应 $\omega_{mz}=0.9\omega_{mzust}$（图 5.3（b））设置时间标准 t_{90}，该值不应超过 0.6 ~ 5 s。根据车辆类型的不同，该标准为（单位为 s）：0.6——对于 M_1；0.8——对于 M_2；3.0——对于 M_3；1.0——对于 N_1；2.0——对于 N_2；3.0——对于 N_3；1.5——对于 O_1；2.5——对于 O_2；4.0——对于 O_3；5.0——对于 O_4。过渡过程的持续时间应尽可能最短。

第一次行驶测试时，转向盘转动角度根据达到 $a_{my}=1\sim1.5\ m/s^2$ 的条件来确定。总共应完成每个方向（左和右）转向至少各 12 次的行驶。在随后的每次行驶中，转向角度 α_{rul} 阶梯式增加，直到达到横向加速度 $a_{my}\geqslant4.5\ m/s^2$（对于 M_1、M_2、N_1 类）和 $a_{my}\geqslant2.5\ m/s^2$（对于 M_3、N_2、N_3 类）。极限横向加速度 α_{my} 应该根据车轮附着条件（$a_{mymax}=\varphi g$）和防止车轮脱离支承面的条件予以限制。轮式车辆速度应该为：（80 ±3 ）km/h——对于 M_1、M_2、N_1类；（60 ±3）km/h——对于 M_3、N_2、N_3类。

该标准规定了不同横向加速度 a_{my} 下角速度相对骤增的极限值 $\Delta\omega_{mz}/\omega_{mzust}$。因此，在 $a_{my}=4\ m/s^2$时，不同类型轮式车辆的极限值 $\Delta\omega_{mz}/\omega_{mzust}$ 如下：0. 8——对于 M_1类；0. 6——对于 M_2、N_1类；0. 1——对于 M_3、N_2、N_3类；0. 2——对于 O_1、O_2、O_3类；0. 1——对于 O_4类。

“回正转向”特性可以评估轮式车辆的稳态属性。在稳态圆周运动时，突然松开转向盘，将此刻作为计时起点（$\gamma_m=0$）；记录并绘制方向角随时间的变化曲线。关系曲线 $\gamma_m=f(t)$ 不应超出阴影区域范围（图 5. 4（a））。

当轮式车辆内侧转向轮沿半径为 $R_{p1vn}=50$ m 的圆弧运动时，轮胎接触痕迹在 50 m 和 51 m 半径范围内。运动速度 v_{mx} 取决于轮式车辆类型，数值如下（单位为 km/h）：（50 ±2）——对于 M_1、N_1类；40——对于 M_2、M_3、N_2，N_3类；横向加速度 $a_{my}=4\ m/s^2$。运动速度保持恒定，直到转向盘停止转动。从机动操作开始的 6 s 内，连续记录 α_{rul} 值。转向盘向各个方向转动时，至少完成 3 次行驶并计算所确定参数的平均值。

转向盘自动回正角速度 ω^*_{rul} 用转角 α_{rul}（图 5. 4（b））减少 90% 的时间来确定，关系式如下：

$$\omega^*_{rul}=0.9(\alpha_{rul1}-\alpha_{rul2})/t_{90} \tag{5.25}$$

式中，α_{rul1}、α_{rul2} 分别是转向盘初始转角和剩余转角。

转向盘转过中间位置后的最大转角称为转向盘骤增转角（图 5. 4（b）中的 α_{rul3}）。从松开转向盘的时刻 t_0 到稳态剩余转角 α_{rul2} 的时间间隔 t_{ust} 称为转向控制稳态时间。

对于不同类型的轮式车辆，转向盘自动复位的速度 w^*_{rul} 应该不低于（单位为°/s）：400——对于 N_1 类；240——对于 M_1、M_2、N_2 类；120——对于 M_3 类；70——对于 N_3类。

剩余转角 α_{rul2} 和其骤增转角 α_{rul3} 分别为：不大于 20°和 30°——对于 M_1、M_2、N_1类型的轮式车辆；不大于 50°和 20°——对于 M_3、N_2、N_3类型的轮式车辆。

转向控制灵活性特性是指转向盘上的力 P_{rul} 与其转向盘转动角速度 $\omega_{rul}=\dot{\alpha}_{rul}$

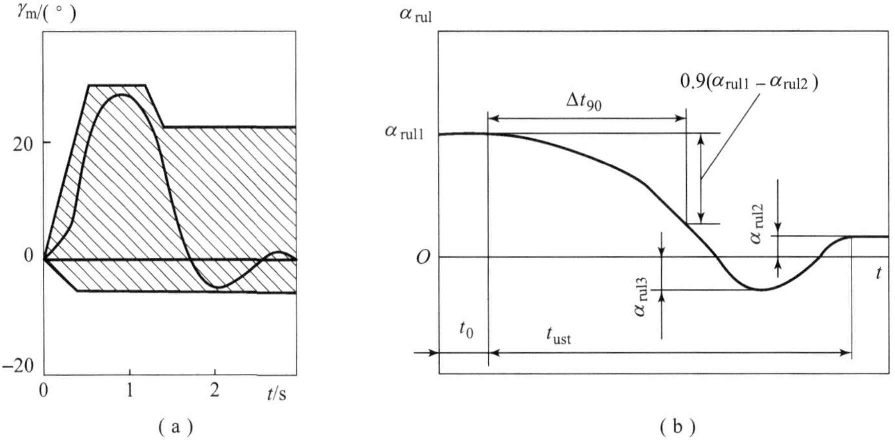

图 5.4　v_{mx} = 40 km/h 时的"回正转向"特性曲线和转向盘转动角度随时间的变化曲线

(a) v_{mx} = 40 km/h 时的"回正转向"特性曲线；(b) 转向盘转动角度随时间的变化曲线

的关系曲线。通常根据标准条件下轮式车辆转向时转向盘上的极限力进行评估，并通过理论或实验方法确定。

在硬支承面上转向角度为 θ_K 时，弹性轮的转向阻力矩 M_{sp} 由下式确定：

$$M_{sp} = M_{st\Sigma} + M_{stv} + M_{stz} + M_{sp\omega} + M_{spR_x} \tag{5.26}$$

式中，$M_{st\Sigma}$ 为弹性轮胎总稳态力矩；M_{stv} 为受轮轴纵向平面倾角 α_{shkx} 制约而产生的稳态力矩；M_{stz} 为主销轴横向侧倾角 α_{shky} 和转向角 θ_k 时，受轮胎外倾角 γ_{ky0} 制约而产生的稳态力矩；$M_{sp\omega}$ 为受轮胎角刚度 $c_{sh\theta}$ 和接触滑动制约而产生的转向阻力矩；M_{spR_x} 为滚动臂主销轴（图 4.7）与纵向力的转向阻力矩，$M_{spR_x} = R_x e_y$。

轮式车辆转向轮的转向阻力矩等于 $n_{k\theta}$ 个单独转向轮的转向阻力矩之和：

$$M_{spm} = \sum_{i=1}^{n_{k\theta}} M_{spi}$$

如果没有转向助力，那么进入转向时转向盘上的力 P_{rul} 以及恒定角度 α_{rul} 时保持转向盘上的力 P_{rulud}，分别按照以下表达式确定：

$$P_{rul} = M_{spm}/(r_{rul}u_{r.u}\eta_{r.u})；P_{rulud} = \eta_{r.uobr}M_{spm}/(r_{rul}u_{r.u}) \tag{5.27}$$

式中，η_{rul}、$\eta_{r.u}$、$\eta_{r.uobr}$ 分别是进入转向、转向时、退出转向的效率。

通常 $\eta_{r.u}$ = 0.67 ~ 0.82，$\eta_{r.uobr}$ = 0.58 ~ 0.63 而 $u_{r.u}$ = 13 ~ 22——对于轻型轮式车辆，$u_{r.u}$ = 20 ~ 25——对于重型轮式车辆。

轮式车辆转向时转向盘上的力 P_{rul0} 是其向右和向左转动相应角度时力的平均

值，对应于前外侧转向轮沿半径 $R_{p1n}=12$ m 的圆周运动，或者当 $R_{p1n}>12$ m 时则沿其最小半径的圆周运动。转向盘转动速度 $w_{rul}\leqslant 60°/s$。

轮式车辆沿圆形轨迹运动时转向盘上的力 P_{rulR}是以恒定速度 $\omega_{rul}=\mathrm{const}$ 向右和向左转向时力的平均值。该速度可以保证各种类型的轮式车辆（不论车辆是否装有转向助力器）可以在（4 ±0.25）s 内从直线运动过渡为前外侧转向轮沿半径 $R_{p1n}=12$ m 的圆周运动，或者当 $R_{p1n}>12$ m 时则沿其最小半径的圆周运动。轮式车辆速度 $v_{mx}=(10\pm 2)$ km/h。

如果转向助力器（助力装置）出现故障，则转向盘转速 ω_{rul}应确保车辆可在 $t=(4\pm 0.25)$ s（对于 M_1、M_2、N_1、N_2类）和 $t=(6\pm 0.25)$ s（对于 M_3、N_3类）内从直线运动过渡到半径 $R_{p1n}=20$ m 的运动。

转向盘上的力不应超过表 5.1 中所列数值。

表 5.1　转向盘上力的极限值

轮式车辆类型	轮式车辆 P_{rul0}值/N		轮式车辆 P_{rulR}值/N	
	装有助力器	未装助力器	装有助力器	助力器故障
M_1	60	200	150	300
M_2	60	250	150	300
M_3	250	350	200	450
N_1	180	300	200	300
N_2	180	350	250	400
N_3	250	350	200	450（500）*

* 带有两桥或者更多桥的转向轮的大吨位重型轮式车辆允许的力。

运动速度为 40 km/h 和 60 km/h、横向加速度 $a_{C_y}=4$ m/s^{2}时，作用在转向盘上的力应该在 $P_{rul}=60\sim 120$ N。下限由可辨阈值确定，低于该阈值驾驶员将失去对转向轮转向与作用在转向盘上的力的感知，上限与驾驶员身体疲劳的阈值有关。

进入规定转向时的极限速度是在标记轨迹的路段上确定的。评估指标是轮式车辆进入转向时能保证转向轨迹可控性的极限速度。该速度是在沿转向内侧路基肩线行驶、转向半径 R_{p1vn}为 30 m 和 60 m 时予以规定的。对于重型轮式车辆，进入转向时的速度不应低于 45 km/h（$R_{p1vn}=30$ m）和 70 km/h（$R_{p1vn}=60$ m）。轮式车辆操控性要求车速在超过极限速度 5% 时，车轮不应脱离道路。

进入规定“转移位置”时的极限速度也是在标记轨迹的路段上确定的。评估指标是轮式车辆进入“转移位置”时保证轨迹可控性的极限速度。

该速度是在“转移位置”横向移动 $L_y = 3.5$ m、长度 $L_x = 12$ m 和 20 m 时予以规定的。对于重型轮式车辆，速度不应低于 55 km/h($L_x = 12$ m) 和 80 km/h ($L_x = 20$ m)。超过极限速度 5%时，车轮不应脱离道路；在极限速度发生侧滑时不应纠正转向盘转动。

转动转向盘的平均角速度 $\bar{\omega}_{rul}$（滑行速度）根据在标记的至少 400 m 长路段上完成 10 次以上直线运动的结果确定，其中记录了转向盘转动角度 α_{rul} 和测量段通行时间 t_i。

$\bar{\omega}_{rul}$ 值是各次行驶时转向盘总转动角度 $\alpha_{rul\Sigma}$ 与各次行驶总时间 t_Σ 的比值：

$$\bar{\omega}_{rul} = \alpha_{rul\Sigma}/t_\Sigma$$

车速 $v_{mx} = 60$ km/h 和 100 km/h 时的 $\bar{\omega}_{rul}$ 标准值分别为 0.1°/s 和 0.15°/s。

除了在上述研究的临界运动模式下进行测试之外，还规定对普通操作模式下操控性和稳定性进行评估。测试是在试车场专用道路上进行的，评估工作由测试人员根据个人主观感受以打分的形式完成。

习题

1. 如何描述和确定轮式车辆的的操控性？

2. 轮式车辆对控制操作的运动学响应和动力学响应是什么？

3. 对于具有不同转向特性的轮式车辆，过渡工况下转向角速度变化的本质是什么？

4. 你知道哪些操控性评估指标？

5. 稳态轨迹操控性的特点是什么？有什么限制？

6. 什么是“急打转向盘”特性？$\omega_{mz} = f(t)$ 取值有什么限制？

7. 如何评估“回正转向”特性及其限制？

8. 什么是转向盘自动复位速度、剩余转角和转向盘骤增转角？

9. 如何确定转向盘上的力 P_{rul}？有哪些通用标准？

10. 确定进入给定转向和进入给定“转移位置”极限速度时有哪些限制？

11. 什么是转向速度？如何定义？其标准值是多少？

6

轮式车辆制动性

6.1 制动系统和制动类型

制动是指建立和改变对轮式车辆运动的人为阻力以降低车速，或使其相对于支承面保持在固定位置的过程。轮式车辆按照驾驶员意愿快速或者短距离内降低运动速度的能力，是提高平均行驶速度的因素之一。制动可以确保运动的主动安全性——轮式车辆的结构特点和属性，与降低发生交通事故可能性有关。

制动时，上一次运动过程中积累的轮式车辆能量会减少或完全耗散：动能——在运动速度降低时；势能——在下坡时。这些类型的能量将通过摩擦力或其他运动阻力进行耗散和转换，该过程可以在车轮以及驱动轴、发动机轴上或其他相关部件的制动机构中完成。

根据对所积累能量进行转换的位置和方式，可将制动分为车轮制动、发动机制动、驱动制动、缓速制动等。

根据联合国欧洲经济委员会内部运输委员会第 13 号条例，所有车辆必须配备制动系统，用于行车制动、紧急制动和驻车制动。这些功能分别由行车制动系统、备用制动系统和驻车制动系统完成。对于在山区行驶的柴油 N_3 型车辆和 M_3 型车辆，必须另外配备辅助制动系统。

行车制动系统是保证车辆在正常行驶条件下进行制动的主要系统。该系统位于车轮中或车轮侧边。

备用制动系统在行车制动系统故障时完成制动过程。

驻车制动系统旨在保持车辆处于静止状态，其制动机构位于某驱动轴上或车轮上。

辅助制动系统适用于轮式车辆在长下坡道时的制动，该系统使用特殊减速制动器——发动机制动器和缓速器。

制动分为 3 种类型：

紧急制动——利用车轮与支承面间可能的附着属性尽可能快地将轮式车辆停下，由产生最大减速度 $a_\tau=8\sim9\ \mathrm{m/s^2}$ 的行车制动系统保证，预防道路交通事故发生，该制动称为紧急制动。

正常制动——运动速度以减速度 $a_\tau=2.5\sim3\ \mathrm{m/s^2}$ 平稳下降。

长下坡道（斜坡）制动——在有长下坡道的山区条件下维持稳定安全的恒定速度，由用于长期持续制动的缓速器保证。

根据轮式车辆最终速度，制动可以分为完全制动（$v_{mx}=0$）和部分制动（$v_{mx}\neq0$）。

6.2 制动过程轮式车辆的运动方程

制动过程轮式车辆运动计算示意图可以根据轮式车辆总体运动示意图确定（图 2.1），其中参数 a_{mx}、R_{xoi}、P_{a_x} 将从正值变为负值。为了简化引入新符号，其中“τ”表示制动过程：$a_\tau=-a_{mx}$，$R_{xo\tau i}=-R_{xoi}$，$P_{a_x\tau}=-P_{a_x}$。轮式车辆制动过程中的简化计算示意图见图 6.1。

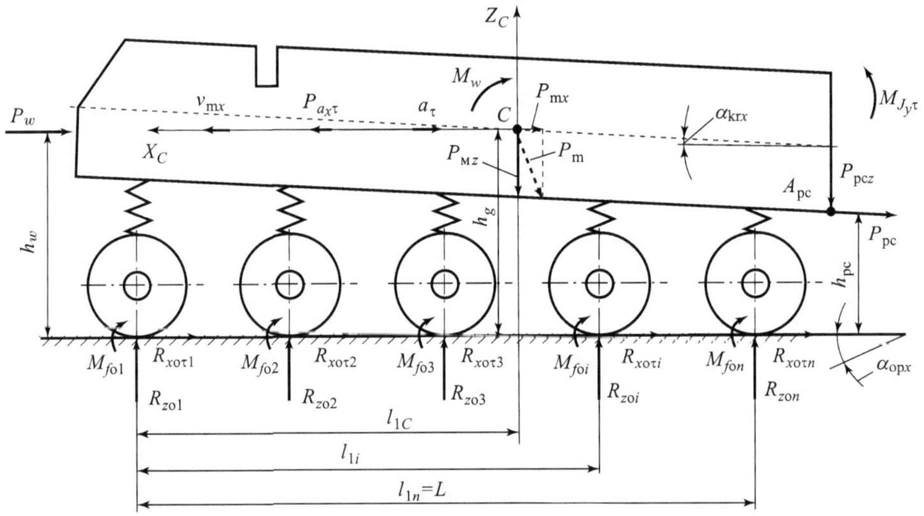

图 6.1 制动过程中作用在轮式车辆上力的示意图

轮式车辆以减速度 a_τ 在平整支承面（$P_{pd}=0$）上的制动，用以下方程描述：

$$m_m a_\tau \delta_{vr\tau} = \sum_{i=1}^{n_o} R_{xo\tau i} + P_{f_{shm}} + P_w + P_{mx} + P_{pdx} \tag{6.1}$$

由此可知，制动过程中轮式车辆的减速度为：

$$a_\tau = \frac{\sum_{i=1}^{n_o} R_{xo\tau i} + P_{f_{shm}} + P_w + P_{mx} + P_{pdx}}{m_m \delta_{vr\tau}} \tag{6.2}$$

即使轮式车辆在土路上运动，滚动阻力 $P_{f_{shm}}$ 也明显小于制动过程中的纵向反作用力 $R_{xo\tau i}$。只有在极易变形的支承面上进行制动的情况除外，为了对制动过程进行总体评估，忽略此种情况。

出现各种纵向反作用力值 $R_{xo\tau i}$ 都是有可能的，但通常不是最大值。当最大值 $R_{xo\tau i} = R_{xo\tau i}^{max} = \varphi_i R_{zoi}$ 时的制动称为充分利用附着力的制动。

在行车制动系统（无发动机制动参与）完成紧急制动的过程中，可以取 $\delta_{vr\tau} = 1$；在平均速度时进行制动，空气阻力很小（$P_w \approx 0$）。为了描述便利，假设制动是由轮式车辆所有车轮完成的，整个轮式车辆的最大纵向反作用力为 $\sum_{i=1}^{n_k} R_{x\tau i} = \varphi P_{mz} = \varphi m_m g\cos\alpha_{opx}$，那么制动过程中的稳态最大减速度为：

$$a_{\tau ust}^{max} = (\varphi\cos\alpha_{opx} + \sin\alpha_{opx})g \tag{6.3}$$

考虑理想制动情况，即所有车轮上的纵向反力 $R_{xo\tau i} = R_{xo\tau i}^{max} = \varphi_i R_{zoi}$ 同时达到最大值，且整个制动过程所有车轮的附着系数 φ_i 相同且不改变。在这样的假设下，制动过程可以用关系式 $a_\tau(t)$、$v_{mx}(t)$ 描述，并用下图表示制动曲线（图 6.2）。

考虑轮式车辆在水平支承面上制动的几个阶段，其时间为 t_i，速度为 v_{mxi}，减速度为 $a_{\tau i}$，距离为 $s_{\tau i}$；轮式车辆初始运动速度 v_{mx0}，稳态减速度 $a_{\tau ust} = \varphi g$（图 6.2）。

（1）驾驶员反应阶段。在驾驶员反应时间 $t_{r.v}$ 内，驾驶员会评估情况、决定是否需要制动并将脚从油门踏板放到制动踏板上。反应时间取决于驾驶员的熟练程度、疲劳程度和路况，可以在 $t_{r.v} = 0.2 \sim 1.5$ s 内变化。计算时取平均值 $t_{r.v} = 0.8$ s，速度减小的量很少，可以不考虑：$v_{mxr.v} = v_{mx0}$；轮式车辆通过的距离为 $s_{\tau r.v} = v_{mx0} t_{r.v}$。

（2）制动系统延迟阶段。在延迟时间 t_z 内，制动系统驱动元件移动一定间隙值，气动驱动或液压驱动的管道和运行装置中的空气压力或液体压力增加到一定数值，使复位弹簧克服阻力，使刹车片移动，直到制动摩擦片与制动盘或制动鼓接触。时间 t_z 取决于制动系统类型和状态。对于完好的制动系统，延迟时间（单位为 s）为：0.05 ~ 0.07——对于液压驱动的盘式制动机构；0.15 ~ 0.20——对

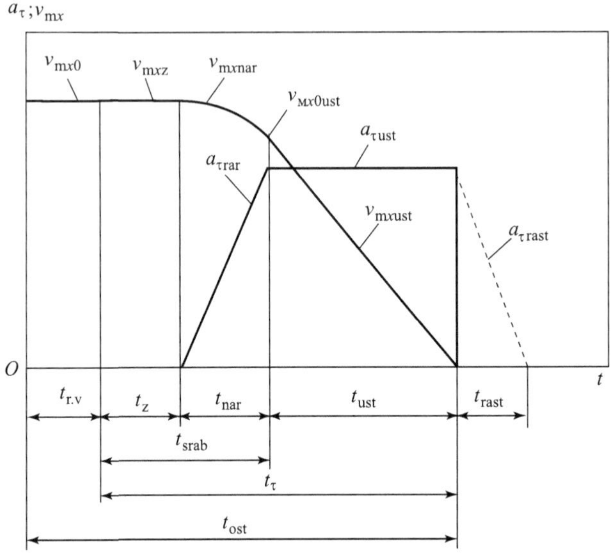

图 6.2　轮式车辆制动曲线

于液压驱动的鼓式制动机构；0.2 ~0.4—— 对于气压驱动。此阶段速度减小的量很少：$v_{mxz}=v_{mx0}$，因为 $a_{\tau z}\approx 0.03\sim 0.07a_{\tau ust}$，距离 $s_{\tau z}=v_{mx0}t_z$。

（3）减速度累积阶段。减速度累积时间 t_{nar} 根据制动机构摩擦件阻力矩从零增加到稳定力矩对应值确定。稳定力矩等于最大纵向附着反作用力 $R_{xo\tau i}^{max}$ 与半径 r_{k0} 的乘积，它可以在 $t_{nar}=0.05\sim 2$ s 内变化，随垂向力 P_z 和附着系数 φ 的增加而增加。

时间 t_{nar} 可以根据近似关系式确定：

$$t_{nar}=a_{\tau ust}/k_{a_\tau}=\varphi g/k_{a_\tau} \tag{6.4}$$

式中，k_{a_τ} 为减速度增加系数。

以下是当附着系数 $\varphi=0.8$ 时，减速度增加时间平均值 $t_{nar0.8}$ 对应的 k_{a_τ} 值：

	$t_{nar0.8}$/s	k_{a_τ}
轻型轮式车辆	0.05 ~0.2	68.6
重型轮式车辆		
液压驱动	0.05 ~0.4	34.3
气压驱动	0.15 ~1.5	6.86

减速度 $a_{\tau nar}$ 的增加规律受驾驶员操作和制动系统结构特点制约。通常，减速度 $a_{\tau nar}$ 的增加与减速时间成比例：

$$a_{\tau nar}=a_{\tau ust}t_{nari}/t_{nar} \tag{6.5}$$

式中，$0 \leqslant t_{nari} \leqslant t_{nar}$。

为了确定减速度增加部分的速度和距离，对等式 $a_{\tau nar} = d^2 s_{\tau nar}/dt_{nari}^2$ 两次求积分。根据式（6.5）和 $t_{nari} = 0$，第一次求积分后得到

$$v_{mxnar} = v_{mx0} - \frac{1}{2}a_{\tau ust}t_{nari}^2/t_{nar} \tag{6.6}$$

若 $t_{nari} = 0$ 时 $s_{\tau nar} = 0$，则第二次求积分后得到

$$s_{\tau nar} = v_{mx0}t_{nar} - a_{\tau ust}t_{nar}^2/6 \tag{6.7}$$

则对应于以 $a_{\tau ust}$ 开始运动的速度为：

$$v_{mx0ust} = v_{mx0} - \frac{1}{2}a_{\tau ust}t_{nar} \tag{6.8}$$

总时间 $t_{srab} = t_z + t_{nar}$ 被称为制动反应时间。

（4）稳态减速度。由于 $a_{\tau ust} = \text{const}$，$t_{usti} = (v_{mx0ust} - v_{mxust})/a_{\tau ust}$，距离 $s_{\tau usti} = v_{mx0ust}t_{usti} - \frac{1}{2}a_{\tau ust}t_{usti}^2$，其中 $0 \leqslant t_{usti} \leqslant t_{ust}$，换算后有

$$s_{\tau ust} = \frac{1}{2}(v_{mx0ust}^2 - v_{mxust}^2)/a_{\tau ust} \tag{6.9}$$

制动直至完全停车（速度 $v_{mxust} = 0$）的过程中，制动时间为 $t_\tau = t_z + t_{nar} + t_{ust}$，距离为 $s_\tau = s_{\tau z} + s_{\tau nar} + s_{\tau ust}$，或考虑式（6.7）和式（6.9），可得

$$s_\tau = v_{mx0}\left(t_z + \frac{1}{2}t_{nar}\right) + \frac{1}{2}(v_{mx0}^2 - v_{mxust}^2)/a_{\tau ust} - a_{\tau ust}t_{ust}^2/24 \tag{6.10}$$

代入 $a_{\tau ust} = \varphi g$，由于数值较小忽略最后一项，可得完全停车之前轮式车辆通过的距离为：

$$s_\tau = v_{mx0}(t_z + \frac{1}{2}t_{nar}) + \frac{1}{2}v_{mx0}^2/(\varphi g) \tag{6.11}$$

轮式车辆停车时间和距离为：

$$t_{ost} = t_\tau + t_{r.v};\ s_{ost} = s_\tau + s_{\tau r.v}$$

（5）解除制动。从松开制动踏板到摩擦件之间出现间隙的解除制动时间为 t_{rast}。完全制动情况下在开始解除制动时，减速度 $a_{\tau rast} = 0$；部分制动情况下，t_{rast} 时间内减速度从 $a_{\tau ust}$ 下降到 $a_{\tau rast} = 0$。

在理想的轮式车辆制动情况下，上述关系式是合理的。在现实情况下，必须考虑以下因素：

①反作用力 $R_{x\tau i} \neq \varphi_i R_{zi}$。因此，对于两轴轮式车辆，若 $R_{x\tau 1} < \varphi_1 R_{z1}$、$R_{x\tau 2} < \varphi_2 R_{z2}$，则必须知道在踩压制动踏板时产生的制动力矩 $M_{k\tau 1}$ 和 $M_{k\tau 2}$，以及取决于垂向反作用力 R_{zi} 的滚动半径 r_{k0i}。

②附着系数 $\varphi_1 \neq \varphi_2$，因为 φ_i 取决于载荷 R_{zi} 和许多其他因素。

③车轮的每个制动驱动反应时间 τ_{srabi} 都不同。因此，从图 6.3 可以看出车轴制动缸中压力 p_{wi} 随时间明显变化。首先，靠近制动开关且体积较小的前制动缸中压力增加（曲线 1）。在 0.15 ~ 0.2 s 之后，牵引车后车轴制动缸压力增加（曲线 2），然后拖车车轴制动缸压力增加（曲线 3 和 4）。各制动缸压力增加到 $0.75p_{wiust}$ 的时间分别为 0.24s、 0.57s、 0.5s、 0.56s。这导致纵向制动反作用力 $R_{x\tau i}$ 近似成比例增加。

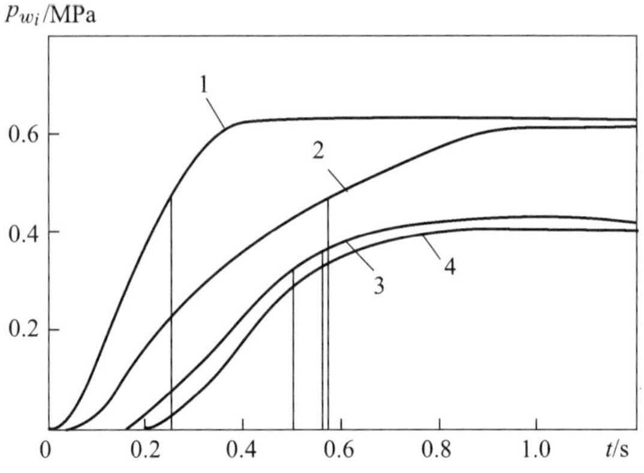

图 6.3　卡玛斯汽车列车（牵引车 + 拖车）车轴制动缸中的气压变化曲线

1—牵引车前轴；2—牵引车第二轴和第三轴；3—拖车前轴；4—拖车后轴

④垂向反作用力 R_{zi} 是减速度 a_τ 的函数，因此在达到稳态减速度 $a_{\tau ust}$ 之前，R_{zi} 和 $R_{x\tau i}$ 会发生变化。

6.3 制动力的最优分配

一般情况下，制动效能主要取决于车轮上形成的制动力 $R_{x\tau i} = R_{x\tau i}^{\max} = \varphi_i R_{zi}$ 的性质和顺序。

车轮上产生的制动力矩 $M_{k\tau}$ 是以下力矩的总和（图 6.4）：$M'_{k\tau}$——车轮行车制动系统制动力矩；$M_{f_{sh}}$——车轮滚动阻力矩；$M_{ktz} = M_{tz}u_{tz}/\eta_{tz}$——缓速器施加在车轮上的力矩 M_{tz}（其中，u_{tz}、η_{tz} 为缓速器与车轮之间传动系的传动比和效率）；$M_{J_k\tau} = J_k \mathrm{d}\omega_k/\mathrm{d}t = J_k a_\tau / r_k$——车轮惯性力矩。

力矩 $M'_{k\tau}$ 取决于行车制动系统中的力，该力与驾驶员控制的制动踏板上的力成比例。

制动轮运动方程形式如下：

$$M_{k\tau} = M'_{k\tau} + M_{f_{sh}} + M_{tz}u_{tz}/\eta_{tz} - J_k a_\tau / r_k \tag{6.12}$$

车轮制动力为因制动机构作用而人为产生的运动阻力，等于

$$P_{k\tau} = M_{k\tau}/r_{k0} = (M'_{k\tau} + M_{f_{sh}} + M_{tz}u_{tz}/\eta_{tz} - J_k a_\tau / r_k)/r_{k0} \tag{6.13}$$

与 $M'_{k\tau}$ 相比，紧急制动过程中的力矩 $M_{f_{sh}}$、M_{kt3} 和 $M_{J_k\tau}$ 较小，因此可以写为：

$$P_{k\tau}=M'_{k\tau}/r_{k0}$$

制动力与接触区域产生的纵向反作用力平衡，即 $P_{k\tau}=R_{x\tau}$。可以通过轮式车辆各车轮制动力的最优分配来保证同时达到最大纵向反作用力 $R_{x\tau i}=\varphi_i R_{zi}$。

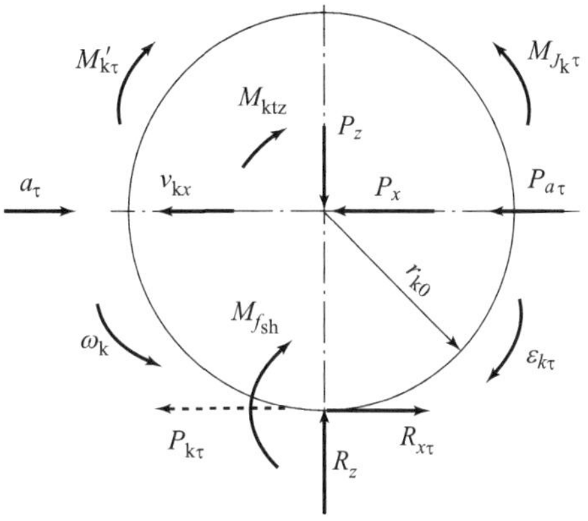

图 6.4　制动轮动力载荷示意图

从第1章可知，在根据表达式（1.6）确定的最优纵向滑动系数 $s_{b\Sigma}$ 和 s_{bj} 时，纵向反作用力系数 $k_{R_x\tau}=R_{x\tau i}/R_{zi}$ 最大。由于制动状态下其值为负数，因此引入制动状态纵向滑移系数的概念：

$$s_{b\Sigma\tau}=1-r_{sv}/r_k;\ s_{bj\tau}=1-r_{k0}/r_k \tag{6.14}$$

如果在所有车轮上同时达到 $s_{b\Sigma\tau}^{opt}$ 最优值，则可以保证最大稳态减速度 $a_{\tau u}$、最小制动距离 s_τ 和制动时间 t_τ。

如果第 j 个车轮比其他车轮更早达到 $s_{b\Sigma\tau j}^{opt}$ 值，则后者的制动力 $P_{k\tau i}=R_{x\tau i}$ 将不会为最大值。继续增加制动踏板上的力将导致第 j 个车轮抱死（$s_{b\Sigma\tau j}=1$），因为 $s_{b\Sigma\tau}>s_{b\Sigma\tau}^{opt}$ 时，此时车轮滚动会变得不稳定，并且 $M_{k\tau}=$ 常量时，会在短时间内达到 $s_{b\Sigma\tau}=1$。车轮抱死时，纵向反作用力系数降至 $(0.75\sim0.8)k_{R_x\max}$。

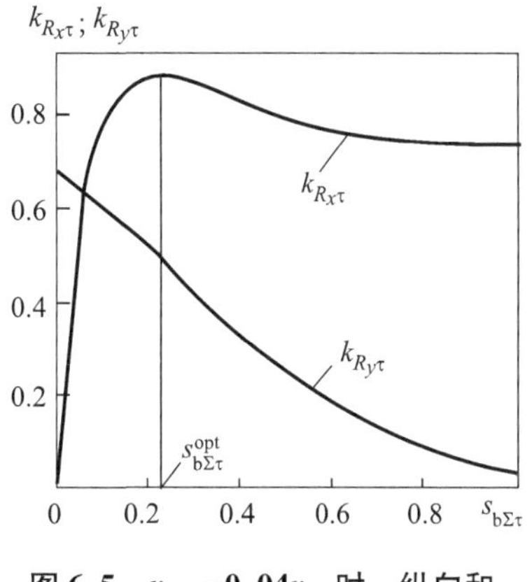

图 6.5　$v_{my}=0.04v_{mx}$ 时，纵向和横向反作用力系数随制动状态纵向滑移系数的变化

有必要保证制动轮承受外部纵向力和横向力的能力，这会极大地影响制动过程（图 6.5）。

随着纵向滑移系数 $s_{b\Sigma\tau}$ 的增加、达到其最优值 $s_{b\Sigma\tau}^{opt}\approx0.22$，系数 $k_{R_x\tau}$ 达到最大值，$k_{R_y\tau}=R_{y\tau i}/R_{zi}$ 减少 29%。当车轮完全抱死时，$k_{R_x\tau}$ 值与最大值相比仅减少 18%，而 $k_{R_y\tau}$ 减少 14 倍。因此，对于所有同时达到最优值 $s_{b\Sigma\tau}^{opt}$ 的车轮，不仅保证了最大制动效率，还保证了车轮对较高的横向阻力的承受能力。

从轮式车辆稳定性的角度来看，为了消除出现转向力矩的可能性，必须确保车辆各车轮上的制动力相等。根据俄罗斯标准文件规定，其偏差不应超过 15%。

轮式车辆各车轮上制动力的最优分配对应的等式为：

$$P_{\mathrm{k}\tau 1}/P_{\mathrm{k}\tau 2}=R_{x\tau i}/R_{x\tau j}=\varphi_i R_{zi}/(\varphi_j R_{zj}) \tag{6.15}$$

对于使用平面模型描述且附着系数相等（$\varphi_1=\varphi_2$）的两轴轮式车辆，必须满足以下条件：

$$P_{\mathrm{k}\tau 1}/P_{\mathrm{k}\tau 2}=R_{z1}/R_{z2}$$

在水平支承面上制动时，忽略滚动阻力矩 $M_{f_{\mathrm{sh}}}$（与其他力矩相比较小），取 $P_{\mathrm{pc}x}=0$，$P_w=0$，则反作用力的表达式可写为：

$$R_{z1}=\frac{P_{\mathrm{m}}(l_2+h_g a_\tau/g)}{L};\ R_{z2}=\frac{P_{\mathrm{m}}(l_1-h_g a_\tau/g)}{L} \tag{6.16}$$

式中，l_1、l_2为车轴到质心的距离。

充分利用制动力进行制动时，可以达到最大稳态减速度 $a_{\tau\mathrm{ust}}=\varphi g$，那么

$$\frac{P_{\mathrm{k}\tau 1}}{P_{\mathrm{k}\tau 2}}=\frac{l_2+\varphi h_g}{l_1-\varphi h_g} \tag{6.17}$$

制动力矩实际分配为 $M_{\mathrm{k}\tau}=P_{\mathrm{k}\tau}r_{\mathrm{k}0}$，因此每个具体的力 $P_{\mathrm{k}\tau}$取决于制动系统的结构特点，通常表征为制动力分配系数，即

$$\beta_{\tau j}=P_{\mathrm{k}\tau j}\Big/\sum_{i=1}^{n_{\mathrm{k}}}P_{\mathrm{k}\tau i} \tag{6.18}$$

对于两轴轮式车辆

$$\beta_{\tau 1}=P_{\mathrm{k}\tau 1}/(P_{\mathrm{k}\tau 1}+P_{\mathrm{k}\tau 2})$$

必须指出，在一些情况下，对于两轴轮式车辆，制动力分配系数用 $\beta_{\tau 1}=P_{\mathrm{k}\tau 1}/P_{\mathrm{k}\tau 2}$的形式表示。

系数 $\beta_{\tau i}$可以是常量，也可以是阶梯变化或连续变化的变量，具体取决于制动系统中的压力或车轮（通常是后桥的车轮）上的反作用力。

对于 $\beta_{\tau 1}=\mathrm{const}$ 的轮式车辆，其数值是在最可能的质心位置和附着系数 φ_0 时计算的。因此，对于两轴轮式车辆有

$$\beta_{\tau 1}=(l_2+\varphi_0 h_g)/L \tag{6.19}$$

在这种情况下，仅能保证 $\varphi_x=\varphi_0$ 时支承面上制动力的最优分配，稳态减速度和制动距离则分别由式（6.3）和式（6.11）确定。

接下来分析 $\varphi_x\neq\varphi_0$ 时支承面上制动参数如何变化。可以注意到，当一根轴的车轮上 $P_{\mathrm{k}\tau i}=\varphi_x R_{zi}$，而另一根轴的车轮上 $P_{\mathrm{k}\tau i}<\varphi_x R_{zi}$时，下列两种情况对于制动阶段是合理的。

①当 $\varphi_x<\varphi_0$ 时，第一根轴上的制动力首先达到最大值：$P_{\mathrm{k}\tau 1}=\varphi_x R_{z1}$。因为当 $\varphi_x<\varphi_0$ 时，由于过载而使其制动力矩设计得较大。在这种情况下，第二根轴上

的制动力和纵向反作用力将不会达到最大值：$R_{x\tau2}=P_{k\tau2}<\varphi_x R_{z2}$。考虑式（6.18），可得

$$P_{k\tau2}=\frac{P_{k\tau1}(1-\beta_{\tau1})}{\beta_{\tau1}}=\frac{\varphi_x R_{z1}(1-\beta_{\tau1})}{\beta_{\tau1}} \tag{6.20}$$

假设 $P_{k\tau1}=R_{x\tau1}$，$P_{k\tau2}=R_{x\tau2}$，根据式（6.2）得到

$$a_{\tau ust}=\varphi_x R_{z1}/(\beta_{\tau1}m_m)$$

用式（6.16）代换 R_{z1}，用式（6.19）代换 $\beta_{\tau1}$，可得

$$a_{\tau ust}=\frac{\varphi_x g l_2}{l_2+(\varphi_0-\varphi_x)/h_g} \tag{6.21}$$

考虑到 $a_{\tau ust}=\varphi g$、式（6.11）和式（6.21），可得

$$s_\tau=v_{mx0}\left(\tau_3+\frac{1}{2}\tau_{nar}\right)+\frac{\frac{1}{2}v_{mx0}^2}{\varphi_x g}\frac{l_2+(\varphi_0-\varphi_x)/h_g}{l_2} \tag{6.22}$$

这种情况下，在横向激励力的作用下，处于附着极限的前轴车轮可能发生横向滑移（侧滑），但这并不危险，因为这同时抵消了轮式车辆本身的激励力。

②当 $\varphi_x>\varphi_0$ 时，第二根轴上的制动力首先达到最大值：$P_{k\tau2}=\varphi_x R_{z2}$，因为该轴载荷大幅减小（反作用力 R_{z2} 减小）。此时第一根轴上

$$P_{k\tau1}=R_{x\tau1}=\frac{P_{k\tau2}\beta_{\tau1}}{1-\beta_{\tau1}}=\frac{\varphi_x P_{z2}\beta_{\tau1}}{1-\beta_{\tau1}} \tag{6.23}$$

$$a_{\tau ust}=\frac{\varphi_x g l_1}{l_1+(\varphi_x-\varphi_0)h_g} \tag{6.24}$$

完全停止前的制动距离将由下式确定：

$$s_\tau=v_{mx0}\left(\tau_3+\frac{1}{2}\tau_{nar}\right)+\frac{\frac{1}{2}v_{mx0}^2}{\varphi_x g}\frac{l_1+(\varphi_x-\varphi_0)/h_g}{l_1} \tag{6.25}$$

在这种情况下，在横向激励的作用下，后轴侧滑的可能性增加。

根据对以上方程式的分析可以得出结论：在制动力分配不佳的情况下，减速度 $a_{\tau ust}$减小，制动距离 s_τ增加。制动效能下降幅度越大，（$\varphi_x-\varphi_0$）的差值和 h_g/l_1、h_g/l_2的比值越大。

根据最可能的 φ_0 值和质心位置进行计算时，可以确保不同支承面上系数 $\beta_{\tau1}=\text{const}$ 时的轮式车辆的最优制动效能。但是，为了保证轮式车辆运动的稳定性，有必要在常规条件下，不应使后轴车轮上的纵向反作用力首先达到最大值。

在联合国欧洲经济委员会内部运输委员会第 13 号条例附件 10 中，建议选择的制动力分配方式可以使所有重量状态下前轮上的单位制动力比后轮上的单位制

动力大，其中对于轻型轮式车辆——$\varphi_x=0.15\sim0.8$，对于其他轮式车辆——$\varphi_x=0.15\sim0.3$。

对于轻型轮式车辆，几乎在所有道路条件下，制动过程中都是前桥车轮先抱死，这降低了制动过程中失稳的可能性。为了满足上述建议，对于 $\beta_{\tau1}=\text{const}$ 的轮式车辆，必须选择 $\varphi_0>0.8$。

对于 $\beta_{\tau1}=\text{const}$ 且满载的重型轮式车辆，当后轴载荷占总载荷的$\frac{2}{3}$时，必须选择 $\varphi_0>0.7\sim0.8$。那么在非满载的情况下，当后轴载荷约为整备轮式车辆载荷的一半时，后桥车轮将在 $\varphi_0\geqslant0.3$ 时抱死。这是俄罗斯标准所允许的。

6.4 制动力调节器和防抱死系统

为了在制动过程中保持效能并提高稳定性，在行车制动系统的结构中包含了一些可以改变制动力分配系数 $\beta_{\tau1}$ 的设备。

$\beta_{\tau1}$ 的最优值根据几何参数 L、l_2、h_g 和附着系数 φ_x 确定（见式（6.19））。质心位置（l_2、h_g）根据载荷（整备质量和总质量）的变化而发生变化。类似地，系数 $\beta_{\tau1}$（图 6.6（a））和沿车轴的制动力 $P_{k\tau1}$ 和 $P_{k\tau2}$（图 6.6（b））的最优值也随质心和载荷的变化而变化。在中间载荷下，直线 $\beta_{\tau1}(\varphi_x)$ 和曲线 $P_{k\tau2}(P_{k\tau1})$ 位于线 1 和线 2 之间。

第 i 个车轮的制动力 $P_{k\tau i}$ 可以近似地定义为车轮制动缸中空气或液体的压强 p_{wi} 与比例系数 $k_{\tau i}$ 的乘积，比例系数 $k_{\tau i}$ 取决于轮轴上的行车制动器的结构特点：$P_{k\tau i}=k_{\tau i}p_{wi}$。通过在压强 $p_{w1}=p_{w2}$ 时 p_{w1} 和 p_{w2} 不同时地改变比例系数 $k_{\tau i}$，可以调节系数 $\beta_{\tau1}$，从而调节直线 3 的斜率（见图 6.6（b））。

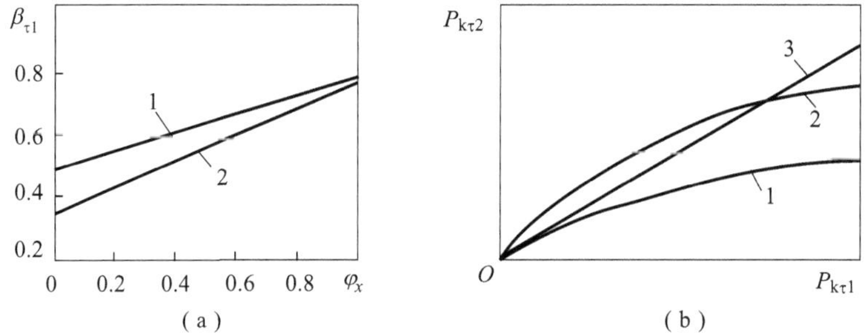

图 6.6 整备质量和总质量以及制动力分配系数 $\beta_{\tau1}$ = 常量时轮式车辆最优制动参数的变化

（a）$\beta_{\tau1}-\varphi_x$ 关系曲线；（b）$P_{k\tau2}-P_{k\tau1}$ 关系曲线

1—整备质量 = const；2—总质量 = const；3—制动力分配系数 $\beta_{\tau1}$ = const

当$\beta_{\tau1}$ = const 且$p_{w1}=p_{w2}$时，系数值φ_0一般通过选择车轮制动缸（室）尺寸或在前后轮上使用不同效能的制动器来获得。当$\beta_{\tau1}\neq$const 时，通常会改变p_{w1}和p_{w2}之间的比例。

要维持理想的$P_{k\tau1}$和$P_{k\tau2}$比值（图6.6（b）中曲线1和曲线2）是非常复杂的。因此，在实践中，达到某一指令压强p'_{w1}时，才会使用制动力调节器改变压强p_{w1}和p_{w2}。

制动力调节器没有反馈，被安装在后轮制动机构驱动电路中。调节器能够根据轮式车辆载荷和制动强度来更改$\beta_{\tau1}$，以便先抱死前轴车轮（图6.7）。

最优特性曲线p_{w2}（p_{w1}）的曲率很大，这对轻型轮式车辆更典型，因此采用通过限制（指令）压强触发的调节器。

因此，稳态制动力调节器（图6.7（a））在达到指令压强p'_{w1}时才动作，动态制动力调节器（图6.7（b））在p'_{w1}、p''_{w1}或p'''_{w1}时根据轮式车辆载荷程度动作。对于重型轮式车辆，最优特性曲线p_{w2}（p_{w1}）的曲率明显小于轻型车辆。因此，重型轮式车辆经常使用射线型调节器（图6.7（c）），其特性用线性关系$p_{w2}=\alpha_i p_{w1}$表示，其中α_i是控制器传递系数。在这种情况下，如果最优特性曲线$p_{w2}(p_{w1})$经过对应$\beta_{\tau1}$ = const 的直线上方，则前轮先抱死且制动力调节器不会启用。在由于后轴车轮上的载荷急剧减小导致轮式车辆强烈制动时，最优特性曲线位于直线$\beta_{\tau1}$ = const 下方，且后轴车轮可能会抱死。在对应指令压强p'_{w1}的曲线交点处，制动力调节器启用，它可以改变压强之间的比值，并确保符合联合国欧洲经济委员会第13号规定。

使用制动力调节器，可使制动力的分配更接近理想值。因此，在制动力变化的一定范围内，可防止后轴车轮先抱死；在所有支承面上同时或者在轮式车辆的任意载荷下减少$\varphi_x-\varphi_0$的绝对差值，并在保持稳定运动的情况下提高制动效能。但是，制动力调节器的存在不能确保所有车轴的车轮都不会抱死。在大多数情况下，紧急制动时制动踏板上的力会达到最大值，这会导致所有车轮完全抱死，尤其是在附着系数较低的支承面上。这种情况的发生是由于在制动力调节器中没有反馈，且在车轮与支承面接触区域发生的过程不可控。

用于控制制动机构的防抱死制动系统（ABS）是具有反馈功能的自动控制系统。防抱死制动系统接收有关车轮运动参数的信息，以此为基础确定滑转过程的开始。然后，启动压力脉冲控制系统，该系统能够降低制动力矩并防止车轮抱死。系统在车轮与道路附着程度达到最大时保持平均制动力矩。

防抱死制动系统的原理是将车轮相对滑动保持在可以保证较高附着系数（纵向反作用力系数）的范围内。该原理在制动状态（防抱死制动系统）下以及具

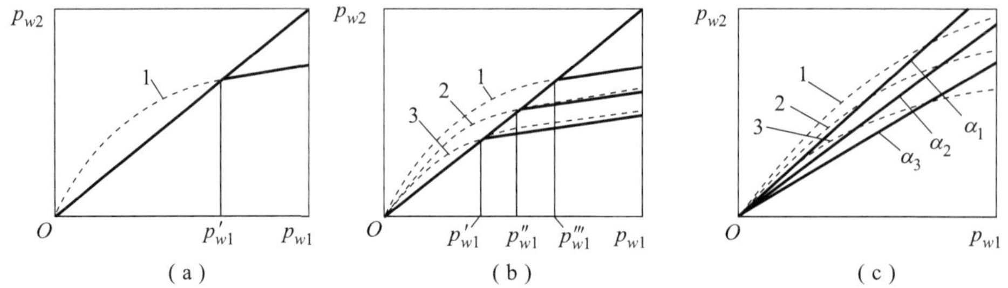

图 6.7 制动力调节器的特性曲线

(a) 稳态；(b) 动态；(c) 射线型

1～3—载荷质量分别为轮式车辆荷载的 100%、50% 和 0% 时的特性曲线；

虚线—最优特性曲线；实线—配有制动调节器时的特性曲线

有防滑系统的牵引状态下使用。

防抱死制动系统和防滑系统的任务是将制动轮或驱动轮保持在最优相对滑动状态，在该状态下纵向反作用力系数 $k_{R_x\tau}$ 或车轮与支承面的附着系数 φ_x 最大（图 6.8）。

牵引状态下纵向和横向反作用力系数变化性质与制动状态类似，只是 k_{R_x} 最大值和纵向滑移系数 $s_{b\Sigma}$ 最优值有区别。

防抱死制动系统和防滑系统的工作原理是以速度对比为基础的，因此为了确定纵向滑移系数，采用以下关系式：

$$\begin{cases} s_{b\Sigma\tau} = 1 - \omega_k r_{sv} / v_{kx} \\ s_{b\Sigma} = 1 - v_{kx} / (\omega_k r_{sv}) \end{cases} \tag{6.26}$$

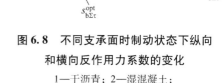

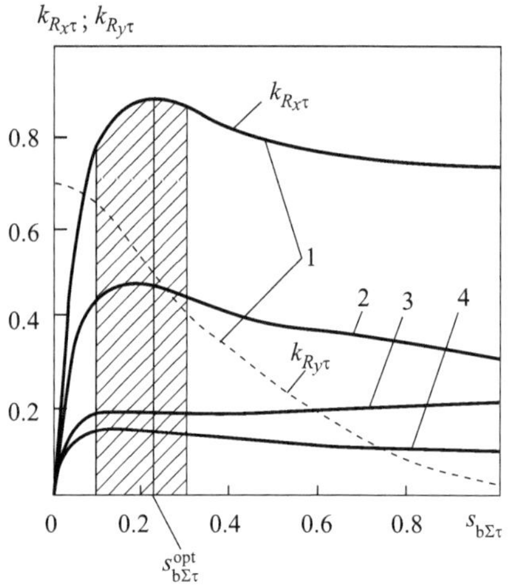

图 6.8 不同支承面时制动状态下纵向和横向反作用力系数的变化

1—干沥青；2—湿混凝土；

3—湿铺路石；4—压实的雪

为了保持所需（最优）的滑动，必须了解车辆的线速度 v_{mx} 或单个车轮在每个时刻的速度 v_{kx} 以及制动车轮或打滑车轮的角速度 ω_k。速度 v_{mx} 通常由使用感应式频率传感器通过测量防滑车轮的角速度 ω_k 确定。

防抱死制动系统和防滑系统包括以下单元：

①车轮角速度传感器、减速度传感器等。

②控制单元。从传感器接收信息，对信息进行处理并向执行机构发出命令。

③执行机构（在防抱死制动系统中，它们是工作流体的压力调制器；在防滑系统中，是影响燃料供应、点火、制动系统等的设备）。

按照预先指定的相对滑动进行调节无法保证最优的制动特性，因为它在这种情况下不能适应支承面参数（附着系数）等的变化。实际上有多种调节原理：如通过减速度、角速度、制动轮的相对滑动、工作流体的压强等进行调节。

防抱死制动系统和防滑系统的执行机构（调制器）具有不同的装置（阀门、滑阀装置、膜片式装置、混合装置等），执行机构按照控制单元的命令改变制动缸中工作流体的压强，能够在某些结构中保持规定时间和给定压力。调制器工作可分为两阶段（加压－压力释放）循环工作和三阶段（释放－保持－加压）循环工作两种。现代调制器通常具有复杂的工作循环（压力增加相或减少相由压力变化速度不同的几个阶段组成）。

调制器可以给完工作循环的频率，决定了车轮相对滑动（打滑）调节范围和防抱死制动系统工作质量。防抱死制动系统和防滑系统的液压制动驱动器保证循环频率4～12 Hz，气动驱动调制器保证循环频率1～5 Hz。

轮式车辆的制动动力很大程度上取决于防抱死制动系统元件的安装方案。以下车轴上车轮滑动的调节原则是可能实现的：

独立调节（Individual Regelung），即对每个车轮分别调节；

低阈值调节（Select Low），根据传感器“弱”轮信号（在较差附着条件下），下达两个车轮同时解除制动或制动的命令；

高阈值调节（Select High），对于单轴车轮由传感器下达“强”轮信号（在良好附着条件下）下达车轮解除制动或制动的命令；

修正独立调节（Modifizierte Individual Regelung），先进行低阈值调节，然后逐渐转变为独立调节。

独立调节可以使每个车轮获得最优制动力矩（根据车轮附着条件）和轮式车辆最短制动距离。但是，如果车轮所处的附着条件不同，则它们上面的制动力将有所不同，这将导致转向力矩的产生和轮式车辆失稳。

左右车轮下方附着力不相同的支承面称为混合型支承面。在这样的支承面上制动时，更宜使用独立修正调节。

为对防抱死制动系统方案进行简化，列出各种元件布置方案（图6.9）。

最简单的是图6.9（a）方案，其中只有一个传感器安装在传动轴或主驱动的传动齿轮上。配置一个后轮共用的调制器，带一条通道的控制单元。根据转速急剧减少的程度来确定处于最差条件下的车轮是否会出现抱死，完成低阈值调节。

在两个车轮共用一个调制器的方案中（图 6.9（b）），使用低阈值或高阈值调节。低阈值调节时，车轮在高附着系数支承面上的制动能力未充分利用，制动效能下降，但却保证了各车轮上的制动力相等，保持了轮式车辆的方向稳定性；高阈值调节时，制动效能提高，但轮式车辆的稳定性降低，因为车轮在较差附着条件下将会被周期性抱死。

在图 6.9（c）所示的最常见方案中，采用低阈值调节、高阈值调节和混合调节（对于后轴采用低阈值调节，对于前轴采用高阈值调节）。该方案复杂性和成本中等。

在图 6.9（d）所示的方案中，前轮采用独立调节，后轮采用低阈值调节或高阈值调节。该方案更加复杂，但效率和稳定性更高。

独立调节的方案（图 6.9（e））更加复杂、费用更高，它可能导致混合型支承面上产生转向力矩和失稳，但由于车轮没有抱死且横向稳定性有余量，因此轮式车辆的可控性没有本质变化。

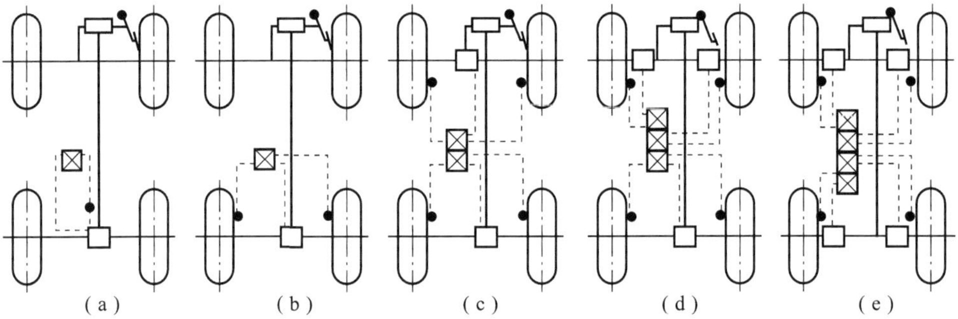

图 6.9　轮式车辆防抱死制动系统元件布置示意图

•—传感器；□—调制器；⊠—控制单元通道

防抱死制动系统方案根据制动效能、稳定性、可控性、复杂性、成本和可靠性进行选择。

对于重型轮式车辆和公共汽车，采用以下 3 种调节原理：修正独立调节、独立调节和低阈值调节。在均匀支承面上、车轮载荷相等的情况下，所有这 3 种原理可以保证大致相同的制动效能。在混合型支承面、转弯处以及具有横向坡度的道路上，制动效能、稳定性和可控性指标存在明显差异。

实验研究表明，在第一轴采用上述不同的调节原理、第二轴采用独立调节的情况下，以 80 km/h 的速度在混合型支承面（$\varphi_1 = 0.5$，$\varphi_2 = 0.2$）上制动时，为保持两轴轮式车辆在安全通道内，制动距离 s_τ 和转向盘转动角度 α_{rul} 为：

第一轴上的调节：	s_{τ}/m	α_{rul}/°
独立调节 ································	70	130
修正独立调节 ···························	87	50
低阈值调节 ······························	97	20

防滑系统使用效率见图 6.10 曲线。在混合型支承面上运动时，差速器闭锁比防滑系统更具优势（图6.10（a）中的曲线2 和3）。但是，加速和差速器闭锁时，必须不断用转向盘校正轮式车辆轨迹，而使用防滑系统则不会观察到与轨迹的偏差。使用防滑系统时的加速性能是不使用防滑系统的轮式车辆的 3 ~ 4 倍（见图6.10（a）的曲线3 和1）。应该注意的是，带防滑系统的4 ×2 轮式车辆在加速动力学方面比全驱动轮式车辆差。

在具有低附着系数的均匀支承面上（图6.10（b）），装有防滑系统的轮式车辆比普通轮式车辆加速更快。

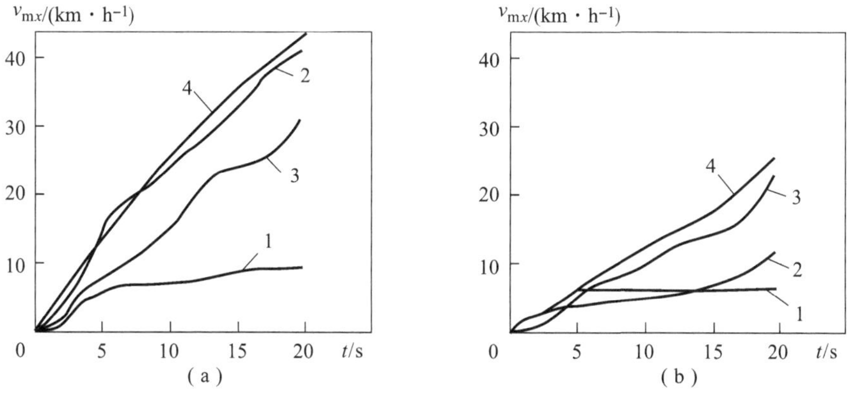

图 6.10 在混合型支承面及冰面上，轮式车辆加速过程中的速度变化

（a）$\varphi_1/\varphi_2=0.7/0.1$ 的混合型支承面；（b）$\varphi=0.1$ 的冰面

1—普通差速器；2—闭锁差速器；3—防滑系统；4—闭锁差速器和防打滑系统

6.5 汽车列车的制动特点

当由质量为 m_{tj}的牵引车和质量为 m_{pc}的挂车组成的汽车列车在水平支承面上制动时，制动系统产生的牵引车总纵向反作用力和挂车总纵向反作用力分别为 $\sum_{i=1}^{n_o} R_{x\text{o}\tau i}^{tjag}$ 和 $\sum_{i=1}^{n_o} R_{x\text{o}\tau i}^{pc}$。考虑重力，可得牵引车和挂车的单位制动力：

$$\tilde{P}_{\tau tjag} = \sum_{i=1}^{n_k} P_{k\tau i}^{tjag} \Big/ (m_{tjag.\,g})\;;\; \tilde{P}_{\tau pc} = \sum_{i=1}^{n_k} P_{k\tau i}^{tpc} \Big/ (m_{pc} g)$$

在连接牵引车和挂车的挂钩中产生联接力 P_{sc}。

根据图 6.11、方程（6.2）和之前所作的假设（见第 6.2 节），紧急制动时牵引车和挂车的减速度将由下式确定：

$$a_{\tau tjag} = \left(\sum_{i=1}^{n_o} R_{xo\tau i}^{tjag} + P_{sc} \right) \frac{1}{m_{tjag}} = \tilde{P}_{\tau tjag} + P_{sc} \big/ m_{tjag} \tag{6.27}$$

$$a_{\tau pc} = \left(\sum_{i=1}^{n_o} R_{xo\tau i}^{pc} - P_{sc} \right) \frac{1}{m_{pc}} = \tilde{P}_{\tau pc} g - P_{sc} \big/ m_{pc} \tag{6.28}$$

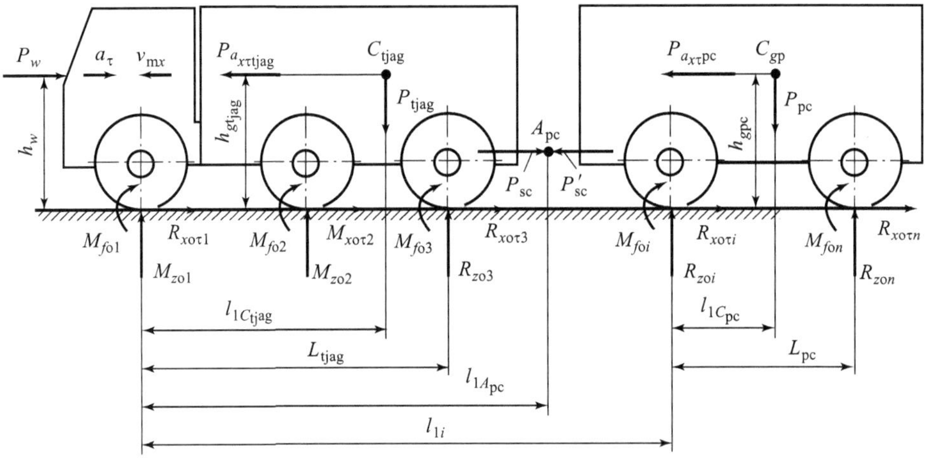

图 6.11　制动过程中汽车列车上的力

假设挂钩是绝对刚性的，没有间隙，可以取 $a_{\tau tjag} = a_{\tau pc}$，那么

$$P_{sc} = \frac{g(\tilde{P}_{\tau pc} - \tilde{P}_{\tau tjag}) m_{tjag} m_{pc}}{m_{tjag} + m_{pc}} = \frac{\sum_{i=1}^{n_o} R_{xo\tau i}^{pc} m_{tjag} - \sum_{i=1}^{n_o} R_{xo\tau i}^{tjag} m_{pc}}{m_{tjag} + m_{pc}} \tag{6.29}$$

从对式（6.29）的分析得出，存在 3 种定性的汽车列车制动情况：

①$\tilde{P}_{\tau tjag} = \tilde{P}_{\tau pc}$，$P_{sc} = 0$ 时，牵引车和挂车同步制动。这是理想情况，在实践中很难实现。

②$\tilde{P}_{\tau tjag} < \tilde{P}_{\tau pc}$，$P_{sc} > 0$ 时，汽车列车拉伸。汽车列车的拉伸消除了其收缩状态，但是这增加了挂车车轮完全打滑、挂车横向滑动（侧滑）、牵引车甚至整个汽车列车回转的可能性。通常对于气动驱动的行车制动器，通过增加牵引车制动系统的反应时间来保证条件 $\tilde{P}_{\tau tjag} < \tilde{P}_{\tau pc}$，但这会大大降低汽车列车的制动效能。

③$\tilde{P}_{\tau tjag} > \tilde{P}_{\tau pc}$、$P_{sc} < 0$ 时，汽车列车收缩、挂车撞到牵引车上、挂车滑到牵引车上。在某些情况下，这会导致汽车列车因收缩而丧失稳定性，但是这比汽车列车拉伸的危险性小。

汽车列车的制动过程可以根据轮式车辆理想制动条件下得到的关系式（6.3）~（6.11）进行研究，即不考虑制动力（反作用力）在各车轮上的实际分布情况。

对于汽车列车，了解制动系统的结构特点，如行车制动缸中的压强变化（图 6.3）和比例系数 $k_{\tau i}$，就可以确定牵引车和挂车上的单位制动力 $\tilde{P}_{\tau tjag}$ 和 $\tilde{P}_{\tau pc}$ 随时间的变化情况。

假设 $\delta_{vrz} = 1$、$P_w = 0$、$M_{f_{sh}m} = 0$、$P_{f_{sh}m} = 0$ 时，汽车列车在水平支承面上从初始速度 v_{mx0} 制动的过程，可分为 5 个阶段（图 6.12），其中每个阶段均满足方程式：

$$\mathrm{d}v_{mx}/\mathrm{d}t = -\tilde{P}_{\tau m} g \tag{6.30}$$

式中，$\tilde{P}_{\tau m}$ 为汽车列车的单位制动力，$\tilde{P}_{\tau m} = (1 - k_{mpc})\tilde{P}_{\tau tjag} + k_{mpc}\tilde{P}_{\tau pc}$；$k_{mpc}$ 为挂车的质量系数，$k_{mpc} = m_{pc}/(m_{tch} + m_{pc})$。

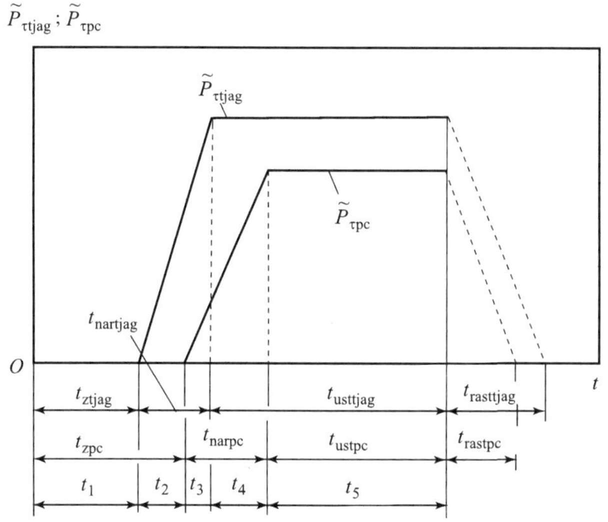

图 6.12 汽车列车单位制动力变化曲线

①在第一阶段，$v_{mx1} = v_{mx0}$；$\tilde{P}_{\tau m1} = 0$；$s_{\tau 1} = v_{mx1} t_1 = v_{mx1} t_{zt}$。

②在第二阶段，$\tilde{P}_{\tau pc} = 0$。认为 $\tilde{P}_{\tau tjag}$ 根据线性规律 $\tilde{P}_{\tau tjag} = \tilde{P}_{\tau usttjag} t_{nartjagi}/t_{nartjag}$ 变化，汽车列车的单位制动力为：

$$P_{\tau m2} = (1 - k_{mpc})\tilde{P}_{\tau usttjag} t_{nartjagi}/t_{nartjag}$$

式中，$t_{\text{nartjag}i}=0\sim t_2$。

将 $\tilde{P}_{\tau\text{m}2}$ 代入式（6.30），可得

$$\frac{\text{d}v_{\text{m}x}}{\text{d}t_{\text{nartjag}i}}=-g(1-k_{m\text{pc}})\tilde{P}_{\tau\text{usttjag}}\frac{t_{\text{nartjag}i}}{t_{\text{nartjag}}}$$

分离变量，在 $v_{\text{m}x0}$ 到 $v_{\text{m}x}$ 的区间内对左侧部分求积分，在 0 到 $t_{\text{nartjag}i}$ 的区间内对右侧部分求积分，可得

$$v_{\text{m}x2}=v_{\text{m}x0}-\frac{1}{2}g(1-k_{m\text{pc}})\tilde{P}_{\tau\text{usttjag}}t^2_{\text{nartjag}i}/t_{\text{nartjag}} \tag{6.31}$$

当 $t_{\text{nartjag}i}=t_2$ 时，该速度等于第三阶段的初始速度 $v_{\text{m}x30}$。考虑到 $v_{\text{m}x}=\text{d}s_{\tau2}/\text{d}t_{\text{nartjag}i}$，式（6.31）可以表示为具有可分离变量的微分方程：

$$\text{d}s_{\tau2}=v_{\text{m}x0}\text{d}t_{\text{nartjag}i}-\frac{1}{2}g(1-k_{m\text{pc}})\tilde{P}_{\tau\text{usttjag}}t^2_{\text{nartjag}i}\text{d}t_{\text{nartjag}zi}/t_{\text{nartjag}}$$

在 0 到 $s_{\tau2}$ 区间内对左侧部分求积分，在 0 到 t_2 区间内对右侧部分求积分，可得第二阶段的制动距离为：

$$s_{\tau2}=v_{\text{m}x0}t_2-\frac{g(1-k_{m\text{pc}})\tilde{P}_{\tau\text{usttjug}}t_2^3}{6t_{\text{nartjag}}} \tag{6.32}$$

③确定单位制动力。

$$\tilde{P}_{\tau\text{tjag}}=\tilde{P}_{\tau\text{usttjag}}t_2/t_{\text{nartjag}}+\tilde{P}_{\tau\text{usttjag}}t_{\text{narpc}i}/t_{\text{nartjag}}$$

$$\tilde{P}_{\tau\text{pc}}=\tilde{P}_{\tau\text{ustpc}}t_{\text{narpc}i}/t_{\text{narpc}}$$

$$\tilde{P}_{\tau\text{mz}}=\frac{(1-k_{m\text{pc}})\tilde{P}_{\tau\text{ustj}}t_2}{t_{\text{nartjag}}}+\frac{(1-k_{m\text{pc}})\tilde{P}_{\tau\text{usttjag}}t_{\text{narpc}i}}{t_{\text{nartjag}}}+\frac{k_{m\text{pc}}\tilde{P}_{\tau\text{ustpc}}t_{\text{narc}i}}{t_{\text{narpc}}}$$

其中，$t_{\text{narpc}i}=0\sim t_3$，记录该阶段汽车列车的运动方程为：

$$\frac{\text{d}v_{\text{m}x}}{\text{d}t_{\text{narpc}i}}=-g(1-k_{m\text{pc}})\tilde{P}_{\tau\text{usttjag}}\frac{t_2+t_{\text{narpc}i}}{t_{\text{narttjag}}}-gk_{m\text{pc}}\tilde{P}_{\tau\text{ustpc}}\frac{t_{\text{narpc}i}}{t_{\text{narpc}}}$$

分离变量，在 $v_{\text{m}x30}$ 到 $v_{\text{m}x}$ 的区间内对左侧部分求积分，在 0 到 $t_{\text{narp}i}$ 的区间内对右侧部分求积分，可得第三阶段的当前速度为：

$$v_{\text{m}x3}=v_{\text{m}x30}-g(1-k_{m\text{pc}})\tilde{P}_{\tau\text{usttjag}}t_2\frac{t_{\text{narpc}i}}{t_{\text{nartjag}}}-\frac{1}{2}g\left[(1-k_{m\text{pc}})\frac{\tilde{P}_{\tau\text{usttjag}}}{t_{\text{nartjag}}}+k_{m\text{pc}}\frac{\tilde{P}_{\tau\text{ustpc}}}{t_{\text{narpc}}}\right]t^2_{\text{narpc}i}$$

当 $t_{\text{narp}i}=t_3$ 时，可得第四阶段开始速度 $v_{\text{m}x40}$ 和第三阶段的制动距离为：

$$s_{\tau3}=v_{\text{m}x30}t_3-\frac{1}{2}g(1-k_{m\text{p}})\tilde{P}_{\tau\text{usttjag}}t_2t_3^2/t_{\text{nartj}}-g\left[(1-k_{m\text{pc}})\frac{\tilde{P}_{\tau\text{usttjag}}}{t_{\text{nartjag}}}+k_{m\text{p}}\frac{\tilde{P}_{\tau\text{ustpc}}}{t_{\text{narpc}}}\right]\frac{t_3^3}{6} \tag{6.33}$$

④第四阶段的单位制动力。

$$\tilde{P}_{\tau\text{tjag}}=\tilde{P}_{\tau\text{ustjag}}=\text{const}；\ \tilde{P}_{\tau\text{pc}}=\tilde{P}_{\tau\text{ustpc}}\frac{t_3}{t_{\text{narpc}}}+\tilde{P}_{\tau\text{ustpc}}\frac{t_{\text{narpc}i}}{t_{\text{narpc}}}$$

$$\tilde{P}_{\tau\text{m4}}=(1-k_{mpc})\tilde{P}_{\tau\text{usttjag}}+k_{mpc}\tilde{P}_{\tau\text{ustpc}}\frac{t_3}{t_{\text{narpc}}}+k_{mpc}\tilde{P}_{\tau\text{ustpc}}\frac{t_{\text{narpc}i}}{t_{\text{narpc}}}$$

其中，$t_{\text{narpc}i}=0\sim t_4$，运动方程的形式为：

$$\frac{\mathrm{d}v_{\text{m}x}}{\mathrm{d}t_{\text{narpc}i}}=-g(1-k_{mpc})\tilde{P}_{\tau\text{usttjag}}-gk_{mpc}\tilde{P}_{\tau\text{ustpc}}\frac{t_3}{t_{\text{narpc}}}-gk_{mpc}\tilde{P}_{\tau\text{ustpc}}\frac{t_{\text{narpc}i}}{t_{\text{narpc}}}$$

分离变量，分别在 $v_{\text{m}x40}$ 到 $v_{\text{m}x}$ 和 0 到 $t_{\text{narpc}i}$ 区间内对方程两侧求积分，得到该阶段汽车列车的速度为：

$$v_{\text{m}x4}=v_{\text{m}x40}-g(1-k_{mpc})\tilde{P}_{\tau\text{usttjag}}t_{\text{narpc}i}-gk_{mpc}\tilde{P}_{\tau\text{ustpc}}\frac{t_3t_{\text{narpc}i}}{t_{\text{narpc}}}-\frac{1}{2}gk_{mpc}\tilde{P}_{\tau\text{ustpcц}}\frac{t_{\text{narpc}i}^2}{t_{\text{narpc}}}$$

当 $t_{\text{narp}i}=t_4$时，得到速度 $v_{\text{m}x50}$和制动距离为：

$$s_{\tau4}=v_{\text{m}x40}t_4-\frac{1}{2}g\left[(1-k_{mpc})\tilde{P}_{\tau\text{usttjag}}+k_{mpc}\tilde{P}_{\tau\text{ustpc}}\frac{t_3}{t_{\text{narpc}}}\right]t_4^2-gk_{mpc}\tilde{P}_{\tau\text{ustpc}}\frac{t_4^3}{6t_{\text{narpc}}}\tag{6.34}$$

⑤第五阶段的单位制动力。

$$\tilde{P}_{\tau\text{t}}=\tilde{P}_{\tau\text{usttjag}}=\text{const}；\ \tilde{P}_{\tau\text{pc}}=\tilde{P}_{\tau\text{ustpc}}=\text{const}$$

$$\tilde{P}_{\tau\text{m5}}=(1-k_{mpc})\tilde{P}_{\tau\text{usttjag}}+k_{mpc}\tilde{P}_{\tau\text{ustpc}}=\text{const}$$

稳态减速度考虑式（6.2），可得：

$$a_{\tau\text{ust}}=-\mathrm{d}v_{\text{m}x}/\mathrm{d}t_{\text{ust}i}=g[(1-k_{mpc})\tilde{P}_{\tau\text{usttjag}}+k_{mpc}\tilde{P}_{\tau\text{ustpc}}]\tag{6.35}$$

在 $v_{\text{m}x50}$到 $v_{\text{m}x}=0$ 区间内对方程（6.35）左侧部分求积分，在 0 到 t_5区间内对右侧部分求积分，确定第五阶段的持续时间为：

$$t_5=\frac{v_{\text{m}x50}}{a_{\tau\text{ust}}}=\frac{v_{\text{m}x50}}{g[(1-k_{mpc})\tilde{P}_{\tau\text{usttjag}}+k_{mpc}\tilde{P}_{\tau\text{ustpc}}]}\tag{6.36}$$

在 $v_{\text{m}x50}$到 $v_{\text{m}x}$区间内对方程（6.35）左侧部分求积分，在 0 到 $t_{\text{ust}i}$区间内对右侧部分求积分，可以发现

$$v_{\text{m}x5}=v_{\text{m}x50}-g[(1-k_{mpc})\tilde{P}_{\tau\text{usttjag}}+k_{mpc}\tilde{P}_{\tau\text{ustpc}}]t_{\text{ust}i}\tag{6.37}$$

代入 $v_{\text{m}x5}=\mathrm{d}s_{\tau5}/\mathrm{d}t_{\text{ust}i}$，分离变量，在 0 到 $s_{\tau5}$区间内对得到的表达式左侧部分求积分，在 0 到 t_5区间内对右侧部分求积分，可确定第五阶段的制动距离为：

$$s_{\tau5}=v_{\text{m}x50}t_5-\frac{1}{2}g[(1-k_{mpc})\tilde{P}_{\tau\text{usttjag}}+k_{mpc}\tilde{P}_{\tau\text{ustpc}}]t_5^2\tag{6.38}$$

汽车列车的总制动距离为：

$$s_\tau=s_{\tau1}+s_{\tau2}+s_{\tau3}+s_{\tau4}+s_{\tau5}$$

附着系数降低且纵向反作用力受限时，汽车列车或单个轮式车辆的制动参数根据实际纵向反作用力计算确定。在这种情况下，极限（稳态）单位制动力并不是由各车轮上的制动力 $P_{k\tau i}$决定，而是由单位纵向反作用力决定的：

$$\tilde{R}_{\tau tjag} = \sum_{i=1}^{n_o} R_{x o \tau i}^{tjag} / (m_{tjag} g)\ ;\ \tilde{R}_{\tau pc} = \sum_{i=1}^{n_o} R_{x o \tau i}^{pc} / (m_{pc} g)$$

6.6 未充分利用附着力的制动

在95%或更多的轮式车辆制动情况下，观察到车轮与支承面的附着力并未充分利用。它在正常制动或紧急制动（行车制动系统故障）时发生。正确使用行车制动方法在很大程度上决定了行车制动系统的耐用性、可靠性和安全性。最常见的行车制动类型是在不断开发动机的情况下进行制动。

由单个车轮的关系式（6.13），得到轮式车辆车轮上的总制动力 $P_{k\tau m}$为：

$$P_{k\tau m} = M_{k\tau m}/r_{k0} = \left(\sum_{i=1}^{2n_o} M'_{k\tau i} + \sum_{i=1}^{2n_o} M_{f_{sh} i} + M_{ktz} - \sum_{i=1}^{n_k} J_{ki} a_\tau / r_{ki} \right) \frac{1}{r_{k0}} \quad (6.39)$$

车轮上的缓速制动器产生的力矩为：

$$M_{ktz} = M_{tz} u_{tz} / \eta_{tz}$$

式中，$M_{tz} = M_{trentz} - J_{tz} d\omega_{tz}/dt$，$M_{trentz}$、$J_{tz}$、$\omega_{tz}$分别为缓速制动器的摩擦力矩、惯性力矩和角速度。

考虑缓速制动器到车轮的传动比和效率，则

$$M_{ktz} = M_{trentz} u_{tz} / \eta_{tz} - J_{tz} u_{tz}^2 a_\tau / (r_k \eta_{tz})$$

如果发动机用作缓速制动器，则

$$M_{ktz} = M_{trendv} u_{tr} / \eta_{tr} - J_{dv} u_{tr}^2 a_\tau / (r_k \eta_{tr})$$

式中，M_{trendv}为发动机中的摩擦力矩。

引入轮式车辆行车制动系统的力 $P'_{k\tau m}$和发动机（减速制动器）制动力 $P_{dv\tau}$的概念：

$$P'_{k\tau m} = \sum_{i=1}^{2n_o} M'_{k\tau i} / r_{k0i}\ ;\ P_{dv\tau} = M_{trendv} u_{tr} / (r_{k0} \eta_{tr}) \quad (6.40)$$

附着力未完全利用时的轮式车辆减速度由类似（6.2）的方程确定，其中将用力 P'_{kt}和 $P_{dv\tau}$代替总的纵向反作用力，则

$$a_\tau = \frac{P'_{k\tau m} + P_{dv\tau} + P_{f_{sh} m} + P_w + P_{mx} + P_{pcx}}{m_m \delta_{vr\tau}} \quad (6.41)$$

制动期间质量增加系数由以下表达式确定：

$$\delta_{\text{vr}\tau} = 1 + (J_{\text{dv}} u_{\text{tr}}^2 + \sum_{i=1}^{n_k} J_{\text{k}i} \eta_{\text{tr}\tau}) \frac{1}{m_{\text{m}} r_{\text{k}} r_{\text{k0}} \eta_{\text{tr}\tau}} \tag{6.42}$$

在制动状态下，系数 $\delta_{\text{vr}\tau}$ 略高于牵引状态下的 δ_{vr}，传动效率 $\eta_{\text{tr}\tau} < \eta_{\text{tr}}$，小 5% ~10%。

不考虑挂车的挂钩载荷（$P_{\text{pc}x} = 0$），式（6.41）形式如下：

$$a_{\tau} = \frac{(P'_{\text{k}\tau\text{m}} + P_{\text{dv}\tau} + P_w)/m_{\text{m}} + \Psi g}{\delta_{\text{vr}\tau}} \tag{6.43}$$

式中，Ψ 为运动阻力系数，$\Psi = f_{\text{sh}} \cos\alpha_{\text{op}x} + \sin\alpha_{\text{op}x}$。

引入制动动力因数的概念：

$$D_{\phi\tau} = (P'_{\text{k}\tau\text{m}} + P_{\text{dv}\tau} + P_w)/(m_{\text{m}} g) \tag{6.44}$$

那么方程（6.43）可简化为：

$$a_{\tau} = (D_{\phi\tau} + \Psi) g / \delta_{\text{vr}\tau} \tag{6.45}$$

如果已知关系式 $P'_{\text{k}\tau\text{m}}(v_{\text{m}x})$ 和 $P_{\text{dv}\tau}(v_{\text{m}x})$，则可以建立曲线图 $D_{\phi\tau}(v_{\text{m}x})$，在给定系数 Ψ 时确定关系式 $a_{\tau}(v_{\text{m}x};\ \Psi)$ 以及时间 t_{τ} 和制动距离 s_{τ}。

根据实验数据，摩擦力矩可以通过下式计算得出：

$$M_{\text{trendv}} = 9.8 V_{\text{dv}} (a_{\text{dv}} n_{\text{dv}} + b_{\text{dv}}) \tag{6.46}$$

式中，V_{dv} 为发动机气缸容积，L；a_{dv}、b_{dv} 为取决于发动机类型和结构的系数，当 $n_{\text{dv}} = 2\,000 \sim 4\,000$ r/min 时，对于汽油发动机：$a_{\text{dv}} = 0.000\,8$，$b_{\text{dv}} = -1.5$，对于柴油发动机：$a_{\text{dv}} = 0.001$，$b_{\text{dv}} = 1$。

方程（6.43）和（6.45）可用于确定采用任意制动方法时的 a_{τ}（$v_{\text{m}x}$；Ψ）、t_{τ} 和 s_{τ}。

根据 $a_{\tau}^{\max} = \varphi g$ 对式（6.43）进行分析，得出以下结论：

①在附着系数 φ_x 较高的支承面上，建议在发动机断开连接时进行制动，因为 $P'_{\text{k}\tau\text{m}} \gg P_{\text{dv}\tau}$；

②在附着系数 φ_x 较低的支承面上，建议仅用发动机或缓速制动器进行制动，因为轻踩制动踏板时 $P'_{\text{k}\tau\text{m}}$ 的急剧增加会导致车轮抱死和轮式车辆侧滑；

③当以高挡位中高速运动时，以及在长下坡道陡坡上运动时，建议在不断开发动机的情况下进行制动；

④由发动机和制动机构进行的联合制动可防止车轮抱死、提高直线运动的稳定性，因为在横向力的作用下降低了侧滑的可能性。

对备用制动系统效能的要求比行车制动系统低约 2 倍。这样就可以使用驻车制动系统或者双回路行车系统中的一条回路作为备用制动系统。

在水平支承面（$\delta_{\text{vr}\tau} = 1$，$P_w = 0$，$\alpha_{\text{op}x} = 0$,）上两轴轮式车辆仅一根轴的车轮

发生紧急制动时，分析稳态减速度 $a_{\tau ust}$ 如何变化。为找到 $a_{\tau ust}$，使用式（6.2）。在无制动力矩的情况下，纵向反作用力 $R_{xo\tau i}=f_{shi}R_{zo\tau i}$；在有制动力矩的情况下，纵向反作用力 $R_{xo\tau i}=\varphi_{xi}R_{zo\tau i}$。垂向反作用力 $R_{zo\tau i}$ 由表达式（6.16）确定。在理想情况下，轮式车辆所有车轮制动时的最大稳态减速度为 $a_{\tau ust}^{max}=\varphi_x g$。

当后轴车轮制动时，纵向反作用力 $R_{xo\tau 1}=f_{sh1}R_{zo\tau 1}$，$R_{xo\tau 2}=\varphi_{x2}R_{zo\tau 2}$。那么稳态减速度为：

$$a_{\tau ust2}=\frac{g(\varphi_{x2}l_1+f_{sh1}l_2)}{L+(\varphi_{x2}+f_{sh1})h_g}\approx\frac{g\varphi_x l_1}{L+\varphi_x h_g} \tag{6.47}$$

当前轴车轮制动时，纵向反作用力 $R_{xo\tau 1}=\varphi_{x1}R_{zo\tau 1}$，$R_{xo\tau 2}=f_{sh2}R_{zo\tau 2}$，那么稳态减速度为：

$$a_{\tau ust1}=\frac{g(\varphi_{x1}l_2+f_{sh2}l_1)}{L-(\varphi_{x1}+f_{sh2})h_g}\approx\frac{g\varphi_x l_2}{L-\varphi_x h_g} \tag{6.48}$$

稳态减速度的比值为：

$$\frac{a_{\tau ust1}}{a_{\tau ust2}}=\frac{l_2}{l_1}\frac{L+\varphi_x h_g}{L-\varphi_x h_g} \tag{6.49}$$

从式（6.49）可以得出，前轴车轮制动比后轴车轮制动更有效。

一般驻车制动系统仅制动后轮，全轮驱动轮式车辆除外，全轮驱动轮式车辆的驻车制动系统作用于所有车轮。

对于 $l_1=(0.65\sim0.75)L$，$h_g=(0.3\sim0.35)L$ 的满载重型轮式车辆，附着系数 φ_x 在所有数值时几乎都可以满足对备用制动系统的要求。对于 $l_1=(0.5\sim0.54)L$，$h_g=(0.2\sim0.3)L$ 的空载重型轮式车辆、对于轻型轮式车辆以及没有乘客时的公共汽车，不满足上述要求。

当制动过程中使用驻车制动系统作为备用制动系统时，后轮可能会抱死和打滑。

在使用双回路制动系统的情况下，是否满足要求取决于制动系统类型以及哪些回路发生故障。下面是可能的方案。

①一条回路保证前轮制动，第二条回路保证后轮制动。如果前轮回路出现故障（见式（6.47）），则上述结论对于后轴车轮上安装的驻车制动系统有效。如果后轴车轮回路出现故障（见式（6.48）），则对于轻型轮式车辆和空载重型轮式车辆仍能满足对备用制动系统要求，但对于满载重型轮式车辆则不能满足对备用制动系统要求。

②一条回路为左前轮和右后轮的制动，另一条回路为右前轮和左后轮的制动（对角线回路）。任意回路发生故障都会使制动效能降低一半，并且由于侧面车

轮上的制动力不同，因此会产生转向力矩，导致轮式车辆运动稳定性下降。

③一条回路包括前轮的制动机构，另一条回路包括所有车轮的制动机构（混合方案）。在这种情况下，在前轮的制动机构处安装两种类型的工作气缸。第一条回路中的气缸用于产生制动力矩，以确保前轮的制动，直至其在高附着系数的道路上抱死为止，而第二条回路中的气缸则设计为前轮部分制动，以便在第一条回路发生故障时，保证满足备用制动系统要求的减速度。

6.7 制动稳定性

轮式车辆在制动期间失稳，可能是由于沿轴向的垂向反作用力大量重新分布、沿侧面的制动力不相等（甚至在水平支承面上）以及在横向激励因素（如横向力或支承面的横向倾斜）的作用下发生的。

考虑运动稳定性时（见第 4.2 节）可以发现，在不稳定运动、失稳和制动（$a_{mx}<0$）的情况下，角速度参数 $\Delta\omega_{mz}$ 首先开始失稳（轮式车辆侧滑），然后如果速度开始增加，则参数 Δv_{C_y} 失稳。此外，扰动参数 $\Delta\omega_{mz}$ 的临界速度不取决于加速度 a_{mx}，而横向位移参数 Δv_{C_y} 的临界速度取决于加速度 a_{mx}：

$$v_{mxv_y}^{\text{krit}} = \sqrt{\frac{\sum_{i=1}^{n_o} k_{yoi}\left(\sum_{i=1}^{n_o} k_{yoi} l_{Ci}^2 - 2a_{mx}J_{mz}\right) - \left(\sum_{i=1}^{n_o} k_{yoi} l_{Ci}\right)^2}{m_m \sum_{i=1}^{n_o} k_{yoi} l_{Ci}}}$$

在车轴侧偏阻力系数 k_{yoi}（线性特性）值恒定时，临界速度计算值的变化不大。在实际情况下，如果制动剧烈，则轴上的垂向载荷会发生变化（前轴载荷增加，后轴载荷减少），车轮接触区域中的纵向反作用力和横向反作用力发生变化。这导致侧偏阻力系数 k_{yoi} 发生明显变化（图 6.13）。在这种情况下，式（4.17）的分母增大，因此轮式车辆的临界速度急剧降低，后轮不再能够感受到作用在其上的横向力，从而导致发生侧滑。

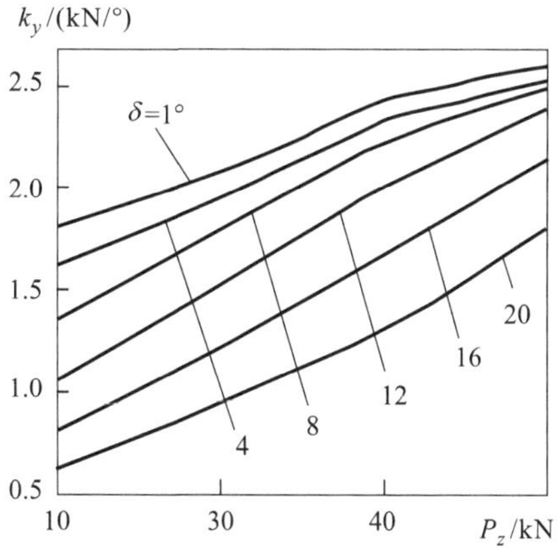

图 6.13 1300×530－533 轮胎在 p_w＝0.35 MPa 时相对于正常载荷的侧偏阻力系数的变化

在水平支承面上失稳的原因还在于

沿轮式车辆两侧的制动力不均，这可能是由于制动机构非同时动作、制动力增加的强度不同、存在闭锁的驱动分支而在车轮上产生不同制动力矩所引起的（特别是当这些分支中出现功率循环时）。

在紧急制动和稳态减速度 $a_{\tau ust} = \varphi g$ 时，纵向反作用力达到最大，出现侧滑的可能。图 6.14 显示了不同侧面车轮上制动力不相等时作用在轮式车辆上的力。

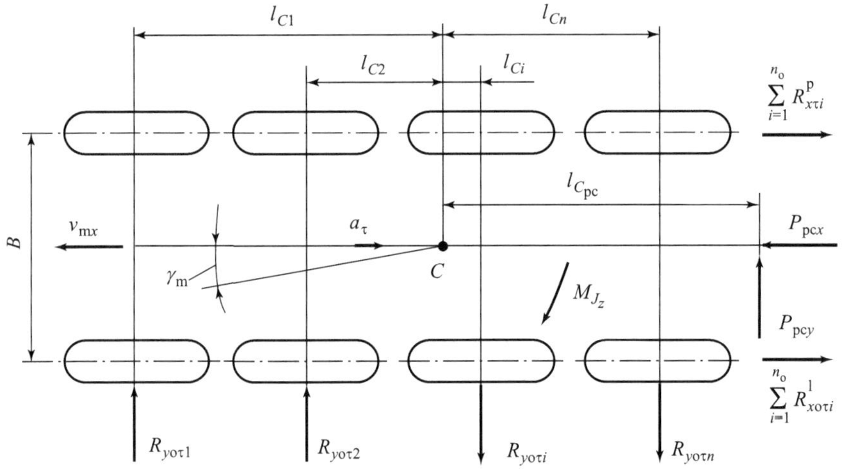

图 6.14　制动过程中轮式车辆两侧轮缘制动力不相等时的稳定性确定示意图

左侧轮缘 $\sum_{i=1}^{n_o} R_{x\tau i}^{l}$ 制动力之和与右侧轮缘 $\sum_{i=1}^{n_o} R_{x\tau i}^{p}$ 制动力之和的差产生转向力矩：

$$M_{povR_x} = \frac{1}{2} B \sum_{i=1}^{n_o} (R_{x\tau i}^{l} - R_{x\tau i}^{l}) \tag{6.50}$$

该力矩承受横向反作用力力矩和惯性力矩 $M_{J_z} = J_{mz} \mathrm{d}^2\gamma_m / \mathrm{d}t^2$，其中 γ_m 为轮式车辆的回转角（方向角）。轮式车辆的运动方程为：

$$J_{mz} \frac{\mathrm{d}^2\gamma_m}{\mathrm{d}t^2} = M_{povR_x} - \sum_{i=1}^{n_o} R_{yo\tau i} l_{Ci}$$

当纵向反作用力为最大时，横向反作用力变得最小：$R_{yi} = \sqrt{(\varphi R_{zi})^2 - R_{xi}^2}$，可能等于零，那么

$$J_{mz} \frac{\mathrm{d}^2\gamma_m}{\mathrm{d}t^2} = M_{povR_x}\text{，即} \frac{\mathrm{d}^2\gamma_m}{\mathrm{d}t^2} = \frac{M_{povR_x}}{J_{mz}}$$

对上式进行两次积分，并代入初始条件（$t=0$，$\gamma_m=0$）之后，获得确定轮式车辆回转角的方程式：

$$\gamma_m = \frac{1}{2} M_{povR_x} t_{ust}^2 / J_{mz} \tag{6.51}$$

考虑到减速度增加的时间 t_{nar}，关系式（6.51）会变得更加复杂。

汽车列车发生制动时，当挂车撞到牵引车上时（图 6.14），挂车侧的纵向力和横向力改变，导致汽车列车收缩，必须考虑更复杂的情况。

制动时失稳的情况也可能在外部横向力或者支承面横向坡度的作用下出现。在横向坡度为 α_{opy} 的支承面上发生制动时，重力 $P_{my}=m_m g\sin\alpha_{opy}$ 的横向分力作用在轮式车辆上，而当发生转向时，惯性力横向分力 P_{a_y} 也作用在轮式车辆上。对于轮缘（外缘）位于横向坡度以下的车轮，其制动力 $\sum_{i=1}^{n_o} R_{x\tau i}^{n}$ 将大于上方轮缘（内缘）车轮的制动力 $\sum_{i=1}^{n_o} R_{x\tau i}^{vn}$。

来自纵向反作用力的横向力 P_{my}、P_{a_y} 和转向力矩 $M_{povR_x}=\frac{1}{2}B\sum_{i=1}^{n_o}(R_{x\tau i}^{n}-R_{x\tau i}^{vn})$ 由轴上横向反作用力 $R_{yo\tau i}$ 抵消（图 6.15）。

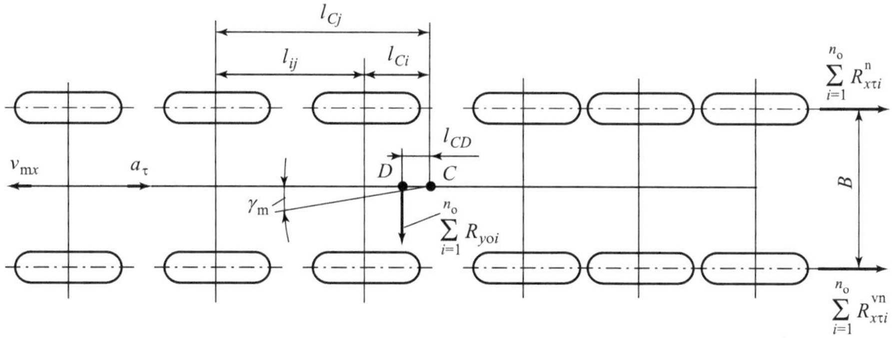

图 6.15　轮式车辆在横坡上制动时的稳定性确定示意图

制动时轮式车辆相对于第 j 轴无侧滑的条件是不等式 $\left|\sum_{i=1}^{n_o} l_{ij}\sqrt{(\varphi R_{zoi})^2 - R_{yo\tau i}}\right| > \left|(m_m g\sin a_{opx}+P_{a_y})l_{Cj} \pm \frac{1}{2}B\sum_{i=1}^{n_o}(R_{x\tau i}^{n}-R_{x\tau i}^{vn})\right|$，其中 l_{ij} 是从第 i 轴到第 j 轴的距离；l_{Cj} 为从质心 C 到第 j 轴的距离。

如果要确定所有横向反作用力的合力 $\sum_{i=1}^{n_o} R_{yoi}$（图 6.15）、其作用点 D 和其到

质心 C 的距离 l_{CD}，则轮式车辆不回转条件的简化形式为：

$$\sum_{i=1}^{n_o} R_{yoi} l_{CD} > \frac{1}{2} B \sum_{i=1}^{n_o} (R_{x\tau i}^{n} - R_{x\tau i}^{vn}) \quad (6.52)$$

当消除多根车轴或单根轴上的车轮的制动力时，可以通过增加横向反作用力合力 $\sum_{i=1}^{n_o} R_{yoi}$ 的方法来减小回转角。消除位于质心两侧轴上的制动力，或者消除 D 点附近一根轴上的制动力的过程中，保证少量增加制动距离时，回转角能够最大程度地减小。

图 6.16 显示了能够证实该结论的六轴轮式车辆在不同的轴上制动力断开方案下、在横向坡度为 $\alpha_{opy}=2°$ 的结冰支承面上的计算制动参数（图 6.15）

在减速度增加的阶段，计算多轴轮式车辆的最优制动特性时，必须考虑大量参数。

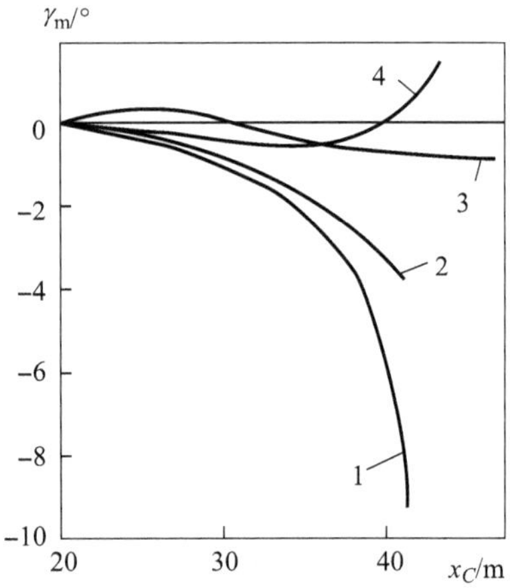

图 6.16　六轴轮式车辆制动时回转角与质心纵向位移的关系式

1—全轮制动；2—消除第六轴车轮的制动力；3—消除第二轴和第五轴车轮的制动力；4—消除第三轴车轮的制动力

6.8　制动性能评估标准和评估方法

制动性能受联合国欧洲经济委员会内部运输委员会第 13 号条例约束。根据该条例，目前已经制定了以下标准：俄罗斯国家标准 ГОСТ 22895—77——适用于 1981.1.1 之前生产的轮式车辆；俄罗斯国家标准 ГОСТ 25478—91——适用于 1981.1.1 之后生产的轮式车辆；俄罗斯国家标准 ГОСТ 25478—82——适用于在产的轮式车辆。

行车制动系统和备用制动系统的效率指标：

①在道路测试时：对制动踏板施加恒定力 $P_{ped\tau}$ - const 时的稳态减速度 $a_{\tau ust}$；从踩下踏板到完全停止的最小制动距离 s_τ；响应时间 t_{srab}（仅针对汽车列车）。

②在台架测试时：总制动力 $P_{k\tau m}$ 和响应时间 t_{srab}——对于新轮式车辆；总单位制动力 $\tilde{P}_{\tau m}=P_{k\tau m}/(m_m g)$，响应时间 t_{srab} 和制动力的轴向不均匀系数 $k_{\tau ner}=\left(\sum_{i=1}^{n_o} P_{k\tau i}^{l} - \sum_{i=1}^{n_o} P_{k\tau i}^{p}\right) \Big/ \left(\sum_{i=1}^{n_o} P_{k\tau i}^{l} + \sum_{i=1}^{n_o} P_{k\tau i}^{p}\right)$——对于在产的轮式车辆。

表 6.1 显示了对从速度 $v_{mx}=40$ km/h 开始制动时制动控制的标准要求。

表 6.1 对轮式车辆制动控制的标准要求（俄罗斯国家标准 ГОСТ 25478—91）

轮式车辆类型	$P_{ped\,\tau}$/N	s_{τ}^{*}/m	$a_{\tau ust}$/(m·s^{-2})	$\tilde{P}_{\tau m}$	$k_{\tau ner}$	t_{srab}/s
	普通轮式车辆					
M_1	490	12.9（12.2）	6.8	0.64	0.09	0.5
M_2	687	17.0（13.6）	6.8	0.64	0.09	0.8
M_3	687	17.4（16.8）	5.7	0.55	0.09	0.8
N_1	687	19.0（15.1）	5.7	0.55	0.11	0.7
N_2	687	20.1（17.3）	5.7	0.55	0.11	0.8
N_3	687	19.7（16.0）	6.2	0.46	0.11	0.8
	带牵引车的汽车列车					
M_1	490	16.5（13.6）	5.9	0.47	0.15	0.5
M_2	687	20.6（15.2）	5.7	0.42	0.15	0.8
M_3	687	19.5（18.4）	5.5	0.51	0.15	0.9
N_1	687	21.8（17.7）	4.6	0.38	0.15	0.7
N_2	687	21.3（18.8）	5.5	0.38	0.15	0.8
N_3	687	20.8（18.4）	5.5	0.48	0.15	0.9
* 括号中的数字——对于整备状态下的轮式车辆。						

在坚固、干燥且平滑的水平支承面上进行测试，确定行车制动系统效能。由于摩擦副的摩擦系数取决于温度，因此制动机构应该在不同的热状态下进行测试：0 型——冷制动时（$T<100$ ℃）；Ⅰ型——在提前制动过程中的加热（热）制动时；Ⅱ型——在长下坡道上连续制动过程中的加热制动时（表 6.2）。

表 6.2 对轮式车辆行车制动系统的标准要求（俄罗斯国家标准 ГОСТ 22895—77）

轮式车辆类型	v_{mx}/(km·h^{-1})	$P_{ped\,\tau}$/N	s_{τ}/m（$a_{\tau ust}$/(m·s^{-2})）		
			0 型	Ⅰ型	Ⅱ型
	普通轮式车辆				
M_1	80	490	43.2（7.0）	52.1（5.6）	—
M_2	60	687	32.1（6.0）	38.0（4.8）	—
M_3	60	687	32.1（6.0）	38.0（4.8）	39.8（4.5）

续表

轮式车辆类型	v_{mx}/(km·h^{-1})	$P_{ped\,\tau}$/N	s_τ/m ($a_{\tau ust}$/(m·s^{-2}))		
			0 型	Ⅰ型	Ⅱ型
N_1	80	687	61.2 (5.0)	73.5 (4.0)	—
N_2	60	687	36.7 (5.0)	43.6 (4.0)	—
N_3	60	687	36.7 (5.0)	43.6 (4.0)	45.9 (3.7)
	带牵引车的汽车列车				
M_1	80	490	50.7 (5.8)	61.7 (4.6)	—
M_2	60	687	33.9 (6.0)	39.8 (4.8)	—
M_3	60	687	33.9 (6.0)	39.8 (4.8)	41.6 (4.5)
N_1	80	687	63.6 (5.0)	75.9 (4.0)	—
N_2	60	687	38.5 (5.0)	45.4 (4.0)	—
N_3	60	687	38.5 (5.0)	45.4 (4.0)	47.7 (3.7)

0 型和Ⅰ型测试应该对所有类型轮式车辆进行，Ⅱ型测试应该对 M_3 和 N_3 类轮式车辆以及重型汽车列车（其牵引车是 N_2 和 N_3 型轮式车辆）进行。制动机构的加热在长度为 6 000 m 的斜坡（坡度为 $i=7\%$（$\alpha_{opx}=4°$），速度为 $v_{mx}=(30\pm5)$ km/h）上完成。

Ⅰ型和Ⅱ型测试相对于 0 型测试期间的稳态减速度标准值如下：$a_{\tau ust\,Ⅰ}=0.8a_{\tau ust0}$；$a_{\tau ust\,Ⅱ}=0.75a_{\tau ust0}$。

对于在产的轮式车辆，采用相同的初始速度 $v_{mx}=40$ km/h，稳态减速度 $a_{\tau ust}$ 降低约 25%，响应时间 τ_{srab} 增加（若为重型轮式车辆则为 2 倍）。

备用制动系统的效率标准见表 6.3。

表 6.3 对轮式车辆备用制动系统的标准要求（俄罗斯国家标准 ГОСТ 22895—77）

轮式车辆类型	v_{mx}/(km·h^{-1})	$P_{ped\,\tau}$/N	$P_{rych\,\tau}{}^*$/N	s_τ/m	$a_{\tau ust}$/(m·s^{-2})
	普通轮式车辆				
M_1	80	490	392	93.3	2.9
M_2、M_3	60	687	588	64.4	2.5
N_1	70	687	588	95.7	2.2
N_2	50	687	588	51	2.2
N_3	40	687	588	33.8	2.2

续表

轮式车辆类型	$v_{mx}/(km \cdot h^{-1})$	$P_{ped\,\tau}/N$	$P_{rych\,\tau}{}^{*}/N$	s_τ/m	$a_{\tau ust}/(m \cdot s^{-2})$
	带牵引车的汽车列车				
M_1	80	490	392	100.7	2.5
M_2、M_3	60	687	588	66.2	2.5
N_1	70	687	588	97.8	2.5
N_2	50	687	588	52.5	2.2
N_3	40	687	588	35	2.2
* 制动杆上的力。					

制动距离的标准值根据下式确定：

$$s_\tau = Av_{mx0} + v_{mx0}^2/(26a_{\tau ust})$$

式中，A 为新（在产）轮式车辆的系数，等于 0.1（0.11）——对于 M_1 类轮式车辆；等于 0.15（0.19）——对于 M_2、M_3 和 N 类的轮式车辆；等于 0.18（0.24）——对于重型汽车列车。

驻车制动系统必须确保轮式车辆保持在以下坡度 $i/\%$（$\alpha_{opx}/°$）上：

对于新轮式车辆：M 类轮式车辆——25%（16°）；N 类轮式车辆——20%（12.6°）；O 类轮式车辆和汽车列车——18%（11°）；汽车列车其他链环没有制动时的牵引车——12%（7.6°）。

对于在产的轮式车辆：满载质量的轮式车辆——16%（10°）；整备质量的 M 类轮式车辆——23%（14°）；整备质量的 N 类轮式车辆——31%（19°）。

辅助制动系统必须保证：

对于新轮式车辆：以（30 ± 2）km/h 的速度在 7%（α_{opx} = 4°）的斜坡上行驶 6 km。

对于在产的轮式车辆：在速度为（30 ± 5）km/h 的情况下，满载质量时的稳态减速度 $a_{\tau ust} \geqslant 0.5\ m/s^2$，整备质量时的稳态减速度 $a_{\tau ust} \geqslant 0.8\ m/s^2$。

制动稳定性评估标准是与给定轨迹的线性偏差以及与给定方向（停止时刻的方向角）的角度偏差，其数值不应超过 $\gamma_m = 15°$。在低附着系数（$\varphi = 0.3$）和高附着系数（$\varphi = 0.7$）下、在速度范围（0.3 ~ 0.9）v_{mxmax} 和减速度 $a_{\tau ust}$ = 1.5 ~ 2.0 m/s^2 降至各轴中某一轴车轮抱死速度的情况下，确定制动稳定性。

欧洲经济共同体第 No. 71/320 号令和联合国欧洲经济委员会第 13 号条例附件 13 对轮式车辆必须配备防抱死制动系统的要求予以规定，对配备各类防抱死制动系统的轮式车辆技术要求予以规定。

习题

1. 在制动过程中，哪些力作用在轮式车辆上？

2. 写出制动期间轮式车辆的运动方程，并说明可以在实践中实现的最大减速度是多少？

3. 对理想制动情况采取了哪些假设？其特性曲线是什么？

4. 制动过程中，制动力沿轮式车辆车轴分配的方式和原因是什么？

5. 制动过程中，车轮相对纵向反作用力和横向反作用力如何变化？

6. 制动力调节器和防抱死制动系统应提供什么保证？

7. 汽车列车制动参数的特点和计算方法是什么？

8. 指出在未完全利用附着力情况下的制动特点，在什么情况下以及为什么采用不同的制动方案？

9. 对备用制动系统有哪些要求？如何满足？

10. 决定制动过程中轮式车辆稳定性的因素是什么？

11. 在水平支承面上制动时，轮式车辆回转角度是什么以及如何确定？

12. 在发生制动力和外部横向力作用的情况下，提高轮式车辆稳定性的方法以及为何可以提高？

13. 列出对轮式车辆行车制动系统和备用制动系统的主要标准要求。

14. 制动期间轮式车辆稳定性的标准是什么？

7

轮式车辆平顺性

7.1 定义、基本参数和关系式

平顺性是轮式车辆的重要性能，它可确保驾驶员、乘客、所运输的货物和车辆构件免受由车轮与高低不平的支承面相互作用而产生的动载荷的影响。提供这种保护的主要部件是悬架系统和车轮上具有弹性的轮胎。

轮式车辆是一个复杂的机械系统，由大量具有不同耦合关系和自由度的元件组成，其中自由度指的是系统元件的独立位移的总数，每一个元件都被视为刚体。轮式车辆的运动可以通过微分方程组来描述，其方程数量等于自由度的数量。

轮式车辆的振动系统包括惯性元件、弹性元件和阻尼（能量耗散）元件。

惯性元件中包括前面讨论过的簧上质量 m_{pd} 与簧下质量 m_{npdi}。

弹性元件可确保将由于道路不平所产生的振动力和冲击力转换成弹性元件的势能。通过力与变形的关系式：$P_{u.z}=f(h_{u.z})$ 描述该类元件的特性，并使用弹性元件加载曲线和卸载曲线之间的平均曲线作为计算曲线。弹性元件的性能由全（最大）行程 $h_{u.z}^{max}$ 和刚度 $c_{u.z}=\partial P_{u.z}/\partial h_{u.z}$ 来表征，且如果刚度为常数，那么该元件为线性元件，如果具有可变刚度，则该元件为非线性元件。轮式车辆的主要弹性元件（不考虑驾驶员和货物的二阶悬架系统）是悬架弹性元件和轮胎，刚度分别为 $c_{u.z}$ 和 $c_{shz}=P_z/h_z$。

阻尼元件通过将振动的机械能转变为热能来实现能量的耗散。通过摩擦力的物理性质计算摩擦力与位移或运动速度的关系式。当摩擦力 P_{am} 与运行速度 $v_{am}=\mathrm{d}h_{am}/\mathrm{d}t$（变形 h_{am}）：$P_{am}=f(v_{am})$ 成正比时，即所谓的粘滞摩擦，是最简单的情况。它发生在流体层流状态下运行的液压减振器中。在线性区域中，减振器的性能通过式 $P_{am}=k_{am}v_{am}$ 来描述，其中 k_{am} 是减振器的阻尼（阻力）系数。在评估充气轮胎中的粘滞摩擦时，可使用类似的关系式：$P_{trensh}=k_{sh}v_{shz}$。

在干摩擦时，摩擦力与表面的法向反作用力成正比，大小恒定，方向与运动方向相反，通过式 $|P_s|\text{sgn}v_s$ 表示，其中 $\text{sgn}v_s$ 是符号函数（当 $v_s>0$ 时，$\text{sgn}v_s=1$；当 $v_s<0$ 时，$\text{sgn}v_s=-1$；当 $v_s=0$ 时，$\text{sgn}v_s=0$），v_s 为滑动速度。这种摩擦力是板簧弹簧悬架的典型现象。

在一般情况下，弹性元件（图 7.1（a））和阻尼元件（图 7.1（b））的性能是非线性的。在初步评估轮式车辆平顺性的参数时，为简化对振动系统分析和计算的描述，可使用线性系统来近似，也就是说刚度 $c_{u.z}$、c_{shz} 和阻尼系数 k_{am}、k_{sh} 被认为是定值。

在对轮式车辆的振动系统进行建模时，必须将力 $P_{u.z}$ 和 P_{am} 换算到车轮的对称平面上，因为这些元件会相对于该平面呈一定距离或一定角度布置。下面将研究折算到轮心 O_k 的弹性元件的刚度 c_p 和减振器的阻尼系数 k_p。此时，对于图 7.1（c）中所示的示意图，作用在车轮上的力为 $P_{zu.z}=P_{u.z}a/c$，其垂直位移为 $h_p=h_{u.z}c/a$，而车轮弹性（悬架）元件的折算刚度为 $c_p=P_{zu.z}h_p=P_{u.z}a^2/(h_{u.z}c^2)$。对于减振器，可以分别引入：$P_{zam}=P_{am}b/c$，$v_p=v_{am}c/b$，$k_p=P_{zam}/v_p=P_{am}b^2/(v_{am}c^2)$。最终可得：

$$c_p=c_{u.z}(a/c)^2;\quad k_p=k_{am}(b/c)^2 \tag{7.1}$$

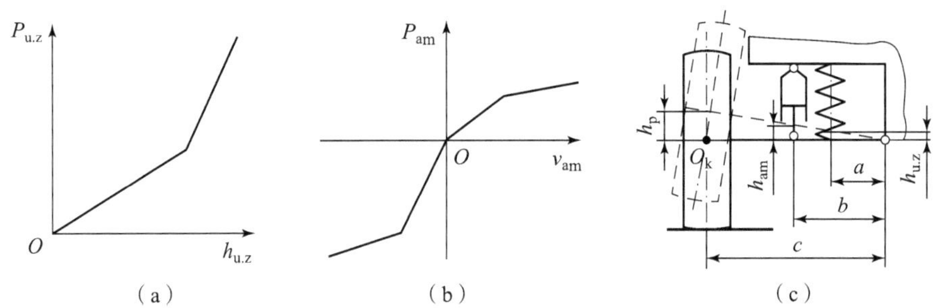

图 7.1 车轮弹性元件（a）和减振器（b）的性能，以及车轮悬架折算参数的示意图（c）

（a）弹性元件性能；（b）减振器性能；（c）车轮悬架折算参数示意图

如果车轮的质量（簧下质量）远小于通过弹性元件作用在车轮上的簧上质量，并且轮胎的垂向刚度远高于悬架的刚度（$c_{shz}>c_p$），那么悬架－轮胎系统的两个刚度可以共同用一个折算刚度表示：$c_{p-sh}=P_z/(h_p+h_z)$。在相同的力 P_z 的作用下，悬架和轮胎的变形分别为 $h_p=P_z/c_p$、$h_z=P_z/c_{shz}$。此时，两个串联的弹性元件的折算刚度为：

$$c_{p-sh}=\frac{c_p c_{shz}}{c_p+c_{shz}} \tag{7.2}$$

在评估振动系统时，应考虑自由振动和强迫振动。

研究自由振动可以确定固有频率和振型，并评估其阻尼效率。在没有外部影响的情况下，通过使系统元件偏离平衡状态、或者通过脉冲载荷赋予系统初始速度，在系统偏离静平衡状态后，就会发生自由振动。

下面研究具有单自由度无阻尼线性系统的自由振动。该系统由簧上质量 m_{pd} 和配有刚度 c_p 的弹性元件组成（图 7.2（a））。如果选择位移 z 的计算初始点，使得在 $z=h_p=0$ 时，$P_z=0$，那么对于线性系统 $P_z=c_p z$，在自由振动时其运动的微分方程式为：

$$m_{pd}\ddot{z}+c_p z=0 \tag{7.3}$$

当一个恒定的力作用在系统上时，例如重力 $m_{pd}g$，如果从质量 m_{pd} 的静平衡位置计算位移 z，则方程式的形式将不会改变。由于重力而使弹性元件变形（静态变形），则

$$h_{pst}=m_{pd}g/c_p \tag{7.4}$$

那么自由振动时的运动方程式为：

$$m_{pd}\frac{d^2z}{dt^2}=m_{pd}g-c_p(z+h_{pst})$$

将式（7.3）代入式（7.4）后，其解如下：

$$z=C_1\cos\omega_{pd}t+C_2\sin\omega_{pd}t \tag{7.5}$$

其中，C_1、C_2 为根据初始条件计算的积分常数；ω_{pd} 为自由振动的圆周频率，rad/s，且

$$\omega_{pd}=\sqrt{c_p/m_{pd}} \tag{7.6}$$

分别通过 z_0 和 $\dot{z}_0$ 表示初始时间 $t=0$ 处的位移和速度，根据方程式（7.5），可得 $C_1=z_0$ 和 $C_2=\dfrac{\dot{z}_0}{\omega_{pd}}$。

式（7.5）也可以表示为：

$$z=A\sin(\omega_{pd}t+\varphi) \tag{7.7}$$

式中，A、φ 分别为振动的振幅和初始相位。

可以由振幅为 A、周期为 T、相位为 φ 的正弦函数描述单质量线性系统的自由振动（图 7.2（b））：

$$A=\sqrt{C_1^2+C_2^2}=\sqrt{z_0^2+\left(\frac{\dot{z}_0}{\omega_{pd}}\right)^2};\ \mathrm{tg}\varphi=\frac{C_1}{C_2}=\frac{\omega_{pd}z_0}{\dot{z}_0};\ T=\frac{2\pi}{\omega_{pd}} \tag{7.8}$$

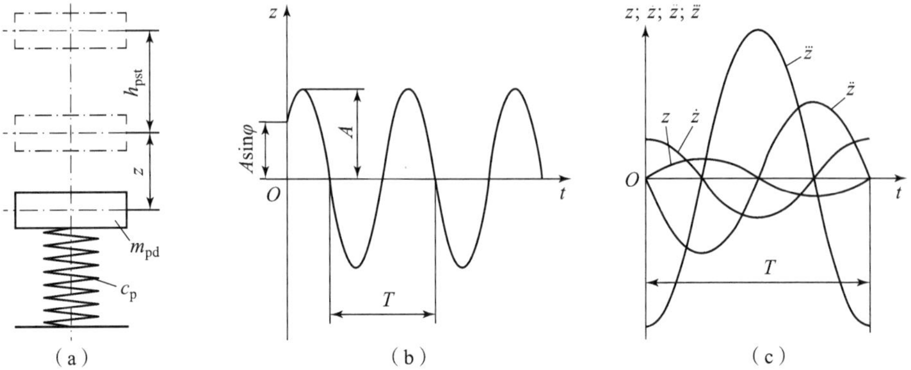

图 7.2 单自由度无阻尼线性系统自由振动的示意图及参数变化性质

(a) 单自由度无阻尼线性系统自由振动的示意图；(b) 位移参数变化；(c) 位移及其部分参数重要变化

固有频率为：

$$\omega_{pdt} = 1/T = \omega_{pd}/(2\pi) \tag{7.9}$$

式中，ω_{pdt}的单位为 Hz。

振动的频率和周期可以通过悬架的静态变形量 h_{ps}来表示：

$$\omega_{pd} = \sqrt{\frac{g}{h_{ps}}};\ \omega_{pdtekh} = \frac{\sqrt{g/h_{pst}}}{2\pi};\ T = 2\pi\sqrt{\frac{h_{pst}}{g}} \tag{7.10}$$

当 $\varphi = 0$ 时，根据式（7.7），可得：

$$z = A\sin(\omega_{pd}t);\ \dot{z} = A\omega_{pd}\cos(\omega_{pd}t);\ \ddot{z} = -A\omega_{pd}^2\sin(\omega_{pd}t);\ \dddot{z} = -A\omega_{pd}^3\cos(\omega_{pd}t) \tag{7.11}$$

图 7.2（c）为一个振荡周期 T 中的位移、速度、加速度和加速度变化率的变化曲线。通过方程式（7.11），在规定振幅 A 下它们的最大值根据下式计算：

$$\dot{z}_{max} = A \cdot 2\pi\omega_{pdtekh};\ \ddot{z}_{max} = A\ (2\pi\omega_{pdtekh})^2;\ \dddot{z}_{max} = A\ (2\pi\omega_{pdtekh})^3 \tag{7.12}$$

在初始近似取值时，通常根据垂直振动的固有频率 ω_{pdtekh}可行范围（人在其平均运动速度 v_x 时最能适应的频率范围），来评估轮式车辆悬架系统的性能。当一个人的步长为 0.75 m 时，根据其运动速度 v_x，下列固有频率 ω_{pdtekh}是最有利的：

$v_x/(\mathrm{km\cdot h^{-1}})$	……………	3.0	3.5	4.0	4.5	5.0
$\omega_{pdtekh}/\mathrm{Hz}$	……………	1.12	1.30	1.48	1.67	2.03

根据式（7.10）计算由悬架的静态变形引起的自由垂直振动的固有频率变化，见图 7.3。

在当弹性元件串联安装时（如悬架的弹性元件和轮胎），在式（7.6）和式（7.10）中应当代入由式（7.2）计算得到换算刚度 c_{p-sh}，且总静态变形量为 $h_{st} = h_{pst} + h_{zst}$，则

$$\left.\begin{aligned}\omega_{pd} &= \sqrt{\frac{c_{p-sh}}{m_{pd}}}\\ \omega_{pdtekh} &= \frac{\sqrt{g/(h_{pst}+h_{zst})}}{2\pi}\end{aligned}\right\} \quad (7.13)$$

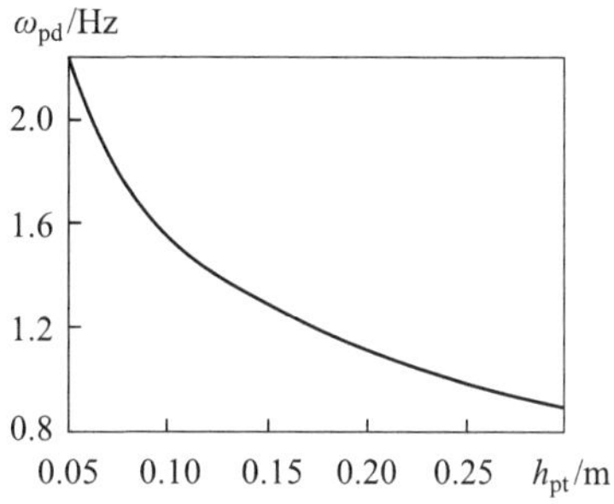

图 7.3 垂直振动的固有频率与悬架静态变形量的关系式

在具有粘滞摩擦（衰减）的情况下，当摩擦力与运动速度成正比时（图 7.4（a）），簧上质量运动方程式为：

$$m_{pd}\ddot{z} + k_p\dot{z} + c_p z = 0$$

或者除以 m_{pd} 后，得到：

$$\ddot{z} + 2\Psi_{pd}\dot{z} + \omega_{pd}^2 z = 0 \quad (7.14)$$

式中，Ψ_{pd} 为振动衰减系数且 $\Psi_{pd} = 0.5\ k_p/m_{pd}$，其单位为 s^{-1}。

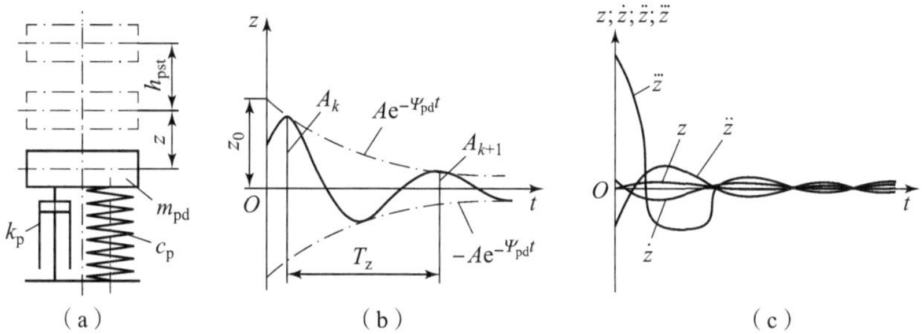

图 7.4 单自由度有阻尼线性自由振动示意图和参数变化性质

（a）单自由度有阻尼线性系统自由振动的示意图；（b）位移参数变化；（c）位移及其部分参数重要变化

将具有常系数的微分方程式（7.14）转化为特征方程式（拉氏变换）：

$$s^2 + 2\Psi_{pd}s + \omega_{pd}^2 = 0$$

当 $\omega_{pd}^2 > \Psi_{pd}^2$ 时，可得：

$$s = -\Psi_{pd} \pm j\omega_{zpd}$$

其中，ω_{zpd} 为有阻尼振动的圆频率，s^{-1}，

$$\omega_{zpd} = \sqrt{\omega_{pd}^2 - \Psi_{pd}^2} = \omega_{pd}\sqrt{1-(\Psi_{pd}/\omega_{pd})^2}$$

实际上，引入相对衰减系数的概念，可得：

$$\tilde{\Psi}_{pd} = \Psi_{pd}/\omega_{pd} \quad (7.15)$$

方程（7.14）的解具有以下形式：

$$z = e^{-\Psi_{pd}t}(C_1\cos\omega_{zpd}t + C_2\sin\omega_{zpd}t) \tag{7.16}$$

或者

$$z = Ae^{-\Psi_{pd}t}\cos(\omega_{zpd}t + \varphi)$$

式中，$\varphi = \mathrm{arctg}(-C_2/C_1)$.

质量 m_{pd} 的运动可使用以下衰减振动周期来描述（图 7.4（b））：

$$T_{zpd} = 2\pi/\omega_{zpd}$$

系统相对于平衡位置的两个连续最大偏差之比通常被称为振荡衰减量（衰减速度）：

$$D_{zpd} = A_k\big/A_{k+1} = e^{-\Psi_{pd}T_{zpd}}$$

式中，$e^{-\Psi_{pd}T_{zpd}}$—几何级数的公比。

其自然对数为振荡的对数衰减量：

$$\ln D_{zpd} = \ln\left(\frac{A_k}{A_{k+1}}\right) = \Psi_{pd}T_{zpd} = \frac{2\pi\Psi_{pd}}{\omega_{zpd}} = 2\pi\tilde{\Psi}_{zpd}$$

参数 ω_{zpd}、ω_{pd} 和 $\ln D_{zpd}$ 之间存在以下关系式：

$$\omega_{zpd} = \frac{\omega_{pd}}{\sqrt{1 + [\ln D_{zpd}/(2\pi)]^2}}$$

由此可知，即使在有很大阻尼的情况下，ω_{zpd} 和 ω_{pd} 之差也很小，即可以假定摩擦力不会影响振动频率：$\omega_{zpd} \approx \omega_{pd}$。例如，在较大阻尼时，$D_{zpd} = 2$，$\ln D_{zpd} = 0.693$，对应频率 ω_{zpd} 也仅比 ω_{pd} 小 0.6%。

分别通过 z_0 和 $\dot{z}_0$ 表示初始时间 $t = 0$ 处的位移和速度，根据方程式（7.16），可得：

$$z_0 = C_1;\ \dot{z}_0 = -C_1\Psi_{pd} + C_2\omega_{zpd};\ C_2 = (\dot{z}_0 + \Psi_{pd}z_0)/\omega_{zpd}$$

对应得到位移方程式为：

$$z = e^{-\Psi_{pd}t}\left[z_0\cos\omega_{zpd}t + \frac{(\dot{z}_0 + \Psi_{pd}z_0)\sin\omega_{zpd}t}{\omega_{zpd}}\right]$$

假设在物体处于中间位置（$t = 0$，$z = 0$）时开始计时，并且初始振幅 z_{01} 对应于时间 $t = 0.25T_{zpd}$，可得：

$$z = z_{01}e^{-\Psi_{pd}(t-0.25T_{zpd})}\sin\omega_{zpd}t$$

$$\dot{z} = z_{01}e^{-\Psi_{pd}(t-0.25T_{zpd})}(\cos\omega_{zpd}t - \Psi_{pd}\sin\omega_{zpd}t)$$

$$\ddot{z} = -z_{01}e^{-\Psi_{pd}(t-0.25T_{zpd})}[(1 - \Psi_{pd}^2)\sin\omega_{zpd}t + 2\Psi_{pd}\cos\omega_{zpd}t]$$

$$\dddot{z} = z_{01}e^{-\Psi_{pd}(t-0.25T_{zpd})}[\Psi_{pd}(3 - \Psi_{pd}^2)\sin\omega_{zpd}t + (3\Psi_{pd}^2 - 1)\cos\omega_{zpd}t]$$

图 7.4（c）表示了在减振器中存在黏性摩擦时，位移、速度、加速度、加

速度变化率随时间 t 变化的曲线图。

根据系统本身的属性和外力变化规律确定激励因素作用在振动系统上时的强迫振动。激励力可以以任意形式变化，如脉冲、谐波或非谐波函数形式。根据振动系统的类型和组成，在振动理论中可以选取不同的微分方程求解方法。

线性非齐次方程的通解定义为其特解和齐次方程的通解之和。例如，对于单自由度无阻尼振动系统，在受外部可变力 $P(t)$ 的作用下，在强迫振动过程中，质量 m_{pd} 的运动方程式为：

$$m_{pd}\ddot{z}+c_p z=P(t)$$

或者

$$\ddot{z}+\omega_{pd}^2 z=P(t)/m_{pd}$$

并且其解等于其特解 z_* 与齐次方程（7.4）通解之和：

$$z=z_*+C_1\cos\omega_{pd}t+C_2\sin\omega_{pd}t$$

非齐次方程的特解可以采用以下形式：

$$z_*=\int_0^t P(\upsilon)Y(t-\upsilon)\mathrm{d}\upsilon$$

式中，υ 为积分变量；Y 为待定函数。

下面将讨论评估强迫振动时轮式车辆平顺性参数通常使用的求解方法。

7.2 两轴轮式车辆的自由振动

两轴轮式车辆具有的模型参数有簧上质量 m_{pd}、绕过质心横轴的惯性矩 J_{my} 和回转半径 $\rho_{my}=\sqrt{J_{my}/m_{pd}}$，并可根据距离 l_1 和 l_2 以及轮式车辆的轴距 L，来确定簧上质量相对于前后轴的位置。轮式车辆前后轴分别具有刚度 c_{p1} 和 c_{p2}、阻尼系数 k_{p1} 和 k_{p2}、簧下质量 m_{npd1} 和 m_{npd2} 等参数。对于已考虑双侧悬架性能参数的计算模型，下面将研究其在 3 种不同复杂程度下的自由振动。

不考虑簧下质量和阻尼的轮式车辆的自由振动

该系统具有两个自由度，即质心的垂直位移 z_0 和车体在纵向平面中的角位移 α_{krx}（图 7.5）。这些运动会导致弹性元件的变形量 z_1 和 z_2 发生变化，并产生作用在簧上质量的弹性力 $P_{pi}=c_{pi}z_i$。

根据图 7.5，点 A 和点 B 的垂直位移 z_i 根据下列表达式计算：

$$z_1=z_0-l_1\mathrm{tg}\alpha_{krx}\approx z_0-l_1\alpha_{krx};\ z_2=z_0+l_2\mathrm{tg}\alpha_{krx}\approx z_0+l_2\alpha_{krx} \tag{7.17}$$

并且簧上质量的垂直运动和纵向平面中的角运动方程具有以下形式：

$$\left.\begin{aligned}m_{pd}\ddot{z}_0+c_{p1}z_1+c_{p2}z_2=0\\ m_{pd}\rho_{my}^2\ddot{\alpha}_{krx}-l_1c_{p1}z_1+l_2c_{p2}z_2=0\end{aligned}\right\}\tag{7.18}$$

点 A 和点 B 的加速度方程式，可通过对方程（7.17）进行两次求导得到：

$$\ddot{z}_1=\ddot{z}_0-l_1\ddot{\alpha}_{krx};\ \ddot{z}_2=\ddot{z}_0+l_2\ddot{\alpha}_{krx}$$

将导出的 $\ddot{z}_0$ 和 $\ddot{a}_{krx}$ 代入式（7.18），可得：

$$m_{pd}\ddot{z}_1+c_{p1}z_1(1+l_1^2/\rho_{my}^2)+c_{p2}z_2(1-l_1l_2/\rho_{my}^2)=0\tag{7.19}$$

$$m_{pd}\ddot{z}_2+c_{p2}z_2(1+l_2^2/\rho_{my}^2)+c_{p1}z_1(1-l_1l_2/\rho_{my}^2)=0\tag{7.20}$$

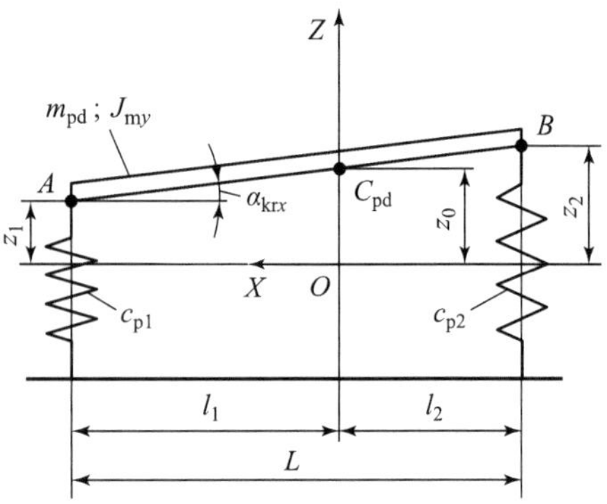

图 7.5　不考虑簧下质量和阻尼的两轴轮式车辆自由振动的示意图

分别根据方程式（7.20）和（7.19）计算出 z_2、z_1，代换可得：

$$\ddot{z}_1+\frac{\ddot{z}_2(l_1l_2-\rho_{my}^2)}{\rho_{my}^2+l_2^2}+\frac{z_1c_{p1}}{m_{pd1}}=0\tag{7.21}$$

$$\ddot{z}_2+\frac{\ddot{z}_1(l_1l_2-\rho_{my}^2)}{\rho_{my}^2+l_2^2}+\frac{z_2c_{p2}}{m_{pd2}}=0\tag{7.22}$$

其中，m_{pd1}、m_{pd2} 分别是第一轴和第二轴的折算簧上质量，且

$$m_{pd1}=m_{pd}(\rho_{my}^2+l_2^2)/L^2;\ m_{pd2}=m_{pd}(\rho_{my}^2+l_1^2)/L^2\tag{7.23}$$

在方程式（7.21）、（7.22）中的系数 c_{pi}/m_{pdi} 是点 A 和点 B 的振动偏频的平方：

$$c_{p1}/m_{pd1}=\omega_{pd1}^2;\ c_{p2}/m_{pd2}=\omega_{pd2}^2\tag{7.24}$$

此处定义，如果没有其他自由度的位移，则复合振动系统某个自由度的振动频率称为偏频。

下面引入簧上质量的分布系数 ε_{pd} 和耦合系数 η_i 的概念：

$$\varepsilon_{pd}=\frac{\rho_{my}^2}{l_1l_2};\ \eta_1=\frac{l_1l_2-\rho_{my}^2}{\rho_{my}^2+l_2^2}=\frac{1-\varepsilon_{pd}}{\varepsilon_{pd}+l_2/l_1};\ \eta_2=\frac{l_1l_2-\rho_{my}^2}{\rho_{my}^2+l_1^2}=\frac{1-\varepsilon_{pd}}{\varepsilon_{pd}+l_1/l_2}\tag{7.25}$$

此时，方程（7.21）和方程（7.22）的形式为：

$$\ddot{z}_1+\eta_1\ddot{z}_2+\omega_{pd1}^2z_1=0;\ \ddot{z}_2+\eta_2\ddot{z}_1+\omega_{pd2}^2z_2=0$$

且它们的特征方程如下：

$$\Omega^4-\Omega^2\frac{\omega_{pd1}^2+\omega_{pd2}^2}{1-\eta_1\eta_2}+\frac{\omega_{pd1}^2\omega_{pd2}^2}{1-\eta_1\eta_2}=0\tag{7.26}$$

求解方程式（7.26），且仅保留正根（频率不能为负数）时，可得振动系统的两个固有频率：

$$\Omega_{\mathrm{n}}=\sqrt{\frac{1}{2}\frac{\omega_{\mathrm{pd1}}^{2}+\omega_{\mathrm{pd2}}^{2}-\sqrt{(\omega_{\mathrm{pd1}}^{2}-\omega_{\mathrm{pd2}}^{2})^{2}+4\eta_1\eta_2\omega_{\mathrm{pd1}}^{2}\omega_{\mathrm{pd2}}^{2}}}{1-\eta_1\eta_2}} \tag{7.27}$$

$$\Omega_{\mathrm{v}}=\sqrt{\frac{1}{2}\frac{\omega_{\mathrm{pd1}}^{2}+\omega_{\mathrm{pd2}}^{2}+\sqrt{(\omega_{\mathrm{pd1}}^{2}-\omega_{\mathrm{pd2}}^{2})^{2}+4\eta_1\eta_2\omega_{\mathrm{pd1}}^{2}\omega_{\mathrm{pd2}}^{2}}}{1-\eta_1\eta_2}} \tag{7.28}$$

其中，第一个频率称为最低频率，第二个频率称为最高频率，因为在 $\eta_1\eta_2\neq 0$ 时，$\Omega_{\mathrm{n}}<\Omega_{\mathrm{v}}$。

因此，簧上质量的自由振动是由两个谐波振动组成，通常情况下它们具有不同的频率 Ω_{n}和 Ω_{v}。

为了使频率相等，即 $\Omega_{\mathrm{n}}=\Omega_{\mathrm{v}}$，必须同时满足两个条件：

$$\eta_1\eta_2=0;\quad \omega_{\mathrm{pd1}}=\omega_{\mathrm{pd2}}$$

其中，根据方程式（7.25），可知第一个条件在 $\varepsilon_{\mathrm{pd}}=1$ 时可以满足，而对于第二个条件可根据方程式（7.23）和（7.24）导出等式：

$$\frac{c_{\mathrm{p1}}}{c_{\mathrm{p2}}}=\frac{l_2}{l_1}\frac{l_2+\varepsilon_{\mathrm{pd}}l_1}{l_1+\varepsilon_{\mathrm{pd}}l_2}$$

或者在 $\varepsilon_{\mathrm{pd}}=1$ 时，

$$c_{\mathrm{p1}}/c_{\mathrm{p2}}=l_2/l_1$$

考虑到方程式（7.27）和方程式（7.28），可得：

$$\Omega_{\mathrm{n}}=\Omega_{\mathrm{v}}=\sqrt{\frac{1}{2}\left(\omega_{\mathrm{pd1}}^{2}+\omega_{\mathrm{pd2}}^{2}\right)}=\sqrt{c_{\mathrm{p1}}L/\left(m_{\mathrm{pd}}l_2\right)}=\sqrt{c_{\mathrm{p2}}L/\left(m_{\mathrm{pd}}l_1\right)}$$

在仅满足第一个条件（$\varepsilon_{\mathrm{pd}}=1$）的情况下：

$$\Omega_{\mathrm{n}}=\omega_{\mathrm{pd1}};\quad \Omega_{\mathrm{v}}=\omega_{\mathrm{pd2}}$$

且根据 $c_{\mathrm{p}i}$和 $m_{\mathrm{pd}i}$的值，轮式车辆簧上质量的最低频率或最高频率将对应于前轴或后轴的频率。因此，如果 $\omega_{\mathrm{pd1}}>\omega_{\mathrm{pd2}}$，则 $\omega_{\mathrm{pdn}}=\omega_{\mathrm{pd2}}$、$\omega_{\mathrm{pdv}}=\omega_{\mathrm{pd1}}$；如果 $\omega_{\mathrm{pd1}}<\omega_{\mathrm{pd2}}$，则 $\omega_{\mathrm{pdn}}=\omega_{\mathrm{pd1}}$、$\omega_{\mathrm{pdv}}=\omega_{\mathrm{pd2}}$。

通常情况下，如果第一个条件（$\varepsilon_{\mathrm{pd}}\neq 1$）不能得到满足，当 $c_{\mathrm{p1}}/m_{\mathrm{pd1}}>c_{\mathrm{p2}}/m_{\mathrm{pd2}}$ 时，即 $h_{\mathrm{ps1}}<h_{\mathrm{p2}}$时，有

$$\omega_{\mathrm{pdv}}=\omega_{\mathrm{pd1}}=\sqrt{c_{\mathrm{p1}}/m_{\mathrm{pd1}}};\ \omega_{\mathrm{pdn}}=\omega_{\mathrm{pd2}}=\sqrt{c_{\mathrm{p2}}/m_{\mathrm{pd2}}}$$

还应考虑方程式（7.27）和方程式（7.28），可得

$$\Omega_{\mathrm{n}}<\omega_{\mathrm{pdn}};\quad \Omega_{\mathrm{v}}>\omega_{\mathrm{pdv}} \tag{7.29}$$

簧上质量 m_{pd}的复合振动可以表示为相对于两个振动中心的两个谐波振动的总和。为了确定簧上质量的振型，应当找到点 A 和点 B 的振幅与频率 Ω_{n}和 Ω_{v}之间的关系式。

可得式（7.18）的解为：

$$z_1 = A_1 \cos(\omega t + \varphi); \quad z_2 = A_2 \cos(\omega t + \varphi)$$

并将这些表达式及其二次导数：

$$\ddot{z}_1 = -\omega^2 A_1 \cos(\omega t + \varphi); \quad \ddot{z}_2 = -\omega^2 A_2 \cos(\omega t + \varphi)$$

以及关系式（7.23）带入到方程式（7.18）中。为简化引入 $m_{pd3} = m_{pd}(l_1 l_2 - \rho_{my}^2)/L^2$，变换后可得：

$$m_{pd3}\omega^2 A_1 - (c_{p2} - m_{pd2}\omega^2)A_2 = 0; \ (c_{p1} - m_{pd1}\omega^2)A_1 - m_{pd3}\omega^2 A_2 = 0$$

其中，振幅比为：

$$\frac{A_1}{A_2} = \frac{c_{p2} - m_{pd2}\omega^2}{m_{pd3}\omega^2} = \frac{m_{pd3}\omega^2}{c_{p1} - m_{pd1}\omega^2} \tag{7.30}$$

求得固有振动的频率后，方程式（7.18）的解可以表示为：

$$z_1 = A_{n1}\cos(\Omega_n t + \varphi_n) + A_{v1}\cos(\Omega_v t + \varphi_v)$$

$$z_2 = A_{n2}\cos(\Omega_n t + \varphi_n) + A_{v2}\cos(\Omega_v t + \varphi_v)$$

由于所研究点的振动是复合的，是由最低频率 Ω_n 与振幅 A_n 的振动和最高频率 Ω_v 与振幅 A_v 的振动的叠加。如果已知相位 φ_n、φ_v 和振幅 A_{n2}、A_{v2}，那么可以根据式（7.30）计算未知的振幅 A_{n1} 和 A_{v1}：

$$A_{n1} = A_{n2}\frac{c_{p2} - m_{pd2}\Omega_n^2}{m_{pd3}\Omega_n^2} = A_{n2}\frac{m_{pd3}\Omega_n^2}{c_{p1} - m_{pd1}\Omega_n^2}$$

$$A_{v1} = A_{v2}\frac{c_{p2} - m_{pd2}\Omega_v^2}{m_{pd3}\Omega_v^2} = A_{n2}\frac{m_{pd3}\Omega_v^2}{c_{p1} - m_{p1}\Omega_v^2}$$

对于具体的轮式车辆，自由振动的振幅之比为恒定值。可以以相对于振动中心固定点 $O_n(O_v)$ 的两个谐波角振动的形式来表示簧上质量的振动。

根据振幅 A_1/A_2 之比的符号和数值，可以计算振动中心的位置。当 $A_1/A_2 < 0$ 时，点 A 和点 B 的运动方向相反，并且簧上质量围绕着位于轮式车辆两轴之间的中心振动。如果 $A_1/A_2 > 0$，则点 A 和点 B 同向运动，并且簧上质量围绕位于轮式车辆轴距之外的中心振动。当 $0 < A_1/A_2 < 1$ 时，振动中心位于前轴的前方。

下面考虑这种情况，在 $\rho_{my}^2 < l_1 l_2$ 时，且前悬架变形量小于后悬架变形量，即 $h_{pst1} < h_{pst2}$，并且 $\omega_{pdn} = \sqrt{c_{p2}/m_{pd2}}$、$\omega_{pdv} = \sqrt{c_{p1}/m_{pd1}}$。根据式（7.29）第一个不等式，频率差 $\omega_{pdn} - \Omega_n > 0$，这意味着

$$c_{p2} - m_{pd2}\Omega_n^2 > 0; \ A_{1n}/A_{2n} > 0$$

且频率为 Ω_n 的振动是绕中心 O_n 发生的，该中心位于轮式车辆轴距之外（图 7.6（a））。同样当 $\omega_{pdv} - \Omega_v < 0$ 时，可得：

$$c_{p1} - m_{pd1}\Omega_v^2 < 0; \ A_{1v}/A_{2v} < 0$$

也就是说，绕中心 O_v 发生了频率为 Ω_v 的振动，该中心位于轮式车辆两轴之间

(图 7.6（b)）。

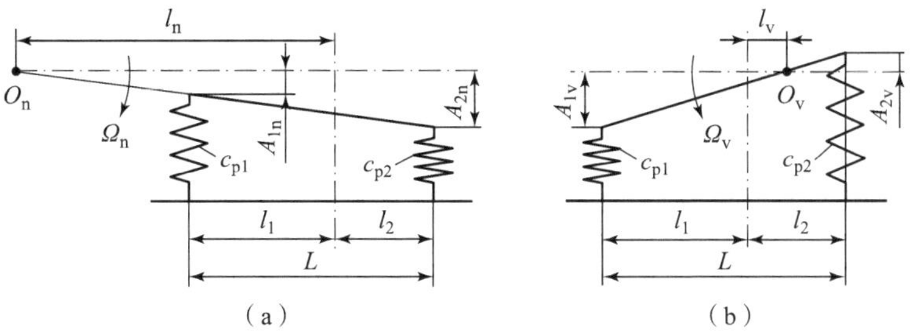

图 7.6 轮式车辆簧上质量的自由振动的形式

(a) 具有较低固有频率；(b) 具有较高固有频率

此外，考虑到图 7.6 中换算的数据，存在以下关系式：

$$\frac{l_n - l_1}{l_n + l_2} = \frac{A_{1n}}{A_{2n}}; \quad l_n = \frac{l_1 + l_2 A_{1n}/A_{2n}}{1 - A_{1n}/A_{2n}}$$

$$\frac{l_1 + l_v}{l_2 - l_v} = \frac{A_{1v}}{A_{2v}}; \quad l_v = \frac{l_2 A_{1v}/A_{2v} - l_1}{1 + A_{1v}/A_{2v}}$$

因此，对于每个轮式车辆，振动中心的位置取决于弹性悬架元件的刚度和沿轴线的质量分布。但是，上述所有情况仅在没有阻力且发生自由振动的情况下才是真实存在的。如果在颠簸行驶时产生强迫振动，则不存在恒定点（振动中心)，使得簧上质量绕该点进行角振动。应当注意，对于实际的轮式车辆，当满足条件为 $0.8l_1l_2 < \rho_{my}^2 < 1.2l_1l_2$ 时，根据表达式（7.24）算出的偏频 ω_{pdi}，与以静变形量计算得出的频率 $\omega_{pd} = \sqrt{g/h_{pst}}$之间的差异不超过 6%。叠加在主振动上的附加振动（如频率接近 ω_{pd2}时质量 m_{pd1} 的角振动）将具有较小振幅，并且其影响可以忽略不计。在上述条件下，振动系统的偏频 ω_{pdn}、ω_{pdv}和固有频率 Ω_n、Ω_v之间的差别很小。

考虑簧下质量的轮式车辆的无阻尼自由振动

该系统由一个具有二自由度的簧上质量 m_{pd}，以及两个具有单自由度的簧下质量 m_{pd1}和 m_{pd2}组成（图 7.7)。系统的固有振动频率的数量等于其自由度的数量(在这种情况下为 4 个)。

当 $0.8l_1l_2 < \rho_{my}^2 < 1.2l_1l_2$ 时，各轴的簧上质量可以认为是相互独立的，而振动系统的动力学模型可以由两个独立的双质量系统表示，通过相同的微分方程式来描述该系统的振动。

下面研究当 $\varepsilon_{pd}=1$ 时最简单的情况，这里簧上质量 m_{pdi} 的纵向位移用 z_i 表示，而簧下质量 m_{npdi} 的纵向位移将用 ζ_i 表示。由于两系统相同，因此省略下标 i。

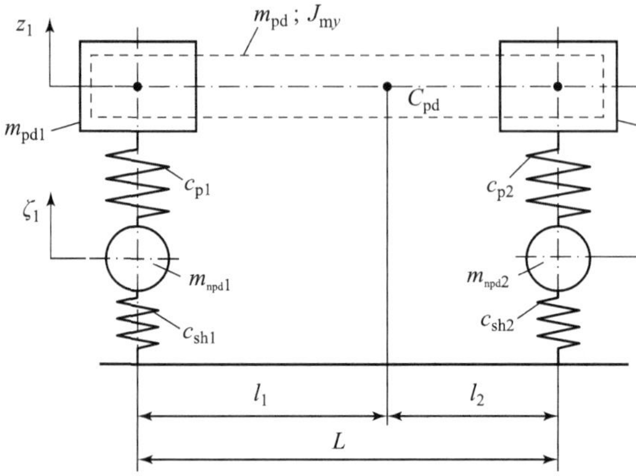

图 7.7　考虑簧下质量且无阻尼的两轴轮式车辆的非耦合振动的示意图

簧上质量和簧下质量的运动方程式分别为：

$$m_{pd}\ddot{z}+c_p(z-\zeta)=0;\ m_{npd}\ddot{\zeta}-c_p(z-\zeta)+c_{shz}\zeta=0 \tag{7.31}$$

根据下列方程式计算偏频 ω_{pd}——固定簧下质量时的簧上质量（图 7.8（a）），ω_{npd}——固定簧上质量时的簧下质量（图 7.8（b））和 ω'_{npd}——固定簧上质量且只存在悬架弹性元件时的簧下质量（图 7.8（c）），可得

$$\omega_{pd}=\sqrt{c_p/m_{pd}};\ \omega_{npd}=\sqrt{(c_p+c_{shz})/m_{npd}};\ \omega'_{npd}=\sqrt{c_p/m_{npd}} \tag{7.32}$$

考虑到这些表达式，方程（7.31）可具有如下形式：

$$\ddot{z}+\omega_{pd}^2 z-\omega_{pd}^2\zeta=0;\ \ddot{\zeta}+\omega_{npd}^2\zeta-\omega'^2_{npd}z=0 \tag{7.33}$$

（7.33）的两个方程式是相互耦合的，因为它们均包含位移 z 和 ζ，这意味着簧上质量和簧下质量的振动是相互影响的。系统的特征方程式（7.33）形式如下：

$$\Omega^4-(\omega_{pd}^2+\omega_{npd}^2)\Omega^2+\omega_{pd}^2(\omega_{npd}^2-\omega'^2_{npd})=0$$

求解方程式，且仅保留正根（频率不能为负数）时，可得振动系统的两个固有频率：

$$\Omega_{pd}=\Omega_n=\sqrt{0.5[\omega_{npd}^2+\omega_{pd}^2-\sqrt{(\omega_{npd}^2+\omega_{nd}^2)^2-4(\omega_{npd}^2-\omega'^2_{npd})\omega_{pd}^2}]} \tag{7.34}$$

$$\Omega_{npd}=\Omega_v=\sqrt{0.5[\omega_{npd}^2+\omega_{pd}^2+\sqrt{(\omega_{npd}^2+\omega_{pd}^2)^2-4(\omega_{npd}^2-\omega'^2_{npd})\omega_{pd}^2}]} \tag{7.35}$$

考虑到方程式（7.34）和方程式（7.35），原始方程的解可以写为：

$$\left.\begin{aligned}z&=A_{\mathrm{pdn}}\cos(\Omega_{\mathrm{n}}t+\varphi_{\mathrm{n}})+A_{\mathrm{pdv}}\cos(\Omega_{\mathrm{v}}t+\varphi_{\mathrm{v}})\\\zeta&=A_{\mathrm{npdn}}\cos(\Omega_{\mathrm{n}}t+\varphi_{\mathrm{n}})+A_{\mathrm{npdv}}\cos(\Omega_{\mathrm{v}}t+\varphi_{\mathrm{v}})\end{aligned}\right\}\tag{7.36}$$

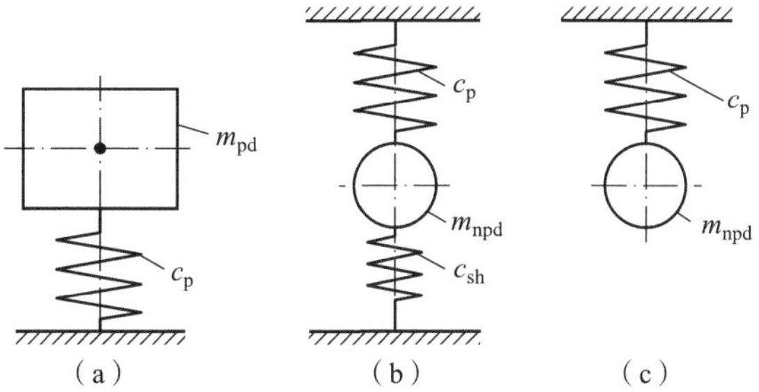

图 7.8 带偏频的振动系统示意图

(a) 固定簧下质量时的簧上质量；

(b) 固定簧上质量时的簧下质量；

(c) 固定簧上质量且只存在悬架弹性元件时的簧下质量

由偏频 ω_{pd} 和 ω_{npd} 可以近似估计双质量振动系统的固有频率 Ω_{pd} 和 Ω_{npd}。由于刚度 $c_{\mathrm{shz}}>c_{\mathrm{ps}}$，且质量 $m_{\mathrm{pd}}>m_{\mathrm{npd}}$，根据式（7.32），频率为 $\omega_{\mathrm{pd}}<\omega_{\mathrm{npd}}$。还应当注意，根据方程式（7.34）和方程式（7.35），系统的最低固有频率为 $\Omega_{\mathrm{n}}<w_{\mathrm{pd}}$，而最高固有频率为 $\Omega_{\mathrm{v}}>\omega_{\mathrm{npd}}$。

Ω_{n} 和 ω_{pd} 的差取决于 $c_{\mathrm{shz}}/c_{\mathrm{ps}}$ 的比值，而不取决于 $m_{\mathrm{pd}}/m_{\mathrm{npd}}$。例如，当 $c_{\mathrm{shz}}\geqslant 10c_{\mathrm{p}}$ 且 $m_{\mathrm{pd}}>4m_{\mathrm{npd}}$ 时，满载和空载的轮式车辆频率值相差不会超过5%。另外，当用式（7.32）计算 ω_{pd} 时，如用式（7.2）计算出的折算刚度 $c_{\text{p-sh}}$ 代替 c_{p}，则差异会大大减小；如根据静变形量来计算频率 Ω_{pd}，则得到的数值过大，因为在这种情况下，没有考虑轮胎的刚度和簧下质量的影响。

轮式车辆前后悬架的静态变形量 h_{pst} 分别为15～25 cm、12～18 cm（用于载人的轮式车辆）、7.5～10 cm 和7～12 cm（用于载货的轮式车辆）。对于轻型载人的轮式车辆，刚度比为 $c_{\mathrm{shz}}/c_{\mathrm{p}}=3\sim4$；对于中小型载人轮式车辆，刚度比为 $c_{\mathrm{shz}}/c_{\mathrm{ps}}=7\sim10$；对于高级载人轮式车辆，刚度比为 $c_{\mathrm{shz}}/c_{\mathrm{p}}=10\sim20$；对于载货轮式车辆，刚度比为 $c_{\mathrm{shz}}/c_{\mathrm{p}}=2.5\sim5$。

Ω_{v} 和 ω_{npd} 之差既取决于 $c_{\mathrm{shz}}/c_{\mathrm{p}}$ 的比值，也取决于 $m_{\mathrm{pd}}/m_{\mathrm{npd}}$ 的比值。例如，当 $c_{\mathrm{shz}}>2c_{\mathrm{p}}$ 且 $m_{\mathrm{pd}}>4m_{\mathrm{npd}}$ 时，它不超过1%。通常在任意重量条件下的载人轮式车辆，前后悬架的状态为 $m_{\mathrm{pd}}>4m_{\mathrm{npd}}$。对于满载的载货轮式车辆，此条件适用于后悬架，而对于空载的载货轮式车辆，$m_{\mathrm{pd}}<4m_{\mathrm{npd}}$，且 Ω_{v} 和 ω_{npd} 之差可达10%。

簧上质量和簧下质量的振动曲线图，是通过叠加两个具有不同振幅和频率的谐波分量而获得的复合曲线。由于频率 Ω_{v} 比频率 Ω_{n} 高6～10倍，因此高频谐波的振幅 A_{pdv} 远小于低频谐波的振幅 A_{pdn}。因此，簧下质量对簧上质量的位移的影响很小。

簧下质量的振动对簧上质量的加速度具有明显更大的影响。对式（7.36）进行两次微分：

$$\ddot{z}_{pd} = -A_{pdn}\Omega_n^2\cos(\Omega_n t+\varphi_n) - A_{pdv}\Omega_v^2\cos(\Omega_v t+\varphi_v) \quad (7.37)$$

可以看出，即使 $A_{pdn} > A_{pdv}$时，第二项也很可能重要，因为 $\Omega_v^2 > \Omega_n^2$ 且 Ω_v^2 是 Ω_n^2 的 36～100 倍。

如果载人汽车的固有频率 Ω_n和 Ω_v分别在 0.8～1.3 Hz 和 8～12 Hz 的范围内，载货汽车的固有频率 Ω_n和 Ω_v 分别在 1.2～1.8 Hz 和 6.5～9 Hz 的范围内，那么则认为轮式车辆的悬架是合格的。

考虑簧下质量的轮式车辆的有阻尼自由振动

图 7.9 所示为带阻尼元件的两轴轮式车辆振动系统图。与图 7.7 中所示的系统不同，它被添加了阻尼系数为 k_{ps}的悬架和阻尼系数为 k_{sh}的轮胎非弹性元件，以提供振动阻尼。

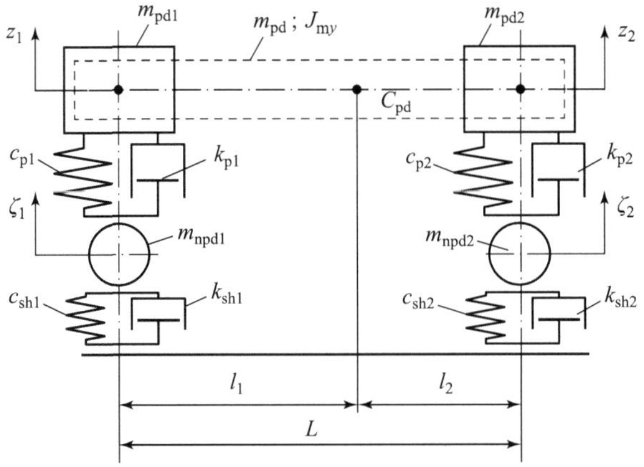

图 7.9 带阻尼元件的两轴轮式车辆振动系统图

与前述情况一样，引入假设 $\varepsilon_{pd}=1$，并研究两个独立的振动系统，每个系统都有两个自由度。由于系统是相同的，因此仅分析其中之一。

引起轮胎减振的阻力要比悬架元件的阻力小得多。另外，它们随着车轮滚动速度的增加而迅速减小，因此在此阶段将不考虑它们（$k_{shi}=0$）。

簧上质量和簧下质量的运动方程式为：

$$m_{pd}\ddot{z} + k_p(\dot{z}-\dot{\zeta}) + c_p(z-\zeta) = 0 \quad (7.38)$$

$$m_{npd}\ddot{\zeta} - k_p(\dot{z}-\dot{\zeta}) - c_p(z-\zeta) + c_{shz}\zeta = 0 \quad (7.39)$$

与评估单自由度有阻尼系统的自由振动一样，分别将方程式（7.38）和式（7.39）中的项除以 m_{pd}和 m_{npd}。经过变换，可得：

$$\ddot{z}+2\Psi_{\mathrm{pd}}\dot{z}+\omega_{\mathrm{pd}}^{2}z-2\Psi_{\mathrm{pd}}\dot{\zeta}-\omega_{\mathrm{pd}}^{2}\zeta=0 \tag{7.40}$$

$$\ddot{\zeta}+2\Psi_{\mathrm{npd}}\dot{\zeta}+\omega_{\mathrm{npd}}^{2}\zeta-2\Psi_{\mathrm{npd}}\dot{z}-\omega_{\mathrm{npd}}^{2}z=0 \tag{7.41}$$

式中，$\Psi_{\mathrm{npd}}=\frac{1}{2}k_{\mathrm{p}}/m_{\mathrm{npd}}$。

从方程式（7.40）和（7.41）中可以看出，簧上质量和簧下质量的振动是相互耦合的。之前的研究表明，在无阻尼振动中，在很多情况下可以忽略耦合项的影响，且不存在误差。在方程式（7.40）中认为包含 $\dot{\zeta}$ 和 ζ 的项等于0，在方程式（7.41）中认为包含 $\dot{z}$ 和 z 的项等于0。在这种情况下，特征方程式为：

$$s_{\mathrm{pd}}^{2}+2\Psi_{\mathrm{pd}}s_{\mathrm{pd}}+\omega_{\mathrm{pd}}^{2}=0$$

$$s_{\mathrm{npd}}^{2}+2\Psi_{\mathrm{npd}}s_{\mathrm{pd}}+\omega_{\mathrm{npd}}^{2}=0$$

在满足条件 $w_{\mathrm{pd}}^{2}>\Psi_{\mathrm{pd}}^{2}$ 和 $w_{\mathrm{npd}}^{2}>\Psi_{\mathrm{npd}}^{2}$ 的情况下，其解如下：

$$s_{\mathrm{pd}}=-\Psi_{\mathrm{pd}}\pm \mathrm{j}\sqrt{w_{\mathrm{pd}}^{2}-\Psi_{\mathrm{pd}}^{2}}=-\Psi_{\mathrm{pd}}\pm \mathrm{j}\omega_{\mathrm{zpd}}$$

$$s_{\mathrm{npd}}=-\Psi_{\mathrm{npd}}\pm \mathrm{j}\sqrt{\omega_{\mathrm{npd}}^{2}-\Psi_{\mathrm{npd}}^{2}}=-\Psi_{\mathrm{npd}}\pm \mathrm{j}\omega_{\mathrm{znpd}}$$

式中，ω_{znpd} 为簧下质量阻尼振荡的圆频率，$\omega_{\mathrm{znpd}}=\sqrt{\omega_{\mathrm{npd}}^{2}-\Psi_{\mathrm{npd}}^{2}}=\sqrt{1-\tilde{\Psi}_{\mathrm{npd}}^{2}}$，$\tilde{\Psi}_{\mathrm{npd}}=\Psi_{\mathrm{npd}}/\omega_{\mathrm{npd}}$。

根据下列关系式求解方程（7.40）和（7.41）：

$$z=\mathrm{e}^{-\Psi_{\mathrm{pd}}t}(C_{1\mathrm{pd}}\cos\omega_{\mathrm{zpd}}t+C_{2\mathrm{pd}}\sin\omega_{\mathrm{zpd}}t)$$

$$\zeta=\mathrm{e}^{-\Psi_{\mathrm{npd}}t}(C_{1\mathrm{npd}}\cos\omega_{\mathrm{znpd}}t+C_{2\mathrm{npd}}\sin\omega_{\mathrm{znpd}}t)$$

或者

$$z=A_{0\mathrm{pd}}\mathrm{e}^{-\Psi_{\mathrm{pd}}t}\cos(\omega_{\mathrm{zpd}}t+\varphi_{0\mathrm{pd}})$$

$$\zeta=A_{0\mathrm{npd}}\mathrm{e}^{-\Psi_{\mathrm{npd}}t}\cos(\omega_{\mathrm{znpd}}t+\varphi_{0\mathrm{npd}})$$

其中，$A_{0\mathrm{pd}}$、$A_{0\mathrm{npd}}$ 为簧上质量和簧下质量有阻尼振动时的最大初始振幅；$\varphi_{0\mathrm{pd}}$、$\varphi_{0\mathrm{npd}}$ 分别为它们的初始相位，且

$$A_{0\mathrm{pd}}=\sqrt{C_{1\mathrm{pd}}^{2}+C_{2\mathrm{pd}}^{2}}\text{；}A_{0\mathrm{npd}}=\sqrt{C_{1\mathrm{npd}}^{2}+C_{2\mathrm{npd}}^{2}}\text{；}\varphi_{0\mathrm{pd}}=\mathrm{arctg}(-C_{2\mathrm{pd}}/C_{1\mathrm{pd}})$$

$$\varphi_{0\mathrm{npd}}=\mathrm{arctg}(-C_{2\mathrm{npd}}/C_{1\mathrm{npd}})\text{；}C_{1\mathrm{pd}}=A_{0\mathrm{pd}}\cos\varphi_{0\mathrm{pd}}\text{；}C_{2\mathrm{pd}}=A_{0\mathrm{pd}}\sin\varphi_{0\mathrm{pd}}$$

$$C_{1\mathrm{npd}}=A_{0\mathrm{npd}}\cos\varphi_{0\mathrm{npd}}\text{；}C_{2\mathrm{npd}}=A_{0\mathrm{npd}}\sin\varphi_{0\mathrm{npd}}$$

阻尼振动周期为：

$$T_{\mathrm{zpd}}=2\pi/\omega_{\mathrm{zpd}}\text{；}T_{\mathrm{znpd}}=2\pi/\omega_{\mathrm{znpd}}$$

振动衰减率为：

$$D_{\mathrm{zpd}}=\frac{A_{k\mathrm{pd}}}{A_{(k+1)\mathrm{pd}}}=\mathrm{e}^{\Psi_{\mathrm{pd}}T_{\mathrm{zpd}}}\text{；}D_{\mathrm{znpd}}=\frac{A_{k\mathrm{npd}}}{A_{(k+1)\mathrm{npd}}}=\mathrm{e}^{\Psi_{\mathrm{npd}}T_{\mathrm{znpd}}}$$

对数衰减率为：

$$\ln D_{zpd}=2\pi\tilde{\Psi}_{pd};\ \ln D_{znpd}=2\pi\tilde{\Psi}_{npd}$$

所研究的系统参数 ω_{zpd}、ω_{pd}、$\ln D_{zpd}$ 和 ω_{zpd}、ω_{npd}、$\ln D_{znpd}$ 的关联方程式为：

$$\omega_{zpd}=\frac{\omega_{pd}}{\sqrt{1+[\ln D_{zpd}/(2\pi)]^2}};\ \omega_{znpd}=\frac{\omega_{npd}}{\sqrt{1+[\ln D_{znpd}/(2\pi)]^2}}$$

由此可得结论：即使有明显的衰减，ω_{zpd} 和 ω_{pd}、ω_{znpd} 和 ω_{npd} 之间的差异也很小，也就是说，摩擦对固有振动频率不会有影响（$\omega_{zpd}\approx\omega_{pd}$、$\omega_{znpd}\approx\omega_{npd}$）。

具有良好阻尼性能的现代轮式车辆具有如下系数 $\tilde{\Psi}_{pd}=0.15\sim0.25$，$\tilde{\Psi}_{npd}=0.25\sim0.45$，并且振动的阻尼发生得相当快。因此，在 $\tilde{\Psi}_{pd}=0.2$ 时，每个振动周期之后，振幅降低 3.56 倍（第一次振动周期之后降低 3.56 倍，第二次振动周期之后降低 3.56^2 倍，第三次振动周期之后降低 3.56^3 倍，依此类推）。在这样的 $\tilde{\Psi}_{pd}$ 和 $\tilde{\Psi}_{npd}$ 下，频率的降低和振动初始振幅的增值很小。例如，当 $\tilde{\Psi}_{pd}=0.2$ 时，频率 ω_{zpd} 与 ω_{pd} 相比仅降低 2%。与簧上质量的相应偏差相比，阻尼振动的初始振幅增加了大致相同的量。因此，在最常见的相对阻尼系数下，阻尼对自由振动频率和振动初始振幅的影响可以忽略不计。

7.3 轮式车辆的强迫振动

支承面的微观轮廓是一组不等距且高度和深度各不相同的凸起和凹陷的随机集合。因此，当轮式车辆运动时，会产生扰动，从而引起随机性质的强迫振动。周期性的扰动会令人感到不适。描述在具有此类扰动的支承面上的运动会更加显著和直观。

首先对一个理想化的支承面进行研究，假设该支承面的微观轮廓呈正弦形状，这样当轮式车辆沿着该不平支承面行驶时会受到谐波扰动，又假设车轮与支承面之间存在点接触，那么可认为激励力的变化为谐波变化。

如果把底部（图 7.10（a））作为测量起点，那么车轮接触点的垂直位移可由下式确定：

$$q=q_0[1-\cos(2\pi x/l)]$$

式中，q_0 为不平支承面的振幅；x 为所计算的接触点的横坐标；l 为不平支承面的波长。

匀速运动（$v_{mx}=\text{const}$）时，取 $x=v_{mx}t$，可得：

$$q=q_0[1-\cos(2\pi v_{mx}t/l)]=q_0(1-\cos\nu t) \tag{7.42}$$

式中，ν 为激励力的作用频率，且 $\nu=2\pi v_{mx}/l$，其单位为 s^{-1}。

假设簧上质量 m_{pd1} 和 m_{pd2} 的垂直位移没有相互关联，也就是说 $\varepsilon_{pd}=1$，这样可以分别考虑前轴和后轴的振动系统。同一根轴的簧上质量和簧下质量的运动方程（图7.10（b））为：

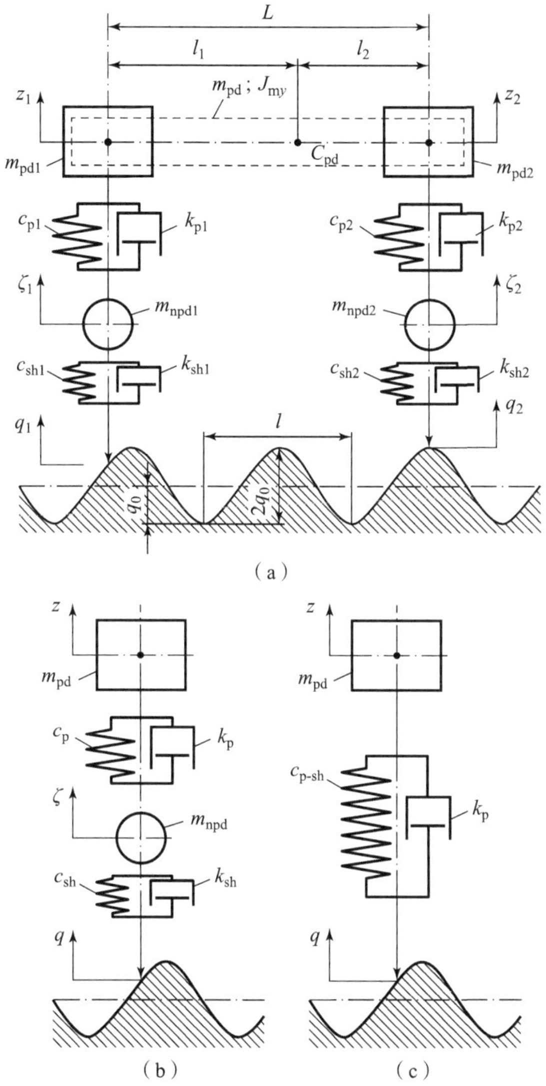

图7.10　两轴轮式车辆受迫振动的示意图

（a）整体；（b）单根轴；（c）单自由度系统

$$m_{\mathrm{pd}}\ddot{z}+k_{\mathrm{p}}(\dot{z}-\dot{\zeta})+c_{\mathrm{p}}(z-\zeta)=0$$

$$m_{\mathrm{npd}}\ddot{\zeta}-k_{\mathrm{p}}(\dot{z}-\dot{\zeta})+k_{\mathrm{sh}}(\dot{\zeta}-\dot{q})-c_{\mathrm{p}}(z-\zeta)+c_{\mathrm{shz}}(\zeta-q)=0$$

可见它们之间是相互关联的，但当分析有阻尼自由振动时已表明在许多情况下它们之间的相互影响可以忽略不计。这里认为，对于强迫振动也是如此。用刚

度为 $c_{p\text{-}sh}$ 的弹性元件来替换原有的弹性元件，并研究一个单自由度的振动系统，并且假设在轮胎中没有阻尼（$k_{sh}=0$）。

由以下方程描述该系统的振动（图 7.10（c））：

$$m_{pd}\ddot{z}+k_p(\dot{z}-\dot{q})+c_{p\text{-}sh}(z-q)=0$$

代入 q 的表达式（参见式（7.42））及其导数 $\dot{q}$，并将所有项除以 m_{pd}，变换可得：

$$\ddot{z}+2\Psi_{pd}\dot{z}+\omega_{pd}^2 z=Q_0(2\Psi_{pd}\nu\sin\nu t/\omega_{pd}^2+1-\cos\nu t) \tag{7.43}$$

式中，$Q_0=q_0c_{p\text{-}sh}/m_{pd}=q_0\omega_{pd}^2$。

方程（7.43）的解是齐次方程（7.14）的通解 z_1 和特解 z_2 之和。当 $\omega_{pd}^2>\Psi_{pd}^2$ 时，通解为：

$$z_1=e^{-\Psi_{pd}t}(C_{1pd}\sin\omega_{zpd}t+C_{2pd}\cos\omega_{zpd}t)$$

式中，C_{1pd}、C_{2pd} 分别为取决于初始条件的常数。

由下列形式表示特解：

$$z_2=\alpha+\beta\sin\nu t+\gamma\cos\nu t$$

将 z_2、$\dot{z}_2$ 和 $\ddot{z}_2$ 的表达式代入方程式（7.43）中，并考虑关系式（7.15），得到：

$$\alpha=\frac{Q_0}{\omega_{pd}^2};\ \beta=\frac{-Q_02\tilde{\Psi}_{pd}\nu^3}{\omega_{pd}[(\omega_{pd}^2-\nu^2)^2+4\tilde{\Psi}_{pd}^2\omega_{pd}^2\nu^2]};\ \gamma=\frac{Q_0(\omega_{pd}^2-\nu^2+4\tilde{\Psi}_{pd}^2\nu^2)}{(\omega_{pd}^2-\nu^2)^2+4\tilde{\Psi}_{pd}^2\omega_{pd}^2\nu^2}$$

此时，方程式（7.43）的通解为：

$$z=e^{-\Psi_{pd}t}(C_{1pd}\sin\omega_{zpd}t+C_{2pd}\cos\omega_{zpd}t)+\alpha+\beta\sin\nu t+\gamma\cos\nu t$$

或者

$$\beta=z_A\cos\varphi_v;\quad \gamma=z_A\sin\varphi_\omega \tag{7.44}$$

$$z=e^{-\Psi_{pd}t}(C_{1pd}\sin\omega_{zpd}t+C_{2pd}\cos\omega_{zpd}t)+Q_0/\omega_{pd}^2+z_A\sin(\nu t+\varphi_\nu) \tag{7.45}$$

式中，$z_A=\sqrt{\beta^2+\gamma^2}$；$\varphi_v$ 为相位角。

考虑到方程式（7.44）和 $Q_0/\omega_{pd}^2=q_0$，换算后得到：

$$z_A=q_0\omega_{pd}\sqrt{\frac{4\tilde{\Psi}_{pd}^2\nu^2+\omega_{pd}^2}{(\omega_{pd}^2-\nu^2)^2+4\tilde{\Psi}_{pd}^2\omega_{pd}^2\nu^2}};$$

$$\varphi_\nu=-\text{arctg}\left[\frac{\omega_{pd}(\omega_{pd}^2-\nu^2+4\tilde{\psi}_{pd}^2\nu^2)}{2\tilde{\Psi}_{pd}\nu^3}\right] \tag{7.46}$$

根据方程（7.45）的解，由方程第一项所确定的自由振动随着时间衰减，因此在一定时间后它可以被忽略不计。为了分析由方程（7.45）最后一项所确定的稳态强迫振动，这里引入了簧上质量的相对位移振幅：

$$\tilde{z}_A=z_A/q_0$$

考虑到式（7.45）或式（7.46），可得下式：

$$\tilde{z}=z/q_0=1+\tilde{z}_A\sin(\nu t+\varphi_\nu) \tag{7.47}$$

或者

$$\tilde{z}_A=\omega_{pd}\sqrt{\frac{4\tilde{\psi}_{pd}^2\nu^2+\omega_{pd}^2}{(\omega_{pd}^2-\nu^2)^2+4\tilde{\Psi}_{pd}^2\omega_{pd}^2\nu^2}} \tag{7.48}$$

且当 $v=\omega_{pd}$时，可得：

$$\tilde{z}_A=\frac{1}{2\tilde{\Psi}_{pd}}\sqrt{4\tilde{\Psi}_{pd}^2+1} \tag{7.49}$$

假设在 $0<v\leqslant 0.5\omega_{npd}$ 的范围内，质量 m_{npd} 的振动对质量 m_{pd} 的振动没有影响，不会导致明显的误差且式（7.49）是有效的。当频率 $\nu\approx\omega_{npd}$ 时，通过式（7.48）计算得到的数值 $\tilde{z}_A$ 明显偏低。更准确地说，考虑到质量 m_{npd} 的影响，可以通过将根据式（7.49）计算出的值乘以如下系数来计算相对振幅 $\tilde{z}_A$：

$$a_{npd}=\omega_{npd}^2\sqrt{(\omega_{npd}^2-\nu^2)^2+4\tilde{\Psi}_{npd}^2\omega_{npd}^2\nu^2}$$

通过对方程式（7.48）和方程式（7.49）进行分析可得以下结论：

①线性系统稳态强迫振动的频率等于扰动频率，且不取决于系统是否具有阻尼。

②稳态强迫振动的振幅 z_A 不取决于时间和初始条件。

③当 $\tilde{\psi}_{pd}=\text{const}$ 和 $\omega_{pd}=\text{const}$ 时，根据频率 ω_{pd} 和 ν 之间的比值可计算出振幅 z_A。z_A 的最大值是在频率 $\nu\approx\omega_{pd}$（低频共振）情况下获得的。因此，在轮式车辆的特征值为 Ψ_{pd} 和 ω_{pd} 时，共振频率 v_{rez} 与固有频率 ω_{pd} 之间的差别小于1%。

④在稳态受迫振动和具有无弹性阻力的情况下，在簧上质量的位移和支承面剖面的横坐标之间可观察到相位的移动，在常数为 Ψ_{pd} 和 ω_{pd} 时，该位移取决于频率 ν。

需要注意的是，簧上质量振动的所有规律性特征对于簧下质量的振动也是有效的。

在已知位移振幅为 z_A 时，簧上质量的相对速度和加速度根据以下表达式计算：

$$\dot{z}/q_0=\tilde{z}_A\nu\cos(\nu t+\varphi_\nu)\text{；}\ddot{z}/q_0=-\tilde{z}_A\nu^2\sin(\nu t+\varphi_\nu) \tag{7.50}$$

位移、速度和加速度的相对振幅与激励力频率的关系见幅频特性曲线（图7.11）。

最大相对振幅 z_A/q_0 对应着簧上质量的低频共振（$\omega_{pd}\approx\nu$）情况。在频率 $\omega_{npd}\approx\nu$，即在高频共振情况下，可以观察到由于簧下质量的影响，导致簧上质量的相对位移振幅略有增加；在 $\nu>\omega_{npd}$ 时，位移振幅趋于零。

簧下质量的特性曲线 ζ_A/q_0 具有两个最大值：它们出现在低频共振区域和高

频共振区域。某些情况下，低频共振时簧下质量位移的振幅可能会比高频共振时簧下质量位移的振幅要大。

簧上质量的性能曲线 $\ddot{z}_A/q_0$ 也具有两个最大值。可以通过簧下质量的影响解释它在高频共振时的增加，该影响远大于位移 z 的影响（参见式（7.50））。对于簧下质量的 $\ddot{\zeta}_A/q_0$，也可以观察到相同的情况。

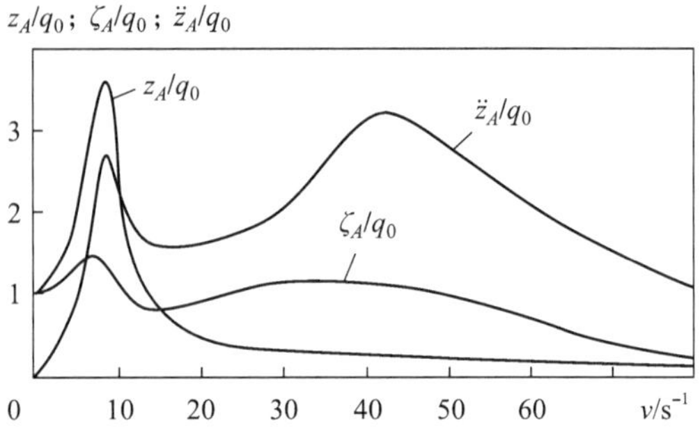

图 7.11　载货轮式车辆的幅频特性

位移、速度和加速度的振幅随着非弹性阻力的增加而减小，其特点取决于部分阻尼系数 $\tilde{\Psi}_{pd}$、$\tilde{\Psi}_{npd}$ 或相对阻尼系数 Ψ_{pd}、Ψ_{npd}。例如，随着 $\tilde{\Psi}_{pd}$ 从 0.2 增大到 0.4，低频共振下的簧上质量位移 z_A 和加速度 $\ddot{z}_A$ 的振幅减小了大约 2 倍。

可由位移 z_A 的振幅与悬架的静态变形量 h_{pst} 的比值来评估激励力的影响，该比值被称为动态变形量系数：$k_{dh_p}=z_A/h_{pst}$。在 $t=0$ 时，变形为 $h_{pst}=q_0$，并且还应考虑表达式（7.48），可得

$$k_{dh_p}=\omega_{pd}\sqrt{\frac{4\tilde{\Psi}_{pd}^2\nu^2+\omega_{pd}^2}{(\omega_{pd}^2-\nu^2)^2+4\tilde{\Psi}_{pd}^2\omega_{pd}^2\nu^2}}$$

由图 7.12 可以看出，在按正弦规律作用的激励力下，簧上质量的振幅很大程度上取决于频率比 ν/ω_{pd} 和相对阻尼系数 $\tilde{\Psi}_{pd}$。

当弹性力等于惯性力时，最不希望的情况是强迫振动和自由振动的频率一致（$\nu/\omega_{pd}=1$）。在这种情况下，在无阻尼（$\tilde{\Psi}_{pd}=0$）时，强迫振动的振幅理论上会增加到无穷大。当 $\nu/\omega_{pd}<1$ 时，它逐渐减小到等于静变形量 h_{ps} 的值。当在不水平支承表面上低速运动时，这是可能出现的。当 $\omega_{pd}>1$ 时，振幅也逐渐减小，且在 $\tilde{\Psi}_{pd}=0$ 时，理论上趋于 0。

簧上质量的强迫振动的振幅在很大程度上受系统中阻尼力的影响。这在共振区（$\nu/\omega_{pd}=1$）中最为明显，此时轻微的阻尼力也足以使其急剧下降。当 $\nu>\sqrt{2\omega_{pd}}$ 时（参见图 7.12），强迫振动的振幅越大，系数 $\tilde{\Psi}_{pd}$ 就越大。在这种情

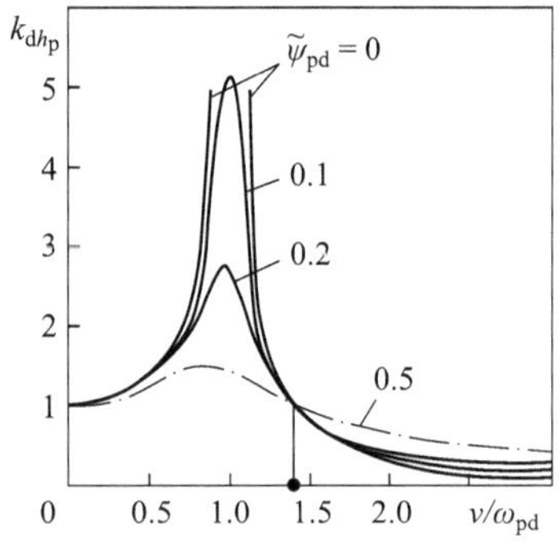

图 7.12　动态变形量系数与悬架中的频率比以及相对衰减系数的关系

况下，激励力不仅通过弹性元件（弹簧）传递到振动质量，还会部分通过阻尼元件（减振器）传递给振动质量。在减振器的阻力无限大的情况下，弹簧不起作用，动态变形量系数 $k_{dh_p}=1$。

因此，强迫振动期间阻尼力的存在仅在共振频率及其附近时有益，而在其他情况下其作用是不利的。

簧上质量和簧下质量的振动受振动系统的所有参数的影响。例如，对于双质量系统（图 7.10（b）），当修改其中某个参数（如悬架刚度、阻尼系数、簧上质量、簧下质量、轮胎刚度等）后，原系统的幅频特性在图中将用实线表示，而修改后系统的幅频特性在图中将用虚线表示；因此图 7.13 中，实线为原系统参数，而虚线为修改后系统参数。此外，还划分了下列主要领域：Ⅰ——共振前区域；Ⅱ——低频共振区；Ⅲ——中间共振区；Ⅳ——高频共振区；Ⅴ——共振后区域。

降低悬架的刚度（$c_p \gg c'_p$）（图 7.13（a））将导致区域Ⅱ中的相对振幅 z_A/q_0 和 ζ_A/q_0 降低，并使该区域向左移动，同时导致区域Ⅲ ~ Ⅴ中的 ζ_A/q_0 增加。可以发现，加速度 $\ddot{z}_A/q_0$ 和 $\ddot{\zeta}_A/q_0$ 的相对振幅在区域Ⅱ中降低，而在区域Ⅳ中则几乎不降低。因此，随着悬架 c_p的刚度的降低，平顺性会提高，但是簧下质量的振幅增加，这可能导致轮式车辆的稳定性和操控性变差。

悬架阻尼系数的增加（$k'_p \gg k_p$）（图 7.13（b））可以促使区域Ⅱ、Ⅳ中的相对振幅 z_A/q_0 和 ζ_A/q_0 减小，并导致它们在区域Ⅲ、Ⅴ中增大。加速度 $\ddot{z}_A/q_0$ 和 $\ddot{\zeta}_A/q_0$ 的相对振幅也将发生同样的变化。因此，轮式车辆的参数仅在共振区域内得到改进，而在其他区域内则会变差。

随着簧上质量的减少（$m_{pd} \gg m'_{pd}$）（图 7.13（c）），区域Ⅱ的位置明显向右移动，区域Ⅱ ~ Ⅴ中的相对振幅 z_A/q_0 和 ζ_A/q_0 增大。加速度 $\ddot{z}_A/q_0$ 和 $\ddot{\zeta}_A/q_0$ 将在较宽的频率范围内增加。这意味着随着簧上质量的减小，轮式车辆平顺性明显变差。

簧下质量的减少（$m_{npd} \gg m'_{npd}$）（图 7.13（d））将导致区域Ⅱ中的相对振幅 z_A/q_0 略有减小，除Ⅴ以外的所有区域中的 ζ_A/q_0 均减小，并且在区域Ⅳ中的最大值向右移动。因此，在除Ⅴ以外的所有区域中，在簧下质量减小时，轮式车辆的平顺性均得到改进。

最后，当轮胎刚度降低时（$c_{sh} \gg c'_{sh}$）（图 7.13（e）），由于线性双质量系统的阻尼相对减小，区域Ⅰ和Ⅱ中的相对振幅 z_A/q_0 和 ζ_A/q_0 增加，但它们在其他区域中减小。在具有弹性充气轮胎的实际悬架系统中，在区域Ⅱ中不会观察到振幅 z_A/q_0 和 ζ_A/q_0 的增加，因为随着轮胎刚度的降低，其损失也会增加（k_{sh}增加）。因此，在充气轮胎的刚度降低时，轮式车辆的平顺性会得到改善。

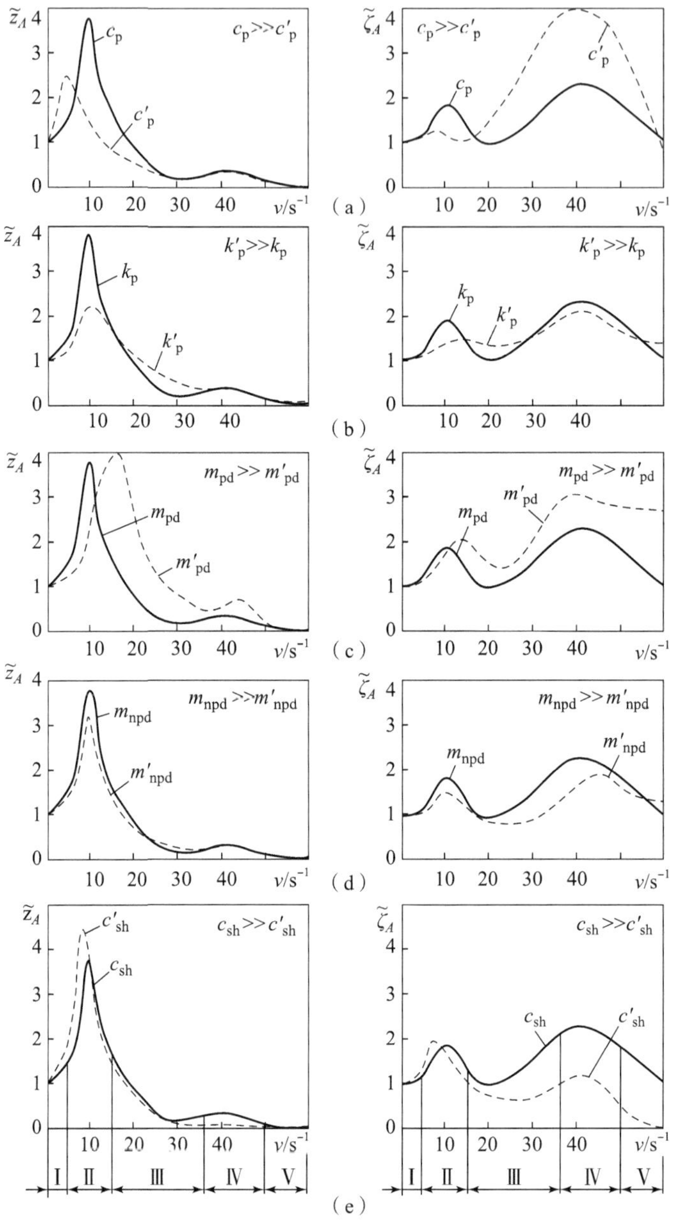

图 7.13　悬架刚度和阻尼系数、簧上质量、簧下质量以及轮胎刚度发生变化时，轮式车辆的簧上质量（左）和簧下质量（右）的幅频特性

(a) 悬架刚度发生变化；(b) 阻尼系数发生变化；(c) 簧上质量发生变化；(d) 簧下质量发生变化；(e) 轮胎刚度发生变化

Ⅰ—共振前区域；Ⅱ—低频共振区；Ⅲ—中间共振区；Ⅳ—高频共振区；Ⅴ—共振后区域

车轮通过两个相邻障碍物之间行驶距离 l 的时间间隔 Δt，可根据车轮轴的线性纵向速度来进行计算：$\Delta t = l/v_{kx}$。强迫振动周期为 $T_\nu = 2\pi/\nu$。由于 $\Delta t = T_\nu$，所以强迫振动的频率为：

$$v = 2\pi v_{kx}/l$$

在假设 $\varepsilon_{pd} = 1$ 的情况下所得到振动系统计算模型（图 7.10（a）和（b））实际上并不常见。因此，簧上质量的前部和后部的振动之间可能存在某种相互耦合。当依次地在同一障碍物上移动时，首先通过轮式车辆的前轴，然后再通过后轴，则轮式车辆的轴距 L 会对振动过程产生明显影响。

下面对两种最简单的情况（图 7.10（a））进行研究。当 $L = l$ 时，对簧上质量的外部影响仅局限于其垂直振动（颠簸），而当 $L = 0.5l$ 时，角振动最明显（俯仰）。当强迫振动频率 ν 等于簧上质量的固有频率 Ω_n（参见式（7.27）、式（7.34））或 Ω_v（参见式（7.28）、式（7.35））时，则会发生共振现象。

如上所述，垂向线性自由振动对应的最低频率 Ω_n。此时，在 $L = l$ 和 $\nu = \Omega_n$ 的情况下以如下速度运动时会产生共振：

$$v_{mxrez1} = \Omega_n L/(2\pi)$$

纵向角振动对应着固有振动的最高频率 Ω_v，在 $L = 0.5\ l$ 和 $\nu = \Omega_v$ 的情况下，以如下速度运动时会发生共振：

$$v_{mxrez2} = \Omega_v L/\pi$$

共振速度应尽可能远离轮式车辆的运行速度范围。

7.4 多轴轮式车辆的振动特性

当多轴轮式车辆在不平支承面上行驶时，其簧上质量所受激励力要比两轴轮式车辆大得多。在许多情况下，为改善此类车辆平顺性的参数，将车轮或车轴的弹性元件和阻尼元件在其中相互连接，以形成平衡并调平悬架。

当评估多轴轮式车辆的振动时，在大多数情况下，上面所讨论的两轴轮式车辆的振动特性评估方法也是有效的。

多轴轮式车辆的纵向角振动

为简化表示，选择线性模型（图 7.14），各点坐标与静态位置的偏差很小，车轮与支承表面呈点接触，微观轮廓不平度可由坐标 q_i 准确表征。同一轴的悬架和轮胎的性能和参数相同，且不考虑滚动阻力和外部阻力，并以恒定速度沿水平方向运动且微观轮廓相对于水平面发生变化。

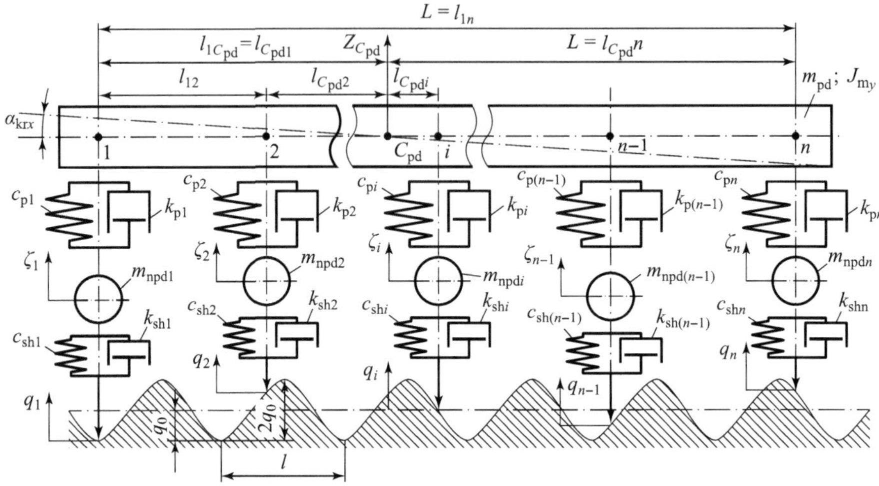

图 7.14 多轴轮式车辆纵向角振动的示意图

作用在簧上质量 m_{pd} 和簧下质量 m_{npdi} 上的力根据相对位移和速度计算：$z_i-\zeta_i$、ζ_i-q_i、$\dot{z}_i-\dot{\zeta}_i$、$\dot{\zeta}_i-\dot{q}_i$。

振动系统的运动（图 7.14）可以用拉格朗日方程描述：

$$\frac{\mathrm{d}}{\mathrm{d}t}\left(\frac{\partial W_{kin}}{\partial \dot{\xi}_i}\right)-\frac{\partial W_{kin}}{\partial \xi_i}+\frac{\partial W_{pot}}{\partial \xi_i}+\frac{\partial \Phi}{\partial \xi_i}=Q_i \tag{7.51}$$

式中，W_{kin}、W_{pot} 分别为系统的动能和势能；Φ 是一种耗散函数，用于表征阻力作用下的能量损失；ξ_i 为广义坐标；Q_i 为对应于广义坐标第 i 种的广义力。

在模型中取 $Q_i=0$，因为除了与 W_{kin}、W_{pot} 和 ϕ 的变化相关的力之外，并没有其他力，选择簧上质心垂向坐标 $z_{C_{pd}}$ 和簧下质心垂向坐标 ξ_i，以及纵向平面上簧上质量的倾斜角 α_{krx} 作为广义坐标。

W_{kin}、W_{pot} 和 Φ 的表达式具有以下形式：

$$W_{kin}=\frac{1}{2}\left(m_{pd}\dot{z}_{C_{pd}}^2+J_{my}\dot{\alpha}_{krx}^2+\sum_{i=1}^{n_o}m_{npdi}\dot{\zeta}_i^2\right)$$

$$W_{pot}=\frac{1}{2}\left[\sum_{i=1}^{n_o}c_{pi}\left(\zeta_i-z_{C_{pd}}-\alpha_{krx}l_{C_{pdi}}\right)^2+\sum_{i=1}^{n_o}c_{shi}\left(q_i-\zeta_i\right)^2\right]$$

$$\Phi=\frac{1}{2}\left[\sum_{i=1}^{n_o}k_{pi}\left(\dot{\zeta}_i-\dot{z}_{C_{pd}}-\dot{\alpha}_{krx}l_{C_{pdi}}\right)^2+\sum_{i=1}^{n_o}k_{shi}\left(\dot{q}_i-\dot{\zeta}_i\right)^2\right]$$

求导可得：

$$\frac{\mathrm{d}}{\mathrm{d}t}\left(\frac{\partial W_{\mathrm{kin}}}{\partial \dot{z}_{C_{\mathrm{pd}}}}\right) = m_{\mathrm{pd}}\ddot{z}_{C_{\mathrm{pd}}};\ \frac{\mathrm{d}}{\mathrm{d}t}\left(\frac{\partial W_{\mathrm{kin}}}{\partial \dot{\alpha}_{\mathrm{kr}x}}\right) = J_{\mathrm{my}}\ddot{\alpha}_{\mathrm{kr}x};\ \frac{\mathrm{d}}{\mathrm{d}t}\left(\frac{\partial W_{\mathrm{kin}}}{\partial \dot{\zeta}_i}\right) = m_{\mathrm{npd}i}\ddot{\zeta}_i$$

$$\frac{\partial W_{\mathrm{pot}}}{\partial z_{C_{\mathrm{pd}}}} = -\sum_{i=1}^{n_o} c_{\mathrm{p}i}(\zeta_i - z_{C_{\mathrm{pd}}} - \alpha_{\mathrm{kr}x} l_{C_{\mathrm{pd}i}})$$

$$\frac{\partial W_{\mathrm{pot}}}{\partial \alpha_{\mathrm{kr}x}} = -\sum_{i=1}^{n_o} c_{\mathrm{p}i}(\zeta_i - z_{C_{\mathrm{pd}}} - \alpha_{\mathrm{kr}x} l_{C_{\mathrm{pd}i}}) l_{C_{\mathrm{pd}i}}$$

$$\frac{\partial W_{\mathrm{pot}}}{\partial \zeta_i} = c_{\mathrm{p}i}(\zeta_i - z_{C_{\mathrm{pd}}} - \alpha_{\mathrm{kr}x} l_{C_{\mathrm{pd}i}}) - c_{\mathrm{sh}i}(q_i - \zeta_i)$$

$$\frac{\partial \Phi}{\partial z_{C_{\mathrm{pd}}}} = -\sum_{i=1}^{n_o} k_{\mathrm{p}i}(\dot{\zeta}_i - \dot{z}_{C_{\mathrm{pd}}} - \dot{\alpha}_{\mathrm{kr}x} l_{C_{\mathrm{pd}i}})$$

$$\frac{\partial \Phi}{\partial \alpha_{\mathrm{kr}x}} = -\sum_{i=1}^{n_o} k_{\mathrm{p}i}(\dot{\zeta}_i - \dot{z}_{C_{\mathrm{pd}}} - \dot{\alpha}_{\mathrm{kr}x} l_{C_{\mathrm{pd}i}}) l_{C_{\mathrm{pd}i}}$$

$$\frac{\partial \Phi}{\partial \zeta} = k_{\mathrm{p}i}(\dot{\zeta}_i - \dot{z}_{C_{\mathrm{pd}}} - \dot{\alpha}_{\mathrm{kr}x} l_{C_{\mathrm{pd}}}) - c_{\mathrm{sh}i}(\dot{q}_i - \dot{\zeta}_i)$$

并将得到的导数表达式代入方程式（7.51）中，变换可得：

$$m_{\mathrm{pd}}\ddot{z}_{C_{\mathrm{pd}}} + \sum_{i=1}^{n_o} k_{\mathrm{p}i}(\dot{z}_{C_{\mathrm{pd}}} + \dot{\alpha}_{\mathrm{kp}x} l_{C_{\mathrm{pd}i}} - \dot{\zeta}_i) + \sum_{i=1}^{n_o} c_{\mathrm{p}i}(z_{C_{\mathrm{pd}}} + \alpha_{\mathrm{kr}x} l_{C_{\mathrm{pd}i}} - \zeta_i) = 0 \tag{7.52}$$

$$J_{\mathrm{my}}\ddot{\alpha}_{\mathrm{kr}x} + \sum_{i=1}^{n_o} k_{\mathrm{p}i}(\dot{z}_{C_{\mathrm{pd}}} + \dot{\alpha}_{\mathrm{kr}x} l_{C_{\mathrm{pd}i}} - \dot{\zeta}_i) l_{C_{\mathrm{pd}i}} + \sum_{i=1}^{n_o} c_{\mathrm{p}i}(z_{C_{\mathrm{pd}}} + \alpha_{\mathrm{kr}x} l_{C_{\mathrm{pd}i}} - \zeta_i) l_{C_{\mathrm{pd}i}} = 0 \tag{7.53}$$

$$\begin{aligned} m_{\mathrm{npd}i}\ddot{\zeta}_i + (k_{\mathrm{p}i} + k_{\mathrm{sh}i})\dot{\zeta}_i + (c_{\mathrm{p}i} + c_{\mathrm{shz}i})\zeta_i - k_{\mathrm{p}i}(\dot{z}_{C_{\mathrm{pd}}} + \dot{\alpha}_{\mathrm{kp}x} l_{\mathrm{pd}} i) - \\ c_{\mathrm{p}i}(z_{C_{\mathrm{pd}}} + \alpha_{\mathrm{kr}x} l_{C_{\mathrm{pd}i}}) = k_{\mathrm{sh}i}\dot{q}_i + c_{\mathrm{sh}i} q_i \end{aligned} \tag{7.54}$$

将方程式（7.52）~（7.54）的各项分别除以 m_{pd}、J_{my}和 $m_{\mathrm{npd}i}$，得到：

$$\ddot{z}_{C_{\mathrm{pd}}} + \Psi_{\mathrm{pd}}\dot{z}_{C_{\mathrm{pd}}} + \omega_{\mathrm{pd}}^2 z_{C_{\mathrm{pd}}} + k_{\mathrm{pdz}}\dot{\alpha}_{\mathrm{kr}x} + c_{\mathrm{pdz}}\alpha_{\mathrm{kr}x} = \sum_{i=1}^{n_o}(k_{\mathrm{p}i}\dot{\zeta}_i + c_{\mathrm{p}i}\zeta_i)/m_{\mathrm{pd}} \tag{7.55}$$

$$\ddot{\alpha}_{\mathrm{kr}x} + \Psi_{\mathrm{pd}\alpha}\dot{\alpha}_{\mathrm{kr}x} + \omega_{\mathrm{pd}\alpha}^2\alpha_{\mathrm{kr}x} + k_{\mathrm{pd}\alpha}\dot{z}_{C_{\mathrm{pd}}} + c_{\mathrm{pd}\alpha}z_{C_{\mathrm{pd}}} = \sum_{i=1}^{n_o}(k_{\mathrm{p}i} l_{C_{\mathrm{pd}i}}\dot{\zeta}_i + c_{\mathrm{p}i} l_{C_{\mathrm{pd}i}}\zeta_i)/J_{\mathrm{my}} \tag{7.56}$$

$$\begin{aligned} \ddot{\zeta}_i + \Psi_{\mathrm{npd}i}\dot{\zeta}_i + \omega_{\mathrm{npd}i}^2\zeta_i - \Psi_{\mathrm{npd}0i}\dot{z}_{C_{\mathrm{pd}}} - \omega_{\mathrm{npd}0i}^2 z_{C_{\mathrm{pd}}} - \Psi'_{\mathrm{npd}i} l_{C_{\mathrm{pd}i}}\dot{\alpha}_{\mathrm{kr}x} - \\ \omega'^2_{\mathrm{npd}i} l_{C_{\mathrm{pd}i}}\alpha_{\mathrm{kr}x} = (k_{\mathrm{sh}i}\dot{q}_i + c_{\mathrm{sh}i} q_i)/m_{\mathrm{npd}i} \end{aligned} \tag{7.57}$$

其中，Ψ_{pd}、ω_{pd}、$\Psi_{\mathrm{pd}\alpha}$、$\omega_{\mathrm{pd}\alpha}$、$\Psi_{\mathrm{npd}i}$、$\omega_{\mathrm{npd}i}$、$\Psi'_{\mathrm{npd}i}$、$\omega'_{\mathrm{npd}i}$分别为簧下质量固定时簧上质量垂直振动和角振动的部分衰减系数和偏频、簧上质量固定时的簧下质量垂

直振动的部分衰减系数和偏频、固定簧上质量时弹性悬架元件 c_{ps} 上的簧下质量垂直振动的部分衰减系数与偏频；k_{pdz}、c_{pdz}、$k_{pd\alpha}$、$c_{pd\alpha}$ 是各种振动模式的耦合系数，其计算式形式分别如下：

$$\omega_{pd}^2 = \sum_{i=1}^{n_o} c_{pi}/m_{pd};\ \omega_{pd\alpha}^2 = \sum_{i=1}^{n_o} c_{pi} l_{C_{pdi}}^2/J_{my}$$

$$\omega_{npdi}^2 = (c_{pi} + c_{shzi})/m_{npdi};\ \omega_{npdi}'^2 = c_{pi}/m_{npdi}$$

$$\Psi_{pd} = \sum_{i=1}^{n_o} k_{pi}/m_{pd};\ \Psi_{pd\alpha} = \sum_{i=1}^{n_o} k_{pi} l_{C_{pdi}}^2/J_{my}$$

$$\Psi_{npdi} = (k_{pi} + k_{shi})/m_{npdi};\ \Psi'_{npdi} = k_{pi}/m_{npdi}$$

$$k_{pdz} = \sum_{i=1}^{n_o} k_{pi} l_{C_{pdi}}/m_{pd};\ c_{pdz} = \sum_{i=1}^{n_o} c_{pi} l_{C_{pdi}}/m_{pd}$$

$$k_{pd\alpha} = \sum_{i=1}^{n_o} k_{pi} l_{C_{pdi}}/J_{my};\ c_{pd\alpha} = \sum_{i=1}^{n_o} c_{pi} l_{C_{pdi}}/J_{my}$$

从具有常系数的线性微分方程组（7.55）~（7.57）中可得，振动是相互耦合的（所有方程式中均包含广义坐标 $z_{c_{pd}}$、a_{krx}、ζ_i 及其导数）。

式（7.57）的等式右侧项，表示由于轮式车辆沿不平支承面行驶而引起的激励力 P_{qi}。因此，作用在第一轴上的力为：

$$P_{q1} = k_{sh1}\dot{q}_1(t) + c_{sh1}q_1(t)$$

相应地作用在第 i 轴上的力为：

$$P_{qi} = k_{shi}\dot{q}_i(t - t_i') + c_{shi}q_i(t - t_i')$$

式中，$t_i' = (l_{c_{pd1}} - l_{c_{pdi}})/v_{mx}$ 是当第 i 轴的车轮越过某个不平点相对于第一轴车轮过该点时，对系统影响的延迟时间。

对于位于质心之前的车轴，距离 $l_{c_{pdi}} > 0$；对于位于质心之后的轴，距离 $l_{c_{pdi}} < 0$。在某些情况下，式（7.55）~（7.57）中，k_{pdz}、c_{pdz}、$k_{pd\alpha}$、$c_{pd\alpha}$、$\Psi_{npdi} l_{c_{pdi}}$、$\omega'_{npdi} l_{c_{pdi}}$ 的值均可被认为等于 0。例如，对于相对于横轴对称的动力学模型（在加载状态下的质心实际上与弹性中心重合），这种情况是可能的，并且在实践中也会经常遇到。接下来所研究的系统将被简化为如下形式：

$$\ddot{z}_{C_{pd}} + \Psi_{pd}\dot{z}_{C_{pd}} + \omega_{pd}^2 z_{C_{pd}} = \sum_{i=1}^{n_o} (k_{pi}\dot{\zeta}_i + c_{pi}\zeta_i)/m_{pd}$$

$$\ddot{\alpha}_{krx} + \Psi_{pd\alpha}\dot{\alpha}_{krx} + \omega_{pd\alpha}^2\alpha_{krx} = \sum_{i=1}^{n_o} (k_{pi} l_{C_{pdi}}\dot{\zeta}_i + c_{pi} l_{C_{pdi}}\zeta_i)/J_{my}$$

$$\ddot{\zeta}_i + \Psi_{npdi}\dot{\zeta}_i + \omega_{npdi}^2\zeta_i - \Psi'_{npdi}\dot{z}_{C_{pd}} - \omega_{npdi}'^2 z_{C_{pd}} = (k_{shi}\dot{q}_i + c_{shi}q_i)/m_{npdi}$$

如果忽略轮胎的弹性阻尼特性，即认为车轮是刚性的，则可以进一步简化这些方程式。在这种情况下，$\zeta_i = q_i$，$\dot{\zeta}_i = \dot{q}_i$，并且簧上质量的垂向线性振动和纵向角振动是独立的。

求解微分方程式的方法有很多种，每种方法各有优缺点。在直接求解方程式时，有必要将其转换为更高阶的特征方程式，有时方程式的求解会很费力。使用基于拉氏变换的求解方法，可以用代数表达式来分析任意激励函数对系统的影响，但是为此所需的数学变换会相当麻烦。具体求解方法的选择取决于具体计算任务。

轮式车辆的重要振动特性是簧上质量和簧下质量振动的固有频率和阻尼系数，这间接地给出了悬架品质的概念。

在某种假设下，其有效性已被证明适用于两轴轮式车辆（参见 7.2 节）。这里假设，簧上质量和簧下质量振动的固有频率 Ω_i 等于其偏频 w_i，同时还应考虑到所导出的悬架和轮胎的刚度 $c_{\text{p-sh}}$：

$$\Omega_{\text{pdz}}^2 = \sum_{i=1}^{n_o} c_{\text{p-sh}i}/m_{\text{pd}}；\ \Omega_{\text{pd}\alpha}^2 = \sum_{i=1}^{n_o} c_{\text{p-sh}i} l_{C_{\text{pd}i}}^2/J_{\text{my}}；\ \Omega_{\text{npd}i}^2 = (c_{\text{p}i} + c_{\text{sh}i})/m_{\text{npd}i} \tag{7.58}$$

在多轴轮式车辆中，悬架 $c_{\text{p}i}$ 和轮胎 $c_{\text{sh}i}$ 的刚度数量级相同（$c_{\text{sh}i}/c_{\text{p}i} \approx 2 \sim 4$），因此后者在式（7.58）中不应被忽略不计。

下面讨论多轴轮式车辆的设计参数——轴数 n_o 及其沿轴距 L 方向的位置 $l_{C_{\text{pd}i}}$——对固有振动频率的影响。

①簧下质量的垂直振动频率 $\Omega_{\text{npd}i}$ 不取决于轴数 n_o 和距离 $l_{C_{\text{pd}i}}$。

②簧上质量的垂直振动频率 Ω_{pdz} 取决于轴数 n_o，且不取决于距离 $l_{C_{\text{pd}i}}$。如果 $c_{\text{p}i}$ = const，$c_{\text{sh}i}$ = const 且当常量或变量与质量 m_{pd}、轴数 n_o 不成比例时，频率 Ω_{pdz} 会发生变化；当变量与质量 m_{pd}、轴数 n_o 成比例时，该频率保持不变。

③簧上质量的纵向角振动频率 $\Omega_{\text{pd}\alpha}$ 取决于轴数 n_o 和其在底盘上的位置 $l_{C_{\text{pd}i}}$。在 m_{pd} = const 和 J_{my} = const 时，轴数 n_o 增加，对应折算刚度 $c_{\text{p-sh}i}$ 减小，但在总刚度 $\sum_{i=1}^{n_o} c_{\text{p-sh}i}$ = const 时，频率 $\Omega_{\text{pd}\alpha}$ 会发生变化，而 Ω_{pdz} 不会发生变化。

当车轴沿轴距 L 方向均匀对称分布（$l_{i,i+1}$ = const）时，从质心到第 i 根轴的距离根据下式计算：

$$l_{C_{\text{pd}i}} = \frac{1}{2} L \frac{n_o + 1 - 2i}{n_o - 1}$$

在 $\sum_{i=1}^{n_o} c_{\text{p-sh}i}$ = const 时，n 轴轮式车辆和两轴轮式车辆的折算刚度 $c_{\text{p-sh}in}$ 和 $c_{\text{p-sh}i2}$

满足关系式 $c_{\text{p-sh}in}=2c_{\text{p-sh}in2}/n_o$，且纵向角振动的固有频率为：

$$\Omega_{\text{pd}\alpha}=\sqrt{\frac{c_{\text{p-sh}i2}L^2}{2n_oJ_{\text{my}}}\sum_{i=1}^{n_o}\frac{n_o+1-2i}{n_o-1}}$$

图 7.15（a）显示了在倾斜力矩 $M_{\text{kr}x}=\text{const}$ 的情况下，在纵向垂直平面上的相对固有频率 $\tilde{\Omega}_{\text{pd}\alpha n}=\Omega_{\text{pd}\alpha n}/\Omega_{\text{pd}\alpha 2}$以及相对俯仰角$\tilde{\alpha}_{\text{kr}xn}=\alpha_{\text{kr}xn}/\alpha_{\text{kr}x2}$的变化。倾斜角根据下式计算：

$$\alpha_{\text{kp}n}=\frac{M_{\text{kr}x}}{c_{\alpha x}}=\frac{4M_{\text{kr}x}n_o}{c_{\text{p-sh}i2}L^2\sum_{i=1}^{n_o}\left(\frac{n_o+1-2i}{n_o-1}\right)^2}$$

式中，$c_{\alpha x}$为轮式车辆纵向垂直平面上的角刚度，$c_{\alpha x}=c_{\text{p-sh}i}\sum_{i=1}^{n_o}l_{c_{\text{pd}}i}^2$。

可见随着轴数 n_o的增加，相对侧倾角$\tilde{\alpha}_{\text{kr}xn}$也增加（角刚度 $c_{\alpha x}$减少），纵向角振动的相对固有频率 $\tilde{\Omega}_{\text{pd}\alpha n}$下降（图 7.15（a））。纵向角振动的这一趋势是多轴轮式车辆的特征，并且可以限制悬架刚度的降低。

在车轴相对于底盘的位置不均匀但对称分布的情况下，为简化分析，引入任意相邻轴之间的相对距离的概念：$\tilde{l}_{i,i+1}=l_{i,i+1}/L$。考虑到当 $\tilde{l}_{i,i+1}=\text{const}$ 和 $0\leqslant\tilde{l}_{i,i+1}\leqslant 0.5$ 时理论上可能的情况，当 $\tilde{l}_{i,i+1}=0$ 时，四轴轮式车辆变成假想的两轴轮式车辆，且具有相同的轴距，悬架的刚度加倍；而当 $\tilde{l}_{i,i+1}=0.5$ 时，则变成三轴轮式车辆，其车轴沿轴距 L 方向均匀分布，且中间轴悬架的刚度加倍。

对于四轴轮式车辆，相对频率与相对距离 $\tilde{l}_{i,i+1}$的关系式为 $\tilde{\Omega}_{\text{pd}\alpha l}=\frac{\Omega_{\text{pd}\alpha 0}}{\Omega_{\text{pd}\alpha l}}$，其中 $\Omega_{\text{pd}\alpha 0}$为 $\tilde{l}_{i,i+1}=0$ 时的频率，如图 7.15（b）所示；频率与轴数 n_o 的关系式为 $\tilde{\Omega}_{\text{pd}\alpha n}=\frac{\Omega_{\text{pd}\alpha 2}}{\Omega_{\text{pd}\alpha n}}$，如图 7.15（c）所示，其中 $\tilde{l}_{i,i+1}^{\min}$和 $\tilde{l}_{i,i+1}^{\max}$分别为考虑到车轮半径和车轮之间的间隙所绘制的实际上可能的曲线。根据这些数据，理论上 $\tilde{\Omega}_{\text{pd}\alpha l}$的变化（在$0\leqslant\tilde{l}_{i,i+1}\leqslant 0.5$ 时）不超过 30%，而实际上（在 $\tilde{l}_{i,i+1}^{\min}\leqslant\tilde{l}_{i,i+1}\leqslant\tilde{l}_{i,i+1}^{\max}$时）不超过 10% ~12%。实际上，频率 $\tilde{\Omega}_{\text{pd}\alpha n}$的变化也不会超过 10% ~12%。因此，轮式车辆行动部分的布置方案，对纵向角振动的频率 $\Omega_{\text{pd}\alpha}$或角振动与垂直线性振动的频率比 $\Omega_{\text{pd}\alpha}/\Omega_{\text{pd}z}$不会有显著影响。

在分析轮式车辆参数对阻尼系数的影响时，假定它们也与簧上质量和簧下质量的部分振动阻尼系数一致，并将相对阻尼系数记为：

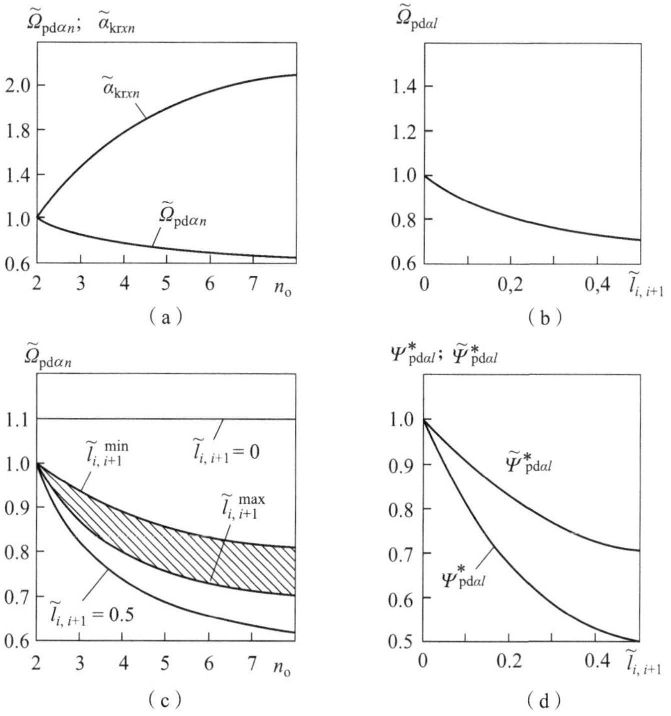

图 7.15 多轴轮式车辆自由振动的相对参数变化

(a) 相对频率（$\tilde{\Omega}_{\mathrm{pd}\alpha n}$）、相对倾角（$\tilde{\alpha}_{\mathrm{kr}xn}$）与轴数的关系；(b) 相对频率（$\tilde{\Omega}_{\mathrm{pd}\alpha l}$）与相对距离的关系；(c) 相对频率（$\tilde{\Omega}_{\mathrm{pd}\alpha n}$）与轴数的关系；(d) 相对阻尼系数（$\Psi^*_{\mathrm{pd}\alpha l}$；$\tilde{\Psi}^*_{\mathrm{pd}\alpha l}$）与相对距离的关系

$$\left.\begin{aligned}&\Psi_{\mathrm{pd}} = \sum_{i=1}^{n_o} k_{\mathrm{p}i}/m_{\mathrm{pd}};\ \Psi_{\mathrm{pd}\alpha} = \sum_{i=1}^{n_o} k_{\mathrm{p}i} l^2_{C_{\mathrm{pd}i}}/J_{\mathrm{my}};\ \Psi_{\mathrm{npd}i} = (k_{\mathrm{p}i} + k_{\mathrm{sh}i})/m_{\mathrm{npd}i}\\&\tilde{\Psi}_{\mathrm{pd}} = \Psi_{\mathrm{pd}}/\Omega_{\mathrm{pdz}};\ \tilde{\Psi}_{\mathrm{pd}\alpha} = \Psi_{\mathrm{pd}\alpha}/\Omega_{\mathrm{pd}\alpha};\ \tilde{\Psi}_{\mathrm{npd}i} = \Psi_{\mathrm{npd}i}/\Omega_{\mathrm{npd}i}\end{aligned}\right\}\tag{7.59}$$

由于式（7.59）与式（7.58）的结构相同，因此车轴数及车轴在底盘上位置对振动衰减特性的影响将类似。因此，对于四轴轮式车辆，在理论上可能的范围是 $0\leqslant\tilde{l}_{i,i+1}\leqslant0.5$ 时，相对系数 $\tilde{\Psi}^*_{\mathrm{pd}\alpha l}=\tilde{\Psi}_{\mathrm{pd}\alpha 0}/\tilde{\Psi}_{\mathrm{pd}\alpha l}$减少 30%，系数 $\Psi^*_{\mathrm{pd}\alpha l}=\Psi_{\mathrm{pd}\alpha 0}/\Psi_{\mathrm{pd}\alpha l}$减少 50%，且在实际范围是$0.2\leqslant\tilde{l}_{i,i+1}\leqslant0.4$ 时，相对系数 $\tilde{\Psi}^*_{\mathrm{pd}\alpha l}=\tilde{\Psi}_{\mathrm{pd}\alpha 0}/\tilde{\Psi}_{\mathrm{pd}\alpha l}$和系数 $\Psi^*_{\mathrm{pd}\alpha l}=\Psi_{\mathrm{pd}\alpha 0}/\Psi_{\mathrm{pd}\alpha l}$分别减少 10% 和 15%（图 7.15（d））。

在所有其他条件相同的情况下，阻尼系数随轴数的增加而降低，这表明多轴轮式车辆倾向于做角振动，因此必须在其前、后轴上安装减振器。

方程式（7.55）~（7.57）右侧项描述的是多轴轮式车辆强迫振动的激励

函数：

$$Q_{\mathrm{pdz}} = \sum_{i=1}^{n_o} (k_{\mathrm{p}i}\dot{\zeta}_i + c_{\mathrm{p}i}\zeta_i)/m_{\mathrm{pd}};\ Q_{\mathrm{pd}\alpha} = \sum_{i=1}^{n_o} (k_{\mathrm{p}i}l_{C_{\mathrm{pd}}i}\dot{\zeta}_i + c_{\mathrm{p}i}l_{C_{\mathrm{pd}}i}\zeta_i)/J_{\mathrm{my}}$$

$$Q_{\mathrm{npd}i} = [k_{\mathrm{sh}i}\dot{q}_i(t - t'_i) + c_{\mathrm{sh}i}q_i(t - t'_i)]/m_{\mathrm{npd}i}$$

这些方程式的精确求解以及设计参数对多轴轮式车辆强迫振动影响的研究难度较大。对于簧下质量远小于簧上质量的多轴轮式车辆强迫振动参数的近似估计，前者可以忽略不计。同时，计算误差会随着轴数的增加而减小（在 $n_o = 3$ 时，计算误差≤25%；在 $n_o = 6$ 时，计算误差≤12%），并且当用折算的刚度 $c_{\mathrm{p\text{-}sh}i}$代替 $c_{\mathrm{p}i}$时也会如此。此时，激励函数可以采用下列形式：

$$\left.\begin{aligned} Q_{\mathrm{pdz}} &= \sum_{i=1}^{n_o} (k_{\mathrm{p}i}\dot{q}_i + c_{\mathrm{p\text{-}sh}i}q_i)/m_{\mathrm{pd}} \\ Q_{\mathrm{pd}\alpha} &= \sum_{i=1}^{n_o} (k_{\mathrm{p}i}l_{C_{\mathrm{pd}}i}\dot{q}_i + c_{\mathrm{p\text{-}sh}i}l_{C_{\mathrm{pd}}i}q_i)/J_{\mathrm{my}} \end{aligned}\right\} \tag{7.60}$$

在一般情况下，支承面对轮式车辆的影响是随机的。但是，从整个道路的各种变化中，可以区分出相当大的一组具有一定大小、形状和变化周期性的不平支承面。不平支承面的周期性性质可能会导致共振现象，这已经通过多轴轮式车辆的行驶实践得到证实。这样的周期性使得能够确定最剧烈的共振运动模式下的平顺性参数，以及比较在实际谐波支承面上测试实际样车时获得的计算数据和实验数据。对沿这种支承面轮廓运动的多轴轮式车辆的振动所进行的分析表明，不平支承面的特征长度与簧上质量和簧下质量的振动幅度之间存在着复杂的关系。

为对激励进行定性评估，下面仅分析激励函数的包含 q_i的成分（7.60）：

$$q_{\mathrm{pdz}} = \sum_{i=1}^{n_o} q_i;\ q_{\mathrm{pd}\alpha} = \sum_{i=1}^{n_o} l_{C_{\mathrm{pd}}i}q_i$$

在轮式车辆沿方程（7.42）所描述的周期性不平支承面进行稳态运动时，来自每根轴的扰动将以一定的延迟作用在簧上质量上，（延迟的相位）角度为 $\beta_i = 2\pi l_{1i}/l$。此时，每根轴下方的不平支承面高度为：

$$q_i = q_0[1 - \cos(\nu t - \beta_i)]$$

激励函数的组分根据以下表达式计算：

$$q_{\mathrm{pdz}} = q_0\sum_{i=1}^{n_o}[1 - \cos(\nu t - \beta_i)];\ q_{\mathrm{pd}\alpha} = q_0\sum_{i=1}^{n_o} l_{C_{\mathrm{pd}}i}[1 - \cos(\nu t - \beta_i)]$$

垂直激励函数 q_{pdz}的最大值和最小值不取决于车轴的位置，假设其最大值与轴数 $q_{\mathrm{pdz}}^{\max} = q_0 n_o$成正比，而角激励函数 $q_{\mathrm{pd}\alpha}^{\max}$的最大值取决于轮式车辆的轴距、轴数及车轴在底盘上的位置。从理论上讲（$0 \leqslant \tilde{l}_{i,i+1} \leqslant 0.5$），比值 $q_{\mathrm{pd}\alpha}^{\max}/q_0 = \tilde{q}_{\mathrm{pd}\alpha}^{\max}$的变

化可为50%，但实际上当$0.2 \leqslant \tilde{l}_{i,i+1} \leqslant 0.4$时比值$q_{pd\alpha}^{max}/q_0 = \tilde{q}_{pd\alpha}^{max}$的变化不超过20%。在车轴沿轴距$L$方向的分布不均匀时，比值$\tilde{q}_{pd\alpha}^{max}$小于中间轴相互靠近的轮式车辆。

如果假设激励函数Q_{pdz}和$Q_{pd\alpha}$是根据式（7.60）计算的，则以上结论将略有变化。如果随着轴数n_o的增加，质量M_{pd}、惯性矩J_{my}和轮式车辆的轴距L成比例增加，那么最大垂直扰动Q_{pdz}^{max}和角扰动$Q_{pd\alpha}^{max}$将如图7.16所示的规律进行分布。

可见随轴数增加，Q_{pdz}^{max}恒定，而$Q_{pd\alpha}^{max}$减小，且在$n_o>6$时趋于稳定。此时，函数$Q_{pd\alpha}^{max}$的变化符合先前讨论的频率分布和振动阻尼系数的特性（见图7.15）。

图7.17中列举了具有轴沿轴距L方向均匀分布的四轴轮式车辆的激励函数$\tilde{q}_{pdz}^{max} = q_{pdz}^{max}/q_0$和$\tilde{q}_{pd\alpha}^{max}$的最大值与不平支承面长度$l$（波长）的关系式。

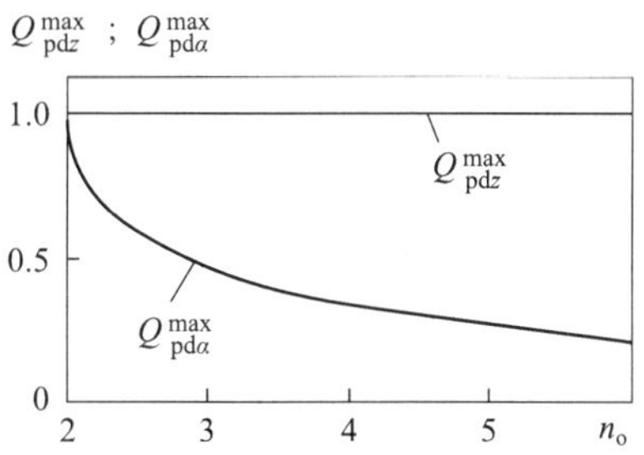

图7.16 取决于轴数的激励函数最大值的变化

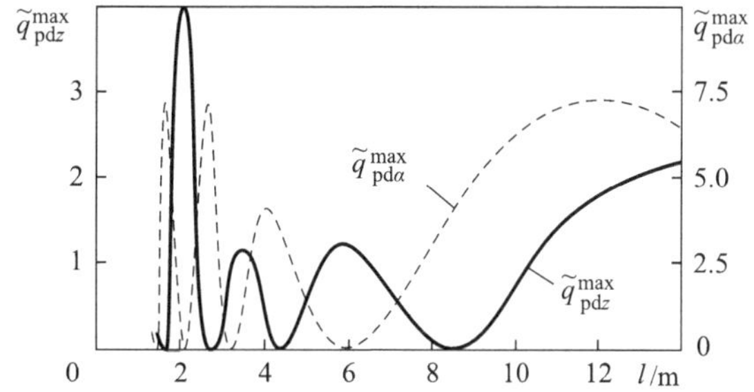

图7.17 轴沿轴距L方向均匀分布的四轴轮式车辆的垂直振动和角振动的激励函数随不平支承面波长的变化

四轴轮式车辆沿谐波不平支承面运动时，应当注意下列一般性质：

当$l<1$ m时，垂直激励函数和角激励函数的最大值和最小值的交替非常频繁，以至于实际上不可能确定这种不平支承面的激励性质。

当2 m$\leqslant l \leqslant 2L$的范围内，垂直激励函数和角激励函数都具有多个极值。

当$l \leqslant L$时，垂直激励函数的最大值$\tilde{q}_{pdz}^{max}$通常对应于角激励函数的最小值$\tilde{q}_{pd\alpha}^{max}$，反之亦然。

当$l>L$时，角激励函数$\tilde{q}_{pd\alpha}^{max}$的振幅增加，在$l=2L$时达到最大值，然后渐近趋于零。

当$l>1.5L$时，垂直激励函数的幅值$\tilde{q}_{pdz}^{max}$从最小值增加到最大值。

对于轮式车辆上的车轴与轴距的不同布局方案，应当注意以下几点：

①对于任意方案，引起相应最大扰动和最小扰动的不平支承面长度，出现的

可能性均相同。

②与中心轴距离越远，角扰动的幅值越大。

③车轴沿着轴距方向的不对称分布会导致在整个道路不平支承面中，没有一处不引起角振动。

④沿轴距 L 方向的车轴布置方案不会显著影响来自支承表面的激励性质。

因此，簧上质量的振动取决于激励函数的幅值，也就是取决于不平支承面的长度、轮式车辆的轴距以及车轴沿轴距方向的布置。但是，不能将车轴位置的改变视为获得多轴轮式车辆优良平顺性的决定性设计措施。高平顺性是由最优的悬架系统性能（悬架的刚度、静态和动态行程、阻尼参数）来保证的。两轴轮式车辆参数选取的建议也适用于多轴轮式车辆。

多轴轮式车辆的横向角振动

当轮式车辆沿不平支承面行驶时，其两侧的参数（l，q_0）会有所不同，同时在变化的外部因素（导致惯性侧向力发生变化的侧向风荷载以及运动轨迹的变化）的作用下会发生横向角振动。为对其评估将采用以下假设：

①轮式车辆相对于纵轴对称，对于悬架导向元件的任意运动，左侧和右侧车轮的簧下质量都是相同的（$m_{\text{npd}i} = m_{\text{npdp}i} = m_{\text{npd}i}$），并且车辆在不改变轮距 B 的情况下移动；

②悬架元件的刚度 $c_{\text{p}i}$ 和阻尼 $k_{\text{p}i}$ 换算到车轮的对称平面上；

③垂直线性振动和横向角振动是独立的，因此可以分别进行研究；

④轮式车辆支承系统是绝对刚性的，因为其变形明显小于其他位移。

让具有绕纵轴惯性矩 $J_{\text{m}x}$ 的簧上质量 m_{pd} 倾转过角度 $\alpha_{\text{kr}y}$（图 7.18）。当悬架为非独立形式时，簧下（板梁）质量为 $m_{\text{b.m}i} = 2m_{\text{npd}i}$，惯性矩为 $J_{\text{b.m}xi} = m_{\text{b.m}i}\rho_{\text{b.m}}^2$，产生的角位移为 $\alpha_{\text{b.my}i}$。

通过每根轴左右车轮的悬架作用在质量 m_{pd} 和 $m_{\text{b.m}i}$ 上的力 $P_{\text{pdz}il}$ 和 $P_{\text{pdz}ip}$，根据悬架的弹性力和阻尼力计算：

$$P_{\text{pdz}il} = \frac{1}{2}B[c_{\text{p}i}(\alpha_{\text{kr}y} - \alpha_{\text{b.my}i}) + k_{\text{p}i}(\dot{\alpha}_{\text{kr}y} - \dot{\alpha}_{\text{b.my}i})]$$

$$P_{\text{pdz}ip} = \frac{1}{2}B[-c_{\text{p}i}(\alpha_{\text{kr}y} - \alpha_{\text{b.my}i}) - k_{\text{p}i}(\dot{\alpha}_{\text{kr}y} - \dot{\alpha}_{\text{b.my}i})]$$

此外，由于轮胎变形而产生的作用在簧下质量上的力：

$$P_{\text{shz}il} = c_{\text{sh}i}(0.5B\alpha_{\text{b.my}i} - q_{il}) + k_{\text{sh}i}(0.5B\dot{\alpha}_{\text{b.my}i} - \dot{q}_{il})$$

$$P_{\text{shz}ip} = -c_{\text{sh}i}(0.5B\alpha_{\text{b.my}i} - q_{ip}) - k_{\text{sh}i}(0.5B\dot{\alpha}_{\text{b.my}i} - \dot{q}_{ip})$$

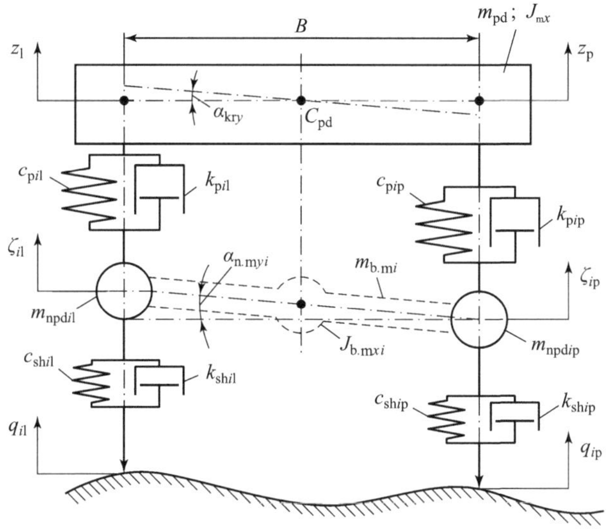

图 7.18　轮式车辆在横向平面上的振动示意图

横向角振动方程的形式为：

$$\left.\begin{aligned}&2J_{mx}\ddot{\alpha}_{kry}/B^2+\sum_{i=1}^{n_o}k_{pi}\dot{\alpha}_{kry}+\sum_{i=1}^{n_o}c_{pi}\alpha_{kry}=\sum_{i=1}^{n_o}k_{pi}\dot{\alpha}_{b.myi}+\sum_{i=1}^{n_o}c_{pi}\alpha_{b.myi}\\&J_{b.mxi}\ddot{\alpha}_{b.myi}+\frac{1}{2}B^2(k_{pi}+k_{shi})\dot{\alpha}_{b.myi}+\frac{1}{2}B^2(c_{pi}+c_{shi})\alpha_{b.myi}-\\&\frac{1}{2}B^2(k_{pi}\dot{\alpha}_{kry}+c_{pi}\alpha_{kry})=\frac{1}{2}B[k_{shi}(\dot{q}_{il}-\dot{q}_{ip})+c_{shi}(q_{il}-q_{ip})]\end{aligned}\right\}\quad(7.61)$$

代入 $\alpha_{b.myi}=(\zeta_{il}-\zeta_{ip})/B$ 后，经过换算，可得：

$$\left.\begin{aligned}&2J_{mx}\ddot{\alpha}_{kry}/B^2+\sum_{i=1}^{n_o}k_{pi}\dot{\alpha}_{kry}+\sum_{i=1}^{n_o}c_{pi}\alpha_{kry}=\\&\left[\sum_{i=1}^{n_o}k_{pi}(\dot{\zeta}_{il}-\dot{\zeta}_{ip})+\sum_{i=1}^{n_o}c_{pi}(\zeta_{il}-\zeta_{ip})\right]\frac{1}{B}\\&2J_{b.mxi}(\ddot{\zeta}_{il}-\ddot{\zeta}_{ip})/B^2+(k_{pi}+k_{shi})(\dot{\zeta}_{il}-\dot{\zeta}_{ip})+(c_{pi}+c_{shi})(\zeta_{il}-\zeta_{ip})-\\&B(k_{pi}\dot{\alpha}_{kry}+c_{pi}\alpha_{kry})=k_{shi}(\dot{q}_{il}-\dot{q}_{ip})+c_{shi}(q_{il}-q_{ip})\end{aligned}\right\}\quad(7.62)$$

如果轮式车辆具有独立的车轮悬架，其中簧下质量仅发生垂直位移，那么第二个方程式（7.62）中的第一项应当替换为 m_{npdi}（$\ddot{\zeta}_{il}-\ddot{\zeta}_{ip}$）。由于方程组（7.61）中的两个方程都包含表达式（$k_{pi}\dot{\alpha}_{kry}+c_{pi}\alpha_{kry}$））和角 $\alpha_{b.myi}$，那么簧上质量的横向角振动与轮式车辆的左右簧下质量的垂直振动相关。如果左右位移相同且同步（$\zeta_{il}=\zeta_{ip}$），将不会激发横向角振动。

在许多情况下，悬架和轮胎上的簧下质量的固有频率 $\omega_{\text{npd}i}=\sqrt{(c_{\text{p}i}+c_{\text{sh}i})/m_{\text{npd}i}}$ 明显高于悬架上的簧上质量的固有频率 $\Omega_{\text{pdz}}=\sqrt{\sum\limits_{i=1}^{n_o}c_{\text{p}i}/m_{\text{pd}}}$，可以进行假设 $m_{\text{npd}=0}$，此时 $J_{\text{b.m}xi}=m_{\text{b.m}i}\rho_{\text{b.m}}^2=0$。如果忽略阻尼（$k_{\text{p}i}=k_{\text{sh}i}=0$），则方程组（7.61）将具有以下形式：

$$\left.\begin{aligned}2J_{\text{pd}x}\ddot{\alpha}_{\text{kr}y}/B^2+\sum_{i=1}^{n_o}c_{\text{p}i}\alpha_{\text{kr}y}&=\sum_{i=1}^{n_o}c_{\text{p}i}\alpha_{\text{b.my}i}\\(c_{\text{p}i}+c_{\text{sh}i})\alpha_{\text{b.my}i}-c_{\text{p}i}\alpha_{\text{kr}y}&=c_{\text{sh}}(q_{il}-q_{ip})/B\end{aligned}\right\}\tag{7.63}$$

根据方程组（7.63）的第二个方程算出角度 $\alpha_{\text{b.my}i}$，并将其代入第一个方程，可得受扰动力矩影响的簧上质量的运动方程式为：

$$J_{\text{m}x}\ddot{\alpha}_{\text{kr}y}+2\sum_{i=1}^{n_o}c_{\text{p-sh}\alpha i}\alpha_{\text{kr}y}=M_{\alpha x}$$

式中，$c_{\text{p-sh}\alpha i}$为悬架的折算角刚度，它等于串联弹性元件（悬架和轮胎）的角刚度，$c_{\text{p-sh}\alpha i}=\dfrac{1}{4}B^2c_{\text{p}i}c_{\text{sh}i}/(c_{\text{p}i}+c_{\text{sh}i})$；$M_{\alpha x}$ 是绕纵轴作用的激励力矩，且 $M_{\alpha x}=\sum\limits_{i=1}^{n_o}\dfrac{1}{2}Bc_{\text{p}i}c_{\text{sh}i}(q_{il}-q_{ip})/(c_{\text{p}i}+c_{\text{sh}i})$。

7.5 由支承面不平度引起的轮式车辆的纵向振动和附加运行阻力

轮式车辆在不平支承面行驶时的纵向振动，是由作用在车轮上的垂向反作用力和切向反作用力以及其车轴速度的连续变化引起的（图 7.19）。

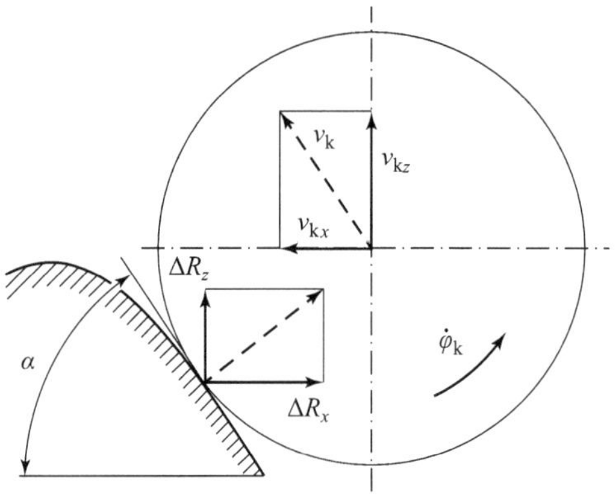

图 7.19 在不平支承面行驶时车轮反作用力与速度的增量

在不考虑簧下质量的位移并将它们归于轮式车辆总质量 $m_{\text{m}}=m_{\text{pd}}+\sum\limits_{i=1}^{2n_o}m_{\text{npd}i}$ 位移的情况下，并考虑悬架和轮胎的折算刚度 $c_{\text{p-sh}i}$，可以由车身倾斜角 $\alpha_{\text{kr}x}$和接触点的垂直位移 q_i 表示垂直反作用力的增量：

$$\Delta R_{zi} = c_{\text{p-sh}i}\left(z_C + \alpha_{\text{kr}x} l_{Ci} - q_i\right)$$

垂直反作用力的增加而产生的纵向反作用力的增量可根据下式计算：

$$\Delta R_{xqi} = \Delta R_{zi} \text{tg}\alpha$$

其中，α 为接触点切线处相对于不平度剖面的倾斜角度。同时，由于 $\text{tg}\alpha = \mathrm{d}q/\mathrm{d}x = (\mathrm{d}q/\mathrm{d}t)\ (\mathrm{d}t/\mathrm{d}x) = \dot{q}/v_{\text{k}x}$，可得：

$$\Delta R_{xqi} = \Delta R_{zi}\dot{q}/v_{\text{k}x}$$

假设平行于支承表面的轮轴速度分量为 $v_{\text{k}x} = \text{const}$，轮轴速度为 $v_{\text{k}} = v_{\text{k}x}/\cos\alpha$。当速度 v_{k} 发生改变，也就是说角速度 $\omega_{\text{k}} = \dot{\varphi}_{\text{k}}$，车轮的加速度 $\varepsilon_K = \dot{\omega}_{\text{k}} = \ddot{\varphi}_{\text{k}}$ 发生改变时，车轮会产生惯性力矩，从而产生附加的纵向力：

$$\Delta R_{xi} = \Delta R_{zi} f_{\text{sh}i} + J_{\text{k}}\ddot{\varphi}_{\text{k}}/r_{\text{k}} + c_{\text{sh}\varphi}\varphi_{\text{k}},$$

或者，因为 $\varphi_{\text{k}} \approx x_{\text{k}}/r_{\text{k}}$，则

$$\Delta R_{xi} = \Delta R_{zi} f_{\text{sh}i} + J_{\text{k}}\ddot{x}_{\text{k}}/r_{\text{k}}^2 + c_{\text{sh}\varphi}x_{\text{k}}/r_{\text{k}}$$

式中，$c_{\text{sh}\varphi}$ 为轮胎的角刚度。

总附加纵向反作用力为：

$$\Delta R_{x\Sigma} = \Delta R_{xi} + \Delta R_{xqi}$$

那么轮式车辆平衡方程的形式为：

$$m_{\text{m}}\ddot{z}_C + \sum_{i=1}^{n_{\text{o}}} \Delta R_{zi} = 0;\ J_y\ddot{\alpha}_{\text{kr}x} + \sum_{i=1}^{n_{\text{o}}} \Delta R_{zi} l_{Ci} + h_g \sum_{i=1}^{n_{\text{o}}} \Delta R_{x\Sigma i} = 0$$

$$m_{\text{m}}\ddot{x} + \sum_{i=1}^{n_{\text{o}}} \Delta R_{x\Sigma i} = 0$$

由于所有 3 个方程均包含 3 个广义坐标 z_C、$\alpha_{\text{kr}x}$、x 及其导数，因此纵向振动、垂直振动和纵向角振动相互关联。

轮式车辆在不平支承面行驶时，由于悬架和轮胎中存在阻力，振动会伴随着来自动力装置能量的不断损失。可以计算出由减振器产生的轮式车辆运动假想阻力，并假设它作用在车轮平面内（否则必须使用方程式（7.1））。减振器阻力作功的微元为：

$$\mathrm{d}A_{\text{am}i} = P_{\text{am}i}\mathrm{d}z_{\text{otn}i}$$

式中，$z_{\text{otn}i} = z_i - \zeta_i$ 为车轮相对于轮式车辆车身的位移。

然后，在一个振动周期内对所克服阻力作功积分：

$$A_{\text{am}i} = \int_0^T P_{\text{am}i}\mathrm{d}z_{\text{otn}i} = \int_0^T P_{\text{am}i}\frac{\mathrm{d}z_{\text{otn}i}}{\mathrm{d}t}\mathrm{d}t = \int_0^T P_{\text{am}i}\dot{z}_{\text{otn}i}\mathrm{d}t \tag{7.64}$$

式中，T 为振动周期，$T = 2\pi$。

假设往复振动具有谐波形式，则

$$z_{\text{otn}i}=z_{C_{\text{pd}}}\sin\upsilon t;\ \dot{z}_{\text{otn}i}=z_{C_{\text{pd}}}\upsilon\cos\upsilon t$$

然后，将 $P_{\text{am}i}=k_{\text{p}i}\dot{z}_{\text{otn}i}$ 和 $\dot{z}_{\text{otn}i}$ 代入到方程式（7.64）中，可得

$$A_{\text{am}i}=\upsilon^2k_{\text{p}i}z^2_{C_{\text{pd}}}\int_0^T\cos^2\upsilon t\mathrm{d}t=\upsilon^2k_{\text{p}i}z^2_{C_{\text{pd}}}\left(\frac{t}{2}+\frac{\sin2\upsilon t}{4\upsilon}\right)\bigg|_0^T=\frac{1}{2}Tz^2_{C_{\text{pd}}}\upsilon^2k_{\text{p}i}$$

为计算由于减振器（悬架）中的损失而引起的等效车轮滚动阻力，将此力在位移 $l=v_{\text{m}x}T$ 中作功等同于$A_{\text{am}i}$，则

$$P_{f_{\text{am}i}}=A_{\text{am}i}/l=2\pi^2z^2_{C_{\text{pd}}}v_{\text{m}x}k_{\text{p}i}/l^2$$

可以借助式（7.52）和式（7.54）计算轮式车辆的车身与车轮的相对位移。对于两轴轮式车辆，由于

$$z_i=z_{C_{\text{pd}}}+\alpha_{\text{kr}x}l_{C_{\text{pd}i}};\ z_{C_{\text{pd}}}=z_{\text{otn}i}-\alpha_{\text{kr}x}l_{C_{\text{pd}i}}+\zeta_i;\ z_{\text{otn}i}=z_i-\zeta_i$$

当 $\varepsilon_{\text{pd}}=1$ 时，方程式（7.52）和方程式（7.54）经变换可得：

$$m_{\text{pd}}\ddot{z}_{\text{otn}i}+2k_{\text{p}i}\dot{z}_{\text{otn}i}+2c_{\text{p}i}z_{\text{otn}i}+m_{\text{pd}}\ddot{\zeta}_i=-m_{\text{pd}}\ddot{q}_i \tag{7.65}$$

$$m_{\text{npd}}\ddot{\zeta}_i+2k_{\text{sh}i}\dot{\zeta}_i+2c_{\text{shz}i}\zeta_i-2k_{\text{p}i}\dot{z}_{\text{otn}i}-2c_{\text{p}i}z_{\text{otn}i}=-m_{\text{npd}i}\ddot{q}_i \tag{7.66}$$

为了求解这些微分方程，有必要找到表征系统响应的激励函数 $Q(p)$ 和函数 $R(p)$ 的拉氏变换之间的代数关系，它可通过传递函数 $W_R(p)$ 来描述：

$$W_R(p)=R(p)/Q(p) \tag{7.67}$$

式中，p 为微分算子。

对方程式（7.65）、（7.66）进行拉氏变换后，可得

$$m_{\text{pd}}p^2z_{\text{otn}i}(p)+2k_{\text{p}i}pz_{\text{otn}i}(p)+2c_{\text{p}i}pz_{\text{otn}i}(p)+m_{\text{pd}}p^2\zeta_i(p)=-m_{\text{pd}}p^2q_i(p)$$

$$m_{\text{npd}i}p^2\zeta_i(p)+2k_{\text{sh}i}p\zeta_i(p)+2c_{\text{shz}i}\zeta_i(p)-2k_{\text{p}i}pz_{\text{otn}i}(p)-2c_{\text{p}i}z_{\text{otn}i}(p)=-m_{\text{npd}i}p^2q_i(p)$$

引入 $A_{\text{npd}i}=m_{\text{npd}i}p^2+2k_{\text{sh}i}p+2c_{\text{shz}i}$后，可得簧下质量相对振动的传递函数：

$$W_z(p)=\frac{z_{\text{otn}i}}{q_i(p)}=\frac{m_{\text{pd}}m_{\text{npd}i}p^4-m_{\text{pd}}A_{\text{npd}i}p^2}{2m_{\text{pd}}k_{\text{p}i}p^3+(m_{\text{pd}}A_{\text{npd}i}+2m_{\text{pd}}c_{\text{p}i})p^2+2k_{\text{p}i}A_{\text{npd}i}p+2c_{\text{p}i}A_{\text{npd}i}}$$

此时，减振器的阻力作功为：

$$A_{\text{am}i}=\frac{1}{2}|W_z(p)|^2Tq_0^2\upsilon^2k_{\text{p}i}=2\pi^2|W_z(p)|^2k_{\text{p}i}q_0^2v_{\text{m}x}/l$$

式中的耗散功率为：

$$N_{\text{am}i}=A_{\text{am}i}/T$$

减振器中的损耗所引起的车轮滚动等效阻力为：

$$P_{f_{\text{am}}}=A_{\text{am}}/l=2\pi^2|W_z(p)|^2q_0^2v_{\text{m}x}k_{\text{p}}/l^2$$

周期 T 中悬架铰链 P_{trenshp} 中的干摩擦力作功为：

$$A_{\text{trenshp}}=4P_{\text{trenshp}}z_{\text{otn}}$$

以及由于一个悬架铰链中的损耗所引起的等效运动阻力为：

$$P_{f_{shp}}=4P_{trenshp}z_{otn}/l$$

轮式车辆悬架的损失功率 $N_{f\text{п}}$ 取决于不平支承面的参数、减振器和铰链中的阻力、运动速度，并且可能会具有很大的值（图 7.20）。

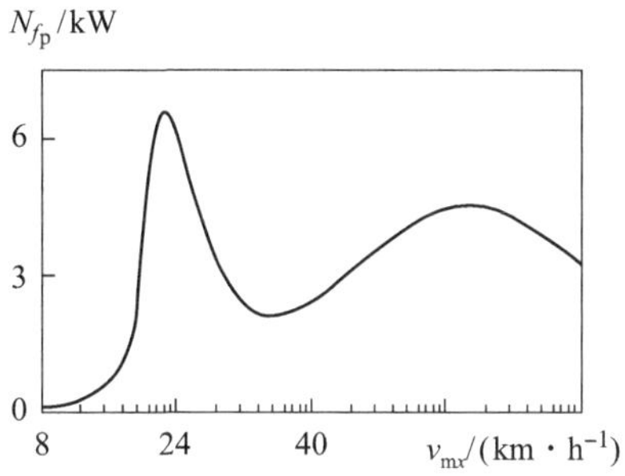

图 7.20 悬架中的损失功率与轮式车辆速度的关系

在惯性力与力矩呈线性关系且变形与负载在周期内根据正弦规律变化时，惯性力和力矩的功等于零。

不平支承面上的运行会在轮式车辆的传动装置上产生很大的动态负载。

7.6 轮式车辆在具有微观轮廓的支承面上行驶的随机振动

支承面的轮廓是主要激励因素。在一般情况下，不平支承面具有随机分布的特点。但是，从它们所具有的多样性中，可以区分出相对较大的组类，其中包括非周期性不平支承面和具有谐波分布定律的周期性不平支承面。

根据规格（长度 l 和高度 q_0），不平支承面分为 3 组：

宏观轮廓——长度超过轮式车辆尺寸（底座 L 或轮距 B）的不平支承面（$l \geqslant 25$ m）；它的特征参数是纵向斜角 α_{opx} 和横向斜角 α_{opy}。

微观轮廓——长度 $l<25$ m 的不平支承面，其中有脉冲不平支承面（$l \geqslant 0.3$ m，$q_0=30 \sim 150$ mm）、坑洼（$l \geqslant 0.3$ m，$q_0=30 \sim 300$ mm）和凹坑（$l \geqslant 1.0$ m，$q_0=30 \sim 500$ mm）。

粗糙度——其长度不超过轮胎与支承面接触长度 b_{shx}（$l<0.3$ m 和 $q_0<1$ cm）的不平支承面。

通常，宏观轮廓对轮式车辆没有动态影响。粗糙度不会影响平顺性的评估参数，且只会产生噪声、增加轮胎磨损和燃油消耗。只有在微观轮廓的影响下才会产生轮式车辆的振动。

彼此相距较远的不平支承面称为非周期性的不平支承面。它们的成因（人为和自然）以及相对于零位的轮廓位置（凸起、凹陷、沟渠）不同。在破损的公路上，有感振动主要发生在存在坑洼的地方，每 1 km 的坑洼数量达到 400 ~ 600 个，平均长度为 1 ~ 2 m（最大为 5 m），深度可达 150 ~ 200 mm。

具有谐波分布规律性质的周期性不平支承面可以通过长度和高度大小、支承面形状和排列形式交替来分类。

在由车辆运输压实的土路上，不平支承面的规格在很大范围内变化：$l=0.5\sim13$ m，$q_0=20\sim200$ mm。当轮式车辆长时间在道路之外和土路上行驶时，不平支承面长度的范围会变窄，通常为 $l=3\sim5$ m，而高度范围会反而增加：$q_0=20\sim400$ mm（通常为 $q_0=100\sim130$ mm）。在混凝土道路上，不平支承面的规格取决于混凝土板的尺寸：$l=4\sim15$ m，$q_0=20\sim30$ mm；在柏油马路上，不包括应急区域，$l=4\sim8$ m，$q_0=2\sim50$ mm。

在土路和柏油马路上，不平支承面的形状几乎与具有平滑拉长边缘的正弦曲线形状相同，并且大多数形状具有对称的纵向轮廓。在混凝土道路上，不平支承面的三角形状取决于混凝土板的下陷。

在土路上，既有单独的不平支承面又有具有波浪形轮廓的交叠式不平支承面。对于由多轴轮式车辆压实的道路，最典型的情况是具有可变波长的交叠式不平支承面，其高度为 $q_0=100\sim200$ mm，且具有波浪形剖面，并可通过正弦或余弦方程来分析这样的剖面。在柏油马路的和混凝土道路上经常会看到交叠式的不平支承面，后者具有重复的三角形不平支承面。

不平支承面的周期性性质可能会引发共振，这已被实践证实。

当沿着非周期性不平支承面和具有谐波分布规律的周期性不平支承面行驶时，如果支承面的微观轮廓表面接近于正态分布，并且振动达到稳态，则可以使用上述方法对平顺性的参数进行评估，其中外部作用由给定的函数施加。

如果支承面的微观轮廓具有混乱交替的不规则形式，每一个不平支承面都会引起悬架系统的明显反应，并且轮式车辆的振动绝不能视为导致从一种稳定状态到另一种稳定状态的过渡过程，而必须使用统计方法。当确切描述表达支承面微观轮廓的函数存在很大困难时，建议合理使用这些方法。

随机微观轮廓的特点是各种规格和形状的不平支承面不规则的交叠着。沿路径长度 x 分布不平支承面高度 q 的具体函数 $q_i(x)$ 称为随机函数的样本函数，假设它是一个非随机函数。在重复记录时，这样的样本函数可能有很多，如$q_1(x)$，…，$q_i(x)$，…，$q_n(x)$，它们构成了一个样本函数集合。

随机函数的特征在于其统计特性，统计特性是通过对一组样本函数或一个样本函数进行平均得出的。如果从一组或一个样本函数中获得的随机函数的统计特性一致，并且可以由一个随机函数 $q_i(x)$ 确定它们，则将这种函数称为各态遍历函数。如果随机函数在足够长的长度上（如 L_q）的统计性能差异很小，那么它被称为平稳函数。

对现有支承面的微观轮廓进行的大量研究表明，函数 $q_i(x)$ 可以被认为是平稳函数和各态遍历函数，而微观轮廓的纵坐标是根据正态定律分布的。因此，为了计算函数 $q_i(l)$ 的统计性能，只需在不小于 $L_q=500$ m 的区域中测量微观轮廓即可。对于有鹅卵石或碎石的道路，此部分的长度可以减少到 250 ~ 300 m。

为将微观轮廓的统计特性描述为随机函数，使用了 4 个非随机函数，它们具有广泛的代表性：数学期望值 m_q、方差 D_q 或均方根偏差 σ_q、相关函数 $R_q(x_L)$ 和谱密度 $S_q(\boldsymbol{v}_L)$。

通过对所获得的样本随机函数 $q_i(x)$ 进行数字描述来计算统计特性，其间距 Δx 等于不平支承面的最小可计算长度 l。样本点数量为 $N=1+L_q/\Delta x$。

数学期望值或微观轮廓的纵坐标平均值根据以下表达式计算：

$$m_q = \frac{1}{L_q}\int_0^{L_q} q_i(x)\,\mathrm{d}x \approx \frac{1}{N}\sum_{i=1}^{N} q_i(x) \tag{7.68}$$

在计算剩余的统计特性时，通过将坐标原点 O 转移到点 m_q（图 7.21）处，使随机函数 q_i（x）居中。可以不考虑不平支承面高度的数学期望值，而仅考虑它们相对于平均值的偏差。下面引入中心随机函数的概念：

$$q_{ci}(x) = q_i(x) - m_q \tag{7.69}$$

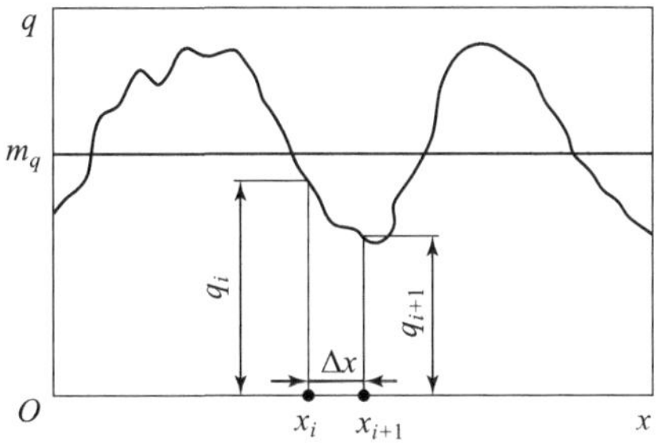

图 7.21 支承面微观轮廓的统计特性

方差 D_q 是中心随机函数平方的数学期望值，即

$$D_q = \sigma_q^2 = \lim_{L_q\to\infty}\frac{1}{L_q}\int_0^{L_q} q_{ci}^2(x)\,\mathrm{d}x = \frac{1}{N-1}\sum_{i=1}^{N} q_{ci}^2(x) \tag{7.70}$$

相关函数是描述坐标 $q_c(x_i)$ 和 $q_c(x_i+x_L)$ 之间关系的数学表达式，它们之间以当前间隔 x_L分隔开，即

$$\begin{aligned} R_q(x_L) &= \frac{1}{L_q}\int_0^{L_q} q_c(x_i)q_c(x_i+x_L)\,\mathrm{d}x \\ &= \frac{1}{N-n}\sum_{i=1}^{N-n}\left[q_c(x_i)q_c(x_i+x_L)\right] \end{aligned} \tag{7.71}$$

式中，$q_c(x_i)$，$q_c(x_i+x_L)$ 分别是参数 x_i 和 x_i+x_L 的微观轮廓的当前中心坐标；$n=0$，1，2，…为确定沿横坐标位移的序数，同时也是确定离散参数 $x_L=n\Delta x$ 点的编号；Δx 为参数步长。

在间隔 $x_L=0$ 时，相关函数等于方差且为最大值：$R_q(0)=D_q$。此属性可以转化为无量纲自相关函数，即

$$\tilde{R}_q(x_L) = R_q(x_L)/D_q = R_q(x_L)/\sigma_q^2 \tag{7.72}$$

在 $x_L=0$ 时，函数 $\tilde{R}_q(x_L)=1$，并且随着偏移的增加，其值减小(图 7.22（a))。图 7.22（a）中的曲线 1 和 2 对应于无谐波分量的随机函数。急速下降的曲线 1 通常用于鹅卵石支承面，而缓速下降的曲线 2 通常用于具有大波长的不平沥青混凝土支承面。曲线 3 和 4 表示明显存在谐波分量的函数，这些谐波分量表明支承面存在磨损和变形，从而导致主要频率波出现在支承面上。

函数 $\tilde{R}_q(x_L)$ 衰减得越快，函数 $q_i(x)$ 的随机度越高。在某个数值 x_{L0} 下（被称为相关间隔)，曲线 $\tilde{R}_q(x_L)$ 与横坐标轴相交。在 $x_L>x_{L0}$ 时，函数 $q_i(x)$ 的随机值实际上是独立的，而当 $x_L\to\infty$ 时，自相关函数 $\tilde{R}_q(x_L)\to 0$。

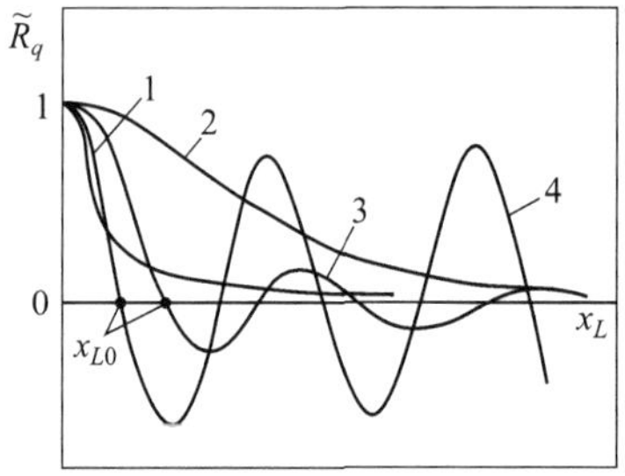

（a）

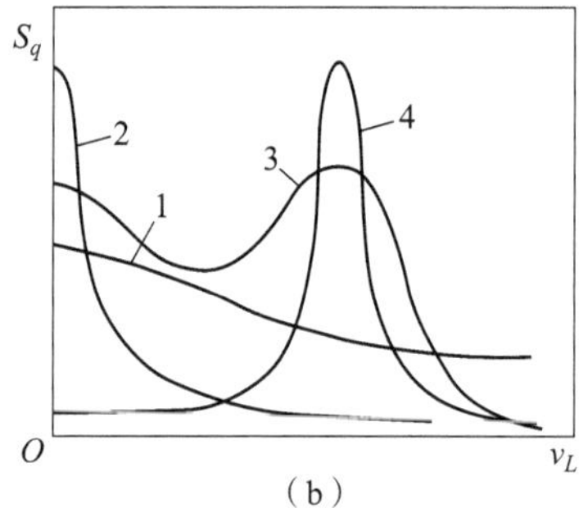

（b）

图 7.22　支承面微轮廓的自相关函数和谱密度

（a）自相关函数；（b）谱密度

1—鹅卵石支承面；2—沥青混凝土支承面；3，4—具有明显谐波分量的支承面

随机过程的相关函数是非随机函数，并可近似为以下形式的方程式：

$$\left.\begin{aligned}&R_q(x_L)=D_q\mathrm{e}^{-\alpha|x_L|};\ R_q(x_L)=D_q\mathrm{e}^{-\alpha|x_L|}\cos\beta x_L\\&R_q(x_L)=D_q(A_1\mathrm{e}^{-\alpha_1|x_L|}+A_2\mathrm{e}^{-\alpha_2|x_L|}\cos\beta x_L)\end{aligned}\right\}\tag{7.73}$$

式中，α，β 为相关系数；A_1，A_2 是无量纲系数，且 $A_1+A_2=1$。

系数 α_1 和 α_2 表示相关函数的递减（衰减）速率，A_1 和 A_2 是的不平支承面高度的一般水平，而 β 是振荡过程参数。

当考虑轮式车辆的空间模型和右侧轮 $q_{\mathrm{cp}}(x)$ 及左侧轮 $q_{\mathrm{cl}}(x)$ 下的支承面截面微观轮廓高度的不同函数时，在某些情况下通过两个随机函数来描述微观轮廓。这里以下列形式表示中间截面的纵坐标 $\bar{q}_{\mathrm{c}}$ 和其倾斜角 α_{opyc}：

$$\bar{q}_{\mathrm{c}}(x)=\frac{1}{2}[q_{\mathrm{cp}}(x)+q_{\mathrm{cl}}(x)];\ \alpha_{\mathrm{opyc}}(x)=[q_{\mathrm{cp}}(x)-q_{\mathrm{cl}}(x)]/B$$

然后，为了对支承面微观轮廓进行统计学描述，可得两个相关函数：

$$R_q(x_L)=\frac{1}{L_q}\int_0^{L_q}\bar{q}_c(x_i)\bar{q}_c(x_i+x_L)\,\mathrm{d}x$$

$$R_{\alpha_{\text{opy}}}(x_L)=\frac{1}{L_q}\int_0^{L_q}\alpha_{\text{opyc}}(x_i)\alpha_{\text{opyc}}(x_i+x_L)\,\mathrm{d}x$$

通过支承面微观轮廓的研究确定，随机函数 $\bar{q}_c(x)$ 和 $\alpha_{\text{opy}}(x)$ 是不相关的，即 $R_{q,\alpha_{\text{opy}}}(x_L)=0$。

谱密度 S_q（υ_L）（能谱）的特性是按照频率分布的随机过程方差，并给出了不平支承面长度重复率的概念。它是线性（路径）频率的函数 $\upsilon_L=2\pi/l$，并且可通过对相关函数的傅里叶变换得到：

$$S_q(\upsilon_L)=\frac{1}{\pi}\int_0^{\infty}R_q(x_L)\cos\nu_Lx_L\mathrm{d}x_L;\ R_q(x_L)=2\int_0^{\infty}S_q(\nu_L)\cos\nu_Lx_L\mathrm{d}\nu_L$$

也可从谱密度函数变换到相关函数，反之亦然。从本质上讲，这两个表达式都包含关于支承面微观轮廓的相同信息，与相关函数不同的是，谱密度显示了某些不平支承面的重复率。因此，谱密度更常用于计算轮式车辆的平顺性。

对于不平支承面的相应长度，谱密度曲线下的面积等于微观轮廓纵坐标的方差，即

$$D_q=\sigma_q^2=\frac{1}{2\pi}\int_{-\infty}^{+\infty}S_q(\nu_L)\mathrm{d}\nu_L$$

用谱密度除以方差，可得标准化谱密度：

$$\tilde{S}_q(\nu_L)=S_q(\nu_L)/D_q=S_q(\nu_L)/\sigma_q^2 \tag{7.74}$$

图 7.22(b) 中显示了符合图 7.22(a) 中所示的相关函数的关系式 $S_q(\nu_L)$。

与相关函数的近似关系式（7.73）类似，各种类型的支承面都有近似方程与相应的谱密度系数，这些在专业文献中都有介绍。

当沿着具有随机微观轮廓的支承面运动时，无法确定具体激励对轮式车辆振动的影响。在这种情况下，在给定速度下，激励具有相关函数和谱密度等特性。统计动力学方法也使得可以通过系统或其导数坐标变化的相关函数或谱密度来确定悬架对这种影响的响应。

为了计算指定解析的作用强迫振动，使用一个简单的代数关系，该关系通过形式为式（7.67）的传递函数 $W_R(P)$ 进行描述。从统计动力学已知，使用传递函数可以计算振动系统响应的统计特性，也就是说当作用是随机过程时，测定其运动的特性。

对于线性动力学系统，可通过传递函数表示输出端系统响应的谱密度 $S_R(\nu)$ 与输入端随机激励的谱密度 $S_q(\nu)$ 之间的关系：

$$S_R(\nu)=|W_R(j\nu)|^2S_q(\nu) \tag{7.75}$$

但是，在微观轮廓的上述特性中，自变量是路径（空间）频率 $\nu_L = 2\pi/l$，输出处的谱密度（位移、速度或加速度）的自变量是作用（时间）频率 $\nu = 2\pi v_{mx}/l$。因此，为了能够使用近似关系式 $S_q(\nu_L)$，必须将自变量 ν_L 转化为到自变量 $\nu = \nu_L \cdot v_{mx} = \dfrac{2\pi}{l} \cdot v_{mx}$。为此，在相关函数和谱密度的近似关系式中系数 α_i 和 β 必须乘以速度 v_{mx}。

为了表示运动过程中在随机作用下的轮式车辆的振动，了解垂直位移 $S_z(\nu)$ 和角位移 $S_{\alpha_{krx}}$ 以及车体加速度 $S_{\ddot{z}}(\nu)$，$S_{\ddot{\alpha}_{krx}}(\nu)$ 的方差和谱密度，就可以对驾驶员和乘客的感觉、货物的安全性进行评估，并且对二阶悬架系统进行计算。通过悬架弹性元件变形量或车轮相对于车身位移的谱密度，可以对悬架的强度和耐久性进行评估，而通过轮胎径向变形的谱密度，使得可以对轮胎和传动元件的耐久性、轮式车辆的稳定性和可控制性进行评估。

对于任意位移的谱密度，采用类似式（7.75）的形式是有效的。加速度谱密度由以下形式的方程式计算：

$$S_{\ddot{z}}(\nu) = |W_{\ddot{z}}(j\nu)|^2 S_q(\nu)\text{；}S_{\ddot{z}}(\nu) = \nu^4 |W_z(j\nu)|^2 S_q(\nu)$$

在随机作用下，悬架系统的输出坐标通过其均方值 σ_q 进行估算。对于整个频率范围，使用下列方程式计算：

$$\sigma_q = \sqrt{2\int_0^{\infty} S_R(\nu)\,\mathrm{d}\nu}$$

但在较高频率时，表征轮式车辆振动的均方根值实际上没有变化，因此积分的范围明显缩小了。通常，在几个频率范围（倍频带）中对输出处的谱密度按顺序进行积分。

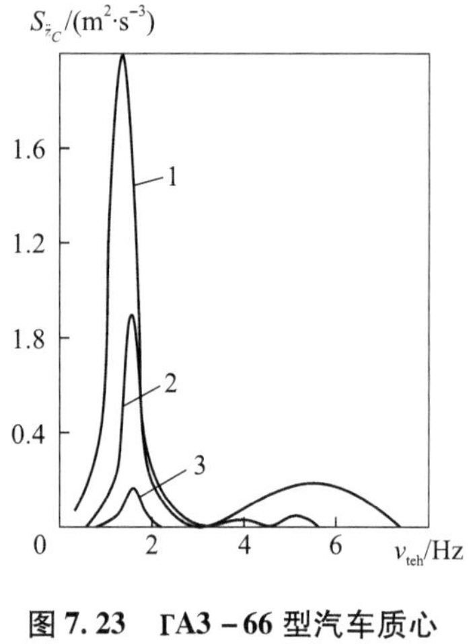

图 7.23 ГА3－66 型汽车质心加速度的谱密度

1，2—在土路上，车速为 60 km/h 及 20 km/h 时；3—在柏油马路上，车速为 60 km/h 时

在图 7.23 中，标示了在土路和柏油马路上以不同速度行驶时，ГА3－66 型两轴汽车的质心加速度的谱密度变化曲线。随着行驶速度的增加，对轮式车辆的影响更加明显。幅频特性曲线和谱密度 $S_{\ddot{Z}_C}(\nu_{tekh})$ 的第一个最大值（参见图 7.13）出现在大致相同的频率上，尤其是在低频区域。这证实了这样的事实：即使在具有随机微观轮廓的道路上行驶时，车体的强烈振动也会以接近最低固有频率的频率发生。第二个最大值位于与簧下质量振动频

率相对应的频率附近。在柏油马路上以相同速度行驶时，加速度的谱密度要小得多。

7.7 轮式车辆平顺性的评估指标

平顺性评估指标表征了振动对驾驶员、乘客、结构元件和所运输货物的影响。强烈的振动会对所有轮式车辆元件产生不利影响。

这种振动很大程度上对人体有影响，从而导致人体器官功能异常。当以最大 $0.4g$ 的加速度行驶时，人体对 1.5 ~ 2.5 Hz 的振动频率较适应。振动频率和强度的变化对其具有重大影响。高强度的冲击作用会导致创伤（挫伤、骨折、挫伤）。频率为 3 ~ 5 Hz 的振动会导致前庭器官和心血管系统紊乱。在频率为 4 ~ 11 Hz 时，会发生头、胃、肝、肠的共振。频率为 11 ~ 45 Hz 的振动会导致视觉障碍，引起恶心和呕吐。在频率高于 45 Hz 且有一定的振动强度时，会发生颤动疾病。

振动对人体的影响不同，且取决于其频率。在低频（最高 15 ~ 20 Hz）时，人体对加速度最敏感；在中等频率下，人体对速度最敏感；在高频下，人体对位移最敏感。人体对频率在 4 ~ 8 Hz 的垂直振动和 1 ~ 2 Hz 的水平振动最敏感。

在评估轮式车辆的平顺性以及驾驶员和乘客的振动负荷时，使用以下指标：

①簧上质量的固有振动频率；

②在轮式车辆各个点处加速度的最大平方值和均方根值；

③在前 5 个倍频带中驾驶员和乘客座椅加速度的均方根值。

根据国际标准 ISO 2631—76 和俄罗斯国家标准 ГОСТ 12.1.012—90 来分析振动对人的影响及其允许水平进行评估。在直角坐标系的 3 个方向上测量传递到人体的线性振动。

如果振动频率在 4 ~ 8 Hz 的范围，并且振动作用于坐着或站着的人 8 h，则舒适、允许疲劳和最大允许疲劳的界限可根据均方根加速度 $\sigma_{\ddot{z}_C}$ 确定，其值分别等于 0.1 m/s^2、0.315 m/s^2 和 0.63 m/s^2。随着作用频率和时间的变化，这些指标将根据图 7.24 中所示的曲线发生变化。

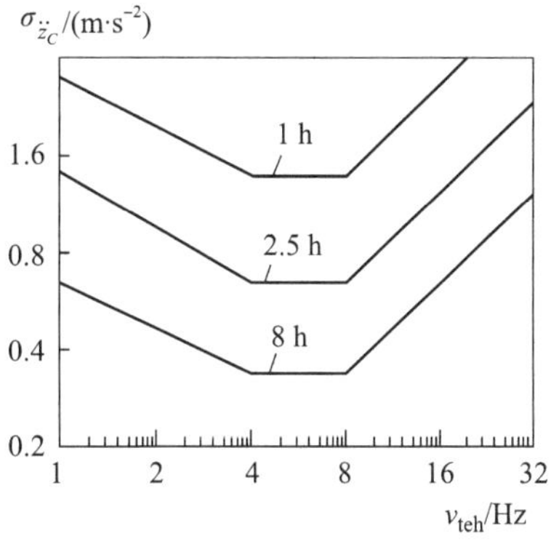

图 7.24 作用的频率和时间发生变化时与疲劳极限相对应的加速度的均方根

采用随机振动加速度的均方根偏差和其在谐波作用下的振幅，作为平顺性的指标。为评估平顺性，将轮式车辆的整个振动频率范围划分为 7 个部分（频程），称为倍频程，即最终截止频率 v''_{tekh} 比初始频率 v'_{tekh} 高 2 倍的频程。每一个倍频程都有编号，且其特征由倍频程频率的几何平均值特征描述，即

$$\bar{\nu}_{\text{tekh}} = \sqrt{\nu'_{\text{tekh}}\nu''_{\text{tekh}}}$$

对于一般振动，以倍频程和三分之一倍频带的形式规定了标准化的频率范围。根据某些（规范）建议进行测试时，可以通过计算或通过实验找到每个倍频带中输出参数的值（如加速度）。

在计算最小均方根加速度 $\sigma_{\ddot{z}i\min}$ 和最大均方根加速度 $\sigma_{\ddot{z}i\max}$ 时，在第 i 个倍频程中计算其在倍频程中的平均值：

$$\bar{\sigma}_{\ddot{z}i} = \sqrt{\sigma^2_{\ddot{z}i\max} - \sigma^2_{\ddot{z}i\min}} \tag{7.76}$$

由于随频率变化的加速度对人和负载的影响不同，因此对于一般的比较评估，它们被置于同一水平。这是在考虑到加权系数的情况下完成的，当然还应根据振动的类型和方向（垂向、纵向、横向）分别计算具体道路和运动速度的等效均方根加速度，即

$$\sigma_{\ddot{z}z} = \sqrt{\sum_{i=1}^{n_{\text{okt}}} (k_{\ddot{z}i}\bar{\sigma}_{\ddot{z}i})^2} \tag{7.77}$$

式中，n_{okt} 为倍频程；i 为倍频程编号；$k_{\ddot{z}i}$ 为人对垂直振动敏感度的加权系数。

人在垂直（$k_{\ddot{z}i}$）和水平（$k_{\ddot{x}i}$、$k_{\ddot{y}i}$）方向上的允许加速度和速度的标准频率特性以及人对垂直振动和水平振动灵敏度的加权系数列举在表 7.1 中。

表 7.1　振动载荷的标准频率特性

倍频带编号	Δv_{tekh}	$\bar{\nu}_{\text{tekh}}$	$\ddot{z}_{\max}$	$\ddot{x}_{\max}$，$\ddot{y}_{\max}$	$\dot{z}_{\max}$	$\dot{x}_{\max}$，$\dot{y}_{\max}$	$k_{\ddot{z}i}$	$k_{\ddot{x}i}$，$k_{\ddot{y}i}$
	Hz		m/s^2		m/s（dB）			
1	0.7~1.4	1	1.10	0.39	0.20（132）	0.063（122）	0.50	1.00
2	1.4~2.8	2	0.79	0.42	0.071（123）	0.035（117）	0.71	1.00
3	2.8~5.6	4	0.57	0.80	0.025（114）	0.032（116）	1.00	0.50
4	5.6~11.2	8	0.60	1.62	0.013（108）	0.032（116）	1.00	0.25
5	11.2~22.4	16	1.14	3.20	0.011（107）	0.032（116）	0.50	0.125
6	22.4~44.8	31.5	2.25	6.38	0.011（107）	0.032（116）	0.25	0.063
7	44.8~89.6	63	4.50	12.76	0.011（107）	0.032（116）	0.125	0.032

加权平均值被用作轮式车辆在所有类型道路上平顺性的通用指标，如：

$$\bar{\sigma}_{\ddot{z}z} = \sqrt{\sum_{j=1}^{n_{op}} (\sigma_{\ddot{z}z})^2 k_{opj}} \tag{7.78}$$

式中，n_{op}为被研究支承面（道路）的数量；j 为道路编号；k_{opj}为 j 路段的加权系数。

在对平顺性进行一般比较评估时，最佳的轮式车辆的加权平均垂直加速度$\bar{\sigma}_{\ddot{z}z}$数值最小。

评估轮式车辆的平顺性时，均方根加速度用作振动载荷的主要测量参量，该均方根加速度与均方根速度有关，其关系式为：$\sigma_{\dot{z}} = 2\pi\sigma_{\ddot{z}}\sqrt{v_{tekh}}$。

轮式车辆平顺性的补充参数：

①在均方根加速度最大的特征点处测得的最大垂直加速度 $\ddot{z}_{max}$；

②驾驶室中驾驶员颈部平齐处的纵向均方根加速度 $\sigma_{\ddot{x}}$。

这些值可以通过计算确定。如果假设加速度是随机变量，且呈正态分布，那么根据高斯定律，出现大于或等于均方根加速度 $\sigma_{\ddot{z}}$的数值 $\ddot{z}$ 的概率将为：

$$P[\ddot{z}(t) \geqslant k\sigma_{\ddot{z}}] = e^{-0.5k^2} / \left(k\sqrt{2\pi}\right)$$

式中，$k = \ddot{z}/\sigma_{\ddot{z}}$。

例如，如果 $\sigma_{\ddot{z}} = 3.5\ m/s^2$，且需要了解出现加速度 $\ddot{z} \geqslant 9.8\ m/s^2$ 的概率，那么在 $k = 2.8$ 时，它将是：

$$P = e^{-0.5 \cdot 2.8^2} / \left(2.8\sqrt{2\pi}\right) = 0.002\,8 = 0.28\%$$

此外，还对轮式车辆元件的承载能力制定了相应标准，承载能力是根据振动速度的对数进行评估的：

$$L_v = 20\frac{\lg\sigma_i}{5\times10^{-8}}$$

式中，L_v 以 dB 为单位；$\sigma_{\dot{z}}$ 为倍频程中的均方根速度，m/s²；5×10^{-8}是频率为 1 000 Hz 的电流在标准声压阈值下的振动速度。

在俄罗斯联邦国有制企业《ФГУЛ НИЧИАМТНАМИ. В》德米特罗夫汽车试验场路段的行业标准中列举了关于轮式车辆平顺性的测量方法和指标的详细信息。作为实例，在表 7.2 中列举了载货轮式车辆平顺性的标准。

在实际均方根加速度超过标准值的情况下，保持工作能力且因振动引起的疲劳不会降低劳动效率的工作时间，在超过容许标准 1.4 倍、2 倍和 4 倍时，分别从 8 h 降低到 2 h、1 h 和 15 min。

为防止不固定负载的移动，考虑到所需的余量，必须使装载平台的垂直加速

度满足 $\sigma_{\ddot{z}} \geqslant (0.15 \sim 0.3)g$。

表 7.2 载货轮式车辆驾驶员座椅上的均方根加速度标准值 单位：m/s^2

路段*	$\sigma_{\ddot{z}}$**	$\sigma_{\ddot{x}}$	$\sigma_{\ddot{y}}$	$v_{mx}/(km \cdot h^{-1})$
Ⅰ	1.00（1.30）	0.65	0.65	30；50；70
Ⅱ	1.50（1.80）	1.00	0.80	30；45；60
Ⅲ	2.30（2.70）	1.60	1.60	10 ~ 15

* Ⅰ—水泥混凝土测力路（$L_{Ⅰ}=1$ km；$l=0.4 \sim 40$ m；$\sigma_q=0.006$ m）；Ⅱ—无坑洼的鹅卵石路（$L_{Ⅱ}=1$ km；$l=0.25 \sim 5$ m；$\sigma_q=0.011$ m）；Ⅲ—有坑洼的鹅卵石路（$L_{Ⅲ}=0.5$ km；$l=0.12 \sim 12$ m；$\sigma_q=0.029$ m）。

** 括号中列举的是载货平台上的数值 $\sigma_{\ddot{z}}$。

习题

1. 请写出轮式车辆平顺性的定义。

2. 在无阻尼和有阻尼情况下自由振动时的单质量线性振动系统的特性由哪些参数表征？

3. 不考虑簧上质量和阻尼，绘制两轴轮式车辆自由振动的计算示意图。

4. 什么是振动偏频、簧上质量的分布系数和耦合系数？

5. 什么是轮式车辆的振动中心？

6. 绘制带簧下质量的车辆各轴的非耦合振动的示意图。说明在什么假设下它是有效的？

7. 写出双质量振动系统的簧上质量和簧下质量的振动偏频方程式。

8. 什么是部分衰减系数、簧上质量和簧下质量有阻尼振动的圆频率、相对衰减系数？

9. 什么是激励力的作用频率？具有正弦规律的不平支承面具有哪些参数？

10. 什么是轮式车辆的幅频特性？双质量振动系统的参数如何影响其形式？

11. 多轴轮式车辆的振动特点有哪些？

12. 请写出多轴轮式车辆的部分频率和衰减系数的方程式。

13. 当多轴轮式车辆的设计参数发生变化时，其固有振动频率如何变化？

14. 在横向平面上轮式车辆振动计算模型的特点是什么？

15. 在不平支承面上行驶时，是什么引起了轮式车辆的纵向振动和额外运行阻力？

16. 不平支承面分为哪些组，其参数是什么？

17. 随机微观轮廓的参数是什么？

18. 什么是传递函数？它的作用是什么？

19. 哪些指标可用于评估轮式车辆的平顺性？

8

轮式车辆通过性

8.1　轮式车辆通过性概述

基本定义

通过性用于表征车辆完成所规定任务的机动能力——是度量沿着规定路线以高速、高效和可靠的方式运行的能力的综合属性。根据轮式车辆的用途，前两个属性（高速、高效）可能会相互冲突，而后者（可靠）则是制约机动性指标的主要因素。

在大多数情况下，机动性的制约与轮式车辆在恶劣条件下在未铺装的地形和支承面上的运行能力有关，这种能力用通过性来描述。

通过性是轮式车辆的一项机动性能，它确定了在恶劣的道路条件下，沿着难以通行的道路行驶以及克服各种障碍的能力。这里所说的恶劣道路状况包括潮湿、泥泞、积雪、结冰、被毁坏和浸湿的道路，以及限制轮式车辆行驶速度的几何障碍物；所说的难以通行的道路是指用于陆地车辆通行的未铺装天然地面。

通过性的丧失可能是完全丧失，也可能是部分丧失。完全丧失通过性是指轮式车辆不可能进一步行驶（卡住）；部分丧失通过性是指速度和效率的降低，燃油的消耗和驾驶员疲劳度的增加。

一般情况下，地面车辆的通过性有 3 种类型：支承面轮廓通过性、支承通过性和水上通过性。支承面轮廓通过性是指车辆能够克服道路不平、障碍物，并适应指定的区域（通道）；支承通过性是指车辆能够在恶劣的道路条件下和在可变形的支承面上行驶；水上通过性是指车辆能够克服水域障碍。

通过性取决于轮式车辆的结构形式，即总体配置、动力装置、传动装置、悬架装置和转向控制系统以及轮式行动装置。其中，轮式行动装置是确保具有各种结构的轮式车辆能在地面上通过的先决条件，当然通过性还取决于地形和轮式车辆跨越障碍物的性能。

不变形的地形障碍

在评估通过性时，应分别考虑幅度变化不明显的地形元素和大型障碍物，有时绕行这些障碍物可能需要过长的时间，甚至是不可能的（如路堤、堤坝、沟渠、堑沟、土沟、堑壕、较小的水障碍）。对于轮式车辆无法通行的地段（河流、断崖和冲沟、深沼泽等）则除外，而对于大型独立的障碍物（如丘陵、深坑和土坑），应采用绕行方案。

对轮式车辆行驶的不同地形区域可分为 3 类：有等级道路、天然形成的土路、未铺装的地面。

①对于有等级道路，其轮廓形状曲线，即支承面曲率、纵向坡度和安全通道是阻碍行驶的因素。这些因素在俄罗斯《建筑标准与规范》中进行了规定，并且在道路施工过程中可以足够准确地得以实施。

②在天然形成的土路上，轮式车辆的行驶可能会受到下列因素的阻碍：实际铺设道路（路线）的地形几何褶皱；道路上形成的各类坑洼和起伏；支承面的弯曲度；侧通道的有限尺寸和弯曲度（林中道路、地形褶皱等）；独立的障碍物（沟渠、梯阶）以及横坡。

③在未铺装的地面上行驶时，可能会出现以下不利条件：纵向地形、螺旋形地面褶皱（“斜波”）、独立的障碍物（圆石、小冲沟、小溪、小河、沟渠、树木等）。

对于每个行驶区域，都可以划分出对轮式车辆机动性影响不大的小尺寸（不水平）的纵向轮廓形状曲线以及对机动性有较大限制的周期性和非周期性的不平支承面。不平支承面的分布大多是随机的，可以用对机动性有较大影响的某些参数来区分周期性和非周期性的不平支承面。

可用纵向轮廓、横向轮廓、平面图对道路或车道作为空间曲线的特点进行说明。

纵向轮廓可以测定单独路段的斜率：纵向斜坡的角度 α_{opx}、纵向斜坡的长度 l_{opx}、纵向曲率半径 r_{opx}；横向轮廓可以测定支承面的横向斜率、行车道的宽度：横向斜坡的角度 α_{opy}、横向曲率半径 r_{opy}，r_{opx} 和 r_{opy} 用于表征曲线凹凸程度的曲率半径；平面图可以测定道路的曲折度：平面图中的曲率半径 r_{opxy}、路基宽度 l_{opy}。

根据不平支承面的尺寸（长度 l 和高度 q_0），支承面具有宏观轮廓、微观轮廓和粗糙度的特征（参见第7章）。道路的轮廓主要由其铺设地区的单一皱褶确定，但仅通过直接研究地图上的地形并不能获得评估轮式车辆机动性所需的信息。

根据其特征，还可将道路细分为：

①永久使用的人造路基和公路；

②刨制道路或者用筑路机筑成的道路、干旱草原地区和森林草原地区（$\alpha_{opx} \leqslant 10°$；$l_{opy} \leqslant 10$ m）；

③分别由纵向原木和横向原木铺装且很少使用的车辙道路和木铺道路（$l = 10 \sim 30$ cm；$q_0 = 5 \sim 10$ cm）；

④由原木、木材、金属波纹板或混凝土板制成的拼合板支承面；

⑤冬季公路或者北方的季节性道路；

⑥通常由轮式车辆在一年内利于其行驶的期间内压平的乡村土道，但是在秋天，尤其是春季的道路泥泞时期和降雨期间会变得难以通行（$\alpha_{opx} \leqslant 18°$）；

⑦宏观轮廓与山区道路没有太大差别的采石场内道路和垃圾场道路（$\alpha_{opx\max} \leqslant 40°$，$l_{opy} = 11 \sim 15$ m，$r_{opxy} = 15 \sim 25$ m，$q_0 = 1.4 \sim 150$ mm）。

根据俄罗斯建筑标准与规范SNUP2.05.02－85，公路所占的比例最大，并可被分为5个技术类别。其中，第Ⅱ类道路参数典型值如下：$\alpha_{opx} = 2.2°$；$l_{opx} = 495$ m；$\alpha_{opx} = -2.3°$；$l_{opx} = 512$ m；$r_{opx} = 3\ 310$ m；$r_{opxy} = 1\ 170$ m；$\alpha_{opy} = 2.3°$。第Ⅴ类公路是最差的公路，根据地形其纵向剖面的曲率半径 r_{opx} 如下：在平原道路上为0.6～2.5 km；在崎岖不平的地面上为0.3～1.0 km；在山区为0.2～0.6 km。

通常，仅通过安全行驶限速来限制轮式车辆在此类道路上的机动性。大量实验研究表明，技术分类不能作为道路分类的标准（偏差为15%～20%）。道路上车辆机动性下降的主要原因是由于形成各种尺寸的坑洼而被毁坏了的道路。在被毁坏的道路上，每1 km的坑洼数量可达400～600个，平均长度为1～2 m，但不超过5 m，深度为0.15～0.20 m。当履带式车辆沿着这些道路行驶时，坑洼的平均深度会增加到0.4 m。

微观轮廓的主要特征是相关性函数和根据表达式（7.73）计算出的微观轮廓的谱密度，对于状况不佳和难通行的道路，可根据下式计算：

$$R_q(x_L) = D_q e^{-\alpha_R |x_L|} \cos(\beta_R x_L);\ S_q(\nu_L) = \alpha_L \nu_L^{-2} \tag{8.1}$$

其中，α_R、β_R、α_L为系数（见表8.1）。系数 α_L 的值如下：$10^{-5} \sim 10^{-4}$——用于压实的土路；$10^{-4} \sim 10^{-3}$——用于状况良好的道路；$10^{-3} \sim 5\times10^{-3}$——用于被毁坏的土路；$5\times10^{-3} \sim 10^{-2}$——用于难通行的道路。

表 8.1 用于计算难通行道路性能的方差与系数值

难通行道路的类别	ν^*时的 D_q				ν^*时的 α_R				ν^*时的 β_R			
	超低频	低频	中频	高频	超低频	低频	中频	高频	超低频	低频	中频	高频
草地:												
水平草地	12	6	4.6	2.05	0.09	0.12	0.30	1.0	0.24	0.40	0.80	2.0
小起伏草地	42	67	20	14	0.09	0.12	0.30	1.0	0.24	0.40	0.80	2.5
中等起伏草地	184	80	54	—	0.09	0.12	0.25	—	0.20	0.40	0.82	—
起伏很大的草地	245	289	—	—	0.21	0.13	—	—	0.26	0.40	—	—
土堤	700	760	—	—	0.13	0.16	—	—	0.18	0.36	—	—
土墩	—	—	—	64	—	—	—	3.4	—	0.40	—	8.0
被毁坏的道路	140	30	33	25	0.24	0.10	0.57	0.55	0.24	0.40	0.80	1.8

* 激励频率。

被毁坏的道路、严重毁坏的道路和地形可以看作是无序分布的不平支承面（坑洼和高地）的集合（图 8.1）。对于此类道路，最典型的不平支承面长度是 1 ~ 3 m 且高度为 70 ~ 100 mm（在某些情况下为 200 ~ 300 mm）。

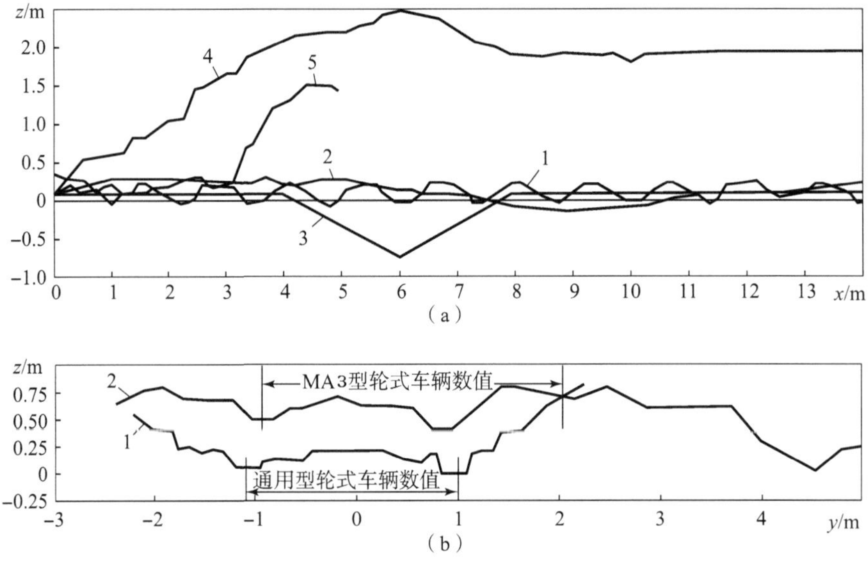

图 8.1 道路（1、2）和地面褶皱构造（3、5）的轮廓

（a）x 向轮廓；（b）y 向轮廓

1—多用途轮式车辆行驶时；2—多轴专用底盘行驶时；3—三角棱形凹槽；

4—土路的褶皱构造；5—地面褶皱构造

障碍物分为简单障碍物及其与其他类障碍物（斜坡、土坑等）的组合。根据来源，简单的障碍物分为人工障碍物和天然障碍物，并且根据其轮廓相对于零点标高的位置，分为凸起和凹陷。人工障碍物包括低于 1.5 m 的路堤和堤坝（图 8.2）、灌溉系统的渠道、路边的排水沟和沟渠、异形路基、土沟（该地区工程设备的残余物，未完工的管道、通信线路、有线网络的铺设工程）等。它们是标准化的，施工人员可以准确地进行模造。土质障碍物可以很快被清除，并覆盖上草皮。天然障碍物包括河川障碍物、狭窄的河床、裂缝和峡谷。

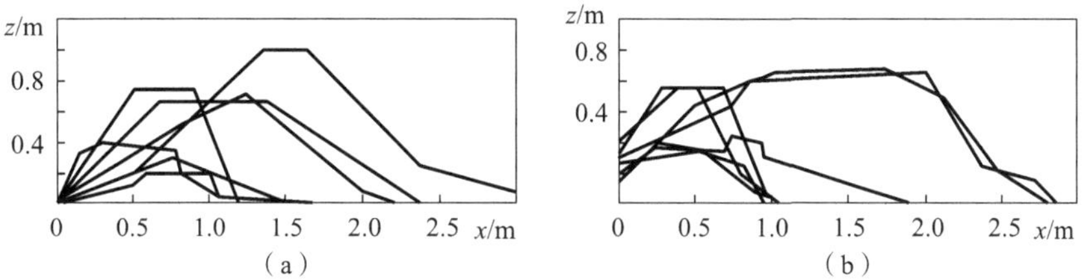

图 8.2　路堤和堤坝的纵剖面图

（a）路堤；（b）堤坝

对于石头和漂砾形式的不连续障碍，其特征的数学期望值和均方值偏差如下：$m[q_0/l]=0.54$；$\sigma[q_0/l]=0.123$。

易变形支承面

天然易变形支承面可能包含以下 4 组成分：固体矿物颗粒、不同形态和状态的水、气态夹杂物、有机和有机矿物化合物。

为描述易变形支承面的特征，使用以下物质组成指标和物理状态指标。

1. 物质组成指标

1）粒度组成。根据大小分为砂状（>0.05 mm）、粉状（0.005～0.05 mm）、黏土质（0.000 25～0.005 mm）和胶质（<0.000 25 mm）矿物颗粒。

2）湿度。对于此特性采用以下指标：含水量或天然湿度 $W=G_v/G_{ch}$，其中 G_v、G_{ch}分别对应土壤内含水重量和固体颗粒的重量；

相对湿度 $W_{ot}=G_v/(G_v+G_{ch})=W/(1+0.01W)$；

饱和含水量 $W_{pol}=G_{vpor}/G_{ch}$，其中 G_{vpor}为孔体积水的重量；

水饱和状态指数 $J_W=W/W_{pol}$；

塑性指数（值）$J_P=W_L-W_P$ 为土壤可塑时的湿度范围，其中 W_L、W_P 分别对应土壤变为流体状态时的湿度（流动极限）和失去自身塑性时的湿度（塑性极限）。

3）气体含量：定义孔中和水中的气体组成。

4）灰分：以系数 A_C 为特征。A_C 表示泥炭燃烧后剩余的灰分量，其重量是干燥试样的重量的一部分，并用百分比表示。灰分反映了泥炭的组成特点。

2. 易变形支承面的物理状态指标

1）堆积密度。对此特征使用如下指标：

土壤颗粒密度 $\rho_{g.ch}=m_{ch}/V_{ch}$，其中 m_{ch}、V_{ch} 分别对应固体颗粒的质量和体积；

干土壤（土壤结构）密度 $\rho_{g.sh}=m_{ch}/(V_{ch}+V_{por})$，其中 V_{por} 为孔体积；

天然（现实）土壤的密度 $\rho_g=(m_{ch}+m_v)/(V_{ch}+V_{por})$，其中 m_v 为土壤中水的质量；

孔隙率 $n=V_{por}/(V_{ch}+V_{por})$；

孔隙率系数 $e=V_{por}/V_{ch}$；

密度指数（相对密度）$J_e=(e_{max}-e)/(e_{max}-e_{min})$，其中 e_{max}、e、e_{min} 分别对应最松散、自然和最密实状态下的孔隙率系数。

2）稠度指数 J_L。可据此确定土壤的密度和黏度，进而决定土壤抵抗塑性变形的能力，即

$$J_L=(W-W_P)/(W_L-W_P)=(W-W_P)/J_P$$

3）泥炭分解度 R_{torf} 为无结构部分与此次称重中所含极微小（尺寸 <0.25 mm）剩余物的重量占比。

4）温度 T。研究雪和冰雪特性时，该指标起关键性作用，对于其他类型土壤则没那么重要。

应该指出的是，对于各种具体的支承面，其指标选取具有各自的意义。例如，对于非黏结性（砂质）土而言的粒度组成、密度和湿度；对于黏结性土（黏土）而言土壤具有塑性时的湿度范围和密度；对于泥炭层而言的湿度、灰分、分解度、密度；对于雪而言的粒度组成、密度和温度。

所列指标相互关联

$$\left.\begin{aligned}&\rho_{g.sk}=\frac{\rho_{g.ch}}{1+e};\ e=\frac{\rho_{g.ch}-\rho_{g.sk}}{\rho_{g.sk}};\ \rho_g=\rho_{g.sk}(1+W);\ e=\frac{\rho_{g.ch}(1+W)}{\rho_g}-1\\&n=\frac{e}{1+e};\ e=\frac{n}{1-n};\ J_W=\frac{W\rho_{g.ch}}{e\rho_v};\ W_{pol}=\frac{e\rho_v}{\rho_{g.ch}}\end{aligned}\right\}\tag{8.2}$$

式中，ρ_v 为水的密度，1 g/cm^3。

在研究车辆的运动时，应考虑以下几组易变形的支承面：非黏结性、黏结性的泥炭土壤和积雪。

非黏结性土壤包括粗粒土和沙土，分类方式如下：

风干状态下一定尺寸的矿物颗粒的重量百分比：粗粒（碎石、鹅卵石、角砾、砾石）土和砂质（半砂砾、粗粒、中粒和细粒、粉质）土；

湿度：稍湿（$J_W \leqslant 0.5$），潮湿（$0.5 \leqslant J_W \leqslant 0.8$），湿度饱和（$J_W > 0.8$）；

堆积密度：松散（$J_e < 1/3$），中等密度（$1/3 \leqslant J_e \leqslant 2/3$），密实（$2/3 < J_e \leqslant 1$）。孔隙率系数取决于堆积密度。例如，对应的粉砂孔隙率系数如下：$e > 0.8$；$0.60 \leqslant e \leqslant 0.80$；$e < 0.60$。

根据塑性指数（值）J_P，因为 $J_P < 1$，砂质土不再细分。

黏结性土分为纯土和混合土。

黏性纯土中植物和有机残留物含量不超过5%（重量）。根据类型和种类区分，同时考虑两个指标：沙粒（0.05 ~ 2 mm）含量和作为土壤黏性指标（表8.2）的塑性指数 J_P 以及根据取决于稠度指数（表8.3）的聚集态区分。

表8.2　黏性纯土各指标数值

土壤类型和种类	颗粒含量/%		J_P	W_{ot}/%
	砂质	黏土质		
亚砂土：				
轻质粗粒	>50	3 ~ 12	1 ~ 7	16 ~ 26
轻质	<50	3 ~ 12	1 ~ 7	16 ~ 26
粉质	20 ~ 50	12	1 ~ 7	16 ~ 26
重质粉质	<20	<12	1 ~ 7	16 ~ 26
砂质黏土：				
轻质	>40	12 ~ 18	7 ~ 12	26 ~ 42
轻质粉质	<40	12 ~ 25	7 ~ 12	26 ~ 42
重质	>40	18 ~ 25	12 ~ 17	26 ~ 42
重质粉质	<40	18 ~ 25	12 ~ 17	26 ~ 42
黏土：				
砂质	>40	>25	17 – 27	>42
粉质	<40	>25	17 – 27	>42
油性	未规定	>25	>27	>42
高油性	未规定	>25	>27	>42

表 8.3 黏性纯土的稠度指数 J_L 值

土壤的聚集态	黏土和砂质黏土	亚砂土
固态	<0	<0
半固态	0 ~ 0.25	<0
硬塑性	0.25 ~ 0.50	<0
塑性	0.25 ~ 0.50	0 ~ 1
软塑性	0.50 ~ 0.75	0 ~ 1
塑性流动的	0.75 ~ 1.00	0 ~ 1
流动的	>1	>1

虽然这些土壤的密度特性很少使用，但这些特征对于评估可能的变形能力是必需的。对于密实土壤，孔隙率系数的近似值 $e<0.5$，对于中等密度土壤 $0.5\leqslant e\leqslant1.0$，对于松散土壤 $e>1.0$。

黏性混合土中植物和有机残留物含量大于 5%（重量）。尽管它们是黏结性土的一个类别，但在大多数情况下，它们被分为一个单独的组。这种土壤非常多样，但可以粗略地分为 3 种类型：黄土、淤泥和腐殖土（种植土层）。

黄土和类黄土是粉质黏土的一种。其特点是粉质组分占多数，水云母成分的黏土颗粒含量较少，含有碳酸盐，具棱柱形结构，垂直的根部孔隙，有较大的孔隙率（超过 40%）以及存在大的孔洞。润湿后会快速泡软并严重下垂。

淤泥是一种在一定程度上具有可塑性的细颗粒土壤，其中混有细碎的有机颗粒。颜色为浅棕到深棕色。

腐殖土（种植土层）种类繁多。从车辆通行能力的角度，典型的种植土层可分为：冰冻潜育层和泥炭潜育层（北极和亚北极地区）；生草灰化和沼泽层（针叶林林带）；棕色森林（落叶林带）；黑钙土（森林草原和草原地带）；栗色土（干草原）；棕色和灰棕色土（半沙漠和沙漠地区）。根据聚集状态，腐殖土可以分为密实堆积的（未开垦地、草皮茬、草甸子）和松散的（排土犁处理深度为 0.12 ~ 0.55 m 的耕地、系统耕种并用于播种的耕地）。

泥炭土是有机物生成的复杂岩石，是在水分过多且空气难以进入的条件下未充分分解的植物残渣积累形成的。它们属于多相体系，其中固体颗粒的大小为几微米到几厘米。该体系包含 30% ~50%（重量）的纤维物质，其尺寸大于 250 μm，并有大量的孔和水分。

泥炭层厚度超过0.5 m时会形成泥炭沼泽（浅层<2 m，中等2 ~4 m，深层>4 m），小于0.5 m为沼泽土壤或矿物沼泽（残留植物含量10% ~60%）。根据供水情况，沼泽地分为低洼区、高出区和过渡区。泥炭层由3层组成：纤维层（上层）、泥炭层（中层）和草皮（近底层）。

根据强度（分解程度 R_{torf}和湿度 W），将泥炭层细分为塑性（A型）——无论负载的施加速度如何，该层均在负载的作用下压缩；塑性流动（B型）——在缓慢负载作用下仅被压缩，当负载快速转移时被压出；流体（C型）——任意状态下均被压出。

根据道路建设分类，按沼泽许用标准压力［p_z］，将其分为3类：

密实（单）层，取［p_z］= 0.08 ~0.1 MPa和0.1 ~0.12 MPa，适用于过湿、松散，及A型少水——密实泥炭层（其下为相对坚固的矿物土）构成的稳定基础。

腐殖质（两）层，取［p_z］= 0.05 ~0.08 MPa，强度类型A、B和C——不稳定基础，基础下为有机或半有机淤泥（腐殖质和高度分节的液态泥煤）。

漂浮层（三层）当漂浮植物层厚度 H_{spl} =2 ~4 m时，取［p_z］=0.03 ~0.05 MPa；H_{spl} ≤2 m时，取［p_z］≤0.03 MPa；H_{spl} ≤0.7 m时，取［p_z］≤0.01 MPa，以及类型C——低承载力的基础，在液态泥炭层上漂浮着泥炭毡层（漂浮植物层）。

依据草皮（纤维层）的组成分为灰藓芦苇、木质、乔木－莎草、莎草、羊胡子草－莎草、泥炭藓－羊胡子草、芦苇、草本－乔木以及其他泥炭沼泽。

雪是一种多孔的、不均匀的物质，由相对牢固但连接较弱的冰晶组成，冰晶间有水、水蒸汽和空气薄膜。在下雪层和上雪层之间存在温差时，如在融化期间，冰晶蒸发但并未形成液相（升华过程），蒸汽在上层形成固相，变得更致密（形成了薄膜），下层变软。

雪的主要特征参数是密度，其区别在于形成时间（新旧）、湿度（干燥、湿润、有雨、暴风雪期间）、雪花的结构（细粒松散、颗粒松散暴雪、颗粒松散且相连接、颗粒松散密实）。确定雪密度值的方式如下，单位为g/cm^3：

新鲜雪：

松散且轻微压实…… 0.03 ~0.18

被风紧紧压实……… 0.19 ~0.28

旧的密实积雪*：

细颗粒雪…………… 0.29 ~0.36/0.37 ~0.44

* 分子为干燥雪数据，分母为湿雪数据。

粗颗粒雪…………… 0. 28 ~0. 35/0. 38 ~0. 48

固结雪……………… 0. 42 ~0. 52/0. 55 ~0. 65

8. 2 轮式车辆的通过性

越障能力是轮式车辆进入指定车道的能力，克服纵向和横向平面斜坡（山坡）、非周期性的大面积不平整表面、垂直墙、坑、沟道障碍的能力。本节仅研究轮式车辆沿不可变形支承面的运动。

对指定行驶轨迹的适应性

轮式车辆在沿大曲率轨迹移动且方向发生急剧变化的条件下，在有限区域内移动的能力称作机动性。

机动性的主要参数（图 8. 3）为：

R_{pmin} 或 R_{p1n}——轮式车辆牵引车的最小转向半径，即从旋转中心到距其（外）轮最远的轨迹的径向距离；

B_{slm}——沿轮迹的转向宽度，即沿相应轮迹的轴线的最大与最小转向半径之差；

R_{gabmax}——距轮式车辆旋转中心最远的点的外廓外半径；

R_{gabmin}——距轮式车辆旋转中心最近的点的外廓内半径；

B_{gab}——外廓车道宽度，$B_{gab}=R_{gabmax}-R_{gabmin}$。

确定了轮式车辆曲线运动的实际参数后（参见第 3 章），便可计算出所给参数。

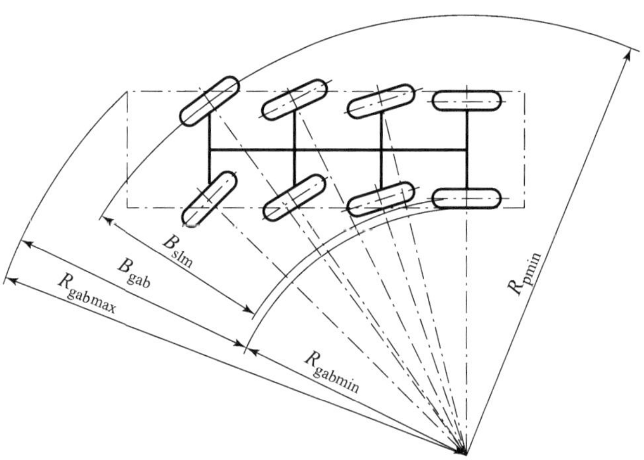

图 8. 3 轮式车辆的机动性主要参数

克服纵向和横向平面上的斜坡

轮式车辆沿有坡度的支承面行驶时，车轮上的垂向载荷将发生明显的重新分配，纵向力和横向力增加。若牵引力力的反作用力不足、倾覆（纵向或侧向）或转向轮离地且失去轮式车辆的控制，此时轮式车辆可能失去通行能力（可动性）。

当以较大的坡度 α_{opx} 运动时，重力的水平分量 P_{mx} 会显著增加，要克服这一点，必须满足以下条件：

$$P_{km} = M_{dv-tr} u_{tr} \eta_{tr} / r_k \geqslant P_{mx} + P_{f_{sh}m}$$

式中，P_{km} 和 $P_{f_{sh}m}$ 分别通过表达式（2.14）和（2.2）确定。

但当在斜坡上行驶时，车轮（图 2.36）上的垂向反作用力 R_{zo} 急剧变化。车轮与支承面接触时，总切向力的实现取决于每根轴上的车轮附着能力（纵向反作用力 $R_{xo} = \varphi_o R_{zo}$）和确保其实现的传动方案，即

$$P_{ko} = R_{xo} + f_{sh} R_{zo}$$

在闭锁系数 $k_{bl} = 1$ 的全差速传动方案下，车轮上的转矩均匀分布，并根据比值确定

$$M_{kimin} = r_{ki}(f_{shi} + \varphi_i) R_{zimin}$$

某一车轮上垂向反作用力显著降低时，减小了产生能够克服重力的纵向分量 P_{mx} 这一运动阻力的牵引力的可能性：

$$P_{km}^{dif} = 2n_{om}(f_{shi} + \varphi_i) R_{zimin}$$

采用全闭锁差速传动方案时，可以充分发挥来自动力装置的转矩，即

$$P_{km}^{bl} = \sum_{i=1}^{2n_{om}} (f_{shi} + \varphi_i) R_{zi}$$

克服坡度时，可通过式（2.14）估算轮式车辆的功率损失。

对于具有良好附着力（$\varphi_i \geqslant 0.6$）的轮式车辆，全轮驱动轮式车辆的最大纵向坡度角 $\alpha_{opx} = 27° \sim 37°$；对于全轮驱动轮式车辆牵引式汽车列车，最大纵向坡度角为 15° ~ 20°。对于非全轮驱动轮式车辆，最大纵向坡度角为 20° ~ 25°；对于非全轮驱动轮式车辆牵引式汽车列车，最大纵向坡度角为 11° ~ 13°。

第 3 章研究了转向轮与支承面分离时轮式车辆的操纵性损失，第 4 章研究了稳态和动态的稳定性。

下坡行驶且遇到不平整支承面或下降表面倾斜角度急剧变化时，若减速度 $|\alpha_{mx}| > \varphi_x g$，则可能发生倾覆。如果质心在水平线上的垂直投影与前轴连轮的接触点重合，则轮式车辆相对前轴翻转。为此，在不考虑车体纵向滚动的情况下，

须将质心垂直移动到某一高度，即

$$\Delta h_C = \sqrt{h_g^2 + l_{1C}^2} - (h_g \cos\alpha_{opx} + l_{1C}\sin\alpha_{opx})$$

在这种情况下，通过如下关系式确定动能：

$$\frac{1}{2}m_{m}\left(v_{mxoprx}^{krit}\right)^2 = m_{m} g \Delta h_C$$

此时临界速度为（轮式车辆下坡时超过该临界速度将发生倾覆）：

$$v_{mxoprx}^{krit} = \sqrt{2g\Delta h_C} \tag{8.3}$$

当下坡角为极限值（$\alpha_{opx} \approx 30°$）时，临界速度为 8 ~ 10 km/h。

克服单个障碍物

当障碍物较长且无法绕过时，存在克服障碍物的问题。尽管存在各种障碍，但可以将它们简化为垂直墙、短小的上下坡、坑洼和沟道。

克服障碍物的能力受到轮式车辆和障碍物的几何参数、轮式车辆的的牵引拖挂特性，以及轮式车辆元件上允许的动态载荷的限制。

当轮式车辆的端部或下部突出元件碰到障碍物时，存在可通过性的几何限制。也可以将轮式车辆悬置在障碍物上，以减小车轮上的垂向载荷，从而实现附着力的纵向反作用力。

确定将轮式车辆悬置在障碍物上本质上是一个几何问题，可以通过图形和分析的方式解决。应该注意的是，并非任意轮式车辆元件卡在障碍物上都会导致其通过性的丧失。车轮产生的推力很可能足以克服障碍物所产生的阻力。

牵引拖挂限制与轮式车辆克服垂直墙、沟壕和沟道有关。越过垂直墙时必须弄清楚单个车轮的越障能力，确保此时轮式车辆不会发生翻倒。

车轮沿凸起的障碍物垂直壁移动的能力（图 8.4（a））是由接触点上与侧壁形成的切向反作用力 $R_{st\tau}$决定的，该切向反作用力应等于或大于施加在车轮轴线上的垂向力 P_z：$R_{st\tau} \geqslant P_z$。为此，反作用力 $R_{st\tau}$不应超过附着反作用力 $\varphi_{st}R_{stn}$，并且转矩会在垂直方向上产生大于等于车轮垂向力 P_z 的自由牵引力：

$$R_{st\tau} \leqslant \varphi_{st}R_{stn}; R_{st\tau} = M_k/r_k - f_{shst}R_{stn} \tag{8.4}$$

式中，φ_{st}、f_{shst}分别是车轮在侧壁上的附着系数和滚动阻力系数。

仅能通过增加轮式车辆其余车轮的牵引能力来确保等式 $R_{stn} = P_x$。

对于全轮驱动的两轴轮式车辆，若 $\varphi \geqslant \sqrt{0.25/0.75} = 0.577$ 时，能够通过单个车轮克服具有相同附着系数 $\varphi_{st} = \varphi$ 表面的垂直壁；或当 $\varphi_{st}\varphi \geqslant 1$ 时，$\varphi_{st} \neq \varphi$。通过两个车轮或一根车轴克服障碍可跨越的垂直墙的高度，受轮式车辆下方突出元件（可能卡在垂直墙上）或轮式车辆翻倒可能性的限制。

下面研究车轮轴受垂向力 P_z 和推力 P_x 以及转矩 M_k 作用时，跨越高度为 $h_{ust} \leqslant r_d = r_{sv} - h_z$ 的垂直墙的两个阶段。

在第一阶段（图 8.4（b）），车轮沿两个表面接触垂直墙。在附着系数为 φ 的水平支承面上，存在垂向反作用力 R_z 和纵向反作用力 R_x，二者随着轮式车辆在垂直墙上的升高减小至零。在垂直墙边缘，接触区域具有复杂的形状，因此为简单起见，假设将它视为点状的，并通过角度 α_{ust} 表征位置。

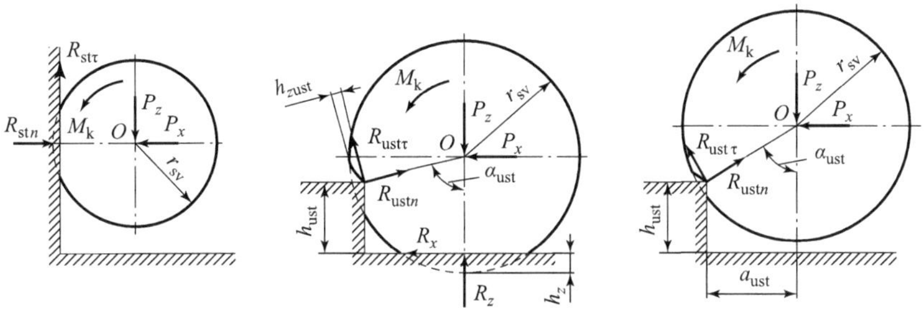

图 8.4 车轮克服垂直壁和门槛型垂直墙的示意图

（a）垂直壁；（b）垂直墙第一阶段；（c）垂直壁第二阶段

在接触点处存在垂向反作用力 R_{ustn} 和切向反作用力 $R_{ust\tau}$，并随车轮升高至垂直墙高度而逐渐增大。忽略由内部损失带来的车轮滚动阻力和阻力矩（$P_{f_{sh}} \approx 0$，$M_{f_{sh}} \approx 0$），并考虑附着反作用力的极限值（$R_{ust\tau} = R_{ustn}\varphi_{ust}$，$R_x = R_z\varphi$），在此给出车轮平衡的等式：

$$R_{ustn}(\sin\alpha_{ust} - \varphi_{ust}\cos\alpha_{ust}) - P_x - R_x = 0$$
$$R_{ustn}(\cos\alpha_{ust} + \varphi_{ust}\sin\alpha_{ust}) - P_z + R_z = 0$$
$$M_k - R_{ustn}\varphi_{ust}(r_{sv} - h_{zust}) - R_x(r_{sv} - h_z) = 0$$

式中，φ_{ust} 为轮胎与垂直墙的附着系数；h_{zust} 为轮胎在垂直墙的径向变形。

由前两个等式中可得：

$$R_{ustn} = \frac{P_z - R_z}{\cos\alpha_{ust} + \varphi_{uct}\sin\alpha_{ust}}$$

$$\mathrm{tg}\alpha_{ust} = \frac{P_x + P_z\varphi_{ust} + R_z(\varphi - \varphi_{ust})}{P_z - P_x\varphi_{ust} - R_z(1 + \varphi\varphi_{ust})} \tag{8.5}$$

转换后者得出关于 P_x 的等式

$$P_x = \frac{P_z(\mathrm{tg}\alpha_{ust} - \varphi_{ust}) - R_z\left[\varphi - \varphi_{uct} + \mathrm{tg}\alpha_{ust}(1 + \varphi\varphi_{ust})\right]}{1 + \varphi_{ust}\mathrm{tg}\alpha_{ust}} \tag{8.6}$$

当 $h_z = 0$、$R_z = 0$、$R_x = 0$ 时推力 P_x 最大，即

$$P_x = P_z(\mathrm{tg}\alpha_{ust} - \varphi_{ust})/(1 + \varphi_{ust}\mathrm{tg}\alpha_{ust})$$

得出

$$\mathrm{tg}\alpha_{\mathrm{ust}} = (P_x + P_z\varphi_{\mathrm{ust}}) / (P_z - P_x\varphi_{\mathrm{ust}}) \tag{8.7}$$

$\mathrm{tg}\alpha_{\mathrm{ust}}$值也可通过几何参数确定：

$$\mathrm{tg}\alpha_{\mathrm{ust}} = \sqrt{[(r_{\mathrm{sv}} - h_{z\mathrm{ust}}) / (r_{\mathrm{sv}} - h_{\mathrm{ust}})]^2 - 1} \tag{8.8}$$

根据表达式（8.7），车轮上转矩足够时，车轮可在驱动状态下克服垂直墙，即

$$M_{\mathrm{k}} = R_{\mathrm{ust}n}\varphi_{\mathrm{ust}}(r_{\mathrm{sv}} - h_{z\mathrm{ust}}) = \frac{P_z\varphi_{\mathrm{ust}}(r_{\mathrm{sv}} - h_{z\mathrm{ust}})}{\cos\alpha_{\mathrm{ust}} + \varphi_{\mathrm{ust}}\sin\alpha_{\mathrm{ust}}}$$

可取车轮与垂直墙边缘的附着系数，即

$$\varphi_{\mathrm{ust}} = (1.2 \sim 1.3)\varphi_{\mathrm{st}}$$

在额定作用力 $P_{z\mathrm{nom}}$ 下，轮胎在垂直墙上的径向变形大于在水平地面上时，则

$$h_{z\mathrm{ust}} = (1.4 \sim 1.7)h_z$$

在第二阶段（图 8.4（c）），垂向力 P_z 作用力臂 a_{ust}和角度 α_{ust}不断减小，与从水平表面分离时的力矩相比，作用在车轮上的负载减小（$R_z \to 0$）。推力 P_x 取决于轮式车辆其余车轮的推力。对于带闭锁驱动装置的 n 轴全轮驱动（n_{om}根驱动轴）轮式车辆，且各个车轮上的垂向力均匀分布（$P_{zi} = \mathrm{const}$），则总推力为：

$$P_{x\Sigma} = P_{zi}\varphi(n_{\mathrm{om}} - 1)$$

第一轴车轮接触垂直墙时考虑式（8.7），可得

$$\mathrm{tg}\alpha_{\mathrm{ust}} = \frac{(n_{\mathrm{om}} - 1)\varphi + \varphi_{\mathrm{ust}}}{1 - (n_{\mathrm{om}} - 1)\varphi\varphi_{\mathrm{ust}}} \tag{8.9}$$

将方程式（8.8）和式（8.9）联立求解，则得到了表示轮式车辆所跨越垂直墙的相对高度的表达式 $\tilde{h}_{\mathrm{ust}} = h_{\mathrm{ust}} / r_{\mathrm{sv}}$：

$$\tilde{h}_{\mathrm{ust}} = 1 - \frac{1 - h_{z\mathrm{ust}} / r_{\mathrm{sv}}}{\sqrt{1 + \left[\frac{(n_{\mathrm{om}} - 1)\varphi + \varphi_{\mathrm{ust}}}{1 - (n_{\mathrm{om}} - 1)\varphi\varphi_{\mathrm{ust}}}\right]^2}} \tag{8.10}$$

对于真实轮胎，$h_{z\mathrm{ust}}/r_{\mathrm{sv}}$的比值较小，因此式（8.8）和（8.10）可以表示为

$$\mathrm{tg}\alpha_{\mathrm{ust}} = \sqrt{1 / (1 - \tilde{h}_{\mathrm{ust}})^2 - 1}$$

$$\tilde{h}_{\mathrm{ust}} = 1 - \frac{1}{\sqrt{1 + \left[\frac{(n_{\mathrm{om}} - 1)\varphi + \varphi_{\mathrm{ust}}}{1 - (n_{\mathrm{om}} - 1)\varphi\varphi_{\mathrm{ust}}}\right]^2}}$$

对于带一根从动轴的轮式车辆，当 $\varphi_{\mathrm{ust}} = 0$ 时，待克服的垂直墙的相对高度取决于附着系数 φ 和驱动轴的数量 n_{om}，即

$$\tilde{h}_{\mathrm{ust}} = 1 - 1 / \sqrt{1 + [(n_{\mathrm{om}} - 1)\varphi]^2} \tag{8.11}$$

当 $n_{om}=2$ 且 $\varphi=1.0$、0.8、0.6 时，相对高度分别为 $\tilde{h}_{ust}=0.3$、0.22、0.14；当 $n_{om}=3$ 且 $\varphi=1.0$、0.6 时，相对高度分别为 $\tilde{h}_{ust}=0.55$、0.36。

当 $P_x\to\infty$ 时，从动轮无法克服高度为 $h_{ust}=r_{sv}-h_z$ 的垂直墙；当低速且力矩 M_k 和作用力 P_x 足够时，驱动轮可跨越垂直壁或高度为 $h_{ust}>r_{sv}$的垂直墙。

根据车轮从壕沟中驶出（升起离开壕沟）的可能性，确定能否在不破坏轮式车辆稳定性（即不发生倾覆或破坏其侧壁）的情况下跨越壕沟。对于从动轮，通过其进入沟中的高度来估算，该高度不应超过垂直墙的允许高度 h_{ust}。根据下式的几何关系（图 8.5（a））确定壕沟的相对宽度，该相对宽度可防止车轮下陷超过 $\tilde{h}_{ust}$，即

$$\tilde{b}_{rv}=b_{rv}/r_{sv}=2\sqrt{2\tilde{h}_{ust}-\tilde{h}_{ust}^2} \tag{8.12}$$

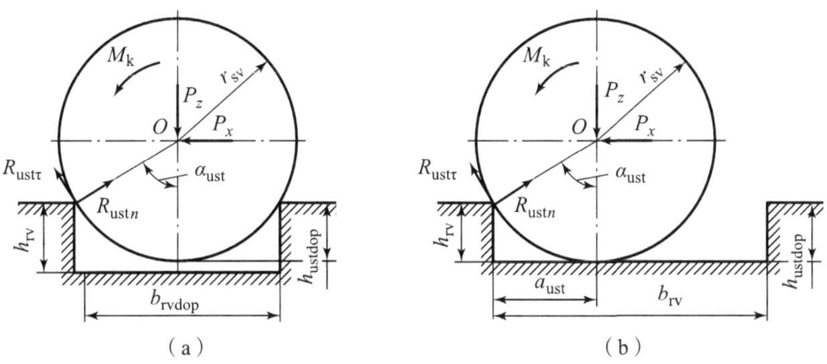

图 8.5　车轮跨越壕沟的示意图

（a）壕沟宽度小于车轮直径时；（b）壕沟宽度大于车轮直径时

从表达式（8.11）可以得出，相对宽度取决于附着系数 φ 和驱动轴的数量（$n_{om}-1$）。因此，当 $n_{om}=2$ 且 $\varphi=1.0$、0.8、0.6 时，壕沟的相对宽度分别为 $\tilde{b}_{rv}=1.41$、1.25、1.03；当 $n_{om}=3$ 且 $\varphi=1.0$、0.6 时，壕沟的相对宽度分别为 $\tilde{b}_{rv}=1.78$、1.53。

当壕沟宽度超过车轮的直径（图 8.5（b））时，根据壕沟深度 h_{rv}和垂直墙的允许高度 $h_{rv}\leqslant h_{ust}$确定跨越壕沟的可能性。在这种情况下，须考虑轮式车辆的俯仰角 α_{krx}和车轮垂向力的重新分配。

对于 $n_{om}\geqslant 3$ 的全轮驱动轮式车辆，若壕沟宽度超过车轮直径且俯仰角为 α_{krx} 时车辆失稳倾覆，则通过性受限。对于具体的轮式车辆，确定垂直墙的实际高度、壕沟的宽度和深度时应考虑到所有可能的限制。

最后，对轮式车辆的限制与作用在其元件上的动态载荷相关。随着轮式车辆

速度的增加和接近障碍物过程中动能的积累，克服障碍物的可能性也逐渐增加。

轮式车辆动态克服障碍物的过程可分为以下 3 个阶段：

①前轮弹性冲击障碍物，行进速度急剧下降。轮胎垂向形变的势能等于冲击能，该能量值通过速度变化确定，并部分用于升高车轮。

②通过轮式车辆动能和驱动轮产生的推力，将前轴车轮提升至高度为 h_{ust} 的垂直墙；将车轮中心移出障碍物的边缘（在力 P_x 的作用下，沿水平方向移动轴，距离为 a_{ust}（参见图 8.4（b））。

③沿障碍的上表面运动的过程中，轮式车辆的前部可能会（跨越突出部分时）跌落，车轮撞击地面，悬架弹性元件变形，并对车轮限位器产生冲击（冲击可能会伴随着驾驶员和轮式车辆底盘的过载）。

轮胎径向形变所做的功是轮式车辆动能的一部分，即

$$\frac{1}{2}m_m v_{mx}^2 \sin^2\alpha_{ust} = c_{shz} h_z^2$$

在第一阶段动态克服垂直墙时确定轮胎形变 h_z，即

$$h_z = v_{mx}\sin\alpha_{ust}\sqrt{\frac{1}{2}m_m / c_{shz}} \tag{8.13}$$

用下式表示轮胎的允许形变：$h_{zdop} = \tilde{h}_{zdop} H_{sh}$，其中，$\tilde{h}_{zdop} = 0.7 \sim 0.8$；$H_{sh}$ 为轮胎型面高度。

依据轮胎击穿情况得出轮式车辆的临界速度：

$$v_{mxsh}^{krit} = \frac{\tilde{h}_{zdop}}{\sin\alpha_{ust}}\sqrt{\frac{2c_{shz}}{m_m}} \tag{8.14}$$

式中，$\sin\alpha_{ust} = \sqrt{2\tilde{h}_{ust} - \tilde{h}_{ust}^2}$。

$\tilde{h}_{znom} = 0.11 \sim 0.17$ 对应的额定值为 P_{znom} 和 p_{wnom}，且轮胎击穿时，作用在车轮轴上的纵向负载和垂向负载急剧增大。临界速度取决于跨越垂直墙 $\tilde{h}_{ust} = 0.5$ 时行进速度的动态系数 $k_{dP_z} = P_{z\max}/P_{zst}$ 和 $k_{dP_x} = P_{x\max}/P_{zst}$ 的近似变化，见图 8.6。

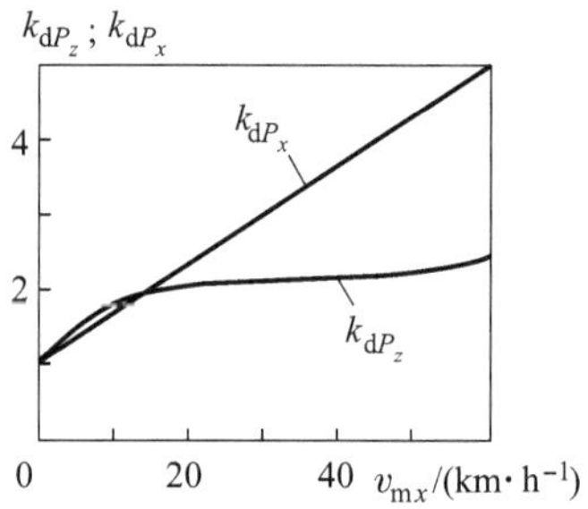

图 8.6　车轮轴动态系数与轮式车辆跨越垂直墙 $\tilde{h}_{ust} = 0.5$ 时速度的关系曲线

多轴轮式车辆克服单个障碍物时，动能用于每个车轮的迁移，此时后续车轮与障碍物相遇时的速度会降低。可以从下列近似等式中得到所需速度：

$$\frac{1}{2}m_m v_{mx}^2 \delta_{vr} \approx \frac{1}{2}m_m v_{mx}^2 \sin^2\alpha_{ust} + m_m g a_{ust} \mathrm{tg}\alpha_{ust} + m_m g h_{ust} \tag{8.15}$$

式中，δ_{vr}为质量增加系数；$m_m g a_{ust} \mathrm{tg}\alpha_{ust}$为车轮轴纵向位移为$a_{ust}$（假定$P_x = P_z \mathrm{tg}\alpha_{ust}$）时克服运动阻力所做的功；$m_m g h_{ust}$为轮式车辆在垂直平面抬升所做的功。

转换后，可得动态克服障碍所需的初始速度的表达式：

$$v_{mx} = \sqrt{\frac{2g(h_{ust} + a_{ust}\mathrm{tg}\alpha_{ust})}{\delta_{vr} - \sin^2\alpha_{ust}}} \tag{8.16}$$

当通过单个障碍物行驶时，也可能发生悬架击穿（撞击限制器）。限制行驶速度的主要标准是不会撞击悬架限制器。克服高度为$q_0 = h_{ust}$的不平整区（障碍物）时，抬升车轮所需的功A_h可以通过下式计算：

$$A_h = \frac{m_{npd}v_{mx}^2}{2}\frac{3\tilde{q}_0 + 4}{1 - \tilde{q}_0} = \frac{m_{npd}v_{mx}^2}{2}\frac{(1 + \tilde{q}_0)^2}{1 - \tilde{q}_0} \tag{8.17}$$

式中，$\tilde{q}_0 = q_0 / r_{sv}$为不平整区域的相对高度。

悬架的势能储备量等于其在动态行程区域中变形所做的功A_p，由下式确定：

$$A_p = P_{zst}h_{pd} + \int_{h_{pst}}^{h_{pd}} c_p h_p \mathrm{d}h_p \tag{8.18}$$

式中，P_{zst}为悬架静载荷；h_{pst}、h_{pd}分别为悬架静态和动态变形；c_p为悬架的刚度。

如果满足条件$A_h \leqslant A_p$，则不会出现悬架击穿，临界速度为：

$$v_{mxp}^{krit} = \sqrt{2(1 - \tilde{q}_0)\left(P_{zst}h_{pd} + \int_{h_{pst}}^{h_{pd}} c_p h_p \mathrm{d}h_p\right)\frac{1}{m_{npd}(2 + \tilde{q}_0)^2}} \tag{8.19}$$

对于具有线性特征的悬架（$c_p = \mathrm{const}$）

$$v_{mxp}^{krit} = \sqrt{\frac{(1 - \tilde{q}_0)(2P_{zst}h_{pd} + c_p h_{pd}^2)}{m_{npd}(2 + \tilde{q}_0)^2}} \tag{8.20}$$

类似地，具备驱动轮自由牵引系数k_{tjag}时，可以确定动态克服角度为α_{opx}且长度为l_{opx}（图8.7）的短坡时的速度v_{mx}，即

$$\frac{1}{2}m_m v_{mx}^2 \delta_{vr} \approx m_m g(\sin\alpha_{opx} + f_{sh})l_{opx} - m_m g k_{tjag} l_{opx}$$

得出

$$v_{mx} = \sqrt{\frac{2gl_{opx}(f_{sh} + \sin\alpha_{opx} - k_{tjag})}{\delta_{vr}}} \tag{8.21}$$

当坡度角α_{opx}较大且初始速度较大时，可能造成悬架击穿。前悬架变形所做的功为：

$$A_{1\alpha} = \frac{1}{2}m_m gL(\sin\alpha_{opx} + f_{sh} - k_{tjag})\mathrm{tg}\alpha_{opx}$$

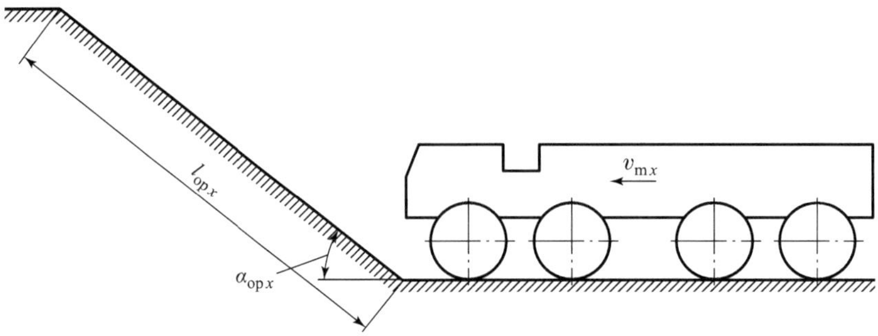

图 8.7　动态克服短坡示意图

根据能量守恒式（$A_{1\alpha}=A_p$），则

$$\frac{1}{2}m_m gL(\sin\alpha_{opx}+f_{sh}-k_{tjag})\,\mathrm{tg}\alpha_{opx}=P_{zst}h_{pd}+\frac{1}{2}c_p h_{pd}^2$$

由此得到用于确定在悬架故障时允许的坡度角的表达式：

$$(\sin\alpha_{opx}+f_{sh}-k_{tjag})\,\mathrm{tg}\alpha_{opx}=(2P_{zst}h_{pd}+c_p h_{pd}^2)/(m_m gL) \qquad (8.22)$$

越障能力指标

除以上研究的指标（须克服的上坡和斜坡的最大角度、转向半径和转向通道、垂直墙的须克服高度和壕沟的须克服宽度）外，越过障碍物的能力还包括一系列间接指标，这些指标是轮式车辆的几何参数（图 8.8）。

前悬长度 l_{svesl}和后悬长度 l_{svesn}（见图 8.8（a））是轮式车辆纵向轮廓的突出部分的端点在支承平面上的投影与最近的车轮的旋转轴之间的距离。穿过沟渠、垂直墙、边沟等时，二者会影响通过能力。前、后外悬长度越小，轮式车辆被阻挡在支承面上的可能性就越小，克服障碍时车轮的接触损失也就越小。

接近角 α_{svesl}和离去角 α_{svesn}（图 8.8（a））是支承面分别与前轮和后轮的圆切线的平面、以及支承面与轮式车辆前后突出部分的点相切的平面之间角度的最小值。其特点是可通过短时爬升和下降来克服障碍。角度越大，则轮式车辆在进入和离开不水平区域时突出部分不接触不水平区域的情况下，能克服的不水平地形的坡度越大。角度 α_{svesl}和 α_{svesn}的变化范围分别为：20°～38°和12°～44°——对于轻型轮式车辆；7°～39°和 7°～36°——对于公共汽车；20°～42°和 11°～63°——对于公路货运轮式车辆；32°～52°和 27°～65°——对于较高通行能力的轮式车辆；19°～43°和 30°～52°——高通行能力的轮式车辆。

纵向通过半径 R_{proxx}（图 8.8（a））是与自由半径为 r_{sv}的车轮圆周分别相切

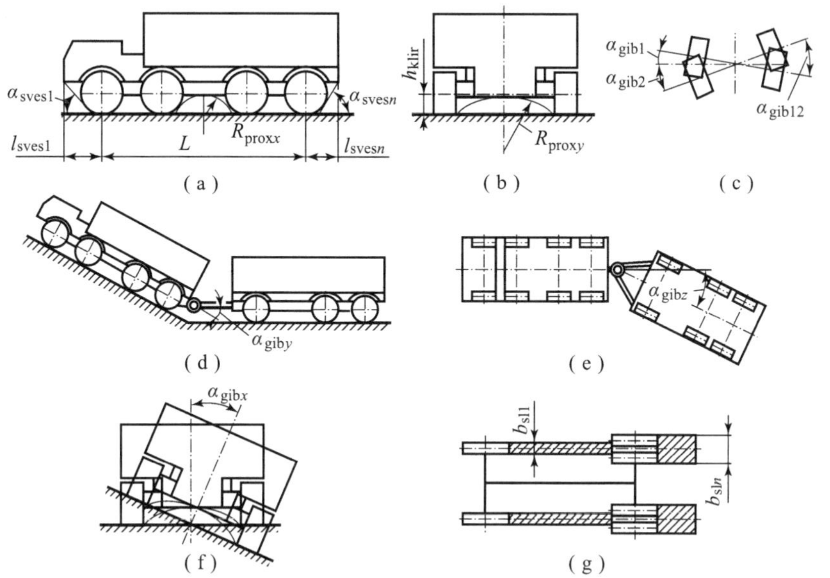

图 8.8　轮式车辆越障能力的参数

（a）—在纵向垂直平面上；（b）—在横向垂直平面上；（c）—轴桥的倾斜（弹性）；（d）~（f）—分别对应汽车列车在纵向垂直、水平和垂直横向平面的弹性角；（g）—轴轨重合

的圆柱体半径。圆柱体经过轮式车辆底盘轮廓的点，并确保车体的其他点均在圆柱体外侧。半径 R_{proxx} 可说明对于起伏障碍、褶皱构造、路堤和垂直墙的越障能力。为减小该半径，应缩短车轮间的距离并增加离地高度。

横向通过半径 R_{proxy}（图 8.8（b））是与同一根轴的两侧车轮相切的圆柱体的半径，该圆柱体经过轮式车辆底盘轮廓的点。它可以确定不水平区的越障能力，不水平区的宽度与轮式车辆轨迹相对应，并且应尽可能小。俄罗斯标准未规定该半径。

离地高度（间隙）h_{klir}（图 8.8（b））是从轮式车辆最低点之一到支承面的距离，决定了在易变形土壤上移动并克服密集障碍物（石头、漂砾、树桩、土堆等）的能力。对于通用载货轮式车辆，最小离地距离如下所示：

轮式车辆的种类 ……	Ⅰ	Ⅱ	Ⅲ	Ⅳ	Ⅴ	Ⅵ~Ⅷ	Ⅸ	Ⅹ
总质量/t ……………	1.75	2.5	3.5	5.2	8.3	12~18.5	16.5	27
离地高度/mm ………	160	180	220	220	245	260	270	270

对于具有更高通行能力的轮式车辆，h_{klir} = 220 ~ 440 mm；对于全轮驱动和农业用途轮式车辆，h_{klir} = 340 ~ 400 mm。对于全轮驱动轮式车辆，根据合理布局和

稳定性条件，离地间隙应最大。

轴桥偏斜（柔性）角 α_{gib12}（图 8.8（c））是前后轴桥相对轮式车辆纵轴的转向角 α_{gib1} 和 α_{gib2} 的总和，用于说明轮式车辆在不失去与垂向反作用力和纵向反作用力显著变化的支承面接触的情况下，对不水平区的适应性。

铰接角度 α_{giby}、α_{gibz} 和 α_{gibx} 分别是汽车列车相对垂向平面（图 8.8（d））、水平平面（图 8.8（e））和横向平面（图 8.8（f））所成角度。在垂向和横向平面中，铰接角度体现了汽车列车在不水平支承面的通行能力，而在水平平面中体现了转向和机动能力。对于牵引式汽车列车，铰接角度为拖车牵引杆轴相对牵引车牵引装置轴的可能偏转角，而对于鞍式列车则根据牵引车和半挂车纵轴的极限位置确定。

根据俄罗斯规范，牵引式汽车列车的最大铰接角度：对于一般以运输为目的的汽车列车，$\alpha_{giby} = \pm 40°$，对于多用途轮式车辆 $\alpha_{giby} = \pm 62°$；$\alpha_{gibz} = \pm 55°$；$\alpha_{gibx} = \pm 25°$。根据 ISO 国际标准，为确保汽车列车牵引挂钩的互换性，这些角度应为：$\alpha_{gibz} = \pm 75°$，$\alpha_{giby} = \pm 20°$，而 $\alpha_{gibx} = \pm 25°$。对于鞍式列车角度应：$\alpha_{giby} = \pm 8°$，$\alpha_{gibz} = \pm 90°$，$\alpha_{gibx} = \pm 3°$。

前轮和后轮轨迹宽度 b_{sl1} 和 b_{sln} 的重合系数为（图 8.8（g））：

$$\eta_{sl} = b_{sl1}/b_{sln}$$

其值越接近于 1，则在易变形支承面上运动的阻力越小。

8.3 支承面的变形性

轮式车辆沿易变形支承面行驶时，弹性车轮与支承面的相互作用过程更为复杂，应尽可能计算出支承面对车轮垂向、纵向和横向载荷的承受能力。描述车轮与易变形支承面相互作用的计算方法基于最简单的模型，即给厚度为 H_g 的土体加载平面变形仪（贝氏仪）或宽度为 b_{shy} 和长度为 b_{shx} 的压模（图 8.9）。

在没有水平作用力的情况下，在平均垂向压强 p_z 的作用下土壤中变形仪的垂直位移 h_{gz}（土壤变形）的最简模型，即 $h_{gz} = f(p_z)$（图 8.9（a））。在垂直力和水平力的作用下，研究在接近其承载能力（图 8.9（b））的压力作用下支承面垂直变形的评估模型，以及在不超过支承面承载能力（图 8.9（c））变形仪的水平位移的评估模型。其他因素（负载的速度、时间和数量）也会影响支承面的变形过程。

土壤力学中对这些问题进行了详细研究，但是提出的计算方法非常复杂，不适用于研究车辆行动装置与支承面表层的相互作用过程。因此，为了计算它们的相互作用的参数，最普遍采用的是半经验和经验关系式。

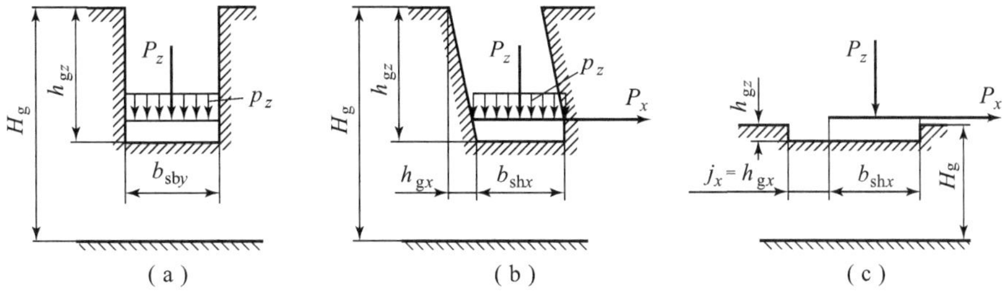

图 8.9　给支承面土体加载变形器的示意图

（a）垂直负载作用下的变形；（b）垂直和水平负载作用下的垂直变形；

（c）垂直和水平负载作用下的水平位移

负载作用下支承面的垂直变形

当变形器尺寸和支承面层厚度 H_g 变化时，支承面垂直变形实验曲线见图 8.10。

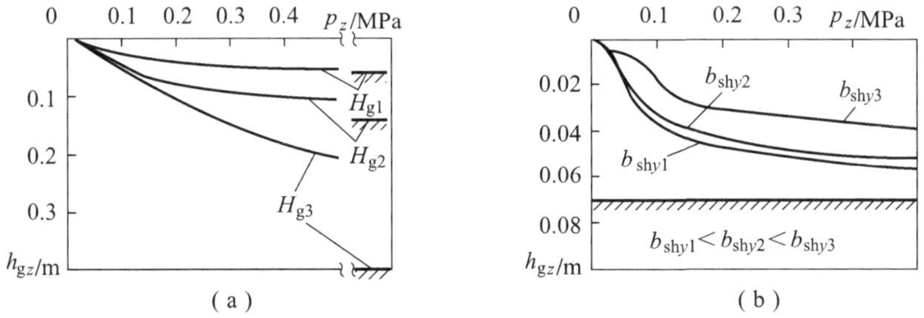

图 8.10　土壤垂向变形的变化

（a）均质土壤层不同厚度且 b_{shy} = const；（b）变形器不同宽度且 H_g = const

有大量的公式描述了变形仪在土壤中的垂直位移 h_{gz} 变化（支承面变形）与对平均垂向压力 p_z（或反向）的关系曲线。这些公式均有自己的优点和缺点。实践中最常使用伯恩斯坦·莱托什涅夫（Berstein-Letoshnev）式类型的经验幂次关系式：

$$p_z = ch_g^{\mu} \tag{8.23}$$

式中，c 和 μ 为土壤基础的变形性指标（c 为非弹性变形模量，μ 为沉陷指数）。

还应注意到 B. B. 凯瑟金提出的超越关系曲线：

$$p_z = p_s \mathrm{th}(k_{ob}/p_s)h_g$$

式中，p_s 为支承面的承载能力；k_{ob} 为支承面体积挤压系数，其数值等于坐标原点处支承面变形曲线的切线倾斜角的正切值。

根据这些关系式计算出的曲线如图 8.11 所示，且与实验曲线不同（图 8.10）。

这些关系式的主要缺点是：计算结果中合理的压力和压模尺寸变化范围较窄；支承面变形不取决于变形仪的尺寸和支承面厚度；关系式不具备物理意义，而是基于经验系数。

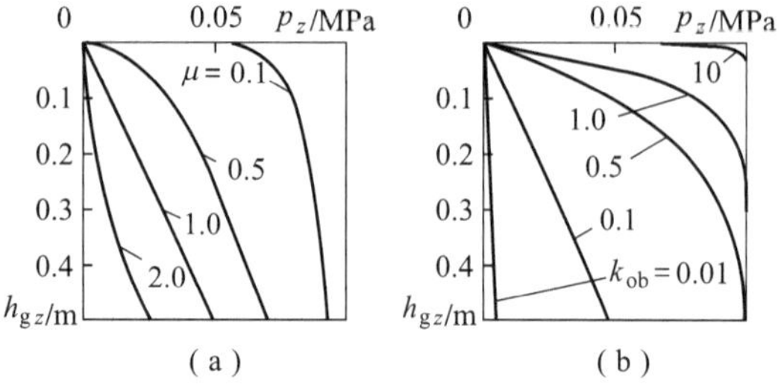

图 8.11 对于支承面不同的变形指标，垂直变形的变化

（a）$c=0.1$ 时根据关系式（8.23）计算；

（b）$p_s=0.1$ 时根据式（8.24）计算

更复杂和准确的关系式是基于土壤力学得到的解析式，该式参数已积累了大量统计资料。下面对此开展研究。

单层土壤可分为 3 类（图 8.12）：1——密实土，2——疏松土，3——松散土，在膨胀或剪切（例如，泥炭）时会出现黏性流动。沉陷曲线可分为 3 段：Ⅰ——压缩（曲线接近直线）；Ⅱ——压缩剪切（非线性部分）；Ⅲ——破坏、溢出或剪切（倾斜或垂直的直线，表征压模下土壤溢出，急剧和不均匀沉陷）。

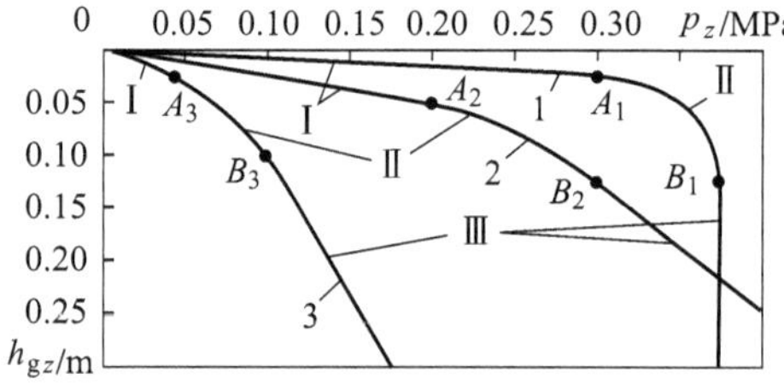

图 8.12 土壤变形与作用在其上压力的关系曲线

1—密实土；2—密多气孔土；3—密松散土

Ⅰ—压缩段；Ⅱ—压缩剪切段；Ⅲ—破坏段

在点 A_i（$i=1, 2, 3$）处，压缩结束，开始发生土壤颗粒的剪切（首先发生在变形仪边缘）。点 A_i 的对应压力通常称为初始临界压力。

压缩段结束后，在变形仪下方直接形成颗粒有限位移的刚性位移核，将土壤扩展到侧面，导致大量沉陷。此时，在土壤的极限应力状态下，颗粒的横向位移占优并形成连续的滑动表面，导致土壤厚度失稳，直至其承载能力被完全耗尽。点 B_i 的对应压力通常称为极限临界压力，可根据 K. 捷扎吉的式确定：

$$p_{zsd}=\frac{1}{2}K_{\gamma}\gamma_{g}\ \frac{1}{2}b_{syy}+K_{p}\gamma_{g}h_{gsd}+K_{c}c_{g} \tag{8.24}$$

式中，K_γ、K_p、K_c 为承载能力系数，通过土壤内摩擦角函数 φ_g、变形仪形状和负载作用方向计算；γ_g 为土壤比重，$\gamma_g=0.01p_g g$，MN/m^3；h_{gsd} 为发生剪切较多区域的沉陷；b_{shy} 为最小压模尺寸；c_g 为土壤黏结（黏着系数）性，MPa。

根据下式计算垂直变形 h_{gz}（图 8.13）：

$$h_{gz}=h_{gsd}+h_{gszh}\exp\left(-\frac{h_{gsd}}{h_{gszh}}\right)\frac{H_g}{H_g-h_{gsd}} \tag{8.25}$$

通过土壤力学方法确定压缩变形 h_{gszh} 和剪切变形 h_{gsd}，并根据式（8.24）通过固体子层的影响，增加土壤计算承载力：

$$p_{zsd}^{H_g}=p_{zsd}\alpha_{gz} \tag{8.26}$$

式中，α_{gz}为考虑到固体层次影响的系数。

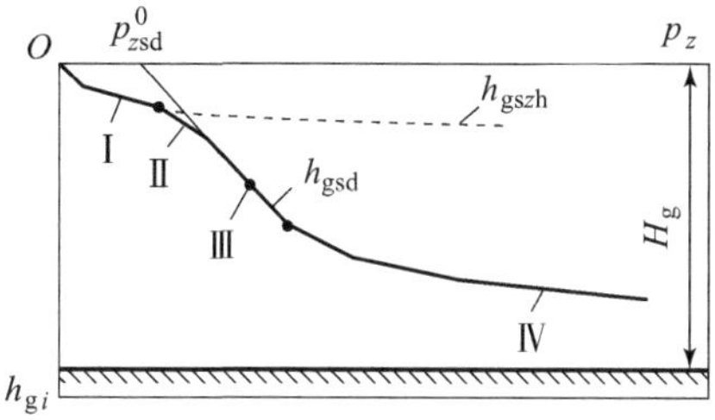

图 8.13 确定土壤全部纵向变形的示意图

Ⅰ—压缩段变形；Ⅱ—压缩剪切段变形；

Ⅲ—破坏段变形；Ⅳ—固体层次影响段变形

压缩变形 h_{gszh}是通过对整个土壤厚度的基本变形求和而得出的：

$$h_{gszh}=\int_0^{H_g}\frac{p_{zszhi}}{E_g}dz\approx\sum_{i=1}^{n_{zi}}\frac{p_{zszhi}}{E_g}dz \tag{8.27}$$

式中，p_{zszhi}为土壤第 i 层的压缩压强（$i=1, 2, \cdots, n_{zi}$），该层位于变形仪中心下方深度 $z_i=dz(i-0.5)$ 处；dz 是基本未变形层的厚度 $dz=H_g/n_{zi}$；n_{zi}为土壤层数（整数）；E_g是土壤总变形的模量。

考虑到经验关系式的各种因素，计算深度压缩压强：

$$p_{zszhi}=p_z\alpha_{gc}=p_{zmax}\left[1-(1+A^*/z_i^{C^*})^{B^*}\right] \tag{8.28}$$

式中，p_z、p_{zmax}分别对应变形仪表面的平均压力和最大压力；α_{gc}为变形仪中心沿土壤深度的压缩应力的分布系数；$A^*=A_1A_2(a^*\times0.5b_{shy})^{C^*}$；$a^*=1+(b_{shy}/H_g)^2$；$C^*=2C_1C_2$；$B^*=1.5B_1B_2B_3$；$A_1=(\tilde{b}_{shx}-0.3)/(0.44\tilde{b}_{shx}+0.26)$；$\tilde{b}_{shx}=b_{shx}/b_{my}$；$C_1=1.18-0.18A_1$；$B_1=1.12-0.12C_1$；$B_2=3/\nu_g$；$B_3=1$、1.5 和 2 分别对应变形仪表面压力的均匀分布、椭圆状分布和抛物面状分布；$A_2=1.0$ 和 1.2，$C_2=1.0$ 和 0.98 分别对应变形仪在支承面上的椭圆和矩形投影。

通过系数 $\nu_g=n_{gE}+3$ 评估沿深度的土壤不均匀性，其中 n_{gE}为土壤沿深度的总变形模量的变化等级指标：$E_g=E_{g1}z^{n_{gE}}$；其中 E_{g1}是单位深度土壤总变形模量。

当 $\tilde{b}_{shx}/b_{shy}$不同时，压缩应力系数 α_{gc}相对深度 $\tilde{z}=z/\left(\frac{1}{2}b_{shy}\right)$的变化如图 8.14 所示。

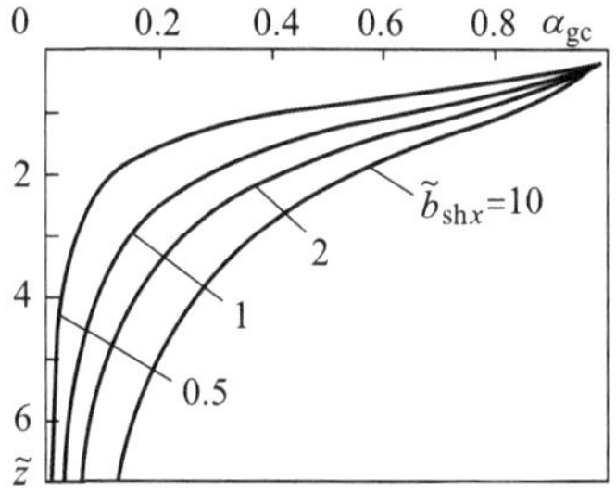

图 8.14 对于变形仪的各种尺寸，压缩应力系数相对土壤层相对深度的变化

当达到与临界压力 p_{zszh}^{krit} 相对应的最小孔隙率系数 e_{min} 时，压缩变形不发生变化，因此引入限制条件：根据式（8.28）计算得出的压力 $p_{zszhi} > p_{zszh}^{krit}$，则取计算值

$$\bar{p}_{zszh} = p_{zszh}^{krit} = \frac{E_g(e - e_{min})}{1 + e} \tag{8.29}$$

式中，$e_{min} = \dfrac{p_{g.ch} - p_{g.skmax}}{p_{g.skmax}}$；$e = \dfrac{p_{g.ch}\ (1 + W)}{p_{gmax}} - 1$。

使用直径为 0.5 m 的弹性变形器时，细粒松散砂压缩变形的变化如图 8.15。

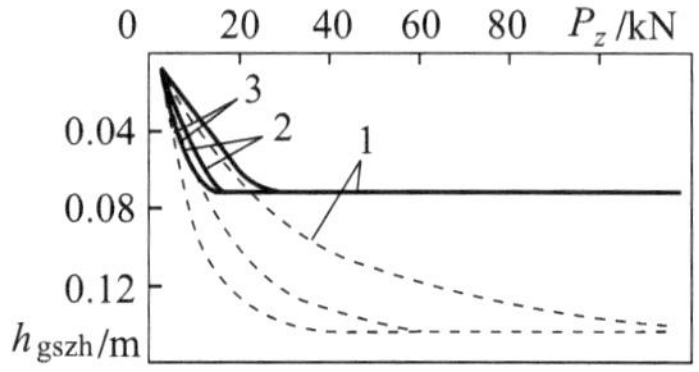

图 8.15 使用直径为 0.5 m 的变形仪表面压力分布时，厚度 H_g = 0.5 m（实线）和 1.0 m（虚线）的砂压缩变形（e > 0.75）的变化

1—变形仪表面压力分布均匀（$B_3 = 1$）；
2—变形仪表面压力分布椭球状（$B_3 = 1.5$）；
3—变形仪表面压力分布抛物面（$B_3 = 2$）

根据下式计算垂直剪切变形 h_{gsd}：

$$h_{gsd} = \frac{1}{2}\left(-b_h - \sqrt{b_h^2 - 4c_h}\right) \tag{8.30}$$

式中，$h_{gsd} \leqslant (H_g - 0.25\bar{H}_g) \leqslant 0.25 b_{shy}$；当 $p_{zsd} < 0$ 时，变形 $h_{gsd} = 0$。

由以下表达式确定系数 b_h 和 c_h：

$$b_h = H_g(K_1 + K_3 - p_{zsd}^{H_g} - H'_g K_2) - 0.5\bar{H}_g(K_1 + K_3)/A_h$$

$$c_h = H_g H'_g(p_{zsd}^{H_g} - K_1 - K_3)/A_h$$

$$A_h = K_2(H_g - 0.5\bar{H}_g)$$

此处

$$K_1 = k_\gamma K_\gamma \gamma_g/2b_{shy}/2;\ K_2 = k_r K_r \gamma_g;\ K_3 = k_s K_s c_g;\ k_\gamma = e^{-0.08\upsilon_y^*}$$

$$k_r = k_s = e^{-0.05\upsilon_y^*};\ K_\gamma = a_\gamma e^{b_\gamma \varphi_g^*};\ K_r = a_r e^{b_r \varphi_g^*};\ K_s = a_s e^{b_s \varphi_g^*}$$

$$\tilde{b}_{shx} = b_{shx}/b_{shy};\ a_h = e^{-0.1\tilde{b}_{shx}};\ a_\gamma = 0.296 - 0.069a_h;\ a_r = 3.548 - 1.433a_h$$

$$a_s = 3.30 - 1.073a_h;\ b_\gamma = 0.139 + 0.0265a_h;\ b_r = 0.116 + 0.0376a_h$$

$$b_s = 0.082 + 0.0354a_h;\ \bar{H}_g = 0.707b_{shy}\mathrm{tg}\varphi_g\cos\varepsilon e^{\mathrm{tg}\varphi_g(0.25\pi + \varepsilon)}$$

$$\varepsilon = 0.75\varphi_g;\ \bar{H}_g \geqslant 0.25b_{shy};\ H'_g = H_g - 0.25\bar{H}_g e^{-0.1|\upsilon_y|}$$

$$H'_g \geqslant H_g - 0.25b_{shy};\ \upsilon_y = \mathrm{arctg}(R_y/R_z).$$

式中，φ_g、φ_g^* 分别为以弧度和度为单位的土壤内部摩擦角；υ_y、υ_y^* 分别为以弧度和度为单位的在横向－垂直平面上施加力的角度。

在给定平均压力（（$p_{zsd}^{H_g} = p_z$）和实际土壤参数 c_g、φ_g 和 γ_g 的情况下，计算变形 h_{gsd}。临界压力为 p_{zsd}^0（图 8.13），达到该压力时剪切变形消失：

$$p_{zsd}^0 = K_1 + K_3$$

式（8.25）可以确定在垂向力 P_z 和水平力 P_y 的作用下，通过规定的几何参数确定直接的垂向变形（沉陷深度）h_{gz}。

变形为 h_{gsd} 时，根据式（8.26）确定土壤的计算承载能力 $p_{gsd}^{H_g}$，其中

$$p_{zsd} = K_1 + K_2 h_{gsd} + K_3$$

$$\alpha_{gz} = \frac{H_g H'_g - h_{gsd}(H_g - \bar{H}_g/2)}{H_g(H'_g - h_{gsd})}$$

如图 8.16 所示，给出了将 0.4 m×0.4 m 的方形平面变形仪压入 $H_g = \frac{1}{2}$m 的高湿度均质砂质黏土中时压缩变形 h_{gszh}、剪切变形 h_{gsd} 和总变形 h_{gz} 的计算变化曲线。

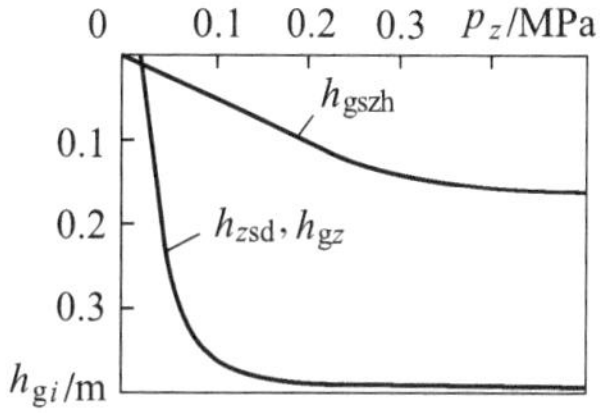

图 8.16 高湿度砂质黏土 H_g =0.5 m（位于平面方形压模 0.4 m×0.4 m 之下）的垂直变形的变化

对于薄弱（三层）基础上具有相对薄且坚固表层的支承面，由于土壤表层剪切导致土壤承载能力的损失。在这种情况下，临界压强 p_{zsd} 由式（8.31）确定：

$$p_{zsd} = p_{z2} + \tau_{sr} H_{g1} \Pi_{sh} / F_{sh} \qquad (8.31)$$

式中，p_{z2} 为下层 H_{g2} 压强；τ_{sr} 为抗剪强度极限；H_{g1} 为表层厚度；Π_{sh}、F_{sh} 分别为接触区域的周长和面积。

弱水饱和土壤变形主要是由于土体挤压。此类土壤对实际轮式车辆垂向载荷的承受能力有限，因此从实践的角度来看，考虑这个问题是没有意义的。

更值得注意的是评估行动装置的滚动阻力和轮式车辆车体进入土壤的突出部分受到的阻力时，应考虑此类土壤在水平方向上的反作用力（阻力）。

在负载作用下支承面的水平变形

在同时施加垂向作用力 P_z 和水平力 P_x、P_y 的情况下，土壤会出现额外的垂直变形 Δh_{gz} 和水平变形 h_{gx}（以下为了简化说明，假定变形器沿 X 轴的尺寸小于沿 Y 轴的尺寸），这取决于垂向压力 P_z 与土壤承载能力 $p_{zsd}^{H_g}$（根据表达式（8.26）确定）的比值。当出现中等值和较大值 $p_z/p_{zsd}^{H_g}$（参见图 8.9（b）和图 8.12 的第Ⅱ和Ⅲ段）时，承载能力 $p_{zsd}^{H_g}$ 降低，并存在发生额外垂直变形 Δh_{gz} 的可能性。$p_z/p_{zsd}^{H_g}$ 值较小时（参见图 8.9（c）），土壤主要发生压缩变形（图 8.12 第Ⅰ段），土体的剪切力和额外垂直变形 Δh_{gz} 可以忽略不计。水平作用力或反作用力受两个因素限制：水平力作用方向土体剪切造成的承载能力损失，或者克服了变形仪与地面间黏着力后，变形仪沿地面滑动。

首先研究 $p_z/p_{zsd}^{H_g}$ 为中等值和较大值的情况，这通常会导致车轮和轮式车辆机动性的损失。在恒定压强 p_{zi} = const 且没有纵向作用力（$P_x=0$，$\upsilon_x=0$）的情况下，通过值 h_{gz0}（图 8.17）确定土壤垂直变形，当 $P_x>0$，$\upsilon_x>0$ 时，通过值 $h_{gz\upsilon}>h_{gz0}$ 确定，此时土壤承载能力下降（见式（8.30））。曲线从 h_{gz0} 过渡到 $h_{gz\upsilon}$，压力 $p_{zsd0}^{0}\to p_{zsd\upsilon}^{0}$。随着 $P_z/p_{zsd}^{H_g}$ 比值的增加，变形仪在力 P_x 作用下的额外垂直沉陷增加，并且当 $P_z\approx p_{zsd}^{H_g}$ 时，变形 h_{gz} 急剧增加（图 8.17）。总的垂直变形 h_{gz} 由式（8.25）确定，额外变形由下式确定：

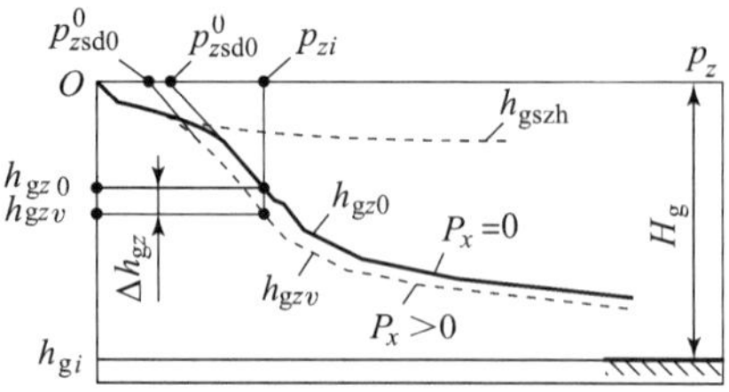

图 8.17　当压力约等于其承载能力且存在水平作用力时，确定支承面垂直变形的示意图

$$\Delta h_{gz}=h_{gz\upsilon}-h_{gz0}$$

由于变形仪有高度，因此当变形仪沉陷时，其正面会受到一部分水平力，作用在变形仪下方的土体上的力会减小，在计算 h_{gsd} 时必须考虑到这一点。作用在变形器正面的土壤抵抗力为：

$$p_{pas}=q_{pas}(\gamma_g z+q) \tag{8.32}$$

式中，q_{pas} 为土壤抵抗力系数；z 为到土壤表面的距离；q 为土壤表面的附加压强，$q=\gamma_g h_{gz}$。

如果变形仪正面（壁面）相对于水平面的倾斜角度 $\upsilon_{st}^{*}>20°$，该角度是轮式车辆元件与土壤相互作用的特征，则

$$q_{pas}=a_p\ (0.01\upsilon_{st}^{*})^{b_p}$$

其中

$$a_p=1+a_{fa}(0.1\varphi_g^{*})^{b_{fa}};\ b_p=a_{fb}(0.1\varphi_g^{*})^{b_{fb}};\ a_{fa}=0.308\ 2-0.070\ 9\varphi_{st}^{*}/\varphi_g^{*}$$
$$b_{fa}=2.075\ 1+1.335\ 4\varphi_{st}^{*}/\varphi_g^{*};\ a_{fb}=0.575\ 6+0.102\ 4\varphi_{st}^{*}/\varphi_g^{*}$$
$$b_{fb}=1.060\ 8+0.061\ 9\varphi_{st}^{*}/\varphi_g^{*}$$

式中，φ_g^{*}、φ_{st}^{*} 分别是土壤的内摩擦角和土壤对壁面的摩擦角，单位为°。

在壁底部 $H_{st}/3$ 高处施加的合成土壤抵抗被动压强 p_{pas}^{*} 为：

$$p_{pas}^{*}=\frac{1}{2}p_{pas}^{max}H_{st} \tag{8.33}$$

土壤承受的最大切向应力 $\tau_{xn.s}^{max}$，受土壤的承载能力 $p_{zsd}^{H_g}$ 限制：

$$\tau_{xn.s}^{max}=p_{zsd}^{H_g}\mathrm{tg}\upsilon_x \tag{8.34}$$

变形仪的水平运动或土壤变形为：

$$j_x=\Delta h_{gx}=\Delta h_{gz}\tau_x/p_z \tag{8.35}$$

$p_z / p_{zsd}^{H_g}$值较小时，必须考虑变形仪下表面型面（底部），它可能是光滑的或者带花纹纹路的。

若底部光滑且土壤颗粒（致密土壤）的附着力高，则通过变形仪材料与土壤间的静摩擦系数μ_{pok}和动摩擦系数μ_{sk}确定土壤的水平反作用力。如果纵向作用力$P_x = R_x \leqslant \mu_{pok} P_z$，则不存在变形仪的水平位移和土壤变形：$j_x = h_{gx} = 0$。当$P_x > \mu_{nok} P_z$时，变形仪开始沿土壤滑动$j_x > 0$，反作用力$R_x = \mu_{sk} P_z$（参见图 8.9（c））。

如果底部光滑且土壤颗粒（松散土壤）的附着力低，但底部与该颗粒的附着力高，则由变形仪之下土壤颗粒相对位移的过程确定R_x和j_x值。对于带花纹纹路的变形仪，当花纹纹路间距$t_{grz} = b_{shx}$且$h_{grz} = 0$时，其计算方法相同。

有花纹时，纵向反作用力R_x包括沿花纹纹路凸起的基本摩擦反作用力，以及花纹间土壤的剪切力和阻力。

最大切向应力τ_{xg}^{max}受土壤颗粒的相互滑动限制，并通过库伦公式计算：

$$\tau_{xg}^{max} = p_z \mathrm{tg}\varphi_g + c_g \tag{8.36}$$

式中，内摩擦角φ_g和土壤内聚力c_g是直线剪切图的参数，该参数与所研究的状态对应。

当变形仪表面对土壤的附着力小于土壤颗粒间的内聚力时，用变形仪在土壤上的外摩擦参数φ_{sh+g}和c_{sh+g}代替φ_g和c_g代入式（8.36）中，并确定τ_{xsh+g}^{max}。计算R_x时τ_x^{max}的实际值等于$\tau_{xn.s}^{max}$、τ_{xg}^{max}和τ_{xsh+g}^{max}的最小值。

建议通过以下方法得出剪切j_x（下文将水平变形记为h_{gx}）的应力τ_x。

根据实验数据，用两种类型的曲线描述（图 8.18）关系式$\tau_x(j_x)$：由于内聚力c_g出现峰值和平稳增长，当p_z和τ_x^{max}已知时，可根据曲线$\tau_x(j_x)$确定参数φ_g和c_g。

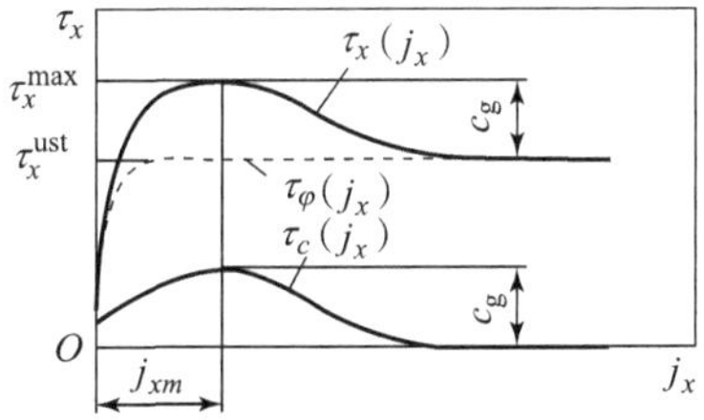

图 8.18 变形仪沿支承面剪切参数的计算示意图

在总曲线$\tau_x(j_x)$（图 8.18）上，在峰值区域，应力$\tau = \tau_x^{max}$，由土壤内聚力和内摩擦引起。土壤剪切力j_{xm}对应该应力。若$j_{xm} < j_x$，则当内聚力被破坏时，应力τ_x仅由颗粒摩擦引起且稳定（$\tau_x = \tau_x^{ust}$）。$\tau_x(j_x)$是$\tau_{x\varphi}(j_x)$和$\tau_{xs}(j_x)$两个关系式的总和，则得到

$$\tau_x(j_x) = \tau_x^{ust}\left[1 - \exp\left(\frac{-|j_x|}{j_0}\right)\right] + a_s \exp\left(\frac{-(|j_x| - j_{xm})^2}{a_t}\right) \tag{8.37}$$

其中，$\tau_x^{ust}=p_z\mathrm{tg}\varphi_g$；$j_0=k_{j0}j_{xm}$；$k_{j0}\approx 0.1$；$j_{xm}=K_{szhg}b_{shx}$；$a_s=c_g$；$a_t=k_{a_t}\times j_{xm}/\mathrm{tg}\varphi_g$；$K_{a_t}\approx 0.05$；$K_{szhg}$为土壤的纵向压缩系数，且

$$K_{szhg}=(e-e_{min})/(1+e) \tag{8.38}$$

有花纹纹路（凸起）时，花纹纹路数量 n_{grz}、间距 t_{grz}、凸起长度 t_{vt}和凹部 t_{vp}长度，以及高度 h_{grz}，为确定 $\tau_x(j_x)$ 和 $R_x(j_x)$ 必须考虑到土壤沿花纹纹路正面的阻力。变形仪承受纵向作用力 P_x 的过程可以分为 3 个阶段(图 8.19)。

在第一阶段（图 8.19(a)），作用力 $P_x=R_x$ 增大，但不超过最大值 $P_x\leqslant R_{x1}^{max}$，纵向剪切力引起的 j_x 很小或接近于零。土壤的反作用力 R_{x1}^{max} 由变形仪正面对土壤抗力的反作用力 R_{otplob}和花纹纹路正面对土壤阻力的反作用力 R_{xotpi}、以及凹部表面静摩擦的反作用力 R_{xvpi}和凸起表面的静摩擦的反作用力 R_{xvti}、变形仪侧壁与土壤间摩擦的反作用力（忽略数值较小的后者）所引起的。因此，当作用在花纹纹路上的反作用力相同时，则

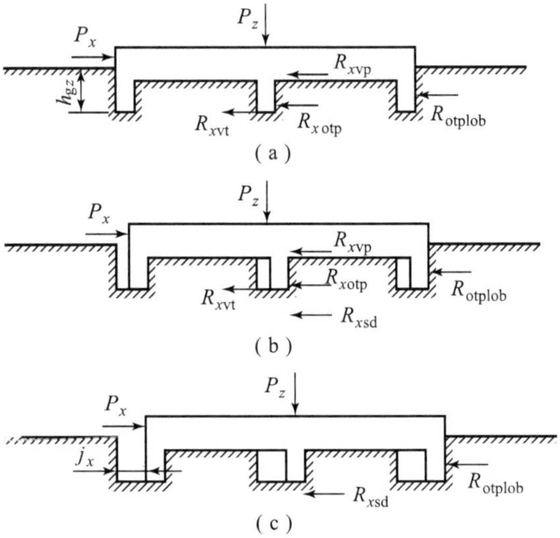

图 8.19　变形仪沿支承面剪切参数的计算示意图

（a）第一阶段；（b）第二阶段；（c）第三阶段

$$R_{x1}^{max}=R_{otplob}+(n_{grz}-1)(R_{xotpi}+R_{xvpi})+n_{grz}R_{xvti} \tag{8.39}$$

根据等式（8.37）确定反作用力 R_{xvpi}和 R_{xvti}，其中分别用 t_{vp}和 t_{vt}替换 b_{shx}。

在第二阶段（图 8.19（b）），作用力 $P_x=R_{x2}$（j_x），变形仪正面之前的土壤和纹路之间的土壤开始压缩和相对主土体剪切，凸起滑动，凹部部分沿地面滑动或相对夹在中间的土壤静止，即

$$R_{x2}=R_{otplob}+(n_{grz}-1)R_{xgrzi}+R_{xvti} \tag{8.40}$$

式中，R_{xgrzi}为纹路区域承受的作用力（取决于土壤压缩反作用力 R_{xszhi}和剪切反作用力 R_{xsdi}的关系）。

在第三阶段，纹路之间的土壤被完全压缩和挤压（图 8.19（c）），垂向压力明显小于土壤的承载能力时，变形仪（现在是光滑的）沿接触面（变形仪底部）之下的表面相对土体位移。纵向反作用力 R_{x3}是由反作用力 R_{otplob}和长为 b_{shx}的变形仪的总剪切反作用力 R_{xsd}引起的，即

$$R_{x3} = R_{\text{otplob}} + R_{x\text{sd}} \tag{8.41}$$

式中，$R_{x\text{sd}} = b_{\text{shy}} b_{\text{shx}} \tau_{x3i} \times 10^6$，$b_{\text{shx}}$为压模长度，$\tau_{x3i}$由式（8.37）确定。

根据土壤性质、变形仪尺寸和负载模式，最大反作用力 $R_x^{\max}$ 可能出现在任意阶段，因此必须估算其数值。

影响土壤变形的其他因素

除受力因素外，载荷作用时间和负载量，压模的形状、刚度和密度以及接触压力的分布情况也对土壤变形有重要影响。

通常，在恒定载荷作用下，土壤变形缓慢发生，或者逐渐衰减或增加，类似于黏性液体的流动。通常此类长期发展的变形用流变过程来描述：松弛——发生永久性变形时，土壤应力减小；蠕变——恒定载荷作用下材料长期变形特性。

土壤对外部载荷的阻力取决于其作用的时间：载荷快速增加时阻力最大，缓慢增加和长时间作用时阻力最小，此时随着时间的推移蠕变变形会增加。

土壤变形过程中强度会降低。瞬时变形 h_{gz0}（图 8.20（a））后，根据土壤和负载性质，可能表现为不衰减型蠕变（曲线 1）——随着时间推移最终导致破坏，或者表现为衰减型（曲线 2）。

对于不同结构和稠度的土壤，发生永久性变形（图 8.20（b））时，压缩应力减少：10% ~20%——对于硬和半硬黏土；30% ~60%——对于塑性土壤；最高 80%——对于流动性土壤。对于非黏结性土壤，仅当压力过大、干燥状态时发生蠕变，并引起颗粒接触点处的流动性过程；对于粘结性土壤——任意负载且固体状态时发生蠕变，并引起几乎所有变形。剪切时（图 8.20（c））同样出现。

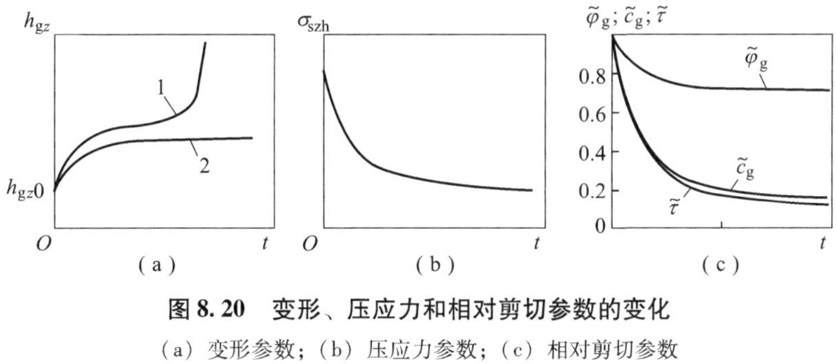

图 8.20 变形、压应力和相对剪切参数的变化

（a）变形参数；（b）压应力参数；（c）相对剪切参数

从实际的角度来看，考虑到这些现象的现有方法中，最可接受的是在估算垂向压力的计算值时考虑到作用时间，即

$$p_z^{\mathrm{p}} = p_z K_{\mathrm{gd}} \tag{8.42}$$

式中，K_{gd}为对土壤的动态影响系数，$K_{\mathrm{gd}} = t/(t + t_{\mathrm{rel}})$；$t$、$t_{\mathrm{rel}}$分别是负载作用时间和土壤松弛时间。

时间 t_{rel}取决于土壤的渗透性，与内部摩擦角 φ_{g}^* 存在关系：

$$t_{\mathrm{rel}} = \frac{1}{2}/\varphi_{\mathrm{g}}^* \tag{8.43}$$

计算切向应力 τ_i时，通过系数 K_{gd}计算得出垂向计算压力减小是不合理的。可由下式确定实际垂向压力下的最大切向应力：

$$\tau_i^{\max} = p_z \mathrm{tg}\varphi_{\mathrm{g}} + c_{\mathrm{g}}$$

除载荷作用时间外，确定载荷大小对土壤变形的影响（图 8.21）也同样重要。加载时上一周期的垂向沉陷曲线的倾角大于下一周期的；卸载的直线通常彼此平行。

沉陷的增加是由于载荷作用时间增加。在重复加载时，可能会发生后续变形积累（图 8.21（c））的几种情况：在保持弹性的同时，实际上没有增加变形（坚硬支承面）——曲线 1；变形以对数定律增加（塑性土壤 $p_z < p_{zsd}^{H_{\mathrm{g}}}$）——曲线 2；在前种情况中变形变化会伴随后续崩坏（塑性流动土壤，$W < W_L$，$p_z > p_{zsd}^{H_{\mathrm{g}}}$）——曲线 3；变形逐渐增加（流动性土壤，$W \geqslant W_L$，$p_z > p_{zsd}^{H_{\mathrm{g}}}$）——曲线 4。

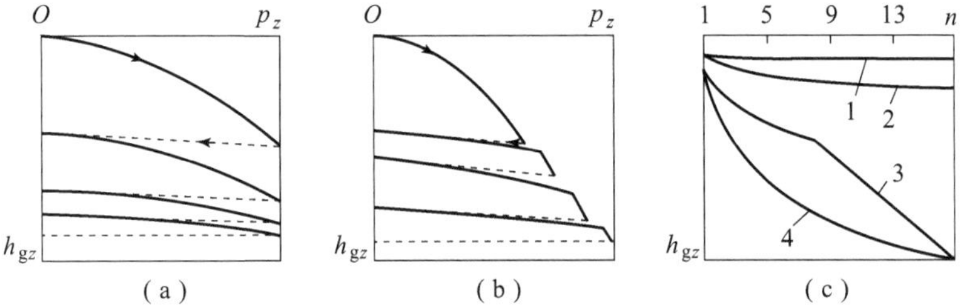

图 8.21　土壤沉陷的变化与加载的次数的关系

（a）恒定载荷；（b）载荷逐渐增加；（c）在不同土壤表面的常压加载

1—坚硬支承面；2—塑性土壤；3—塑性流动十壤；4—流动性土壤

最常见的是第二种情况——变形以对数定律增加：

$$h_{gn} = \alpha + \beta \ln(n)\,;\ \tilde{h}_{gn} = 1 + k\ln(n)$$

式中，h_{gn}、$\tilde{h}_{gn} = h_{gn}/h_{g1}$分别对应加载次数为 n 时土壤变形和相对变形；α、β、k 分别为土壤、载荷和加载模式相关的参数。

当 $p_z < p_{zsd}^{H_{\mathrm{g}}}$时对数定律对压缩区有效，并且仅覆盖部分支承面。支承面薄弱时会发生土壤破坏。最可行的方法是通过载荷作用时间和载荷值计算。

加载过程中剪切强度以不同的方式变化：在压缩区作功时，应力 τ_i 随着加载次数的增加而增加，而在破坏区（$p_z > p_{zsd}^{H_g}$），应力减小，此时角度 φ_g 变化不大，内聚力 c_g 减小了数倍，在计算过程中可以忽略。

大多数变形仪具有一定的刚度。在线性可变形半空间发生垂直变形时，根据弹性理论，绝对刚性平面的变形器表面接触压力分布图始终为鞍形；对于具有有限刚度的变形器，根据其柔度，分布图的形状范围可以从鞍形到抛物线形不等；充气轮胎在水平接触区内的实际接触压力分布如图 8. 22 所示。

在密实土壤上，相对接触压力 $p_{zi}/\bar{p}_z$ 沿变形仪相对长度 x_i/x_0（其中 x_0 为宽度变形的$\frac{1}{2}$）的分布图几乎相同（图 8. 22（a））；在湿度适中的密实土壤上——椭圆状（参见图 8. 22（b））；随着标准压力逐渐接近潮湿土壤的承载能力，分布图趋于抛物线形（图 8. 22（c））。载荷较大时，接触中间部分的轮胎弹性护套会向内凸出，形成鞍形表面，此时压力分布图弯曲形成鞍形。

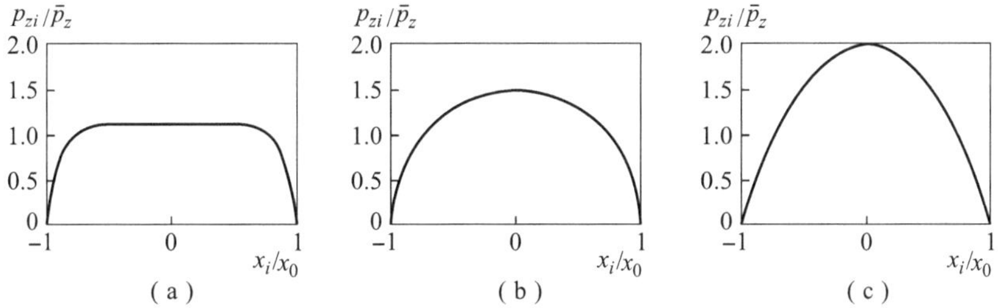

图 8. 22　平面变形仪表面接触压力的分布

（a）密实干燥土壤；（b）适度湿润相对密实的土壤；（c）湿润土壤

易变形支承面的机械性能

为了根据上述关系式进行计算，有必要了解支承面的机械性能。机械性能取决于其物质组成、物理状态参数（$p_{g.ch}$、e_{max}、e_{min}、e、W、W_L、W_P、R_{torf}、A_s、T）和导出参数（$P_{g.sk}$、ρ_g、J_W、J_L、J_P），这些参数的取值参见专业文献。下面将只研究基于土壤力学关系并适用于变形计算的一般概念。

根据行动装置的几何尺寸和载荷，变形层的研究厚度 H_g 通常不超过 1 ~ 3 m。

支承面的机械性能主要包括：总变形模量 E_g——垂向压力增量 dp_z 与相对垂直变形增量 $d\tilde{z}$）之比、内摩擦角 φ_g、内聚力 c_g、松弛时间 t_{rel}、均质易变形土体层的黏性 p_l 和厚度 H_g。

其数值通常取决于主要物理状态参数（e、W、ρ_g、R_{torf}、A_s、T），并规定表征压缩和剪切的机械性能的相互联系，如 $\varphi_g=f(E_g)$，$c_g=f(E_g)$。

非黏结性土和黏结性土

对于具体的土壤类型，颗粒密度 $\rho_{g.ch}$ 具有较小的变化范围。对于所有矿物土壤而言 $\rho_{g.ch}=2.37\sim2.83\ g/cm^3$。

孔隙率系数的 e_{min} 和 e_{max} 值取决于土壤的类型及其状态（主要取决于含水量）。因此，对于黏结性土壤，随着含水量的增加而 e 值范围变小。在评估支承面的可变形性时，最应该关注 e_{min} 的值，因为它确定了临界压力，超过该压力时土壤实际上没有被压缩。对于初始孔隙率系数 e 不变的相同土壤，随着水分的增加，e_{min} 的值增加，该值主要由支承面的渗透特性决定，对于行动装置与地面的短时相互作用过程很难估算其渗透特性。砂的孔隙率系数 $e_{min}=0.25$，$e_{max}=1.2$；对于黏结性土壤 $e_{min}=0.20$，$e_{max}=1.52$；对于有机矿物土壤 $e_{min}=2$，$e_{max}=12$。

支承面的机械特性参数变化如图 8.23、图 8.24 所示。

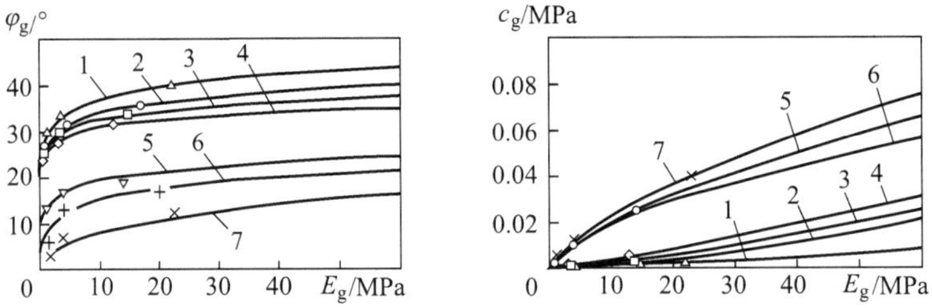

图 8.23 土壤参数与其总变形模量之间的关系曲线

1～3—分别为粗粒、中粒和细粒砂；4—粉质砂；5—亚砂土；6—砂质黏土；7—黏土

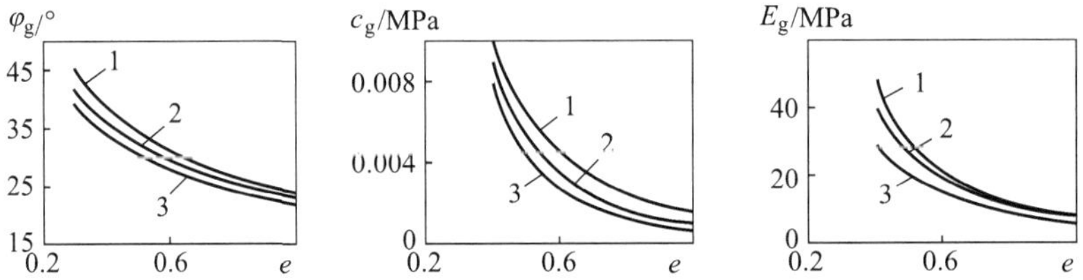

图 8.24 稍湿、潮湿和水饱和粉质砂参数与孔隙率之间的关系曲线

1—稍湿；2—潮湿；3—水饱和

黏性是黏结性土壤最典型的特征。当压力 $p_z\leqslant0.5$ MPa，且湿度低于最大水饱和湿度 W_{pol} 时会表现出该特征。黏性随着湿度 W 增加而增加，当 W_1^{max} 时达到最

大值 p_1^{max} 后急剧下降。对轮式车辆而言，载荷作用时间 3 ~ 5 s，压力 $p_z \leqslant$ 0.3 MPa 时，黏性 p_1 可通过下式确定：

$$p_1 = p_1^{max}\left(1 - \frac{|W_1^{max} - W|}{W}\right) \tag{8.44}$$

式中，p_1^{max} 为最大黏性。MPa；W_1^{max} 为最大黏性时的湿度，%；W 为自然湿度，%。

对于不同类型的土壤 p_1^{max} 和 W_1^{max} 的值如下：

	W_1^{max}/%	p_1^{max}/MPa
轻质亚砂土、处于半固态稠密的未被破坏的砂质黏土 …………	15 ~ 19	0.002
重质亚砂土、轻质砂质黏土、未被破坏的淤泥 …………………	17 ~ 22	0.005
中度和重质砂质黏土、未被破坏的轻质（砂质）黏土 …………	19 ~ 25	0.010
轻质（砂质）黏土和被破坏的粉质黏土、被破坏的重质黏土 ……	22 ~ 30	0.020
被破坏的重质（油性）黏土、黑钙土 ……………………………	27 ~ 35	0.050
被破坏的油性很重的黏土 ………………………………………	47 ~ 65	0.050

这些土壤层的厚度差别很大，从几厘米到几米，过湿土壤的厚度（$J_W \geqslant 0.8$；$J_L \geqslant 0.75$）范围 0.1 ~ 0.6 m（春天），0.15 ~ 0.4 m（秋天）和 0.05 ~ 0.10 m（夏天）。

通常，非黏结性土壤孔隙率系数 e 随深度的增加而减小。对于黏结性土壤，孔隙率系数恒定或减小，在极少数情况下（如黄土）该系数增加。

泥炭质土壤

与矿物土壤的区别在于，不仅对于不同类型泥炭土参数值在一定范围内浮动，即使同一矿区内的泥炭土的参数也是如此，而且不同泥炭沼泽地带的同种泥炭的物理参数值也不一致。

泥炭的主要物理机械参数包括：颗粒密度 $\rho_{g.ch}$、湿度 W、分解度 R_{torf}、灰分 A_s、压缩和渗透特性以及剪切、挤压阻力（图 8.25）。

固相密度（$\rho_{g.ch} = 1.4 \sim 1.7$ GN/m^3）取决于分解程度 R_{torf} 和灰分 A_s、植物成分和环境地理。由于泥炭土通常为完全水饱和状态，且水饱和指数 $J_W = 1$，因此参数 e 和 W 的关系可通过 $\rho_{g.ch}$（不考虑气体和空气蒸汽）确定：

$$e = W\rho_{g.ch}g \times 10^{-3}$$

对于较小的压力范围（0 ~ 0.05 或 0 ~ 0.1 MPa）泥炭土强度 E_g 特性取决于参数 W、R_{torf}、A_s。与发生压缩和膨胀（横向剪切）时的矿物土壤不同，泥炭土沿支承面的周边发生压缩和剪切时，在其中未观察到横向剪切现象。

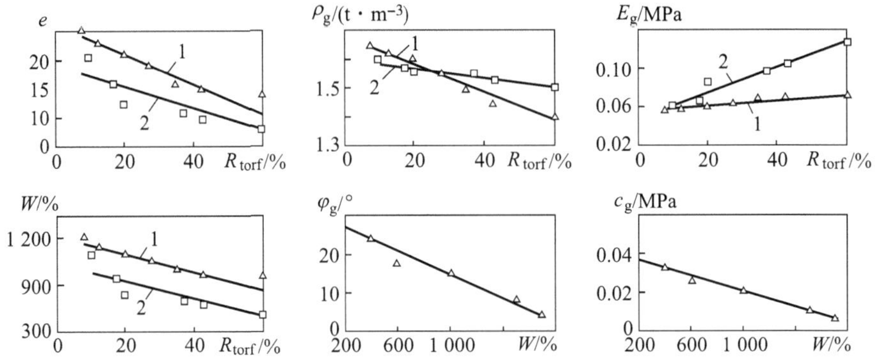

图 8.25　泥炭土的物理和机械特性的变化

1—上层；2—基层

泥炭机械强度由抗剪强度极限 τ_{sd}^{*}（表 8.4）表示。

表 8.4　泥炭土的组成和特性

泥炭土类型	H_g/m	R_{torf}/%	W/%	τ_{sd}^{*}/MPa
	基层土壤			
莎草	1.75	15	930	0.022（0.007）
泥炭藓	4.00	20	850	0.014（0.007）
莎草	2.20	25	900	0.015（0.007）
乔木 - 莎草	1.00		670	0.010（0.005）
	0.30		600	0.026（0.017）
草本 - 泥炭藓	2.00	25	810	0.020（0.008）
乔木 - 草本	3.20	25	770	0.014（0.007）
乔木 - 睡菜	1.00	30	660	0.015（0.008）
草本	3.20	40	590	0.011（0.006）
乔木	1.20	40	550	0.018（0.009）
	上层土壤			
墨角藻 - 泥炭	0.30	5	950	0.014（0.008）
综合的	0.50	5	900	0.012（0.007）
	1.00	8	950	0.020（0.010）
羊胡子草	1.50	13	950	0.012（0.006）
泥炭藓沼泽	2.20	15	640	0.023（0.006）

* 括号中的数值对应被破坏的泥炭土。

沼泽上层的厚度各不相同，但草皮厚度不超过 0.5 m（湿地不超过 0.2 m；泥炭羊胡子苔藓 0.15 ~0.40 m）。有地表水积蓄湿地的泥炭覆盖小于 0.3 m。

积雪

为了计算轮式车辆的通过性，必须了解各种载荷下积雪的最大密度 ρ_g。该密度取决于冰晶的密度（当0 ℃时，$\rho_{g.ch}=0.917\,6$；当 −25 ℃时，$\rho_{g.ch}=0.938\,6$），并通过下式计算：

$$\rho_{g.ch}\approx 0.917\,6+0.000\,84\,|T|$$

当冰晶颗粒彼此靠近且仅当冰晶形状改变时，才有可能进一步压实雪，对应第一临界密度 $\rho_{g1}^{krit}=0.555\ t/m^3$。达到第二临界密度 $\rho_{g2}^{krit}=0.755\ t/m^3$时，对应于孔隙闭合和雪冰的形成。

用推土机下垂式刮土板压实后，密度和孔隙率系数的平均值为 $\rho_g=0.45\ t/m^3$，$e=0.68$；用辊子和振动器压实且不加水时：$T>-10$ ℃时，$\rho_g=0.55\ t/m^3$，$e=0.37$；$T<-10$ ℃时，$\rho_g=0.50\ t/m^3$，$e=0.51$，加水时 $\rho_g>0.55\ t/m^3$。

图 8.26 中给出了积雪的物理机械特征变化，反映了其在载荷作用下的可变形性。表 8.5 中给出了开始破坏（雪层中的剪切）时的允许压力。

雪的压实度取决于积雪的深度，几乎与内部平均比压 $p_z=0.04\sim0.08$ MPa 无关（参见图 8.26，其中 $\tilde{h}_{gz}=h_{gz}/H_g$——相对变形）。

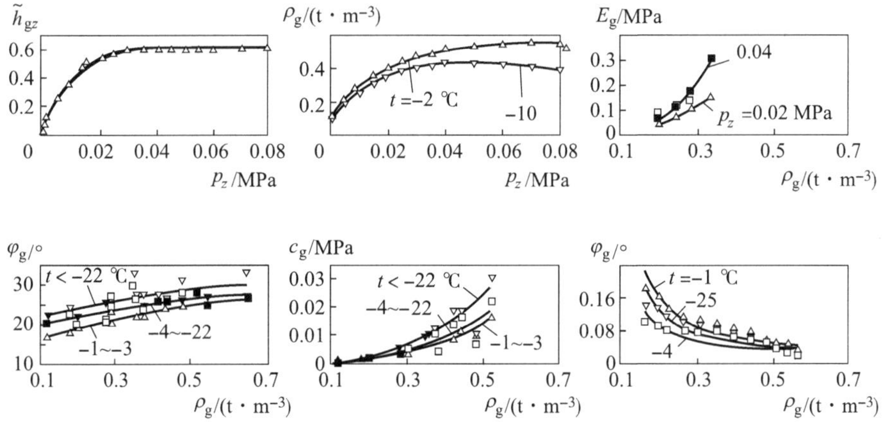

图 8.26　积雪物理机械特性变化

表 8.5　作用在积雪和冰上的允许垂向压力 $[p_z]$ 和水平压力 $[p_x]$

雪的类型	$\rho_g/t\cdot m^{-3}$	e	$[p_z]$/MPa	$[p_x]$/MPa
非常松散	<0.085	<7.9	0.003 ~ 0.005	0.000 5 ~ 0.001
松散	<0.10	<6.6	0.005 ~ 0.012	0.001 0 ~ 0.002
中等密度	0.11 ~ 0.25	5.8 ~ 2.1	0.012 ~ 0.040	0.002 5 ~ 0.008

续表

雪的类型	ρ_g/t·m^{-3}	e	$[p_z]$/MPa	$[p_x]$/MPa
密实	0.26～0.35	1.9～1.16	0.040～0.080	0.008 0～0.016
非常密实	0.36～0.50	1.1～0.51	0.080～0.150	0.016 0～0.030
含冰夹层	0.51～0.60	0.48～0.26	0.150～0.600	冰破碎
冰	0.65～0.92	0.44～0.02	0.600～2.000	冰破碎

8.4 直线运动时车轮的支承通过性

当弹性车轮沿着可变形支承面滚动时，前轮会辗压出车辙，后轮则沿着该辙迹移动，这意味着它们与支承面相互作用的性能（接触面、垂向压力和切向应力的分布，运动方程式）会有所不同。根据滚动阻力系数 f_g 和附着系数 φ_g 的统计值，可以对可变形支承面上的车轮和轮式车辆的支承面通过性参数进行近似评估，但是这种情况下的准确性非常低，并且这种评估很少使用。

前轮的支承通过性

以外力作用下对接触区域中发生的物理和机械过程的详细分析为基础，使用现代方法对车轮在可变形支承面上的支承通过性的参数进行计算，然后换算为反映车轮运行机理的一般规律和参数。已有的几种方法中，支承面的形状、作用在基本接触区域上的压力和应力的计算方法以及最终的关系式都有所不同。大多数的计算方法都是基于关系式（8.21），它仅对车轮参数和作用载荷以及支承面类型的微小变化范围有效，因而限制了它们的应用。这里研究一种可作为土壤变形方程式基础的方法（参见第 8.3 节），以提高计算的准确性。

假设支承面水平且平整、车轮的旋转角速度恒定（ω_k = const）、车轮的纵向速度变化很小（$v_{kx} \approx$ const），这意味着没有惯性力，根据车轮的径向变形 h_z 和车轮陷入地面的深度 h_g 来确定接触区的参数。

下面研究计算车轮支承通过性的主要过程。

接触区的参数测定

通常，根据实验数据，使用基本参数 r_{sv}、h_z、h_g 和轮胎的横向断面来规定接触区域的简化表面。

将接触区的纵向横截面分为前后两部分。前部分由圆、直线、抛物线、椭圆或更复杂曲线的方程式进行描述，后部分由直线、圆或复杂曲线的方程式进行描述。许多方法的显著特点是考虑到了支承面的弹性成分。因此，与中心接触区的

沉陷量 h_g 相比，车轮后面的车辙深度减小了。但对于承载能力较弱的支承面，与总变形相比，其弹性变形成分较小。当车轮在较大牵引负载下以驱动状态行驶时，会观察到后面的辙迹减少了。挤压或填充的土壤被破坏，并且强度明显低于车轮下方的土壤，因此由于车辙深度的减小而由接触区后部承受的附加载荷极小。

在图 8.27 中所示的接触区纵向截面图中，对于图示椭圆和半径为 r_{sv} 的圆在接触点 a_g 处的切线斜率是相同的，也就是说在这一点的导数相等，可以获得用于计算前后接触点的变形 h_{gi} 以及坐标的表达式：

$$h_{gi} = h_g - b_z\left[1 - \sqrt{1-(x/a_z)^2}\right];\ a_g = \sqrt{r_{sv}^2 - \xi^2};\ a_1 = \sqrt{2r_{sv}h_z - h_z^2} \tag{8.45}$$

式中，$b_z = h_g / \left[1 - \sqrt{1-(a_g/a_z)^2}\right]$；$a_z = (a_g^2 - h_g\xi)/\sqrt{a_g^2 - 2h_g\xi}$；$\xi = r_{sv} - h_z - h_g$。

因此，在 $\xi \leqslant 0$ 时，取 $\xi = 0$，且 $b_z = r_{sv} - h_z$。

轮胎的横截面具有复杂的曲线（图 8.28）。通常将其简化为矩形或圆形，或者分别以半径为 r_{bok0} 和 $r_{b.d}$ 的未变形状态的侧壁和行驶面进行描述。通过几何方法确定轮胎手册中未列举的在 $P_z = 0$ 时未变形的轮胎参数。在负载作用下，轮胎的胎面和胎侧会变形，轮胎截面会变得更加复杂（图 8.29）。

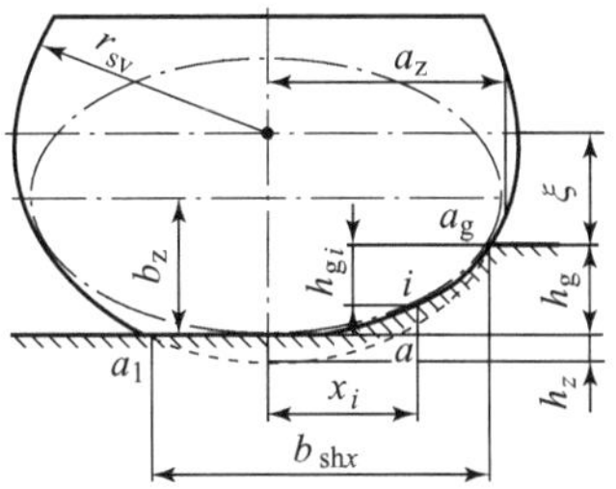

图 8.27 前部为椭圆形且后部为直线形的接触区纵向截面图

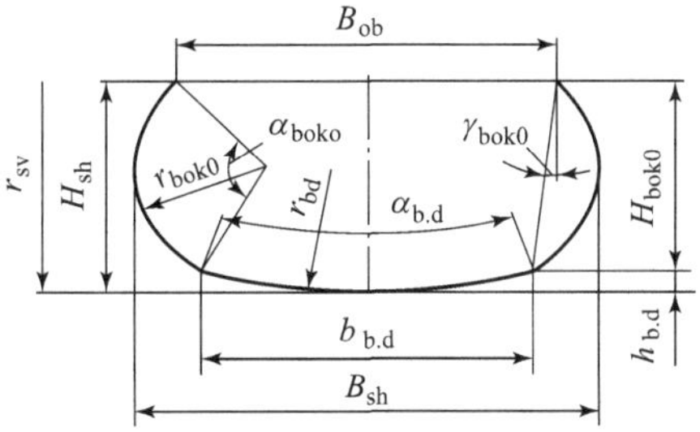

图 8.28 未变形状态下的轮胎横截面参数

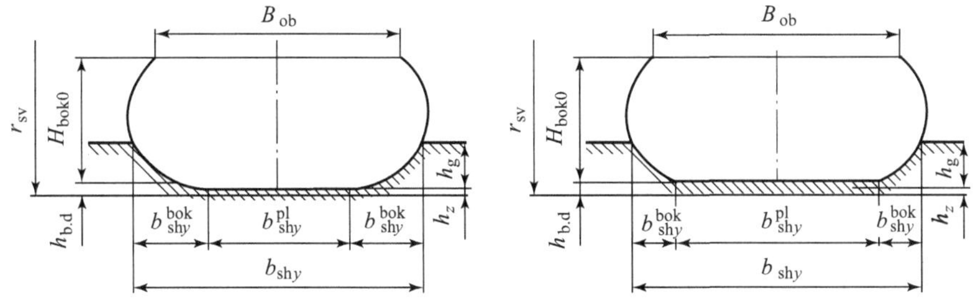

（a） （b）

图 8.29 接触区的横截面图

（a）$h_z \leqslant h_{b.d}$；（b）$h_z > h_{b.d}$

在规定的土壤变形 h_g 和轮胎变形 h_{zg} 情况下（下文中，为了简化表示，假设 $h_{zg}=h_z$），横向平面中接触区的参数根据下列方程式确定：

当 $h_z \leqslant h_{b.d}$ 时（图 8.29（a）），则

$$\left.\begin{aligned} &b_{shy}^{pl}=2\sqrt{2r_{b.d}h_z-h_z^2}\\ &b_{shy}=2\sqrt{(h_z+h_g)(2r_{b.d}-h_z-h_g)}\\ &b_{shy}^{bok}=\begin{cases}\dfrac{1}{2}(b_{shy}-b_{shy}^{pl}), & \text{当 } h_g<h_{b.d}-h_z\\ \dfrac{1}{2}(b_{b.d}-b_{shy}^{pl})+\sqrt{r_{bok0}^2-A_1^2}-r_{bok0}\cos A_2, & \text{当 } h_g \geqslant h_{b.d}-h_z\end{cases}\end{aligned}\right\} \tag{8.46}$$

式中，$A_1=r_{bok0}\sin A_2+h_{b.d}-h_z-h_g$（当 $A_1<0$ 时，取 $A_1=0$）；$A_2=\gamma_{bok0}+\dfrac{1}{2}\alpha_{bok0}$。

当 $h_z>h_{b.d}$ 时（图 8.29（b）），则

$$b_{shy}^{pl}=b_{b.d};\ b_{shy}^{bok}=\sqrt{r_{bok}^2-A_1^2}-r_{bok}\cos A_2 \tag{8.47}$$

式中，$r_{bok}=\dfrac{l_{bok}}{\alpha_{bok}}$；$\alpha_{bok}=2\sqrt{6\left[1-H_{bok}/(l_{bok}\cos\gamma_{bok})\right]}$；$H_{bok}=H_{bok0}-(h_z-h_{b.d})$；$\gamma_{bok}=\mathrm{arctg}\left[\dfrac{1}{2}(B_{ob}-b_{b.d})/H_{bok}\right]$；$A_1=r_{bok}\sin A_2-h_g$（当 $A_1<0$ 时，取 $A_1=0$）；$A_2=\gamma_{bok}+\dfrac{1}{2}\alpha_{bok}$。

在垂向截面中，横向接触轮廓将由行驶面变形确定的平面和与轮胎侧壁地面接触的复杂曲线组成。在直线运动时，只有轮胎侧壁的下部与地面接触。因此，要评估这些截面的接触参数，只需知道平面区域的宽度 b_{shy}^{pl} 和整个接触区域的宽度 b_{shy} 以及土壤的垂向变形 h_{gi} 即可。

因此，在点 i（图 8.30）上，根据方程式（8.45）确定土壤变形 h_{gi}。对于接触区的平面，在过点 O_k 和点 i 的径向截面中，根据方程式（8.46）、方程式（8.47）确定接触区的宽度。对于整个区域，在过点 O_k 和点 A 的径向截面中，根据方程式（8.46）、方程式（8.47）确定接触区的宽度。在这些径向截面中，土壤变形 h_{gi} 分别由线段 Mi 和 $AB=O_kB-O_kA$ 表示，而轮胎的 h_{rshi} 由 $r_{sv}-O_ki$ 与

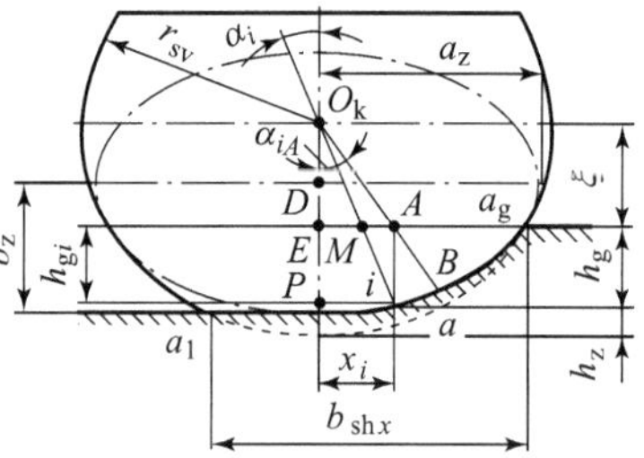

图 8.30　车轮与可变形支承面接触区域内的参数计算图

$r_{sv}-O_kB$ 的差来表示。

当 $\xi>0$ 时，截面 O_ki 的主要关系式为：

$$h_{gi}=Mi=O_ki-\xi/\cos\alpha_i\text{；}h_{rshi}=r_{sv}-O_ki \tag{8.48}$$

对于截面 O_kA，关系式为：

$$h_{gi}=AB=O_kB-O_kA\text{；}h_{rshi}=h_{zi}=r_{sv}-O_kB$$

式中，$O_ki=x_i/\sin\alpha_i$；$\alpha_i=\mathrm{arctg}\ (x_i/O_kP)$；$O_kP=O_kD+DP$；$O_kD=r_{sv}-h_z-b_z$；$DP=z_z=b_z\sqrt{1-(x_i/a_z)^2}$；$O_kB=x_{zB}/\sin\alpha_{iA}$；$x_{zB}=(O_kD+z_{zB})\mathrm{tg}\alpha_{iA}$；$z_{zB}=(\sqrt{A_2^2-4A_1A_3}-A_2)/(2A_1)$；$A_2=2A_0O_kD$；$A_1=1+A_0$；$A_0=(b_z\mathrm{tg}\alpha_{iA}/a_z)^2$；$A_3=A_0(O_kD)^2-b_z^2$；$\alpha_{iA}=\mathrm{arctg}(x_i/\xi)$；$O_kA=x_i/\sin\alpha_{iA}$。

应当注意，当 $\xi\leqslant0$ 时，

$$z_{zB}=b_z\text{；}x_{zB}=a_z\text{；}h_{gi}=r_{sv}\text{；}h_{rshi}=h_{zi}=0$$

通过沿着接触长度 b_{shx} 对接触区域基本面积进行积分，来计算整个区域及其平面部分的水平投影的面积 F_{sh} 和 F_{sh}^{pl}。图 8.31 中所示的此类投影的轮廓与椭圆形不同，并且面积 F_{sh} 比 F_{sh}^{pl} 平均要大 15%（在小变形 $\tilde{h}_{zk}=h_z/r_{sv}$ 和大变形 $\tilde{h}_g=h_g/r_{sv}$ 时，最多为 30%）。

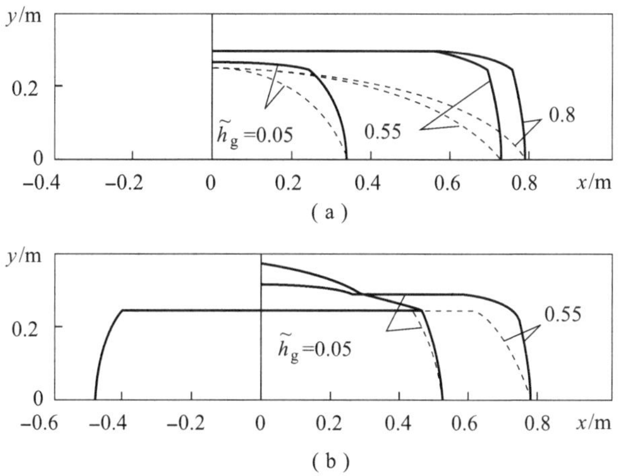

图 8.31　在车轮的相对变形 $\tilde{h}_{zk}=0.05$ 和 0.2 以及支承面各种相对变形 $\tilde{h}_g$ 时，轮胎 1600×600－685 接触区的水平投影轮廓

实线—总体轮廓；虚线—横截面轮廓

在较大的变形下，当车轮轴线低于未变形的支承面时，轮胎会在下侧反作用力的作用下在纵向上发生变形。然而，由于其对垂向反作用力 R_z 的影响不大，

因此在车轮运行方程式中将其考虑在内，并不会改变接触区前部的轮廓。

计算垂向压力和剪切应力

下面研究接触区域的简化表面，当纵向截面用直线和椭圆形表示时（参见图 8.30），且横向截面用直线表示（换算的接触区宽度），则

$$\bar{b}_{\text{shy}i} = b_{\text{shy}i}^{\text{pl}} + \frac{4}{3} b_{\text{shy}i}^{\text{bok}} \tag{8.49}$$

在这种情况下，在车轮和支承面的总变形等于车轮自由半径的情况下，轮胎的接触区域水平投影换算面积 $\bar{F}_{\text{sh}}$小于轮廓 F_{sh}，但不超过6%。

假设接触区域横截面中的垂向压力是均匀分布的，而在加载区域（p_{zn}）和卸载区域（p_{zr}）的纵向截面中，则通过车轮轮胎的径向压缩变形率 h_{shrshz}和 h_{shizg}弯曲率计算：

$$\left.\begin{aligned} p_{zn} &= k_{1\text{szh}}(h_{\text{shrszh}} + k_{\text{szh-izg}} h_{\text{shizg}}) \\ p_{zr} &= k_{1\text{szh}}\left\{h_{\text{shrszh}}\left[1 - \frac{(1-k_{\text{szh}})\,|x_i|}{x_a}\right] + k_{\text{szh-izg}} h_{\text{shizg}}\left[1 - \frac{(1-k_{\text{izg}})\,|x_i|}{x_a}\right]\right\} \end{aligned}\right\} \tag{8.50}$$

式中，$k_{1\text{szh}}$、k_{szh}分别是加载区域的压缩系数和相对系数，$k_{\text{szh}} = k_{2\text{szh}}/k_{1\text{sz}}$；$k_{2\text{szh}}$为卸载系数；$k_{\text{szh-izg}}$为加载区域中的压缩弯曲系数，$k_{\text{szh-izg}} = k_{1\text{izg}}/k_{1\text{szh}}$（对于这两个区域，假定相同）；$k_{\text{izg}}$为相对弯曲系数，$k_{\text{izg}} = k_{2\text{izg}}/k_{1\text{izg}}$；$k_{1\text{izg}}$、$k_{2\text{izg}}$分别在加载和卸载区域中的弯曲系数；$x_a$为接触区的一半长度。

车轮在硬支承面上滚动时，计算系数 $k_{1\text{szh}}$、$k_{\text{szh-izg}}$、k_{szh}、k_{izg}的值（已知 P_z、p_w、h_z 和f_{sh}），当压缩和弯曲时基本变形满足下列关系式：

$$h_{\text{shrszh}} = r_{\text{sv}} - \sqrt{r_{\text{d}}^2 + x_i^2}\text{；}\ h_{\text{shizg}} = r_{\text{sv}} - \sqrt{r_{\text{sv}}^2 - x_i^2}$$

车轮滚动时的垂向力 P_z、固定车轮加载和卸载时的力 P_{zn}和 P_{zr}以及滚动阻力矩 $M_{f_{\text{sh}}}$的表达式为：

$$\left.\begin{aligned} P_z &= b_{\text{shy}} k_{1\text{szh}}\left\{A_{1\text{n}} + k_{\text{szh-izg}} A_{2\text{n}} - \frac{1}{2} A_{\text{r}}\left[(1-k_{\text{szh}}) + k_{\text{szh-izg}}(1+k_{\text{izg}})\right]/x_a\right\}; \\ P_{zn} &= b_{\text{shy}} k_{1\text{szh}}(A_{1\text{n}} + k_{\text{szh-izg}} A_{2\text{n}}); \\ P_{zr} &= b_{\text{shy}} k_{1\text{szh}}\left\{A_{1\text{n}} + k_{\text{szh-izg}} A_{2\text{n}} - A_{\text{p}}\left[(1-k_{\text{szh}}) + k_{\text{szh-izg}}(1+k_{\text{izg}})\right]/x_a\right\} \\ M_{f_{\text{sh}}} &= b_{\text{shy}} k_{1\text{szh}}(1-k_{\text{szh}})(A_{1f} + k_{\text{szh-izg}} A_{2f})/x_a \end{aligned}\right\} \tag{8.51}$$

式中，$A_{1\text{n}} = x_a r_{\text{sv}} - r_{\text{d}}^2 \ln\dfrac{x_a + r_{\text{sv}}}{r_{\text{d}}}$；$A_{2\text{n}} = 2x_a r_{\text{sv}} - r_{\text{sv}}^2 \arcsin(x_a/r_{\text{sv}}) - x_a r_{\text{d}}$；$A_{\text{r}} = r_{\text{sv}} x_a^2 - \dfrac{2}{3}(r_{\text{sv}}^3 - r_{\text{d}}^3)$；$A_{1f} = \dfrac{r_{\text{sv}} x_a^3}{3} - \dfrac{x_a r_{\text{sv}}^3}{4} + \dfrac{r_{\text{d}}^2 r_{\text{sv}} x_a}{8} + \dfrac{r_{\text{d}}^4}{8}\ln\dfrac{x_a + r_{\text{sv}}}{r_{\text{d}}}$；$A_{2f} = \dfrac{r_{\text{sv}} x_a^3}{3} + \dfrac{x_a r_{\text{d}}^3}{4} - \dfrac{r_{\text{sv}}^2 r_{\text{d}} x_a}{8} - \dfrac{r_{\text{sv}}^4}{8}$

$\arcsin(x_a/r_{sv})$；$x_a=\sqrt{r_{sv}^2-(r_{sv}-h_z)^2}$；$r_d=r_{sv}-h_z$。

共同求解方程式（8.51），可得：

$$\left.\begin{aligned}k_{szh\text{-}izg}&=\frac{A_rM_{f_{sh}}-A_{1f}(P_{zn}-P_{zr})}{A_{2f}(P_{zn}-P_{zr})-A_rM_{f_{sh}}};\ k_{1szh}=\frac{P_{zn}}{b_{shy}(A_{1n}+k_{szh\text{-}izg}A_{2n})}\\k_{szh}&=1-\frac{b_{shy}k_{1szh}A_{1n}+k_{szh\text{-}izg}A_{2n}-P_{zr}}{A_p(1+k_{szh\text{-}izg})/x_a}\end{aligned}\right\}\tag{8.52}$$

在接触区域为曲线轮廓时的可变形支承面上，分别通过下式计算轮胎的径向压缩变形及其弯曲变形：

$$h_{shrszhi}=r_{sv}-O_ki=r_{sv}-\rho_i;\ h_{shizg}=r_{sv}[1-\cos(\alpha_i-\alpha_k)]$$

其中，α_k 为变形轮廓切线倾斜角（图 8.32（a）），同时在卸载区域中，$\alpha_k=0$，而在加载区域中有：

$$\alpha_k=\mathrm{arctg}\left[\frac{x_i}{z_z}\left(\frac{b_z}{a_z}\right)^2\right]\tag{8.53}$$

为求出轮胎与支承面接触区域中的切向应力，可以使用方程式（8.37），将其中的土壤参数 c_g 和 $t_g\varphi_g$ 替换为轮胎与支承面接触时的胎面摩擦参数，则

$$\tau=\tau_{ust}\left[1-\exp\left(-\frac{|j|}{j_0}\right)\right]+c_{sh\text{-}g}\exp\left[-\frac{(|j|-j_m)^2}{a_t}\right]\tag{8.54}$$

式中，$\tau_{ust}=P_z\mu_{sk}$；$j_0=k_{j_0sh\text{-}g}j_m$；$k_{j_0sh\text{-}g}\approx0.1$；$j_m=k_{szh\text{-}g}b_{shx}$；$c_{sh\text{-}g}=p_z\times(\mu_{pok}-\mu_{sk})$；$a_t=k_{a_tsh\text{-}g}j_m/\mu_{sk}$；$k_{a_tsh\text{-}g}\approx0.05$。

假设滑动摩擦系数 μ_{sk} 和轮胎胎面材料与地面的内聚应力 $c_{sh\text{-}g}$ 是定值，且不依赖于垂向压力 p_{zi}，而静摩擦系数 $\mu_{poki}=\mu_{sk}+c_{sh\text{-}g}/p_{zi}$，并且在压力和静摩擦系数的基本值情况下计算内聚应力：

$$c_{sh\text{-}g}=p_z^{baz}(\mu_{pok}^{baz}-\mu_{sk})\tag{8.55}$$

车轮表面上的每个点都会产生复杂的运动：其中相对运动是车轮中心 O_k 相对位置确定时相对于支承面的运动。它的相对速度为（图 8.32（b））：

$$v_{otn}=\sqrt{v_r^2+v_\tau^2}$$

式中，v_r、v_τ 分别为行驶面的径向变形速度及其相对于支承面的切向滑动速度：

$$v_r=\frac{d\rho}{dt}=\frac{d\rho}{d\alpha}\frac{d\alpha}{dt}=\frac{d\rho}{d\alpha}\omega_k;\ v_\tau=\rho\omega_k$$

牵连速度 v_{per} 由两个分量组成——纵向速度 v_{perx}，等于车轮轴线的移动速度：$v_{perx}=v_{kx}=r_k\omega_k$ 和垂向速度 v_{perz}。将速度投影到纵截面所示的切线上，其位置由

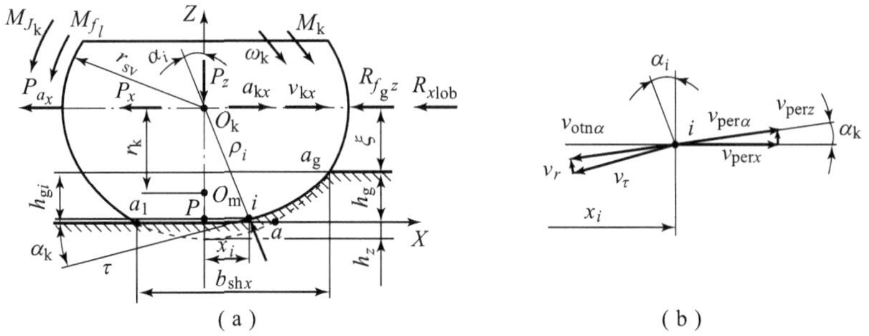

图 8.32 不考虑车轮前部土体反压力情况，沿可变形支承面直线滚动时作用在车轮上力的示意图

(a) 变形轮廓切线斜角示意图；(b) 相对速度图

角 α_k 表示，根据下列表达式计算：

$$v_{otn\alpha}=v_{otn};\ v_{per\alpha}=v_{perx}/\cos\alpha_k=r_k\omega_k/\cos\alpha_k$$

相对于支承面的车轮上点的滑移速度为：

$$v_s=v_{otn\alpha}-v_{per\alpha}$$

经变换 $v_s=\dfrac{\mathrm{d}j}{\mathrm{d}\alpha}\dfrac{\mathrm{d}\alpha}{\mathrm{d}t}=\omega_k\dfrac{\mathrm{d}j}{\mathrm{d}\alpha}$，求解 d$j$ 得到位移增量的表达式：

$$\mathrm{d}j=\left[\sqrt{\left(\frac{\mathrm{d}\rho}{\mathrm{d}\alpha}\right)^2+\rho^2}-\frac{r_k}{\cos\alpha_k}\right]\mathrm{d}\alpha \tag{8.56}$$

在从 a_g 到 i 的范围内对式（8.56）积分计算位移 j。

所提出的计算方法没有考虑到车轮前部大迎角时的推土阻力（车辆正面）、黏性土壤中接触区后部的分离阻力、接触区（多层）中支承面的不均匀性。因此，有必要在滚轮的平衡方程中引入附加项——黏性压力 p_l（分离）和阻力 p_{otp}——或使用相关反作用力的积分值。

需要指出的是，摩擦系数 μ_{pok}^{baz} 和 μ_{sk} 是假设的（表面上的平均值），并且取决于支承面、轮胎接触面的性能（履带板和凹地的尺寸）以及其他因素。

车轮运动方程式

沿支承面滚动时向车轮输入功率 N_k 在轮胎变形（$N_{f_{sh}}$）过程中损耗了轮轴纵向力的阻力（N_{P_x}）、土壤变形的垂直力（$N_{f_{gz}}$）和水平力（$N_{f_{gx}}$）。在土壤存在黏性（N_{fl}）时，轮胎相对于支承面的滑移（N_s）、旋转（N_J）及纵向加速度

（N_{a_x}）等功率，即

$$\begin{aligned} N_k &= N_{f_{sh}} + N_{P_x} + N_{f_{gz}} + N_{f_{gx}} + N_{fl} + N_s + N_J + N_{a_x} \\ &= M_{f_{sh}}\omega_k + P_x v_{kx} + R_{f_{gz}} v_{kx} + R_{f_{gx}} v_{kx} + M_{fl}\omega_k + \\ &\quad R_x s_{bj} r_{k0}\omega_k + J_k \omega_k a_{kx}/r_k + m_k a_{kx} v_{kx} \end{aligned} \tag{8.57}$$

将方程式（8.57）各项除以 ω_k，得到 $M_k = M_{f_{sh}} + P_x r_k + R_{f_{gz}} r_k + R_{f_{gx}} r_k + M_{fl} + R_x s_{bj} r_{k0} + J_k a_{kx}/r_k + m_k a_{kx} r_k$。或者考虑到表达式：$r_k = r_{k0} \times (1 - s_{bj})$，$R_x = P_x + R_{f_{gz}} + R_{f_{gx}} + P_{a_x}$，$P_{a_x} = m_k a_{kx}$，$M_J = J_k a_{kx}/r_k$，则

$$M_k = M_{f_{sh}} + R_x r_{k0} + M_J + M_{fl} \tag{8.58}$$

根据接触区域基本平面上的垂向压力 p_{zn} 和 p_{zr} 以及相对于轮圈中心的胎肩 $x_i + c_{sh}$ 计算轮胎胎体变形引起的滚动阻力矩 $M_{f_{sh}}$。在计算 P_x 时，应考虑到 $h_g - r_{sv} + h_z \leq 0$ 时的土壤纵向变形的反作用力 $R_{f_{gx}}$。当 $h_g - r_{sv} + h_z > 0$ 时，还会出现正面土壤压力的反作用力 R_{xlob}（推土效应）。

由于轮胎变形（p_z）和土壤压力（p_{otp}）而产生的最高垂向压力被用作垂向压力和切应力的计算值。

对于如图 8.32 所示，考虑到存在力 P_x 时车轮轴相对于接触中心的纵向位移 $c_{sh} = h_z P_x / P_z$，在轴 X 和 Z 上的力的投影以及相对于车轮轴线的力矩的平衡方程式为：

$$P_x = \int_{a_g}^{a_1} b_{shyi} p_{zx}(-dx) - R_{f_{gz}} - R_{xlob} - P_{a_x} - R_{fl};\ P_z = \int_{a_g}^{a_1} b_{shyi} p_{zz}(-dx) \tag{8.59}$$

$$R_x = P_x + R_{f_{gz}} + R_{xlob} + P_{a_x} + R_{fl}$$

$$M_k = \int_{a_g}^{a_1} b_{shyi} p_z (x_i + c_{sh})(-dx) + M_J + R_x r_{k0}$$

式中，$p_{zx} = \tau_x - p_z \mathrm{tg}\alpha_k$；$p_{zz} = p_z + \tau_x \mathrm{tg}\alpha_k$。

由土壤的垂直变形引起的反作用力根据车辙辗压功进行计算：

$$R_{f_{gz}} = \bar{b}_{shy} \int_0^{h_g} p_{gzi}\, dh_g \tag{8.60}$$

当 $h_g - r_{sv} + h_z < 0$ 时，正面阻力的作用反力为：

$$R_{xlob} = \frac{1}{2} \times 10^6 B_{sh} (h_g - r_{sv} + h_z)^2 q_{pas} \gamma_g \tag{8.61}$$

式中，q_{pas} 为在 $v_{st} = 90°$ 时的被动压力系数。

力矩 M_{fl} 和在接触脱离处的轮胎附着力阻力 P_{fl} 用下列关系式表示（图 8.32）：

$$M_{fl} = \bar{b}_{shy} |a_1| (a_g - |a_1|) p_1;\ P_{fl} = M_{fl}/r_{k0}$$

图 8.33 中标示了在车轮相对变形 $\tilde{h}_{zk} = h_z/r_{sv}$ 和各种土壤变形 $\tilde{h}_{gk} = h_g/r_{sv}$ 时没

有履带情况下车轮支承通过性的参数变化。

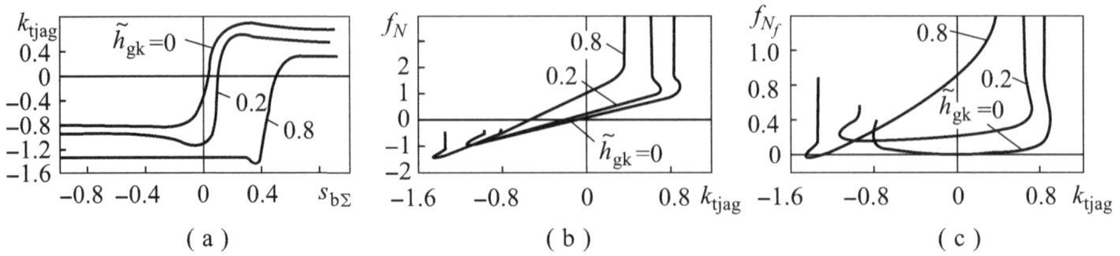

图 8.33　当 $P_z=70$ kN，$\tilde{h}_{zk}=0.1$，$\mu_{pok}^{baz}=1$，$\mu_{sk}=0.75$，且 $\tilde{h}_{gk}\neq$ const 时的轮胎 1600×600－685 支承通过性的参数变化

(a) $k_{tjag}-s_{b\Sigma}$ 关系曲线；(b) f_N-k_{tjag} 关系曲线；(c) $f_{N_f}-k_{tjag}$ 关系曲线

有履带情况下的车轮运行参数

有履带时应补充计算凹凸区域内的垂向压力和剪应力，还应考虑接触区域和土壤下层的摩擦力、履带板的回弹反应以及在剧烈打滑情况下从接触区域清除土壤的影响（图 8.34）。

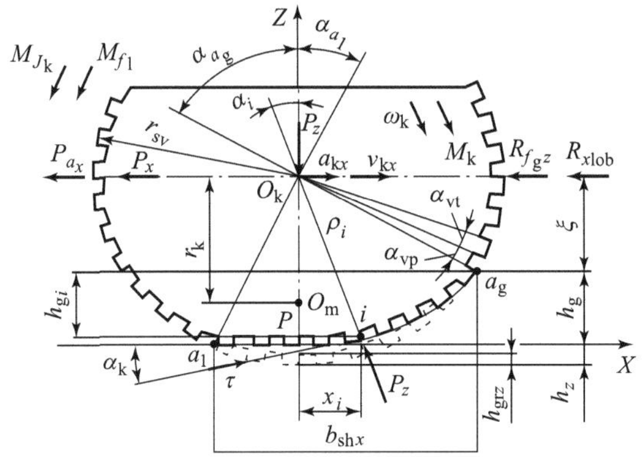

图 8.34　履带在可变形支承面上计算车轮直线滚动参数的图示

履带的参数：包含凸区长度 t_{vt} 和凹区长度 t_{vp} 的节距 t_{grz}，以及节距角 α_{grz}、凸区夹角 α_{vt} 和凹区夹角 α_{vp}，由下列关系式确定：

$$t_{grz}=2\pi r_{sv}/n_{grz}；\ t_{vt}=t_{grz}k_{grz}；\ t_{vp}=t_{grz}-t_{vt}$$

$$\alpha_{grz}=2\pi/n_{grz}；\ \alpha_{vt}=\alpha_{grz}k_{grz}；\ \alpha_{vp}=\alpha_{grz}-\alpha_{vt}$$

式中，k_{grz} 为履带表面的饱和度因子。

为计算剪切应力，可以使用方程式（8.37）和方程式（8.54），其中应当替换相应的土壤内摩擦参数（φ_g、c_g、j_{mg}、$k_{j_m g}$、k_{j0g}、$k_{a_t g}$）或轮胎与支承面的表面摩擦力（μ_{pok}^{baz}、μ_{sk}、$c_{sh\text{-}g}$、$j_{msh\text{-}g}$、$k_{j_m sh\text{-}g}$、$k_{j0sh\text{-}g}$、$k_{a_{tsh\text{-}g}}$）。因此，对于土壤：

$$\tau = \tau_{ustg}\left[1 - \exp\left(-\frac{|j|}{j_{0g}}\right)\right] + c_g \exp\left[-\frac{(|j| - j_{mg})^2}{a_{tg}}\right]$$

而对于与支承面接触的轮胎：

$$\tau = \tau_{ustsh\text{-}g}\left[1 - \exp\left(-\frac{|j|}{j_{0sh\text{-}g}}\right)\right] + c_{sh\text{-}g} \exp\left[-\frac{(|j| - j_{msh\text{-}g})^2}{a_{tsh\text{-}g}}\right]$$

式中，$\tau_{ustg} = p_z \mathrm{tg}\varphi_g$；$j_{0g} = k_{j0g} j_{mg}$；$j_{mg} = k_{j_m g} b_{shx}$；$atg = k_{a_t g} j_{mg}$；$\tau_{ustsh\text{-}g} = p_z \mu_{sk}$；$j_{0sh\text{-}g} = k_{j0sh\text{-}g} j_{msh\text{-}g}$；$j_{msh\text{-}g} = k_{j_m sh\text{-}g} b_{shx}$（对于履带板 $b_{shx} = t_{vt}$ 或 t_{vp}）；$a_{tsh\text{-}g} = k_{a_t sh\text{-}g} j_{msh\text{-}g}$。

履带板上的土壤压力的反力为：

$$R_{grzlob} = b_{shyi} h_{grz}^{*} (q_{pas} \gamma_g h_{gi} + p_{zvp} + c_g) \times 10^6$$

式中，$h_{grz}^{*} = h_{grz}$（当 $h_{grz} > h_{gi} h_{grz}^{*} = h_{gi}$ 时）；q_{pas} 为在 $v_{st} = \left(\frac{\pi}{2} + \alpha_{k0}\right) \times 180/\pi$ 时的被动压力系数。

当车轮在实际支承面上滚动时，参数 h_z、h_g、μ_{poki} 会根据土壤的性质、轮胎的几何性能和刚度特性以及其加载（滚动）模式而变化。因此，当评估车轮下的土壤垂直变形时，进行了以下假设：根据平面（简化）变形仪的参数，来确定复杂形状的变形仪在垂直截面中的垂直沉陷 h_g 的可能性。然后在整个接触长度上求积分时，应考虑换算的宽度 $\bar{b}_{shyi}$（参见表达式（8.49）），获得曲线接触面与横向平面中的平面区域以及与纵向垂直面中的曲线区域的水平投影的假定面积 F'_{sh}。

在纵向平面中，已经假定触点的后部是水平的，并且前部可根据椭圆方程式进行描述。假设接触面前面的基本压力分布与土壤的变形成正比，则弯曲的表面会导致平面上的垂向压力分布均匀，则

$$\bar{F}_{sh} = F'_{sh} \bar{b}_{shx} / b_{shx} \tag{8.62}$$

式中，$\bar{b}_{shx} = \bar{a}_g + |a_1|$；$b_{shx} = a_g + |a_1|$；$\bar{a}_g = \frac{1}{2}\frac{b_z}{a_z}\left[a_z^2 \arcsin\left(\frac{a_g}{a_z}\right) + a_g\sqrt{a_z^2 - a_g^2}\right] - \frac{a_g(b_z - h_g)}{h_g}$。

在给定的力 P_z、P_x 和平面变形仪参数 $\bar{F}_{sh}$、$\bar{b}_{shx}$ 及 $\bar{b}_{shy}$ 情况下，根据方程式（8.25）求出变形仪 h_{g0ish} 和 $h_{gi} = h_{g0ish} - h_{g0(i-1)}$ 的垂向沉陷（土壤变形），分别相

对于初始未变形的土壤表面和以前加载后的土壤表面 $h_{g0(i-1)}$（图 8.35（a））。

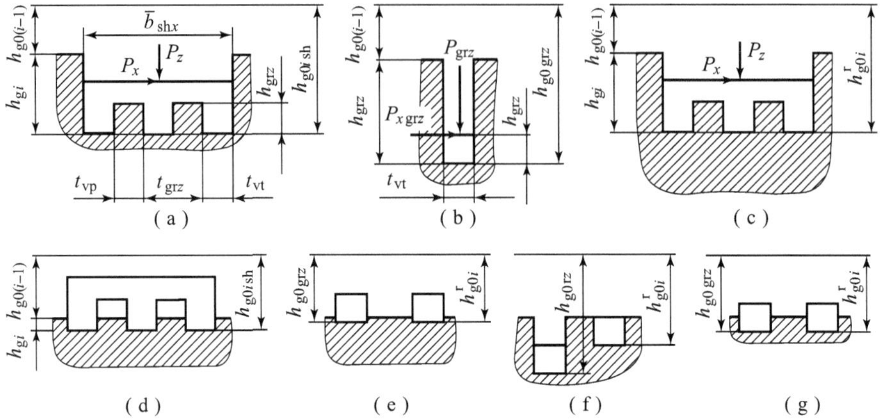

图 8.35 当 $h_{gi} > h_{grz}$（图（a）～图（c））和 $h_{gi} < h_{grz}$（图（d）～图（g））时，不考虑土壤空隙和挖掘情况时，驱动轮折合接触垂直沉陷计算图

接下来，确定位于接触区域的履带板的数目 $\bar{n}_{grz} = b_{shx}/t_{grz}$、在履带板上均匀分布的力 $P_{zgrz} = \dfrac{P_z}{\bar{n}_{grz}}$、$P_{xgrz} = \dfrac{P_x}{\bar{n}_{grz}}$ 以及相对于未变形支承面的履带板垂直沉陷深度 h_{g0grz}，其规格为 $t_{vt} \times b_{shy}$（图 8.35（b））。

当变形仪沉陷深度 $h_{gi} \geqslant h_{grz}$ 时（图 8.35（a）），则取计算深度 $h^r_{g0i} = h_{g0ish}$（图 8.35（c）），且与履带板的沉陷深度 h_{g0grz} 无关（图 8.35（b））；同时，当 $h_{gi} < h_{grz}$ 时（图 8.35（d）），$h^r_{g0i} = h_{g0grz}$。

如果 $h_{g0ish} \leqslant h_{g0ish}$（图 8.35（e）），则将履带板的沉陷深度作为计算沉陷深度：$h^r_{g0i} = h_{g0grz}$。当 $h_{g0grz} > h_{g0ish}$ 时（图 8.35（f）），变形仪可能会继续沉陷，但只能沉陷到凹陷区域排出的空隙处，也就是说，$h^r_{g0i} = h_{g0ish} + h_{grz} - h_{gi}$。但是，当排出空隙不完整时（图 8.35（g）），如果 $h^r_{g0i} > h_{g0grz}$，则取 $h^r_{g0i} = h_{g0grz}$。

计算车轮支承通过性的参数

在已知车轮和支承面的参数时，根据采用的假设，首先考虑车轮支承通过性的计算方法，而不考虑接触区中的土壤挖掘情况。在轮式车辆组成中的车轮滚动的一般情况下，垂直力（垂向力）P_z 和纵向力 P_x、转矩 M_k 和角速度 ω_k 作用在其车轴上。

首先，在垂向力 P_z 和滚动半径 r_k 或更合理的情况下确定相互作用的参数，

相对半径 $\tilde{r}_k = r_k / r_{sv}$。在给定 P_z 和 $\tilde{r}_k$时，应当满足两个条件：

$$|P_z - R_{zsh}| \leqslant \varepsilon_{R_{zsh}}; \ |P_z - R_{zg}| \leqslant \varepsilon_{R_{zg}} \tag{8.63}$$

式中，$\varepsilon_{R_{zsh}}$、$\varepsilon_{R_{zg}}$分别为反作用力 R_{zsh}和 R_{zg}的计算误差。

通过逐步近似法进行求解。对于土壤变形的任意计算值 h_g^r，改变轮胎 h_z 的变形值，并确定其承受的反作用力 R_{zsh}，此时应满足式（8.63）的第一个条件。然后，在求出 h_g^r、h_z 后，确定接触区的参数，土壤的纵向反力 $R_x^r(\tilde{r}_k)$ 和垂向反力 R_{zg}，并检查是否满足式（8.63）的第二个条件。如果没有满足最后一个条件式，则更改数值 h_g^r，并进行重复计算。

在给定的数值 P_x 和 M_k下，对数值 $\tilde{r}_k$取不同的值，直到满足下列条件式

$$|P_x - P_x^r| \leqslant \varepsilon_{P_x}; \ |M_k - M_k^r| \leqslant \varepsilon_{M_k}$$

式中，ε_{P_x}、ε_{M_k}分别为计算力 P_x^r 和转矩 M_k^r的计算误差。

根据可变形支承面确定了车轮滚动的基本参数，计算出无量纲指标：$k_{tjag} = P_x / P_z$，$k_{R_x} = R_x / P_z$，$s_{b\Sigma}$，s_{bj}，f_{sh}，$\bar{p}_z$，$f_N = M_k / (P_z r_k)$，$f_{N_f} = f_N - k_{tjag}$。

当车轮在可变形支承面上打滑时，陷在凹处的部分土壤会移到接触区（挖掘土壤）之外。结果，由于该区域内土壤质量的减少以及车辆通过后。车轮后面的土壤质量增加，车轮可能会进一步垂向加深下陷，从而对轮式车辆后续车轮的滚动参数产生影响。

在土壤 h_{gi}出现不同垂向变形时，凹陷的填充量发生变化。因此，在履带板较高时（$h_{grz} \approx r_{sv}$），随着车轮旋转角度的增加和下陷的加深，在 $s_{bj}=0$ 时，空隙区域逐渐消除，而在 $s_{bj} \geqslant 0.25$ 时正相反，空隙区域逐渐增大（图 8.36（a）），仅在由土壤（压实土或破碎土）形成的凸起或部分凹陷处能承受垂向力。

由于用土壤填充形成的空隙区域 $dh_{ggrz} = h_{grz} s_{bj}$而导致车轮的附加垂向沉陷（凹陷处的空隙高度），此时，压模的计算垂直沉陷为（图 8.36（b））：

$$h_{g0i}^r = h_{g0i} + dh_{ggrz}$$

式中，h_{g0i}为不考虑车轮打滑情况时计算的沉陷。

车轮的附加垂向沉陷受到单个履带板承载力的限制：

若 $h_{gi} > h_{grz}$，且 $h_{g0i}^r > h_{g0grz}$，那么 $h_{g0i}^r = h_{g0grz}$（图 8.36（c））

如果 $h_{gi} \leqslant h_{grz}$（图 8.36（d）），此时不应再继续沉陷，因为先前沉陷已经受到单个履带板承载力的限制（图 8.36（e））。

在接触区排出土壤所引起的车轮附加垂直位移 dh_{gzks}，按照下式进行计算：

$$dh_{zks} = \frac{V_{zks}}{L_k'' b_{shy}} = \frac{t_{vp} h_{grz} s_{bj}}{t_{grz}(1 - s_{bj})}$$

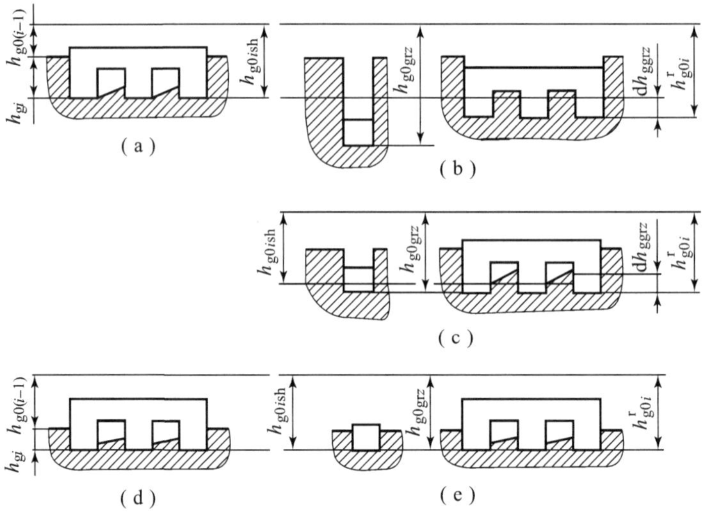

图 8.36 在 $h_{gi} < h_{grz}$（图（a）~ 图（c））和 $h_{gi} > h_{grz}$（图（d）、图（e））条件下在履带板凹处排出空隙时的驱动轮换算接触垂直沉陷计算图

式中，V_{zks}为排出的土壤体积，在车轮履带板完成加深一圈后，该体积等于车轮在纵向滑移路径上的凹陷体积（$V_{vp} = t_{vp} b_{shy} h_{grz}$），对应车轮轴线理论纵向位移 $L'_k = 2\pi r_{k0}$和实际纵向位移$L''_k = 2\pi r_{k0}(1 - s_{bj})$ 之差，$V_{zks} = V_{vp}(L'_k - L''_k)/t_{grz}$；$L''_k b_{shy}$为通过路径（车辙）的面积。

在凹陷处存在空隙的情况下，挖掘的土壤体积会减少。考虑到它在凹陷处的高度 dh_{gvp}，当 $h_{gi} \geqslant h_{grz}$时，它等于 h_{grz}；当 $h_{gi} < h_{grz}$时，它等于 h_{gi}。排出土壤对应深度可以记为：

$$dh_{gzks} = \frac{t_{vp} dh_{gvp} s_{bj}}{t_{grz}(1 - s_{bj})}$$

当 $s_{bj} \leqslant 0.4$ 时，高度dh_{gzks}无关紧要；而当 $s_{bj} > 0.4$ 时，由于车身被支承在地面上，车轮的沉陷量加大，导致轮式车辆丧失机动性。沉陷量越大，变形的支承面会越松软。

在滑移的过程中令 $dh_{gvp} = \text{const}$，此时车轮的设计沉陷量将根据下式确定：

$$h^r_{g0i} = h_{g0i} + dh_{gzks}$$

如果 $h^r_{g0i} > H_g$，则取 $h^r_{g0i} = H_g$。

当 $s_{bj} \leqslant 0.4$ 时，不会从接触区排出土壤（图 8.37（a）），而在车轮后部发生剧烈滑动时，会形成一层破坏的土壤（图 8.37（b）），当车轮发生纵向移动时，对接触区的垂向压力和剪切应力的分布影响不大。因此，在计算车轮的滚动参数时，不用考虑这一层破坏的土壤的影响，但根据破坏后土壤体积不变的假设，随后车轮的运行时车轮通过所必需的（图 8.37（b））的辙迹深度，可根据下式计算：

$$h_{g0i} = h^{r}_{g0i} - dh_{gzks}$$

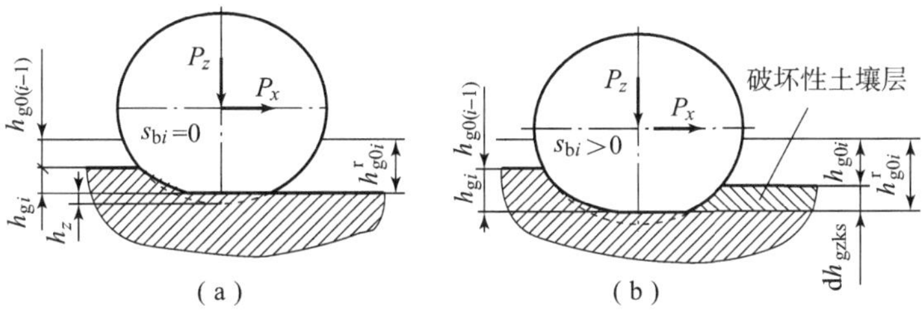

图 8.37 考虑到土壤空隙的挖掘和排出时垂直沉陷计算图

（a）不打滑情况；（b）强烈打滑并形成破坏性土壤层的情况

对于轮式车辆的后续车轮，对应 h_{g0i}，可将前一个车轮获得的深度视为 $h_{g0(i-1)}$。

在图 8.38 中，给出在当深度为 $H_g=0.5$ m 的单质疏松尘砂上运行时，在考虑土壤挖掘和不考虑土壤挖掘的情况下，$P_z=22.5$ kN、14.00－20 轮胎的单个车轮支承通过性参数的计算结果。

可见，当 $s_{b\Sigma}>0.4$ 时，曲线开始明显不同，当 $s_{b\Sigma}>0.8$ 时，下陷量 h_g 逐渐增大，自由牵引力系数 k_{tjag} 减小。因此，对于单轮，在 $s_{b\Sigma}>0.4$ 时，必须考虑使用履带板挖掘土壤。

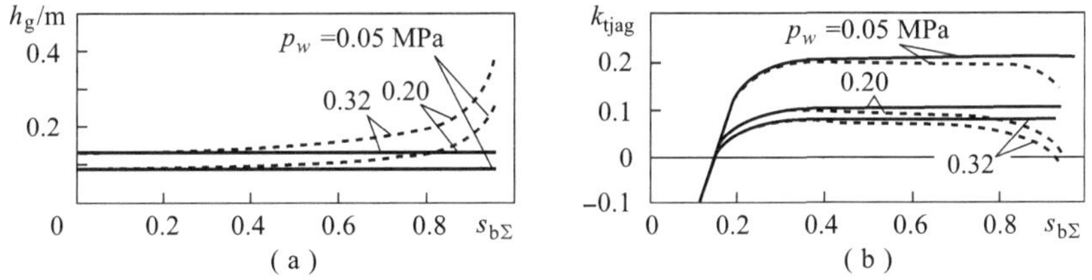

图 8.38 土壤变形 h_t 和自由牵引力系数 k_{tjag} 随总纵向滑移系数 $s_{b\Sigma}$ 的变化

实线—不考虑土壤的挖掘情况；虚线—考虑到土壤的挖掘情况

（a）土壤变形—总纵向滑移系数；（b）自由牵引力系数—总纵向滑移系数

后续车轮的支承通过性

车轮通过后，在形成车辙轨迹区域内支承面的机械性能取决于其类型、层厚、车轮的几何参数、垂向力、纵向力和横向力作用的时间，它们可能不变、也可能增加（当土壤压实时）或减少（当土壤疏松时）。

在评估后续车轮与可变形支承面的相互作用时，可以假设，在每个车轮经过之后支承面的参数都会发生变化，并考虑到这些变化来计算相互作用参数，或者可以假设支承面参数没有变化，并且随后的土壤变形是由于垂向平均压力的升高和加载作用时间的变化而引起的。由于变形后改变的支承面参数的计算很复杂，因此这里假设它们不发生变化。

在这种情况下，当已知平面变形仪在受到力 P_z、P_x 和 P_y 加载而产生相对于支承面的平面来计算土壤的垂向变形 h_{g0i}，并考虑其作用时间，计算作用在第 i 个车轮上的垂向计算压强时有：

$$\bar{p}_{gzi}^{r}=\frac{\bar{p}_{gzi}\,\bar{b}_{shx\Sigma}}{b_{shx\Sigma}+t_{rel}v_{kxi}} \tag{8.64}$$

式中，$\bar{b}_{shx\Sigma}=\sum_{i=1}^{m}\bar{b}_{shxi}$ 为 m 个轮子通过后，轮式车辆一侧所有推进器（车轮）的平面接触的换算总长度；t_{rel} 为土壤松弛时间。

接触区域的参数根据式（8.45）~（8.49）计算，假设前一次通过之后相对于地面的车轮被加深 h_{gi}（图 8.39（a）），并且在横截面的曲线接触区域中确定截面 O_kA_0。考虑到在这种情况下垂向计算压强 $\bar{p}_{gzi}^{r}$ 的降低（式（8.64）），根据一个车轮的关系式计算出第 i 个车轮与可变形支承面相互作用的其余参数，这取决于支承面上负载的作用时间。

在顺序的车轮通过时，土壤的垂向变形引起的反作用力 $R_{f_g zi}$ 被认为是在第 i 个和第（$i-1$）个车轮通过时引起的垂向变形 h_{g0i} 和 $h_{g0(i-1)}$ 上所作功之差：

$$R_{f_g zi}=\bar{b}_{shyi}\left(\int_0^{h_{g0i}}\bar{p}_{gzi}^{r}\mathrm{d}h_g-\int_0^{h_{g0(i-1)}}\bar{p}_{gzi}^{r}\mathrm{d}h_g\right) \tag{8.65}$$

在连续通过时且力 $P_{zi}<P_{z(i-1)}$ 的情况下，相对于未变形支承面，第 i 个车轮的土壤计算变形可以小于第（$i-1$）个车轮的土壤计算变形，也就是说，$h_{g0i}<h_{g0(i-1)}$。在这种情况下，如假设没发生新的土壤变形，则有 $h_{g0(i-1)}=h_{g0i}$。

在有履带板的情况下（图 8.39（b）），由于它可能会产生额外的车轮下陷量，其计算方法与第一个车轮相同；在滑移和排出土壤时，应考虑额外的车轮下陷量 $\mathrm{d}h_{gzks}$。

后续车轮相互作用的参数取决于作用在其上的力 P_{zi} 以及连接到车轮的车辆动力和传动系统，因此对于具体的轮式车辆，必须评估车轮和支承面在多次通过

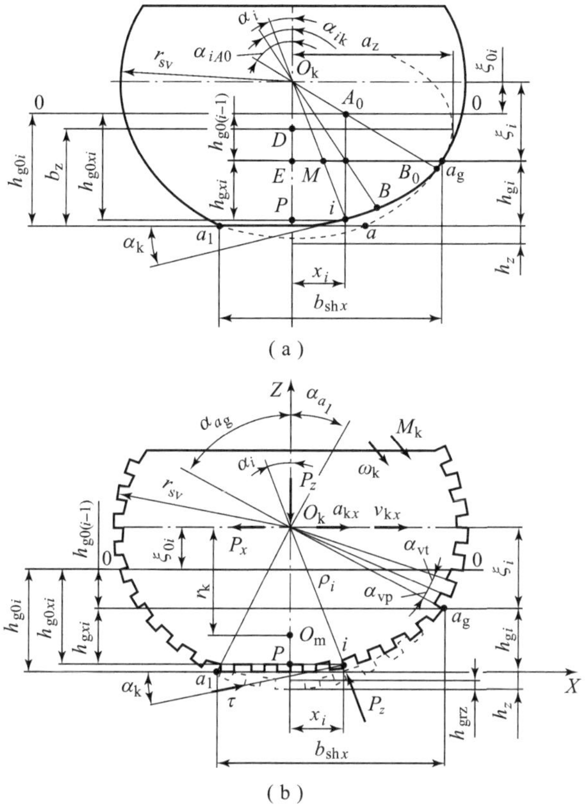

图 8.39 顺序通过时车轮沿可变形支承面在接触区域内和直线滚动时的参数测定图

(a) 车轮计算参数；(b) 履带计算参数

后的变形能力。图 8.40 中显示了在 P_{zi} = const 的情况下，土壤变形的变化率取决于带着所有从动轮（M_{ki} = const = 0）的八轴轮式车辆的通过次数。

在经过不同的通行次数 n_k 之后，土壤变形 h_{g0i} 趋于稳定。在硬质支承面上，沉陷量 h_{g0i} 不会超过履带板的高度，并且不会随着通过次数的增加而变化（曲线 1、2）。对于某些土壤（曲线 3、4），经过几次通过后（取决于载荷的速度和作用时间），变形一开始不会改变，然后随着履带板的沉陷逐渐增加，直到在凹陷处无空隙为止。在中等变形性的土壤（曲线 5 ~ 7）和松散的雪（曲线 13）上，沉陷深度超过了履带板高度，并在第 3 次通过后稳定下来。在软土（8 ~ 12）上，变形量明显超过了履带板高度，并在经过通过 3 到 7 遍后稳定下来。

根据接触中的平均垂向压力 $\bar{p}_z$（比压），变形 h_{g0i} 的性能变化类似于如图 8.40 所示的曲线，但 $\bar{p}_z$ 越小，车轮在可变形支承面上的滚动参数越稳定。

在低内聚力（干燥的散粒砂）或低内摩擦角的土壤（过饱和的结合土、干燥的雪）上，辙迹的壁会从前一次通过时塌陷并充满土壤。结果是，后续的车轮与比先前车轮稍多些的土壤质量相互作用（图 8.41（a））。对于理想的结合土（$\varphi_g=0$），其塌陷的棱体的高度为：

$$h_{\text{gpriz}}=2c_g/\gamma_g$$

对于其他土壤（$\varphi_g\neq0$、$c_g\neq0$）：

$$h_{\text{gpriz}}=\frac{2c_g\cos\varphi_g}{\gamma_g(1-\sin\varphi_g)}$$

由于塌陷土在辙迹下部表面上的分布均匀，对于松散土壤（$c_g\leqslant0.001$），塌陷棱柱体的面积为 $F_{\text{obr}i}=\frac{1}{2}h_{gi}^2/\text{tg}\varphi_g$，而在 $h_{g0i}>h_{\text{gpriz}}$ 时，$F_{\text{obr}i}=\frac{1}{2}h_{\text{gpriz}}^2$。塌陷到辙迹中的土壤厚度（图 8.41（b））根据下列方程式确定：

$$\text{d}h_{\text{gobr}i}=\sqrt{\left(\frac{1}{4}b_{\text{shy}}\text{tg}\varphi_g\right)^2+F_{\text{obr}i}^{\text{r}}\text{tg}\varphi_g}-\frac{1}{4}b_{\text{shy}}\text{tg}\varphi_g$$

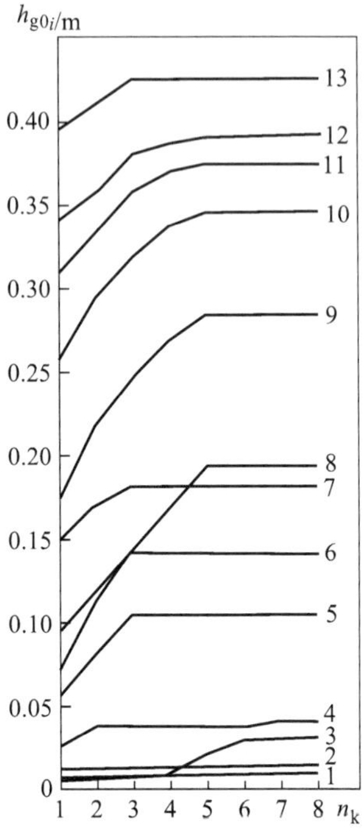

图 8.40　在可变形的支承面上行驶且 $H_g=0.5$ m 时，土壤与带有轮胎 1600×600－685 的八轴轮式车辆轴线上的垂直变形变化

1—亚黏土（$W=0.6W_L$）；2—致密粉砂；3—黏土（$W=0.6W_L$）；4—春季的土路；5—砂壤土（$W=W_L$）；6—秋季的松耕；7—疏松的粉质砂岩；8—秋季的生荒地；9—亚黏土（$W=W_L$）；10—密集干燥的旧雪；11—春天的荒地；12—黏土（$W>W_L$）；13—疏松的新雪

第一次通过（图 8.41（b））后，车辙壁是垂直的，坍塌土壤完全填满了车辙，因此对于松散的土壤 $F_{\text{obr}}^{\text{r}}=\frac{1}{2}h_{g1}^2/\text{tg}\varphi_g$；而对于其他的土壤，在 $h_{g01}>h_{\text{gpriz}}$ 时，$F_{\text{obr}}^{\text{r}}=\frac{1}{2}h_{\text{gpriz}}^2$。对于后续的车轮（在第二次通过之后，见图 8.41（c）），考虑到土壤的塌陷，可得：

$$F_{\text{obr}i}^{\text{r}}=\frac{1}{2}h_{g(i-1)}^2/\text{tg}\varphi_g-\frac{1}{2}h_{g(i-2)}^2/\text{tg}\varphi_g;F_{\text{obr}i}^{\text{r}}=\frac{1}{2}(h_{\text{gpriz}(i-1)}^2-h_{\text{gpriz}(i-2)}^2)$$

上一次通过后的土壤层计算值为：

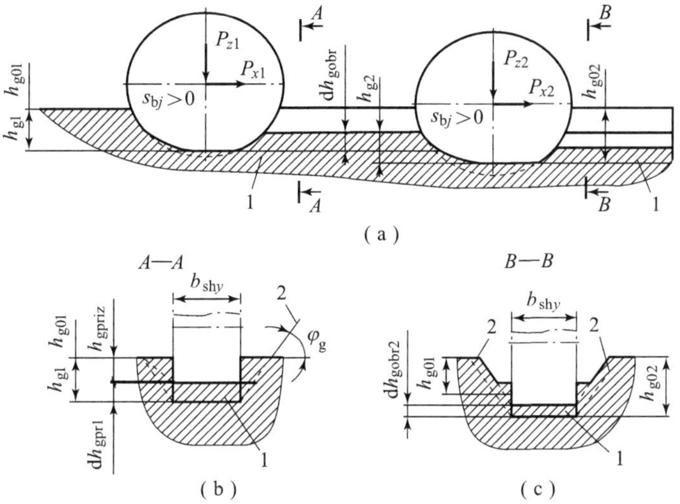

图 8.41 考虑到车辙侧面土壤塌陷时的车轮垂直沉陷测定图

(a) 车轮先后两次通过后的辙迹纵向截面；(b) 车轮第一次通过后的辙迹横截面；

(c) 车轮第二次通过后的辙迹横截面；

1—倒坍的土层；2—坍塌线

$$h^{r}_{g0(i-1)}=h_{g0(i-1)}-dh_{gobri}$$

在计算第 i 遍通过后的反作用力 R_{f_gzi}时，在式（8.65）中，应当用 $h^{r}_{g0(i-1)}$代替 $h_{g0(i-1)}$。

在车轮的实际允许沉陷量（最大为0.5 m）下，通常在干燥的沙子上发生车辙的塌陷。在其他土壤上（不包括流动状态的土壤），倒坍棱柱体的高度为 $h_{gpriz}>0.55$ m。

图 8.42 中显示了带有轮胎 14.00 – 20、且在 $P_z=22.5$ kN 和 $s_{b\Sigma M}=0.25$ 时完全闭锁的八轴轮式车辆轴线上的土壤变形 h_{g0i}和自由牵引力系数 k_{tjagi}的变化。

随着 p_{sh}的增加，曲线之间的差异增加，通过的次数 n_o增加，直到系数 k_{tjagi}和土壤相对于支承面的变形 h_{g0i}的数值稳定为止。考虑到土壤的塌陷，数值 h_{g0i}和 k_{tjagi}减小，数值 h_{gi}和 f_{N_fi}增加，轮式车辆的牵引能力下降。

随着车轮的强烈打滑，会发生进一步的下陷，接触区域内被破坏的土壤移动到车轮后方，车轮的角速度以及轴线在垂向和纵向上都会发生变化。这些变化会对接触区域中土壤的变形过程产生影响，且土壤会塌陷到车轮后面的车辙中。

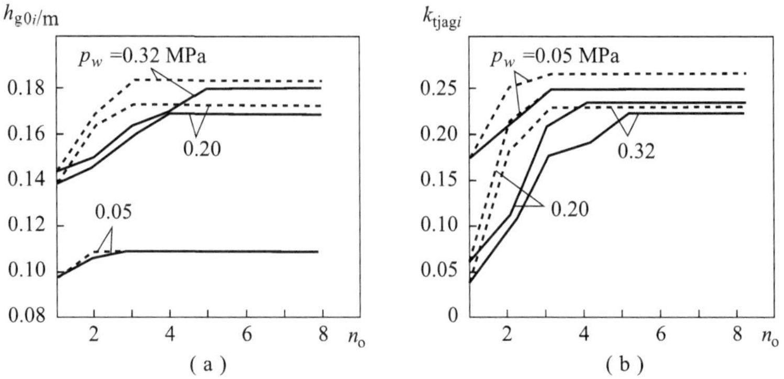

图 8.42 在 H_g =0.5 m 的粉砂上行驶时，八轴轮式车辆轴线上的土壤变形和自由牵引力系数的变化

(a) 土壤变形 h_{g0i}与车轴数 n_o 关系曲线；(b) 自由牵引力系数 k_{tjag}与车轴数 n_o 关系曲线

实线—考虑到土壤在车辙中的塌陷；虚线—未考虑土壤在车辙中的塌陷

8.5 转向车轮的支承通过性

随着轮式车辆沿可变形支承面转向，一些车轮与未受损的支承面相互作用，而其他车轮则沿其轨迹或部分沿其轨迹或未受损的支承面滚动。

首个车轮的支承通过性

弹性轮沿可变形支承面转向时，观察到的土壤载荷要比直线运动时更为复杂，从而发生了横向位移和车轮接触区域相对于支承面的旋转。在横向力的作用下，轮胎弯曲，轮辋中心的投影 O'_k在侧方相对于接触中心 O_{sh}移动了 h_y（图 8.43）。轮胎在接触区域的横截面轮廓发生变化。根据轮胎的弹性（气压 p_w），其侧面相对于水平的接触区域（p_w较大时）倾斜（图 8.43（a）），或轮廓向侧面（p_w较小时）倾斜（图 8.43（b））。在两种情况下，土体压力反作用力引起的横向变形 h_{gyi}随轮廓沉陷量的减小而线性增加。

水平的接触区域可以向横面滑动（移动）过一定量的横向位移 $j_y>0$（将接触中心从点 a_j 移动到点 O_{sh}（图 8.43（a））。在土壤侧向稳固（静止）的车辙中（图 8.43（b）），胎面可能沿与横向力的作用相反的方向运动（滑动）（$j_y<0$）。由于支承面侧面方向上的承载能力较低，因此可能会产生附加的垂直变形 dh_{gzRy}。

相对于支承面，横向力 P_y 分别由土壤的横向反力 R_{yotp}和接触区域的水平部分的横向剪切反力 R_{yj}平衡：

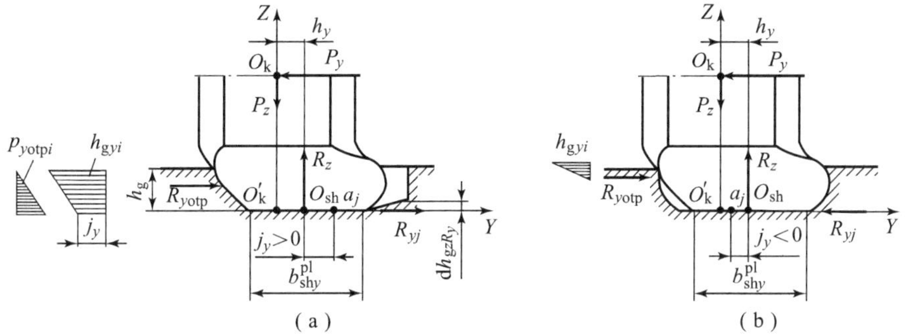

图 8.43 沿可变形支承面转向时，当接触中心正侧滑和负侧滑时，作用在车轮横截面上的力的示意图

(a) 正侧滑 $j_y>0$；(b) 负侧滑 $j_y<0$

$$P_y=R_y=R_{yotp}+R_{yj} \tag{8.66}$$

为简化计算，假设轮胎的横向变形特性 $h_y(P_y)$ 不取决于其下陷量 h_g，而横向反力 R_{yotp} 取决于轮廓和横向位移 h_{gyi} 以及沿轮胎侧面的土壤反力 P_{yotpi}。注意，在一般情况下，轮胎侧面也承受部分垂向载荷。

通过对沿接触长度的轮胎侧面下陷处的被动土壤压力 p^*_{pas}（见方程式（8.33））进行积分来计算反力 R_{yotp}：

$$R_{yotp}=\int_{a_g}^{a_1}\int_0^{h_g}p_{pac}\mathrm{d}x\mathrm{d}y=\int_{a_g}^{a_1}p^*_{pas}\mathrm{d}x\approx p^*_{pas}\bar{b}_{shx} \tag{8.67}$$

式中，$p^*_{pas}=\frac{1}{2}p^{max}_{pac}h_g$，而 p^{max}_{pac} 和 $\bar{b}_{shx}$ 分别由式（8.32）($\upsilon_{st}=90°$时）和式（8.62）确定。

由于与地面的摩擦，车轮的侧面承受了一部分垂向载荷；但在可变形的土壤上，该分量比作用在胎面底上的载荷小得多，因此可以忽略不计。回想一下，在计算接触的土壤垂向总沉陷重时，应考虑侧面区域中垂向反力的分量（见式（8.62））。

接触的水平部分的横向反力 R_{yj}、横向位移 j_y 以及纵向反力 R_x 均考虑到了极限附着值：

$$R_x=\int_{a_g}^{a_1}\mathrm{d}R_{xj};\ R_{yj}=\int_{a_g}^{a_1}\mathrm{d}R_{yj}$$

微元垂向反力 $\mathrm{d}R_z$、纵向反力 $\mathrm{d}R_{xj}$ 和横向反力 $\mathrm{d}R_{yj}$ 作用于基本接触区域 $\mathrm{d}F_{shi}=b_{shyi}\mathrm{d}x$。与车轮直线滚动的情况一样，计算反力 $\mathrm{d}R_z$ 和 $\mathrm{d}R_{xj}$ 时，在附着性方面受后者的限制，并且车轮在纵向 j_x 和横向 j_y 的移动可能不同。

双向位移参数被认为是基本参数：$c_{sh\text{-}gx}$、$c_{sh\text{-}gy}$、μ_{skx}、μ_{sky}、$j_{msh\text{-}gx}$、$j_{msh\text{-}gy}$，由

已知的$\mu_{\mathrm{pok}x}^{\mathrm{baz}}$、$\mu_{\mathrm{pok}y}^{\mathrm{baz}}$和$p_z^{\mathrm{baz}}$（整个接触区域$\bar{b}_{\mathrm{sh}x}$、$\bar{b}_{\mathrm{sh}y}$、$\bar{F}_{\mathrm{sh}}$），根据式（8.55）计算$c_{\mathrm{sh\text{-}g}x}$和$c_{\mathrm{sh\text{-}g}y}$。假设内聚力系数$c_{\mathrm{sh\text{-}g}}$和滑动摩擦系数$\mu_{\mathrm{sk}}$在特定常压范围内是恒定的，则对于接触体，静摩擦系数可以表示为：

$$\mu_{\mathrm{pok}xi}=\mu_{\mathrm{sk}x}+c_{\mathrm{sh\text{-}g}x}/p_{zi}；\ \mu_{\mathrm{pok}yi}=\mu_{\mathrm{sk}y}+c_{\mathrm{sh\text{-}g}y}/p_{zi}$$

式中，p_{zi}由式（8.50）确定。

沿接触长度的切向应力τ_x根据式（8.54）计算，假设其具有线性特征，则支承面平面中的横向剪切位移根据下式计算：

$$j_y=(x_{a_{\mathrm{g}}}-x_i)\mathrm{tg}\delta_j$$

根据类似于关系式（8.54）（$c_{\mathrm{sh\text{-}g}y}$、$\mu_{\mathrm{sk}y}$、$j_{m\mathrm{sh\text{-}g}y}$、$\mu_{\mathrm{pok}y}$）来确定剪切应力$\tau_y$。横向应力$\tau_y$假设呈均匀分布。

在XOY平面中，在总位移矢量$j_{xy}=\sqrt{j_x^2+j_y^2}$的方向上，啮合极限应力$\tau_{xy}^{\max}(j_{xy})$限制了总位移切变应力

$$\tau_{xy\Sigma}=\sqrt{\tau_x^2+\tau_y^2}$$

使用类似于（8.54）的关系式进行计算，其中根据约束方程式（3.10）~（3.12）和其分量位移成比例变化的假设来确定参数$c_{\mathrm{sh\text{-}g}xy}$、$\mu_{\mathrm{sk}xy}$、$j_{m\mathrm{sh\text{-}g}xy}$、$\mu_{\mathrm{pok}xy}$。因此，对于$c_{\mathrm{sh\text{-}g}xy}$，取$c_{\mathrm{sh\text{-}g}yi}/c_{\mathrm{sh\text{-}g}xi}=j_y/j_x=\tilde{j}_y$且$c_{\mathrm{sh\text{-}g}xy}=\sqrt{c_{\mathrm{sh\text{-}g}y}^2+c_{\mathrm{sh\text{-}g}x}^2}$，可得

$$c_{\mathrm{sh\text{-}g}xy}=\frac{c_{\mathrm{sh\text{-}g}y}(1+\tilde{j}_y^2)}{\sqrt{\tilde{c}_{\mathrm{sh\text{-}g}y}^2+\tilde{j}_y^2}}；\ \mu_{\mathrm{sk}xy}=\frac{\mu_{\mathrm{sk}y}(1+\tilde{j}_y^2)}{\sqrt{\tilde{\mu}_{\mathrm{sk}y}^2+\tilde{j}_y^2}}$$

$$\mu_{\mathrm{pok}xy}=\frac{\mu_{\mathrm{pok}y}(1+\tilde{j}_y^2)}{\sqrt{\tilde{\mu}_{\mathrm{pok}y}^2+\tilde{j}_y^2}}；\ j_{m\mathrm{sh\text{-}g}xy}=\frac{j_{m\mathrm{sh\text{-}g}y}(1+\tilde{j}_y^2)}{\sqrt{\tilde{j}_{m\mathrm{sh\text{-}g}y}^2+\tilde{j}_y^2}},$$

式中，$\tilde{c}_{\mathrm{sh\text{-}g}y}=c_{\mathrm{sh\text{-}g}y}/c_{\mathrm{sh\text{-}g}x}$；$\tilde{\mu}_{\mathrm{sk}y}=\mu_{\mathrm{sk}y}/\mu_{\mathrm{sk}x}$；$\tilde{\mu}_{\mathrm{pok}y}=\mu_{\mathrm{pok}y}/\mu_{\mathrm{pok}x}$；$\tilde{j}_{m\mathrm{sh\text{-}g}y}=j_{m\mathrm{sh\text{-}g}y}/j_{m\mathrm{sh\text{-}g}x}$。

考虑到预先计算出的应力τ_x、τ_y，位移j_x、j_y的符号和数值，计算可得切应力为：

$$\tau_x^{\mathrm{r}}=\tau_x,\ \tau_y^{\mathrm{r}}=\tau_y\ \text{当}\ \tau_{xy\Sigma}\leqslant\tau_{xy}^{\max}$$

$$\tau_x^{\mathrm{r}}=\tau_{xy}/(1+\tilde{j}_y^2),\ \tau_y^{\mathrm{r}}=\tau_y\tilde{j}_y\ \text{当}\ \tau_{xy\Sigma}>\tau_{xy}^{\max}$$

纵向和横向剪切反作用力微元为：

$$\mathrm{d}R_x=10^6\tau_x^r b_{\mathrm{sh}yi}\mathrm{d}x；\ \mathrm{d}R_{yj}=10^6\tau_y^r b_{\mathrm{sh}yi}\mathrm{d}x$$

通过将沿长度$b_{\mathrm{sh}x}$上的微元反作用力$\mathrm{d}R_x$和$\mathrm{d}R_{yj}$积分，可以得出总的纵向反作用力R_x和横向反作用力R_{yj}。

车轮沿可变形支承面作曲线运动的特点是，当土壤处于承载力极限时，在纵向力和横向力的共同作用下，可能会增加土壤的垂向变形h_{g}。在评估土壤的总垂

向变形 $h_{gz\Sigma}=h_g$时，有必要在水平反作用力 R_x 和 R_{yj}的作用下比较垂直变形 h_{gzR_x} 和 h_{gzR_yj}。对于变形 $h_{gz\Sigma}$，取就土壤的承载力而言最大的土壤的变形 h_{gzi}。因为 h_g 存在变化的可能性，并且分量 R_{yotp}和 R_{yj}也存在变化的可能性，当横向力 R_y 不变时，它们的实际值是通过逐次近似法确定的，并在附加沉陷过程中细化了接触参数的变化。

总的横向力滑移角为：

$$\delta_{P_y}=\delta_y+\delta_j$$

式中，δ_y、δ_j 为相应的弹性和位移分量（见第 3 章）。

当车轮中心为直线轨迹（图 8.44（a））且形成直线车辙（图 8.44（b））的情况下，仅发生接触点相对于支承面的线性横向剪切 j_{yi}。对于弯曲的轨迹（图 8.45），接触点相对于支承面的总横向剪切 $j_{yi\Sigma}$ 由线性横向剪切 j_{yi}和接触区域旋转引起的曲线位移 $j_{yi\theta}$确定，即

$$j_{yi\Sigma}=j_{yi}+j_{yi\theta}$$

由接触区域中的位移引起的纵向反作用力 R_x 和横向反作用力 R_{yi}的是切向应力 τ_x 和 τ_y，它们受附着力的限制。

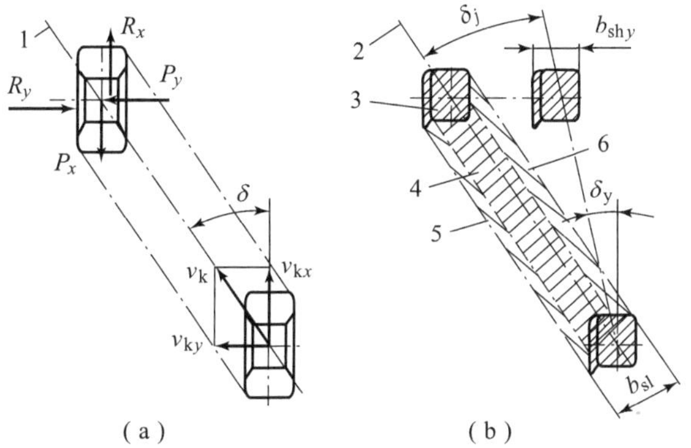

图 8.44 车轮中心直线运动轨迹和接触中心直线运动轨迹下，可变形支承面上车辙轨迹形成示意图

（a）车轮中心直线运动轨迹；（b）接触中心直线运动轨迹

1—车轮中心运动轨迹；2—接触中心运动轨迹；3—接触区的水平投影；4—车辙中胎面的接触区域；5—车辙中的侧面接触区域；6—车辙中的侧向剪切区

在车轮沿可变形支承面作曲线运动时，形成了宽度为 b_{sl}的车辙轨迹，该宽度值超过了直线运动中的接触宽度 b_{shy}。b_{sl}值由假定矩形的轨迹内半径 R_{slvn}与外半径 R_{sln}之差确定，矩形宽度为 b_{shy}、长度等于纵向坐标 x_{a_g}（从接触点中心到起点）的

两倍（图 8.45）。接触区域的内、外角点的坐标以及轨迹半径根据下式计算：

$$\left.\begin{aligned}&y_{vn}=R_{pk}-x_{a_g}\sin|\delta|-\frac{1}{2}b_{shy}\cos\delta;\ x_{vn}=x_{a_g}\cos\delta-\frac{1}{2}b_{shy}\sin|\delta|\\&y_{n}=R_{pk}+x_{a_g}\sin|\delta|+\frac{1}{2}b_{shy}\cos\delta;\ x_{n}=x_{a_g}\cos\delta-\frac{1}{2}b_{shy}\sin|\delta|\\&R_{slvn}=\sqrt{y_{vn}^2+x_{vn}^2};\ R_{sln}=\sqrt{y_{n}^2+x_{n}^2}\end{aligned}\right\}\tag{8.68}$$

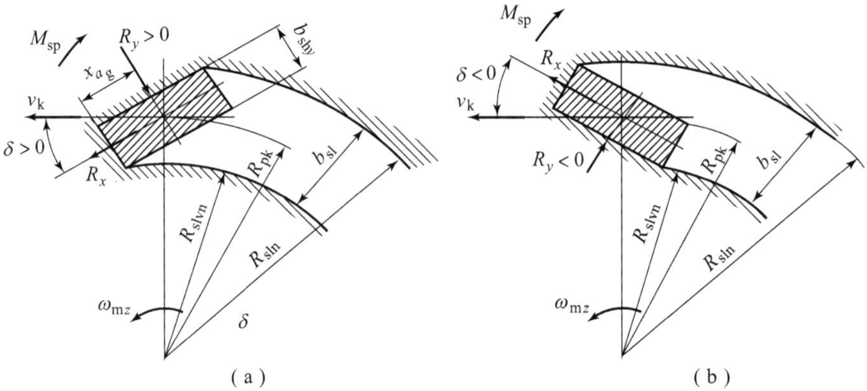

图 8.45 在具有正滑移角和负滑移角的轮心转向轨迹下，可变形支承面上车辙轨迹形成示意图

（a）正滑移角；（b）负滑移角

在滑移角 $\delta=0$ 的情况下，轨迹内半径 $R_{slvn}=R_{pk}-\frac{1}{2}b_{shy}$。纵向反作用力 R_x、横向力 R_y 和接触区域相对于支承面的旋转阻力矩的功促成了车辙轨迹的形成，区分这些分量的作功并不容易。但是，当滑移角 $|\delta|\leqslant35°$ 时，纵向反作用力 R_x 的功主要作用在车辙的形成上，结果是导致轴上的自由力 P_x 减小。由于形成了轨迹，滚动阻力 $R_{f_gz}^{sl}$ 的计算方法类似于阻力 R_{f_gz}（将 b_{sl} 代入式（8.60）代替 $\bar{b}_{shy}$）。纵向力为：

$$P_x=R_x-R_{f_gz}^{sl}-R_{xlob}-P_{a_x}-R_{fl}\tag{8.69}$$

图 8.46 和图 8.47 给出了在 $H_g=0.5$ m 厚度、滑移角 $\delta\geqslant0$ 的松散粉质砂岩上，车轮轮胎 1 300×530－533 做半径 $R_{pk}=5$ m 的曲线运动的计算结果（$P_z=40$ kN，$p_w=0.05$ MPa）。

在这些条件下，土壤的垂向变形 h_g 在滑移角 δ 和横向反作用力 R_y 变化的情况下恒定。随着总的纵向滑移系数 $s_{b\Sigma}$ 的增加，垂向变形的大幅增加主要归因于对土壤的碾压。

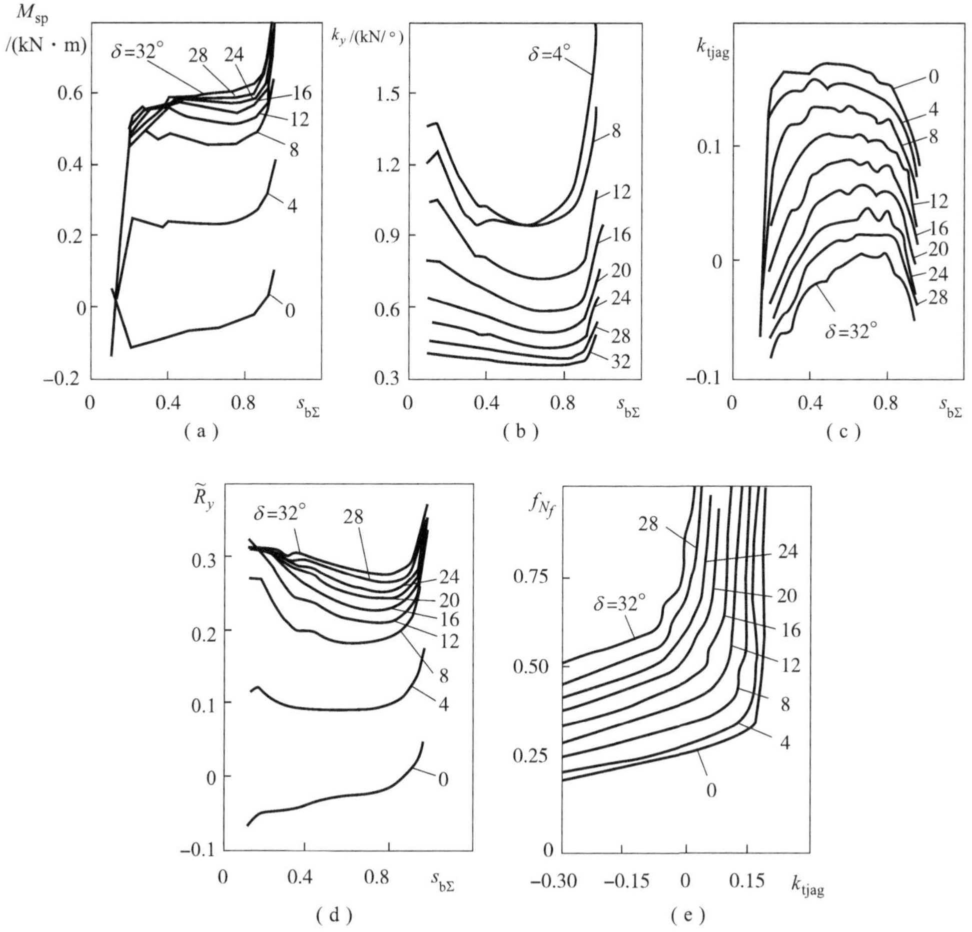

图 8.46 轮胎为 1300×530－533 的车轮在松散粉质砂岩上的曲线运动参数的变化

在滑移角较小 $\delta=0°\sim16°$ 的区域中，转向阻力矩 M_{sp}（图 8.46（a））发生显著变化，并且在排出土壤过程中，随着车轮滑移和下陷量的增加，阻力矩也随之增加。

侧滑阻力系数 $k_y=R_y/\delta$（图 8.46（b））随着滑移角的增加而减小。随着 $s_{b\Sigma}$ 和纵向反作用力 R_x 的增加，系数 k_y 减小直至达到最小值，然后由于车轮的不断下陷而开始增大。

自由牵引力系数 k_{tjag}（图 8.46（c））随着滑移角的增加而减小，并在 $\delta>30°$ 时变为负值。更大的 $s_{b\Sigma}$ 值下，随着滑移角的增加而达到 k_{tjag} 的最大值。

相对横向反作用力 $\widetilde{R}_y=R_y/P_z$（图 8.46（d））在滑移角 $\delta=0$ 且 $s_{b\Sigma}$ 增大时增

大，从负值变为正值，而在 $\delta>0$ 时它先减小直至达到最小稳定值，然后逐渐增加。

运动阻力系数 f_{N_f}（图 8.46（e））随着滑移角的增加而增加。

现在研究转向半径 R_{pk} 对车轮曲线运动参数的影响。在滑移角 $\delta\leqslant32°$ 的情况下，车轮仍然能够在半径 R_{pk} 的整个变化范围内产生一定的牵引力，而在 $\delta>32°$ 时，随着转向半径的增大，该力会改变符号并变为负值（图 8.47（a））。相对的横向反作用力 $\widetilde{R}_y$（图 8.47（b））和转向阻力矩 M_{sp}（图 8.47（c））会随着系数 R_{pk} 的增大而增大。

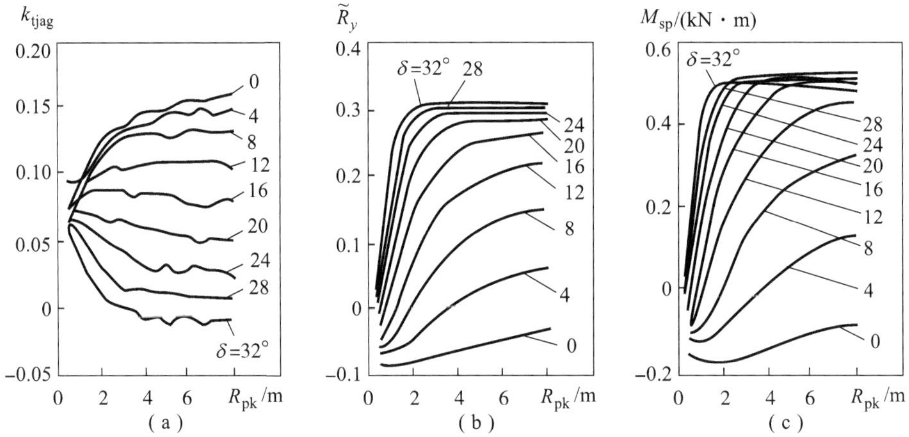

图 8.47　$s_{b\Sigma}=0.2$ 时，轮胎为 1300×530−533 的车轮在松散粉质砂岩上的曲线运动参数的变化

土壤变形期间的主要损失与宽度为 b_{sl} 的车辙形成有关。在滑移角 $\delta=0$ 时，随着半径 R_{pk} 的增加，宽度 b_{sl} 和土壤变形的总损失减小，而在 $\delta\neq0$ 时，宽度 b_{sl} 和土壤变形的总损失增加。相同系数 $s_{b\Sigma}$ 下，土壤变形的总损失可以通过系数 k_{tjag} 的变化间接地表征（见图 8.47（a））。$\delta\leqslant12°$ 时，随着 R_{pk} 增大，k_{tjag} 增大，滚动阻力降低；在 $\delta>12°$ 时，系数 k_{tjag} 减小，并且车轮的运动阻力增大。

上述关系式和特性，对于在未变形土壤上形成车辙的首个车轮的曲线滚动是适用的。

后续车轮的支承通过性

对于后续的车轮（$i>1$），相对于先前车轮的轨迹，可能存在不同的运动状态。最简单的计算方法是，每个后续的车轮都形成自己的轨迹，而不考虑土壤的预先压实。在这种情况下，在先前车轮的车辙轨迹内，后续车轮的运动参数的计算稍微复杂，即不增加其轨迹的宽度。与直线运动时的计算方法类似，确定土壤和轮胎的垂向变形，并通过其附加变形 h_{gi}（图 8.39）和轨迹宽度 b_{sli} 考虑由于土壤变形而引起的损失。侧面回弹的反力 R_{yotp} 为变形 h_{g0i} 和 $h_{g0(i-1)}$ 下的横向回弹反作用力之差（见表达式（8.67））：

$$R_{yotp} = R_{yotp}(h_{g0i}) - R_{yotp}(h_{g0(i-1)}) \tag{8.70}$$

在其他情况下，有必要考虑车轮的至少两个区域与未变形和变形的土壤之间相互作用的更为复杂的问题（图 8.48）。

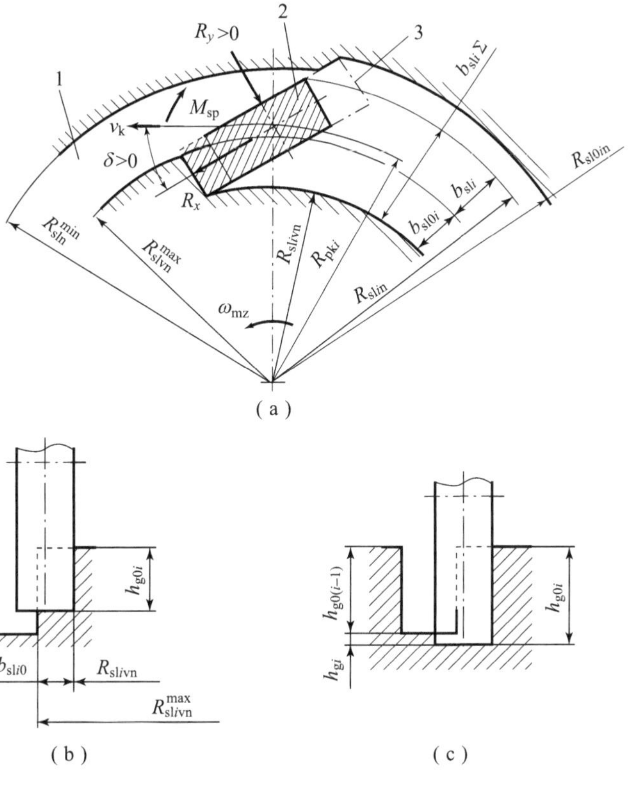

图 8.48　后续车轮中心转向且正滑移角下，可变形支承面上车辙轨迹形成示意图

（a）水平投影；（b），（c）与前一个车轮相比，第 i 个车轮较小和较大下陷量时相应的假定横截面

1—前一个车轮的轨迹；2—触点投影；3—平面 0—0 的车轮水平截面投影

当土壤变形小于上一次通过的车辙深度时：$h_{g0i} < h_{g0(i-1)}$（图 8.48（b）），车轮仅与未变形的土壤相互作用，从而在从 R_{slivn} 到 R_{slvn}^{max} 的区域中形成一条附加车辙（图 8.48（a））。在土壤未变形区域中的轨迹宽度 $b_{sl0i} = R_{slvn}^{max} - R_{slivn}$。其中，

$R_{\text{slvn}}^{\max}$是前一个车轮的轨迹的最大内径；$R_{\text{sl}i\text{vn}}$为第 i 个车轮的轨迹的内径。接触区域的表面形状复杂，其前部和后部的长度和宽度是可变的，并取决于许多参数。

当 $h_{\text{g0}i}>h_{\text{g0}(i-1)}$（图 8.48（c））时，车轮与 $R_{\text{sl}i\text{vn}}$至 $R_{\text{slvn}}^{\max}$区域中的未变形土壤相互作用，并与 $R_{\text{slvn}}^{\max}$至 R_{slin}区域中的之前变形的土壤相互作用（图 8.48（a））。在土壤已变形区域中的轨迹宽度 $b_{\text{sl}i}=R_{\text{slin}}-R_{\text{slvn}}^{\max}$。确定第 i 个车轮外轨迹的半径 $R_{\text{sl}in}$时要考虑到相对于先前变形表面的下陷量 $h_{\text{g}i}$。

在这两种情况下，半径为 $R_{\text{sl0}in}$的车轮后部的土壤都可能发生变形（侧移）。

在小角度（$\delta\approx0$）时，计算方案非常简单（图 8.49）。

在大角度 δ 下，计算后续车轮的滚动参数变得更加复杂（图 8.50）。假设两个接触区域的前部区域的纵向轮廓由椭圆方程式描述，在未变形的土壤表面上，接触起始点为 a_{g0}（图 8.50（e））。确定垂向压强 p_{zi}和切应力 τ_x、τ_y 时要考虑到与第一次通过时车轮滚动类似的附着力限制。

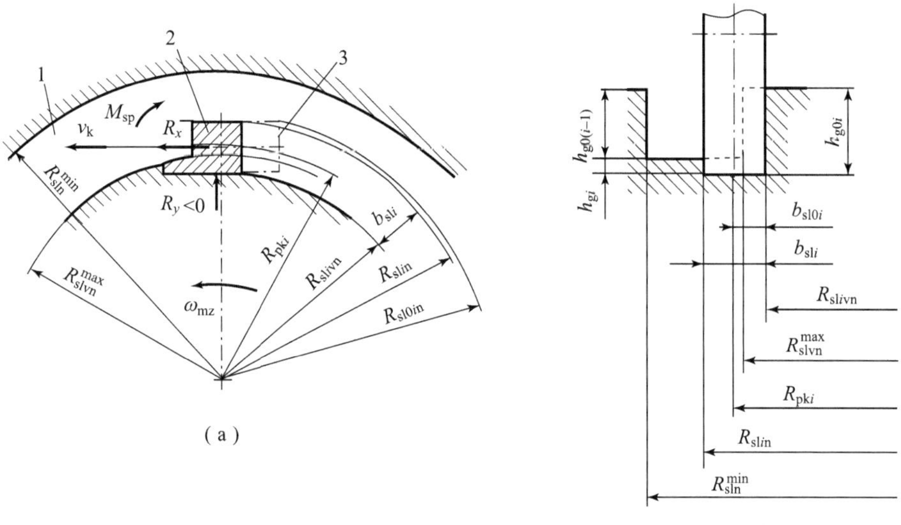

图 8.49　在后续车轮中心作转向和小滑移角时，可变形支承面上车辙轨迹形成示意图

（a）水平投影；（b）假定横截面

1—前一个车轮的轨迹；2—接触点投影；3—平面 0—0 的车轮水平截面投影

反作用力 R_z、R_x、力 P_x 和力矩 M_{k} 根据式（8.59）计算，反作用力 R_{yj}根据式（8.66）计算，而接触面积 $\overline{F}_{\text{sh}}$根据关系式（8.62）确定，并明确两个接触区域的纵向坐标 x_i上的接触宽度 $\overline{b}_{\text{shy}i}$。在未变形的土壤区域和下陷量 $h_{\text{g0}i}<h_{\text{g0}(i-1)}$时，基本接触区域的计算宽度 $\overline{b}_{\text{shy}i}^{\text{r}}$相对于先前确定的接触总宽度 $\overline{b}_{\text{shy}i}$计算，可以使用以下关系式：

当 $R_{\mathrm{slvn}}^{\max} > R_{\mathrm{sl}i\mathrm{vn}}$ 时（图 8.50（a）、（c）），

$$\bar{b}_{\mathrm{shy}i}^{\mathrm{r}} = \frac{1}{2}\bar{b}_{\mathrm{shy}i} - R_{\mathrm{pk}i} + x_i\sin\delta + \sqrt{(R_{\mathrm{slvn}}^{\max})^2 - (x_i\cos\delta)^2}$$

当 $R_{\mathrm{sln}}^{\min} < R_{\mathrm{sl}i\mathrm{n}}$ 时（图 8.50（b）、（d）），

$$\bar{b}_{\mathrm{shy}i}^{\mathrm{r}} = \frac{1}{2}\bar{b}_{\mathrm{shy}i} + R_{\mathrm{pk}i} - x_i\sin\delta - \sqrt{(R_{\mathrm{slvn}}^{\max})^2 - (x_i\cos\delta)^2}$$

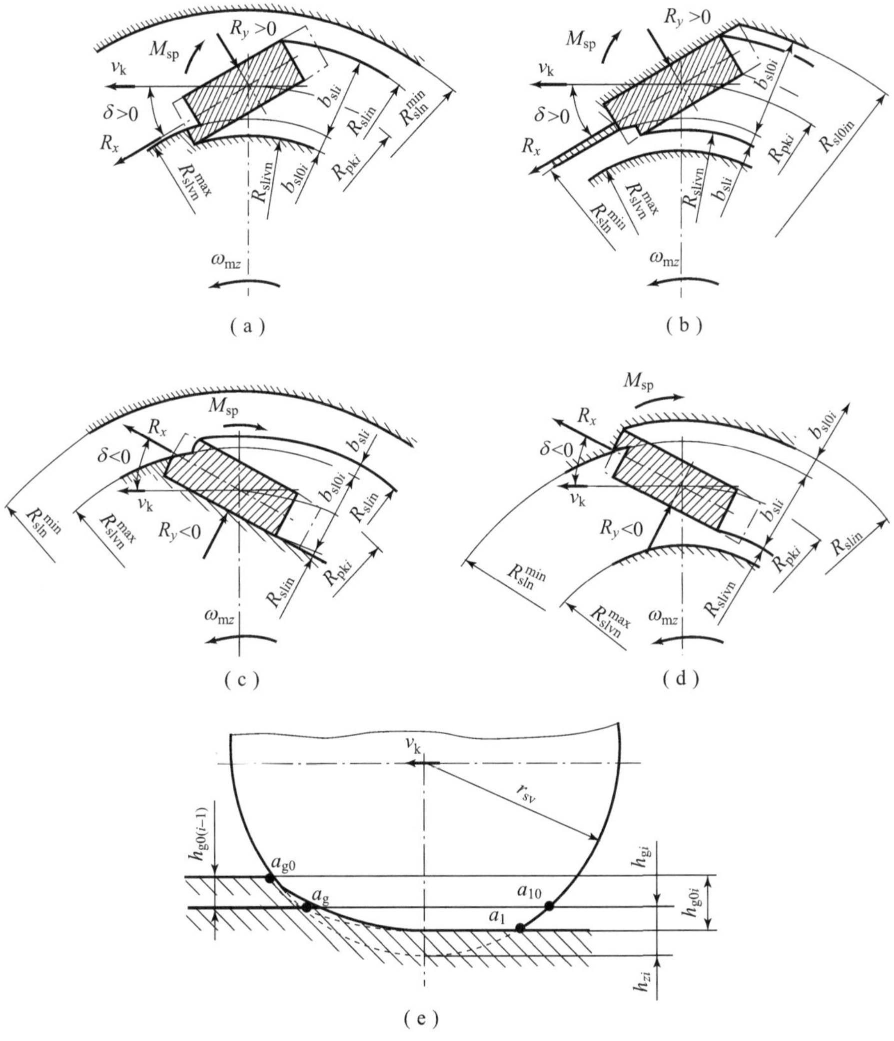

图 8.50　在后续车轮中心转向时，可变形支承面上车辙轨迹形成示意图

（a）~（d）后续车轮不同位置时的水平投影；（e）后续通过时车轮的纵向垂直截面

通过对从点 a_{g0} 到点 a_1 的接触长度（图 8.50（e））进行积分来计算总的反作用力。

考虑到侧向回弹截面的高度和折算接触长度，可根据方程式（8.67）计算土壤的横向回弹反作用力 R_{yotp}。

因此，在 $\delta>0$、$R_{sln}^{min}<R_{sl i n}$（见图 8.50（b）)，以及 $\delta<0$、$R_{slvn}^{max}>R_{sl i vn}$（见图 8.50（c））时，回弹反作用力为：

$$R_{yotp}^{r}=R_{yotp}(h_{g0i})$$

当 $\delta>0$、$R_{slvn}^{max}>R_{sl i vn}$（见图 8.50（a）)，以及 $\delta<0$、$R_{sln}^{min}<R_{sl i n}$（见图 8.50（d））时，反作用力 R_{yotl}^{r} 根据方程式（8.70）确定。

确保给定土壤垂直变形和设计土壤垂直变形之间相等的反作用力计算所必需的接触点的参数 $\overline{F}_{sh}$、$\overline{b}_{shx}$，根据式（8.62）确定。因形成宽度 $b_{sli\Sigma}=b_{sl0i}+b_{sli}$ 的车辙轨迹产生的滚动阻力反作用力 $R_{f_{gz}}^{sl}$ 可根据下式计算：

$$R_{f_{gz}}^{sl}=b_{sl0i}\int_{0}^{h_{g0i}}p_{gzi}\mathrm{d}h_{g}+b_{sli}\int_{h_{g0(i-1)}}^{h_{g0i}}p_{gzi}\mathrm{d}h_{g} \tag{8.71}$$

轮轴上的纵向力由关系式（8.69）确定。

轨迹半径 R_{slji} 根据式（8.68）计算，其中对于在未变形的支承面上，为代替第 i 个车轮的值 x_{a_g}（见图 8.45（a））将接触起点的纵向坐标 a_{g0} 和终点的纵向坐标 a_1 代入（见图 8.50（e），而在之前变形的支承面上，将点 a_g 和 a_{10} 代入，而且 $a_{10}=\sqrt{r_{sv}^2-(r_{sv}-h_{zi}-h_{gi})^2}$。

8.6 直驶时轮式车辆的支承通过性

处于未加载状态轮式车辆示意图（图 8.51）确定其主要元件在某假定坐标系 $O_mX_mY_mZ_m$（图 3.26）中的位置和尺寸，以及外力作用点的坐标，此外还包含保险杠坐标和参数（l_{1v}、z_{v0}、l_{bamp}、b_{bamp}、F_{bamp}）和轮式车辆下部突出元件坐标和参数（l_{1V_i}、z_{V_i0}、l_{vti}、b_{vti}、F_{vti}）。

当轮式车辆沿可变形支承面以纵倾角 α_{opx} 运动时（图 8.52），相对于未变形支承面的基准水平方向，车轮、车身下部突出部件和保险杠（假定在图中所示位置）陷入到地面中。车身的基准水平线 0—0 相对于支承面倾斜轮式车辆车身的纵向侧倾角 α_{krx}。当陷入到地面时，会产生保险杠反力（R_{vz}、R_{vx}、R_{vy}）和 n_{vt} 个突出部件反力（R_{V_iz}、R_{V_ix}、R_{V_iy}）。为简化轮式车辆运动方程的写法，不考虑土壤变形的滚动阻力，图 8.52 中以假定用纵向反作用力 $R'_{xi}=P_{xi}$ 表示车轮接触时的纵向反作用力（见式（8.59））。

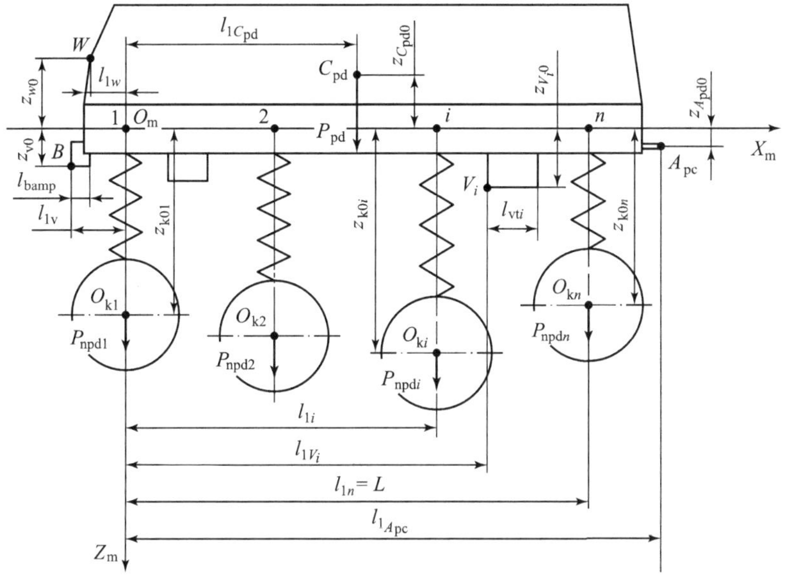

图 8.51 未加载状态下的轮式车辆示意图

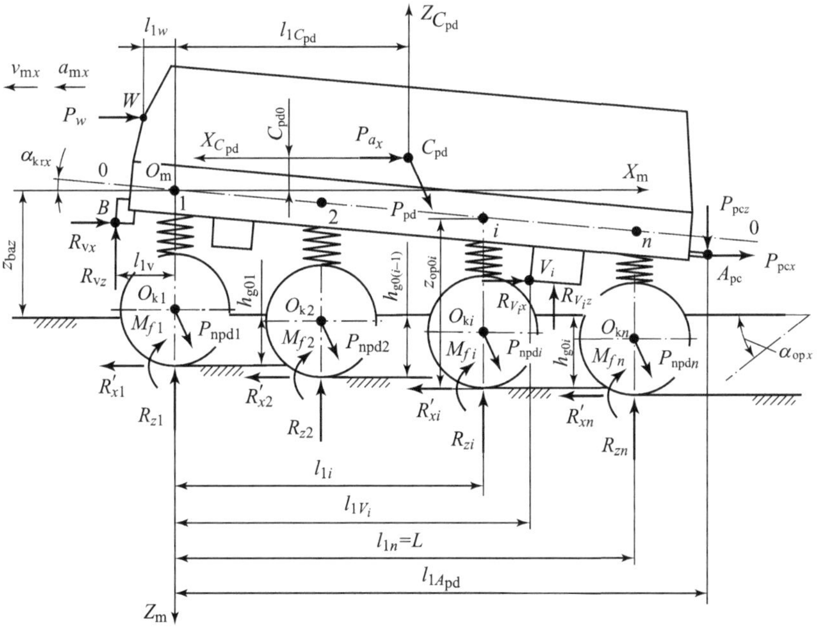

图 8.52 沿可变形支承面作直线运动的轮式车辆示意图

轮式车辆相对于支承面的位置由坐标 z_{baz} 确定，而车轮相对于支承面的位置由从车身的基准水平线 0—0 到车轮与支承面的接触表面的距离 z_{op0i} 以及第 i 个车轮通过后土壤的总垂直变形 h_{g0i} 确定。

当 $\alpha_{opy}=0$ 时，轮式车辆的纵向－垂直对称平面中的力和力矩的平衡方程组为：

$$\sum_{i=1}^{2n_o} R_{zi} - \cos\alpha_{opx}(P_{pd} + 2n_o \bar{P}_{npd}) - P_{pcz} + R_{vz} + \sum_{i=1}^{n_{vt}} R_{V_iz} = 0 = R_{Z_C}^{\Sigma} \tag{8.72}$$

$$\begin{gathered}\cos\alpha_{opx} P_{pd} l_{1C_{pd}} + P_{pcz} l_{1A_{pd}} + P_w(z_{baz} - l_{1w}\mathrm{tg}\alpha_{krx} - z_w + h_{g01}) + \\ (P_{a_x} + \sin\alpha_{opx} P_{pd})(z_{baz} - l_{1C_{pd}}\mathrm{tg}\alpha_{krx} - z_{C_{pd}} + h_{g01}) + \\ P_{pcx}(z_{baz} - l_{1A_{pc}}\mathrm{tg}\alpha_{krx} - z_{pc} + h_{g01}) + \sum_{i=1}^{2n_o}[M_{fshi} + R'_{xi}(h_{g0i} - h_{g01}) + \\ \sin\alpha_{opx} P_{npdi}(r_{sv} - h_{zi}) - (R_{zi} - \cos\alpha_{opx} P_{npdi}) l_{1i}] - \\ R_{vz} l_{1v} - R_{vx}(z_{baz} - l_{1v}\mathrm{tg}\alpha_{krx} - z_{v0} + h_{g01}) - \\ \sum_{i=1}^{n_{vt}}[R_{V_iz} l_{1V_i} + R_{V_ix}(z_{baz} - l_{1V_i}\mathrm{tg}\alpha_{krx} - z_{V_i0} + h_{g01})] = 0 = M_{1nX_C}^{\Sigma}\end{gathered} \tag{8.73}$$

$$\sum_{i=1}^{2n_o} R'_{xi} - P_{mx} - P_{pcx} - P_{w_x} - P_{a_x} - R_{vx} - \sum_{i=1}^{n_{vt}} R_{V_ix} = 0 = R_{X_C}^{\Sigma} \tag{8.74}$$

垂向反作用力 R_{zi} 由方程（3.49）、方程（3.51）、方程（3.52）确定，其中 z_{op0i} 为从基线 0—0 到接触表面的距离：

$$z_{op0i} = z_{baz} - l_{1i}\mathrm{tg}\alpha_{krx} + h_{g0i} \tag{8.75}$$

为计算保险杠反作用力 R_{vi} 和突出部件的反作用力 R_{Vi}，需要确定其下陷量：

$$h_{gbamp} = z_{v0} - z_{baz} + l_{1v}\mathrm{tg}\alpha_{krx};\ h_{gV_i} = z_{V_i0} - z_{baz} + l_{1V_i}\mathrm{tg}\alpha_{krx} \tag{8.76}$$

当 $h_{gbamp} \leqslant 0$ 且 $h_{gV_i} \leqslant 0$ 时，反作用力为零。

垂向反作用力 R_{vz} 和 R_{V_iz} 根据下陷情况得出，而纵向反作用力 R_{vx} 和 R_{V_ix} 是沿着其底部和正面回弹的滑动摩擦力的反作用力：

$$\left.\begin{aligned} R_{vx} &= R_{vz}\mu_{skbamp} + 10^6 b_{bamp} h_{gbamp}^2 q_{pas}\gamma_g \\ R_{V_ix} &= R_{V_iz}\mu_{skV_i} + 10^6 b_{vti} h_{gV_i}^2 q_{pas}\gamma_g \end{aligned}\right\} \tag{8.77}$$

被动压力系数值 q_{pas} 是在 $\upsilon_{st}=90°$ 或保险杠或突出部件的具体角度条件下计算的。

每个车轮与支承面相互作用的参数取决于由轮式车辆的平衡方程（8.72）~（8.74）确定的垂向力 P_{zi}、角速度 ω_{ki} 和转矩 M_{ki}，即取决于变速器中的功率流分配方案。在一般情况下，轮式车辆的每种运动状态都以其自身的车轮相互作用参数为特征。

在给定垂向力 P_{zi}^{zad} 下，值 h_{zi}、h_{gi}、R'_{xi} 由半径 r_{ki} 或车轮相对滚动半径 $\tilde{r}_{ki} = r_{ki}/r_{sv}$

确定。

在没有直接滑移且具有线性相关性 $R_{xi}(r_{ki})$ 的情况下，求得纵向反作用力 R_{xi}不会很难（见第2章）。但由于车轮打滑导致的明显非线性，计算 R_{xi}会变得更加复杂，特别是当 R_{xi}的峰值在 $0<\tilde{r}_{ki}\leqslant 1.5$ 范围内的情况下。使用计算机时，最简单的解决方案是以很小的步长来计算在区间 0 ~ 2.0 中的 $\tilde{r}_{ki}$值。但是，由于 P_{zi}、h_{zi}和 h_{gi}的计算耗时，计算周期会相当长。

使用具有大步长 $\Delta\tilde{r}_{ki}$的逐次近似法会更加方便。在轮式车辆相对滚动半径 $\tilde{r}_{km}^{r}=r_{km}^{r}/r_{sv}$的某个计算值下，确定当 $\tilde{r}_{k1}^{r}=\tilde{r}_{km}^{r}$时首个车轮的滚动参数，并将它们的值分配给轮式车辆的基本参数：

$$\omega_{k}^{baz}=\omega_{k1},\ M_{k}^{baz}=M_{k1},\ N_{k}^{baz}=N_{k1},\ s_{b\Sigma}^{baz}=s_{b\Sigma1}$$

对于第 i 个车轮，根据功率流方案，选择一个常数参数（检验参数）。例如 $M_{ki}^{zad}=M_{k}^{baz}$，并通过改变 $\tilde{r}_{ki}$来确定计算值 M_{ki}^{r}，该值必须等于给定值：$M_{ki}^{r}=M_{ki}^{zad}$，或与之相差 $\varepsilon_{M_k}^{r}=M_{ki}^{zad}-M_{ki}^{r}$，并且

$$|\varepsilon_{M_k}^{r}|\leqslant\varepsilon_{M_k}^{zad} \tag{8.78}$$

式中，$\varepsilon_{M_k}^{r}$、$\varepsilon_{M_k}^{zad}$为相应的设计计算误差和给定计算误差。

求解分两个阶段进行：确定根的隔离区间 $[\tilde{r}'_{ki},\ \tilde{r}''_{ki}]$，其中 $\varepsilon_{M'_k}^{r}/\varepsilon_{M''_k}^{r}<0$，并在这一区间内找到满足条件（8.78）的 $\tilde{r}_{ki}^{r}$值。

在第一阶段，将最小值 $\tilde{r}'_{ki}$设置为等于 $\tilde{r}_{km}^{r}$或前一个车轮的半径 $\tilde{r}_{k(i-1)}^{r}$，递增 $\Delta\tilde{r}_{ki}=0.1$ 且最大值 $\tilde{r}''_{ki}=\tilde{r}'_{ki}+\Delta\tilde{r}_{ki}$。赋予 $\tilde{r}_{ki}^{r}$值为 $\tilde{r}'_{ki}$和 $\tilde{r}''_{ki}$，计算车轮滚动参数和区间 $[\tilde{r}'_{ki},\ \tilde{r}''_{ki}]$ 的误差 $\varepsilon_{M'_k}^{r}$和 $\varepsilon_{M''_k}^{r}$。当 $\varepsilon_{M'_k}^{r}/\varepsilon_{M''_k}^{r}>0$ 时，新的区间将以步长 $\Delta\tilde{r}_{ki}$移至较小值 $\varepsilon_{M'_k}^{r}$或 $\varepsilon_{M''_K}^{r}$的区域，否则进入第二阶段。

可能找不到满足 $\varepsilon_{M'_k}^{r}/\varepsilon_{M''_k}^{r}<0$ 的区间 $[\tilde{r}'_{ki},\ \tilde{r}''_{ki}]$，当无法正确选择区间或 $0<\tilde{r}_{ki}\leqslant 1.5$ 范围内无解时，这种情况是允许的。在第一种情况下（图 8.53（a）、（b）），由于函数 M_{ki}^{r}（$\tilde{r}_{ki}^{r}$）的非线性而导致的计算区域无法满足等式 $M_{ki}^{r}=M_{ki}^{zad}$，有必要研究 $\tilde{r}_{ki}^{r}=1$ 的区域（初始 $\tilde{r}_{ki}^{r}=1$ 的选择会增加迭代周期数和计算时间，因此在大多数情况下并不合理）。如果在研究该区域时 $\varepsilon_{M'_k}^{r}/\varepsilon_{M''_k}^{r}>0$（图 8.53（c）），则无解。因为第 i 个车轮不承受给定力矩，基本力矩 M_{k}^{baz} 必须限于第 i 个车轮所受的力矩，即 $M_{k}^{baz}=M_{ki}^{r}$，并从首个车轮开始确定所有轮式车辆车轮的滚动参数。

在第二阶段，可以以任意方式（弦长、切线、中截面、组合等）来缩小隔离区间 $[\tilde{r}_{ki1},\ \tilde{r}_{ki2}]$。最简单可靠的方法是使用弦长（图 8.53（d））和中截面相

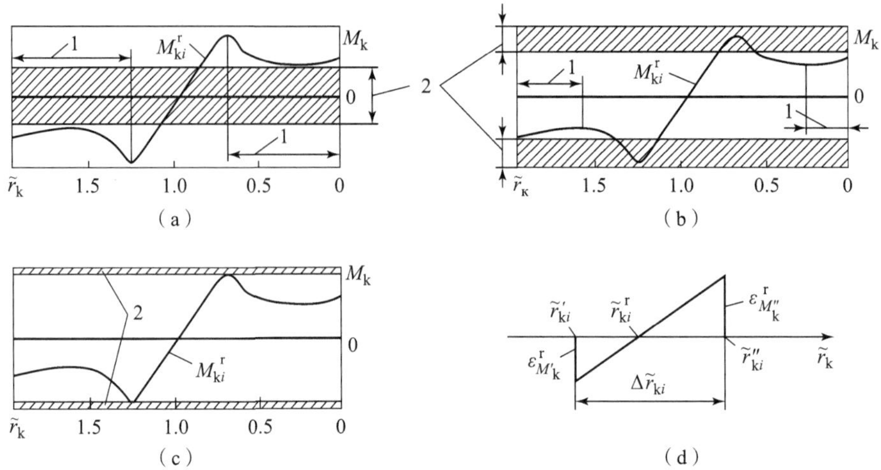

图 8.53 车轮转矩确定示意图

（a）当 $\left|M_{ki}^{r}\right| > \left|M_{ki}^{zad}\right|$ 时；（b）、（c）当 $\left|M_{ki}^{r}\right| < \left|M_{ki}^{zad}\right|$ 且有解或无解时；（d）在隔离区间中

1—$\tilde{r}_k$ 的变化区间；2—M_{ki}^{zad} 的变化区间

结合的方法，为此可采用关系式：

$$\tilde{r}_{ki}^{r} = \frac{\tilde{r}'_{ki} + \tilde{r}''_{ki}(\varepsilon_{M'_k}^{r}/\varepsilon_{M''_k}^{r})}{1 + \left|\varepsilon_{M'_k}^{r}/\varepsilon_{M''_k}^{r}\right|} \tag{8.79}$$

$$\tilde{r}_{ki}^{r} = \frac{1}{2}(\tilde{r}'_{ki} + \tilde{r}''_{ki}) \tag{8.80}$$

此外，对于迭代周期数 $n > 10$ 和较大的 $\varepsilon_{M'_k}^{r}/\varepsilon_{M''_k}^{r}$ 比（几个数量级），使用二分法是合理的。

如果在可变形支承面上计算车轮的滚动参数时非线性的运算量很大，并且给定精度 $\varepsilon_{M_k}^{zad}$ 过高，则可能不满足条件式（8.78）。在这种情况下，有必要引入容许精度 $\varepsilon_{M_k}^{dop} \geqslant \left|\varepsilon_{M_k}^{r}\right|$。

求得所有车轮的滚动参数后，检查是否满足非线性方程组（8.72）~（8.74）。

确定沿可变形支承面的轮式车辆的运动参数时，对于挂钩上的不同纵向力 P_{pcx} 和在自由模式下（$P_{pcx}=0$）的运动（具有不同的纵向轮廓角度（$\alpha_{opx} \neq 0$），应考虑沿水平支承面的运动（$\alpha_{opx}=0$）。车轮和轮式车辆的相对滚动半径 $\tilde{r}_{ki}$ 和 $\tilde{r}_{km}$ 用作表征第 i 个车轮和轮式车辆的牵引能力的参数。

沿水平支承面运动时，在给定步长 $\Delta\tilde{r}_{km}$ 的给定相对滚动半径的变化范围内 $\tilde{r}_{km}^{min} \leqslant \tilde{r}_{km} \leqslant \tilde{r}_{km}^{max}$ 计算轮式车辆的参数，并建立关系式 $k_{tjagm}(\tilde{r}_{km})$、$k_{tjagm}(s_{b\sum m})$、$f_{Nm}(k_{tjagm})$、$f_{N_f m}(k_{tjagm})$（图 8.54）或 $f_{Nm}(\alpha_{opx}^{r})$、$f_{N_f m}(\alpha_{opx}^{r})$，取可爬坡度的计算

角度值：

$$\alpha_{opx}^{r}=\text{arctg}(k_{tjagm})$$

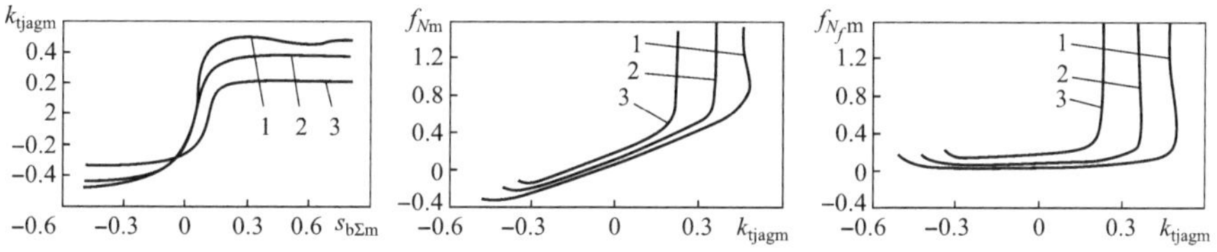

图 8.54　沿厚度为 0.5 m 的粉砂水平层运动时，

4×4 轮式车辆支承通过性指标的变化（p_w=0.05 MPa）

1—密实状态；2—一般密实状态；3—松散状态

对于 $\tilde{r}_{km}^{r}$的一些计算值，由于附着力（车轮打滑或滑移）可能存在限制，$\tilde{r}_{km}^{min}\leqslant\tilde{r}_{km}\leqslant\tilde{r}_{km}^{max}$范围会减小。

当轮式车辆自由滚动状态运动时，计算变得更加复杂，因为必须确保在更大的力 P_{zi}重新分配的情况下满足式（8.74）。解决方案是在满足下式条件的基础上，在所考虑的范围内修改计算值 $\tilde{r}_{km}^{r}$。

$$|\varepsilon_{R_{X_C}}^{r}|\leqslant\varepsilon_{R_{X_C}}^{zad}$$

式中，$\varepsilon_{R_{X_C}}^{r}=R_{X_C}^{\Sigma zad}-R_{X_C}^{\Sigma r}$且 $R_{X_C}^{\Sigma zad}=0$。

如果对于 $\tilde{r}_{km}$所有值，方程式（8.74）无解，则会观察到轮式车辆运动的失稳：

当 $\alpha_{opx}\geqslant0$ 且 $R_{X_C}^{\Sigma r}<0$ 时——打滑；

当 $\alpha_{opx}<0$ 且 $R_{X_C}^{\Sigma r}<0$ 时——打滑，而当 $R_{X_C}^{\Sigma r}>0$ 时——向下滑动。

当确定关系式 f_{Nm}（α_{opx}）和 $f_{N_f m}$（α_{opx}）时，对于 $\alpha_{opx}^{min}\leqslant\alpha_{opx}\leqslant\alpha_{opx}^{max}$范围内给定步长 $\Delta\alpha_{opx}$的不同 α_{opx}值，进行类似计算（图 8.55）。

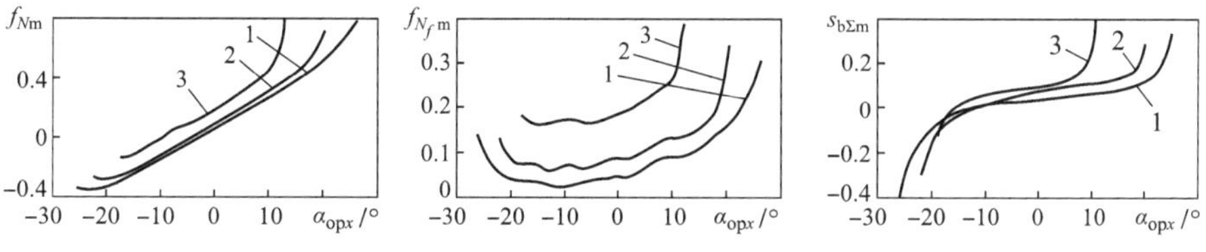

图 8.55　沿厚度为 0.5 m 的粉砂层倾斜运动时，

4×4 轮式车辆支承通过性指标的变化（p_w=0.05 MPa）

1—密实状态；2—一般密实状态；3—松散状态

轮式车辆主要指标根据以下关系式计算：

$$\left.\begin{array}{l}M_{\mathrm{km}}=\sum\limits_{i=1}^{n_{\mathrm{km}}}M_{\mathrm{k}i};\ N_{\mathrm{km}}=\sum\limits_{i=1}^{n_{\mathrm{km}}}N_{\mathrm{k}i}\\ P_{\mathrm{m}z}=P_{\mathrm{m}}\cos\alpha_{\mathrm{op}x};\ f_{N_{\mathrm{m}}}=N_{\mathrm{km}}/(v_{\mathrm{m}x}P_{\mathrm{m}z})\\ P'_{\mathrm{c}}=P_{\mathrm{m}}\sin\alpha_{\mathrm{op}x}+P_{w}+P_{\mathrm{pc}x}+P_{a_x}+R_{\mathrm{v}x}+\sum\limits_{i=1}^{n_{\mathrm{vt}}}R_{V_ix}\\ k_{\mathrm{tjagm}}=\left(\sum\limits_{i=1}^{n_{\mathrm{o}}}\sum\limits_{j=1}^{2}R'_{xij}-P'_{\mathrm{c}}\right)\dfrac{1}{P_{\mathrm{m}z}}\\ f_{N_f\mathrm{m}}=f_{N\mathrm{m}}-k_{\mathrm{tjagm}};\ s_{\mathrm{b}\Sigma\mathrm{m}}=\sum\limits_{i=1}^{n_{\mathrm{o}}}\sum\limits_{j=1}^{2}s_{\mathrm{b}\Sigma ij}\dfrac{1}{n_{\mathrm{k}}}\end{array}\right\}\tag{8.81}$$

除了考虑到的轮式车辆支承面通过性的功能指标外，还使用了许多综合（简化）指标：

牵引力指示

$$\Pi_{\mathrm{tjag}}=1-P_{\mathrm{c}}\Big/\sum_{i=1}^{n_{\mathrm{km}}}P_{\mathrm{k}i}^{\max}\approx1-\Psi/D_{\mathrm{f}}^{\max}$$

附着力指示

$$\Pi_{\varphi}=1-P_{\mathrm{c}}\Big/\sum_{i=1}^{n_{\mathrm{km}}}R_{xi}^{\max}\approx1-\Psi/\varphi_{\max}$$

最大自由比牵引力（挂钩上）指示

$$k_{\mathrm{tjagm}}^{\max}=\left(\sum_{i=1}^{n_{\mathrm{km}}}R_{xi}^{\max}-\sum_{i=1}^{n_{\mathrm{k}}}P_{fi}\right)\frac{1}{P_{\mathrm{m}}\cos\alpha_{\mathrm{op}x}}\approx P_{\mathrm{pc}x}/P_{\mathrm{m}z}$$

承载力指示

$$\Pi_{p_s}=1-\bar{p}_{z\mathrm{m}}/p_{z\mathrm{dop}}$$

荷载量指示

$$\Pi_{h}=1-(h_{\mathrm{g}}+h_{z})/h_{\mathrm{klir}}$$

其中，$\bar{p}_{z\mathrm{m}}$为轮式车辆与支承面接触的平均压力；$p_{z\mathrm{dor}}$为支承面的承载压力（$p_{z\mathrm{dop}}=p_{z\mathrm{sd}}^{0}$）；$h_{\mathrm{klir}}$为轮式车辆的离地间隙。

8.7 转向时轮式车辆的支承通过性

确定轮式车辆曲线运动参数是一项复杂的任务，即便是轮式车辆在硬支承面进行的曲线运动。轮式车辆沿着易变形支承面进行的运动通过微分和代数方程组（以及车轮的不同模型及对方程求解进行简化的假设）进行描述。当在该情况下对支承面通过性进行评估时，仅对轮式车辆的机动性、功耗和车辆倾覆的静态稳定性进行研究。

针对纵向－垂直平面，使用图 8.52 所示图示进行计算，而对于支承面平面，则采用图 3.20 所示图示进行计算（该图示中增加了保险杠和下部凸缘纵向和横向反作用力，并作 $P_{xij}=R'_{xij}$ 的替换。在通过质心的横向－垂直平面上，考虑了侧面车轮（图 8.56）下方土壤的变形及轮式车辆相对于支承面的附加侧倾角；其中，附加侧倾角的数值根据侧面土壤相对于未变形支承面的平均变形量确定：

$$\alpha_{gy}=\operatorname{arctg}\frac{\bar{h}_{g0n}-\bar{h}_{g0vn}}{\dfrac{B}{2}}$$

而当使用刚性车架时，根据第一轴区域土壤的变形确定：

$$\alpha_{gy}=\operatorname{arctg}\frac{h_{g01n}-h_{g01vn}}{\dfrac{B}{2}}$$

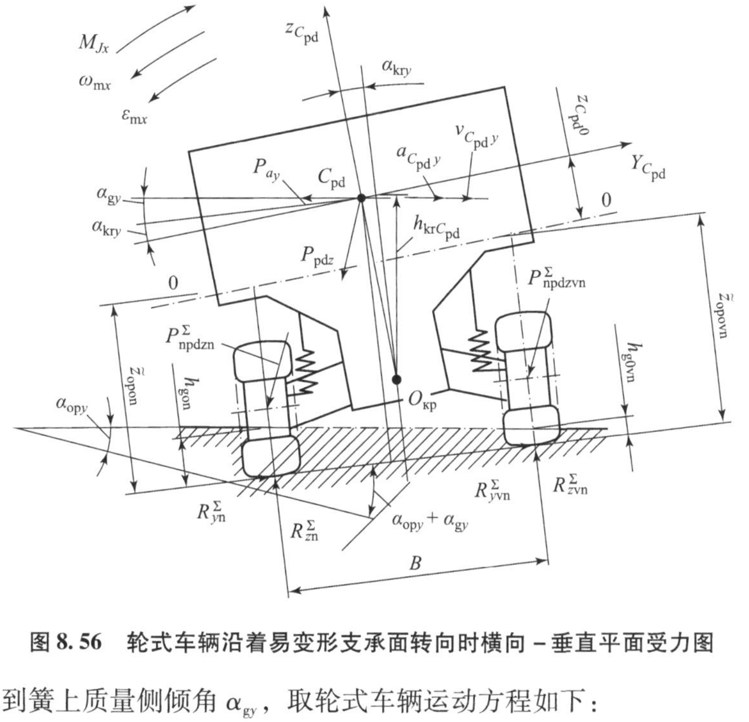

图 8.56 轮式车辆沿着易变形支承面转向时横向－垂直平面受力图

考虑到簧上质量侧倾角 α_{gy}，取轮式车辆运动方程如下：

在支承面平面上（见式（3.46）~（3.48）、式（8.74）），则

$$\sum_{i=1}^{n_o}\sum_{j=1}^{2}R'_{xij}-P_{mx}-P_{pcx}-P_{\omega x}-P_{a_x}-R_{vx}-\sum_{i=1}^{n_{vt}}R_{V_ix}=0=R^{\Sigma}_{X_C}\quad(8.82)$$

$$\sum_{i=1}^{n_o}\sum_{j=1}^{2}R_{yij}^{pr}-A_1P_m+P_{pcy}-P_{wy}-P_{a_y}\cos\alpha_{gy}+R_{vy}+\sum_{i=1}^{n_{vt}}R_{V_iy}=0=R_{Y_C}^{\Sigma}\tag{8.83}$$

$$\frac{1}{2}B\left(\sum_{i=1}^{n_o}R_{xin}^{pr}-\sum_{i=1}^{n_o}R_{xivn}^{pr}\right)+\sum_{i=1}^{n_o}\sum_{j=1}^{2}R_{yij}^{pr}(l_{1C_{pd}}-l_{1i})-M_{J_z}+P_{pcy}(l_{1C_{pd}}-l_{1A_{pd}})-$$
$$\sum_{i=1}^{n_o}\sum_{j=1}^{2}M_{cpij}-R_{vy}(l_{1C_{pd}}+l_{1v})-\sum_{i=1}^{n_{vt}}R_{V_iy}(l_{1C_{pd}}-l_{1V_i})=0=M_{Z_C}^{\Sigma}\tag{8.84}$$

在纵向－垂向平面上（见式（3.53）、式（3.54）、式（8.72）、式（8.73）），则

$$\sum_{i=1}^{n_o}\sum_{j=1}^{2}R_{zij}-A_2P_m-P_{pcz}+R_{vz}+\sum_{i=1}^{n_{vt}}R_{V_iz}+P_{a_y}\sin\alpha_{gy}=0=R_{Z_C}^{\Sigma};\tag{8.85}$$

$$A_2P_{pd}l_{1C_{pd}}+P_{pcz}l_{1A_{pc}}+P_w(z_{baz}-l_{1wh}\mathrm{tg}\alpha_{krx}-z_{wh}+h_{g01n})+$$
$$(P_{a_x}+\sin\alpha_{opx}P_{pd})(z_{baz}-l_{1C_{pd}}\mathrm{tg}\alpha_{krx}-z_{C_{pd}}+h_{g01n})+$$
$$P_{pcx}(z_{baz}-l_{1A_{pc}}\mathrm{tg}\alpha_{krx}-z_{pc}+h_{g01n})+\sum_{i=1}^{n_o}\sum_{j=1}^{2}[M_{f_{sh}ij}+R'_{xij}(h_{g0ij}-h_{g01j})+$$
$$\sin\alpha_{opx}P_{npdij}(r_{sv}-h_{zij})-(R_{zij}-A_1P_{npdij})l_{1i}]-$$
$$R_{vz}l_{1v}-R_{vx}(z_{baz}-l_{1v}\mathrm{tg}\alpha_{krx}-z_{v0}+h_{g01n})-$$
$$\sum_{i=1}^{n_{vt}}[R_{V_iz}l_{1V_i}+R_{V_ix}(z_{baz}-l_{1V_i}\mathrm{tg}\alpha_{krx}-z_{V_i0}+h_{g01n})]=0=M_{1nX_C}^{\Sigma}\tag{8.86}$$

在横向－垂向平面上（见式（3.57）），则

$$M_{J_x}+(A_2P_{pd}-\sin\alpha_{gy}P_{a_y})\left[\frac{B}{2}-\sin\alpha_{kry}(z_{baz}-l_{1C_{pd}}\mathrm{tg}\alpha_{krx}-z_{C_{pd}}+\right.$$
$$\left.h_{g01n}+\frac{B}{2}\mathrm{tg}\alpha_{kry})\right]-B\sum_{i=1}^{n_o}R_{zivn}-(A_1P_{pd}+\cos\alpha_{gy}P_{a_y})\times$$
$$\left(z_{baz}-l_{1C_{pd}}\mathrm{tg}\alpha_{krx}-z_{C_{pd}}+h_{g01n}+\frac{B}{2}\mathrm{tg}\alpha_{kry}\right)\cos\alpha_{kry}+$$
$$A_2B\sum_{i=1}^{n_o}P_{npdivn}-A_1(r_{sv}-h_{z1n})\sum_{i=1}^{n_o}\sum_{j=1}^{2}P_{npdij}-$$
$$\sum_{i=1}^{n_o}R_{zivn}\mathrm{tg}\alpha_{gy}(h_{z1n}-h_{zivn})=0=M_{1nY_C}^{\Sigma}\tag{8.87}$$

式中，$A_1=\cos\alpha_{opx}\sin(|\alpha_{opy}|+\alpha_{gy})$；$A_2=\cos\alpha_{opx}\cos(\alpha_{opy}+\alpha_{gy})$。

垂向反作用力 $R_{z_{ij}}$ 根据式（3.52）进行计算，其中 $h_{p\text{-}shij}$ 根据式（3.49）确定，而

$$\left.\begin{aligned}z_{\mathrm{op}0in}&=z_{\mathrm{baz}}-l_{1i}\mathrm{tg}\alpha_{\mathrm{kr}x}+h_{\mathrm{g}0in}\\z_{\mathrm{op}0ivn}&=z_{\mathrm{baz}}+B\mathrm{tg}\alpha_{\mathrm{kr}y}-l_{1i}\mathrm{tg}\alpha_{\mathrm{kr}x}+h_{\mathrm{g}0ivn}\end{aligned}\right\}\tag{8.88}$$

车轮横向反作用力由重力和惯性的横向分量、作用点及瞬时转向中心的位置确定。为对第一阶段的土壤变形进行近似评估，假设横向反作用力在轮缘两侧均匀分布。车轮所受的外部横向力为：

$$P_{y\mathrm{m}}=A_2P_{\mathrm{m}}-P_{\mathrm{pc}y}+P_{wy}+P_{a_y}\cos\alpha_{\mathrm{g}y}-R_{\mathrm{v}y}-\sum_{i=1}^{n_{\mathrm{vt}}}R_{V_{iy}}\tag{8.89}$$

车轮轮缘所受的横向力与侧面的垂向载荷成比例，并沿着轴均匀分布：

$$\left.\begin{aligned}&P_{y\mathrm{mn}}=P_{y\mathrm{m}}\sum_{i=1}^{n_{\mathrm{o}}}R_{zin}\Big/\sum_{i=1}^{n_{\mathrm{o}}}\sum_{j=1}^{2}R_{zij}；P_{y\mathrm{mvn}}=P_{y\mathrm{m}}\sum_{i=1}^{n_{\mathrm{o}}}R_{zivn}\Big/\sum_{i=1}^{n_{\mathrm{o}}}\sum_{j=1}^{2}R_{zij}\\&P_{yin}=P_{y\mathrm{mn}}/n_{\mathrm{o}}；P_{yivn}=P_{y\mathrm{mvn}}/n_{\mathrm{o}}\end{aligned}\right\}\tag{8.90}$$

纵向反作用力 R_{xij} 取决于车轮上载荷的分布。在计算的第一阶段，计算纵向反作用力时，总纵向滑移系数取恒定值 $s_{\mathrm{b}\Sigma ij}=0.15$，且该系数大致与不存在土壤被密集挖掘的情况下 R_{xij} 和 $h_{\mathrm{g}ij}$ 的最大值相对应。

当轮式车辆进行转向时，车轮的辙迹是不同的（图 8.57）。这意味着车轮轮辋旋转平面上线速度的投影、轮胎和土壤的变形、车轮宽度、轮式车辆运动能耗都是不同的。在一般情况下，车轮滚动参数的确定见 8.5 节。最大的困难在于求得土壤未发生变形及因车轮先前通过而发生变形的区域进入的辙迹宽度和接触参数。在这种情况下，主要参数为（图 8.58）：

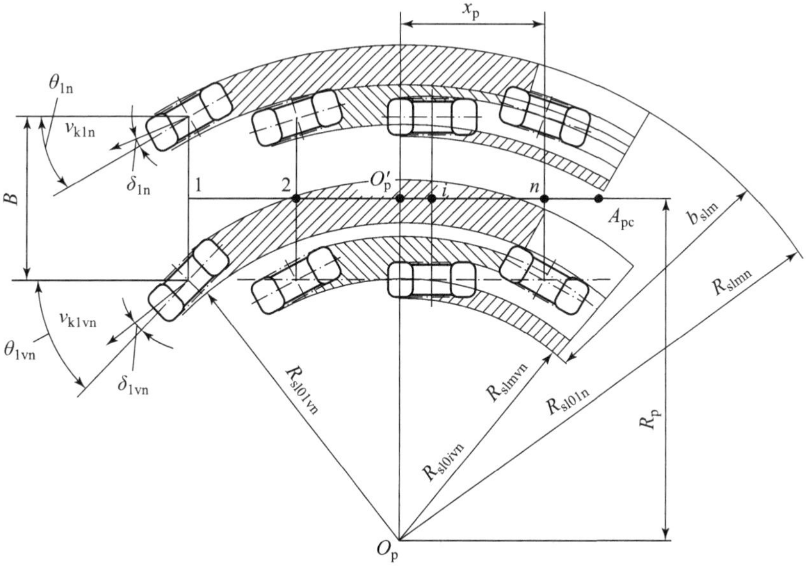

图 8.57　轮式车辆沿着易变形支承面转向时轨迹示意图

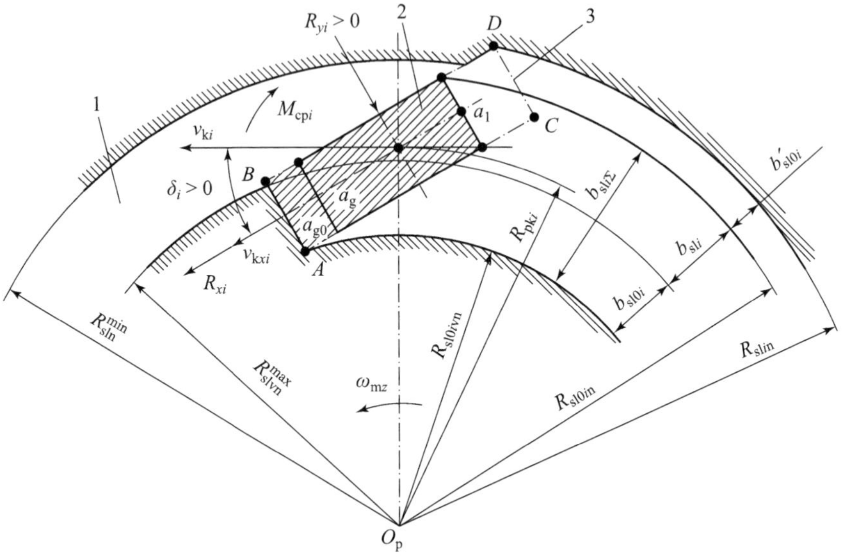

图 8.58　后续车轮转向参数

1—首个车轮的轨迹；2—接触的水平投影；3—未变形支承面上车轮水平截面的投影

对于发生预先变形的土壤：辙迹深度 $h_{g0(i-1)}$、未形变土壤表面的半径 R_{sln}^{min} 和 R_{slvn}^{max}。

对于第 i 次通过的易变形土壤：土壤变形 h_{g0i} 和 h_{gi}；未变形土壤表面半径 R_{sl0ivn} 和 R_{sl0in}，变形土壤表面半径 R_{slivn} 和 R_{slin}；未变形土壤前部区域辙迹宽度 b_{sl0i} 及未变形土壤后部区域辙迹宽度 b'_{sl0i}，预先发生变形区域辙迹的宽度 b_{sli}。

前后区域辙迹的总宽度为：

$$b_{sli\Sigma}=b_{sl0i}+b_{sli}\text{；}\ b'_{sli\Sigma}=b_{sli\Sigma}+b'_{sl0i}$$

在假定深度 $h'_{g0(i-1)}$ 的条件下，针对 3 个表面确定车轮水平截面的投影参数：未变形表面（$h'_{g0(i-1)}=0$）、预先发生变形的表面（$h'_{g0(i-1)}=h_{g0(i-1)}$）及第 i 个车轮通过后发生变形的表面（$h'_{g0(i-1)}=h_{g0i}$）。

利用给定的 P_{zi}、h_{g0i}、h_{zi}、R_{pki}、δ_i、V_{kxi}、r_{ki}及功率流参数，对所示辙迹形成示意图（图 8.59）进行计算。当 $h'_{g(i-1)}=h_{g0i}$时，计算出接触终点 a_1的纵坐标：

$$x_{a_1}=-\sqrt{2r_{sv}h_{zi}-h_{zi}^2}$$

以及通过时土壤的变形量：$h_{gi}=h_{g0i}-h'_{g0(i-1)}$，接触起点 a_g的纵坐标：

$$x_{a_g}=\sqrt{r_{sv}^2-(r_{sv}-h_{zi}-h_{gi})^2}$$

而后确定接触特征点 A、B、C 和 D 的半径（图 8.58）。例如，对于接触特征点 A：

$$R_{slA}=\sqrt{\left(R_{pki}-x_{a_g}\sin\delta-\frac{1}{2}\,\bar{b}_{shy}^{max}\cos\delta\right)^2+\left(x_{a_g}\cos\delta-\frac{1}{2}\,\bar{b}_{shy}^{max}\sin\delta\right)^2}$$

式中，$\bar{b}_{my}^{max}$为所述车轮接触的最大宽度。

由车轮形成辙迹示意图（图 8. 59），确定进行后续计算所需辙迹几何参数（半径和宽度）。

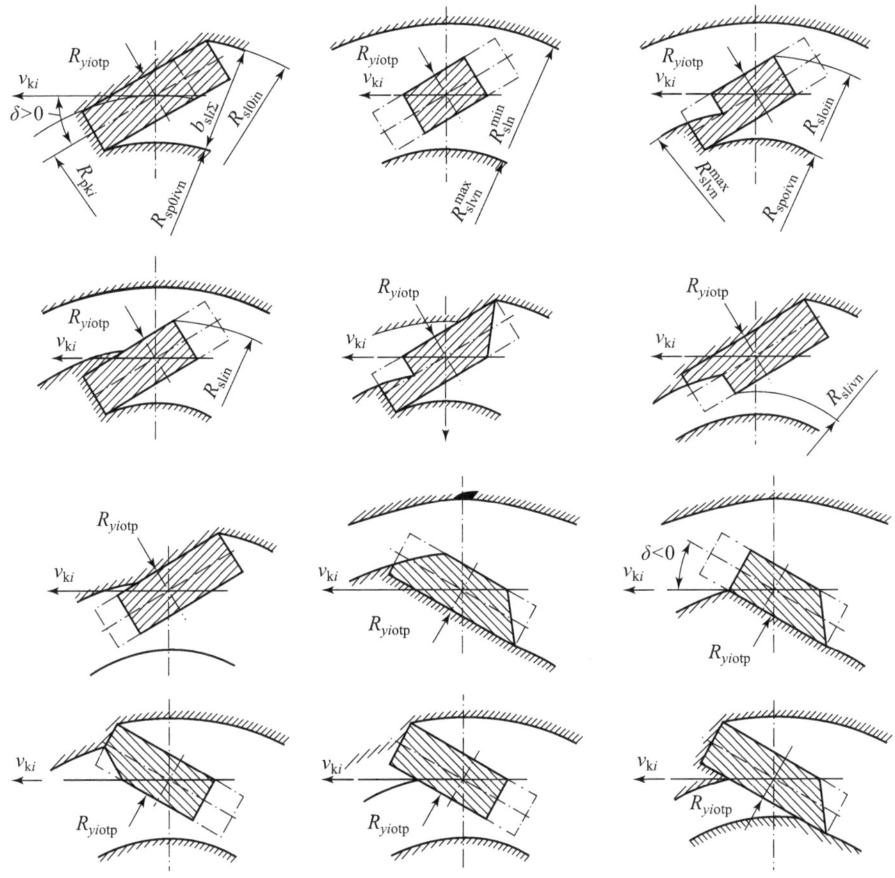

图 8. 59　可变形支承面上由车轮形成的车辙轨迹的示意图

轮式车辆沿着易变形支承面进行曲线运动的特征是：车轮上的力学参数和运动学参数分布更加复杂，这导致方程组（8. 82）~（8. 90）的求解过程更加复杂，且所需时间更长。除了纵向打滑、滑动、倾覆的限制之外，还可能发生横向滑动和倾覆，也可能出现轮式车辆行驶过程的不稳定性（见第 4 章）。

例如，图 8. 60 中给出了带 425/85R21 轮胎的 4 ×4 型轮式车辆在松散的粉砂水平支承面上进行转向（转向模式为1－0）的参数计算结果。

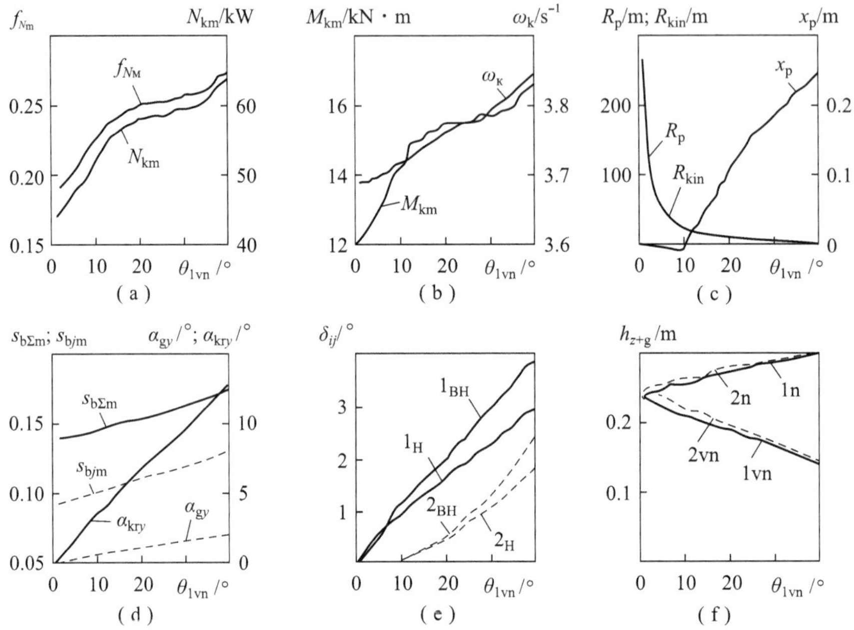

图8.60　带闭锁传动装置的4×4轮式车辆在粉砂上进行转向参数（H_g＝0.5 m，当v_{mx}＝2 m/s且p_w＝0.1 MPa）与前内轮转向角的关系

8.8　结构和操作参数对支承通过性指标的影响

车轮的直线运动

弹性车轮在结构、几何和负载参数方面都有所不同。弹性车轮可在各种易变形支承面上运行并且具有许多不同的参数，其中主要的参数为几何参数（r_{sv}、B_{ob}、B_{sh}、H_{sh}、$b_{b.d}$、$h_{b.d}$、h_{grz}、k_{grz}、n_{grz}）及操作参数（p_w和P_z）。

车轮几何参数的变化范围受到轮履式车辆配置条件的限制，而具有决定性作用的是车轮的自由半径——对于全驱的轮式车辆，该自由半径r_{sv}＝0.4～1.5 m。而后，对与基本轮胎1600×600－685接近轮胎的r_{sv}变化范围进行分析，并满足条件垂向力P_z＝70 kN，履带板高度h_{grz}＝25 mm，在坚实地面上的型面轮廓变形量h_{z0}＝80 mm，$\tilde{h}_{zsh0}=h_{z0}/H_{sh}$＝0.175，比值$B_{ob}/B_{sh}$＝0.833，$B_{sh}/H_{sh}$＝1.31，$b_{b.d}/B_{sh}$＝0.83，$h_{b.d}/H_{sh}$＝0.087且车轮在可变形支承面（$H_g$＝0.5 m）运动。

轮胎胎面的主要参数为胎面的宽度$b_{b.d}$及纹路、饱和系数k_{grz}、高度h_{grz}和履

带板的数量 n_{grz}（节距 t_{grz}）。下面对履带板与车轮轴平行布置的车轮的简化模型进行研究。

当几何参数和载荷参数都可变的弹性车轮在易变形支承面上滚动时，路面通过性在定性和定量上都会发生变化，包括 $k_{tjag}(s_{b\Sigma})$，$f_{N_f}(s_{b\Sigma})$，$f_{N_f}(k_{tjag})$，$h_g(s_{b\Sigma})$ 以及轴向滑移系数的最优值 $s_{b\Sigma}^{opt}$（在该最优值条件下自由牵引力系数 k_{tjag} 最大）。当轮式车辆出现剧烈打滑情况时，路面通过性急剧下降。这里主要关注 k_{tjag}^{max} 和 f_{N_f} 系数，并不具体确定 $s_{b\Sigma}^{opt}$ 系数，因为当车轮在具体的支承面上的初始几何参数和载荷参数变化不明显时，该系数也会发生变化（其影响体现在 f_{N_f} 和 h_g 的数值上）。

首先，对 k_{grz} 和 n_{grz} 值恒定情况下履带板高度 h_{grz} 的影响进行研究。履带板的高度确定凹陷区阻力和摩擦的基本反估算作用力值。最优高度 h_{grz}^{opt} 可进一步简化对车轮其他参数影响的分析。

从图 8.61（a）可以看出，随着高度 h_{grz} 的增加，大多数支承面的 k_{tjag}^{max} 值起初会增加，并在最优高度 h_{grz}^{opt} 时达到最大值，然后逐渐降低。在沙土上运动时（曲线 2），当履带板高度 h_{grz}^{opt} 较小，为 6 mm 时，可达到 k_{tjag}^{max}。当支承面的强度逐渐变小时，高度 h_{grz}^{opt} 逐渐增长至 15 mm（曲线 7），而随着 h_{grz} 进一步增长，k_{tjag}^{max} 急剧下降。在大多数其他支承面上，可见类似的图形，但 k_{tjag}^{max} 值的减小幅度相对较小。当轮履式车辆在雪地行驶（曲线 10 和 13）时，履带板高度的影响最大：当 h_{grz} 值增大至 15 ~ 20 mm 时，系数 k_{tjag}^{max} 首先增大，而后减小。仅当车辆在两种支承面，即秋天的松耕地和生荒地（曲线 6 和 8）上行驶时，k_{tjag}^{max} 值会随着 h_{grz} 的增大持续增长。

对于深度均匀的支承面，与最大牵引力相对应的履带板最优高度 $h_{grz}^{opt} = 15 \sim 25$ mm。

当达到 k_{tjag}^{max} 值时，随着履带板高度的增加，辙迹深度和功率消耗（图 8.61（b））在所有支承面都会增加。

当在非均质、带坚固子层（h_{grz} 较高）的支承面上，车轮的支承面通过性可能会增加；然而，该支承面通过性可能会因支承面受碾压而导致的轴沉陷及轮履式车辆或车轮悬架的限制。

车轮参数影响的进一步分析在履带板高度为 $h_{grz} = 25$ mm（接近最优高度）的条件下进行。

在轻微变形和强烈变形的支承面上，胎面饱和系数 k_{grz} 对 k_{tjag}^{max}（图 8.61（c））的影响很小。当 k_{grz} 系数增大时，k_{tjag}^{max} 的数值可能会略微减小（曲线 3 和 11）或

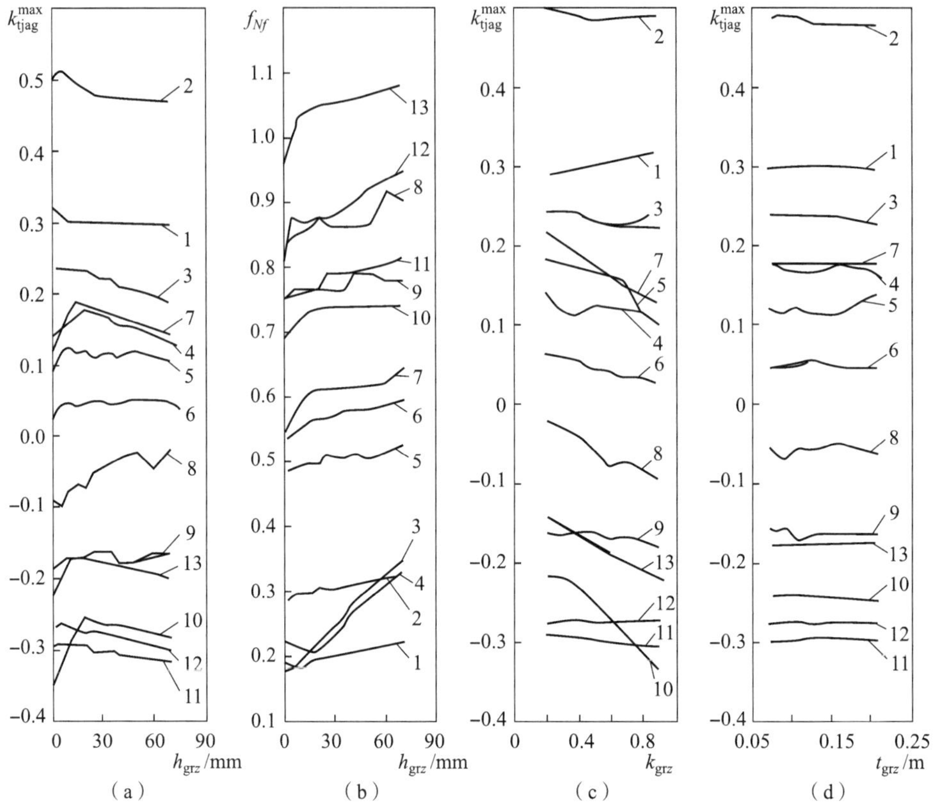

图 8.61　当轮式车辆在 H_g = 0.5 m 的支承面上运行时，车轮支承面通过性与 1600×600－685 轮胎胎面参数的关系

（a）$k_{tjag}^{max}-h_{grz}$；（b）$f_{N_f}-h_{grz}$；（c）$k_{tjag}^{max}-k_{rpε}$；（d）$k_{tjag}^{max}-t_{grz}$

1—亚黏土（$W=0.6W_L$）；2—致密粉砂；3—黏土（$W=0.6W_L$）；4—春季的土路；5—砂壤土（$W=W_L$）；6—秋季的松耕；7—疏松的粉质砂岩；8—秋季的生荒地；9—亚黏土（$W=W_L$）；10—密集干燥的旧雪；11—春天的荒地；12—黏土（$W>W_L$）；13—疏松的新雪

增大（曲线 1 和 12）。在具有中等变形量的支承面（曲线 5～8），k_{tjag}^{max}的数值随着k_{grz}的增大而平滑减小。对于变形程度更大的积雪支承面（曲线 10 和 13），情况类似，但程度更大。需要注意的是：在所有类型的支承面上，当达到 k_{tjag}^{max} 值时，f_{N_f}和 h_g 值随着 k_{grz}的增大而减小。

当 h_{grz} = 25 mm、k_{grz} = 0.47 时，履带板节距 t_{grz}或数量 n_{grz}对系数 k_{tjag}^{max}的影响见图 8.61(d)。确定履带板节距的履带板数量在 n_{grz} = 24～72 的范围内变动，且节距增量 Δt_{grz} = 8 mm（t_{grz} = 70～209 mm）。可以看出，对于大多数支承面来说，该

影响很小。其中，中等含水量的沙壤土（曲线 5）与总体趋势不符：当 t_{grz} > 150 mm 时，k_{tjag}^{max}的数值增大。当车轮出现较小程度的打滑时，t_{grz}的数值对土壤变形量 h_g的影响很小。

由于车轮和轮胎的参数集合在较大范围（r_{sv} = 0. 15 ~ 1. 5 m，B_{sh} = 0. 15 ~ 1. 2 m，H_{sh}/B_{sh} = 0. 4 ~ 1. 2）内波动，故需对以下方案进行研究：

①当轮胎的型面轮廓参数 B_{sh}和 H_{sh}恒定（图 8. 62（a）、（b））时，自由半径 r_{sv}和轮辋直径d_{ob}变化；

②当轮辋直径 d_{ob} 恒定，B_{sh} 和 H_{sh} 参数变动，但 B_{sh}/H_{sh} = 1. 31（恒定）（图 8. 62（c））时，自由半径 r_{sv}变化；

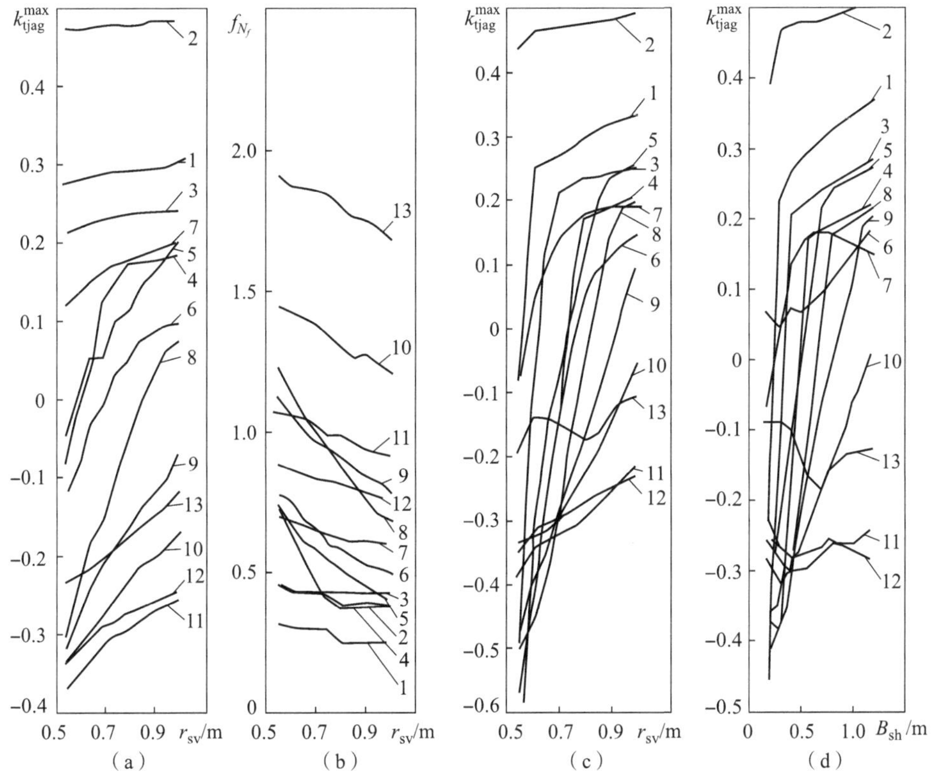

图 8. 62　当轮式车辆沿着 H_g = 0. 5 m 的支承面运动时，车轮支承通过性与其几何形状的关系

（a）$k_{tjag}^{max} - r_{sv}$；（b）$f_{N_f} - r_{sv}$；（c）$k_{tjag}^{max} - r_{sv}$；（d）$k_{tjag}^{max} - B_{sh}$

1—亚黏土（W = 0. 6W_L）；2—致密粉砂；3—黏土（W = 0. 6W_L）；4—春季的土路；5—砂壤土（W = W_L）；6—秋季的松耕；7—疏松的粉质砂岩；8—秋季的生荒地；9—亚黏土（W = W_L）；10—密集干燥的旧雪；11—春天的荒地；12—黏土（W > W_L）；13—疏松的新雪

③当 $r_{sv}=0.8$ m，$d_{ob}=0.685$ m（图 8.62（d））时，轮胎型面轮廓宽度 B_{sh} 变化。

通过对上述曲线的分析，可以得出：随着轮胎尺寸的增加，车轮支承通过性得到改善，并且仅增加半径 r_{sv} 的效果最小（见图 8.62（a））。

当 r_{sv} 和轮胎型面轮廓参数（见图 8.62（c））同时增加时，可观察到系数 k_{tjag}^{max} 最大化效果；意味着当 $\tilde{h}_{zsh0}=0.175$ 恒定、垂向变形量达到 h_z 时，可观察到最大化效果。

当轮胎型面轮廓宽度增加（见图 8.62（d））时，车轮的效率增加，但增加的程度小于当 $\tilde{h}_{zsh0}=\text{const}$（见图 8.62（c））的情况。

当车轮的几何参数值较小时，支承通过性的可优化程度最高，并且根据支承面的类型，通过性的参数可从几个百分点变为若干倍。

因为轮胎中气压 p_w 决定了车轮的垂向刚度，所以可以通过在坚硬支承面上轮胎型面的垂向相对变形量间接确定轮胎中的气压。随着 $\tilde{h}_{zsh0}$ 的增加，系数 k_{tjag}^{max} 增大，并且在 $\tilde{h}_{zsh0}$ 值较小的区域增加幅度更大（图 8.63（a））。在大多数支承面上，运动阻力功率 f_{N_f} 随着 $\tilde{h}_{zsh0}$ 的增大而减小（图 8.65（b）），然而对于某些支承面，当 $\tilde{h}_{zsh0}>0.15\sim0.25$，其数值会增加（曲线 1 ~5、12）。压力 p_w 和相对变形量 $\tilde{h}_{zsh0}$ 的影响在中等变形率的支承面（曲线 5、6、8、9）和积雪（曲线 10 和 13）上表现最为明显，对于其他类型的支承面则影响较小（图 8.62（a）、（b））。

当轮胎中气压 p_w 恒定（当 $P_z=70$ kN，$\tilde{h}_{zsh0}=0.175$）时，系数 k_{tjag}^{max} 和 f_{N_f} 的变化与垂向力 P_z 的关系见图 8.63（c）和（d）。对于大多数支承面来说，当 P_z 下降时，车轮支承面通过性得到改善，而对于某些支承面，k_{tjag}^{max} 的变化很小。例如，对于一些支承面来说，当垂向力 P_z 增加时（曲线 7、11、12），k_{tjag}^{max} 的数值起初减小，而后增大，而对于另一些支承面，如积雪支承面（见曲线 13）则相反——k_{tjag}^{max} 的数值起初增加，而后减小。

当接近标准值 $P_{znom}=70$ kN（±15%）时，系数 k_{tjag}^{max} 的变化很小，仅当春季的土路（曲线 4）例外：当春季在土路上行驶时，若 $P_z>P_{z\,nom}$，k_{tjag}^{max} 急剧减小，而 f_{N_f} 急剧增大。支承面的变形量 h_g 总是随着 P_z 的增大而增大。

在易变形的支承面上，垂向力 P_z 降低，而轮胎中的气压 p_w 保持不变会导致车轮的牵引能力提高，并且当压力 p_w 和垂向力 P_z 同时减小时，系数 k_{tjag}^{max} 进一步增大。

轮式车辆的直线行驶

现有能够在易变形支承面上运行的轮式车辆，根据接触的平均垂向压力，可

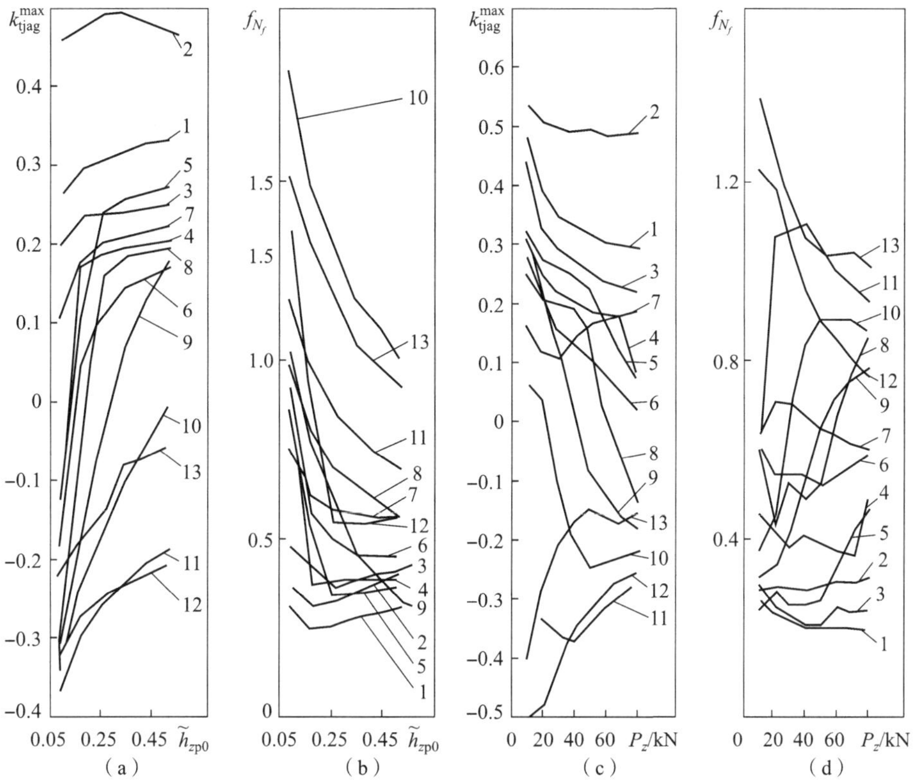

图 8.63 当轮式车辆沿着 $H_g=0.5$ m 的支承面运动时，车轮支承通过性与轮胎剖面相对变形和垂向力的关系

(a) $k_{tjag}^{max}-\tilde{h}_{zpo}$；(b) $f_{N_f}-\tilde{h}_{zpo}$；(c) $k_{tjag}^{max}-P_z$；(d) $f_{N_f}-P_z$

分为多用途的轮式车辆（$\bar{p}_{zm}=0.095\sim0.195$ MPa）、特种重载底盘（$\bar{p}_{zm}=0.14\sim0.35$ MPa）和特种轻载底盘（$\bar{p}_{zm}<0.06$ MPa）。因为与支承面通过性相关的最大问题出现在 $\bar{p}_{zm}>0.09$ MPa 的轮式车辆上，主要对这一类车辆进行研究。

在地面行驶时，轮式车辆的支承面可能最主要受爬坡角度的限制；当重力的纵向分量 P_{mx} 增加时，车轮的垂向力发生变化，土壤和轮胎的变形量也会发生变化，打滑和土壤被碾压情况加重。下面对运动阻力功率系数根据爬坡角度和轮式车辆参数的变化进行分析。

在变形程度较小的支承面上，轮式车辆轴距 L 的变化对 $f_{N_f\text{m}}(\alpha_{opx})$ 特性曲线的形状影响较小（低于 5%），形成较窄的线束。在附着力较低的支承面上，轴距的影响更加明显：曲线的散布可达 10% ~30%（图 8.64（a））。轴距越小，能耗越高。若需要爬升的角度 $\alpha_{opx} \geqslant 0.5\alpha_{opx}^{max}$（图 8.64（b）），则当轴距在 $L=2.2 \sim 3.3$ m 的范围内变化时，可观察到性能 $f_{N_f m}$（α_{opx}，L）的差异最大。轴距的进一步增加对轮式车辆支承通过性的影响不大。当轮式车辆的压力 $\bar{p}_{zm}$ 更大时，轴距的影响更加明显。轴距对土壤变形量 h_g 的影响不如其对运动阻力功率系数 $f_{N_f m}$ 的影响明显。

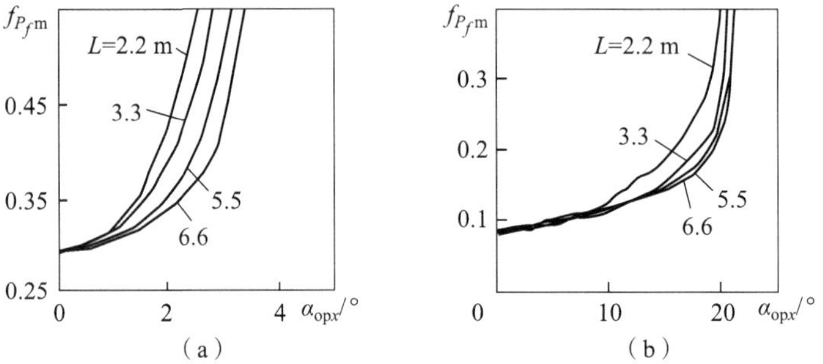

图 8.64 当在中等湿度的砂质黏土和中等密度的粉砂上直线运动时，$f_{N_f m}$（α_{opx}）与带闭锁传动装置方案的 4×4 轮式车辆轴距变化的关系

（a）中等湿度的砂质黏土；（d）中等密度的粉砂

下面将从几个角度研究轮式车辆轴数 n_o 对其支承通过性的影响（图 8.65），无需改变（替换）轮式行动装置（轮胎）。

首先，随轴数 n_o 的增加，总质量 $m_p = n_o \times 2P_{znom}/g$ 和轴距 $L=(n_o - 1)l_{i,i+1}$（图 8.65（a））的成正比增长，会提高轮式车辆的支承通过性，降低轮式车辆运动的功耗，并增大爬升的最大角度。支承面通过性的增加，取决于支承面的可变形性及平均垂向压力 $\bar{p}_{zm}$。当 $\bar{p}_{zm} < 0.1$ MPa（$p_w = 0.1$ MPa 的多功能轮式车辆）时，在弱变形支承面上，性能改善并不明显，且主要在当 $\alpha_{opx} \geqslant 0.5\alpha_{opx}^{max}$（曲线 $f_{N_f m}(\alpha_{opx}, n_o, m_p)$ 窄束）时有所体现；在中等变形及附着力较小的支承面上，n_o 的增加在 α_{opx} 整个范围（曲线宽束）内具有良好效果，$f_{N_f m}$ 显著降低，且 α_{opx}^{max} 增加；在强变形支承面上，仅当轴数 $n_o > 4$ 时轮式车辆才能运动。当 $p_w = 0.4$ MPa 且 $\bar{p}_{zm} > 0.2$ MPa 时，曲线 $f_{N_f m}(\alpha_{opx}, n_o, m_p)$ 的特性相同，但它们的散布程度增大，且轴数的影响更加明显。对于刚度足够大的轮胎，轴数（轴数增加）的影响更加明显。

对于 $\bar{p}_{zm} = 0.2 \sim 0.4$ MPa 的重型轮式车辆，曲线 $f_{N_f m}(\alpha_{opx}, n_o, m_p)$ 的特性类似，但爬坡的最大角度略小，而运动功耗则因支承面的较大变形量而更高。因此，当沿着易变形支承面运行时，相较于多用途轮式车辆（线束 $f_{N_f m}(\alpha_{opx}$，n_o，

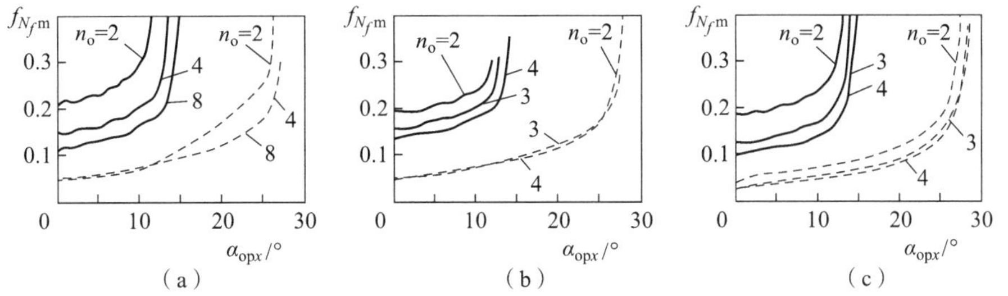

图 8.65 当轮式车辆沿着松散粉砂（实线）和密实粉砂（虚线）运动时轴数对车辆支承面参数的影响

（a）总质量随轴距正比增长；（b）轴距不变、轴间距不同时；（c）总质量和轴距不变时

m_p）分布更宽），轴数对重型轮式车辆支承通过性提高的影响更加明显。

其次，当轴距 L 不变、轴间距不同（图 8.65（b））时，轴数 n_o和总质量 $m_p = n_0 \times 2P_{znom}/g$ 成正比增加，可保证在维持轮式车辆整体轮廓尺寸的情况下来增加轮式车辆的载重量和总重量。在变形量较小的支承面上，轮式车辆的支承面通过性只增加一个百分点，而在变形量较大的支承面上，支承面通过性增加可达 30%。若将特性与之前的情况进行比较，则可以发现曲线$f_{N_f m}(\alpha_{opx}, n_o, m_p)$ 的变化更小，但第一个方案相对于第二个方案的优越性不明显。

最后，在总质量 m_p和轴距 L 不变的情况下，增加轴数 n_o并减小作用在车轮上的垂向力 $P_{znom} = 0.5m_pg/n_o$（图 8.65（c））可保证明显改善轮式车辆在所有支承面上的通过性（在可变形支承面上，行驶消耗降低 1.5 倍或更多，且角度 α_{opx}^{max} 增加）。

轴在底盘上的分布形式确定了质心 l_{1i}位置指定情况下，垂向力 P_{zi}沿轴的分布。假定轮式车辆的质心分布在底盘的中心（$l_{1C} = 0.5L$），而轴的分布可通过以下方案表示：1－2－3、1－23 和 12－3（分布的轴借助符号“－”隔开）（图 8.66）。可以看出，l_{1i}的变化不会导致 6×6 型轮式车辆支承面通过性的显著变化。根据支承面类型及轴数 n_o，前轴和后轴过载对轮式车辆运动阻力系数的影响各不相同，并且垂向力沿轴，而非沿底盘分布的影响更大。

对力 P_{zi}沿着轴的分布影响最大的，是质心 l_{1C}的位置和悬架系统，悬架系统可在一定范围内对 P_{zi}沿轴的分布进行调整。在不深入研究复杂的悬架系统的情况下，下面评估力 P_{zi}的分布时考虑具有相同悬架系统和质心可变（图 8.67）的轮式车辆支承面通过性的影响。

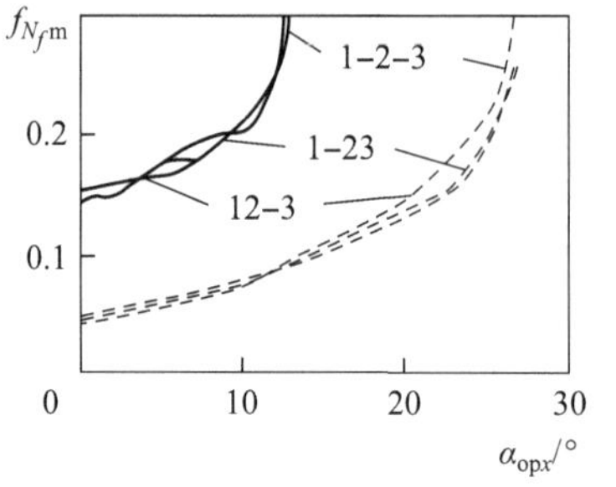

图 8.66　当沿着松散粉砂（实线）和密实粉砂（虚线）运动时 6×6 型轮式车辆车轴沿底盘分布形式对支承面通过性指数的影响（当 $l_{1C}/L=0.5$ 时）

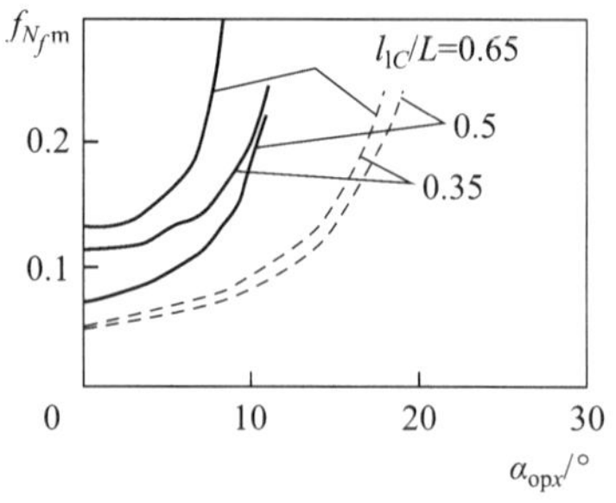

图 8.67　在 $W=W_L$（实线）和 $W=0.6W_L$（虚线）条件下在砂质黏土上运动时质心的相对位置 l_{1C}/L 对支承通过性指数的影响

当垂向力沿着轴均匀分布 $l_{1C}/L=0.5$ 时，可保证功耗最小和爬坡最大角度。当质心偏离底盘中心 $l_{1C}/L=0.65$ 后移动，轮式车辆在各种支承面和不同轴数的情况下，支承通过性都会下降（达 20%）。当质心前移（$l_{1C}/L=0.35$）时，可观察到同样的结果，只是程度较轻。当轴数较少（$n_o=2$）时，质心前移程度较小（小于 5%）时，可减小弱变形和中等变形支承面上小角度范围内 $f_{N_f\text{m}}$ 系数。当沿着湿度等于屈服点（$W=W_L$）的砂质黏土、密实和干燥的旧积雪运动时，质心偏离底盘中心所带来的影响最大。运动的功耗会增加 1.5～2 倍，而角度 $\alpha_{\text{op}x}^{\max}$ 减小 30%～50%。相应地，当后轴过载且沿着承载能力较低的支承面运动时，力 P_{zi} 沿着轴的分布对支承面通过性的影响最大。

在保持配置方案中轮式车辆总重量和轴距不变的情况下，可有多种不同尺寸轮胎安装及其数量布置方案（图 8.68）。

通过对曲线的分析可以清楚地发现轴数 n_o 较大的轮式车辆的优势：这类车辆的 $f_{N_f\text{m}}$ 更小，这就意味着土壤变形量更小，角度 $\alpha_{\text{op}x}^{\max}$ 更大；它们可以轻易地在 4×4 型轮式车辆不能运动的支承面上进行运动。同时，n_o

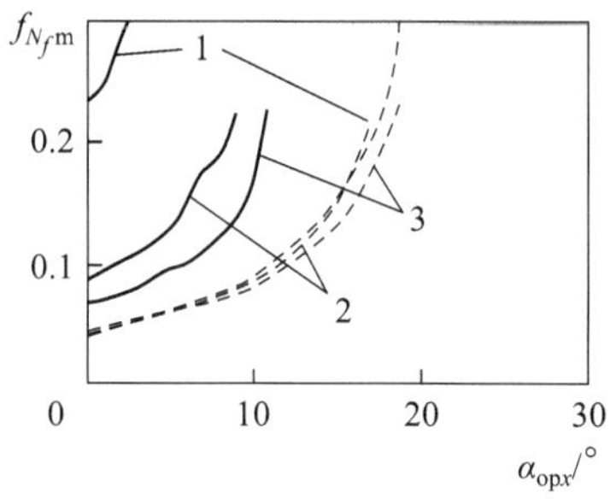

图 8.68　在 $W=W_L$（实线）和 $W=0.6W_L$（虚线）的情况下，沿着砂质黏土运动时轮式车辆（$m_p=29\ 400$ kg，$L=6.6$ m）轴数和轮胎尺寸对支承面通过性的影响

1－4×4，1600×600－685 且 $P_{zi}=72.2$ kN（$P_{z\text{nom}}=79$ kN）；

2－8×8，425/85 R21 且 $P_{zi}=36.1$ kN（$P_{z\text{nom}}=30$ kN）；

3－10×10，425/85 R21 且 $P_{zi}=28.9$ kN（$P_{z\text{nom}}=30$ kN）

的增加会导致轮式车辆的结构明显复杂，但减小车轮尺寸会减轻簧下质量和降低质心高度，增大轮式车辆最高可允许（相对于轮胎）运动速度和车轮的最大转向角并减小转向半径。显著减小轮胎直径并增加轴数会降低支承通过性。

当沿着易变形支承面运动时，胎压 p_w 的变化可提高具有不同轴数和轮胎的轮式车辆的使用特性（图 8.69）。

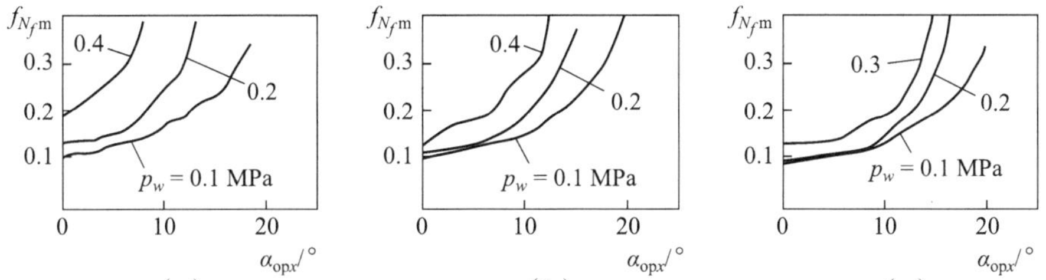

图 8.69　当在春季松软耕地运动时，轮胎 425/85 R21 中空气压力 p_w 对轮式车辆（P_{zi} = const）支承通过性的影响

(a) 4×4；(b) 8×8；(c) 16×16

在承受不同压强 $\bar{p}_z$ 的车轮胎压 p_w 减小的情况下，总体趋势如下：

对于变形量中等和较大的支承面，$f_{N_f\mathrm{m}}$ 系数减小，而角度 $\alpha_{\mathrm{op}x}^{\max}$ 增大；

当轴数 n_o 增大时，胎压的影响降低；

相较于最优值，弱变形支承面上的 p_w 减小会导致系数 $f_{N_f\mathrm{m}}$ 的增大，但也可导致角度 $\alpha_{\mathrm{op}x}^{\max}$ 稍微增大。

当胎压变化时，支承通过性的提升取决于支承面的类型、车轮的尺寸及决定支承面承载能力的平均垂向压力。

因为在多轴轮式车辆上可以使用多种方案来分配车轮上的功率流，所以比较驱动方案的功耗比较容易，而这些驱动方案可确保车轮上角速度（闭锁方案）、转矩（差速方案）、输入功率或总纵向滑移系数的平衡（图 8.70）。

研究在 $s_{\mathrm{b}j}$ = const 情况下功率流分布对轮式车辆运动效果参数的影响，在运动阻力较小的区域是有意义的——当 $s_{\mathrm{b}\Sigma}/s_{\mathrm{b}j}$ 的值比较大（在该情况下因轮胎胎面的周向变形的近似评估，对 $s_{\mathrm{b}j}$ 的确定具有很大的随意性）时，支承面的垂向变形不大且 $\alpha_{\mathrm{op}x}$ 角度比较小；当运动阻力增大时——意义不大。

通过对图 8.70 中所示曲线的分析可得出以下结论：

在达到 $\alpha_{\mathrm{op}x} = (0.55 \sim 0.7)\ \alpha_{\mathrm{op}x}^{\max}$（根据附着力）的条件之前，驱动方案对能耗影响极小；

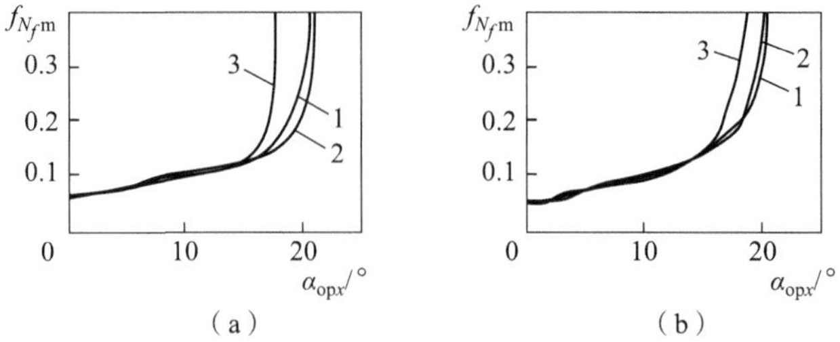

图 8.70 当在中等密度的粉砂和春季的土路上运动时，配备有轮胎 425/85 R21 的轮式车辆中功率分配规律（在 p_w = 0.1 MPa 的情况下）对车辆支承通过性的影响

（a）中等密度的粉砂；（b）春季的土路

1—ω_k = const，$s_{b\Sigma}$ = const；2—N_k = const；3—M_k = const

当 α_{opx} 较大时，差速驱动方案（M_k = const）最差，此时可保证 α_{opx}^{max} 最小但系数 $f_{N_f m}$ 急剧增长；

在最大角度 α_{opx} 区域，ω_k = const 和 $s_{b\Sigma}$ = const 的方案更好（ω_k = const 和 $s_{b\Sigma}$ = const 的差别不大，且仅在角度 α_{opx} 较小的区域中有所体现）。

在硬质和弱变形支承面上，在 α_{opx} 角度较小的区域，ω_k = const 的驱动方案最差，但其他方案的优势很小。

上述趋势对于具有不同轴数、尺寸、载荷及胎压的轮式车辆都是具有典型意义的。

轮式车辆的转向

根据传到车轮功率 N_{km} 随主转向轮（前内轮）转向角 θ_{1vn} 或轮式车辆沿着前外轮转向半径 R_{p1n} 变化的关系，可比较直观地对轮式车辆支承面通过性的参数进行比较。

除上述所讨论方案外，还有可保证车轮上纵向力 P_x = const 平衡的驱动方案（图 8.71）。

当轮式车辆沿着易变形支承面转向时，驱动方案对行动装置能耗（不考虑传动装置的损失）的影响如下：

在弱变形支承面上，若车轮的吃土深度不超过履带板的高度，则 ω_k = const 和 $s_{b\Sigma}$ = const 的方案最差；M_k = const 和 N_k = const 方案的差异不大，且稍逊于 P_x = const 方案；当 M_k = const，P_x = const 和 N_k = const 方案相继出现剧烈打滑时，在速度增大和半径 R_{p1n} 较小的情况下，ω_k = const 和 $s_{b\Sigma}$ = const 方案的优势会体现

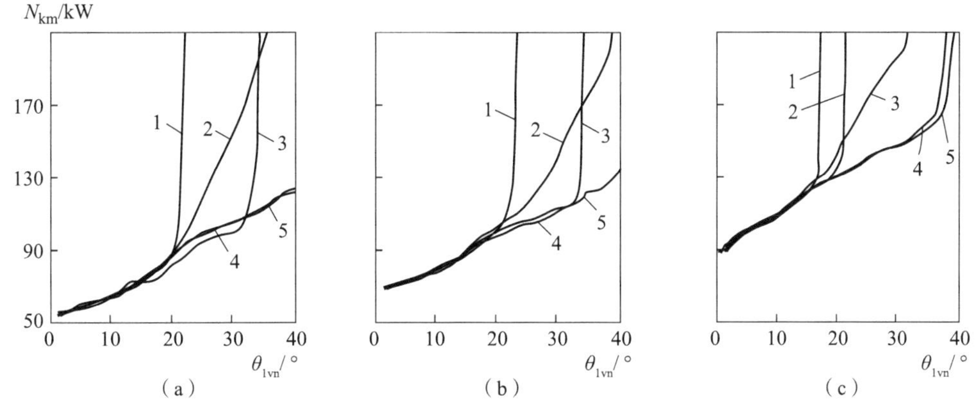

图 8.71 6×6 型轮式车辆沿着干砂运动时输入功率随转向角 $\theta_{1вн}$ 和不同压力 p_w 的变化情况

(a) p_w = 0.1 MPa；(b) p_w = 0.2 MPa；(c) p_w = 0.4 MPa

1—M_k = const；2—N_k = const；3—P_x = const；4—$s_{b\Sigma}$ = const；5—ω_k = const

出来。

当支承面的变形较大、明显超过履带板的高度时，在轮式车辆持续运动达到平均转向半径前（$\theta_{1vn} \leqslant 0.5\theta_{1vn}^{max}$），驱动方案的影响极小（<5%）。随着 R_{p1n} 的减小，采用 M_k = const 方案的轮式车辆首先开始打滑，而后是采用 P_x = const 方案的轮式车辆，而当 N_k = const 时，滑动逐渐增加，并且轮式车辆在转向半径非常小的时候失去运动能力。ω_k = const 和 $s_{b\Sigma}$ = const 的方案最优，它们之间的差异不大。P_x = const 的方案在轮式车辆转向半径较大的区域在所有支承面都具有能耗方面的优势，但该方案在实践中很难实现。

功率流不同分配模式的功耗之间差异随轮式车辆车速的增加而变大。上述趋势适用于不同轴数的轮式车辆。

除车轮和悬架系统外，轴距与轮距的比例 L/B、轴数 n_o 及轴在底盘的分布 l_{1i}、转向方案、转向轮的最大转向角、功率流分配模式及质心的位置都可对轮式车辆的效率系数产生影响。

由于在沿着具有最小转向半径的可变形支承面上进行曲线运动时，ω_k = const 方案最优，故下面将对具有完全闭锁驱动方案的轮式车辆进行研究。

以具备第一轴转向轮和第二轴非转向轮（x_{kin} = 0）的两轴轮式车辆为例，对 L/B 比值的影响进行分析（图 8.72）。

可以看出，无论胎压 p_w 如何，转向所须功率 N_{km} 随着的 θ_{1vn} 增大而增加。对于长轴距（$L/B=3.3$）的轮式车辆，当 θ_{1vn} 较小（$<8°\sim10°$）时，N_{km}的增长相较于短轴距的轮式车辆而言幅度更大。对于短轴距的轮式车辆（$L/B=1.1$），横向倾覆发生在 p_w较小的情况。当压力 $p_w=0.4$ MPa 时，在相同的角度 $\theta_{1vn}=27°\sim31°$的情况下，所有轮式车辆都可观察到表现为打滑形式的运动性限制。压力 p_w越高，短轴距轮式车辆的优势越大。但在压力较小（$p_w=0.1$ MPa）（图 8.72）的情况下，当 $R_{pln}>35$ m 时最小功耗出现在比值$L/B=2.2$ 的轮式车辆上时，这总体趋势被破坏。相应地，具有较小轴距的轮式车辆效率更高，它们的不足之处表现在：当压力 p_w较低、速度 v_{mx}较高、在可变形支承面上的角度 θ_{1vn}较大时可能出现横向倾覆。

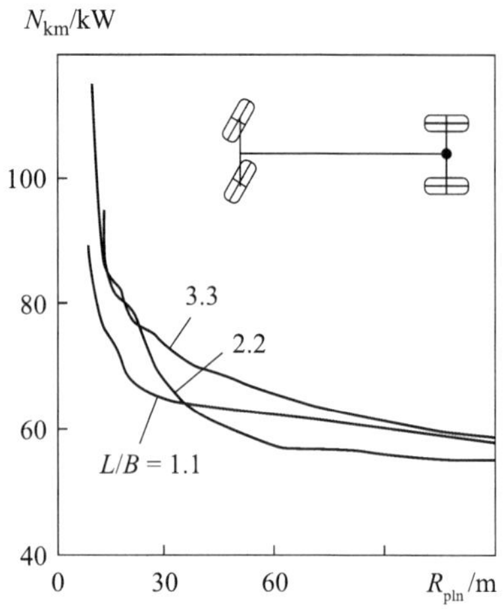

图 8.72 在 L/B（$x_{kin}=0$）比值不同情况下，4×4 型轮式车辆（轮胎 425/85 R21，$p_w=0.1$ MPa）车轮功率在干砂上转向时根据车辆沿着辙迹外缘的转向半径的变化情况（$v_{mx}=2$ m/s）

轮式车辆沿着粉砂以 $v_{mx}=2$ m/s 的轴速度行驶时，转向方案和车轴的位置对轮式车辆功率的影响见图 8.73。

可以看出，对于两轴轮式车辆（图 8.73（a）），转向极向底盘中心偏移 $\tilde{x}_{kin}=x_{kin}/L=0.5$ 会减小轮式车辆转向所需的功率 N_{km}，并且表现为打滑或横向倾覆的运动限制在 θ_{1vn}较小的时候出现。此外，对于轴距较短的轮式车辆，在同一半径 R_{pln}条件下，当转向极的偏移距离小于轴距长度的一半（$\tilde{x}_{kin}=0.25$）时，会出现最小功率 N_{km}；当比值 L/B 越大、p_w压力越高，功率 N_{km}在转向极向轴距中心偏移时的下降程度越高，而当 $L/B=1$ 时，$\tilde{x}_{kin}$的变化对功率 N_{km}和半径 R_{pln}^{min}的影响很小。

对于三轴轮式车辆（图 8.73（b）），车轴均匀分布且 $\tilde{x}_{kin}=0.5$（曲线 1）的方案最优，而与曲线 3 相对应的方案最差。根据压力 p_w的不同，对于上述方案，在 R_{pln}较小的区域，f_{Nm}系数值相差 13% ~17%。

对于四轴轮式车辆（图 8.73（c）），车轴均匀分布且 $\tilde{x}_{kin}=0.5$（曲线 1）的方案最优，而与曲线 2 相对应的方案最差。根据压力 p_w的不同，对于上述方案，在 R_{pln}较小的区域，f_{Nm}系数值相差 19% ~22%。

当轮式行动装置参数和质量 m_p恒定时，轴数 n_o的增加无疑会提高轮式车辆的通过性。当轮式车辆的结构参数发生变化时，必须对具体的方案进行分析。现

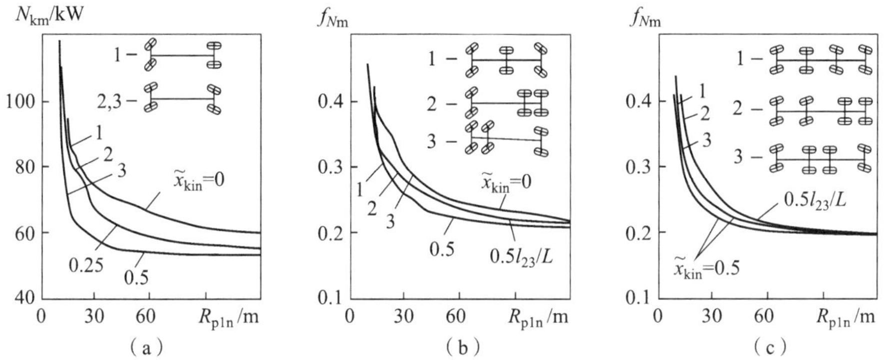

图 8.73 转向功耗的变化与转向（相对位移 $\tilde{x}_{kin}=x_{kmi}/L$）和车轴在两轴、三轴及四轴轮式车辆底盘上位置的关系

（a）两轴；（b）三轴；（c）四轴

对两个可能的方案进行研究；这两个方案与轮式车辆静态下车轮载荷恒定（P_{zst} = const）条件下车轴数 n_o 的增加相关。

第一个方案假设 n_o 增加，意味着当 L 和 B 尺寸恒定时质量 m_p 增大（图 8.74（a））。轴数从 2 增加至 4 会导致 f_{Nm}（R_{p1n}）在 p_w = 0.1 MPa、0.2 MPa 和 0.4 MPa 的情况下分别减小 10%、28% 和 23%，也即可保证轮式车辆在半径 R_{p1n} 最小且不损失运动性的情况下进行曲线运动。

第二种方案与在保持轴距（$l_{i,i+1}$ = const）一致条件下质量 m_p 的增加相关（图 8.74（b））。同样，在该情况下，L/B 的比值也会发生改变，而该变化如上所述，会导致轮式车辆转向参数变差。如图 8.74（b）所示，当轴数增加至 n_o = 4（$L/B \approx 3.3$）时，曲线运动参数得到改善，而当 n_o 进一步增加时，转向运动参数变差。当半径 $R_{p1n} \leqslant 30$ m 时，轴数更多的轮式车辆的功耗更大。轮式车辆轴数对易变形支承面上转向参数影响与压力 p_w 的关系不大。

质心在纵向平面上 l_{1C} 的位置在很大程度上决定了垂向力 P_{zi} 在车轴车轮上的分布，而质心的高度坐标 h_g 则决定稳定性参数和力 P_{zij} 在轮缘的分布（质心高度坐标的增加无疑会使轮式车辆运动性参数变差）。纵坐标 l_{1C} 对不同轴数轮式车辆（该车辆的质心相对于可保证静态下轮式车辆的 P_{zij} 均匀分布的位置，发生偏移为 dl_{1C}）的影响见图 8.75；其中，dl_{1C} 的负值与质心向第一轴偏移相对应，而间距 dl_{1C} = 0.6 m。

通过对所示曲线的分析，可以得出以下结论：

当质心向前移动的距离小于 0.09 L 时，较大转向半径 R_{p1n} 范围内的能耗减

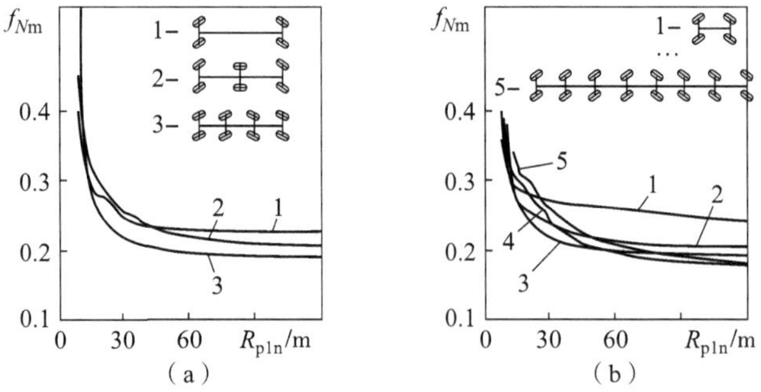

图 8.74 在同一转向极方案条件下转向功耗的变化对转向半径和轴数的依赖关系

（a）指定轴距范围内轴数和质量的变化；（b）在相同距离 $l_{i,i+1}$ 下轴数和质量的变化

1—轴数 n_o 分别为 2 的轮式车辆；2—轴数 n_o 分别为 3 的轮式车辆；3—轴数 n_o 分别为 4 的轮式车辆；4—轴数 n_o 分别为 6 的轮式车辆；5—轴数 n_o 分别为 8 的轮式车辆

小；但最小半径（也即当 $\theta_{1\text{vn}} > 30°$ 时）区域除外，在该区域能耗急剧增加。

当质心向后移动时，能耗增加的幅度比质心向前移动时下降的幅度大得多。

对所有转向轮和 $\tilde{x}_{\text{kin}} = 0.5$ 的转向极方案，当质心纵坐标以及胎压 p_w 增大时，具有最大影响。

所示趋势不受轴数的影响。

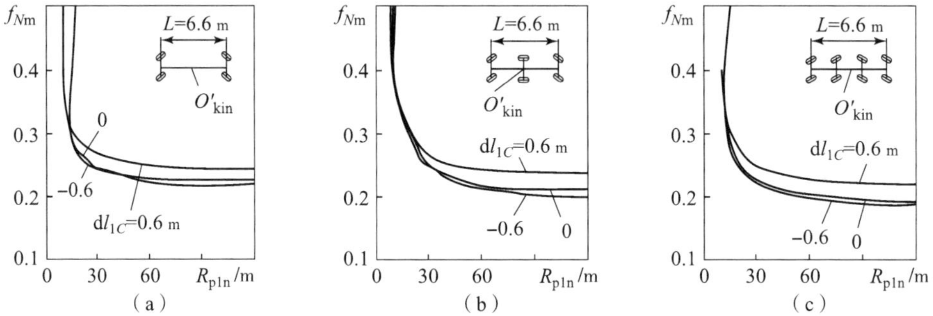

图 8.75 不同轴数轮式车辆（轮胎为 425/85 R21）在干燥粉砂上运行时（$v_{mx} = 2$ m/s），输入功率系数与转向半径和质心位置的关系

（a）两轴轮式车辆；（b）三轴轮式车辆；（c）四轴轮式车辆

稳态垂向载荷在保持轮式车辆轴数，并同时增加总质量的情况下的影响见图 8.76。功耗无疑会随着轴数的增加而减小，而在相同稳态载荷下，轴数多的轮式车辆的功耗更低。

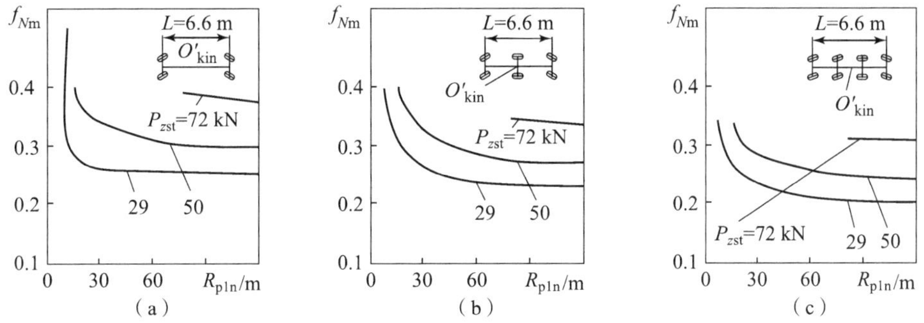

图 8.76 不同轴数轮式车辆（轮胎为 1600×600−685）在干燥粉砂上运行时（v_{mx}=2 m/s，H_g=3 m），输入功率系数与转向半径和轴垂向载荷的关系

（a）两轴轮式车辆；（b）三轴轮式车辆；（c）四轴轮式车辆

当胎压 p_w 减小时，质心高度 h_g 的增加会提高轮式车辆的功耗和横向倾覆的可能性。

随着速度 v_{mx} 增加，车身侧倾及车轮轮缘垂向力和横向力载荷重新分布的可能性增加。当车轮打滑或轮式车辆横向倾覆时，可能会出现运动受限的情况（图 8.77）。根据支承面的变形性，机动性的最小损失与轮胎中的最优胎压 p_w 相对应：压力越大，在高速运行时横向倾覆的可能性越大。在高速运行时，静态载荷 P_{zst} 越大的轮式车辆的单位能耗增长越快。

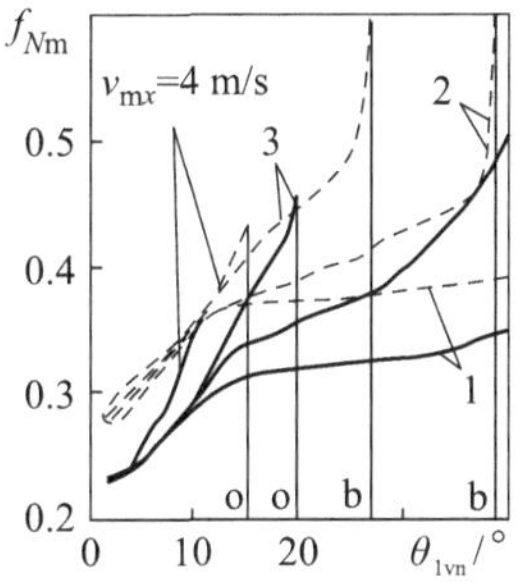

图 8.77 在 p_w=0.1 MPa（实线）和 0.2 MPa（虚线）条件下，轮胎中气压和运动速度对带闭锁传动装置的 KamA3−4350（4×4）轮式车辆在干燥粉砂进行曲线运动的参数的影响

o—出现轮式车辆横向倾覆的转向角；
b—出现轮式车辆打滑的转向角

8.9 轮式车辆的水上通过性

轮式车辆通过水障碍的能力由其水上通过性决定。在浮力不足的情况下，轮式车辆能在被水淹没的情况下在水下障碍物上移动，且动力装置不会停止运行并能为轮式行动装置提供克服水环境引起的运动阻力所必须的足够牵引力。附加的限制条件是轮式车辆不会因为流动的水所形成的横向压力而出现横向倾覆的现象。在浮力不足的情况下，轮式车辆的水上通过性由所克服浅滩的深度进行评估，而该深度则取决于动力装置进排气系统口的位置。一般情况下，若存在被水覆盖的足够坚实的支承面，车辆可以通过浅滩。军用轮式车辆必须能够通过深度为 1.2 ~ 1.5 m 的浅滩。

在存在浮力的情况下，一般水陆两用轮式车辆必须具备航行性能有：浮性、稳定性、运动性（航行性）、灵活机动性及驶入和驶出水体的能力。

浮性是指轮式车辆能够停留在水面而不沉到某一平面以下的能力。其中，该平面与水面重合并与轮式车辆的表面形成一条直线，称作水线。

轮式车辆位于水下的元件受到与其表面垂直的静水压力的影响。该压力与元件入水深度成正比。作用在轮式车辆水下部分的静水压力的垂向合力被称为浮力。

根据阿基米德定律，浮力 Q_v（重量排水量）由轮式车辆沉入水下部分的体积 V_v（体积排水量）和水的密度 ρ_v 决定：

$$Q_v = \rho_v V_v g$$

浮力 Q_v施加在浮心 O 处，即排水体积的重心（图 8.78）。

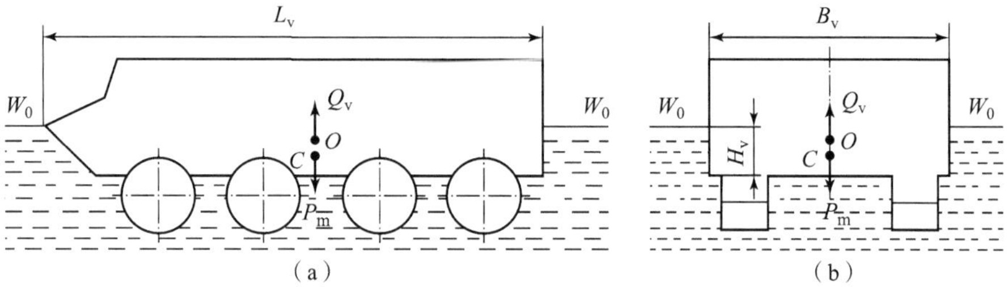

图 8.78　作用在自由漂浮轮式车辆上的力的示意图

（a）纵向截面；（b）横向截面

为保证轮式车辆的浮力，必须满足下列两个条件：

①重力和浮力相等（$P_m = m_m g = Q_v$）；

②重心 C 和浮心 O 位于同一垂直线上。

体积排水量 V_v通过将轮式车辆位于水线 W_0—W_0（图 8.78）以下元件体积 V_i 相加而得出，或者根据以下方程式计算得出：

$$V_v \approx \delta_v L_v B_v H_v$$

式中，L_v、B_v为轮式车辆车身在水线上的长度和宽度；H_v为轮式车辆的入水深度；δ_v为排水量完全系数，用于表征复杂形状的车身与车轮轮胎、车轮、车桥等位于水下的情况（对于水陆两用轮式车辆，$\delta_v = 0.5 \sim 0.7$）。

为在轮式车辆的图纸上找到浮心 O，取水线 W_0—W_0 的假定位置，假定其与轮式车辆的底部平行（图 8.79）。确定位于水线以下元件体积 V_i 及其重心、体积排水量 V_v、浮力 Q_v。检查浮力第一条件是否满足。当 $P_m \neq Q_v$ 时，选择新值 H_v。进行计算，直至满足浮力的第一个条件。

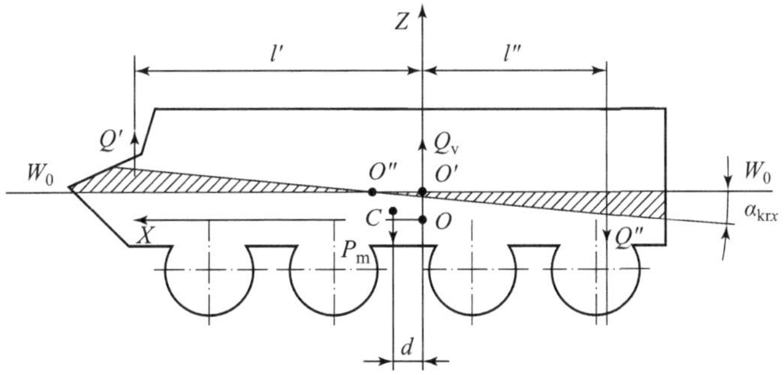

图 8.79 确定水陆两用轮式车辆水线位置的示意图

对于任意选择的坐标轴，已知最简单的元件体积 V_i 及其重心的坐标（x_i，y_i，z_i），则可找到压力中心 O 的坐标：

$$x_O = \sum_{i=1}^{n} V_i x_i / V_v;\ y_O = \sum_{i=1}^{n} V_i y_i / V_v;\ z_O = \sum_{i=1}^{n} V_i z_i / V_v$$

其中，n 为元件体积 V_i 的数量，并检查浮力的第二个条件。

对于水陆两用轮式车辆，建议使其相对尾部存在一个不大的倾角（$\alpha_{krx} = 2° \sim 5°$）。该倾角被称为吃水差。

如果根据计算结果和所得到的车身底部的水平位置 H_v，浮心 O 相对于重心 C 向后移动（图 8.79），则会产生一个使轮式车辆倾斜一定角度 x_{krx} 的倾斜力矩 $M_{kry} = P_m d = Q_v d$。在车头形成一个吃水差，即轮式车辆的前部浸入水中，后部则从水中抬起。倾斜力矩由来自轮式车辆额外浸入水中及从水中抬升出的部件所产生的力矩 Q' 和 Q'' 平衡，如下式：

$$Q'l' + Q''l'' = P_m d = Q_v d \tag{8.91}$$

在一般情况下，点 O'' 的位置是未知的。倾角 α_{krx} 是根据式（8.91）并考虑轮式车辆的几何参数确定的。如果点 O' 与点 C 处在同一垂直线上，则不会产生吃水差（$\alpha_{krx} = 0$）。为使在尾部形成吃水差，必须保证点 C 位于点 O 后面，靠近尾部。

引入静态和动态浮力裕度的概念。静态浮力裕度是指轮式车辆在不损失浮力的情况下可额外承运的货物量，或是被淹没时进入轮式车辆车身内的水量。浮力裕度由标准水线以上防水车身部分的体积确定，并表示为轮式车辆总排水量

$V_{v\Sigma}=V_v+V'_v$的百分比，即

$$k_{vst}=100V'_v/V_{v\Sigma}$$

通常，$k_{vst}=5\%\sim30\%$或更高。

动态浮力裕度是指轮式车辆在不损失浮力和在水中以有限速度移动能力的情况下能够携带的货物量或水量。动态浮力裕度始终小于静态浮力裕度，并取决于水陆两用轮式车辆的设计特点。

稳定性是指在外力作用停止后不再处于平衡状态的水陆两用轮式车辆返回该状态的能力。轮式车辆相对于纵轴的倾斜度常被称为倾斜角。其可由水上部分的横向风载荷、横向波浪、机动过程中的离心力等引起。

在横向扰动因素的作用下，轮式车辆从由水线 $W_0—W_0$ 确定的平衡位置移动到水线为 $W_1—W_1$ 的位置，并倾斜了角度 α_{kry}（图 8.80）。由于倾斜，浮心从点 O_1移动至点 O_2，并且这些点并不位于同一垂线上，而力 P_m和 Q_v则以静稳性力臂 l_{st}为力臂产生回复力矩，即

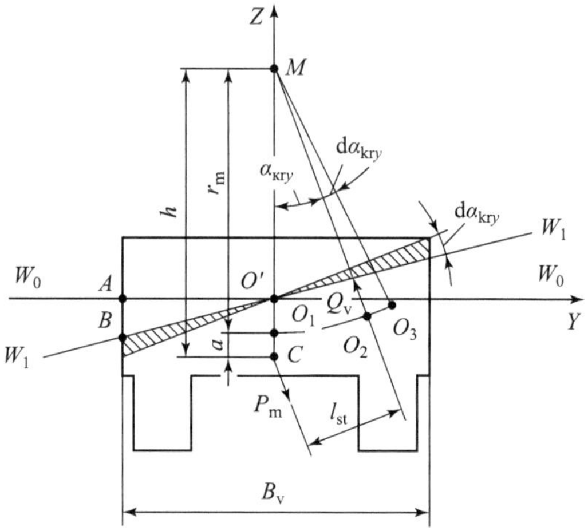

图 8.80　在存在侧倾角情况下可漂浮轮式车辆作用力示意图

$$M_{vosstx}=Q_vl_{st} \tag{8.92}$$

若力矩 M_{vosstx}趋向于使轮式车辆返回其初始位置，则在侧倾角增大的情况下，如果 $M_{vosstx}>0$，则轮式车辆相对于该侧倾角是稳定的；如果 $M_{vosstx}<0$，则轮式车辆不稳定。如果点 O_1和 O_2处于同一垂线上，则 $M_{vosstx}=0$，轮式车辆处于该给定侧倾角状态时被认为是不稳定的。

浮力作用线与轮式车辆纵向垂直对称平面的交点 M，在侧倾角较小情况下处于恒定位置，称为稳心。从点 M 到点 C 的距离被称作稳心高度 h，而点 M 到浮心 O_1的距离为稳心半径 $r_m=h-a$，其中 a 是浮心高出重心的高度。回复力矩由下式确定：

$$M_{vosstx}=Q_vh\sin\alpha_{kry}$$

需要区分小侧倾角和大侧倾角下的稳定性及动态稳定性和静态稳定性。

在小侧倾角（$\alpha_{kry}=0°\sim15°$）条件下，从水中抬升出的与 $AO'B$（图 8.80）对应的体积等于浸入水中的体积。稳心 M 的位置不变，但因其位于质心 C 上方，轮式车辆总是保持稳定。

使侧倾角 α_{kry} 的轮式车辆在外部力矩 M_{krx} 的作用下补充倾斜一个无限小的角度 $d\alpha_{kry}$；浮心将从点 O_2 移动到点 O_3，移动距离为 dl_{st}，而点 M 的位置不变。回复力矩的增加是由于相应体积离开和进入水中，即

$$dM_{vosstx}=2B_v dQ_v/3$$

或考虑到浮心的位移所导致的，即

$$dM_{vosstx}=dl_{st}Q_v=r_m d\alpha_{kry}Q_v$$

代入 $Q_v=\rho_v V_v g$ 后，从上述两个表达式可得：

$$V_v r_m d\alpha_{kry}=2B_v dV_v/3 \tag{8.93}$$

其中，dV_v 是角度为 $d\alpha_{kry}$ 的无限小楔形的体积，即

$$dV_v=\frac{1}{2}L_v B_v^2 d\alpha_{kry}/4 \tag{8.94}$$

将式（8.94）代入式（8.93）并转换后，得到：

$$r_m=\frac{L_v B_v^3}{12V_v}=\frac{J_{vx}}{V_v}$$

式中，J_{vx} 是水线以下车身相对于轮式车辆纵轴截面积的惯性力矩。

小侧倾角条件下静稳性力臂为：

$$l_{st}=\left(\frac{J_{vx}}{V_v}+a\right)\sin\alpha_{kry}$$

大侧倾角下静稳性臂根据以下表达式确定：

$$l_{st}=(y_{O_1}-y_O)\cos\alpha_{kry}+(z_{O_1}-z_O)\sin\alpha_{kry}-a\sin\alpha_{kry}$$

式中，y_O、z_O 为轮式车辆在水平状态下浮心的坐标；y_{O_1}，z_{O_1} 为轮式车辆侧倾角度 α_{kry} 状态下的浮心坐标。

关系图 $l_{st}=f(\alpha_{kry})$ 或 $M_{vosstx}=f(\alpha_{kry})$ 被称为静稳性曲线图或里德图（图 8.81）。通过该图，可借助由回复力矩 M_{vosstx} 平衡的已知静态侧倾力矩 M_{krx}，确定轮式车辆的侧倾角。

例如，轮式车辆平衡倾斜角为 α_{kryA} 和 α_{kryD} 的点 A 和 D 与图中的倾斜力矩 M_{krx}（图 8.81）相对应。当倾斜角为 α_{kryA} 时，轮式车辆稳定，而当倾斜角为 α_{kryD} 时，轮式车辆不稳定。与 C 点的极限静态倾斜力矩 M_{krx}^{max} 相对应的是轮式车辆的最大静态稳定性。

当倾斜力矩快速或突然增大时，习惯上谈论动态侧倾力矩并对轮式车辆的动

态稳定性进行研究。当突然施加在倾斜过程中保持恒定的（图 8. 81）侧倾力矩 M_{krx}时，轮式车辆开始倾斜，并获得一个角速度。当 $M_{krx} > M_{vosstx}$时该角速度将一直增加。当 $M_{krx} = M_{vosstx}$时，轮式车辆不会在点 A 停下来，而是会由于惯性以减小的角速度继续倾斜。当回复力矩所做的功等于轮式车辆在平衡位置（点 A）的动能时角速度将等于零。同时，在该位置附近，轮式车辆将发生一系列振荡。

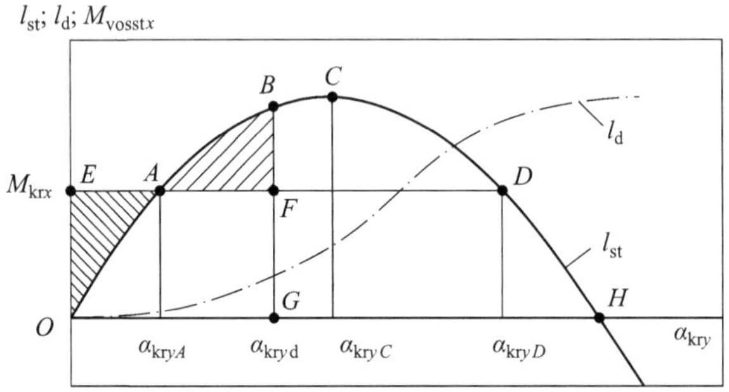

图 8. 81　静态稳定性和动态稳定性图

当轮式车辆倾斜角度为 α_{kry}时，回复力矩 M_{vosstx}的功为：

$$A_{vosstx} = \int_0^{\alpha_{kry}} M_{vosstx} \mathrm{d}\alpha_{kry} = Q_v \int_0^{\alpha_{kry}} l_{st} \mathrm{d}\alpha_{kry} = Q_v l_d$$

式中，l_d为动稳性力臂，$l_d = \int_0^{\alpha_{kry}} l_{st} \mathrm{d}\alpha_{kry}$。

关系图 $l_d = f(\alpha_{kry})$ 被称为动态稳定性曲线图（图 8. 81）。静态稳定性图上的最大值（点 C）与动态稳定性图上的拐点 G 相对应，而动态稳定性图上的最大值与曲线 l_{st}（α_{kry}）和横坐标轴的交点 H 相对应。

侧倾力矩所做的功为：

$$A_{krx} = M_{krx} \alpha_{kryd}$$

式中，α_{kryd}为动态侧倾角或轮式车辆在突然施加的恒定力矩 M_{krx}作用下发生倾斜的角度。

从做功平衡条件 $A_{krx} = A_{vosstx}$中得出：

$$\alpha_{kryd} = \frac{Q_v}{M_{krx}} \int_0^{\alpha_{kry}} l_{st} d\alpha_{kry}$$

在图 8. 81 中，O 到 α_{kryd}区域内，功 A_{krx}表现为区域 $OEFG$，而功 A_{vosstx}则显示为区域 $OABG$。在动态平衡情况下，这些区域应当相等，这就意味着 OEA 和 ABF 区域面积必须相等。

动态侧倾角 α_{kryd}约为静态侧倾角的 2 ~2. 5 倍。

快速性是指漂浮物体以给定速度在水中移动的能力，其取决于轮式车辆航行时的运动阻力 P_{sv}、功率 N_{dv} 和水上行走装置的牵引力 $P_{v.d}$。

轮式车辆在航行时的运动阻力由摩擦阻力 P'_{sv} 和水阻力 P''_{sv} 确定：

$$P_{sv} = P'_{sv} + P''_{sv}$$

摩擦阻力由液体的黏度决定，并取决于水的密度 ρ_v、摩擦面积 $F_{m\text{-}v}$、表面摩擦系数 $\mu_{m\text{-}v}$ 及运动速度 v_{mx}：

$$P'_{sv} = \mu_{m\text{-}v}\rho_v F_{m\text{-}v} v_{mx}^2$$

式中，$\mu_{m\text{-}v} = 0.002 \sim 0.004$ 且取决于轮式车辆的长度及其表面粗糙度。

水阻力由兴波阻力 P''_{sv1} 和形状阻力 P''_{sv2} 确定：

$$P''_{sv} = P''_{sv1} + P''_{sv2}$$

车身兴波阻力是由运行的轮式车辆引起旋涡的上升和侧抛过程中形成的波浪所引起的：

$$P''_{sv1} = f_{vol}\rho_v F'_{m\text{-}v} v_{mx}^2$$

式中，f_{vol} 是指兴波阻力系数，取决于弗洛伊德数 $Fr = v_{mx}/\sqrt{gL_v}$、轮式车辆的形状和主要尺寸的比例；$F'_{m\text{-}v}$ 为轮式车辆车身水下部分横截面积。

考虑到轮式车辆突出元件（车轮、悬架、转向器等）的附加兴波阻力，兴波阻力将增长 1.15 ~ 1.2 倍。

形状阻力 P''_{sv2}（涡流阻力）由流体动压力在轮式车辆表面重新分布导致，并取决于车辆的形状和流线性。通常，不单独计算，而是在确定兴波阻力时确定。在这种情况下，水阻力：

$$P''_{sv} = f'_{vol}\rho_v F'_{m\text{-}v} v_{mx}^2$$

式中，f'_{vol} 为兴波和形状（压力）阻力系数，$f'_{vol} \approx 40$。

水上行压力装置的牵引力 $P_{v.d}$ 应保证加速轮式车辆质量（加速度为 a_{mx}）时能克服其在航行时的运动阻力 P_{sv} 和惯性力 $P_{a_x} = m_m a_{mx}$：

$$P_{v.d} = P_{sv} + P_{a_x}$$

水陆两用轮式车辆按照给定速度运动所必须的动力装置的功率 N_{dv} 按照下式计算：

$$N_{dv} = P_{v.d} v_{mx} / (\eta_{tr\text{-}v.d}\eta_{v.d}\eta'_{v.d})$$

式中，$\eta_{tr\text{-}v.d}$ 为从发动机到水上行动装置的轮式车辆传动效率；$\eta_{v.d}$ 为水上行走装置在自由水中的效率（不受车身的影响）；$\eta'_{v.d}$ 为车身的影响系数，取决于水上行走装置相对于车身和水面的位置。

轮式车辆的入水极限角 α'_{opx} 和出水极限角 α''_{opx} 根据轮式行动装置和水上行动装置的抗沉性和牵引力充足条件确定（图 8.82）。

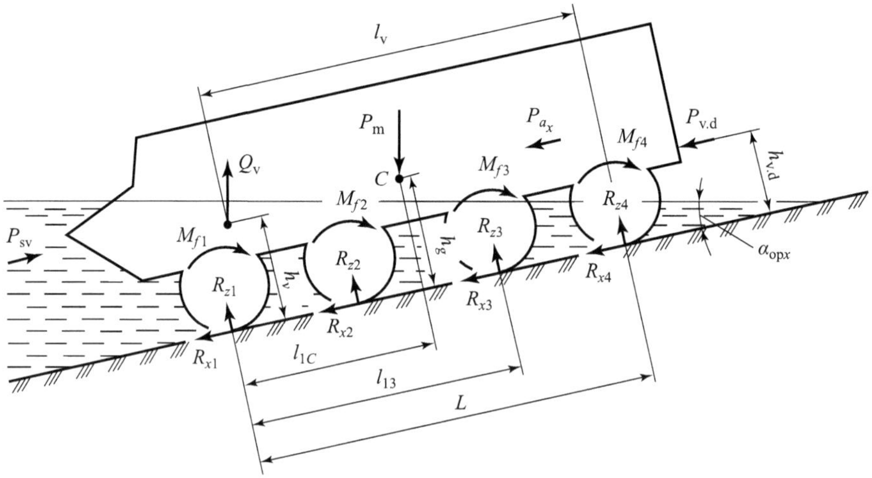

图 8.82　可漂浮轮式车辆入水作用力图示

为避免轮式车辆下沉，必须保证车辆在入水时，在水渗入车身的孔和舱口之前漂浮起来；当车辆出水时，则需保证车辆处在漂浮状态。

现确定支承面（岸）的倾角 α'_{opx}，在该倾角下，入水的轮式车辆可漂浮并防止水注入敞开的舱门。

在低速进入水中时，不考虑水上行动装置驱动力（$P_{v.d}=0$）、水的阻力（$P_{sv}=0$）和惯性力（$P_{a_x}=0$），相对于后轴车轮与支承面接触点的力矩方程如下：

$$P_m\left[\sin\alpha_{opx}h_g+\cos\alpha_{opx}(L-l_{1C})\right]-Q_v(\sin\alpha_{opx}h_v+\cos\alpha_{opx}l_v)-$$

$$\sum_{i=1}^{2n_o}R_{zi}(L-l_{1i})-M_{fm}=0$$

式中，M_{fm}为轮式车辆车轮滚动阻力总力矩，$M_{fm}=\sum_{i=1}^{n_k}M_{fi}=f_m(P_m-Q_v)r_{k0}$。

假设轮式车辆浮起时，其他所有轴车轮（除后轴外）的垂向反力：$\sum_{i=1}^{2n_o}R_{zi}(L-l_{1i})=0$，且力矩 $M_{fm}\approx 0$，则可以得出：

$$\alpha'_{opx}\approx \mathrm{arctg}\left[\frac{Q_v l_v-P_m(L-l_{1C})}{P_m h_g-Q_v h_v}\right]$$

根据不下沉的条件，轮式车辆出水极限角度 α''_{opx}按照类似的力矩方程得出，在该方程中应加上水上行动装置牵引力力矩 $P_{v.d}h_{v.d}$：

$$\sin\alpha''_{opx}(P_m h_g - Q_v h_v) + \cos\alpha''_{opx}(P_m l_{1C} - Q_v l_v) - P_{v.d} h_{v.d} = 0$$

轮式车辆出水的能力，应根据牵引力由以下方程确定：

$$P_{v.d} + M_{dv\text{-}tr} u_{tr} \eta_{tr} / r_{k0} = (f_m \cos\alpha_{opx} + \sin\alpha_{opx})(P_m - Q_v)$$

式中，$M_{dv\text{-}tr}$为从发动机输入到传动装置输入轴的力矩。

在轮式车辆离开水的过程中，驱动轮和水上行动装置牵引力之比发生变化，且取决于由驱动轮和支承面相互作用所确定的诸多参数。轮式车辆出水的极限角根据车轮与支承面的附着程度由下式确定：

$$P_{v.d} + \varphi(P_m - Q_v)\cos\alpha''_{opx} \approx (f_m \cos\alpha''_{opx} + \sin\alpha''_{opx})(P_m - Q_v)$$

习题

1. 轮式车辆的通过性是什么意思?
2. 请说出哪些是不可变形的地面障碍?
3. 请说出易变形支承面的分类指标。
4. 请列出在对轮式车辆的支承通过性进行评估时所采用的易变形支承面。
5. 在克服“陡坎”和“壕沟”类型障碍时的限制是什么?
6. 请说出轮式车辆越障能力的主要指标。
7. 土壤在承受垂直载荷情况下如何变形? 有哪些关系式可对其进行描述?
8. 在垂直载荷和水平载荷的作用下，土壤形变的特性是什么? 存在哪些关系式可对其进行描述?
9. 请列出影响土壤变形的其他因素。
10. 请说明在易变形支承面上运行的车轮接触参数的特点。
11. 请写出在在易变形支承面滚动时车轮的功率平衡方程。
12. 在考虑剧烈打滑的情况下，车轮在易变形支承面上滚动的特性如何变化?
13. 轮式车辆车轮陆续通过时土壤变形如何变化?
14. 车轮在易变形支承面曲线滚动的特点是什么?
15. 请说出后续车轮在易变形支承面上曲线滚动的特点。
16. 轮式车辆在易变形支承面上直线运动的设计方案的特点是什么?
17. 请列出轮式车辆在进行直线行驶时的支承通过性的指标。
18. 请指出轮式车辆沿着易变形支承面进行转向的特点。
19. 请列出轮式车辆在转向的支承通过性的指标。

20. 车轮的参数如何影响车轮的支承通过性?

21. 当轮式车辆进行直线运动时，轮胎压如何影响车辆支承面的特性?

22. 当轮式车辆沿着易变形支承面进行转向时，存在哪些对车轮的功率流进行分配的方案? 它们对功耗有什么影响?

23. 胎压和速度如何影响轮式车辆沿着易变形支承面进行转向的特性?

24. 请指出水陆两用轮式车辆的浮力条件。

25. 水陆两用轮式车辆的稳定性指什么? 稳定性图的用途何在?

26. 如何确定水陆两用轮式车辆在水面航行所需要的动力装置的功率?

27. 水陆两用轮式车辆入水和出水时应满足什么条件?

参考文献

Агейкин Я. С. Проходимость автомобилей. М: Машиностроение, 1981. 232с.

Аксенов ПВ. Многоосные автомобили. 2-е изд. М.: Машиностроение, 1989. 280с.

Антонов Д. А. Расчет устойчивости движения многоосных автомобилей. М.: Машиностроение, 1984. 168с.

Белоусов Б. Н., Попов С. Д. Колесные транспортные средства особо боль-шой грузоподъемности. М.: Изд-во МГТУ им. Н. Э. Баумана, 2006. 728с.

Гришкеви ч А. И. Автомобили. Теория. Минск: Вышейш. шк., 1986. 208с.

Динамика системы дорога-шина-автомобиль-водитель/А. А. Хачатуров, В. Л. Афанасьев, В. С. В асильев и др. М.: Машиностроение, 1976. 535с.

Ларин В. В. Методы прогнозирования опорной проходимости многоосных колесных машин на местности. М.: Изд-во МГТУ им. Н. Э. Баумана, 2007. 224с.

Левин М. А., *Фуфаев Н. А.* Теория качения деформируемого колеса. М.: Наука, 1 989. 272с.

Литвинов А. С., *Фаробин Я. Е.* Автомобиль: Теория эксплуатационных свойств. М.: Машиностроение, 1989. 240с.

Петрушов В. А., *Московкин В. В.*, Евграфов А. Н. Мощностной баланс автомобиля. М.: Машиностроение, 1984. 160с.

Петрушов В. А., *Шуклин С. А.*, *Московкин В. В.* Сопротивление качению автомобилей и автопоездов. М.: Машиностроение, 1975. 225с.

Пирковский Ю. В., *Шухман С. Б.* Теория движения полноприводного автомобиля (прикладные вопросы оптимизации конструкции шасси). М. : ЮНИТИДАНА, 2001. 230с.

Платонов В. Ф. Полноприводные автом обили. М. : Машиностроение, 1981. 279с.

Работа автомобильной шины/В. И. Кнороз, Е. Б. Кленников, ИЛ. Петров и др. М. : Транспорт, 1976. 238с.

Смирнов Г. А. Теория движения колесных машин. М. : Машиностроение, 1990. 352с.

Тарасик В. П. Теория движения автомобиля. СПб. : БХВ-Петербург, 2006. 478с.

Теория движения боевых колесных машин/С. И. Беспалов, Д. А. Антонов, В. П. Лазаренко и др. М. : Изд-во Министерства обороны, 1993. 385 с.

Фаробин Я. Е. Теория поворота транспортных машин. М. : Машиностроение, 1970. 175с.

Чудаков Е. А. Теория автомобиля. М. : Машгиз, 1950. 343с.

Шухман С. Б. , *Соловьев В. И.* , *Прочко Е. И.* Теория силового привода колес автомобилей высокой проходимости. М. : Агробизнесцентр, 2007. 336с.

Яцен. ко Н. Н. Форсированные полигонные испытания грузовых автомоби-лей. М. : Машиностроение, 1984. 328с.